机械设计基础提升拓展学习和测试指导

陈秀宁　顾大强　编著

ZHEJIANG UNIVERSITY PRESS
浙江大学出版社
·杭州·

图书在版编目（CIP）数据

机械设计基础提升拓展学习和测试指导 / 陈秀宁，顾大强编著. —杭州：浙江大学出版社，2022.8
ISBN 978-7-308-22871-8

Ⅰ. ①机… Ⅱ. ①陈… ②顾… Ⅲ. ①机械设计—教学参考资料 Ⅳ. ①TH122

中国版本图书馆 CIP 数据核字（2022）第 133679 号

机械设计基础提升拓展学习和测试指导

陈秀宁　顾大强　编著

责任编辑　杜希武
责任校对　董雯兰
封面设计　刘依群
出版发行　浙江大学出版社
（杭州市天目山路 148 号　邮政编码 310007）
（网址：http://www.zjupress.com）
排　　版　杭州好友排版工作室
印　　刷　杭州宏雅印刷有限公司
开　　本　787mm×1092mm　1/16
印　　张　21.25
字　　数　530 千
版 印 次　2022 年 8 月第 1 版　2022 年 8 月第 1 次印刷
书　　号　ISBN 978-7-308-22871-8
定　　价　59.00 元

浙江大学出版社市场运营中心联系方式：(0571) 88925591；http://zjdxcbs.tmall.com

内容简介

《机械设计基础》《机械原理》《机械设计》三门课程是设计任何机械所必须掌握的核心课程(以下简称“三门课”)。本书对其提升拓展是适应科技发展新形势对培养高质量机械人才的迫切需要和自测、自考、考研、求职以及不同人群对“三门课”针对性选择的需要而进行编写的。

全书共四篇:第一篇课程提升拓展学习总体指导;第二篇基础内容学习提升拓展指导(共18章);第三篇提升拓展专题内容学习指导(机械原理部分6个、机械设计部分5个,共11个专题);第四篇概念自测、模拟试题、题目答案(共3个部分:1.基本概念自测题,2.12份精选模拟试题,3.基本概念自测题、部分习题以及模拟试题的参考答案)。全书题量总达6217余道,覆盖面大,题型多样,针对性强,有科技创新成果,富于启迪。

本书可作为各类高校机械类、近机械类学生学习“三门课”提升拓展的辅助教材和核心参考书,同时又是针对考研、自测、自考、学历考试等应试和求职的关键指导书。此外,本书对青年教师提高教学质量以及试题准备均有裨益。

前　言

机械与国计民生、国防和现代化紧密关联，而机械设计又在很大程度上决定机械的质量和水平。《机械设计基础》《机械原理》《机械设计》三门课程是设计任何机械都必须掌握的核心课程（以下简称“三门课”）。本书对课程提升拓展是适应科技发展新形势对培养高质量机械人才的迫切需要和自测、自考、考研、求职以及不同人群对“三门课”针对性、选择性的需要而进行编写。

本书共四篇：第一篇课程提升拓展学习总体指导；第二篇基础内容学习提升指导（共18章）；第三篇提升拓展专题内容学习指导（机械原理部分6个，机械设计部分5个，共11个专题）；第四篇概念自测、模拟试题、题解答案（共三个部分：1.基本概念自测题；2.模拟试题精选共12份；3.基本概念自测题、部分习题以及模拟试题的参考答案）。全书题量总达6217道，覆盖面大，题型多样，针对性强，有科技创新成果，富于启迪。

本书编写的分工：第一篇，第二篇的第一、二、八、九、十二、十三、十四、十五、十六章和第四篇由陈秀宁主编，第二篇的第三、四、五、六、七、十、十一、十七、十八章和第三篇由顾大强主编。

浙江大学兼职教授、立命馆大学终身教授陈延伟先生为本书精心审稿，应富强、龚秉周、陈宗农、朱聘和、沈萌红、章维明、詹建潮、汪久根、李立新、王庆九、段福斌、徐向纮、赵明岩等许多专家教授对本书的编写提供了很多素材和建设性建议，本书还吸纳了兄弟院校许多专家教授的卓越见解；吴碧琴先生为本书整理书稿并作润色；杜希武先生为本书和编者众多系列教材精湛编辑；编者在此一并致以衷心的感谢。

编者也以能通过本书为莘莘学子和锐意“三门课”提升拓展的广大人群的研习得到充实、提高与升华，以及在考研和各类应试、求职中成功闯关夺隘而搭桥铺路感到莫大欣慰。

限于编者水平，书中误漏和不妥之处殷切期望专家和读者批评指正。

编者

2022年3月于杭州

目　　录

第一篇　课程提升拓展学习总体指导

第二篇　基础内容提升拓展学习指导

第三篇 提升拓展专题内容学习指导

第四篇 概念自测、模拟试题、题解答案

第一篇　课程提升拓展学习总体指导

学习总体指导

《机械设计基础》、《机械原理》、《机械设计》三门课程是设计任何机械所必须掌握的核心课程（以下简称“三门课”）。

一、明确本书的目的和任务

可概括为5个方面：

1. 是科技发展新形势的需要——当前已迈入实现中华民族伟大复兴、建设创新型科技强国的新征程，要有高质量机械人才群，本书“提升拓展”完全符合适应需要。

2. 是自我测试的需要——只有清楚自己实况，才能对照精准发力，以求事半功倍攀登顶峰。

3. 是考研的需要——机械类、近机械类必在这“三门课”中选择作为关键考试。

4. 是求职的需要——机械行业职场招聘几乎无例外在这“三门课”内容中选择作为最重要的笔试或口试业务考核内容依据。

5. 是“针对性选择”的需要——①大量原来修读《机械设计基础》的人群需要进一步对此提升拓展，并需要对《机械原理》或《机械设计》在深广度方面进一步提升和考研、自考自测、求职之需；②大量原来修读《机械原理》和《机械设计》的人群对整机设计在深广度方面进一步提升拓展以及考试、求职之需。

二、熟识本书的知识体系

第一篇　课程提升拓展学习总体指导

第二篇　基础内容提升拓展学习指导

可概括为7个方面：

1. 总论（第一章　主要讲述机械的组成、机械设计的基本知识、规律和原则）；2. 联接（第二章）；3. 连续回转传动（第三章～第七章）；4. 改变运动形式的传动（第八章～第十一章）；5. 轴及其支承、接合和制动（第十二章～第十五章）；6. 其他机件——弹簧、机架和导轨（第十六章）；7. 机械调速和平衡（第十七章～第十八章）。

第三篇　提升拓展专题内容学习指导

第Ⅰ部分　机械原理部分专题学习指导

第Ⅱ部分　机械设计部分专题学习指导

第四篇　概念自测、模拟试题、题解答案

第一部分　基本概念自测题

第二部分　模拟试题精选

第三部分　题目参考答案(一、基本概念自测题参考答案;二、部分习题参考答案;三、模拟试题参考答案)

三、了解课程的特点

1. 学科综合性

机械设计基础课程要综合应用工程图学、工程力学、材料与热处理、金属工艺学、机械制造基础、公差与技术测量、机电一体化以及现代设计理论与方法等学科和课程的知识来解决机构、机械零部件和整机的设计问题。这些知识的储备和运用,对学好“三门课”至关重要。

2. 贯穿设计性

“三门课”从总论、整机设计到机构、机械零部件设计,始终将设计这一主线贯穿于课程各章内容之中,即使在机械调速和平衡这两章讲述机械动力学有关内容中,也分别以飞轮转动惯量设计和平衡质量大小及位置设计为主线。

3. 工程实践性

“三门课”论述机械设计理论和研究机械设计方法的核心是要以此解决机械设计的实际问题。与数学、力学相比,机械设计计算具有鲜明的工程实践性,要综合考虑标准、规范、检测、制造、拆装、性能价格比等等工程实际问题。课程的习题、作业、设计往往不可能是唯一解而是一个符合工程实践的可行解或可行方案。此外,在设计计算中常需选择或确定设计参数、修正系数、许用值、经验数据,需要翻阅手册、资料,甚至边设计、边画图、边修改。

4. 创新发展性

“三门课”中体现机械发展的过程是不断创新的过程,从功能原理、原动力、机构、结构、材料、制造工艺、检测试验以及设计理论和方法均不断涌现创新和发明,创新是设计的灵魂,创新推动机械向更完美的境界发展。

四、掌握课程的学习方法

“三门课”是学生首次接触的理论分析与工程实践并重的工程设计性课程。俗话说:“先要会得学,才能学得会。”言简意赅,极富哲理。采取并掌握较好的学习方法,这对于课程学习及提高应试质量和效率无疑是有较大帮助的。本书在第二、三篇中将对课程基础内容、专题内容提升拓展分别予以指导,这里提出一些需要注意的共性问题,供读者在实践中参考。

1. 了解课程,有的放矢

有些学生认为介绍本书的目的、任务、体系、特点等内容是无关紧要的“开场白”,这实在是学习认知上的误区。只有了解好课程，才能有的放矢去掌握好课程。读者要深刻领会其重要内涵，以此作为研读本书的总纲和目标；要了解课程内容，把整体课程内容分解为若干个知识体系，环绕总纲、目标和体系进行学习、领会和检查；要掌握课程的特点，着眼于基本知识、基本理论与基本方法，分清主次，抓住问题的关键和本质；要认真阅读原教材和本书，使二者有机结合、相辅相成；要认真做各部分的思考题、练习题，潜心用本书第四篇提供的基本概念自测题和模拟试题，先一丝不苟地自我完成，然后再用本书所附答案对照评测和分析。

2. 设计主线，融会贯通

对于机械的优劣来说，设计是关键。读者要把握以设计为纲这一主线，对任一机构都要贯穿对其工作原理、运动特性、特点、应用和设计的分析；对任一机械零部件都要贯穿其组成、工作原理、特点、应用、失效形式、工作能力计算和结构设计的内容；对整机设计要贯彻确保功能要求实现、合理选择原动机、分析和拟定传动方案，合理进行总体方案设计。要从整体出发来考虑机构和各零部件设计，使之协调配合，优化完善。

3. 概括提炼，直面"五多"

"三门课"内容多、公式多、参数多、系数多、需查找的数据资料多。学生在学习和应试中常为这"五多"问题感到困惑，这确是客观事实。

关于课程内容多的问题是课程性质、任务和特点的需要所决定的，不能回避，但需善于学习、处理好这个问题。深刻领会课程的性质与任务，熟识整体课程内容分解的知识体系，把握以设计为纲这一主线，分清主次，抓住问题的本质，明确重点、难点和各部分学习的基本要求。理顺思路和主攻方向对处理好内容多的问题，可能有事半功倍的效果。

公式多、参数多、系数多、需查找的数据资料多的确也是学习和掌握本门课程以及应试准备中需要认真对待的问题。

对于机械设计中的众多公式必须弄清它们表示什么意义，用来解决什么问题，适用于什么条件和场合。对机械设计中的众多公式均相应分列于各部分之中，建议从属性上加以纵向归纳，可有：①原理性公式，如平面自由度计算公式，铰链四杆机构行程速比系数计算公式、液体动压理论一维雷诺方程等；②静力学、运动学、动力学的基本公式；③工作能力计算公式，如强度公式、刚度公式、热平衡计算公式、寿命计算公式等；④几何尺寸计算公式等之区分。也有理论公式、经验公式、实验拟合公式、当量或转化公式以及条件性公式等之区分。概念清楚有助于对待和处理。概念性的、基本的公式（如平面自由度计算公式 $F=3n-2P_L-P_H$，齿轮分度圆直径公式 $d=mz$ 等）必须熟记，许多经验性的或冗长、繁复的公式无需强记。对由理论经烦琐推导的公式应了解其推演的理论根据而不必记住推演的整个数学过程。此外，在众多公式中还需注意：①等价异形的公式，如齿轮传动接触强度计算中的齿面接触应力校核公式与求小齿轮所需分度圆直径的设计公式，滚动轴承寿命计算中的寿命验算公式与求所需基本额定动载荷的设计公式；②由基本公式稍加演绎可得的公式，如计算标准直齿圆柱齿轮几何尺寸的众多公式中，只要掌握 $m=p/\pi$，$d=mz$，$\cos\alpha_k=d_b/d_k$ 几个基本公式和概念，其余的几何尺寸计算公式将可迎刃而解；③类似的公式，如直齿圆柱齿轮和斜齿圆柱齿轮的强度计算公式，只要重点掌握直齿公式以及斜齿公式与其不同点即可。

参数在设计过程中一般作为设计变量需加以合理选择，如齿轮传动设计中的齿数、模数、齿宽系数等。修正系数一般在设计中用于根据实际情况对原公式或原有实验条件作修正，如V带传动许用功率计算中的包角系数、带长系数等。二者的选择和确定均应着重其定性影响，一般无需背记其取值范围。正确从手册、资料、图表中查找数据是学生学习本门课程应具有的基本能力，平时练习应在“熟练”、“正确”上下功夫。查找数据要根据实际情况和条件，也可采用插值方法。众多数据无需也不可能记住，试卷中给出部分表格或图线供考生当场查找取用的情形也并不鲜见。

4. 题林深耘，硕果丰盈

本书精选了83道例题并给予解析。题目具有一定典型性、启迪性，读者应细加研阅、领会思路和方法。本书计有四篇共附有318道思考题与练习题，这是学用结合、巩固理论、进行自我检查、锻炼独立思考问题以及分析问题和解决问题的能力、进一步深化知识的重要环节。本书所列5528道基本概念自测题覆盖面大，形式多样，有科技新成果，富启迪性，许多还是根据学生容易混淆或犯解题错误的题目中挑选出来的。所附12份(228道)模拟试题均有较大的综合性、代表性。所有思考题、练习题、基本概念自测题和模拟试题都希望读者全部独立完成。除各部分思考题与习题可以查阅书本和资料外，其余一律闭卷，独立、实战完成，完成以后才能对答案通过测评分析查找不足，知道错在哪里，何以致错，如何总结经验，吸取教训。只有这样才能精进。解题时切忌粗心大意、张冠李戴；而应沉着冷静、从容对待。题目要仔细阅读，明确要求。解题时不要忘了书写量纲单位或将量纲单位搞错。工程中若将量纲单位搞错会铸成大祸，故应试者会因将量纲单位搞错而失分，理所当然。

5. 主动学习，高屋建瓴

好的教材和得力指导为高质量、高效率地学习和掌握课程以及应试提供了很好的条件。需要指出，学生在拥有这份优势的同时，还应做到主动学习。主动学习的涵义是主动思考分析，主动归纳提炼，主动总结拓展，主动研究探索。如通过课程中分别学习的当量摩擦系数、当量齿数、当量应力、当量动载荷等，是否能领悟到“当量”的涵义；课程中多次出现利用摩擦和减少摩擦、磨损的场合，能否提升到摩擦学设计的意念；在学习各种联轴器时是甲、乙、丙、丁逐一背记优缺点，还是着意分析不足而加以改进创新；再如，在学习各种结构设计时，能否归纳其中有哪些“禁忌”、如何改进提高等共性问题。只有主动学习、研究学习，才能充分发挥自己的学习潜能，化繁为简，转难为易，举一反三，融会贯通，高屋建瓴，占据学习方法上的制高点。

五、重视实践和创新

学习掌握“三门课”还必须重视实践和创新。科学发展的历史表明，许多伟大的发现、发明和突破性理论的产生莫不是来自科学实验和实践创新。对于机械方面专业的学生和对提升拓展“三门课”的人群来说，其重要性也是不言而喻。基于不同学校进行的实验实践不尽相同，且条件差异悬殊、本书还难以如愿给予恰当反映。随着课程内容体系改革和考试改革与时俱进，对于实验、设计、实践创新的内容应予重视而不能掉以轻心。本书对判断结构设计的错误及其更正和改进浓笔重墨，几乎各部分均附有创新创意题目，希望读者从中能获得启迪。

六、刻苦学习才是成功之本

学好课程是考好课程的根本前提，而成功备考又是检测、巩固、深化和全面掌握课程，提高知识、能力与素质的重要环节。本书旨在对“三门课”提升拓展学习和应试进行指导，相信定有成效。但这毕竟是“外因”，其积极作用能否得到充分发挥关键还要取决于读者的“内因”，坚持为振兴中华而刻苦学习，顽强拼搏才是学好课程以及成功应试之本。需要指出，随着科技迅猛发展，提升拓展的空间是很大很大的——提升拓展永远在路上。

第二篇　基础内容提升拓展学习指导

第一章

总　论

一、主要内容与学习要求

本章的主要内容是：

1)机械的组成；

2)本课程研究的内容和目的；

3)机械运动简图；

4)平面机构自由度；

5)机件的失效及其工作能力准则；

6)机件的常用材料及其选用；

7)机械中的摩擦、磨损与密封；

8)机械应满足的基本要求及其设计的基本知识。

本章的学习要求是：

1)能正确表述机械的基本组成及其三个基本职能部分的作用，能阐述机械、机器、机构、零件、构件、运动副、运动链、常用机构和通用零部件的涵义。

2)明确本课程的内容、性质与任务。

3)能阐明机械运动简图的意义，了解运动简图中的常用符号，通过研习教材中绘制运动简图的几个例子能看懂一般机械运动简图，具有对复杂程度不高的机械、机构实物绘制运动简图的能力。

4)能正确计算平面运动链的自由度，并判别其运动是否确定；对运动简图中的复合铰链、局部自由度和虚约束能阐述其涵义，并在计算自由度时能对其加以识别和正确处理。

5)能简述机件主要损伤及失效形式，能写出机件工作能力准则的涵义及几种主要准则。

6)能熟识机械制造中常用材料的特性和应用，能表述机件材料选用的一般原则。

7)能了解摩擦、磨损、润滑、密封对机械的重要意义并能掌握其基本原理、类型和特点。

8)能表述机械应满足的基本要求及其设计的一般程序；能掌握机械设计的基本知识。

二、重点与难点

本章的重点是：

1)掌握机械的基本组成、机械应满足的基本要求和机械设计共性的基本知识；

2)能看懂和绘制平面机构的运动简图；

3)机件的失效及其工作能力准则;

4)掌握平面机构自由度的计算方法。

本章的难点是:在计算平面机构的自由度时对虚约束的判断。

三、学习指导与提示

(一)概述

本章阐述机械的组成、功能和职能,应满足的基本要求和设计机械、改革与创新机械的共性问题,从整机和全局的视角引导和呼应联系其他各章的学习与掌握。需要深刻领会本章在整个课程学习中具有"纲"和"帅"的重要意义。

(二)机械的组成

1)从"零件→构件→运动副→运动链→机构→机器"这样的思路来领会机械的组成。任何机器都是由许多零件组合而成的,零件是制造的基本单元。根据机器的功能和结构要求,某些零件需固联成没有相对运动的刚性组合,称为构件,构件是运动的基本单元。构件与构件之间通过一定的相互接触和制约,构成保持确定相对运动的"可动联接",称为运动副。运动副按其接触形式可分为低副(面接触,如回转副、移动副)和高副(点或线接触,如凸轮与从动件、一对轮齿等滚滑副)。若干构件通过运动副联接而成的相对可动系统,称为运动链。如果将运动链中某一构件视为固定,而当给定另一构件(或几个构件)作为主动构件作独立运动时,其余构件随之作确定的相对运动,则此运动链成为机构。机构是由若干构件以运动副相联接并具有确定相对运动的组合体。将能完成有用的机械功或转换机械能的机构组合系统,称为机器。机器与机构总称为机械。

2)从功能和职能的角度来认识机械的组成。从功能而言,机械有两类:一类是提供或转换机械能的动力机械;一类则是利用机械能来实现预期工作的机械。一台完整的工作机器通常都包含工作部件、原动机和传动装置三个基本职能部分。为使上述三个基本职能部分协调运行,机器还具有操纵和控制部分。读者可选择一些机器进行实际观察和分析。

(三)机械运动简图

在设计新机械或改革现有机械时,为便于分析研究,常需把复杂的机械用一些简单的线条和规定的符号将其传动系统、传动机构间的相互联系和运动特性表示出来,表示这些内容的图称为机械运动简图或机动示意图。将运动简图配上某些参数还可进行机器传动方案比较、运动分析和受力分析。

由实体绘制机械运动简图十分重要,但对初学者来说会有一定困难。这里归纳出如下步骤供读者在阅读教科书上的例题和做练习题时对照研习。

1)首先进行仔细观察和分析,分清各种机构,认清固定构件(机架)和运动构件,确定运动构件的数目并注上标号,确定主动构件;

2)根据相联两构件相对运动的性质确定运动副的类型;

3)确定与运动有关的尺寸,选定长度比例尺 μ_l:(如果仅画机动示意图,可不按比例)和视图平面(通常选能很好反映多数构件运动的平面);

4)用规定的或惯用的机构、构件和运动副的代表符号绘图,一般先画固定构件及其上的运动副,接着画出与固定构件相联的主动构件(位置可任意选定),以后再按运动和力的传递关系顺序画出所有从动构件及相联的运动副以完成运动简图。

此外，尚需注意：

1）运动简图有三个要素：①运动链中构件的数目；②运动链中运动副的类型及其数目；③运动链中运动副的相对位置。不要被构件外形所惑，要抓构件之间的“联接”这一关键。

2）运动简图中具有一个回转副和一个移动副的两副构件可以有不同的表示方法，如图1.1(a)和(b)所示的构件3，因移动副只要求导路方向与移动方向一致，而导路的具体位置则不受限制，只要回转副中心的位置不变，两者表示的运动关系完全相同，亦即图1.1(a)和(b)表示相同机构。

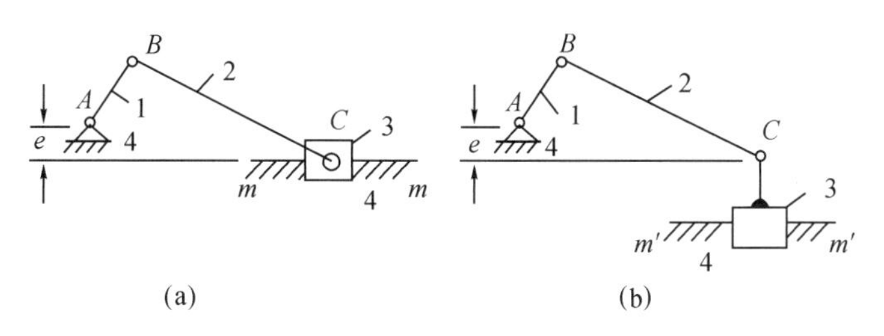

图1.1

3）建议对照实物反复练习来掌握绘制运动简图。

（四）平面机构的自由度

如果运动链中所有的运动构件都在同一平面或相互平行的平面内运动，则称其为平面运动链，否则称为空间运动链。与之相应的机构分别称为平面机构和空间机构。

一个作平面运动的自由构件有三个自由度。如果用运动副联接两个构件，则该两个构件之间的相对运动就受到某些限制，称其为约束。平面低副引入两个约束，平面高副引入一个约束。

平面运动链（或平面机构）的自由度是其具有确定运动所需的独立运动参数的数目，其自由度 F 的计算公式为

$$F=3n-2P_L-P_H \tag{1.1}$$

式中：n 为其中活动构件的数目；P_L 为其中低副的数目；P_H 为其中高副的数目。

计算平面运动链（或平面机构）自由度的目的在于确定是否具有确定的运动。运动链成为具有确定相对运动的机构的必要条件是主动构件的数目等于运动链的自由度。若主动构件数小于运动链的自由度，则运动将不确定；若主动构件数大于运动链的自由度，则不可能运动或使某些构件遭到损坏。

在运用公式 $F=3n-2P_L-P_H$ 计算自由度时，n，P_L 和 P_H 的取值必须正确。n 为活动构件数，固定构件不应计入。要善于识别和正确处理复合铰链、局部自由度和虚约束。建议读者深刻领会这三种情况的定义，仔细阅读教科书上的举例，并注意如下几点。

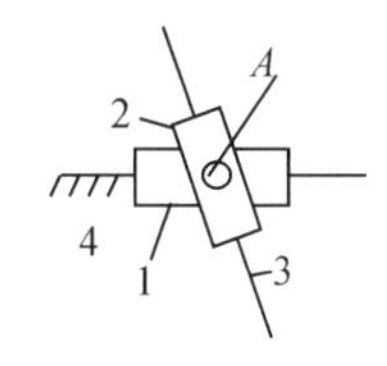

图1.2

1）对于复合铰链有两种情况应予注意：①复合铰链是指 m 个构件($m\geqslant3$)在同一轴线上构成 $m-1$ 个回转副，而不应仅仅根据若干个构件汇交来判断。如图1.2所示，铰链 A 处虽有1，2，3，4四个构件汇交，但它们之间却是1-4和2-3构成两个移动副，1-2之间构成一个回转副，故该处不存在复合铰链。②由于齿轮、

凸轮等构件习惯于用外形来表示，简图上看不出构件汇交，故这类复合铰链易被忽略。如图 1.3 所示，周转轮系中 1,2,3 是活动构件，4 是固定构件，构件 1-4和 3-4 在 O_1 点形成复合铰链。

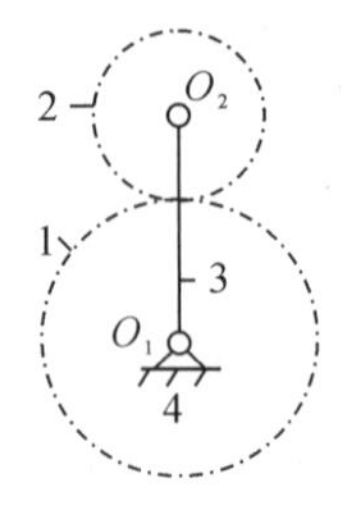

图 1.3

2）如果机构中某些构件具有不影响其他构件运动的自由度，则称其为局部自由度，在计算机构自由度时应予排除。局部自由度在平面机构中主要出现在有滚子的场合。在计算自由度时，为了防止错算构件数和运动副数，建议先将图 1.4(a)所示滚子及其安装件 1 固联成一个整体，如图 1.4(b)所示，然后计算机构自由度。

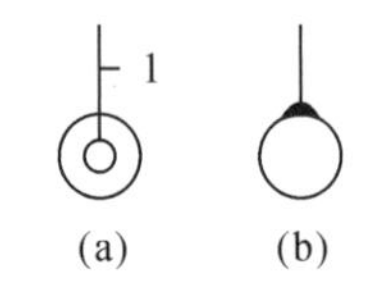

图 1.4

3）在运动副引入的约束中有些约束对机构自由度的影响与其他约束重复，这些重复的约束称为虚约束，在计算机构自由度时也应除去不计。虚约束类型很多，比较复杂，有的甚至需严格的数学证明才能判定，一般不要求读者作深入的研究，但需理解和熟悉在机构中存在虚约束的几种特定几何条件的情况：①两构件之间组成多个导路平行的移动副；②两构件之间组成多个轴线重合的回转副；③不影响运动情况的对称部分产生的虚约束，如图 1.5 所示左侧对称部分，再如周转轮系行星架上安装对称布置的行星轮；④两构件联接前后，联接点的轨迹重合，如在平行四边形机构中加入与某边平行且相等的构件和连同带入的回转副造成轨迹重叠而产生的虚约束。⑤两构件构成两处高副接触，若不计摩擦且接触处公法线重合。机械中常设计带有虚约束的运动副，虽然这对运动情况不产生作用；但往往能使受力情况得到改善。

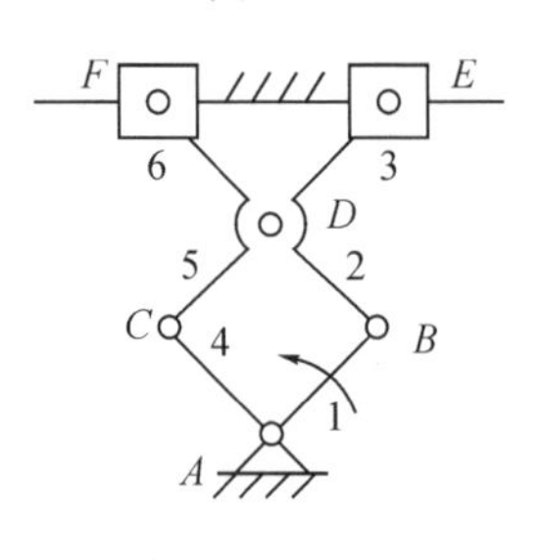

图 1.5

（五）机件的载荷、材料、失效及其工作能力准则

1）机器在传递动力进行工作的过程中，机件要承受载荷（作用力、弯矩、转矩）欲使机件产生不同的损伤与失效，同时机件又依靠自身一定的结构尺寸和材料性能反抗损伤与失效；通常机械设计对此需合理选用机件材料及热处理方法进行机件工作能力的计算，以合理、安全、经济确定其必要的结构尺寸。

2）机件主要的损伤与失效形式有：①整体的或工作表面的破裂或塑性变形；②弹性变形超过允许的限度；③工作表面磨损、胶合或其他损坏；④靠摩擦力工作的机件产生打滑和松动；⑤超过允许限度的强烈振动。

3）机件的工作能力是指完成一定功能在预定使用期限内不发生失效的安全工作限度，衡量机件工作能力的指标称为机件工作能力准则。主要准则有：强度、刚度、耐磨性、振动稳定性和耐热性。它们是计算机件基本尺寸的主要依据。对某一个具体机件，常根据一个或几个可能发生的主要失效形式运用相应的准则进行计算求得其承载能力，而以其中最小值作为工作能力的极限。

4）强度是机件抵抗断裂、过大的塑性变形或表面压溃、疲劳破坏的能力。强度准则可表述为最大工作应力不超过许用应力，它是机件设计计算最基本的准则，其一般表达式为：

$$\sigma \leqslant [\sigma] \text{或} \tau \leqslant [\tau]$$

式中：σ、τ 分别为机件在工作状况下受载后产生的正应力和切应力；$[\sigma]$、$[\tau]$分别为机件的许用正应力和许用切应力。

5)机件的工作应力一般取决于广义载荷(如作用于其上的纵向力、横向力、弯矩或转矩等)与广义几何尺寸(如截面面积、抗弯或抗扭截面模量等),校核计算和设计计算时强度条件通常分别表示为

$$\sigma=\frac{广义载荷}{广义几何尺寸}\leqslant[\sigma]、\tau=\frac{广义载荷}{广义几何尺寸}\leqslant[\tau]$$

一般来说,许用应力$[\sigma]$、$[\tau]$在较大程度上取决于材料的性能,因此在机件的载荷已经明确,按强度设计就是合理选择机件材料,给定足够的几何尺寸。许用应力直接影响机件的强度和尺寸、重量;正确选择许用应力是获得轻巧紧凑、经济,同时又是可靠耐久的机件结构的重要因素。确定许用应力有两种方法:查表法和计算法。计算法确定许用应力的基本公式一般为

$$\sigma=\frac{\sigma_{\lim}}{S_\sigma} \quad 或 \quad \tau=\frac{\tau_{\lim}}{S_\tau}$$

式中:$\sigma_{\lim}$、$\tau_{\lim}$分别为正应力、切应力的极限应力值,当机件工作应力达到相应的极限应力时,机件开始发生损坏;S_σ、S_τ 相应为使机件具有一定强度裕度而设定的不小于 1 的数值,称为安全系数。确定安全系数也有两种方法:查表法和部分系数法。部分系数法通常利用一系列系数的乘积来确定 $S=S_1S_2S_3$,其中,S_1 为考虑计算载荷及应力准确性系数;S_2 为考虑机件重要程度的系数;S_3 为考虑机件材料性质和制定工艺的系数。

6)读者需熟识各种工作能力准则的内涵、机理以及改善提高的措施,熟识机件的常用材料及其选用的一般原则,做到“两个联系”:①工程力学、工程材料、热力学、制造工程基础理论与机械设计相联系;②“前挂后联”学习本段工作能力准则与课程后继相关实体机件联系呼应。

(六)机械中的摩擦、磨损、润滑与密封

1)机械中有许多机件工作时直接接触并在压力下相互摩擦,引起发热、升温、降低效率,同时导致表面磨损。过度磨损会使机械丧失应有的精度产生振动和噪声,缩短使用寿命甚至丧失工作能力。适当地将润滑剂施加于作相对运动的接触表面进行润滑是减少摩擦、降低磨损和能量消耗的最常用,也是最经济有效的方法。为防止润滑剂泄漏而损坏润滑性能,则要采用适当的密封装置进行密封。

2)知晓两滑动接触表面间四类状态(干摩擦、边界摩擦、流体润滑、混合摩擦)摩擦系数的情况。在摩擦状态下工作的机件有两类:①要求摩擦阻力小、功耗少(如滑动轴承、导轨);②要求摩擦阻力大,利用摩擦传递动力(如摩擦传动)、制定或吸收能量起缓冲阻尼作用;就摩擦副材料选用来说前一类用低摩擦系数,后一类则用具有高且稳定的摩擦系数(摩擦阻尼材料)。

3)熟识润滑剂(润滑脂、润滑油)、润滑方式(间断润滑、连续润滑)的类型、性能指标及其选用。粘度是流体抵抗剪切变形的能力,是润滑油最重要的性能指标。知晓:①粘度有动力粘度、运动粘度和相对粘度,有国际制和绝对单位制,各种粘度换算可查阅手册;②粘度实际上随温度和区力而变化。

4)熟识磨粒磨损、粘着摩损、接触疲劳磨损、腐蚀磨损不同的机理和正常磨损的三个阶段:磨合阶段、稳定磨损和剧烈磨损。注意两点:①力求缩短磨合期、延长稳定磨损期、推迟剧烈磨损期的到来;②机械中还有利用磨损(如研磨、抛光、初期“跑合”)。

(七)机械应满足的基本要求及其设计的一般过程

1)机械应满足的基本要求可以归纳为两方面:(1)使用方面要求:①预期功能;②预期寿命;③安全、环保、便于操作维修、宜人、可持续发展;(2)功能价格比高。

2)机械设计一般有确定设计任务、总体设计、技术设计、试制定型等过程,需要注意:①整个过程需交叉进行、反复修正完善;②贯彻标准化、遵守政策法规;③继承与创意、创新。

四、例题精选与解析

例 1.1 例 1.1 图所示为一简易冲床,动力由齿轮 1 输入,试绘出其机构运动简图,分析其方案是否合理? 如不合理,请绘出修正后的运动简图。

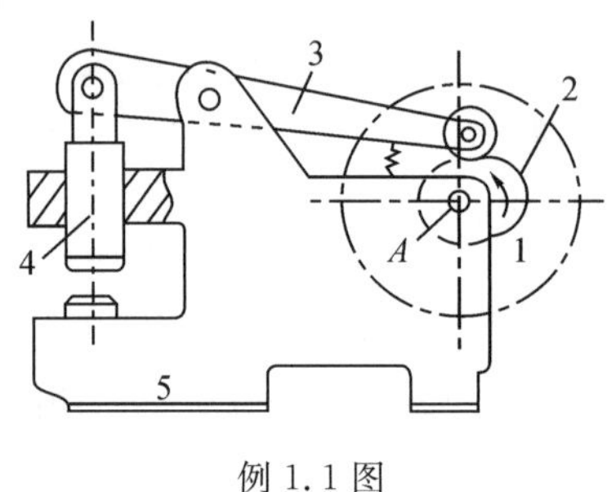

例 1.1 图

解析 按图绘制运动简图如例 1.1 解图(a)所示,该方案不合理,因为按该图计算其自由度 $F=3n-2P_L-P_H=3\times3-2\times4-1=0$,即该运动链不能运动,因而不是机构。可将运动简图设计为例 1.1解图(b),(c),(d)所示的几种方案。

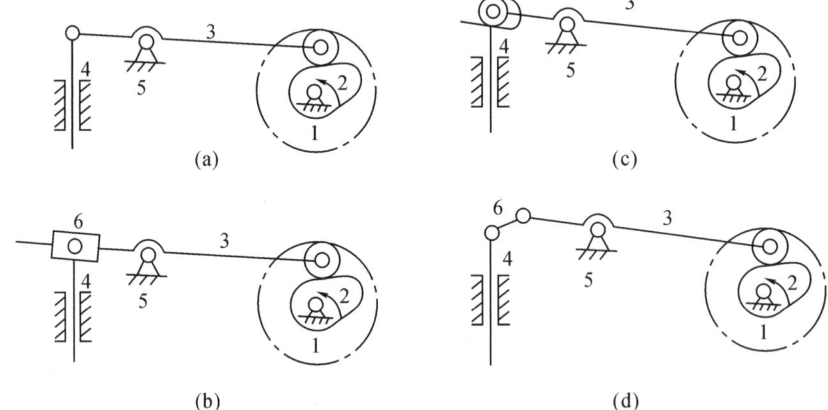

例 1.1 解图

例 1.2 在图示机构中,$AB \underline{\mathbin{/\!/}} EF \underline{\mathbin{/\!/}} CD$,构件 1,6 为主动构件,试计算其自由度并判断运动是否确定?

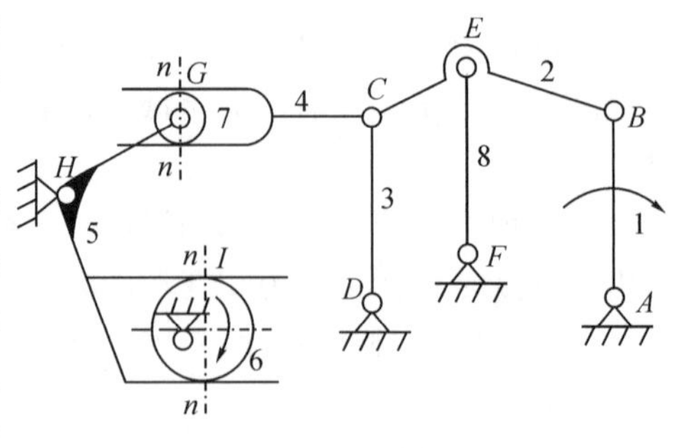

例 1.2 图

解析 由已知条件知 $ABCD$ 为一平行四边形机构,构件 EF 及回转副 E,F 引入的一个约束为虚约束,应予除去。C 处构成复合铰链。滚子 7 的转动为局部自由度。需要指出:滚子 7 与构件 4,偏心轮 6 与构件 5 虽看起来各自有两处高副点(线)接触,但其接触处公法线均重合,计算自由度时应分别除去一个虚约束。这样由式(1.1)可得自由度 $F=3n-2P_L-P_H=3\times6-2\times7-2$

=2。题目表明有两个主动构件,运动确定。

例 1.3 在图示平面运动链中,构件 1 为主动构件,问该平面运动链是否成为机构?

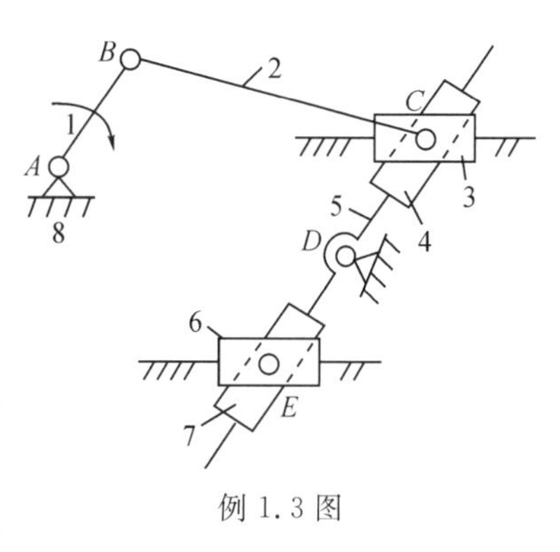

例 1.3 图

解析 图中 E 处虽有 5,6,7,8 四个构件汇交,构成由 5-7 和 6-8 组成的两个移动副以及由 6-7 组成的一个回转副,该处不存在复合铰链。C 处有五个构件汇交,该处存在 3-8 和 4-5 组成的两个移动副以及由 2-3-4 三个构件组成的两个回转副(复合铰链),其自由度为 $F=3n-2P_L-P_H=3\times7-2\times10-0=1$,题目表明有一个主动构件,故该平面运动链构成具有确定运动的平面机构。

五、思考题与练习题

题 1.1 试述机械与机构、零件与构件、运动副与约束的涵义。

题 1.2 何谓低副和高副?平面机构中的低副和高副各引入几个约束?

题 1.3 机构具有确定运动的条件是什么?若不满足这一条件,将会出现什么情况?

题 1.4 试述复合铰链、局部自由度和虚约束的涵义及其在计算自由度时如何识别与处理。为什么在实际机构中局部自由度和虚约束常会出现?

题 1.5 机械运动简图和装配图有何不同?正确绘制运动简图应抓住哪些关键?请画出题 1.5 图所列机构和机械的运动简图。

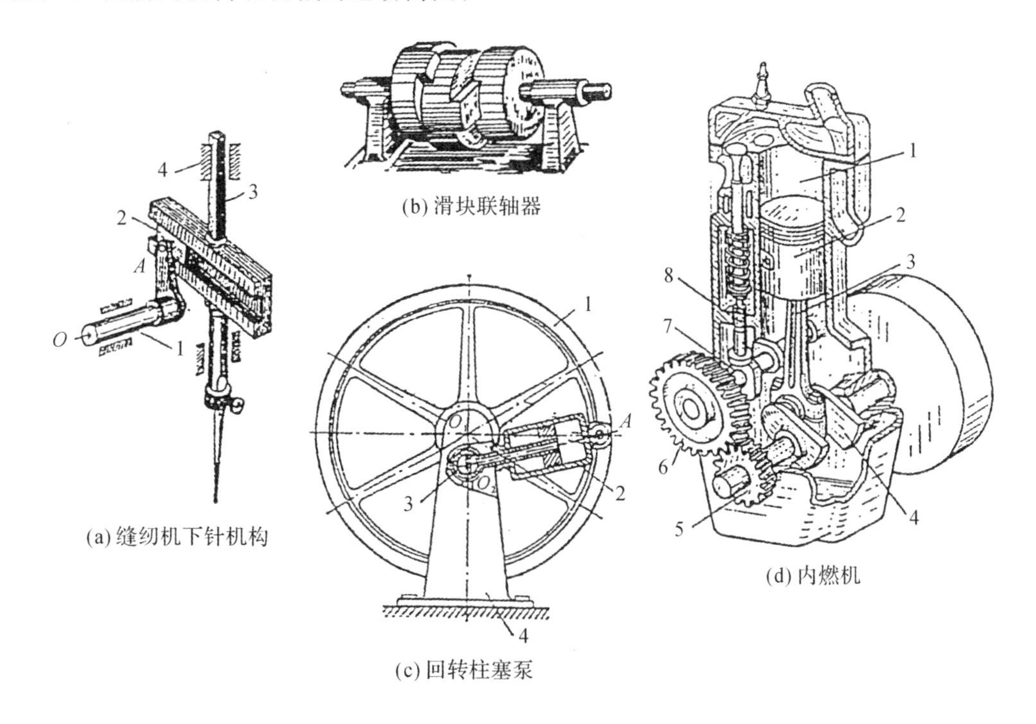

题 1.5 图

题 1.6 试述平面机构自由度计算公式的涵义及计算时应注意的问题。请计算题 1.6 图所列平面机构的自由度，并判断该机构是否有确定运动(图中注有箭头的构件为主动构件)。

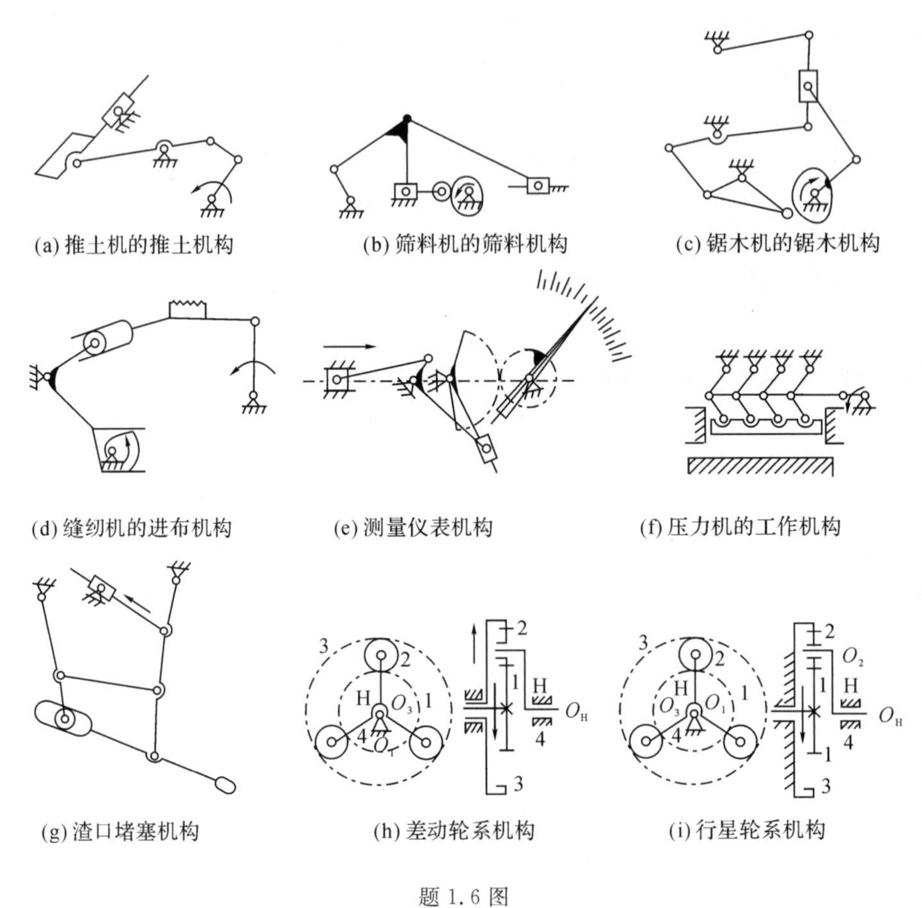

(a) 推土机的推土机构　(b) 筛料机的筛料机构　(c) 锯木机的锯木机构

(d) 缝纫机的进布机构　(e) 测量仪表机构　(f) 压力机的工作机构

(g) 渣口堵塞机构　(h) 差动轮系机构　(i) 行星轮系机构

题 1.6 图

题 1.7 试指出以下运动简图中哪一个存在虚约束？能否成为机构、为什么？(注：(a)图中$\angle BAC=90^\circ$，$AD=BD=DC$；(b)图中 $x_1 /\!/ x_2$；(c)图中 $x_1 \not\parallel x_2$。

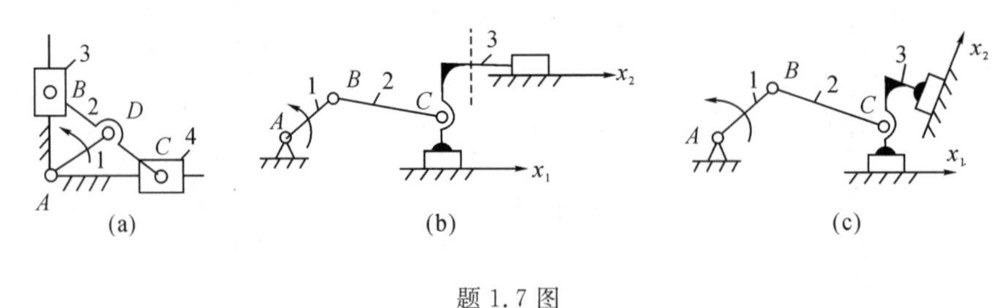

题 1.7 图

题 1.8 试述机械运动简图、运动链自由度计算与机械创新设计的关系。

题 1.9 试述机件损伤和失效的主要形式及机件工作能力准则的涵义。

题 1.10 机械中常用哪些材料？选用材料的原则是什么？试述复合材料、功能材料、智能材料的内涵及其在机械的发展与创新中的意义。

题 1.11 某厂批量加工 100 个法兰盘毛坯，尺寸如题 1.11 图所示。如果采用∅170 的热轧圆钢加工，需钢材多少？如将其外径改为∅156，则可用∅160 的圆钢加工，问可节省多少钢材？是否可采取其他办法进一步节省材料？

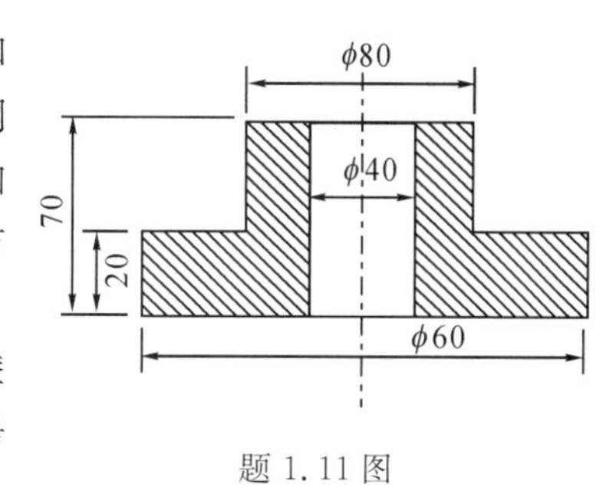

题 1.11 图

题 1.12 试述干摩擦、边界摩擦、流体摩擦、混合摩擦的特点；在减少摩擦和应用摩擦这两方面有些什么考虑和创意？

题 1.13 试分别阐述磨损的涵义及其四种基本形式和正常磨损的三个阶段各自的状态与特点；在减少磨损和利用磨损这两方面有些什么考虑和创意？

题 1.14 润滑油和润滑脂的主要性能指标有哪些？什么是润滑油的黏度和油性？黏度大的油性一定好吗？温度和压力对黏度有何影响？选用润滑剂、润滑方式有些什么考虑和创意？

题 1.15 试述机械中密封的作用以及动密封与静密封、接触密封与非接触密封的涵义；机械中何处需要密封？密封设计时有些什么考虑和创意？

第二章

联　接

一、主要内容与学习要求

本章的主要内容是：

1)螺纹及螺纹联接的基本知识；

2)螺旋副的受力分析、效率及自锁；

3)螺栓联接强度计算及提高联接强度的途径；

4)常用键联接的结构及强度校核；

5)销联接、成形联接、铆接、焊接、粘接及过盈联接的基本结构原理。

本章的学习要求是：

1)掌握螺纹的形成、种类、特性、应用及其主要参数等基本知识。

2)掌握螺旋副的受力分析、效率计算及自锁条件。

3)了解螺纹联接的四种基本型式、特点及其应用，常用螺纹紧固件的结构，螺纹联接的预紧、防松原理和方法。

4)掌握螺栓联接强度计算，了解提高螺纹联接强度的途径。

5)了解常用键联接的结构、特点和应用，掌握平键联接的选用和强度校核方法。

6)了解销联接、过盈联接、铆接、焊接、粘接及过盈联接的基本结构原理、特点和应用。

二、重点与难点

本章的重点是：

1)螺纹的主要参数及螺纹联接的类型、结构与应用；

2)螺旋副的受力分析、效率计算及自锁条件；

3)螺纹联接强度计算；

4)平键联接的选用和强度校核。

本章的难点是：

1)螺旋副的受力分析；

2)受轴向工作载荷的紧螺栓联接的分析和计算；

3)复杂受力状态下的螺栓组联接受力分析。

三、学习指导与提示

(一)概述

联接一般是指使被联接件相对位置固定不动的静联接,按拆卸时能否无损联接分为可拆联接和不可拆联接。螺纹联接、键(包括花键)联接和销联接属可拆联接,铆接、焊接和粘接属不可拆联接,过盈联接按过盈量大小则有不可拆和可拆联接。读者须掌握各种联接的基本结构原理和特点,特别是要学会合理选用各种联接型式。本章侧重讨论螺纹联接和键联接。

(二)螺纹

螺纹不仅是实现螺纹联接和螺旋传动的要素,而且与螺旋齿轮、蜗杆、蜗轮密切关联。应着重掌握:

(1)机械制造中常用螺纹的特点和应用。

(2)普通圆柱螺纹的主要参数有大径 d、小径 d_1、中径 d_2、螺距 P、导程 S、牙形角 α、升角 λ(以中径计算,$\tan\lambda=S/(\pi d_2)$)。

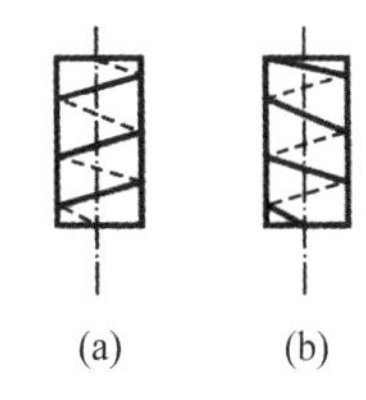

图 2.1

(3)左旋螺纹与右旋螺纹、单线螺纹与多线螺纹、外螺纹与内螺纹、粗牙螺纹与细牙螺纹的涵义。

(4)正确判断螺纹旋向。对外螺纹,可将螺纹竖立于面前,如果看到的螺旋线右侧高、左侧低则为右螺纹(见图 2. 1(a)),反之则为左螺纹(见图 2.1(b))。对内螺纹由于所见螺旋线与外螺纹不在同一面,故其判断旋向方法与外螺纹相反。

(5)螺旋副相对运动的关系。螺杆、螺母相对转动一周,轴向相对移动一个导程,其相对移动方向对右(左)螺纹件可用右(左)手螺旋法则确定(见图 2.2)。

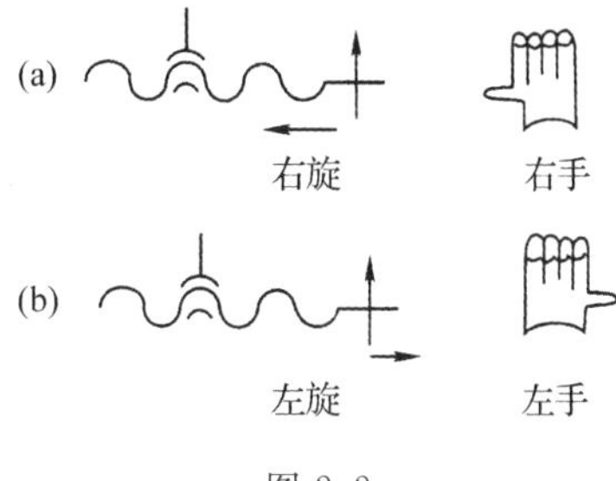

图 2.2

(三)螺旋副受力分析、效率和自锁

1)矩形螺纹的分析

应掌握以下几点:

(1)在轴向力 Q 下用沿螺纹中径 d_2 的圆周力 F_t 扳紧螺母相当于将螺母视为重 Q 的滑块,沿 λ 角的斜面用水平力 F_t 推动等速上升,由 Q、F_t 和接触面反力 R(接触面正压力 N 与摩擦力 $F_f=N\cdot f$ 的合力)的静力平衡求得 $F_t=Q\tan(\lambda+\rho)$,式中,$\rho=\arctan f$,f、ρ 分别为摩擦系数和摩擦角。

(2)扳紧时螺纹副间的摩擦力矩 $T_1=F_t\cdot\dfrac{d_2}{2}=\dfrac{d_2}{2}Q\tan(\lambda+\rho)$,螺纹副效率 $\eta=Q\cdot S/(\pi d_2)=\tan\lambda/\tan(\lambda+\rho)$。

(3)由滑块等速下滑水平支承力 $F_t=Q\tan(\lambda-\rho)$得反行程自锁条件 $\lambda\leqslant\rho$。

2)非矩形螺纹的分析

非矩形螺纹相当于一楔角 2γ 的滑块沿倾斜角为 λ 的楔形槽的斜坡滑动。非矩形螺旋副中各力之间的关系、效率公式、自锁条件只需用当量摩擦角 ρ_v 代替矩形螺旋副公式中的摩擦角 ρ 即可,$\rho_v=\arctan f_v=\arctan(f/\cos\gamma)$,$f_v$ 称为当量摩擦系数,γ 为螺纹工作面的牙边倾角，对称牙形 $\gamma=\alpha/2$。

(四)螺栓联接的强度计算

1)单个螺栓联接的强度计算

根据螺栓所受的载荷(注意:螺栓所受载荷与螺栓联接的载荷不可混为一谈)，针对其主要失效形式确定螺栓的强度条件，按不同强度要求计算出螺栓的小径 d_1，从而确定公称直径 d。

(1)受拉螺栓。松螺栓联接只宜承受静载荷，强度条件为 $\sigma=Q/(\pi d_1^2/4)\leqslant[\sigma]$，$Q$ 为螺栓轴向拉伸工作载荷，松螺栓许用拉应力 $[\sigma]=0.6\sigma_s$，σ_s 为螺栓材料的屈服极限。紧螺栓联接能承受静载荷或变载荷，拧紧螺母使被联接件产生压缩、螺栓受到预紧力 Q。引起的拉应力和螺纹副间摩擦力矩 T_1 引起的扭应力，对于常用的 M10～M68 的普通钢制螺栓、受预紧力 Q_0 和被联件传来的轴向工作载荷 Q_F 的螺栓强度条件为 $\sigma=1.3Q/(\pi d_1^3/4)\leqslant[\sigma]$，式中 Q 为螺栓承受的总拉力，$Q=Q_F+Q_r$，Q_r 为残余预紧力，$Q_r=Q_0-Q_F(1-(k_1/(k_1+k_2))$，$k_1/(k_1+k_2)$ 为紧螺栓联接的相对刚度。对于受轴向循环载荷($0\sim Q_F$)的重要联接，可先按上述强度条件算出螺栓直径，然后校核其疲劳强度 $\sigma_a=\dfrac{k_1}{k_1+k_2}\cdot\dfrac{2Q_F}{\pi d_1^2}\leqslant[\sigma_a]$，$\sigma_a$、$[\sigma_a]$ 分别为应力幅和许用应力幅。需要特别注意:紧螺栓联接强度计算中查阅 $[\sigma]$、$[\sigma_a]$ 时要仔细对应载荷性质、材料、结构尺寸以及是否控制预紧力。

(2)受剪螺栓。铰制孔用螺栓按螺栓剪切强度条件 $\tau=F/(m\pi d_0^2/4)\leqslant[\tau]$ 和螺栓与被联接件孔壁接触表面的挤压强度条件 $\sigma_p=F/(d_0\delta)\leqslant[\sigma_p]$ 计算，式中 F 为单个螺栓承受的横向载荷，d_0，δ 为螺栓杆与钉孔配合处直径与轴向长度，$[\tau]$，$[\sigma_p]$ 分别为铰制孔用螺栓联接的许用剪应力和许用挤压应力。需注意许用挤压应力计算对象应取弱者，即 $\delta[\sigma_p]$ 小者。

2)螺栓组联接的强度计算

螺栓组联接强度计算的核心是能正确地把螺栓组联接所受的任意外载荷(力、力矩)向螺栓组联接接合面的形心简化，找出受力最大的螺栓所受的载荷，以此对其进行单个螺栓联接的强度计算。

螺栓组联接四种典型的受载情况为受轴向载荷、横向载荷、扭转力矩和翻转力矩，现对后两种受载情况重点提示。

(1)受扭转力矩 T 的螺栓组联接。图 2.3(a)为受扭转力矩 T 作用的底座螺栓组联接，底座有绕通过螺栓组中心 O 并与接合面垂直的轴线回转的趋势，其受力情况与受横向载荷类似，此载荷可通过受拉或受剪螺栓联接传递。图 2.3(b)所示为采用受拉的普通螺栓联接，假设各螺栓的预紧力均为 Q_0，则根据底座上各摩擦力矩与扭转力矩 T 的平衡条件:

$$Q_0fr_1+Q_0fr_2+\cdots+Q_0fr_z=K_fT$$

得

$$Q_0=K_fT/f(r_1+r_2+\cdots+r_z)$$

式中:f 为接合面间的摩擦系数;$r_1,r_2,\cdots,r_z$ 为各螺栓中心至底座旋转中心的距离;K_f 为可靠性系数。

图 2.3(c)为采用受剪的铰制孔用螺栓联接，根据螺栓剪切变形协调条件知各螺栓的剪力 $F_1,F_2,\cdots,F_z$ 与其中心至底座旋转中心的距离 $r_1,r_2,\cdots,r_z$ 成正比，即

$$F_1/r_1=F_2/r_2=\cdots=F_z/r_z=F_{max}/r_{max}$$

忽略联接中的预紧力和摩擦力，根据底座静力平衡条件

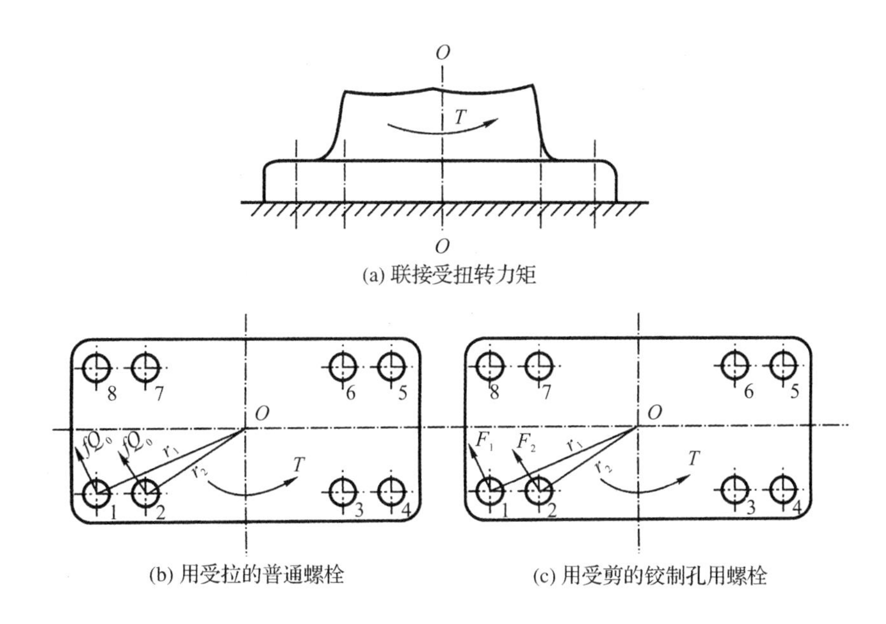

(a) 联接受扭转力矩

(b) 用受拉的普通螺栓　　(c) 用受剪的铰制孔用螺栓

图 2.3

$$F_1 r_1 + F_2 r_2 + \cdots + F_z r_z = T$$

两式联解得
$$F_{\max} = T r_{\max} / (r_1^2 + r_2^2 + \cdots + r_z^2)$$

式中 $r_{\max}$ 和 $F_{\max}$ 分别为各螺栓轴线至底座旋转中心距离的最大值和受力最大螺栓所受的工作剪力。

(2)受翻转力矩 M 的螺栓组联接。图 2.4 为一受翻转力矩 M 的底座螺栓组联接，底座有绕对称轴线 O-O 翻转的趋势，则对称轴左侧的螺栓被拉紧，而对称轴右侧的螺栓被放松，但其接合面间的压力则增加。根据螺栓拉伸变形协调条件，知左边螺栓的工作载荷和右边基座在螺栓处的压力与螺栓中心至对称轴线的距离成正比，即

$$Q_{F_1}/L_1 = Q_{F_2}/L_2 = \cdots = Q_{F_z}/L_z = Q_{F_{\max}}/L_{\max}$$

根据底座静力平衡条件

$$Q_{F_1} L_1 + Q_{F_2} L_2 + \cdots + Q_{F_z}/L_z = M$$

两式联立解得

$$Q_{F_{\max}} = M L_{\max} / (L_1^2 + L_2^2 + \cdots + L_z^2)$$

式中 $L_{\max}$ 和 $Q_{F_{\max}}$ 分别为受力最大螺栓至 O-O 轴线的距离和工作拉力。

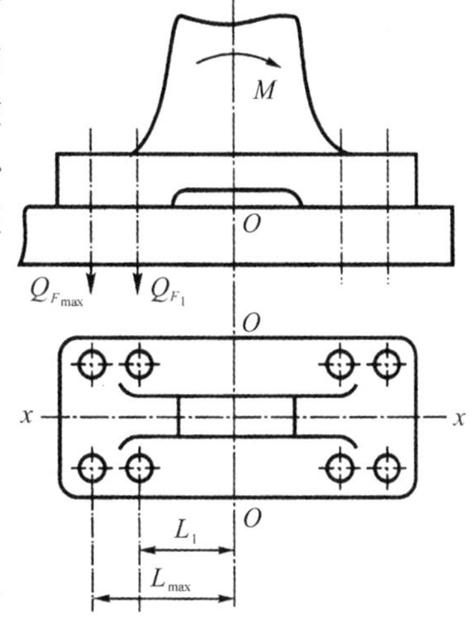

图 2.4

需要指出的是，对于受翻转力矩的螺栓组联接，不仅要对单个螺栓进行强度计算，而且还应保证接合不出现缝隙(图 2.4 中左端边缘最小挤压应力外 $\sigma_{p\min} \geqslant 0$)，并应保证接合面不因挤压应力过大而压溃(图 2.4 中右端边缘最大挤压应力 $\sigma_{p\max} \leqslant [\sigma_p]$)。

(五)平键联接的选用和强度校核

平键联接由平键、轴与轮毂组成。装配后平键的侧面是工作面，工作时靠轮毂和轴的键

槽与键的侧面互相挤压而传递转矩，实现轴与轴上零件的周向固定。平键联接的定心性好，无需楔紧，不会出现偏心。常用的平键有普通平键和导向平键两种。普通平键有圆头（A型）、方头（B型）和单圆头（C型）三种。C型键用于轴的端部，A型和C型键在轴的键槽中固定良好，但轴上键槽引起的应力集中较B型为大。普通平键的结构简单，装拆方便，对中性好，易于加工，应用最广，但不能承受轴向力，常用于相配零件要求定心好和转速较高的静联接。导向平键除实现周向固定外还允许轴上零件在轴上有轴向移动，构成动联接。普通平键和键槽的尺寸均已标准化，设计键联接时，应先根据要求选择键的类型，然后根据装键处轴径 d 从标准中查取键的宽度 b 和高度 h，参照轮毂长度从标准中选取键的长度 L（一般约为 $1.5d$，并应短于轮毂长）而后进行强度校核。需注意静联接的失效是压溃问题，动联接的失效是磨损问题，分别进行限制挤压应力 $\sigma_p=4T/(dhL_c)\leqslant[\sigma_p]$ 和限制压强 $p=4T/(dhL_c)\leqslant[p]$ 的强度校核。两种强度计算式相同，但许用值不同。若强度不够可适当加大键长或采用双键。

四、例题精选与解析

例 2.1 试找出图中螺纹联接结构的错误，说明其原因，并在图上改正（被联接件材料已知）。

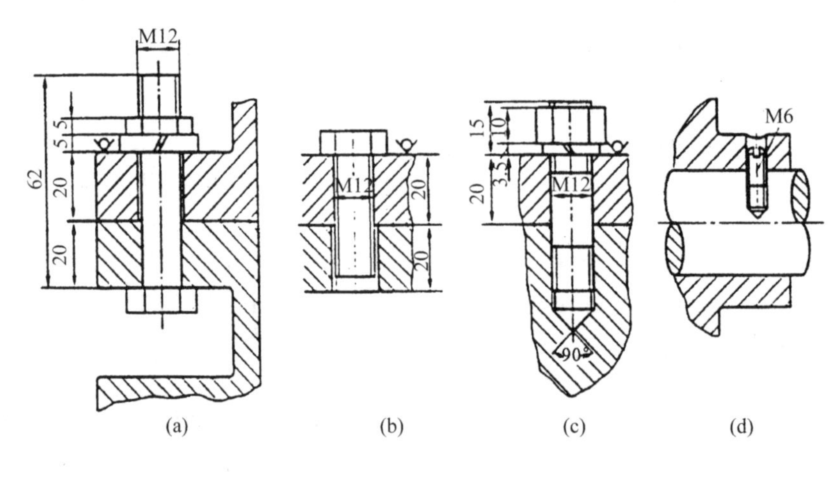

例 2.1 图

解析 本例重点考核螺纹联接的结构和标准，对螺纹联接结构设计有较多帮助。

（1）例 2.1 图（a）所示普通螺栓联接结构的主要错误有：①螺栓装不进去，应掉头安装；②下部被联接件钉孔与螺栓杆间无间隙，而普通螺栓联接应为贯穿螺栓；③被联接件表面未加工，应作出沉头座孔并括平；④弹簧垫圈尺寸和缺口方向不对；⑤螺栓长度不标准，应取标准长 $l=60\text{mm}$；⑥螺栓中螺纹部分的长度偏短，应取长 30mm；⑦一般联接不应采用扁螺母。改正后的结构见例 2.1 解图（a）。

（2）例 2.1 图（b）所示螺钉联接结构的主要错误有：①图中上边被联接件没有制成大于螺钉大径的贯穿光孔，下边被联接件的螺纹孔过大，且小径为细实线画法不对；②与钉头接触的被联接件表面未加工，应作出沉头座。改正后的结构见例 2.1 解图（b1）。由于下边被联接件厚度仅 20mm，亦可将螺钉联接改为例 2.1 解图(b2)所示普通螺栓联接。

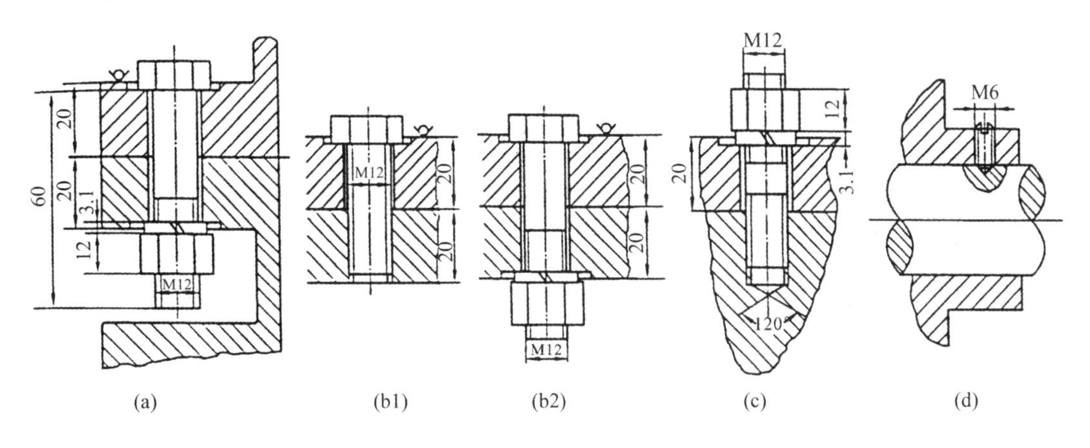

例 2.1 解图

(3)例 2.1 图(c)所示双头螺柱联接结构的主要错误有：①双头螺柱的光杆部分不能拧进被联接件的螺纹孔内，M12 不能标注在光杆部分；②锥孔角度应为 120°，而且应从螺纹孔小径处画锥孔角；③与弹簧垫圈接触的被联接件表面未加工，应作出沉头座；④弹簧垫圈厚度尺寸 3.5mm 应改为 3.1mm；改正后的结构见例 2.1 解图(c)。

(4)例 2.1 图(d)所示紧定螺钉结构的主要错误有：①轮毂上未制出 M_6 的螺纹孔；②轴没有作局部剖视，未设与螺钉末端顶紧的锥坑。改进后的结构见例 2.1 解图(d)。

例 2.2 如图所示为凸缘联轴器，上半图表示用 6 只不严格控制预紧力的普通螺栓联接，下半图表示用 3 只铰制孔用螺栓联接。已知轴径 $d=60$mm，传递功率 $P=2.5$kW，静载荷，轴的转速 $n=60$r/min，螺栓中心圆直径 $D_1=115$mm，$\delta=14$mm，螺栓机械性能分别为 8.8 级和 4.6 级，联轴器材料为 HT200，试确定上述两种联接的螺栓直径。

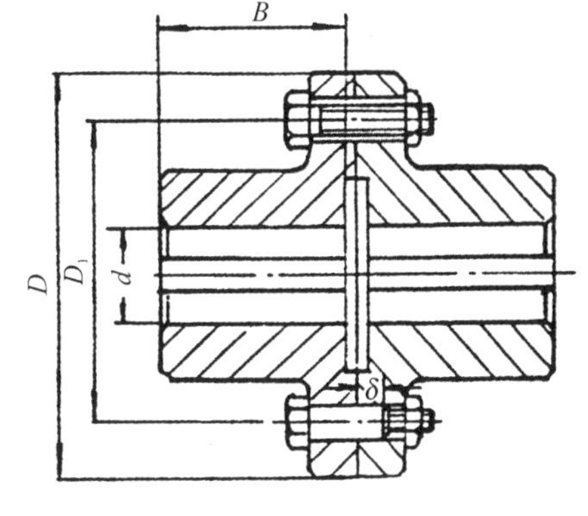

例 2.2 图

解析 本例为典型的普通螺栓联接和铰制孔用螺栓联接计算实例。

传递的转矩 $T=9550\cdot\dfrac{P}{n}=9550\times\dfrac{25}{60}=397.92$ (N·m)=397920(N·mm)，作用在螺栓中心圆 D_1 上的圆周力 $F=\dfrac{2T}{D_1}=\dfrac{2\times397920}{115}=6920$(N)。

(1)普通螺栓

设 Q_0 为每个螺栓的预紧力，取接合面摩擦系数 $f=0.2$，现摩擦接合面数 $m=1$，螺栓数 $z=6$，取可靠性系数 $K_f=1.2$，假定接合面摩擦圆直径约等于 D_1，由计算可得 $Q_0\geqslant\dfrac{K_fF}{zfm}=\dfrac{1.2\times6920}{6\times0.2\times1}=6920$(N)。

假定螺栓公称直径 $d=10$mm，8.8 级查表得 $\sigma_s=640$MPa；不严格控制预紧力，由表用内插取值$[\sigma]=0.282\sigma_s=0.282\times640=180.48$(MPa)，按紧螺栓强度公式计算螺栓小径

$d_1 \geqslant \sqrt{\dfrac{4\times 1.3Q_0}{\pi[\sigma]}}=\sqrt{\dfrac{4\times 1.3\times 6920}{\pi\times 180.48}}=7.966(\mathrm{mm})$。

查表得粗牙普通螺纹公称直径 $d=10\mathrm{mm}$ 时，小径 $d_1=8.376\mathrm{mm}$，与计算出的 $d_1=7.966\mathrm{mm}$ 接近且略大一些，故假定合适，取 M10 的 8.8 级六角头普通螺栓。

(2)铰制孔用螺栓

由 4.6 级查表得 $\sigma_s=240\mathrm{MPa}$，由表得$[\tau]=0.4\sigma_s=0.4\times 240=96(\mathrm{MPa})$；HT200 灰铸铁的抗拉强度极限 $\sigma_B=200\mathrm{MPa}$，由表得$[\sigma_p]=0.4\sigma_B=0.4\times 200=80(\mathrm{MPa})$。现摩擦接合面数 $m=1$，螺栓数 $z=3$。

由受剪螺栓强度公式，$d_0\geqslant\sqrt{\dfrac{4F}{zm\pi[\tau]}}=\sqrt{\dfrac{4\times 6920}{3\times 1\times \pi\times 96}}=5.53(\mathrm{mm})$，

由受剪螺栓挤压强度公式，$d_0\geqslant\dfrac{F}{z\delta[\sigma_p]}=\dfrac{6920}{3\times 14\times 80}=2.06(\mathrm{mm})$，从强度考虑，选 M6 的铰制孔用螺栓，$d_0=6+1=7(\mathrm{mm})>5.53(\mathrm{mm})$即可。

例 2.3 图示一托架，用 4 个螺栓固定在钢柱上。已知静载荷 $F=3\mathrm{kN}$，距离 $l=150\mathrm{mm}$，接合面摩擦系数 $f=0.2$，试计算该联接。

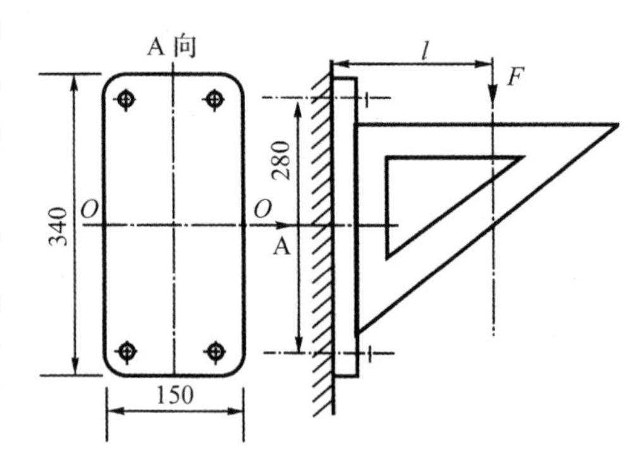

例 2.3 图

解析 本例题为具有横向力与翻转力矩的托架紧螺栓组联接，要考虑在力 F 作用下托架不应滑移；在翻转力矩 Fl 作用下托架有绕螺栓组形心轴线 O-O 翻转的趋势，接合面不应出现缝隙和压溃。

(1)螺栓受力分析。将载荷 F 向螺栓组形心简化有向下滑移的剪力 $F=3\mathrm{kN}$，绕 O-O 轴线翻转力矩 $M=F\cdot l=3000\times 150=450000(\mathrm{N\cdot mm})$。上面两只螺栓受力最大，每只受工作拉力

$$Q_F=\frac{M\cdot r_{\max}}{\sum_{i=1}^{4}r_i^2}=\frac{M\cdot r_{\max}}{4r_{\max}^2}=\frac{M}{4r_{\max}}=\frac{450000}{4\times 280/2}=803.57(\mathrm{N});$$

在 F 力作用下为保证托架不滑移，每只螺栓所需预紧力

$$Q_0\geqslant\frac{K_f\cdot F}{z\cdot f\cdot m}=\frac{1.2\times 3000}{4\times 0.2\times 1}=4500(\mathrm{N})$$

钢铁零件取相对刚度系数$\dfrac{k_1}{k_1+k_2}\approx 0.3$，计算螺栓总拉力 $Q=Q_0+Q_F\cdot\dfrac{k_1}{k_1+k_2}=4500+803.57\times 0.3=4741.07(\mathrm{N})$。

(2)确定螺栓直径。螺栓材料取 35 号钢 5.6 级，查表得 $\sigma_s=300\mathrm{MPa}$；由表查不严格控制预紧力 M6～M16 螺栓$[\sigma]=(0.25\sim 0.33)\sigma_s$，取$[\sigma]=0.3\sigma_\sigma=0.3\times 300=90(\mathrm{MPa})$，由紧螺栓强度公式计算螺栓小径 $d_1\geqslant\sqrt{\dfrac{4\times 1.3Q}{\pi[\sigma]}}=\sqrt{\dfrac{4\times 1.3\times 4741.07}{\pi\times 90}}=9.338(\mathrm{mm})$。查表，采用公称直径 $d=12\mathrm{mm}$ 的粗牙普通螺纹，小径 $d_1=10.106\mathrm{mm}>9.338\mathrm{mm}$。

(3)保证上部接合面不出现缝隙之校验。为保证上部接合面不出现缝隙，必须使上部接

合面边缘最小挤压应力 $\sigma_{p\min}=\dfrac{z\cdot Q_0}{A}-\dfrac{M}{W}\geqslant 0$。式中接触面积 $A=340\times150=51000$ (mm^2)；W 为在翻转力矩 M 作用下抗弯截面系数，$W=\dfrac{150}{6}(340)^2=2890000(mm^3)$；故 $\sigma_{p\min}$ $=\dfrac{4\times4500}{51000}-\dfrac{450000}{2890000}=0.197(MPa)>0$，故上部接合面不会出现缝隙。

(4)保证下部接合面不因挤压应力过大而压溃，由读者予以完成。

例 2.4 试选择带轮与轴联接采用的 A 型普通平键。已知轴和带轮的材料分别为钢与铸铁，带轮与轴配合直径 $d=40mm$，轮毂长度 $l=70mm$，传递的功率 $P=10kW$，转速 $n=970r/min$，载荷有轻微冲击。请以 1∶1 比例尺绘制联接横断面视图，并在其上注出键的规格和键槽尺寸。

解析 本例为典型的平键联接选择及校核计算，同时还要绘制横断面视图，标上键槽尺寸。

(1)选取平键尺寸。配合轴径 $d=40mm$，查表得键的尺寸为 $b=12mm$，$h=8mm$；按轮毂长 70mm，初取 A 型键长为 $1.5d=1.5\times40=60(mm)$，由表取标准长 $l=63mm$。

(2)校核键的强度。考虑到铸铁轮毂，有轻微冲击，查表得键联接的许用挤压应力$[\sigma_p]=50\sim60MPa$；由挤压强度公式计算键联接挤压应力 $\sigma_p=\dfrac{4T}{dhL_c}$，式中转矩 $T=9550P/n=9550\times10/970=98.454(N\cdot m)=98454(N\cdot mm)$；键的计算长度 $L_c=l-b=63-12=51$ (mm)；得 $\sigma_p=\dfrac{4\times98454}{40\times8\times51}=24.13(MPa)<[\sigma]_p$，安全。

(3)以 1∶1 比例绘制键联接横断面视图。查表得 $t=5mm$，$t_1=3.3mm$；故轴槽深 $d-t=40-5=35$ (mm)，毂槽深 $d+t_1=40+3.3=43.3(mm)$，键的规格为：键 12×63GB/T1096-1979(1990 年，认可)。

键联接横断面视图见例 2.4 解图。

12
8
Φ40
35
43.3

例 2.4 解图

五、思考题与练习题

题 2.1 螺旋线和螺纹牙是如何形成的？阐述螺纹的主要参数及其涵义。螺距与导程、牙形角与工作面牙边倾斜角有何不同？螺纹的线数和螺旋方向如何判定？阐述螺旋副相对运动的关系。

题 2.2 已知一普通粗牙螺纹，大径 $d=24mm$，中径 $d_2=22.051mm$(普通粗牙螺纹的线数为 1，牙形角为 60°)，螺纹副间的摩擦系数 $f=0.15$。试求：①螺纹升角 λ；②该螺纹副能否自锁；③用作起重时的效率为多少？

题 2.3 螺纹联接的基本类型有哪些？各适用于什么场合？阐述螺纹联接预紧和防松的意义、基本原理和意义。请指出题 2.3 图中螺纹联接的结构错误。

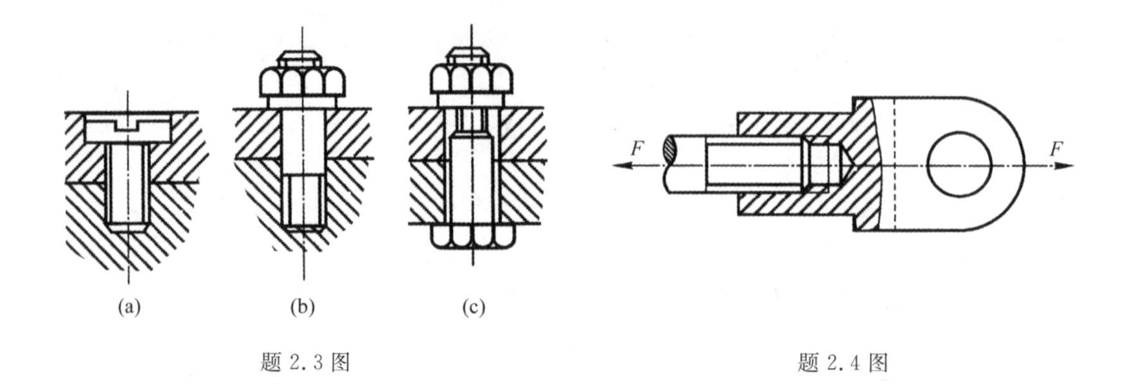

题 2.3 图　　　　题 2.4 图

题 2.4　如题 2.4 图所示，拉杆端部采用普通粗牙螺纹联接。已知拉杆所受最大载荷 $F=15\text{kN}$，载荷很少变动，拉杆材料为 Q235 钢，试确定拉杆螺纹的直径。

题 2.5　图示起重机卷筒用沿 $D_1=500\text{mm}$ 圆周上安装 6 个双头螺柱和齿轮联接，靠拧紧螺柱产生的摩擦力矩将转矩由齿轮传到卷筒上，卷筒直径 $D_t=400\text{mm}$，钢丝绳拉力 $F_t=10000\text{N}$，钢齿轮和钢卷筒联接面摩擦系数 $f=0.15$，希望摩擦力比计算值大 20%以获安全。螺柱材料为碳钢，其机械性能为 4.8 级。试计算螺柱直径。

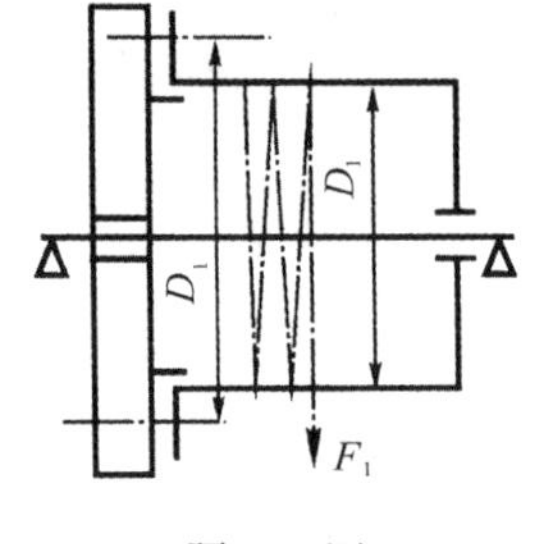

题 2.5 图

题 2.6　某油缸的缸体与缸盖用 8 个双头螺柱均布联接，作用于缸盖上总的轴向外载荷 $F_\Sigma=50\text{kN}$，缸盖厚度为 16mm，载荷平稳，螺柱材料为碳钢，其机械性能为 4.8 级，缸体、缸盖材料均为钢。试计算螺柱直径并写出紧固件规格。

题 2.7　题 2.7 图所示为一螺栓组联接的 3 种方案，其外载荷 R，尺寸 a、L 均相同，$a=60\text{mm}$，$L=300\text{mm}$。试分别计算各方案中受力最大螺栓所受横向载荷 F_s，并分析比较哪个方案好。

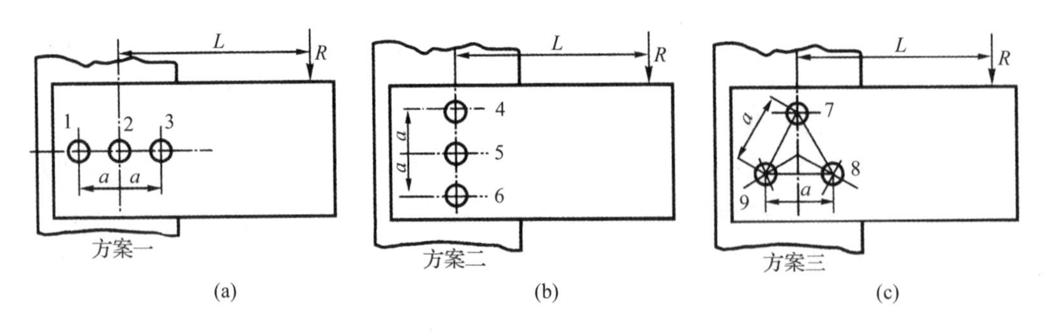

题 2.7 图

题 2.8　试述轴向载荷紧螺栓总拉力计算的两个表达式及其应用。

题 2.9　试从传递转矩能力、制造成本、削弱轴的强度几方面比较平键、半圆键和花键联接。并阐述楔键联接与平键联接相比，其结构、受力和应用的特点。

题 2.10　试选择带轮与轴联接采用的 A 型普通平键。已知轴和带轮的材料分别为钢与铸铁，带轮与轴配合直径 $d=45\text{mm}$，轮毂长度 $l=64\text{mm}$，带轮基准直径 $d_d=250\text{mm}$，传递

的有效圆周力 $F=2000$N，载荷有轻微冲击。请以 1∶1 比例尺绘制联接横断面视图，并在其上注出键的规格和键槽尺寸。

题 2.11 铆接、焊接和粘接各有什么特点？分别适用于什么情况？

题 2.12 图示为两个 70mm×70mm×8mm 的角钢与钢板的焊接结构，材料均为 Q215 钢，作用在角钢形心轴上的静载荷 $F=300$kN，试计算焊缝长度。($e_2\approx20.3$mm)

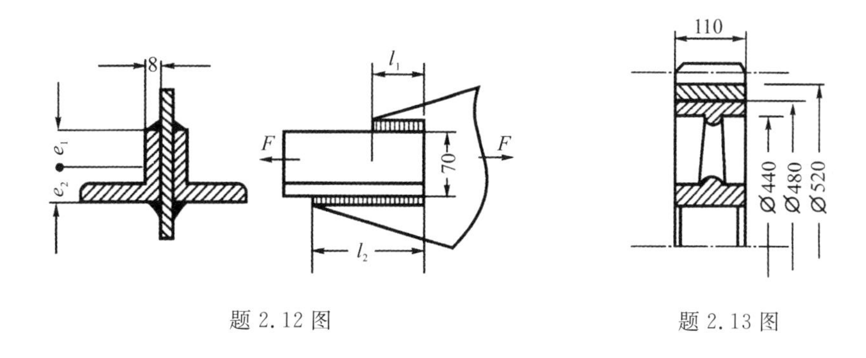

题 2.12 图　　　　题 2.13 图

题 2.13 图示为采用过盈联接的组合齿轮，齿圈和轮芯材料分别为钢和铸铁，已知其传递的转矩 $T=700$N·m，结构尺寸如图所示，装配后不再拆开，试计算所需最小过盈量(可取钢和铁的弹性模量分别为 2.1×10^5 MPa 和 1.3×10^5 MPa；泊松比分别为 0.3 和0.25；接合面摩擦系数 $f=0.09$)。

题 2.14 把一个零件在平面机座上作精确定位，应装几只定位销？为什么？各销钉的相对位置应如何考虑？

题 2.15 平键联接、花键联接、成形联接如何从构形上体会结构创新？

题 2.16 你对快速装拆螺纹联接有何创意构思？你对螺纹联接防松原理和装置能否提出新的思路？

第三章

带传动

一、主要内容与学习要求

本章的主要内容是：

1)带传动的组成类型、特点和应用等基本知识；

2)带传动的受力分析及应力分析；

3)带传动的弹性滑动和打滑；

4)普通 V 带传动的设计计算；

5)其他带传动。

本章的学习要求是：

1)掌握带传动的组成、工作原理、特点、应用以及常用的张紧方法和装置等基本知识。

2)能正确表述带传动中的初始拉力 F_0、紧边拉力 F_1、松边拉力 F_2、有效圆周力 F 的涵义及其相互之间的关系。

3)能正确表述传动带中三种应力产生的原因及应力分布图。

4)能正确表述带传动中弹性滑动现象和打滑现象产生的原因、二者的区别与关连以及其对传动的影响。

5)掌握带传动的失效形式、设计准则、普通 V 带传动的设计计算方法和参数选择的原则。

6)熟悉普通 V 带与 V 带轮的结构和标准。

7)了解同步带、窄 V 带、多楔带传动的结构和特点。

二、重点与难点

本章的重点是：

1)带传动的工作情况分析(包括受力分析、应力分析、弹性滑动与打滑)；

2)普通 V 带传动的设计计算。

本章的难点是：

1)带传动的受力和应力分析；

2)带传动的弹性滑动和打滑的机理。

三、学习指导与提示

(一)概述

1)带传动的组成、特点和应用

带传动是由两个带轮和压紧其上的传动带组成,靠带与带轮接触面之间的摩擦力来传递运动和动力的一种挠性摩擦传动方式。它能缓和冲击,吸收振动,传动较平稳,噪声小,过载时带在带轮上发生打滑可以起到过载安全装置的作用,结构简单,能运用于中心距较大的传动。但工作中传动效率降低,不能准确保持主动轴和从动轴的转速比;承载能力小,外廓尺寸较大;由于需要张紧使轴和轴承受力较大,从而导致轴的尺寸较大。

平带传动和 V 带传动各有其优缺点,由于 V 带传动为楔面摩擦,在相同条件下当量摩擦系数较大,承载能力高于平带传动。本章着重讨论的是实际生产中广泛应用的普通 V 带传动。

2)带传动主要几何尺寸参数

当小带轮、大带轮直径 d_1、d_2 和中心距 a 已知,便可由几何关系得到开口带传动中计算小带轮包角 $\alpha_1 \approx 180° - (d_2 - d_1)180°/(a\pi)$ 和带长 $L \approx 2a + \pi(d_2 + d_1)/2 + (d_2 - d_1)^2/(4a)$ 的公式。以上两式无需推导和记忆,但应掌握 d_1,d_2 和 a 对 α_1,L 的影响。如果为 V 带,d_1,d_2 和 L 应分别以基准直径 d_{d_1},d_{d_2} 和基准带长 L_d 代入计算。

普通 V 带是标准件,制成原始截面楔角 θ 为 40°的无接头的环形带,有 Y,Z,A,B,C,D,E 7 种型号,各种型号的截面尺寸、基准带长系列及 V 带轮的轮缘尺寸均可由表查得。但需注意轮槽的槽形角却制成 34°,36°和 38°,按对应的带轮基准直径 d_d 确定。

(二)带传动的受力分析和应力分析

1)带传动受力分析

带传动的受力分析和应力分析是本章的理论基础。要明确 F_0,F_1,F_2,F 的涵义及其相互关系。带在带轮上张紧时全长受到初拉力 F_0 的作用,工作时形成紧边和松边,相应受到紧边拉力 F_1 和松边拉力 F_2;$F_1 - F_0 = F_0 - F_2$,而两者之差 $F_1 - F_2 = F$,F 为有效圆周力,在数值上等于带与带轮接触面上各点摩擦力的总和 $\sum F_f$,当紧边拉力 F_1 与松边拉力 F_2 之差过大,超出了带与带轮间摩擦力总和的极限值 $\sum F_{f\text{lim}}$ 时,就会发生打滑。

当带传动的摩擦力总和达到极限值时,亦即将要发生打滑的临界状态,紧边拉力 F_1 与松边拉力 F_2 的比值符合挠性体摩擦的欧拉公式 $F_1/F_2 = e^{f\alpha}$,与 $F_1 + F_2 = 2F_0$ 可以联立解得 $F = F_1(1 - 1/e^{f\alpha})$ 和 $F = 2F_0[(e^{f\alpha} - 1)/(e^{f\alpha} + 1)]$ 两个公式,由此可求得最大有效圆周力 F(即 $\sum F_{f\text{lim}}$),它随初拉力 F_0、包角 α 及带轮间摩擦系数 f(V 带传动为当量摩擦系数 $f_v = f/\sin(\varphi/2)$)的增大而增大。

需要指出的是,根据欧拉公式来计算得出的圆周力是极限圆周力,正常使用的带传动不会工作在极限圆周力状态下,而是根据带速 v 和传动的功率 P 来计算有效圆周力 $F = 1000P/v$,此时实际传动的有效圆周力 F 与 α,f 无关。

2)带传动应力分析

带传动工作时带中受有紧边拉应力 $\sigma=F_1/A$、松边拉应力 $\sigma_2=F_2/A$、离心拉应力 $\sigma_c=F/A=qv^2/A$ 和弯曲应力 $\sigma_b\approx Eh/d$。读者应能徒手定性绘制带的应力分布图,理解带传动工作时,带任一截面的应力在运转过程中是变化的,最大应力发生在紧边进入小带轮处,其值为 $\sigma_{\max}=\sigma_1+\sigma_c+\sigma_{b_1}$。带在周期性变应力下工作是带发生疲劳破坏的根本原因。要提高带的使用寿命,应该尽量降低带的最大应力 $\sigma_{\max}$ 和应力循环次数 $u=v/L$。

从带的离心拉应力计算式可知,当带的型号确定后,其截面积 A 和每米质量 q 已确定,带速 v 越大,离心拉应力 σ_c 也越大,因此必须限制带速 v。从带的弯曲应力计算式可知,当带的型号确定后,其弹性模量 E、截面高度 h 便已确定,带轮直径 d 越小,弯曲应力 σ_b 就越大;在一般情况下,$\sigma_{\max}$ 中起主要作用的是 σ_{b_1},因此对于指定型号的 V 带必相应限制其小带轮的最小基准直径 $d_{d\min}$。

(三)带传动的弹性滑动和打滑的机理及其对传动的影响

带传动的弹性滑动和打滑是两个截然不同的概念。弹性滑动是由于带工作时紧边和松边存在拉力差 F_1-F_2,使带的两边弹性变形量不相等,从而引起带与轮之间局部而微小的相对滑动,这是带传动在正常工作时固有的特性,因而是不可避免的。弹性滑动会降低传动效率,引起带的磨损,使从动轮周速 $v_2<$带速 $v<$主动轮周速 v_1。从动轮周速的降低率称为带传动的滑动率,以 $\varepsilon=(v_1-v_2)/v_1$ 表示。ε 随传递载荷 $F=F_1-F_2$ 的增大而增大,不是定值,故使带传动的从动轮实际转速 $n_2=d_1n_1(1-\varepsilon)/d_2$ 和实际传动比 $i=n_1/n_2=d_2/[d_1(1-\varepsilon)]$ 不能恒定。传动工作正常时滑动率 ε 较小,通常为 1%~2%,在一般计算中可略去不计,可认为 $i=n_1/n_2\approx d_2/d_1$,$v\approx v_1=\pi d_1n_1/6000\approx v_2$。打滑则是由于过载而引起的带在带轮上的全面滑动。打滑时带的磨损加剧,从动轮转速急剧降低,甚至停止运动,使传动失效。打滑是不应该发生的,在传动设计时一般已采取防止措施,故而在正常运行时是不会发生打滑的。

(四)普通 V 带传动的设计计算

带传动的主要失效形式是打滑和疲劳破坏。带传动的设计准则应为:在保证带传动不打滑的条件下,具有一定的疲劳强度和寿命。由此可导出单根普通 V 带所能传递的功率为

$$P_0=([\sigma]-\sigma_b-\sigma_c)(1-1/e^{f\alpha_1})Av/1000$$

在 $\alpha_1=180°$、特定带长、载荷平稳的条件下,Z,A,B,C 型单根普通 V 带的 P_0 值可由实验线图上查得。读者需了解工程上当实际使用条件与上述条件不同时的修正方法这一重要概念,修正后即得实际使用条件下单根 V 带所能传递的功率,称为许用功率,其值为 $[P_0]=(P_0+\Delta P_0)K_\alpha K_L$,式中 ΔP_0 为功率增量,K_α 为包角系数,K_L 为带长系数。

设计 V 带传动的依据一般有传动用途,工作情况,带轮转速,传递的功率,外廓尺寸和空间位置条件等。通过设计计算需要确定的有 V 带型号、长度和根数、带轮直径及结构、中心距以及带对轮轴的作用力等。V 带传动的设计计算步骤可通过研读例 3. 3 来掌握,不必死记硬背,注意 d_{d_1},α_1,v,z 的确定和调整,注意标准基准带长和中心距的最后确定。

四、例题精选与解析

例 3.1 一单根普通 V 带传动,能传递的最大功率 $P=10\text{kW}$ 主动轮转速 $n_1=1450$

r/min，主动轮、从动轮的基准直径分别为 $d_{d_1}=180\text{mm}$，$d_{d_2}=3\ 50\text{mm}$，中心距 $a=630\text{mm}$，带与带轮间的当量摩擦系数 $f_v=0.2$，试求紧边拉力 F_1 和松边拉力 F_2。

解析 根据题目给定的能传“最大功率”，可知 F_1 与 F_2 之间符合欧拉公式 $F_1/F_2=e^{f_v\alpha_1}$。

求出小轮包角 $\alpha_1=180°-\dfrac{d_{d_2}-d_{d_1}}{a}\cdot\dfrac{180°}{\pi}=180°-\dfrac{350-180}{630}\cdot\dfrac{180°}{\pi}=165°=2.88(\text{rad})$

可得 $F_1/F_2=e^{f_v\alpha_1}=(2.718)^{(0.2\times2.88)}\approx1.78$ ①

欲求 F_1，F_2 还必须运用 $F_1-F_2=F=1000P/v$ 关系式。

带速 $v=\pi d_{d_1}n_1/6000=\pi\cdot180\cdot1450/6000=13.67(\text{m/s})$

解得 $F_1-F_2=F=1000\times10/13.67=731.5(\text{N})$ ②

联立求解①，②两式得 $F_1=1670\text{N}$，$F_2=938\text{N}$。

例 3.2 一带传动的小轮、大轮直径、两轮中心距、带和带轮材料、初拉力以及小轮的转速和转向均已确定，试问：若其他条件均不改变，仅将主动轮由小轮改换为大轮，其所能传递的最大有效圆周力 F 和最大功率 P 有无改变？

解析 本题的核心是最大有效圆周力 F 的确定。$F=2F_0(e^{f\alpha_1}-1)/(e^{f\alpha_1}+1)$，现 F_0、f，α_1 均不变，故最大有效圆周力 F 不变。

最大能传功率 $P=Fv/1000$，现 F，v 均不变，最大能传功率 P 不变。

例 3.3 设计一由电动机驱动的普通 V 带减速传动。已知电动机功率 $P=7\text{kW}$，转速 $n_1=1440\text{r/min}$，要求传动比 $i=3$，其容许偏差为 $\pm5\%$。双班制工作，载荷平稳。

解析 本例为典型的 V 带传动的设计计算实例。

(1)选择 V 带型号

查表得工作情况系数 $K_A=1.1$；由公式算得计算功率 $P_c=K_A\cdot P=1.1\times7=7.7(\text{kW})$。根据 P_c，和 n_1 查图表选用 A 型普通 V 带。

(2)确定带轮基准直径 d_{d1}，d_{d2}

查表选小带轮基准直径 $d_{d1}=112\text{mm}$，计算大带轮基准直径 $d_{d2}=id_{d1}=3\times112=336(\text{mm})$。由基准直径系列表选 $d_{d2}=315\text{mm}$。

取 $\varepsilon=0.015$，则实际传动比 $i=\dfrac{d_{d2}}{d_{d1}(1-\varepsilon)}=\dfrac{315}{112(1-0.015)}=2.855$，传动比偏差小于 5%。

(3)验算带速 v

$$v=\frac{\pi d_{d1}n_1}{60\times1000}=\frac{1440\times112\pi}{60\times1000}=8.44(\text{m/s})$$。在 5～25(m/s)范围内。

(4)确定中心距 a 和基准带长 L_d

①初选中心距 a_0：根据 $0.7(d_{d1}+d_{d2})\leqslant a_0\leqslant2(d_{d1}+d_{d2})$ 得 $299\leqslant a_0\leqslant854$，故初选中心距 $a_0=d_{d2}=315\text{mm}$。符合取值范围。

②计算初定的带长 L_{d0}：

$$\begin{aligned}L_{d0}&=2a_0+\frac{\pi}{2}(d_{d1}+d_{d2})+\frac{(d_{d2}-d_{d1})^2}{4a_0}\\&=2\times315+\frac{\pi}{2}(112+315)+\frac{(315-112)^2}{4\times315}=1333.4(\text{mm})\end{aligned}$$

③基准带长 L_d：查表选用 $L_d=1400\text{mm}$。

④实际中心距 a：由近似公式 $a\approx a_0+\frac{L_d-L_{d0}}{2}=315+\frac{1400-1333.4}{2}=348.3(\text{mm})$，留出适当的中心距调整量。

(5)计算小轮包角 α_1

$$\alpha_1=180°-\frac{d_{d2}-d_{d1}}{a}\cdot\frac{180°}{\pi}=180°-\frac{315-112}{348.3}\cdot\frac{180°}{\pi}=146.6°>120°\text{，合适。}$$

(6)确定带的根数 z

由公式得
$$z\geqslant\frac{P_0}{(P_0+\Delta P_0)K_a K_L}$$

由 n_1 和 d_{d1} 值查图表得 $P_0=1.8\text{kW}$。

由公式计算 $\Delta P_0=K_{bn_1}(1-\frac{1}{K_i})$，其中 $K_b=1.03\times10^{-3}$（查表），$K_i=1.14$（查表），可得

$$\Delta P_0=1.03\times10^{-3}\times1440\left(1-\frac{1}{1.14}\right)=0.182(\text{kW})$$

查表得 $K_a=0.913$，查表得 $K_L=0.96$。

算得
$$z\geqslant\frac{7.7}{(1.8+0.182)\times0.913\times0.96}=4.432$$

选用 A 型 V 带 5 根。

(7)确定带的初拉力 F_0

由初拉力公式
$$F_0=\frac{500P_c}{zv}\left(\frac{2.5}{K_a}-1\right)+qv^2$$

查表，A 型 V 带每米质量 $q=0.10\text{kg/m}$。

所以
$$F_0=\frac{500\times7.7}{5\times8.44}\left(\frac{2.5}{0.913}-1\right)+0.10\times8.44^2=165.7(\text{N})$$

(8)计算作用在轴上的力 F_Q

由轴上受力公式
$$F_Q=2zF_0\sin\frac{\alpha_1}{2}=2\times5\times165.7\sin\frac{146.6°}{2}=1587(\text{N})$$

(9)带轮结构设计。（略）

五、思考题与练习题

题 3.1 带传动的工作能力取决于哪些方面？请分析初拉力 F_0、小轮包角 α_1、小轮直径 d_1、传动比 i 和中心距 a 数值大小对带传动的影响。

题 3.2 试述带传动的弹性滑动与打滑的现象、后果及其机理。

题 3.3 带上一点的应力在运转中如何变化？带传动有哪些失效形式？设计 V 带传动时计算承载能力的基本公式依据是什么？如小轮包角 α_1 过小，带的根数过多，应如何分别处理？

题 3.4 已知一 V 带传动主动轮直径 $d_{d1}=100\text{mm}$，从动轮直径 $d_{d2}=400\text{mm}$，中心距 a 约为 485mm，主动轮装在转速 $n_1=1450\text{r/min}$ 的电动机上，三班制工作，载荷较平稳，采用两根基准长度 $L_d=1800\text{mm}$ 的 A 型普通 V 带，试求该传动所能传递的功率。

题 3.5 设计由电动机至凸轮造型机凸轮轴的普通 V 带传动。电动机功率 $P=1.7$kW,转速为 1430r/min,凸轮轴转速要求为 285r/min 左右,根据传动布置要求中心距约为 500mm 左右。每天工作 16h。试设计该 V 带传动,并以 1∶1 的比例绘制小带轮轮缘部分视图,注上尺寸。

题 3.6 试阐述带传动的主要失效形式和影响单根带传递功率的因数。

题 3.7 试分别阐述在设计带传动时对带的速度 $v_{\min}$、$v_{\max}$,两轴中心距 $a_{\min}$、$a_{\max}$,小带轮包角 α_1 加以限制。

题 3.8 为什么普通 V 带剖面角为 40°,而其带轮的槽形角却制成 34°,36°或 38°? 什么情况下用较小的槽形角?

题 3.9 在机械传动系统中,通常将带传动布置在高速级,为什么?

题 3.10 带的结构如何创新才能适应高速传动和转速比准确的传动?

第四章

链传动

一、主要内容与学习要求

本章的主要内容是：

1)链传动的组成、类型、特点、应用等基本知识；

2)滚子链及其链轮的结构；

3)链传动的运动特性；

4)滚子链的失效形式与功率曲线；

5)滚子链传动计算及参数选择。

本章的学习要求是：

1)掌握链传动的组成、工作原理、特点、应用以及合理润滑和布置方式等基本知识。

2)了解滚子链的结构、规格及链轮的结构和几何尺寸计算。

3)掌握链传动的运动特性及其与设计参数之间的关系。

4)了解滚子链传动的失效形式和确定许用功率。

5)掌握滚子链传动的设计计算方法和主要参数选择的原则。

二、重点与难点

本章的重点是：

1)链传动的运动特性；

2)滚子链传动的设计计算。

本章的难点是：链传动的运动特性分析(多边形效应)和合理选择链传动的主要参数。

三、学习指导与提示

(一)概述

1)链传动的组成、特点和应用

链传动是由主、从动链轮和绕在其上的链条组成，靠中间挠性件链条与链轮轮齿的啮合传动。与带传动相比，链传动张紧力小或无需张紧，传动效率较高，平均转速比能保持为定值，但由于“多边形效应”，其瞬时角速度比不恒定，传动不够平稳。链传动可在中心距大，中、低速重载，运动平稳性不高以及温度较高、多尘、油污等恶劣条件下工作。常用的传动链有滚子链和齿形链，本章着重讨论滚子链。

2)链传动主要几何尺寸参数

滚子链有单排和多排之分，节距 p 是表征链条规格的主要参数，节距 p 越大，链条各部分尺寸增大，承载能力也越高。链条的长度常以链节数 L_p 表示。滚子链链轮关键尺寸是分度圆直径 $d=p/\sin(180°/z)$，其中 z 为链轮齿数；国家标准规定了链轮端面的齿槽形状。

(二)链传动的运动特性

链条绕上链轮后呈多边形状。传动时，链轮回转一周，将带动链条移动一正多边形周长的距离，平均链速 $v=n_1z_1p/6000=n_2z_2p/6000$，平均转速比 $i=n_1/n_2=z_2/z_1$，式中 n_1，n_2 和 z_1，z_2 分别为主、从动链轮每分钟转速和链轮齿数。但瞬时链速和瞬时传动比 $i'=\omega_1/\omega_2$ 都不是定值。链传动时，链的紧边处于拉伸状态(图 4. 1)，设链条的抗拉刚度很大，紧边链条上各点沿拉力方向的分速度 v' 应该相等，即 $v'=r_1\omega_1\cos\beta=r_2\omega_2\cos\gamma$，瞬时传动比 $i'=\omega_1/\omega_2=r_2\cos\gamma/(r_1\cos\beta)$。式中 r_1，r_2 分别为主、从动链轮的分度圆半径；ω_1，ω_2 分别为主、从动链轮的瞬时角速度；β，γ 分别为链节铰链在主、从动轮上的相位角。在传动中，γ 角与 β 角是周期变化且不是时时相等的，因而其瞬时传动比也不断变化。只有在两链轮齿数 z_1，z_2 相等，链条中心距正好是其节距的整数倍(即 γ 角与 β 角时时相等)时，瞬时传动比方为常数。

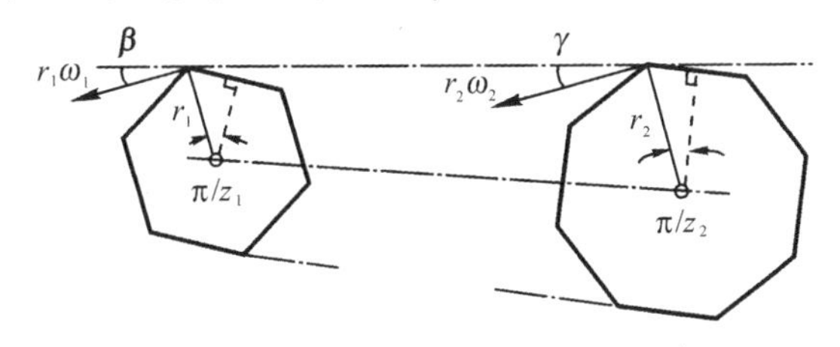

图 4.1

读者不难分析即使 ω_1 为定值，而 ω_2 却随 β 角和 γ 角变化而变化，且不仅链条紧边在拉力方向的移动速度 v' 周期性波动，同时在紧边拉力垂直方向也存在周期性变速抖动。链传动运动不均匀性及链节啮入链轮齿间时引起的冲击，必然要引起动载荷。当链节不断啮入链轮齿间时，就会形成连续不断的冲击、振动和噪声。这种现象通常称为"多边形效应"。链条的节距越大，链轮的齿数越少，而转速越高，"多边形效应"就越严重。限制链速，采用小节距的链条有利于降低运动不均匀性与动载荷。

(三)滚子链传动的失效形式及确定许用功率

滚子链传动失效形式主要有：在变应力作用下链板疲劳破坏；链条铰链销轴磨损导致链节距过度伸长引起脱链；速度过高或润滑不良使销轴与套筒之间发生胶合；套筒或滚子由于过载冲击疲劳破断；低速重载或严重过载使链条静力拉断。

对于每一种失效形式，均可得出相应的极限功率表达式，或绘成极限功率曲线。为了便于计算，将特定条件下的各种极限功率曲线综合绘制成额定功率曲线图，由此图可确定单排链条的额定功率 P_0。当实际使用情况与特定条件不同时，应对从额定功率曲线图上查得的 P_0 用修正系数修正为许用功率 $[P_0]=P_0K_zK_LK_n$，式中 K_z，K_L 和 K_n 分别为小链轮齿数 z_1，链节数 L_p 和链的排数不符合特定条件时的修正系数。且需注意若不按推荐方式润滑时查得的 P_0 值应予降低。

(四)滚子链传动的计算与参数选择

滚子链传动的参数选择主要有:(1)链的节距和排数;(2)链轮齿数;(3)中心距和链的节数。读者应掌握:(1)节距越大,能传递的功率越大,但运动的不均匀性、动载荷、噪声也相应增大。在满足承载能力的条件下应尽可能选用小节距的链;高速重载时可选用小节距的多排链。(2)链轮齿数过少会使运动不均匀性加剧,但齿数过多则会因磨损引起的节距伸长导致滚子与链轮齿的接触点向链轮齿顶移动易发生跳齿和脱链。(3)中心距过小时链与小轮啮合的齿数少,若中心距过大则松边垂度过大,传动中容易引起链条颤动。(4)一般链条节数 L_p 应为偶数。

链传动的计算准则:当链速 $v \geqslant 0.6\text{m/s}$ 时,由公式 $K_A P \leqslant [P_0] = P_0 K_z K_L K_n$ 和额定功率 P_0 曲线图确定链节距 p;当链速 $v < 0.6\text{m/s}$ 时还需进行静强度校核。

对于链传动设计计算步骤不必死记硬背,可通过研读例 4.1 来掌握,并注意选取小链轮齿数 z_1 时假定链速范围的核验。

四、例题精选与解析

例 4.1 设计一用于带式运输机的滚子链传动,已知电动机功率 $P=5.5\text{kW}$,转速 $n_1=960\text{r/min}$,从动链轮转速 $n_2=300\text{r/min}$,载荷平稳,中心距可以调节。

解析 本例为典型的滚子链传动的设计计算实例。

(1)选择链轮齿数

假定 $v=3\sim8\text{m/s}$,查表选取小链轮齿数 $z_1=21$。

大链轮齿数 $z_2 = iz_1 = \dfrac{n_1}{n_2}z_1 = \dfrac{960}{300}\times 21 = 67.2$,取 $z_1=67<120$。

(2)定链条节数 L_p

初选 $a_0=40p$,计算

$$L_{p0} = \frac{2a_0}{p} + \frac{z_1+z_2}{2} + \frac{p}{a_0}\left(\frac{z_2-z_1}{2\pi}\right)^2$$

$$= 2\times 40 + \frac{21+67}{2} + \frac{1}{40}\left(\frac{67-21}{2\pi}\right)^2 = 125.3 \quad \text{取 } L_p=126$$

(3)计算功率 P_c

查表得 $K_A=1.0$

$$P_c = K_A P = 1.0\times 5.5 = 5.5(\text{kW})$$

(4)确定链节距 p

计算

$$P_0 = \frac{K_A P}{K_z K_L K_n}$$

估计该传动工作点落在额定功率曲线图某曲线顶点的左侧。查表得

$$K_z = \left(\frac{z_1}{19}\right)^{1.08} = \left(\frac{21}{19}\right)^{1.08} = 1.11$$

$$K_L = \left(\frac{L_p}{100}\right)^{0.26} = \left(\frac{126}{100}\right)^{0.26} = 1.06$$

选用单排链，查表得 $K_n=1$。

所以
$$P_0=\frac{K_AP}{K_zK_LK_n}=\frac{5.5}{1.11\times1.06\times1}=4.67(\text{kW})$$

由额定功率曲线图选用滚子链 08A，其节距 $p=12.7\text{mm}$。

(5)实际中心距 a

$$a\approx a_0+\frac{L_p-L_{p0}}{2}\cdot p=40p+\frac{126-125.3}{2}\cdot p=40.35p=40.35\times12.7=512.45(\text{mm})$$

留出适当的中心距调节量。

(6)验算链速 v

$$v=\frac{z_1pn_1}{60\times1000}=4.27(\text{m/s})$$

与原假定相符，z_1 选取合适。

(7)确定润滑方式

根据 $p=12.7\text{mm}$ 和 $v=4.27\text{m/s}$，由润滑方式图表查得应采用油浴或飞溅润滑。

(8)链作用在轴上的力 F_Q

由近似公式 $F_Q=(1.2\sim1.3)F$，取

$$F_Q=1.2F$$

$$F=\frac{1000P}{v}=\frac{1000\times5.5}{4.27}=1288(\text{N})$$

$$F_Q=1.2F=1.2\times1288=1545.7(\text{N})$$

(9)链轮的主要尺寸及结构。(略)

例 4.2 试对图示链传动布置的合理性进行分析。

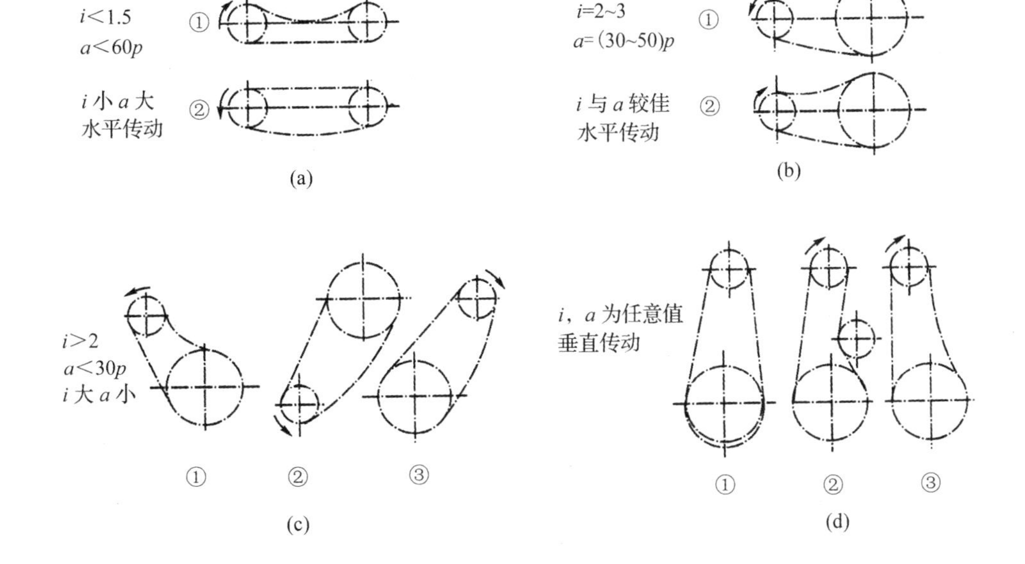

例 4.2 图

解析 综合考虑轴线位置、紧边松边及下垂，原则上应使紧边在上。

(a)方案①松边在上,下垂量大,不合理;方案②合理。

(b)两轮轴线在同一水平面,下垂量小,紧边在上在下都可以,方案①紧边在上较好。

(c)方案①松边在上不合理,方案②、③松边在下较方案①合理。

(d)方案①两轮轴线在同一铅垂面内,下垂量增大,会减少下链轮啮合齿数,降低承载能力,不合理;方案②两轮轴线在同一铅垂面内,但在松边设张紧装置,方案③上下两轮错开,使其不在同一铅垂面,均可采用。

五、思考题与练习题

题 4.1 试从工作原理、结构、特点和应用将带传动和链传动作比较。

题 4.2 为什么链传动平均转数比 n_1/n_2 是恒定的,而瞬时角速比 ω_1/ω_2 是变化的?这种变化有无规律性?

题 4.3 滚子链传动的主要失效形式有哪些?计算承载能力的基本公式依据是什么?

题 4.4 滚子链传动的主要参数有哪些?应如何合理选择?

题 4.5 选择计算一电动机至螺旋输送机用的滚子链传动。已知电动机转速 $n_1=960\text{r/min}$,功率 $P=7\text{kw}$,螺旋输送机的转速 $n_2=240\text{r/min}$,载荷平稳,单班制工作。并计算两个链轮的分度圆直径、齿顶圆直径、齿根圆直径和轮齿宽度。

题 4.6 滚子链由哪些元件组成?何谓内链节与外链节?链节数为奇数或偶数时,链条的接头形式有何不同?哪种较好,为什么?

题 4.7 为什么小链轮的齿数不能太少($z_1 \geqslant z_{\min}=19$)?大链轮的齿数又为什么要有限制($z_2 \leqslant z_{\max}=120$)?

题 4.8 试阐述链传动合理布置、张紧和润滑主要考虑的一些问题。

题 4.9 试阐述齿形链的结构组成;与滚子链相比分析其主要特点。

题 4.10 试从滚子链的结构上改革创新,以有利于润滑、减少摩擦和磨损。

第五章 齿轮传动

一、主要内容与学习要求

本章的主要内容是：

1)齿轮传动的特点、分类和基本要求；

2)齿廓啮合基本定律，渐开线性质、渐开线齿廓啮合特性；

3)渐开线齿轮各部分名称、主要参数和标准直齿圆柱齿轮传动的几何尺寸计算；

4)一对渐开线齿轮传动的正确啮合条件和连续传动条件；

5)斜齿圆柱齿轮和直齿锥齿轮的齿廓形成、啮合特点、当量齿数及主要几何尺寸计算；

6)渐开线齿轮的切齿原理、根切现象和最少齿数，变位齿轮；

7)齿轮的失效和材料，轮齿的受力分析、应力分析、失效形式、计算准则、主要参数的选择原则和强度计算；

8)齿轮的结构、润滑和效率；

9)变位齿轮传动。

本章的学习要求是：

1)掌握齿廓啮合基本定律的涵义、渐开线的形成和性质、渐开线齿廓的啮合特性。

2)熟练掌握渐开线直齿、斜齿圆柱齿轮和直齿锥齿轮的各部分名称、主要参数的意义和几何尺寸计算。

3)掌握一对渐开线齿轮传动的正确啮合条件、连续传动条件和重合度。

4)了解成形法和范成法进行轮齿加工的基本原理和特点，明确根切现象产生的原因、后果及相应的避免措施。

5)了解齿轮常用材料及热处理方法；了解闭式传动、开式传动、软齿面齿轮和硬齿面齿轮的涵义；了解轮齿常见失效形式的特征、发生部位及其原因以及防止或减缓失效的主要措施；明确对应于不同失效形式的设计计算准则。

6)熟练掌握直齿、斜齿圆柱齿轮和直齿锥齿轮传动中啮合作用力的分析方法(包括主、从动轮力的大小、方向、着力点的判定及其相互关系)，并能在平面图上正确表示；理解齿轮传动强度计算中采用计算载荷而不能用名义载荷的原因，了解载荷系数的物理意义及其影响因素。

7)掌握直齿圆柱齿轮传动的齿面接触强度与齿根弯曲强度的基本理论依据、力学模型、应力类型、变化特性、推导计算公式的思路、公式中各参数的意义及应用公式的注意事项。掌握斜齿圆柱齿轮传动、直齿锥齿轮传动的强度计算与直齿圆柱齿轮传动强度计算的异同点。

8)掌握变位齿轮的成形机理、变位齿轮传动的类型、特点、应用及其设计计算。

9)了解齿轮传动润滑的目的、不同工作条件下齿轮润滑的方式及要求。

二、重点与难点

本章的重点是：

1)外啮合正常齿制标准渐开线直齿圆柱齿轮的啮合原理、几何尺寸计算、受力分析、强度计算和结构设计；

2)其他类型的齿轮传动与直齿圆柱齿轮传动的异同点。

本章的难点是：

1)斜齿圆柱齿轮、直齿锥齿轮的当量齿轮和当量齿数的理解；

2)合理选择齿轮材料、热处理方法、精度等级等；

3)直齿圆柱齿轮强度计算；

4)齿轮传动中啮合作用力的分析；

5)变位齿轮传动设计计算。

三、学习指导与提示

(一)概述

1)齿轮传动是以主动轮轮齿依次推动从动轮轮齿的啮合传动，应用广泛，是本课程的重点章节之一。

2)本章内容较多，建议读者在掌握齿轮传动分类、特点及应用的基础上，贯穿传动要准确平稳和承载能力高两条主线学习和研讨。

3)学深学透标准渐开线外啮合直齿圆柱齿轮传动来掌握齿轮传动的共性，而对于斜齿圆柱齿轮传动、直齿锥齿轮传动以及变位齿轮传动将其与直齿圆柱标准齿轮传动对照学习，掌握其特性。

(二)齿廓啮合基本定律和渐开线齿廓

1)齿廓啮合基本定律

瞬时角速度比 ω_1/ω_2(注意：它与平均转速比 $n_1/n_2=z_2/z_1$ 是两个不同的概念)恒定不变是对齿轮齿廓的最基本要求。齿廓啮合基本定律是对能满足上述要求作为一对齿轮传动的两轮齿廓曲线形状的基本条件：两轮齿廓不论在哪个位置接触，过接触点所作齿廓的公法线必和连心线 O_1O_2 相交于一定点(节点)，节点常以 C 标记，$\overline{O_2C}/\overline{O_1C}=\omega_1/\omega_2$。凡能满足齿廓啮合基本定律的一对齿廓称为共扼齿廓。共扼齿廓很多，机械传动中以渐开线齿廓应用最广。

2)渐开线齿廓

切于基圆的发生线绕基圆圆周作无滑动的纯滚动时，其上任一点的轨迹为该圆的渐开线。由渐开线的形成过程，可得出渐开线的五条性质，在后续内容中多次运用，须融会贯通，并理解渐开线齿廓不仅满足定角速比要求，而且还具有齿轮传动的可分性和啮合角为常数两个重要优点。

(三)渐开线齿轮的主要参数及几何尺寸

1)标准直齿圆柱齿轮

(1)基本参数为齿数 z，模数 m，分度圆压力角 α，齿顶高系数 h_a^* 及顶隙系数 c^*。其中，模数 m 为分度圆齿距 p 与 π 的比值 p/π，按标准系列取值，单位为 mm，是决定齿轮及其轮齿大小和承载能力的重要参数；标准规定 $\alpha=20°$，正常齿制 $h_a^*=1$，$c^*=0.25$。这五个基本参数对计算标准直齿圆柱齿轮的各部分尺寸很重要，必须熟记。

(2)齿轮各部分名称和基本尺寸计算非常重要，必须熟练掌握，但涉及的名词多、符号多、公式和数据也多，可归纳为五个圆(齿顶圆、齿根圆、分度圆、基圆、节圆)、四段弧(分度圆齿厚、分度圆齿槽宽、分度圆齿距、基圆齿距)、三段高(齿顶高、齿根高、齿全高)、两个角(分度圆压力角、啮合角)和一个距(中心距)，掌握它们的涵义，熟记 $m=p/\pi$，$d=mz$，$d_b=d\cos\alpha$ 几个基本公式和 α、h_a^*、c^* 取值，正常齿制标准直齿外圆柱齿轮的几何尺寸将可迎刃而解。根据内圆柱齿轮和齿条的结构特点，其几何尺寸也不难分别求得。

需要着重指出：不能混淆一只齿轮和一对啮合齿轮、标准齿轮和标准安装、分度圆与节圆、分度圆压力角和啮合角等重要的基本概念。

①分度圆是一个齿轮几何尺寸计算的基准圆，每个齿轮都有一个大小确定的分度圆。当一对齿轮互相啮合时，通过节点的圆才是节圆。对于单个齿轮而言，节圆无意义。当一对齿轮啮合时，它们的节圆随中心距的变化而变化，但分度圆不变。因此，节圆和分度圆可以重合也可以不重合。分度圆和节圆的区别见表 5.1。

表 5.1 分度圆与节圆的区别

项目	分度圆	节圆
1. 定义	具有标准压力角和标准模数的圆	啮合时作纯滚动的瞬心圆
2. 数值	$r_1=mz_1/2 \quad r_2=mz_2/2$	$r'_1=a'(1+i_{12}) \quad r'_2=a'i_{12}/(1+i_{12})$
3. 变化	大小决定于齿数及模数	大小决定于安装中心距 a'，大小可以变化
4. 存在	单个齿轮上必定存在着分度圆	单个齿轮上不存在节圆
5. 个数	不论同时和几个齿轮啮合，一个齿轮上只有一个分度圆	若一个齿轮同时和多个齿轮啮合，则可能同时有几个节圆
6. 基准	是齿形参数计算的基准	是强度计算的基准

②齿轮渐开线齿廓上某一点的压力角 α 是指该点线速度方向与该点法线方向所夹的锐角。渐开线齿廓上各点压力角的大小是不相等的(齿条齿廓例外)。分度圆压力角 α 是渐开线与分度圆交点的压力角，满足关系式 $\cos\alpha=d_b/d$，为标准压力角。啮合角是在一对渐开线齿轮啮合传动时，啮合线与过节点所作两轮节圆的公切线之间所夹的锐角，它在数值上等于渐开线齿廓在节圆上一点处的压力角，随中心距的变化而变化，它与分度圆压力角是两个不同的概念。当节圆与分度圆重合时，啮合角在数值上等于齿轮分度圆的压力角。

③标准齿轮是指模数 m、分度圆压力角 α，齿顶系数 h_a^* 和顶隙系数 c^* 均为标准值，且分度圆上理论齿厚 s 等于齿槽宽 e 的齿轮。所谓标准齿轮标准安装是指两个同 m，α 的齿轮获得分度圆相切，即分度圆与节圆重合，这时的中心距 $a=(d_1+d_2)/2=m(z_1+z_2)/2$，称为

标准中心距。

2)标准斜齿圆柱齿轮

由于斜齿轮轮齿的倾斜,它的基本参数的特点是:引入了一个分度圆螺旋角 β,并且其模数、压力角有法面与端面之分,其中法面基本参数 m_n,α_n 为标准值,取值与直齿圆柱齿轮相同;而分度圆螺旋角 β 一般在 8°~20°范围,并注意旋向有左、右之分。与直齿圆柱齿轮对照,斜齿圆柱齿轮各部分的几何尺寸计算应着重抓住 $m_t=m_n/\cos\beta$,$h_a=m_n$,$h_f=1.25m_n$,$d=m_tz=m_nz/\cos\beta$ 及 $\tan\alpha_t=\tan\alpha_n/\cos\beta=\tan20°/\cos\beta$ 等几个基本公式。

3)标准直齿锥齿轮

相对应于圆柱齿轮传动中的有关"圆柱"在锥齿轮传动中都变成"圆锥",有分度圆锥面、齿顶圆锥面、齿根圆锥面、基圆锥面以及节圆锥面等。它的基本参数的特点是:引入了一个分度圆锥角 δ,模数自大端起沿齿宽逐渐减小。标准直齿锥齿轮的几何尺寸以大端为基准,并以大端基本参数 m,a 为标准值。在标准直齿锥齿轮的几何尺寸计算时应当注意:锥齿轮的分度圆直径、齿顶圆直径、齿根圆直径等都在大端并垂直于回转轴线的平面内度量,而齿顶高、齿根高都在大端面并垂直于分度圆锥母线方向度量;对两轴线垂直相交的标准直齿锥齿轮传动各部分的几何尺寸计算,应着重抓住 $\cot\delta_1=\tan\delta_2=z_2/z_1$,$h_a=m$,$h_f=1.2m$,$d=mz$,$d_a=d+2h_a\cos\delta$,$d_f=d-2h_f\cos\delta$,$R=\frac{m}{2}\sqrt{z_1^2+z_2^2}$ 等几个基本公式。

(四)正确啮合条件和连续传动条件

1)正确啮合条件

两齿轮的法向齿距 p_b(数值上等于基圆齿距)相等方能正确啮合,由此导得直齿圆柱齿轮传动的正确啮合条件为:两轮模数相等、分度圆压力角相等,即 $m_1=m_2=m$,$\alpha_1=\alpha_2=\alpha$;平行轴斜齿圆柱齿轮传动的正确啮合条件为:两轮法面模数相等、法面压力角相等、分度圆螺旋角相等,外啮合两轮螺旋方向相反,内啮合两轮螺旋方向相同,即 $m_{n1}=m_{n2}=m_n$,$\alpha_{n_1}=\alpha_{n2}=\alpha_n$,$\beta_1\mp\beta_2$;直齿锥齿轮传动的正确啮合条件:两轮大端模数相等,大端分度圆压力角相等,即 $m_1=m_2=m$,$\alpha_1=\alpha_2=\alpha$。

2)重合度和连续传动条件

为了实现两齿轮连续传动,必须保证在前一对轮齿尚未脱离啮合时,后一对轮齿能及时地进入啮合。这就要求实际啮合线段$\overline{B_1B_2}$(从动轮、主动轮两轮齿顶圆在啮合线截取的线段)应大于或至少等于齿轮的法向齿距 p_b。通常把$\overline{B_1B_2}$与 p_b 的比值称为齿轮传动的重合度,并用 ε 表示;对于直齿圆柱齿轮传动:$\varepsilon=\overline{B_1B_2}/p_b$;对于斜齿轮传动:$\varepsilon=\varepsilon_t+b\sin\beta/(\pi m_n)$,其中前项为端面重合度,是用端面参数按直齿轮的重合度公式来计算;而后项为轴面重合度,它随着斜齿轮的螺旋角 β 以及斜齿轮的宽度 b 的增大而增大,这是斜齿轮传动的一大优点。对于直齿锥齿轮:重合度 ε 为其当量直齿圆柱齿轮传动的重合度。总之,齿轮连续传动的条件为:重合度必须大于或等于 1。

正确啮合条件和连续传动条件是保证一对齿轮能够正确啮合并连续平稳传动的缺一不可的条件。如前者不满足,两齿轮便不能正确进入啮合,更谈不上传动是否连续的问题;如后者得不到保证,则两轮的正确啮合传动将会出现中断现象。故这两个条件解决的问题不同,在概念上应予以分清。

(五)当量齿轮和当量齿数

1)斜齿圆柱齿轮的当量齿轮

当用成形法切制斜齿圆柱齿轮时,其刀具刀刃的形状应与斜齿轮的法面齿形相对应。在斜齿轮强度计算时,其轮齿强度是按其法面齿形来计算的。因此,需要找出一个与斜齿轮法面齿形相当的直齿轮来。为此,取模数 m、压力角 α、齿顶高 h_a 及顶隙 c 分别等于斜齿轮的法面模数 m_n、法面压力角 α_n、法面齿顶高 h_{an} 及法面顶隙 c_n,取其齿数为 $z_v=z/\cos^3\beta$,这样就构造出了一个假想的直齿圆柱齿轮,称之为该斜齿轮的当量齿轮。此当量齿轮的齿数 z_v 称为当量齿数。由于斜齿轮的法面齿形可用当量齿轮齿形表示,因此,斜齿轮加工时齿轮铣刀的选择、轮齿的强度计算及不发生根切的最少齿数均按当量齿数来确定。

2)直齿锥齿轮的当量齿轮

直齿锥齿轮的啮合属于空间啮合,研究其齿形较为困难,这就需要找出一个与其齿形相当的直齿圆柱齿轮来。因锥齿轮的背锥齿轮齿形与其圆柱齿轮的齿形相当,而且它又是可展的,所以可设想将背锥齿轮展成扇形齿轮并补满缺口;这样将获得一个假想的圆柱齿轮,称之为该锥齿轮的当量齿轮。此当量齿轮的齿数为 $z_v=z/\cos\delta$。由此可见,直齿锥齿轮的当量齿轮是一个齿数为 z_v,其模数、压力角、齿顶高及顶隙分别等于该锥齿轮大端基本参数的直齿圆柱齿轮。这个直齿轮的齿形就代表了锥齿轮的齿形。一对锥齿轮的啮合传动可视为一对当量齿轮的啮合传动来研究。

(六)渐开线齿轮的加工和根切现象

1)齿廓切削原理

轮齿的加工方法很多,目前最常用的是切削法,切削法按其原理可分为成形法和范成法。

成形法常采用刀具刀刃形状与被切齿轮的齿槽形状相同的盘形铣刀或指状铣刀在普通卧式铣床或立式铣床上加工,通常按被切齿轮的模数、压力角及齿数来选择刀号,其切齿原理简单,不需要专用切齿机床,加工精度较低,生产率低,适合于修配和单件、小批量生产及精度要求不高(9 级或 9 级以下)的齿轮加工。

范成法是利用一对齿轮互相啮合时其共轭齿廓互为包络线的原理来切齿的,是目前轮齿加工的主要方法,主要工艺方法有插齿、滚齿等。用范成法加工出的齿廓是刀具齿刃的共轭齿廓,被加工的齿轮与刀具的模数、压力角相同,故用同一把刀具可切制出各种齿数的齿轮,精度较高(可加工出 8 级或 8 级以上精度的齿轮),特别是滚齿生产效率高,适合于大批量生产。使标准齿条型刀具的分度线刚好与轮坯的分度圆相切而范成加工出的齿轮即为标准齿轮。

2)根切现象及不发生根切的最少齿数

用范成法加工齿轮时,若刀具的齿顶线或齿顶圆与啮合线的交点超过了被切齿轮的啮合极限点 N_1 时,则刀具的齿顶将把被切齿轮齿根的渐开线齿廓切去一部分,这种现象称为根切现象。根切不仅削弱了轮齿根部的抗弯强度,还可能影响传动的平稳性。可由理论导出标准直齿圆柱齿轮不发生根切的最少齿数为 $z_{\min}=2h_a^*/\sin^2\alpha$,当 $h_a^*=1,\alpha=20°$时 $z_{\min}=17$。对于标准斜齿圆柱齿轮和直齿锥齿轮不发生根切的条件均应为各自的最少当量齿数 $z_{v\min}=17$;亦即各自的最少齿数 $z_{\min}$分别为 $17\cos^3\beta$ 和 $17\cos\delta$。

(七)齿轮传动的失效形式和计算准则

1)齿轮传动的主要失效形式有轮齿折断、齿面磨粒磨损、齿面点蚀、齿面胶合、齿面塑性变形等五种,在学习时不仅要掌握失效的现象,而且要掌握每种失效现象的常见场合、失效原因、避免或减轻失效的方法。

2)从分析齿轮传动的工作状况、受力及应力状况、失效形式等出发,按照齿轮传动在预定的工作寿命期间具有足够抵抗失效的能力这个原则来确定设计准则。应注意掌握几个基本点:损伤出现于轮齿的什么部位,损伤的基本原因,损伤表明了轮齿的什么能力(或强度)不足,以及保证齿轮传动所需工作寿命应采取的措施等。

3)目前的强度计算采用如下方式;

(1)软齿面闭式传动一般为齿面点蚀失效,故计算时通常先按齿面接触强度条件确定主要参数和传动尺寸,然后再按弯曲强度条件进行校核计算。

(2)对于硬齿面或铸铁齿轮的闭式传动,其失效形式通常为断齿,故设计时一般先按弯曲强度条件确定齿轮的模数和尺寸,再按接触强度进行核算。

(3)对于开式齿轮传动,主要失效形式是磨损或断齿,目前磨损计算尚不成熟,无特殊要求的只进行弯曲强度计算,确定齿轮的模数,考虑到磨损后齿厚变薄,在计算时根据齿厚允许的磨损量(通常为原齿厚的10%~30%)适当降低许用弯曲应力20%~50%。

(八)齿轮传动的受力分析

1)轮齿的受力分析很重要,应能对主动轮和从动轮上各力的大小进行计算,对各分力的方向和作用点十分清楚,而且能正确在图面上表达。

2)直齿圆柱齿轮的受力分析比较简单,但它是斜齿圆柱齿轮和直齿锥齿轮受力分析的基础。应明确记住:力的作用点为节点;轮齿间相互作用的法向力(总作用力)F_n 沿啮合线指向工作齿面,F_n 分解为圆周力 F_t 和径向力 F_r,主动轮圆周力 F_{t1} 的方向与齿轮的转向相反,径向力 F_{r1} 的方向对外齿轮由力的作用点沿半径指向轮心,对内齿轮则背离轮心。从动轮所受的力与主动轮上的力大小相等,方向相反,即:$\vec{F_{t1}}=-\vec{F_{t2}}$,$\vec{F_{r1}}=-\vec{F_{r2}}$;计算公式为 $F_{t1}=2T_1/d_1$;$F_{r1}=F_{t1}\tan\alpha$。

3)与直齿圆柱齿轮比较,因斜齿圆柱齿轮的齿向偏斜了一个分度圆螺旋角 β,法向力 F_n 作用在法面内并指向工作齿面。法向力 F_n 分解成三个方向相互垂直的分力:圆周力 F_t、径向力 F_r 和轴向力 F_a。力的作用点及主动轮上的作用力 F_{t1},F_{r1} 的方向仍按对直齿轮的规定进行确定。主动轮轴向力 F_{a1} 的方向与轮齿旋向和齿轮转向有关、可用"左右手定则"进行判定,即当螺旋方向为右旋时用右手判定,为左旋时用左手判定,四指弯曲表示主动齿轮的回转方向,大拇指伸直的方向就是 F_{a1} 的方向(切记不适用从动轮)。从动轮所受各力仍按作用力与反作用力大小相等、方向相反的规律确定,即:$\vec{F_{t1}}=-\vec{F_{t2}}$,$\vec{F_{r1}}=-\vec{F_{r2}}$,$\vec{F_{a1}}=-\vec{F_{a2}}$;计算公式为 $F_{t1}=2T_1/d_1$,$F_{r1}=F_{t1}\tan\alpha_n/\cos\beta$,$F_{a1}=F_{t1}\tan\beta$。

4)与直齿圆柱齿轮比较,直齿锥齿轮的轮齿沿分度圆锥角 δ 的截锥面分布并由小端向大端增大,法向力 F_n 在过齿宽中点的背锥面内指向工作齿面,它亦分解为三个方向相互垂直的分力,即圆周力 F_t、径向力 F_r 和轴向力 F_a。必须注意:(1)由于主、从动轮的轴线相互垂直($\delta_1+\delta_2=90°$),因而主动轮的径向力 F_{r1} 与从动轮的轴向力 F_{a2} 大小相等,方向相反;而轴向力 F_{a1} 与从动轮的径向力 F_{r2} 大小相等,方向相反。(2)主动轮的 F_{t1}、F_{r1} 的方向仍沿用直齿圆柱齿轮受力分析的规定来确定。(3)轴向力 F_a 的方向不论是主、从动轮都是平行于各自轴线、且由小端指向大端(使主、从动轮相互分离),即:$\vec{F_{t1}}=-\vec{F_{t2}}$,$\vec{F_{r1}}=-\vec{F_{a2}}$,$\vec{F_{a1}}=-\vec{F_{r2}}$;计算公式为 $F_{t1}=2T_1/d_{m1}$,$F_{r1}=F_{t1}\tan\alpha\cos\delta_1$,$F_{a1}=F_{t1}\tan\alpha\sin\delta_1$。注意:$d_{m1}=d_1(1-0.5b/R)$。

5)需要指出,死背这些作用力公式并无必要,应立足于熟悉受力分解图,圆周力 F_t 的大小可直接由齿轮所传递的转矩确定,因此在进行齿轮受力分析时,总是将其他各力表示为 F_t 的函数。

(九)齿轮传动的强度计算

1)齿轮传动强度计算一般只进行两类强度计算:齿面接触疲劳强度计算和齿根弯曲疲劳强度计算。齿面接触疲劳强度计算是将轮齿节线接触视为两圆柱体接触,以弹性力学赫兹公式为基础导出齿面最大接触应力 σ_H,使其不超过许用接触应力$[\sigma_H]$,得到接触强度公式;齿根弯曲疲劳强度计算是将轮齿视为一悬臂梁,认为齿顶啮合时,齿根部产生最大弯曲应力,计入应力集中等因素后,导出危险截面上最大弯曲应力 σ_F,使其不超过许用弯曲应力$[\sigma_F]$,得到弯曲强度公式。两种强度公式均各有等价的校核公式和设计公式。校核公式用于已知齿轮尺寸,根据载荷验算齿轮强度;设计公式由强度校核公式推导而得,用于已知载荷确定齿轮尺寸。

2)一对外啮合钢制标准直齿圆柱齿轮传动的强度计算,其齿面接触疲劳强度的校核公式和设计公式分别为

$$\sigma_H=671\sqrt{\frac{(u+1)KT_1}{ubd_1^2}}\leqslant[\sigma_H](\text{MPa})$$

和

$$d_1\geqslant\sqrt[3]{\left(\frac{671}{[\sigma_H]}\right)^2\frac{(u+1)KT_1}{u\psi_d}}(\text{mm})$$

齿根弯曲疲劳强度的校核公式和设计公式分别为

$$\sigma_F=\frac{2KT_1Y_{Fs}}{bd_1m}=\frac{2KT_1Y_{Fs}}{bm^2z_1}\leqslant[\sigma_F](\text{MPa})$$

和

$$m\geqslant\sqrt[3]{\frac{2KT_1}{\psi_d z_1^2}\left(\frac{Y_{Fs}}{[\sigma_F]}\right)}(\text{mm})$$

上述各式中:T_1 为小齿轮转矩(N·mm);d_1 为小齿轮的分度圆直径(mm);K 为载荷综合系数;u 为齿数比,$u=z_2/z_l$;b 为轮齿接触宽度(mm);z_1 为小齿轮齿数;m 为模数(mm);Y_{Fs} 为复合齿形系数;ψ_d 为齿宽系数,$\psi_d=b/d_1$。由于简化策略、数值选取等不尽一致,强度计算公式及相应的数据在不同教材中也不完全相同。读者不必花精力强记硬背而应侧重公式的物理意义、使用范围、应用和主要参数的选择。

3)齿轮传动的设计计算较为烦琐,应以直齿圆柱齿轮传动为重点,掌握基本概念。典型的齿轮传动设计一般已知条件为工作情况、传递功率 P、转速 n、传动比 i;待定内容为材料及其热处理方法以及 z_1,z_2,m,a,d_1,d_2,b 等参数和尺寸。解题步骤是:(1)确定齿轮材料、热处理及许用应力;(2)分析失效形式,确定采用的强度计算公式;(3)初步选定参数,求出需要计算的数值;(4)协调相关参数,确定设计结果。

4)一对斜齿圆柱齿轮传动在法向平面内近似相当于一对当量直齿圆柱齿轮传动。直齿锥齿轮传动相当于齿宽中点的法向平面内当量直齿圆柱齿轮传动,二者的强度计算均可查

用直齿圆柱齿轮对应的四个公式作条件性计算，但需注意斜齿轮、锥齿轮强度公式的模数分别为法面模数 m_n 和平均模数 m_m，而复合齿形系数 Y_{Fs} 应分别按各自的当量齿数 z_v 求得。

5)强度计算时需注意

(1)使用一对齿轮齿面接触疲劳强度公式时，必须清楚两齿轮的接触应力 σ_H 总是 $\sigma_{H1} \equiv \sigma_{H2}$，但$[\sigma_H]_1$ 不一定等于$[\sigma_H]_2$，设计中应将$[\sigma_H]_1$ 和$[\sigma_H]_2$ 中的小者代入强度计算公式，要理解接触应力和接触强度的区别，理解接触强度的高低由齿轮传动中心距(或小齿轮分度圆直径 d_1)的大小来表征的道理。要理解强度计算公式中各参数的选取对齿面接触疲劳的影响。

(2)使用一对齿轮齿根弯曲疲劳强度公式时，要理解复合齿形系数的含义，理解复合齿形系数 Y_{Fs} 只随齿数 z(或当量齿数 z_v)增大而减小以及 Y_{Fs} 和许用弯曲应力$[\sigma_F]$之比$\left(\frac{Y_{Fs}}{[\sigma_F]}\right)$是齿轮 1 的$\left(\frac{Y_{Fs1}}{[\sigma_{F1}]}\right)$和齿轮 2 的$\left(\frac{Y_{Fs2}}{[\sigma_{F2}]}\right)$中较大值代入强度计算公式，要理解齿根弯曲疲劳强度的高低常由模数的大小来表征的道理，理解强度计算公式中各参数的选取对齿根弯曲疲劳的影响。

(3)为了便于安装和补偿轴向尺寸误差，圆柱齿轮传动中一般将小齿轮实际齿宽 b_1 取得比大齿轮实际齿宽 b_2 大 5～10 mm。但在强度计算中仍以大齿轮齿宽 b_2 为准，即在公式中，取 $b=b_2$ 进行计算。

(十)变位齿轮传动

1)学习时应注意以下几点：

(1)弄清什么是变位齿轮？使标准齿条型刀具的分度线偏离轮坯分度圆 xm 范成加工的齿轮称为变位齿轮。弄清正、负变位齿轮与同参数标准齿轮的异同点，哪些尺寸变化了？哪些尺寸不变？

(2)根据一对齿轮变位系数之和 $x_\Sigma=x_1+x_2$ 的不同，变位齿轮传动有零传动、正传动和负传动三种类型；与标准齿轮传动相比，节圆、中心距、啮合角的变化；各种传动类型有什么功用？

(3)注意正变位、负变位与正传动、负传动是完全不同的概念。

(4)注意变位齿轮传动设计计算与标准齿轮设计计算的异同点。

2)变位齿轮与同参数标准齿轮的一些比较

(1)范成刀具移离或移近轮坯中心分别称为正变位和负变位，xm 为变位量，变位系数 x 相应具有“+”、“−”号。显然，$x=0$ 为标准齿轮。

(2)变位齿轮分度圆上的模数 m、压力角 α、齿矩 p、分度圆和基圆半径 r、r_b 均不变；但变位齿轮分度圆上的齿厚 s 和齿槽宽 e 已不再相等，正变位时分度圆上齿厚变大、齿槽宽变小，负变位则反之；$s=\pi m/2+2xm\tan\alpha$ 且 $s+e=p=\pi m$。

(3)变位齿轮齿根高变化了，正变位齿轮齿根高减少了 xm，负变位齿轮根高增加了 xm；如需维持全齿高不变，则需将轮坯顶圆半径相应增大或减少 xm；这种齿轮的齿根高 h_f 和齿顶高 h_a 的计算公式分别统一写成 $h_f=(1.25-x)m$ 和 $h_a=(1+x)m$。

(4)变位齿轮的齿廓和标准齿轮的齿廓是同一条基圆渐开线，只是正变位齿轮、负变位齿轮分别使用了同一条渐开线的不同部分。

3)一对外啮合无齿侧间隙变位齿轮传动

模数和压力角相同的两只渐开线直齿圆柱齿轮,不论是标准齿轮还是变位齿轮均可实现定角速比的正确啮合传动。

(1)变位齿轮传动的类型

根据一对啮合齿轮变位系数之和 x_z 等于零、大于零和小于零,相应分为零传动、正传动和负传动三种类型。

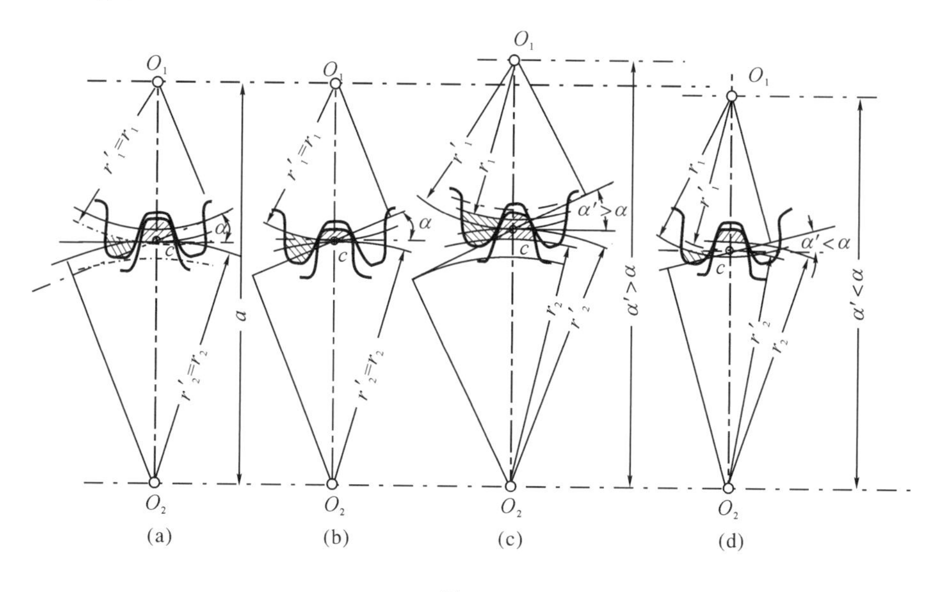

图 5.1

零传动又有 $x_1=x_2=0$(即标准齿轮传动,图 5.1(a))的特例和 $x_1=-x_2\neq0$ 的等变位齿轮传动(又称高度变位齿轮传动、图 5.1(b))两种。零传动两分度圆相切、与节圆重合,其中心距 $a'=a=m(z_1+z_2)/2$,啮合角 $\alpha'=\alpha=20°$。

正传动(图 5.1(c),$a'>a$,$\alpha'>\alpha$)和负传动(图 5.1(d),$a'<a$,$\alpha'<\alpha$)分度图不相切,两轮作纯滚动的是节圆。正传动和负传动均属角度变位齿轮传动。

(2)变位齿轮传动的应用和设计计算

①变位齿轮传动的应用:可以用正变位($x_{\min}=\dfrac{z_{\min}-z}{z_{\min}}$)切削齿数 $z<z_{\min}$ 而无根切的小齿轮;可用于提高承载能力或耐磨性(如用负变位切制修复已磨损严重的巨型大齿轮;可通过合理调整两轮齿根厚度使其弯曲强度或齿根部磨损大致相等);可用变位齿轮传动配凑中心距 a'(a'不等于标准中心距 a)。

②变位齿轮传动的设计计算:要按用途合理选择传动类型和变位系数 x_1、x_2。选择变位系数是个复杂问题,不仅要实现预定功能、满足工作能力需要,还应符合约束限制要求(如:变位系数 $x\geqslant x_{\min}$、重合度 $\varepsilon\geqslant1.2$、齿轮顶圆齿厚 $s_a\geqslant0.4m$),通常可以用 $x_\Sigma-z_\Sigma$ 和 $x_\Sigma-x_1$ 线图选择。x_1,x_2 确定以后进行几何尺寸计算和强度计算。

几何尺寸计算时,正传动、负传动为保证径向间隙 $c=0.25m$,两轮的齿顶高应通过计算予以缩短。至于变位齿轮传动的强度计算基本与标准齿轮大体相同,基本区别在于接触强度计算公式中的系数 671 换成 $671\sqrt{\frac{\sin 2\alpha}{\sin 2\alpha'}}$，弯曲强度计算公式中的系数 Y_{FS} 应按齿数 z 和变位系数 x 查取。

四、例题精选与解析

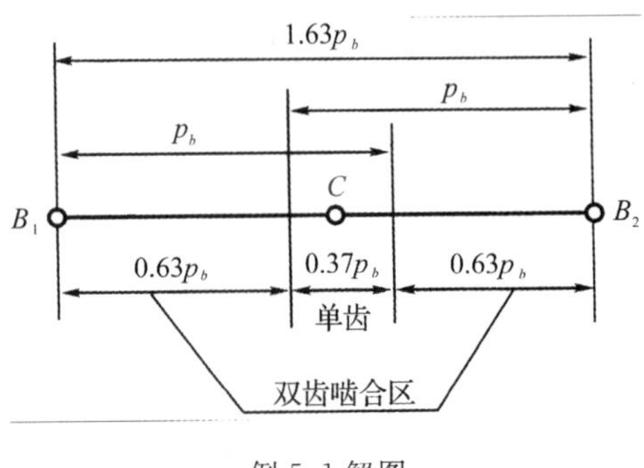

例 5.1 解图

例 5.1 已知一正常齿标准外啮合直齿圆柱齿轮传动：$\alpha=20°$，$m=5\text{mm}$，$z_1=19$，$z_2=42$。试求其重合度 ε，并绘出单齿及双齿啮合区；如果将其中心距 a 加大直至刚好连续传动，试求啮合角 α' 及此时的中心距 a'。

解析 本题主要涉及到渐开线直齿圆柱齿轮正确啮合和连续传动的条件。在求啮合区和重合度时主要的未知数为齿轮 1,2 的齿顶圆压力角，根据公式 $\varepsilon=\frac{\overline{B_1B_2}}{p_b}=\frac{1}{2\pi}[z_1(\tan\alpha_{a1}-\tan\alpha')+z_2(\tan\alpha_{a2}-\tan\alpha')]$ 求得齿轮传动的重合度。解析题意，刚好连续传动即为 $\varepsilon=1$，本题迎刃而解。

(1)啮合区及重合度

$$\alpha_{a1}=\arccos\frac{d_{b1}}{d_{a1}}=\arccos\frac{z_1\cos\alpha}{z_1+2h_a^*}=\arccos\frac{19\cos 20°}{19+2\times 1}=31°46'$$

$$\alpha_{a2}=\arccos\frac{d_{b2}}{d_{a2}}=\arccos\frac{z_2\cos\alpha}{z_2+2h_a^*}=\arccos\frac{42\cos 20°}{42+2\times 1}=26°14'$$

计算重合度 $\varepsilon=\frac{\overline{B_1B_2}}{p_b}=\frac{1}{2\pi}[z_1(\tan\alpha_{a1}-\tan\alpha')+z_1(\tan\alpha_{a2}-\tan\alpha')]$，

标准齿轮标准安装 $\alpha'=\alpha=20°$

故 $\varepsilon=\frac{1}{2\pi}[19(\tan 31°46'-\tan 20°]+42(\tan 26°14'-\tan 20°)]=1.63$

则 $\overline{B_1B_2}=1.63p_b$，此传动的单齿及双齿啮合区如解图所示。

(2)啮合角 α'

刚好连续传动时，$\varepsilon=1$，于是由重合度计算公式得

$$\begin{aligned}\alpha'&=\arctan[(z_1\tan\alpha_{a1}+z_2\tan\alpha_{a2}-2\pi)/(z_1+z_2)]\\&=\arctan[19\times\tan 31°46'+42\times\tan 26°14'-2\pi)/(19+42)]=23.24°\end{aligned}$$

(3)中心距

由 $r_b=r\cos\alpha=r_1'\cos\alpha'$ 知

$$r_1\cos\alpha=r_1'\cos\alpha',\ r_2\cos\alpha=r_2'\cos\alpha'$$

$$a'=r_1'+r_2'=(r_1+r_2)\cos\alpha/\cos\alpha'=\frac{m}{2}(z_1+z_2)\cos 20°/\cos 23.24°$$

$$=\frac{5}{2}(19+42)\cos 20°/\cos 23.24°=155.96(\text{mm})$$

例 5.2 例 5.2 图(绘图比尺为 μ_l)所示为无齿侧间隙啮合的渐开线标准直齿圆柱齿轮与齿条传动($\alpha=20°$，$h_a^*=1$，$c^*=1$)，齿轮为主动件，转向逆时针。试求：(1)在图上标明：

①理论啮合线 N_1N_2；②起始啮合点 B_1、终止啮合点 B_2，实际啮合线段$\overline{B_1B_2}$；③齿条的节线；④啮合角 α'；⑤齿轮的节圆、分度圆；⑥齿条和齿轮齿廓工作段；(2)能否就此图估算模数 m 和重合度 ε？

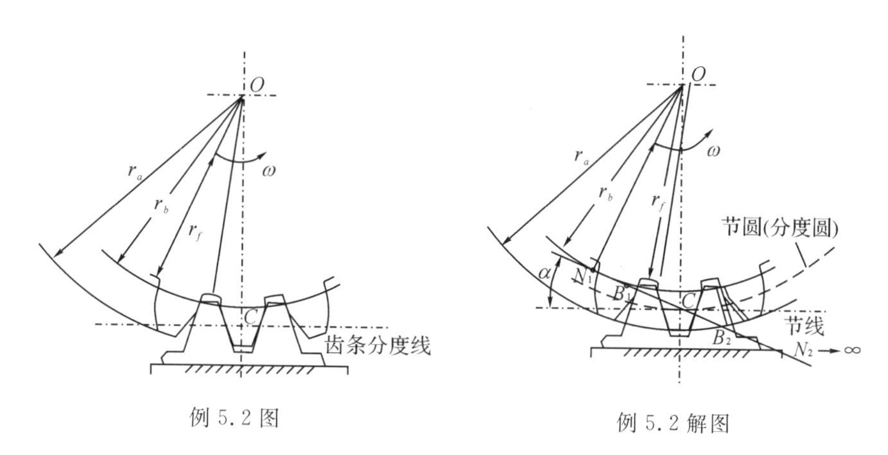

例 5.2 图　　　　例 5.2 解图

解析　本例为含有齿轮齿条啮合传动很多基本概念的典型题目。题解见相同比尺的例 5.2解图和如下阐述。

(1)①理论啮合线 N_1N_2 垂直于齿条齿廓且与齿轮的基圆相切，切点 N_1 为一啮合极限点，另一啮合极限点 N_2 在无穷远处；②开始啮合点 B_1 为齿条齿顶线与 N_1N_2 的交点，终止啮合点 B_2 为齿轮齿顶圆与 N_1N_2 的交点，$\overline{B_1B_2}$为实际啮合线段；③无侧隙标准安装齿条的节线与其分度线重合；④该传动的啮合角 α'为啮合线 N_1N_2 与齿条节线的夹角，且等于齿轮分度圆压力角或齿条的齿形角 α；⑤齿条节线与啮合线的交点 C 为节点，以 O 为圆心，OC 为半径的圆为该传动齿轮的节圆，齿轮分度圆与节圆重合；⑥齿轮的齿廓工作段为在其左侧齿廓上与过开始啮合点 B_1 所作的圆(圆心为 O)的交点至齿顶圆之间的这段齿廓段，齿条的齿廓工作段为其右侧齿廓上与过终止啮合点 B_2 所作分度线的平行线的交点至齿条齿顶线之间的这段齿廓段。

(2)可由例 5.2 解图估算模数 m 和重合度 ε

具体为在例 5.2 解图上量出齿顶高或分度圆半径来估算模数 m，再按最接近的模数系列标准确定；由例 5.2 解图量出$\overline{B_1B_2}$尺寸，再由 $\varepsilon=\overline{B_1B_2}/p_b=\dfrac{\overline{B_1B_2}}{p\cos\alpha}=\overline{B_1B_2}/(\pi m\cos\alpha)$，式中 p、p_b 分别为分度圆齿矩、基圆齿矩。

例 5.3　一对钢制标准直齿圆柱齿轮 1.2 闭式减速传动。已知模数 $m_1=m_2=3\text{mm}$；齿数 $z_1=17$、$z_2=45$；齿宽 $b_1=60\text{mm}$、$b_2=55\text{mm}$；复合齿形系数 $Y_{FS1}=4.46$、$Y_{FS2}=4.02$；轮齿许用弯曲应力$[\sigma_F]_1=390\text{MPa}$、$[\sigma_F]_2=370\text{MPa}$；轮齿许用接触应力$[\sigma_H]_1=500\text{MPa}$、$[\sigma_H]_2=470\text{MPa}$；载荷综合系数 $K=1.3$。试解析：1)判断比较哪个齿轮易点蚀；哪个齿轮易弯断？按齿根弯曲强度计算主动小齿轮允许传递的最大转矩 $T_{1F\max}$等于多少？(2)能否将 $T_{1F\max}$作为该闭式齿轮传动能传递的最大转矩 $T_{1\max}$？

解析　本例着意考核对齿轮传动的失效和强度计算的能力，具体解析如下。

1)点蚀、弯断的分析判断

(1)由已知$[\sigma_H]_1=500\text{MPa}$、$[\sigma_H]_2=470\text{MPa}$ 知$[\sigma_H]_2<[\sigma_H]_1$，故大齿轮 2 易点蚀。

(2)计算$\dfrac{[\sigma_F]_1}{Y_{FS1}}=\dfrac{390}{4.46}=87.444$，$\dfrac{[\sigma_F]_2}{Y_{FS2}}=\dfrac{370}{4.02}=92.04$；知$\dfrac{[\sigma_F]_1}{Y_{FS1}}<\dfrac{[\sigma_F]_2}{Y_{FS2}}$，由齿根弯曲强度公式$\sigma_F=\dfrac{2KT_1Y_{FS}}{bm^2z_1}\leqslant[\sigma_F]$分析知小齿轮 1 易弯曲断裂。

2)按弯曲强度求 $T_{1F\max}$

$$T_{1F\max}=\frac{bm^2z_1[\sigma_F]_1}{2KY_{FS1}}=\frac{60\times3^2\times17\times390}{2\times1.3\times4.46}=308744.5(\mathrm{N\cdot mm})$$

3)能否将 $T_1F_{\max}$ 作为该闭式齿轮传动能传递的最大矩 $T_{1\max}$？以 $T_{1F\max}$ 作为该传动输入转矩 $T_{1H\max}$，计算齿面接触应力 σ_H

$$\sigma_H=671\sqrt{\frac{u+1}{u}\cdot\frac{KT_{1H\max}}{bd_1^2}}=671\sqrt{\frac{(z_2/z_1)+1}{z_2/z_1}\cdot\frac{KT_{1F\max}}{b(mz_1)^2}}$$

$$=671\sqrt{\frac{(45/17)+1}{45/17}\cdot\frac{1.3\times308744.5}{55(3\times17)^2}}$$

$$=1123.94(\mathrm{MPa})\quad 而[\sigma_H]=1123.94\mathrm{MPa}>[\sigma_F]_1=390\mathrm{MPa}$$

σ_H 远大于$[\sigma_H]$，即接触强度不能满足，故不能以 $T_{1F\max}$ 作为该闭式齿轮能够传递的最大转矩 $T_{1\max}$。建议读者可自行求出 $T_{1\max}$。

例 5.4 题图所示由两级斜齿圆柱齿轮 1、2 和 3、4 减速器和一对开式锥齿轮 5、6 组成的传动系统，已知轴 Ⅰ 为动力输入轴，其转向如 $n_{\text{Ⅰ}}$ 所示，若要使轴 Ⅱ、轴 Ⅲ 所受的轴向力小，试确定减速器中各斜齿轮的旋向并标注或说明传动系统中各对齿轮受力作用点，圆周力、径向力、轴向力的方向和轴 Ⅱ、轴 Ⅲ、轴 Ⅳ 的转向。

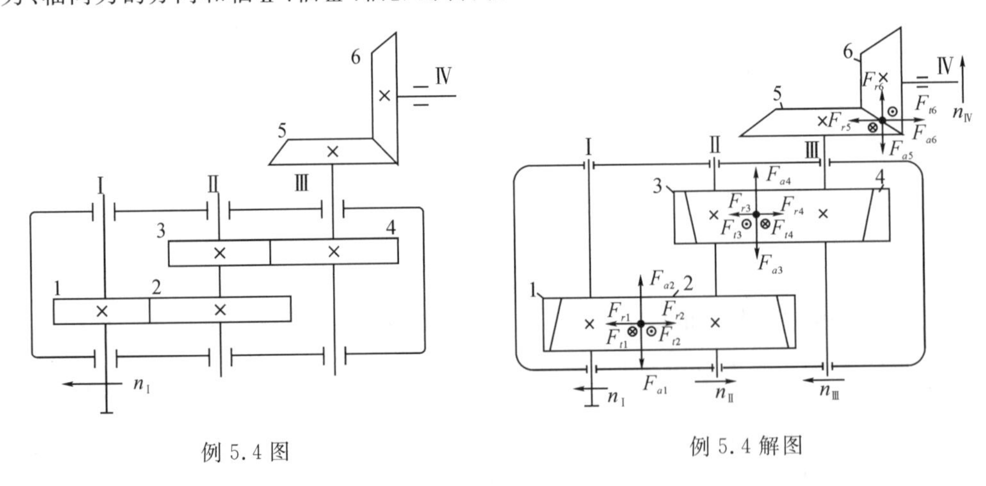

例 5.4 图　　　　例 5.4 解图

解析 本例不仅全面考核圆柱齿轮、圆锥齿轮受力方向的认知，还进一步将齿轮受力方向与转向、主动从动、左右旋向的固有关联进行因果反求分析。

本例按题给条件和要求将解析结果标于例 5.4 解图(图中黑点为齿轮传动集中力作用点、圆周速度垂直画面，⊗表示进图面，⊙表示出图面)并说明如下。

(1)先确定各齿轮轴向力方向

锥齿轮 5、6 所受轴向力 F_{a5}、F_{a6} 分别指向各自的大端。按轴 Ⅲ 所受轴向力小的要求，确定齿轮 4 的轴向力 F_{a4} 应与 F_{a5} 反向。一对斜齿圆柱齿轮 3、4 的传动，从而确定齿轮 3 的轴向力 F_{a3} 应与 F_{a4} 反向，同理确定齿轮 2 的轴向力 F_{a2} 的轴向力应与 F_{a3} 反向，齿轮 1 的轴向

力 F_{a1} 应与 F_{a2} 反向。

(2)确定各斜齿轮的旋向

先由轴Ⅰ转向 n_{I} 确定轴Ⅱ、Ⅲ、Ⅳ的转向 n_{II}、n_{III}、n_{IV} 标于解图之中。由主动齿轮的转向 n_{I} 和轴向力 F_{a1} 的指向、用右手法则确定齿轮 1 应为右旋，从而确定从动齿轮 2 应为左旋。同理可以确定主动齿轮 3 应为左旋、从动齿轮 4 应为右旋。

(3)确定各齿轮径向力、圆周力方向

齿轮 1、2、3、4、5、6 的径向力 F_{r1}、F_{r2}、F_{r3}、F_{r4}、F_{r5}、F_{r6} 分别指向各自轴心，其圆周力 F_{t1}、F_{t2}、F_{t3}、F_{t4}、F_{t5}、F_{t6} 方位分别与各齿轮力作用点的圆周速度方位共线；从动齿轮指向相同、主动齿轮指向相反，均一一标明在解图之中。

例 5.5 图示两对外啮合直齿圆柱齿轮回归传动中，已知各轮模数 $m_1=m_2=2\text{mm}$、$m_3=m_4=2.5\text{mm}$ 和各轮齿数 $z_1=20$、$z_2=48$、$z_3=18$、$z_4=36$；试按齿轮 1、4 同轴线和轮 2、4 均为正常齿标准齿轮的要求选择该两对齿轮传动的类型并计算他们的主要几何尺寸。

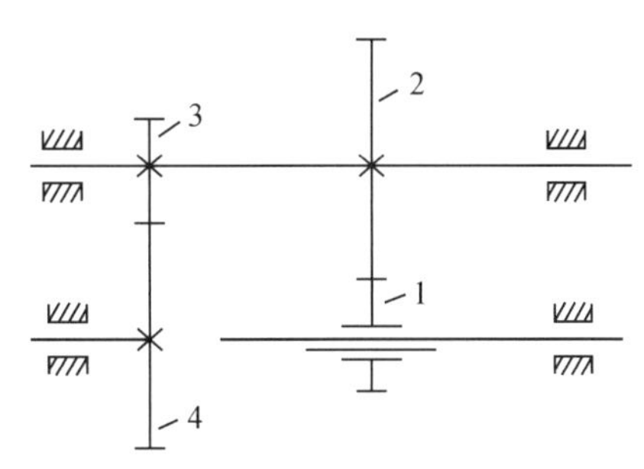

例 5.5 图

解析　(1)选择齿轮传动的类型

①先将两对齿轮先均作为标准直点圆柱齿轮传动计算其中心距

$$d_1=m_1z_1=2\times20=40(\text{mm}),d_2=m_2z_2=2\times48=96(\text{mm})$$

$$d_3=m_3z_3=2.5\times18=45(\text{mm}),d_4=m_4z_4=2.5\times3.6=90(\text{mm})；\text{如此}$$

$$a_{12}=\frac{1}{2}(d_1+d_2)=\frac{1}{2}(40+96)=68(\text{mm})$$

$$a_{34}=\frac{1}{2}(d_3+d_4)=\frac{1}{2}(45+90)=67.5(\text{mm})$$

②按 a_{12}、a_{34} 当前的数值选择齿轮传动的类型

$a_{34}<a_{12}$ 不符合齿轮 1.4 共轴线回归之规定，考虑到已知大齿轮 2、4 均不变位和尽量采用标准齿轮，决定齿轮 3、4 选用正传动且小齿轮 3 采用不变位齿轮，由此计算该正传动的啮合角 α'

$$\cos\alpha'=\frac{a_{34}}{a_{12}}\cos\alpha=\frac{67.5}{68}\cos20°=0.93278,\text{得 }\alpha'=21°8'\ \text{inv}\alpha'=0.01769$$

求正传动变位系数之和 $x_{\Sigma3.4}=\dfrac{z_3+z_4}{z\tan\alpha}(\text{inv}\alpha'-\text{inv}\alpha)=\dfrac{18+36}{\tan20°}(0.01769-0.014904)=0.207$；大齿轮 4 变位系数 $x_4=0$，则小齿轮 3 变位系数 $x_3=x_{\Sigma3.4}-x_4=0.207-0=0.207$

(2)计算各齿轮的主要几何尺寸

①齿轮 1、2 的尺寸

$$d_1=40\text{mm},d_2=96\text{mm},d_{a1}=d_1+2m_1=40+2\times2=44(\text{mm}),$$

$$d_{a2}=d_2+2m_2=96+2\times2=100(\text{mm}),d_{f1}=d_1-2.5m_1=40-2.5\times2=35(\text{mm}),$$

$$d_{f2}=d_2-2.5m_2=96-2.5\times2=91(\text{mm})$$

②齿轮 3、4 的尺寸

$$d_3=45\text{mm},d_4=90\text{mm},d_{f4}=d_4-2(1.25-x_4)m_4$$

$$=90-2(0.25-0)\times 2.5=83.75(\text{mm})$$

$$d_{a3}=2a-d_{f4}-0.5m_3=2\times 68-83.75-0.5\times 2.5=51(\text{mm}),$$

$$d_{f3}=d_3-2(1.25-x_3)m_3=45-2(1.25-0.207)m_3$$

$$=45-2(1.25-0.207)\times 2.5=39.785(\text{mm}),$$

$$d_{a4}=2a-d_{f3}-0.5m_4=2\times 68-39.785-0.5\times 2.5=94.965(\text{mm})。$$

五、思考题与练习题

题 5.1 试述齿轮传动中基圆、分度圆、模数、渐开线压力角、分度圆压力角、节点、节圆、啮合线、啮合角、重合度的涵义。

题 5.2 某正常齿渐开线标准直齿外圆柱齿轮，齿数 $z=24$。测得其齿顶圆直径 $d_a=130\text{mm}$。求该齿轮的模数。

题 5.3 试分析正常齿渐开线标准直齿外圆柱齿轮在什么条件下基圆大于齿根圆？什么条件下基圆小于齿根圆？

题 5.4 如图所示一对圆弧齿廓能否保证瞬时角速比不变？为什么？

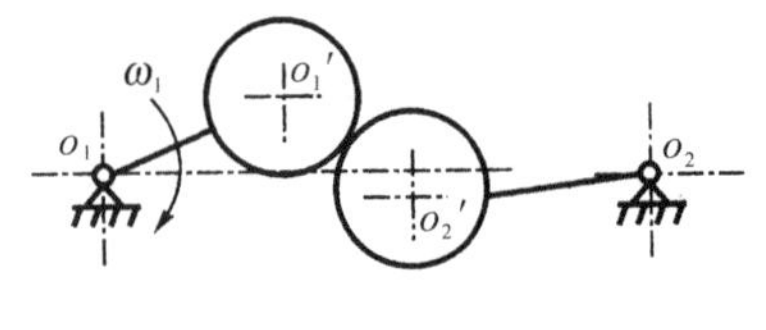

题 5.4 图

题 5.5 一对相啮合的齿数不等的标准渐开线外啮合直齿圆柱齿轮，两轮的分度圆齿厚、齿根圆齿厚和齿顶圆上的压力角是否相等？哪个较大？哪个齿轮齿廓较为平坦？

题 5.6 已知一对标准安装的正常齿标准渐开线外啮合直齿圆柱齿轮传动。模数 $m=10\text{mm}$。主动轮齿数 $z_1=18$，从动轮齿数 $z_2=24$，主动轮在上，顺时针转动。试求：①两轮的分度圆直径、齿顶圆直径、齿根圆直径、基圆直径、分度圆齿厚、分度圆齿槽宽、分度圆齿距、基圆齿距、齿顶圆压力角和两轮中心距；②以 1∶1 比例尺作端面传动图，注明啮合线、开始啮合点、终止啮合点、实际啮合线段和理论啮合线段，并由图上近似求出这对齿轮传动的重合度。

题 5.7 已知一标准正常齿渐开线直齿外圆柱齿轮。模数 $m=4\text{mm}$，齿数 $z=42$，分度圆压力角 $\alpha=20°$，试求该齿轮的固定弦齿厚、固定弦齿高、分度圆附近测量时的跨齿数及其公法线长度。

题 5.8 齿轮失效有哪些形式？产生这些失效的原因是什么？在设计和维护中怎样避免失效？

题 5.9 齿面接触强度计算和齿根弯曲强度计算的目的和基础是什么？各公式中参数涵义、单位是什么？如何正确运用这些公式？一对渐开线齿轮啮合传动，两轮节点处接触应力是否相同？两轮齿根处弯曲应力是否相同？若一对标准齿轮的传动比、中心距、齿宽、材料等均保持不变，而仅改变其齿数和模数；试问将对齿轮的接触强度和弯曲强度各有何影响？

题 5.10 试述齿形系数 Y_F 的物理意义及其影响因素。

题 5.11 单级闭式减速用外啮合直齿圆柱齿轮传动，小轮材料取 45 号钢调质处理，大轮材料取 ZG70-500 正火处理，齿轮精度为 8 级，传递功率 $P=5\text{kW}$，转速 $n=960\text{ r/min}$，模

数 $m=4\text{mm}$，齿数 $z_1=25$，$z_2=75$，齿宽 $b_1=84\text{mm}$，$b_2=78\text{mm}$，由电动机驱动，单向转动，载荷较平稳。试验算其齿面接触强度和齿根弯曲强度。

题 5.12 试设计单级闭式减速用外啮合直齿圆往齿轮传动。已知传动比 $i=4.6$，传递功率 $P=30\text{kW}$，转速 $n_1=730\text{r/min}$，长期双向传动，载荷有中等冲击，要求结构紧凑，$z_1=27$，大小齿轮都用 40Cr 表面淬火。

题 5.13 一对开式外啮合直齿圆柱齿轮传动，已知模数 $m=6\text{mm}$，齿数 $z_1=20$，$z_2=80$，齿宽 $b_2=72\text{mm}$，主动轮转速 $n_1=330\text{r/min}$，齿轮精度等级为 9 级，小轮材料为 45 号钢调质，大轮材料为铸铁 HT250，单向传动，载荷稍有冲击。试求能传递的最大功率。

题 5.14 与直齿圆柱齿轮传动相比，试述斜齿圆柱齿轮传动的特点和应用。

题 5.15 测得一正常齿渐开线标准斜齿外圆柱齿轮的齿顶圆直径 $d_a=93.97\text{mm}$，轮齿分度圆螺旋角 $\beta=15°$，其齿数 $z=24$。试确定该齿轮的法面模数。

题 5.16 已知一对正常齿标准外啮合斜齿圆柱齿轮的模数 $m=3\text{mm}$，齿数 $z_1=23$，$z_2=76$，分度圆螺旋角 $\beta=8°6'34''$。试求其中心距、端面模数、端面压力角、当量齿数、分度圆直径、齿顶圆直径和齿根圆直径。两只法面模数、法面压力角相同但分度圆螺旋角不相等或轮齿斜向相同的圆柱斜齿轮能否正确啮合？

题 5.17 斜齿圆柱齿轮的齿数 z 和当量齿数 z_v 哪一个大？为什么 z_v 常不是整数？试分析下列情况应用 z 还是 z_v：①计算齿轮的传动比；②计算分度圆直径和中心距；②选择成形铣刀；③查齿形系数。

题 5.18 图示斜齿圆柱齿轮传动，已知传递功率 $P=14\text{kW}$，主动轮 1 的转速 $n_1=980\text{r/min}$，齿数 $z_1=33$，$z_2=165$，法面模数 $m_n=2\text{mm}$，分度圆螺旋角 $\beta=8°6'34''$、试求：①画出从动轮的转向和轮齿倾斜方向；②作用于轮齿上各力的大小；③画出轮齿在啮合点处各力的方向；④轮齿倾斜方向改变，或转向改变后各力方向如何？

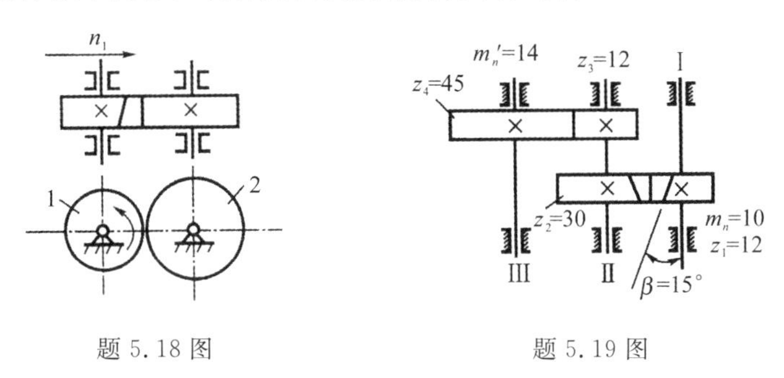

题 5.18 图　　　　题 5.19 图

题 5.19 图示两级斜齿圆柱齿轮的布置方式和已知参数。今欲使轴Ⅱ免受齿轮产生的轴向力的影响，试确定第二对齿轮（z_3-z_4）须有多大的分度圆螺旋角 β' 及轮齿斜向。

题 5.20 有一对外啮合标准直齿圆柱齿轮传动，齿数 $z_1=22$，$z_2=156$，模数 $m=3\text{mm}$，分度圆压力角 $\alpha=20°$，中心距 $a=267\text{mm}$，现机器转速要提高，为改善平稳性，拟将直齿轮改为斜齿轮传动，但中心距和齿宽均要求不变，传动比误差要求在 5% 以内，试设计斜齿轮的主要参数 z_1、z_2、m_n 和 β。

题 5.21 一对法面模数相同，法面压力角相同，但分度圆螺旋角不相等或轮齿斜向相同的螺旋齿圆柱齿轮能否啮合传动？如能啮合传动将具有哪些特点？

题 5.22 试述直齿锥齿轮大端背锥、大端相当齿轮和当量齿数的涵义。

题 5.23 一对正常收缩齿渐开线标准直齿锥齿轮传动，小轮齿数 $z_1=18$，大端模数 $m=4$mm，传动比 $i=2.5$，两轴垂直，齿宽 $b=32$mm。试求两轮分度圆锥角、分度圆直径、齿顶圆直径、齿根圆直径、锥距、齿顶角、齿根角、顶锥角、根锥角和当量齿数；并以 1∶1 的比例尺绘制啮合图，注出必要的尺寸。

题 5.24 图示直齿锥齿轮传动，已知传递功率 $P=9$kW，主动轮 1 的转速 $n_1=970$r/min，齿数 $z_1=20$，$z_2=60$，模数 $m=4$mm，齿宽系数 $\psi_R=0.25$。试求：①画出从动轮的转向；②计算作用于轮齿上圆周力、径向力、轴向力的大小；③画出轮齿在啮合点处上述各力的方向；④转向改变后各力方向如何？

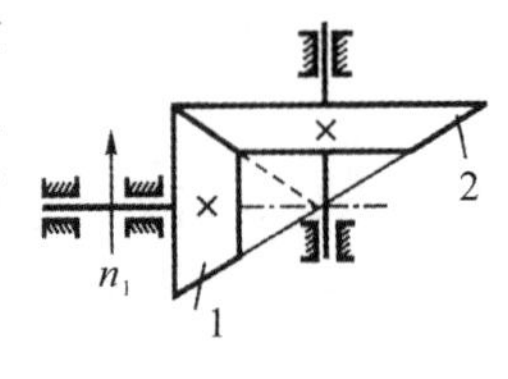

题 5.24 图

题 5.25 设计搅拌机内的开式直齿锥齿轮传动。限定所占空间不超过图示∅100×∅200 范围，单件生产，电动机转速 $n_1=970$r/min，桨叶轴转速 $n_2=300$r/min，每片桨叶切向工作阻力 $F_t=200$N，桨叶直径 $D=300$mm。试求：①确定电动机功率；②确定锥齿轮的主要参数和材料。

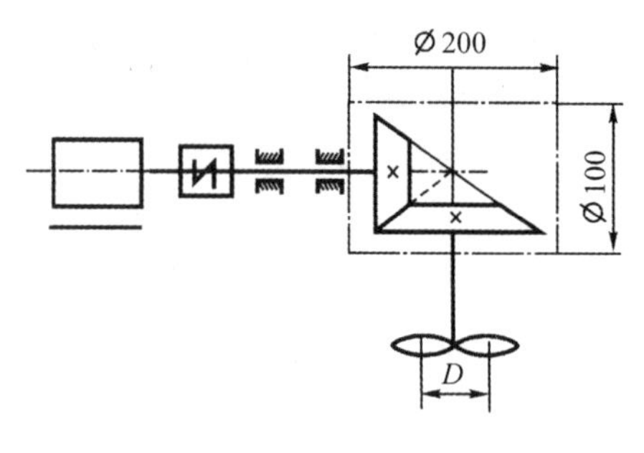

题 5.25 图

题 5.26 什么叫变位齿轮？在模数 m，分度圆压力角 α，齿数 z 相同的情况下比较正变位齿轮、负变位齿轮与标准齿轮。试述标准齿轮传动、等移距变位齿轮传动、正传动和负传动的特点及其应用。

题 5.27 一对正常齿制渐开线外啮合直齿圆柱齿轮传动，模数 $m=20$mm。齿数 $z_1=10$，$z_2=25$，分度圆压力角 $\alpha=20°$，要求中心距 $a=350$mm，且不产生根切。应采用何种传动？试计算刀具变位量（精确至小数点后 3 位）及两齿轮的分度圆直径、基圆直径、节圆直径、啮合角、齿根圆直径、齿顶圆直径、分度圆齿厚、分度圆齿槽宽和分度圆齿距。

题 5.28 一对正常齿制渐开线外啮合直齿圆柱齿轮传动，模数 $m=3$mm，齿数 $z_1=27$，$z_2=24$，分度圆压力角 $\alpha=20°$，要求两轮实际中心距 $a=78$mm，并保证无侧隙啮合和标准径向间隙，应采用何种传动？试计算两轮的变位量、分度圆直径、基圆直径、齿根圆直径、齿顶圆直径、节圆直径和啮合角。

题 5.29 试述变位齿轮传动几何尺寸计算，强度计算与标准齿轮传动相比主要的异同点。

题 5.30 为什么说变位系数的选择是变位齿轮传动设计计算的核心？如何合理选择变位系数？

题 5.31 试从齿轮插刀、齿条插刀、滚刀切制轮齿以及标准齿轮和变位齿轮的切制，体会其创新思路。

题 5.32 试从直齿圆柱齿轮、斜齿圆柱齿轮、直齿锥齿轮分析其创新构思。

第六章

蜗杆传动

一、主要内容与学习要求

本章的主要内容是：

1）蜗杆传动的组成、工作原理、特点和应用；

2）普通圆柱蜗杆传动的主要参数和几何尺寸计算；

3）蜗杆传动的运动分析和受力分析、失效形式、材料和结构；

4）蜗杆传动的设计原则、强度计算、效率、润滑以及热平衡计算；

5）新型蜗杆传动。

本章的学习要求是：

1）能阐述蜗杆传动的组成、工作原理、特点和应用。

2）熟练掌握普通圆柱蜗杆传动的主要参数和几何尺寸计算。

3）熟识蜗杆传动的失效形式、材料选择及蜗轮蜗杆结构设计。

4）熟练掌握普通圆柱蜗杆传动的运动分析和受力分析，掌握蜗杆传动强度计算、效率、润滑和热平衡计算的基本原理与方法。

5）了解几种新型蜗杆传动的特点和应用。

二、重点与难点

本章的重点是：

1）蜗杆传动的工作原理及普通圆柱蜗杆传动的几何尺寸计算；

2）蜗杆传动的运动分析和受力分析；

3）普通圆柱蜗杆传动的强度计算和热平衡计算；

4）蜗杆、蜗轮结构设计。

本章的难点是：

1）蜗杆的直径系数 q 的涵义与理解；

2）蜗杆轴向力方向和蜗轮转向的判断。

三、学习指导与提示

(一)概述

蜗杆传动由蜗杆及蜗轮组成，通常用于传递空间交错成90°的两轴之间的运动和动力，具有传动比大且结构紧凑、传动平稳且噪声小、可在一定条件下实现反行程自锁、传动效率较低等特点。读者应以普通圆柱蜗杆传动为学习重点，并注意其与齿轮齿条传动、螺旋传动的若干相似之处。

(二)普通圆柱蜗杆传动的主要参数和几何尺寸计算

1)模数 m 和压力角 α

阿基米德蜗杆传动在主平面(通过蜗杆的轴线并垂直蜗轮轴线的平面)内相当于一对渐开线齿轮和齿条啮合传动，主平面的参数是标准的：$m_{a1}=m_{t2}=m$；$\alpha_{a1}=\alpha_{t2}=\alpha$。

2)蜗杆头数 z_1，蜗轮齿数 z_2 和传动比 i

$i=n_1/n_2=z_2/z_1$。读者要了解 z_1 的选择对传动比 i、啮合效率 η 以及制造的影响，z_2 对蜗轮根切和结构尺寸的影响。

3)蜗杆分度圆直径 d_1 与直径系数 q

由于切制蜗轮的滚刀必须与其相啮合蜗杆直径和齿形参数相当，为了减少滚刀数量，并便于标准化，对每一个模数在标准中规定有限个蜗杆的分度圆直径 d_1 值，蜗杆分度圆直径 d_1 与模数 m 的比值称为蜗杆直径系数，用 q 表示，即 $q=d_1/m$。读者需注意：(1)$d_1=mq\neq mz_1$。(2)对于蜗杆轴跨距较大的蜗杆传动，轴的刚度较差，应用较大的 q 值；当模数增大时，蜗杆轴的抗弯刚度比轮齿的弯曲强度和接触强度增加得快，故当模数较大时，应选用较小的 q 值。

4)蜗杆分度圆螺旋升角 λ 与蜗轮分度圆螺旋角 β

$\tan\lambda=z_1p_{a1}/(\pi d_1)=z_1m/d_1=z_1/q$。读者必须记住，两轴线垂直交错的蜗杆传动，蜗轮分度圆螺旋角 β 恒等于蜗杆分度圆螺旋升角 λ，且蜗轮、蜗杆螺旋方向相同。

5)蜗杆传动几何尺寸计算的几个注意点

(1)蜗杆蜗轮的分度圆、齿顶圆、齿根圆、中心距都是在主平面上，除 $d_1=mq\neq mz_1$ 外，齿顶圆、齿根圆直径和分度圆直径的关系与圆柱齿轮相同，但齿根高 $h_f=1.2m\neq1.25m$；(2)蜗轮齿顶圆并非蜗轮的最大圆；(3)蜗轮轮缘宽度、蜗杆螺纹部分长度按蜗杆头数 z_1 用经验公式计算确定。

(三)蜗杆传动的失效形式和材料选择

1)蜗杆传动的失效形式有点蚀、磨粒磨损、胶合和弯曲折断。由于传动轮齿间存在着较大的相对滑动，磨损、发热和胶合现象就更容易发生。

2)蜗杆传动制造材料的选择主要从减轻磨损和防止胶合两方面考虑，不论是蜗杆还是蜗轮的材料，除要有足够的强度外，还应具有良好的减摩、耐磨、易于跑合的性能和抗胶合能力。蜗杆绝大多数采用碳钢或合金钢制造，对于在高速重载工况下，还需进行渗碳淬火或表面淬火处理以提高蜗杆传动的抗胶合能力；相对滑动速度较大的蜗轮常用抗胶合能力强的锡青铜制造，相对滑动较小时，选用无锡青铜或铸铁。

(四)蜗杆传动的运动分析和受力分析

1)蜗杆传动的运动分析

蜗杆传动的运动分析目的是确定传动的转向及滑动速度。蜗杆传动中,一般蜗杆为主动,蜗轮的转向取决于蜗杆的转向与螺旋方向以及蜗杆与蜗轮的相对位置。蜗轮的转向采用左右手定则:当蜗杆为右(左)旋时,用右(左)手四指弯曲的方向代表蜗杆的旋转方向,则平伸的大拇指指向的反方向即为蜗轮的啮合节点速度方向,从而确定蜗轮的转向。

蜗杆、蜗轮在啮合节点的圆周速度 v_1、v_2 相互垂直,因而在轮齿间有较大的相对滑动,v_1、v_2 的相对速度 v_s 称为滑动速度,$v_s=v_1/\cos\lambda$,它对蜗杆传动发热、啮合处的润滑情况、损坏及材料选择等都有相当大的影响。

2)蜗杆传动的受力分析

两轴垂直交错、蜗杆为主动件的蜗杆传动其受力分析和斜齿圆柱齿轮传动相似,将主平面啮合节点 C 处齿面法向力 F_n 分解为圆周力 F_t、轴向力 F_a 和径向力 F_r,三力互相垂直。受力方向:由于蜗杆为主动件,则作用在蜗杆上的圆周力 F_{t1} 与蜗杆在该点的速度方向相反;蜗轮是从动件,则作用在蜗轮上的圆周力 F_{t2} 与蜗轮在该点的速度方向相同,又两轴垂直交错,则作用于蜗杆上的圆周力 F_{t1} 与作用于蜗轮上的轴向力 F_{a2} 大小相等、方向相反;作用于蜗轮上的圆周力 F_{t2} 与作用于蜗杆上的轴向力 F_{a1} 大小相等、方向相反;蜗杆、蜗轮上的径向力 F_{r1}、F_{r2} 都分别由啮合节点 C 沿半径方向指向各自的中心,且大小相等、方向相反。即

$$\vec{F}_{t1}=-\vec{F}_{a2}\quad \vec{F}_{a1}=-\vec{F}_{t2}\quad \vec{F}_{r1}=-\vec{F}_{r2}$$

计算公式为

$$F_{t1}=2T_1/d_1\quad F_{a1}=2T_2/d_2\quad F_{r1}=2T_2\tan\alpha/d_2$$

注意式中蜗轮传递的转矩 $T_2=T_1 i\eta$。

(五)蜗杆传动的强度计算和热平衡计算

1)强度计算

由于蜗杆材料的强度较蜗轮高得多,其螺牙通常不会先于蜗轮损坏,一般不进行蜗杆齿的强度计算,蜗杆只在必要时才进行刚度计算。胶合与磨损在蜗杆传动中虽属常见的失效形式,但目前尚无成熟的计算方法。蜗轮轮齿折断的情况很少发生。只有在受强烈冲击的传动等少数情况下且蜗轮采用脆性材料时,计算其弯曲强度才有实际意义。所以,对于蜗杆传动中蜗轮的强度计算一般只进行蜗轮齿面的接触强度计算。对于钢制蜗杆和青铜或铸铁制的蜗轮其蜗轮齿面接触强度的条件性计算公式为 $m^2d_1\geqslant\left(\frac{480}{[\sigma_H]z_2}\right)^2KT_2(\mathrm{mm}^3)$,由 m^2d_1 值查表确定 m 和 d_1;式中参数:m 为模数(mm);d_1 为蜗杆分度圆直径(mm);K 为载荷系数,考虑载荷集中和动载荷的影响;T_2 为作用于蜗轮上的转矩(N·mm);$[\sigma_H]$为蜗轮的许用接触应力(MPa)。

2)热平衡计算

蜗杆传动的效率较低,发热量较大。对闭式传动,如果散热不充分,温升过高,就会使润滑油粘度降低,从而减小润滑作用,导致齿面磨损加剧,甚至引起齿面胶合。所以,对于连续工作的闭式蜗杆传动,应进行热平衡计算。所谓热平衡计算,就是在闭式蜗杆传动正常连续工作时,由摩擦产生的热量应小于或等于箱体表面发散的热量,以保证温升不超过许用值。蜗杆传动热平衡条件公式为 $t_1=\frac{1000P(1-\eta)}{kA}+t_2\leqslant[t_1]$(℃);式中参数:$t_1$ 为润滑油的工

作温度,℃;P 为传动输入的功率,kW;η 为传动效率,$\eta=\eta_1\eta_2\eta_3$,η_1、η_2、η_3 分别为啮合、搅油、轴承效率;k 为平均散热系数,W/m^2 · ℃;A 为有效散热面积,m^2;t_2 为环境温度,℃;$[t_1]=(75\sim85)$℃。若 $t_1>[t_1]$,应采取措施增加散热能力。

四、例题精选与解析

例 6.1 有一标准普通圆柱蜗杆传动,已知模数 $m=5$mm,传动比 $i=25$,蜗杆直径系数 $q=10$,蜗杆头数 $z_1=3$,试计算该蜗杆传动的主要几何尺寸。

解析 本题属于普通圆柱蜗杆传动的主要参数和几何尺寸计算,蜗杆传动的几何尺寸主要有蜗杆蜗轮的分度圆直径、中心距、齿顶圆和齿根圆直径、螺旋升角等,计算公式在教科书中均已详细列出,需注意蜗轮轮缘宽度和蜗杆螺纹部分长度根据蜗杆头数的不同而有相应的经验计算公式。

蜗杆分度圆直径 $d_1=mq=5\times10=50(\text{mm})$;

蜗轮分度圆直径 $d_2=mz_2=miz_1=5\times25\times3=375\ (\text{mm})$;

中心距 $a=m(q+z_2)/2=5\times(10+75)/2=212.5(\text{mm})$;

蜗杆分度圆上的螺旋升角 $\lambda=\arctan\dfrac{z_1}{q}=\arctan\dfrac{3}{10}=16°42'$;

蜗杆齿顶圆直径 $d_{a1}=d_1+2m=50+2\times5=60(\text{mm})$;

蜗轮齿顶圆直径 $d_{a2}=d_2+2m=375+2\times5=385(\text{mm})$;

蜗杆齿根圆直径 $d_{f1}=d_1-2.4m=50-2.4\times5=38(\text{mm})$;

蜗轮齿根圆直径 $d_{f2}=d_2-2.4m=375-2.4\times5=363(\text{mm})$;

蜗轮最大外圆直径 $d_{e2}=d_{a2}+m=385+5=390(\text{mm})$;

蜗轮轮缘宽度 $b_2=0.75d_{a1}=0.75\times60=45(\text{mm})$;

蜗杆螺纹部分长度

$L\geqslant(12.5+0.09z_2)m=(12.5+0.09iz_1)m=(12.5+0.09\times25\times3)\times5=96.25(\text{mm})$,取 $L=100$mm。

例 6.2 已知蜗杆传动中蜗杆为主动件,蜗杆与蜗轮的转动方向如图所示。试确定各轮的螺旋线方向和各分力方向。

解析 先将已知条件转化到蜗杆的主视图上,用“左右手定则”判别出蜗杆的螺旋线方向,然后再根据两轮力的关系,判别其他分力方向。

(1)根据主视图中从动件蜗轮的转向可知,在啮合点处蜗轮的圆周力 F_{t2} 指向左(例 6.2 解图)。

(2)根据两轮分力关系可知,蜗杆轴向力 F_{a1} 由啮合点处指向右方。

(3)伸出右手,使四指弯曲的方向与蜗杆在主视图的转动方向相同,因右手拇指与轴向力 F_{a1} 方向相同,所以蜗杆的螺旋线方向为右旋。蜗轮也为右旋,在例 6.2 解图中示出。

(4)根据例 6.2 解图中主动件蜗杆的转向可知,在啮合点处蜗杆圆周力 F_{t1} 指向左方,而蜗轮轴向力 F_{a2} 指向右方。

(5)径向力 F_{r1} 和 F_{r2} 分别由啮合点指向各自轮心(例 6.2 解图)。

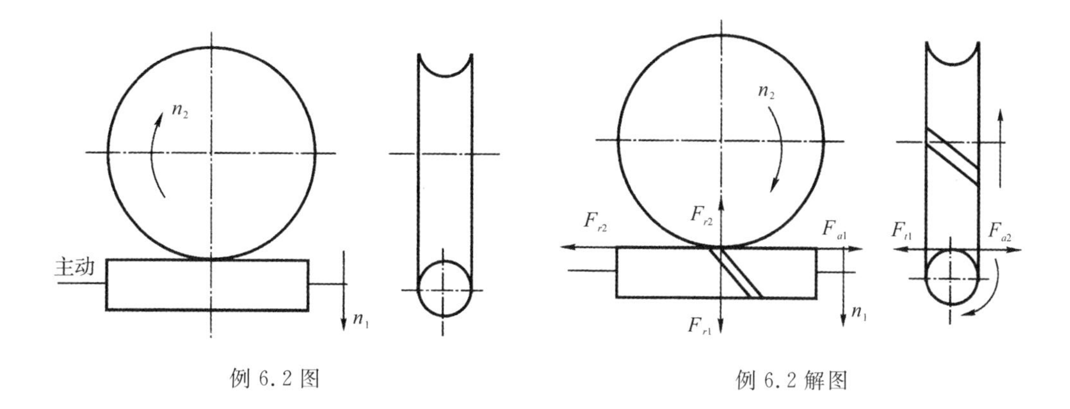

例 6.2 图　　　　例 6.2 解图

例 6.3　蜗杆传动比为什么不等于蜗轮分度圆直径 d_2 与蜗杆分度圆直径 d_1 的比值？

解析　本题考核点为蜗杆传动的原理。

在工作时，蜗杆螺旋线轴向移动速度 v_{a1} 等于蜗轮的圆周速度 v_2，即 $v_{a1}=v_2$。

因 $v_{a1}=\dfrac{z_1 p_{a1} n_1}{60\times1000}=\dfrac{z_1 \pi m n_1}{60\times1000}=\dfrac{\pi d_1 n_1 \tan\lambda}{60\times1000}$，$v_2=\dfrac{\pi d_2 n_2}{60\times1000}$；则 $\dfrac{\pi d_1 n_1 \tan\lambda}{60\times1000}=\dfrac{\pi d_2 n_2}{60\times1000}$，故

传动比 $i=\dfrac{n_1}{n_2}=\dfrac{d_2}{d_1\tan\lambda}\neq\dfrac{d_2}{d_1}$

例 6.4　手动起重装置如例 6.4 图所示。已知手柄半径 $R=200$mm，卷筒直径 $D=200$mm，蜗杆传动参数为 $m=5$mm，$d_1=50$mm，$z_1=1$，$z_2=50$，蜗杆和蜗轮间当量摩擦系数 $f_v=0.14$，手柄上的作用力 $F=200$N，试求：(1)使重物上升 1m 时手柄所转圈数 n_1；并根据图中重物举升时 n_1 的转向判断蜗杆蜗轮的螺旋方向；(2)设传动强度已足够，求该装置的最大起重量 Q；(3)提升过程中松手，重物能否自行下降？

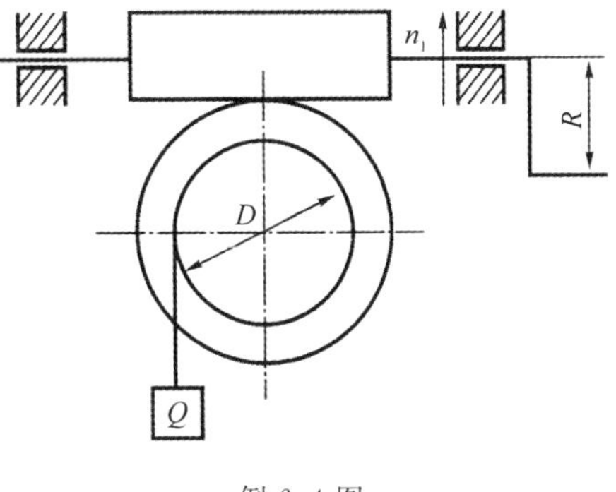

例 6.4 图

解析　根据本题的题意，本题牵涉到的知识量较大，有一定的技巧，涉及到了传动比的应用，蜗轮蜗杆的旋向的确定。在计算最大起重量 Q 时，可以首先通过计算出当量摩擦角得到啮合效率和蜗轮输出的转矩，然后把转矩转化为 Q 的计算。重物能否自行下降，牵涉到的是反行程自锁的问题，根据自锁条件 $\lambda\leqslant\rho_v$ 判断即可。

(1)计算手柄转过的圈数 n_1

重物上升 1m 时，卷筒转过圈数 n_2 为

$$n_2=\frac{1\times10^3}{\pi D}(\mathrm{r})$$

由传动关系 $n_1=i\cdot n_2=\dfrac{z_2}{z_1}\cdot n_2$

代入公式 $n_1=\dfrac{1000}{\pi D}\cdot\dfrac{z_2}{z_1}=\dfrac{1000}{\pi\times200}\times\dfrac{50}{1}=79.6(\mathrm{r})$

重物举升卷筒转向 n_2 应为顺时针，同时按给定的重物举升时 n_1 的转向，由确定蜗杆轴

向力、蜗轮转向的规律，可知蜗杆、蜗轮的螺旋方向应为右旋。

(2)求最大起重量 Q

导程角 $\lambda=\arctan\dfrac{z_1 m}{d_1}=\arctan\dfrac{1\times5}{50}=\arctan0.1=5°42'38''$

当量摩擦角 $\rho_v=\arctan f_v=\arctan0.14=7°58'11''$

啮合效率 $\eta_1=\dfrac{\tan\lambda}{\tan(\lambda+\rho_v)}=\dfrac{\tan5°42'38''}{\tan(5°42'38''+7°58'11'')}=0.411$

输入转矩 $T_1=F\cdot R=200\times200=40000(\mathrm{N\cdot mm})$

输出转矩 $T_2=T_1\cdot i\eta_1=40000\times50\times0.411=8.22\times10^5(\mathrm{N\cdot mm})$

起重量 $Q=\dfrac{2T_2}{D}=\dfrac{2\times8.22\times10^5}{200}=8220(\mathrm{N})$

(3)重物能否自行下降的判定

重物能否自行下降，即判定该起重装置能否反行程自锁。蜗杆传动的自锁条件是 $\lambda\leqslant\rho_v$。现求出 $\lambda=5°42'38''$，$\rho_v=7°58'11''$，$\lambda<\rho_v$，故可知满足自锁条件，重物不会自行下降。

五、思考题与练习题

题 6.1 普通圆柱蜗杆传动的组成及工作原理是什么？为什么说蜗杆传动与齿轮齿条传动、螺杆螺母传动相类似？它有哪些特点？宜用于什么情况？

题 6.2 蜗杆传动以什么模数作为标准模数？蜗杆分度圆直径 d_1 为什么一般应取与模数 m 相对应的标准值？

题 6.3 已知普通圆柱蜗杆传动的主要参数为模数 $m=5\mathrm{mm}$，蜗杆头数 $z_1=2$，蜗杆分度圆直径 $d_1=50\mathrm{mm}$，蜗轮齿数 $z_2=50$。求蜗杆和蜗轮的主要几何尺寸及中心距；并以 1∶1 的比例尺绘制啮合视图，注上尺寸。

题 6.4 图示上置式蜗杆传动，蜗杆主动，蜗杆转矩 $T_1=20\mathrm{N\cdot m}$，模数 $m=5\mathrm{mm}$，头数 $z_1=2$，蜗杆分度圆直径 $d_1=50\mathrm{mm}$，蜗轮齿数 $z_2=50$，传动的啮合效率 $\eta=0.75$。试求：(1)画出蜗轮轮齿的斜向及其转向；(2)作用于轮齿上周向、径向、轴向各力的大小；(3)画出蜗杆和蜗轮啮合点处上述各力的方向；(4)若改变蜗杆的转向，或改变蜗杆螺旋线斜向，或使蜗杆为下置式，则蜗轮的转向和上述各力的方向如何？

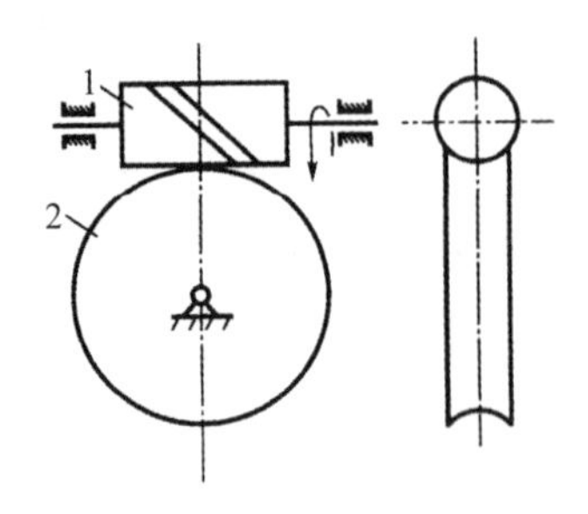

题 6.4 图

题 6.5　题 6.5 图所示两级蜗杆传动，轴Ⅲ为输出轴、转向见图注 n_4，已知蜗杆 3 的螺旋线方向为右旋，要求使轴Ⅱ所受总轴向力较小。试求：(1)蜗杆 1、蜗轮 2、蜗杆 4 的螺旋线方向；(2)轴Ⅰ、轴Ⅱ的转向；(3)蜗轮 2、蜗杆 3 所受各力的方向。

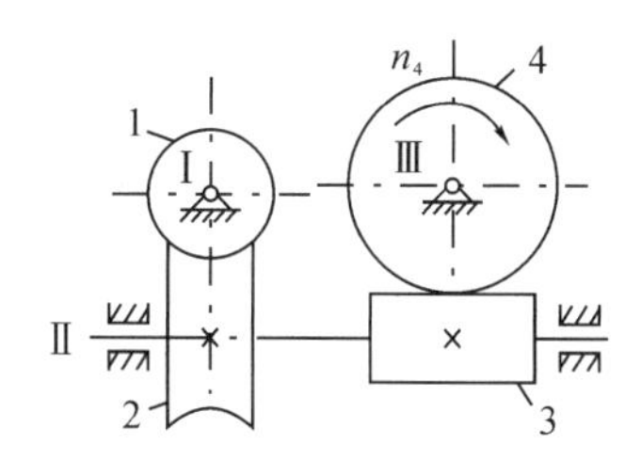

题 6.5 图

题 6.6　图示为手动绞车采用的蜗杆传动。已知模数 $m=8$mm，蜗杆头数 $z_1=1$，蜗杆分度圆直径 $d_1=80$mm，蜗轮齿数 $z_2=40$，卷筒直径 $D=200$mm。问：(1)欲使重物 Q 上升 1m，蜗杆应转多少圈？(2)蜗杆与蜗轮间的当量摩擦系数 $f_v=0.18$，该机构能否自锁？(3)若重物 $Q=4.8$kN，手摇时施加的力 $F=100$N，手柄转臂的长度 l 应是多少？

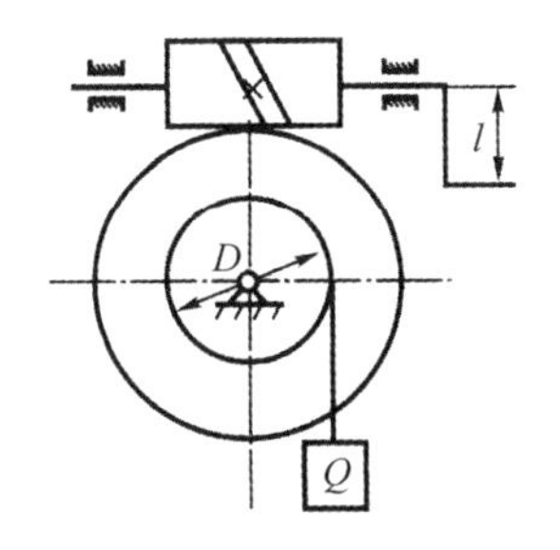

题 6.6 图

题 6.7　已知单级蜗杆减速器的输入功率 $P=7$kW，转速 $n=1440$r/min，传动比 $i=18$，载荷平稳，长期连续单向运转。试设计该蜗杆传动。

题 6.8　蜗杆传动的失效形式和强度计算与齿轮传动相比，主要的异同点是哪些？

题 6.9　试述蜗杆传动中滑动速度的涵义。弧面蜗杆传动与普通蜗杆传动相比有哪些特点？

题 6.10　试从普通蜗杆传动、圆弧齿圆柱蜗杆传动、圆弧面蜗杆传动分析其创新构思。对提高蜗杆传动的效率你还能提出哪些创新构思？

题 6.11　你对提高蜗杆传动的工作能力有哪些创意构思？

第七章

轮系、减速器及机械无级变速传动

一、主要内容与学习要求

本章的主要内容是：

1)轮系的应用和分类；

2)定轴轮系及其传动比；

3)周转轮系及其传动比；

4)复合轮系及其传动比；

5)特殊行星传动简介；

6)减速器；

7)摩擦轮传动和机械无级变速传动。

本章的学习要求是：

1)了解轮系的主要功用，熟悉各类轮系的定义。

2)掌握定轴轮系传动比的计算方法，能够正确确定主、从动轮的转向关系。

3)熟悉转化轮系的概念和它的作用，熟练掌握单一周转轮系的传动比计算。

4)掌握区分轮系的一般方法，掌握中等复杂程度的复合轮系的传动比计算。

5)了解渐开线少齿差行星传动、摆线针轮行星传动、谐波齿轮传动等三种特殊行星传动的工作原理、传动特点及应用。

6)了解减速器的主要类型和分类，了解减速器的结构和一般选用原则。

7)了解摩擦轮传动、摩擦式无级变速传动的工作原理。

二、重点与难点

本章的重点是：

1)计算定轴轮系的传动比并确定各轮转向；

2)运用转化轮系计算单一周转轮系传动比；

3)复合轮系的传动比计算方法；

4)了解机械无级变速器的两个主要性能：调速范围和机械特性。

本章的难点是：

1）正确区分轮系；

2）复合轮系的传动比计算。

三、学习指导与提示

（一）概述

工程中实际应用的齿轮机构经常以齿轮系（简称轮系）的形式出现，它可用来获得大传动比、变速和换向、合成或分解运动以及距离较远的传动。轮系可分为定轴轮系和周转轮系两大类。所谓复合轮系只不过是既包含定轴轮系又包含周转轮系，或由几部分周转轮系组成的复杂轮系。因此，首要的是弄清定轴轮系和周转轮系的本质属性，并掌握它们各自的传动比计算方法，在此基础上，只要注意正确区分轮系，就可以将一个复杂的复合轮系分解为若干个单一周转轮系和定轴轮系，这是学习轮系传动比计算的一个总体原则，应当牢牢把握。

（二）定轴轮系

1）若在运动过程中一个轮系的所有齿轮的几何轴线的位置都是固定不变的，则可判定该轮系为定轴轮系（亦称普通轮系）。

2）定轴轮系传动比计算公式：

$$i_{GJ}=\frac{n_G}{n_J}=(-1)^m\frac{G\rightarrow J\text{ 各从动轮齿数连乘积}}{G\rightarrow J\text{ 各主动轮齿数连乘积}} \tag{7.1}$$

上述公式有两方面的含义，即传动比的大小，以及主从动轮转速 n_G，n_J 之间的转向关系（即传动比的正负号），m 为外啮合齿轮对数。但需注意：（1）只有在 $G\rightarrow J$ 传动路线中无空间齿轮、各轮几何轴线均互相平行的情况下，公式中 $(-1)^m$ 才有其特定意义，可以用其来表示 n_G 和 n_J 之间的转向关系。若计算结果 i_{GJ} 为正，说明 G，J 两轮转向相同；若为负，则说明 G，J 两轮转向相反。（2）如果 $G\rightarrow J$ 传动路线中有空间齿轮（如锥齿轮、蜗轮蜗杆），如图 7.1 所示，各轮转向只能用标注箭头法确定，$(-1)^m$ 没有意义。

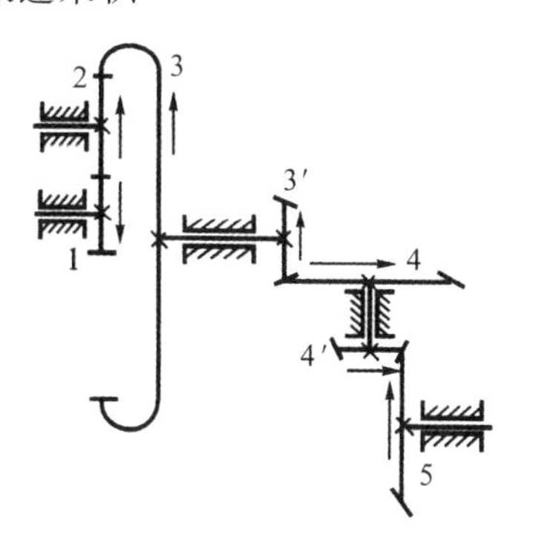

图 7.1

（三）周转轮系

1）轮系中至少有一个齿轮的几何轴线不固定，而是绕另一轴线位置固定的齿轮回转，这样的轮系，就是周转轮系。周转轮系中几何轴线固定的齿轮称为中心轮，几何轴线不固定的齿轮称为行星轮，支持行星轮自转的构件称为转臂（又称系杆、行星架）。此外，自由度分别为 1 和 2 的周转轮系也相应称为差动轮系和行星轮系，通常用 K、H 分别代表中心轮和转臂，具有两个中心轮和一个转臂的行星轮系称为 $2K-H$ 行星轮系。

2）最基本的周转轮系具有一个转臂，中心轮的数目不超过两个，且转臂与中心轮的几何轴线相重合，称为单一周转轮系。单一周转轮系中行星轮的数目可以多于一个。

3）单一周转轮系传动比计算不能直接应用定轴轮系的传动比计算公式。但若给整个周转轮系附加一个与转臂转速 n_H 等值反向的“$-n_H$”的公共转速，轮系中的转臂便可看作静止不动，进而转化成为一个新的定轴轮系，就可以套用定轴轮系传动比的计算公式。由此转化而成的定轴轮系便是原周转轮系的“转化轮系”，其传动比计算公式为：

$$i_{GJ}^{\mathrm{H}}=\frac{n_G^{\mathrm{H}}}{n_J^{\mathrm{H}}}=\frac{n_G-n_{\mathrm{H}}}{n_J-n_{\mathrm{H}}}=(-1)^m\frac{G\rightarrow J\text{ 各从动轮齿数连乘积}}{G\rightarrow J\text{ 各主动轮齿数连乘积}} \tag{7.2}$$

由于周转轮系的转化轮系是一个定轴轮系，故上式的齿数关系和正负号应完全按定轴轮系来处理。

4)应用上述公式时，务必注意的重要概念：给整个周转轮系附加一个“$-n_{\mathrm{H}}$”的公共转速，相当于观察者站在转臂上来观察周转轮系各构件的运动，因此 i_{GJ}^{H} 与 i_{GJ} 在性质上是完全不同的两类传动比，不可混淆。i_{GJ} 是实际周转轮系中 G,J 两轮的转速之比(即绝对转速 n_G、n_J 之比)，而 i_{GJ}^{H} 是该周转轮系的“转化轮系”中 G,J 两轮的转速之比(即相对于转臂的相对转速 n_G^{H}、i_J^{H} 之比)。为此，绝对不可以根据 i_{GJ}^{H} 的正负号来判定实际周转轮系中 G,J 两轮的转向关系，i_{GJ}^{H} 为负只表明 G,J 两轮在转化轮系中的转向相反，并不表明 G,J 两轮在周转轮系中的实际转向也一定相反(参见典型例题 7.2)。

(四)复合轮系

1)复合轮系由单一周转轮系与定轴轮系组成，也可由几个单一周转轮系组成。解复合轮系问题的首要任务是正确区分轮系，找出其中的各个单一周转轮系和定轴轮系，并分别列出它们的传动比计算公式，找出其相互联系，然后联解方程，求出待求参数。需要注意的是一个复合轮系所包含的单一周转轮系可能不止一个，定轴轮系也可能不止一个。

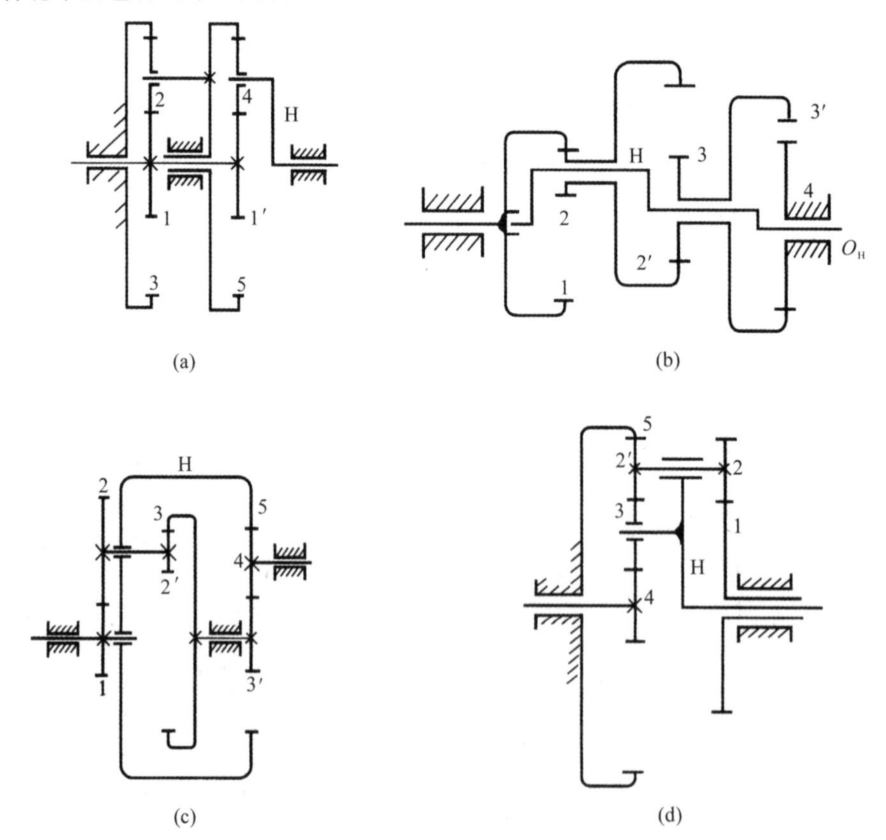

图 7.2

2)要确定一个单一周转轮系,寻找转臂、确定行星轮是解题的关键。当行星轮找到后,则支持行星轮的构件便是转臂,然后循行星轮与其他齿轮啮合的线索找到两个(有时仅有一个)与转臂同一轴线的中心轮,这个转臂、一个或几个行星轮、两个(或一个)中心轮以及机架所组成的便是一个单一周转轮系。

3)需要指出:转臂作为一个构件,在不同的轮系中,可能具有不同的几何形状,应该从功能实质而不是仅从几何形状上去判定一个构件是不是转臂。图 7.2 给出了几种不同几何形状转臂的例子。图 7.2(a)中,右边 1′-4-5-H 组成的单一周转轮系,其中转臂 H 具有最简单的几何形状;但左边 1-2-3-5 组成的另一单一周转轮系,支承行星轮 2 几何轴线的转臂固联于齿轮 5,因此齿轮 5 事实上就是它的转臂。图 7.2(b)中,1-2-2′-3-3′-4-H 组成的单一周转轮系,其转臂 H 呈多折的形状。图 7.2(c)中,1-2-2′-3-H 组成的周转轮系,转臂 H 呈大框架形状,且与齿轮 5 固联在一起。图 7.2(d)中,1-2-2′-3-4-H 和 1-2-2′-5-H 两个单一周转轮系公用了一个转臂。

(五)减速器

减速器的功能要求是减速,使输出轴的转速能满足工作机械的需要。减速器的类型很多,并且大多已标准化和系列化,由专门工厂生产,使用时只需结合所需传动功率、转速、传动比、工作条件和机器的总体布置等具体要求,从产品目录或有关手册中选择即可。只有在选不到合适的产品时,才自行设计制造。读者通过学习,特别是课程设计注意掌握各机件功能和整机结构。

(六)机械无级变速传动

1)用机械方法实现无级变速多采用摩擦式无级变速器,其摩擦传动结构型式虽然很多,但都是利用两接触表面间的摩擦力来传递载荷。

2)摩擦轮传动的传动比为

$$i_{12}=n_1/n_2=D_2/D_1$$

式中 n_1、n_2 为主、从动轮转速,D_1,D_2 分别为两轮接触点的直径。显然,在传动中,若能使其中一轮(或两轮)的直径在一定范围内连续变化,就可以使摩擦轮传动达到无级变速的目的。摩擦式机械无级变速器传动正是基于这个原理并设计成多种型式的。

3)机械无级变速器的两个主要性能指标为调速范围和机械特性。调速范围是指无级变速器最大传动比 i_{max} 与最小传动比 i_{min} 的比值,反映了可调的速度范围;机械特性是指在输入转速恒定的条件下,输出轴上的转矩(或功率)与输出转速之间的关系,反映了无级变速器的负载能力。对这两个主要指标,应当了解它们的涵义与应用。

四、例题精选与解析

例 7.1 图示轮系,已知 $z_1=60$,$z_2=48$,$z_{2'}=80$,$z_3=120$,$z_{3'}=60$,$z_4=40$;蜗杆 $z_{4'}=2$(右旋),蜗轮 $z_5=80$,齿轮 $z_{5'}=65$,模数 $m=5\text{mm}$。主动轮 1 的转速 $n_1=240\text{r/min}$,转向如图所示。试求齿条 6 的移动速度 v_6 的大小和方向?

解析 这是一个由圆柱齿轮、锥齿轮、蜗杆蜗轮、齿轮齿条所组成的轮系。由图中可以看出,在该轮系的运动过程中,所有齿轮几何轴线的位置都是固定不变的,因此,这是一个定轴轮系。

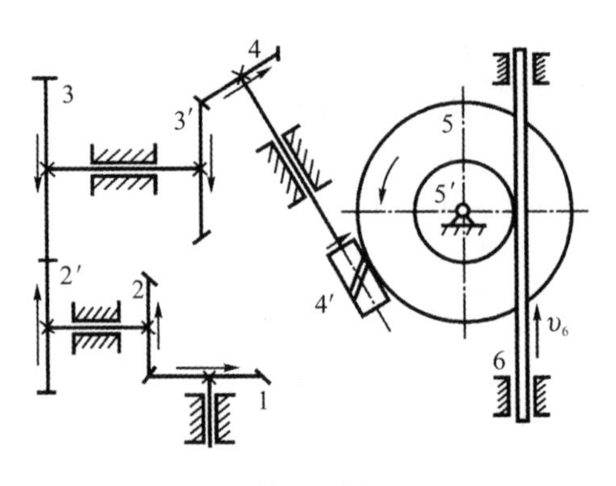

例 7.1 图

为了求出齿条 6 的移动速度 v_6 的大小，首先需要求出齿轮 5′的转速 $n_{5'}$。为此，应先计算传动比 i_{15} 的大小。由公式(7.1)可得

$$i_{15}=\frac{n_1}{n_5}=\frac{z_2z_3z_4z_5}{z_1z_{2'}z_{3'}z_{4'}}=\frac{48\cdot 120\cdot 40\cdot 80}{60\cdot 80\cdot 60\cdot 2}=32$$

本例中，齿轮 1 和齿轮 5 的几何轴线不平行，故计算结果不应加注“+”、“−”号。求出 i_{15} 后，即可求出 $n_{5'}$：

$$n_{5'}=n_5=\frac{n_1}{i_{15}}=\frac{240}{32}=7.5(\text{r/min})$$

齿条 6 的移动速度 v_6 等于齿轮 5′分度圆线速度，所以

$$v_6=\frac{\pi d_{5'}n_{5'}}{60}=\frac{\pi m z_{5'}n_{5'}}{60}=\frac{\pi\times 5\times 65\times 7.5}{60}=127.6(\text{mm/s})$$

由于该轮系中含有锥齿轮、蜗杆蜗轮等空间齿轮，各轮轴线不都互相平行，所以各轮转向必须用画箭头的方法来判断。判断结果如图中所示，由此可知，齿条 6 的运动方向向上。

例 7.2 图示的轮系，设已知 $z_1=20$，$z_2=24$，$z_{2'}=40$，$z_3=50$；$n_1=200\text{r/min}$，$n_3=100\text{r/min}$，且转向相同。试求 n_H 的大小和方向？

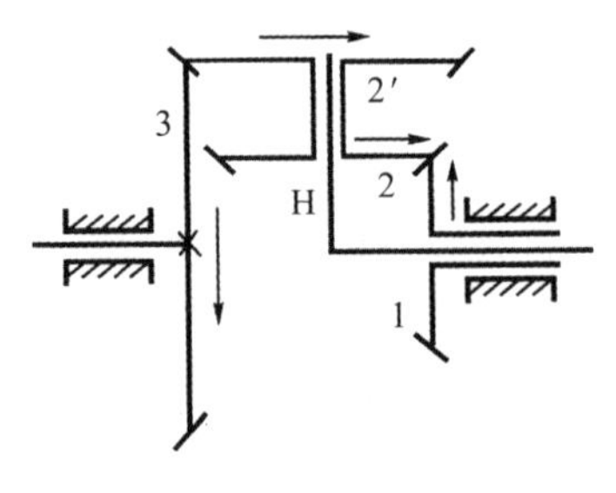

例 7.2 图

解析 齿轮 2,2′绕 H 杆自转，又随 H 杆作公转，因此是行星轮；H 杆支承行星轮的几何轴线，应是转臂；与行星轮啮合的齿轮 1,3 的几何轴线是固定的，应是中心轮；转臂与中心轮的几何轴线重合。所以本例为单一周转轮系。根据转化轮系求单一周转轮系传动比公式(7.2)可得

$$i_{13}^{H}=\frac{n_1-n_H}{n_3-n_H}=-\frac{z_2z_3}{z_1z_{2'}}=-\frac{24\cdot 50}{20\cdot 40}=-\frac{3}{2}$$

注意：因为 1→3 传动路线中有空间齿轮，所以 i_{13}^{H} 的正负号不能依靠 $(-1)^m$ 来判定，只能画箭头来决定。如图中箭头所示，可知转化轮系中 1,3 轮的转向是相反的。由于 1,3 轮的几何轴线是平行的，所以上式仍可添“−”号。需要注意的是实际轮系中 1,3 轮的转向是相同的(由已知条件决定)，所以不能把转化轮系中 1,3 轮的正负号误认为是实际轮系中 1,3 轮的转向关系。

将 n_1，n_3 已知数据代入，可得

$$\frac{200-n_H}{100-n_H}=-\frac{3}{2}$$

$n_H=140\text{r/min}$，方向与 n_1(或 n_3)相同。

本例给定的已知条件 n_1，n_3 是同向的，所以上式的 n_1，n_3 均可以正值代入，如果 n_1，n_3 不同向，则应以一正一负代入。

还需指出，公式(7.2)绝对不能用于轴线不平行的两个齿轮之间。例如对于本题，由于行星轮 2 的角速度矢量与系杆 H 的角速度矢量不平行，所以不能用代数和的办法得到 n_2-n_H，因此也就不能应用公式(7.2)。若需求行星轮 2 的绝对转速 n_2，只能依靠理论力学点的

速度合成原理求得。

例 7.3 例 7.3(a)图所示为一电动卷扬机的减速器运动简图,设已知各轮齿数,试求其传动比 i_{15}。

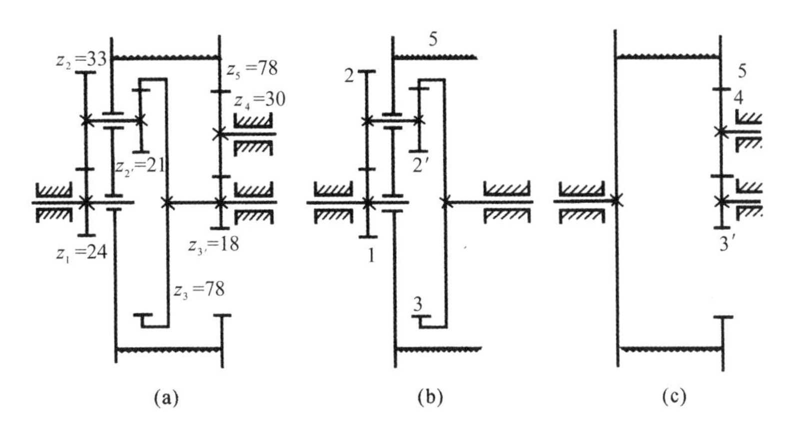

例 7.3 图

解析 本例的关键点为复合轮系的区分。

(1)区分轮系

由双联行星轮 2-2′、转臂 5(它同时又是鼓轮和内齿轮 5)及两个中心轮 1,3 组成单一周转轮系(图 b);由齿轮 3′-4-5 组成定轴轮系(图 c);所以本例属于复合轮系。

(2)列出各基本轮系的传动比计算式

$$i_{13}^{5}=\frac{n_1^5}{n_3^5}=\frac{n_1-n_5}{n_3-n_5}=-\frac{z_2 z_3}{z_1 z_{2'}} \qquad ①$$

$$i_{3'5}=\frac{n_{3'}}{n_5}=-\frac{z_4 z_5}{z_{3'} z_4}=-\frac{z_5}{z_{3'}},(\text{其中 } z_4 \text{ 为惰轮}) \qquad ②$$

(3)联解方程

由②式得:$n_{3'}=-n_5\ \frac{z_5}{z_{3'}}$,则 $n_3=n_{3'}=-n_5\ \frac{z_5}{z_{3'}}$

代入①式,得

$$i_{15}=\frac{n_1}{n_5}=\frac{z_2 z_3}{z_1 z_{2'}}\left(1+\frac{z_5}{z_{3'}}\right)+1=\frac{33\times 78}{24\times 21}\left(1+\frac{78}{18}\right)+1=28.24$$

例 7.4 在图示的轮系中,已知各轮的齿数 $z_1=2$(右旋),$z_2=60$,$z_4=40$,$z_5=20$,$z_6=40$;齿轮 3,4,5,6 均为标准安装的标准齿轮,且各齿轮的模数相同。当轮 1 以 $n_1=900\text{r/min}$ 按图示方向转动时,求轮 6 转速 n_6 的大小和方向。

解析 本题的关键点是识别蜗轮兼作转臂。

(1)区分轮系

定轴轮系:1-2;

单一周转轮系:6-5-4-3-2,蜗轮 2 兼作转臂。

(2)列出各基本轮系的传动比计算式

$$i_{12}=\frac{n_1}{n_2}=\frac{z_2}{z_1}=\frac{60}{2}=30 \qquad ①$$

$$i_{63}^{\mathrm{H}}=\frac{n_6-n_{\mathrm{H}}}{n_3-n_{\mathrm{H}}}=-\frac{z_5 z_3}{z_6 z_4} \quad ②$$

(3)联解方程

本例的已知条件中，未给出齿数 z_3，但因为各轮均为标准安装，且模数相同，所以中心距应有 $a_{56}=a_{34}$，称之为同心条件。所以

$$\frac{1}{2}(z_5+z_6)=\frac{1}{2}(z_3-z_4)$$

$$z_3=z_5+z_6+z_4=20+40+40=100$$

由①式得 $n_2=\frac{n_1}{30}=\frac{900}{30}=30(\mathrm{r/min})$，方向如图，又轮 3 固定，所以 $n_3=0$，代入②式得

$$n_6=\left(1+\frac{z_5 z_3}{z_6 z_4}\right)n_2=\left(1+\frac{20\times100}{40\times40}\right)\times30=67.5(\mathrm{r/min})$$

转向与蜗轮 2 相同。

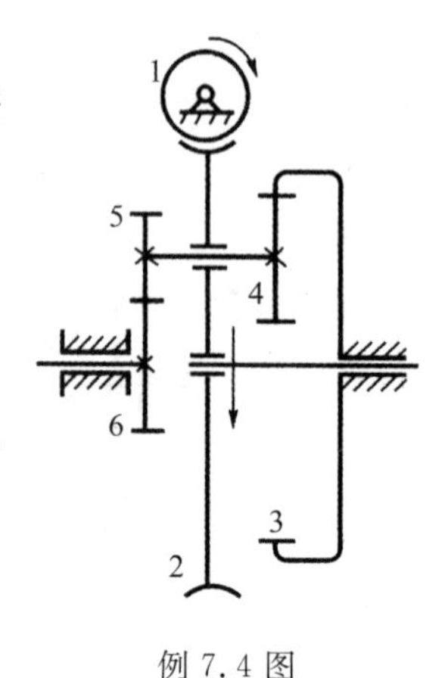

例 7.4 图

例 7.5 图 7.2(d)所示的轮系中，已知各轮齿数 $z_1=60$，$z_2=z_{2'}=z_3=z_4=20$，$z_5=100$。试求传动比 i_{41}。

解析 本题的关键点是识别同一转臂两个单一周转轮系的复合。

(1)区分轮系

单一周转轮系：1-2-2′-3-4-H

单一周转轮系：1-2-2′-5-H

所以本例可看成是两个单一周转轮系组成的复合轮系。

(2)列出各单一周转轮系传动比计算式

$$i_{14}^{\mathrm{H}}=\frac{n_1-n_{\mathrm{H}}}{n_4-n_{\mathrm{H}}}=-\frac{z_2 z_3 z_4}{z_1 z_{2'} z_3}=-\frac{20\cdot20}{60\cdot20}=-\frac{1}{3}(z_3\text{ 在转化轮系中为惰轮}) \quad ①$$

$$i_{15}^{\mathrm{H}}=\frac{n_1-n_{\mathrm{H}}}{n_5-n_{\mathrm{H}}}=-\frac{z_2 z_5}{z_1 z_{2'}}=-\frac{20\cdot100}{60\cdot20}=-\frac{5}{3} \quad ②$$

(3)联解方程

因 $n_5=0$，由②式得 $n_{\mathrm{H}}=\frac{3}{8}n_1$，代入①式，得

$$\frac{n_1-\frac{3}{8}n_1}{n_4-\frac{3}{8}n_1}=-\frac{1}{3}$$

所以 $\frac{1}{2}n_1=-\frac{1}{3}n_4$，$i_{41}=\frac{n_4}{n_1}=-1.5$(齿轮 4，1 两者转向相反)

例 7.6 在例 7.6 图所示轮系中，已知齿轮齿数为 $z_1=18$、$z_2=36$、$z'_2=18$、$z''_3=z'_5=78$、$z'_3=22$、$z_5=66$，直齿圆柱齿轮均为同模数的标准齿轮，齿轮 1 的转速为 $n_1=1500\mathrm{r/min}$。转向如图中箭头所示，试求：(1)齿轮 3 的齿数 z_3，(2)转臂 H 的转速 n_{H} 及其转向。

解析 本轮系由齿轮 1、2(2′)、3(3″)、转臂 H 和由齿轮 3′(3″)、4、5(5′)、转臂 H 两个差动轮系以及齿轮 3(3′)、6、5′(5)定轴轮系组成的复合轮系。

(1)齿轮 1 和内齿轮 3 同一轴线，其分度圆半径有 $r_3=r_1+r_2+r'_2$；各直齿圆柱齿轮模数

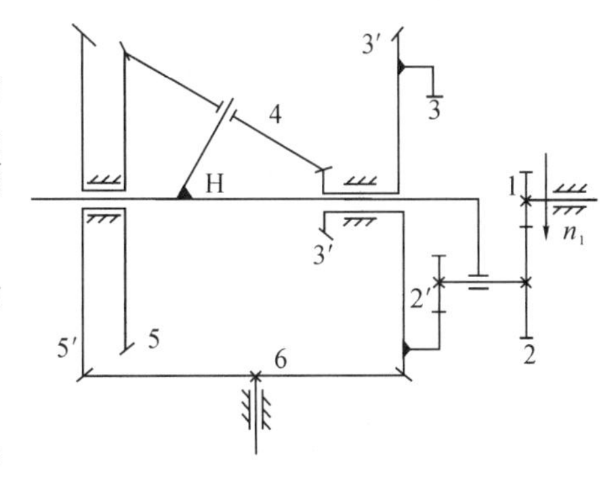

例 7.6 图

相同，故 $z_3=z_1+z_2+z_2'$

(2)对于齿轮 1、2(2′)、3(3″)、转臂 H 组成的差动轮系，$i_{13}^{H}=\dfrac{n_1-n_H}{n_3-n_H}=(-1)^1\dfrac{z_3z_4}{z_2'z_1}=-\dfrac{72\times36}{18\times18}=-8$

对于齿轮 3(3″)、4、5(5′)、转臂 H 组成的差动轮系，$i_{3'5}^{H}=\dfrac{n_3'-n_H}{n_5-n_H}=-\dfrac{z_3z_4}{z_4z_5}=-\dfrac{66}{22}=-3$

对于齿轮 3(3′)、6、5′(5)组成的定轴轮系，$i_{3'5}=\dfrac{n_3'}{n_5}=-\dfrac{z_5'z_6}{z_6z_3''}=-\dfrac{z_5'}{z_3''}=-\dfrac{78}{78}=-1$

将上述三式联立求解得 $n_H=\dfrac{n_1}{25}=\dfrac{1500}{25}=60(\text{r/min})$，$n_H$ 与 n_1 转向相同。

注意：后两式 $i_{3'5}^{H}$、$i_{3'5}$ 中的负号"－"均由画箭头确定。

五、思考题与练习题

题 7.1　试述定轴轮系、周转轮系、单一周转轮系、差动轮系和混合轮系的涵义。

题 7.2　定轴轮系传动比的计算公式是什么？应用这个公式要注意些什么问题？轮系中从动轮的转向如何确定？

题 7.3　何谓周转轮系的转化机构？为什么可以通过转化机构来计算周转轮系中各构件之间的传动比？ω_1，ω_K，ω_H 和 ω_1^H，ω_K^H，ω_H^H 有何不同？i_{1K} 和 i_{1K}^H 有什么不同？单一周转轮系传动比的计算公式是什么？应用这个公式要注意些什么问题？

题 7.4　为什么周转轮系从动轮的转向除与外啮合齿轮对数、布局等有关外还与各轮的齿数有关？

题 7.5　如何求解混合轮系的传动比？

题 7.6　图示轮系中，已知各轮齿数 $z_1=15$，$z_2=25$，$z_{2'}=15$，$z_3=30$，$z_{3'}=15$，$z_4=30$，$z_{4'}=2$(右旋)，$z_5=60$，$z_{5'}=20$($m=4$mm)。若 $n_1=600$r/min，求齿条 6 线速度 v_6 的大小和方向。

题 7.7　图示钟表传动示意图中，E 为擒纵轮，N 为发条盘，S、M 及 H 分别为秒针、分针和时针，设各轮的齿数 $z_1=72$，$z_2=12$，$z_3=64$，$z_4=8$，$z_5=60$，$z_6=8$，$z_7=60$，$z_8=6$，$z_9=8$，$z_{10}=24$，$z_{11}=6$，$z_{12}=24$。求秒针与分针的传动比 i_{SM} 及分针与时针的传动比 i_{MH}。

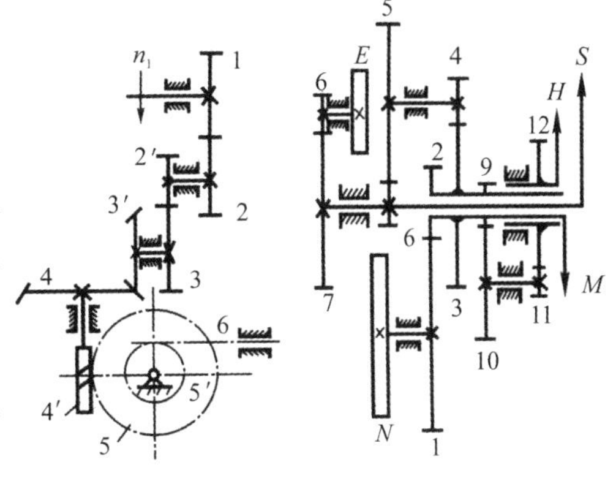

题 7.6 图　　题 7.7 图

题 7.8　图示滚齿机工作台传动装置中，已知各轮齿数 $z_1=15$，$z_2=28$，$z_3=15$，$z_4=35$，$z_8=1$(右旋)，$z_9=32$ 和被切齿轮齿数 $z_{10}=64$，滚刀为单头，要求滚刀转一圈，轮坯转过一齿，求传动比 i_{75}。

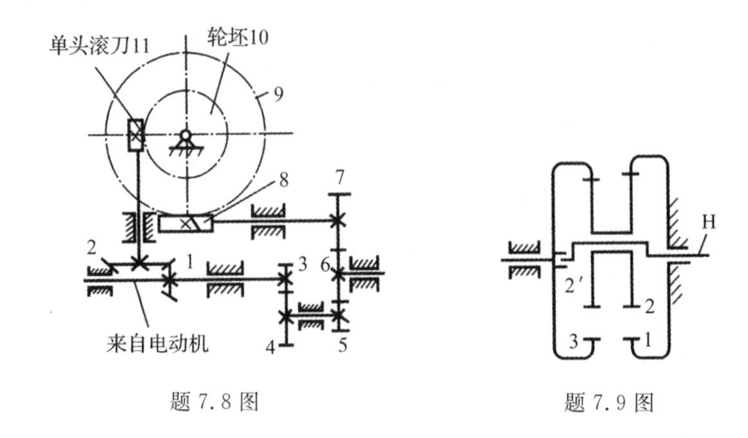

题 7.8 图　　　　题 7.9 图

题 7.9　图示行星轮系中，已知各轮齿数，$z_1=63$，$z_2=56$，$z_{2'}=55$，$z_3=62$，求传动比 i_{H3}。

题 7.10　图示轮系中，已知各轮齿数，$z_1=60$，$z_2=40$，$z_{2'}=z_3=20$。若 $n_1=n_3=120$ r/min，并设 n_1 与 n_3 转向相反，求 n_H 大小与方向。

题 7.11　图示行星齿轮减速器中，已知各轮齿数 $z_1=15$，$z_2=33$，$z_{2'}=30$，$z_3=81$，$z_4=78$，试计算传动比 i_{14}。

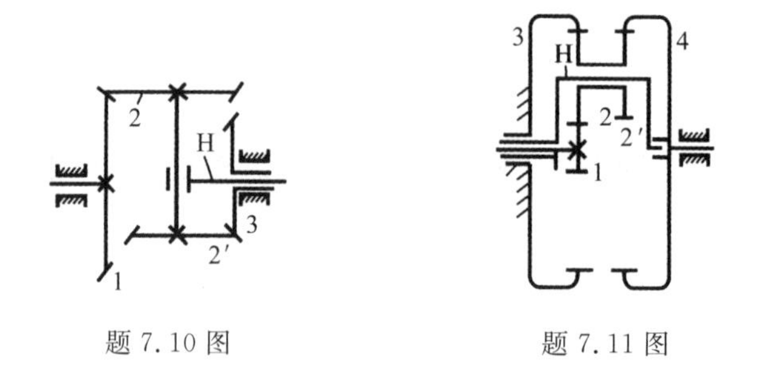

题 7.10 图　　　　题 7.11 图

题 7.12　图示自行车里程表机构中，A 为车轮轴，已知各轮齿数 $z_1=17$，$z_3=23$，$z_4=19$，$z_{4'}=20$，$z_5=24$。设轮胎受压变形后的 28 英寸的车轮有效直径约为 0.7m。当车行 1km 时，表上的指针 B 刚好回转一周。求齿轮 2 的齿数。

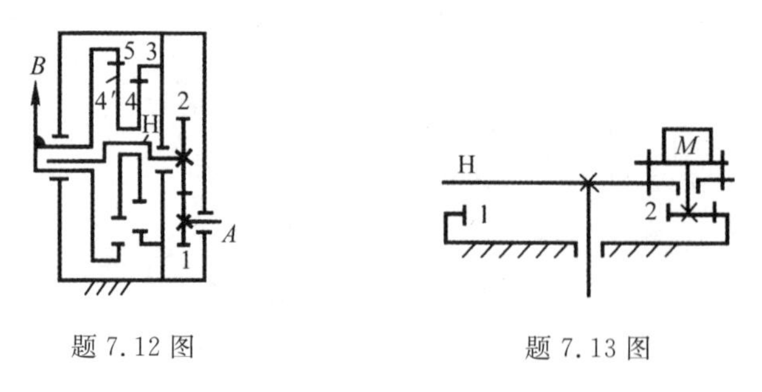

题 7.12 图　　　　题 7.13 图

题 7.13　图示液压回转台传动机构中，已知 $z_2=15$，油马达 M 的转速 $n_M=12$r/min（注意，油马达装在回转台上），回转台 H 的转速 $n_H=-1.5$r/min。求齿轮 1 的齿数。

题 7.14　图示变速器中，已知各轮齿数 $z_1=z_{1'}=z_6=28$，$z_3=z_{3'}=z_5=80$，$z_2=z_4=z_7=26$。当鼓轮 A、B 及 C 分别被刹住时，求传动比 $i_{\mathrm{I\,II}}$。

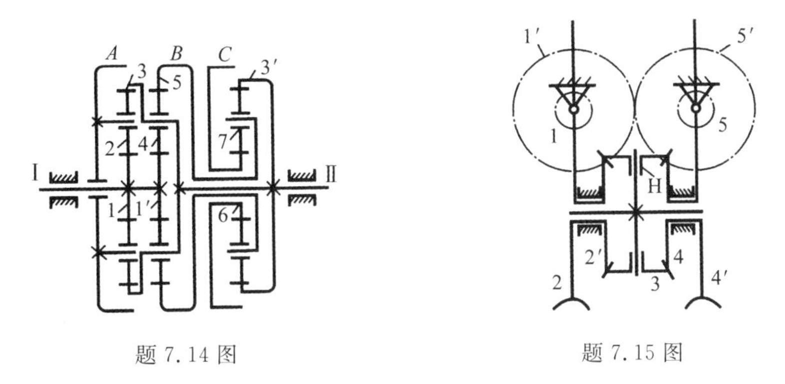

题 7.14 图　　　　题 7.15 图

题 7.15　图示减速装置中，蜗杆 1、5 分别和互相啮合的齿轮 1′、5′固联，蜗杆 1 和 5 均为单头、右旋，又各轮齿数为 $z_{1'}=101$，$z_2=99$，$z_{2'}=24$，$z_{4'}=100$，$z_{5'}=100$，求传动比 i_{1H}。

题 7.16　减速器主要类型有哪些？试分析和构思剖分式单级直齿圆柱齿轮减速器，问：(1)由哪些主要零件和附件组成？各自的作用是什么？其材料如何考虑？(2)哪些地方需要润滑和密封？如何进行润滑和密封？(3)按什么顺序进行拆卸与安装？

题 7.17　图示变速器中各轮齿数为 $z_1=20$，$z_2=100$，$z_3=z_4=60$，$z_5=20$，$z_6=100$，$z_7=80$，$z_8=40$，$z_9=30$，$z_{10}=90$。问：

(1)输入轴 A 转速 $n_A=600\mathrm{r/min}$ 时输出轴 B 可以得到的转速；

(2)这些齿轮的模数都相同吗？

(3)若所有齿轮材料、齿宽均相同，哪一个齿轮强度最高？为什么？

(4)若 z_7，z_5 不变，而 $z_8=38$，$z_6=102$，采取什么措施可获无侧隙传动？

(5)变速箱的长度 l 如何考虑？

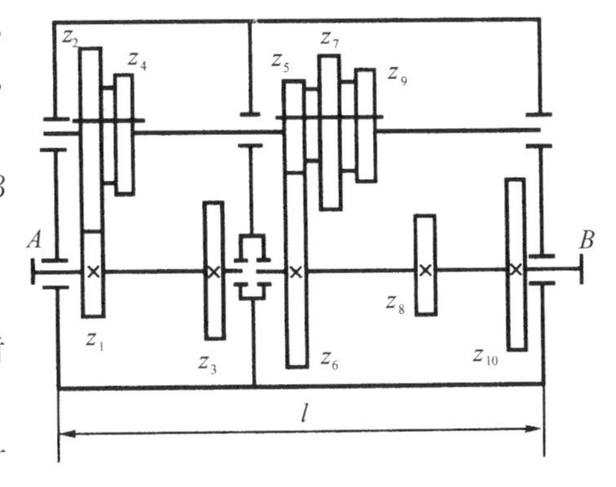

题 7.17 图

题 7.18　试述各种机械摩擦无级变速器的工作原理和调速范围。机械特性用什么表示？恒功率、恒转矩有什么意义？

题 7.19　试从渐开线少齿差行星传动、摆线针轮行星传动、谐波齿轮传动体会其创新思路。你能否创意构想新型齿轮传动？

第八章

螺旋传动

一、主要内容与学习要求

本章的主要内容是：

1)螺旋传动的类型、特点和应用；

2)滑动螺旋传动；

3)滚动螺旋和静压螺旋传动简介。

本章的学习要求是：

1)熟悉螺旋传动的类型、运动关系及组合形式。

2)掌握滑动螺旋传动的设计计算方法。

3)了解滚珠螺旋和静压螺旋传动的特点。

二、重点与难点

本章的重点是：滑动螺旋传动的设计计算。

本章的难点是：

1)差动螺旋的运动关系；

2)滑动螺旋传动设计计算及调整几何参数。

三、学习指导与提示

(一)概述

1)螺旋传动是由螺母与螺杆组成螺旋副来实现将旋转运动转变成直线运动，以传递运动和动力。螺旋传动按其主要任务分为传力螺旋、传导螺旋和调整螺旋；按其螺旋副的摩擦性质不同，可分为滑动螺旋、滚动螺旋和静压螺旋。滑动螺旋传动应用较广，本章重点研讨。

2)滑动螺旋传动与螺纹联接就结构组成原理来说，都属于螺旋副，在螺纹参数、效率、自锁性等基础理论分析方面有许多相似之处，但读者应当注意区分传动螺纹与联接螺纹在牙型选择、材料、失效及工作能力计算上各自的特点与具体要求方面的差别。

(二)运动关系

1)普通滑动螺旋具有四种组合形式：①螺母固定，螺杆转动并移动；②螺杆转动，螺母移动；③螺母转动，螺杆移动；④螺杆固定，螺母转动并移动。螺杆与螺母的相对移动量 l 和相对转角 φ(rad)的关系式为：$l=s\varphi/(2\pi)$，s 为螺纹导程，要特别注意如何根据螺纹倾斜方向和螺旋副相对转动方向正确判断螺旋副相对移动方向。

2)图 8.1 所示差动螺旋传动，螺母 2 相对机架的移动量 l 的关系式为 $l=(s_1\mp s_2)\varphi/(2\pi)$，$s_1$、$s_2$ 分别为右段和左段螺纹的导程，“－”和“＋”分别用于左、右两段螺纹倾斜方向相同或相反的情况。读者应按相对运动合成机理掌握差动螺旋传动移动量和方向的确定以及微动和反向快速移动的应用。

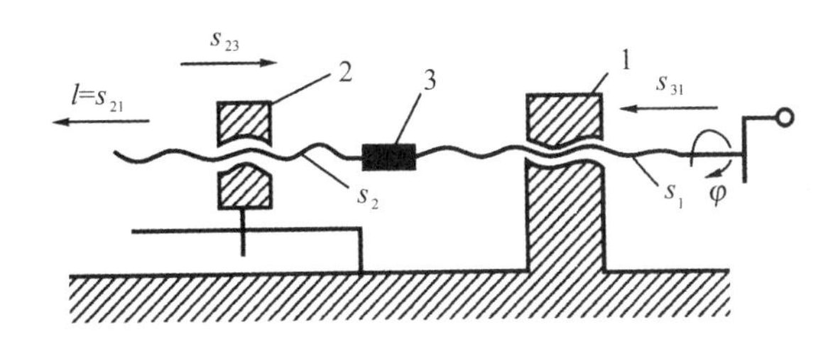

图 8.1

(三)滑动螺旋传动的设计计算

滑动螺旋工作时，主要承受转矩及轴向拉力(或压力)的作用，同时在螺杆和螺母的旋合螺纹间有较大的相对滑动，因此其主要失效形式是螺纹磨损。滑动螺旋传动设计计算时，一般先作耐磨性计算，限制螺纹工作面上的压强 p，使其小于螺旋传动副材料的许用压强$[p]$。计算公式为

$$d_2\geqslant\sqrt{\frac{Q}{\pi\varphi\psi[p]}}\text{ 和 }h=\psi\cdot d_2$$

式中：Q 为轴向载荷；ψ 和 φ 为两个系数分别按螺母形式和螺纹类型确定。

具体设计时，可根据公式算出螺杆中径 d_2 与螺母高度 h，并注意：①算得螺纹中径 d_2 后，应按标准及工作要求选取相应的公称直径 d、螺距 P 及螺纹线数 n；②螺母螺纹不超过 10 圈，若传动有自锁性要求，应校核自锁性条件 $\lambda\leqslant\rho_v$。

通过耐磨性计算，初步确定了螺旋传动的几何参数后，一般还应校核螺杆危险截面以及螺母螺纹牙的强度，以防止发生塑性变形或断裂；对于长径比很大的螺杆，还应校核其稳定性，以防止螺杆受压后失稳。这些校核计算均以材料力学为基础。

顺便指出，对于精密的传导螺旋，有时需校核螺杆的刚度(螺杆的直径应根据刚度条件确定)，以免受力后由于螺距的变化引起传动精度降低；对于高速的长螺杆还应校核其临界转速，以防止产生过度的横向振动等。

(四)滚珠螺旋传动与液压螺旋传动

1)滚珠螺旋是在螺杆与旋合螺母的螺纹槽中填装适量滚珠使旋合螺纹间形成滚动摩擦。螺母螺纹的出口和进口用导路连成滚珠闭合循环的回路。滚珠不脱离螺母的为内循环，脱离螺纹槽通过导管的为外循环。与滑动螺旋相比具有效率高、磨损少、经调整预紧具有较高精度等优点，但不能自锁。滚珠螺旋主要参数有公称直径 d_0(滚珠中心所在圆柱直径)、公称导程等，有专门工厂生产供应。

2)静压螺旋传动是依靠外部供给压力油形成承载油膜平衡外载荷使螺杆与旋合螺母牙

间处于完全液体摩擦状态。与滑动螺旋相比，具有传动效率高、刚度大、吸振性好等优点，但加工复杂，且须有油泵、节流器等一套供油系统。

四、例题精选与解析

例 8.1 试设计计算一螺旋起重器(千斤顶)的螺杆和螺母的主要尺寸。已知起重量 $Q=40\text{kN}$，最大起重高度 $L=180\text{mm}$。

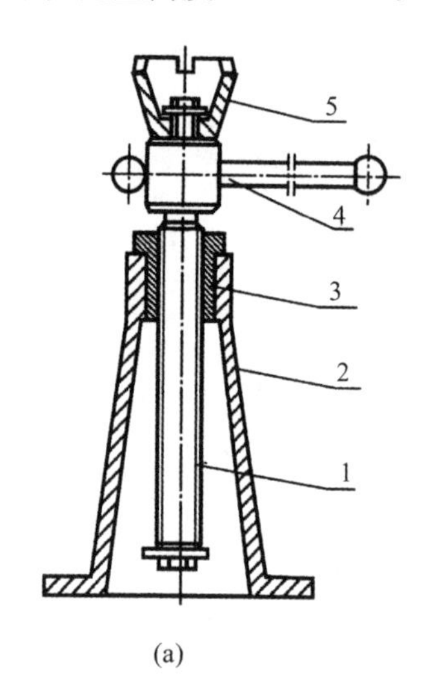

(a)

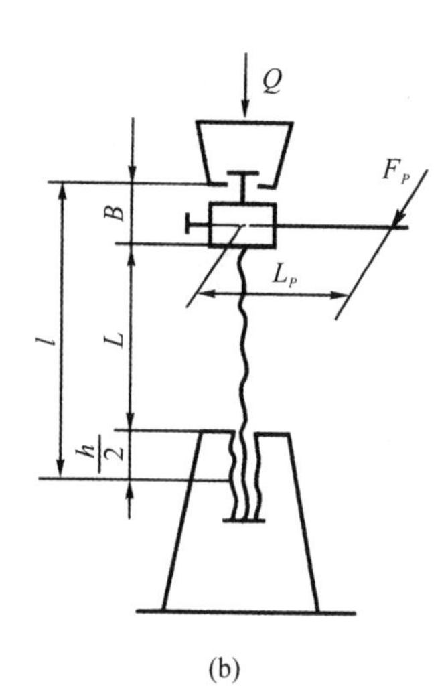

(b)

例 8.1 图

解析 如例 8.1 图(a)所示，螺旋起重器(千斤顶)的主要零件有螺杆 1、底座 2、螺母 3、手柄 4、托杯 5。其中螺杆和螺母等零件的主要尺寸是通过理论计算确定的，其他尺寸由经验数据、结构需要和工艺要求来确定，必要时再进行相应的验算。

(1)材料选用

螺杆材料选用 45 钢，$\sigma_s=300\text{MPa}$。

螺母材料选用 ZCuA19Mn2，查表确定许用压强$[p]=15\text{MPa}$。

(2)确定螺纹牙型

梯形螺纹的工艺性好，牙根强度高，对中性好，本例采用梯形螺纹。

(3)按耐磨性计算初选螺纹的中径

因选用梯形螺纹，查得 $\varphi=0.5$；因本例螺母兼作支承，故取 $\psi=2.5$。所以

$$d_2 \geqslant \sqrt{\frac{40000}{3.14\times 0.5\times 2.5\times 15}}=26.13(\text{mm})$$

(4)按螺杆抗压强度初选螺纹的内径

应用第四强度理论，危险截面上的当量应力校核公式应为

$$\sigma_c=\sqrt{\sigma^2+3\tau^2}=\sqrt{\left[\frac{4Q}{\pi d_1^2}\right]^2+3\left[\frac{16T}{\pi d_1^3}\right]^2}\leqslant[\sigma] \quad (\text{MPa})$$

但对中小尺寸的螺杆，可认为 $\tau\approx 0.5\sigma$，所以上式可简化为

$$\sigma_{\xi}=\sqrt{\sigma^2+3\tau^2}=\frac{1.3Q}{\frac{\pi d_1^2}{4}}\leqslant[\sigma]$$

取安全系数 $s=5$，则 $[\sigma]=\frac{\sigma_s}{s}=\frac{300}{5}=60(\text{MPa})$，代入上式，得

$$d_1\geqslant\sqrt{\frac{4\times1.3Q}{\pi[\sigma]}}=\sqrt{\frac{4\times1.3\times40000}{3.14\times60}}=33.2(\text{mm})$$

(5)综合考虑，确定螺杆直径

比较耐磨性计算和抗压强度计算的结果、可知本例螺杆直径的选定应以抗压强度计算的结果为准，按国家标准 GB/T 5796-1986 选定螺杆尺寸参数：螺纹外径 $d=44$mm；螺纹内径 $d_1=36$mm；螺纹中径 $d_2=40.5$mm；螺纹线数 $n=1$，螺距 $P=7$mm。

(6)校核螺旋的自锁能力

对传力螺旋传动来说，一般应确保自锁性要求，以避免事故。本例螺杆的材料为钢，螺母的材料为青铜，钢对青铜摩擦系数 $f=0.09$(可查机械设计手册)。因梯形螺纹牙型角 $\alpha=30°$，所以

当量摩擦系数　　$f_v=\frac{f}{\cos\frac{\alpha}{2}}=\frac{0.09}{\cos15°}=0.09317$

当量摩擦角　　$\rho_v=\arctan f=\arctan0.09317=5°20'$

螺纹升角　　$\lambda=\arctan\frac{nP}{\pi d_2}=\arctan\frac{1\times8}{3.14\times40.5}=3°37'$

因 $\lambda\leqslant\rho_v$，可以满足自锁要求。

注意：若自锁性不足，可增大螺杆直径或减小螺距进行调整。

(7)计算螺母高度 h

因选 $\psi=2.5$，所以 $h=\psi\cdot d_2=2.5\times40.5=101.5(\text{mm})$，取 $h=102$mm。

螺纹圈数计算：因选单线螺纹，螺距 $P=7$mm，所以圈数 $z=\frac{h}{P}=\frac{102}{7}=14.5$。

螺纹圈数最好不要超过 10 圈，因此宜作调整。在不影响自锁性要求的前提下，可适当增大螺距 P。因本例螺杆直径的选定以抗压强度计算的结果为准，耐磨性已相当富裕，所以可适当减低螺母高度。现取螺母高度 $h=70$mm，则螺纹圈数 $z=10$，满足要求。

(8)计算螺纹牙强度

由于螺杆材料强度一般远大于螺母材料强度，因此，只需校核螺母螺纹的牙根强度。设轴向载荷 Q 作用于螺纹的中径上，若忽略螺杆大径 d 和螺母螺纹大径 D 之间的半径间隙，则螺母螺纹根部的剪切强度计算公式为

$$\tau\approx\frac{Q}{\pi dbz}\leqslant[\tau](\text{MPa})$$

式中：b 为螺纹牙根部宽度，对于梯形螺纹 $b=0.65P=0.65\times7=4.55(\text{mm})$；$[\tau]$为螺母材料的许用剪切应力，对于青铜螺母$[\tau]=30\sim40$MPa，本例取$[\tau]=30$MPa，所以

$\tau=\frac{40000}{3.14\times44\times4.55\times10}=6.36(\text{MPa})\leqslant[\tau]$，满足要求。

螺母螺纹根部一般不会弯曲折断，通常可以不进行弯曲强度校核。

(9)校核螺杆的稳定性

确定螺杆计算长度 l:最大起重高度 $L=180\text{mm}$,由例 8.1 图(b)可知,螺杆计算长度应长于最大起重高度 L。若图中尺寸 B 取为 70mm,则螺杆计算长度为

$$l=L+B+\frac{h}{2}=180+70+35=285(\text{mm})$$

螺杆危险截面的惯性半径 $i=\frac{d_1}{4}=\frac{36}{4}=9(\text{mm})$,

长度系数按一端固定、一端自由考虑,取 $\mu=2$,

柔度 $\lambda_s=\frac{\mu\cdot l}{i}=\frac{2\times 285}{9}=63.33$,因此本例螺杆 $40<\lambda_s<100$,为中柔度压杆。其失稳时的临界载荷由下式算得:

$$Q_c=(461-2.57\lambda_s)\frac{\pi}{4}d_1^2=(461-2.57\times 63.33)\times\frac{3.14}{4}\times 36^2=303.42(\text{kN})$$

安全系数 $s=\frac{Q_c}{Q}=\frac{303.42}{40}=7.59$,大于传动螺纹不失稳的最小安全系数 $s_c=3.5\sim5$,所以满足稳定性要求。

例 8.2 如图 8.1 所示差动螺旋装置,螺纹 1 和 2 的导程分别为 $s_1=1.75\text{mm}$,$s_2=1.5\text{mm}$,螺杆按图示方向转过 1 圈时,试按:(1)螺纹 1、2 均为右旋,(2)螺纹 1 为右旋、2 为左旋,分别求出螺母 2 相对机架 1 的移动距离 l 和方向。

解析 本题为典型的差动螺旋相对运动计算。

(1)螺纹 1,2 均为右旋,$l=(s_1-s_2)\frac{\varphi}{2\pi}=(1.75-1.5)\frac{2\pi}{2\pi}=0.25(\text{mm})$,因 $s_1>s_2$,螺母 2 相对机架向左移动。

(2)螺纹 1 为右旋、2 为左旋,$l=(s_1+s_2)\frac{\varphi}{2\pi}=(1.75+1.5)\frac{2\pi}{2\pi}=3.25(\text{mm})$,螺母 2 相对机架向左移动,螺母 2 相对螺母 I(即机架)快速离开。

五、思考题与练习题

题 8.1 试比较螺旋传动和齿轮齿条传动的特点与应用。试比较普通滑动螺旋传动、滚动螺旋传动的特点与应用。

题 8.2 在图示差动螺旋传动中,螺纹 1 为 M12×1,螺纹 2 为 M10×0.75。问:(1)1 和 2 螺纹均为右旋,手柄按所示方向回转一周时,滑板移动距离为多少?方向如何?(2)1 为左旋,2 为右旋,滑板移动距离为多少?方向如何?

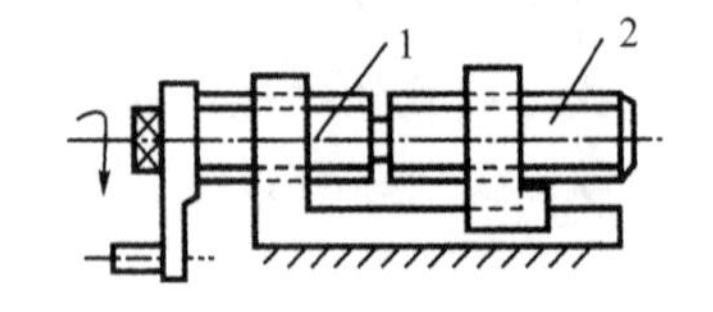

题 8.2 图

题 8.3 图示升降机采用梯形螺旋传动,大径 $d=70\text{mm}$,中径 $d_2=65\text{mm}$,螺距为 10mm,螺旋线数为 4 头。螺杆 1 支承面采用推力球轴承 2,升降台 3 的上下移动处采用导向滚轮 4,它们的摩擦阻力近似为零。试计算:(1)已知螺旋副当量摩擦系数为 0.10,求工作台稳定上升时的效率;(2)在载荷 $Q=80\text{kN}$ 作用下稳定上升时加于螺杆上的力矩;(3)若工作台以 800mm/min 的速

度上升，试按稳定运动条件求螺杆所需的转速和功率；(4)欲使工作台在载荷 $Q=80\text{kN}$ 作用下等速下降，是否需要制动装置？如要制动，则加于螺杆上的制动力矩应为多少？

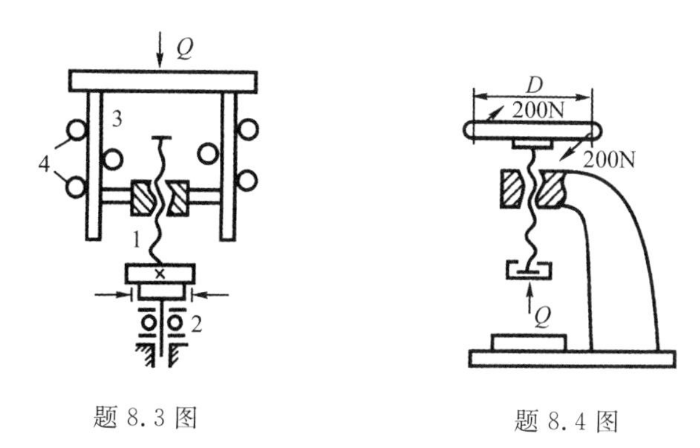

题 8.3 图　　　　题 8.4 图

题 8.4　图示小型压力机的最大压力 $Q=30\text{kN}$，最大行程为 150mm，螺旋副采用梯形螺纹，螺杆取 45 钢正火$[\sigma]=80\text{MPa}$，螺母材料为无锡青铜 ZCuAl9Mn2。设压头支承面平均直径等于螺纹中径，操作时螺旋副当量摩擦系数 $f_v=0.12$，压头支承面摩擦系 $f_c=0.10$，试求螺纹参数(要求自锁)、螺母高度 h 和手轮直径 D。

题 8.5　试阐述传力螺旋传动、传导螺旋传动、调整螺旋传动的应用和特点。

题 8.6　试从普通螺旋与差动螺旋，滑动螺旋、滚珠螺旋与静压螺旋分析其创新构思。

第九章

连杆传动

一、主要内容与学习要求

本章的主要内容是：

1)连杆传动的组成、特点和应用；

2)铰链四杆机构的基本型式及其特性；

3)铰链四杆机构的尺寸关系及其演化形式；

4)平面四杆机构的设计；

5)连杆传动的结构与多杆机构简介。

本章的学习要求是：

1)了解平面四杆机构的基本型式及其演化。

2)熟悉平面四杆机构的工作特性。

3)掌握铰链四杆机构的尺寸关系。

4)熟悉平面连杆机构设计的基本问题，掌握根据具体设计条件设计平面四杆机构的基本方法。

5)了解连杆传动的结构及多杆机构的组成、应用等基本知识。

二、重点与难点

本章的重点是：

1)铰链四杆机构的基本型式和演化的基本方法；

2)曲柄摇杆机构摇杆极限位置、急回运动、压力角和传动角、死点位置等工作特性；

3)平面四杆机构曲柄存在的条件；

4)按给定从动件位置、行程速比系数、连架杆对应位置、给定点的轨迹设计连杆机构的方法。

本章的难点是：平面四杆机构设计。

三、学习指导与提示

(一)概述

连杆传动是由若干构件用低副(回转副、移动副)组成的，用来实现预期的运动规律或轨迹。本章重点讨论应用广泛的平面四杆机构。建议读者熟练掌握平面四杆机构的工作特性,这也是设计、改革和创新机构的基础。

(二)铰链四杆机构的基本型式及尺寸关系

铰链四杆机构对分析和研究连杆机构最具代表性,它有三种基本型式:曲柄摇杆机构、双曲柄机构和双摇杆机构。这三种机构类型的差异在于是否存在曲柄和存在几个曲柄,实则取决于铰链四杆机构各杆的相对长度,以及选取哪一根杆作为机架。通过对曲柄摇杆机构的分析得到结论:(1)若铰链四杆机构中最短杆与最长杆长度之和大于其余两杆长度之和时,不可能有曲柄存在,必为双摇杆机构;(2)若铰链四杆机构中最短杆与最长杆长度之和小于或等于其余两杆长度之和,则当最短杆的邻杆为机架时,是曲柄摇杆机构;最短杆为机架时,是双曲柄机构;最短杆对面的杆为机架时,是双摇杆机构。以上结论也是各铰链四杆机构的组成条件及其内在联系。还需指出:在曲柄摇杆机构中最短杆是曲柄,而不能误认为铰链四杆机构中最短杆是曲柄。

(三)平面连杆机构的工作特性

平面连杆机构的工作特性包括运动特性和传力特性两个方面。运动特性包括各构件的位移、速度、加速度和从动件的急回运动特性及运动连续性。传力特性包括压力角与传动角、机构的死点位置等。读者应当熟练掌握急回运动、压力角与传动角、机构死点位置等最基本的工作特性,并推广分析其他四杆机构的工作特性。

1)从动件极限位置

如图 9.1(a)所示,摇杆的极限位置 C_1D,C_2D 分别为曲柄与连杆两次共线的位置,此时主动件曲柄的两个相应位置之间所夹的锐角 θ 称为极位夹角,C_1D,C_2D 的夹角 ψ 为摇杆的摆角。从动件极限位置 C_1D,C_2D 以及 ψ,θ 可用作图法或解析法确定。

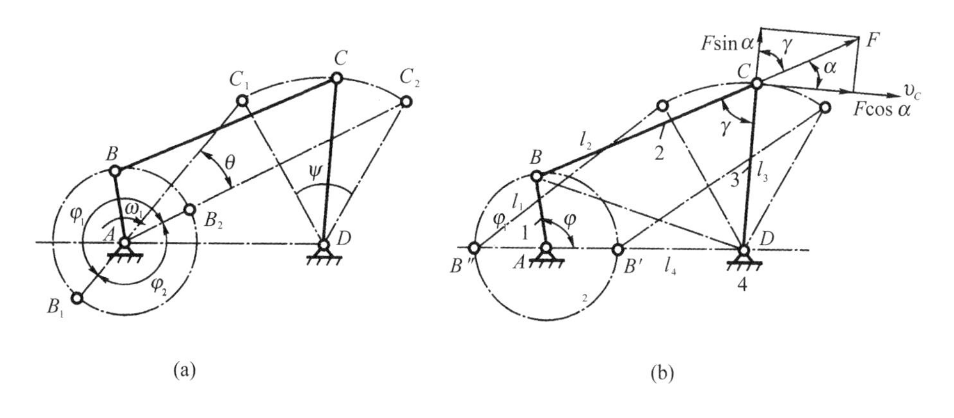

图 9.1

2)急回运动

当主动件曲柄等速回转时,从动件摇杆空回行程的时间 t_2 小于工作行程时间 t_1,这种性质称为急回运动。从动件的急回运动程度用行程速比系数 K 来表示,K 的定义为摇杆往返的时间比,即 $K=t_1/t_2=(180°+\theta)/(180°-\theta)$,式中 θ 为极位夹角。机构要具有急回特性则必有 $K>l$,即极位夹角 $\theta>0$,因此看一个机构有无急回作用,只需考察该机构有无极位夹角即可,只要 $\theta>0$,就存在急回运动,且 θ 角愈大,表明机构的急回运动愈显著。此外还需指出，从动件的工作行程与空回行程不能搞错。

3)压力角 α 和传动角 γ

(1)在不计摩擦的情况下，机构从动件所受驱动力的方向线与受力点速度方向线之间所夹的锐角，称为压力角 α。压力角的余角，称为传动角 γ。传动角没有独立的定义，它与压力角互为余角，故总存在 $\alpha+\gamma=90^\circ$。对于连杆机构，因为传动角往往表现为连杆与从动件之间所夹的锐角，见图 9.1(b)，比较直观，所以有时用传动角 γ 来反映机构的传力性能较为方便。

压力角 α 是衡量机构传力性能好坏的重要指标。α 小(γ 大)，使从动件运动的有效分力就大，则机构的效率较高；反之，机构效率较低。因此，对于传动机构，应使 α 尽可能小(γ 尽可能大)。

(2)应特别注意：连杆机构的压力角在机构运动过程中是不断变化的。从动件处于不同的位置时，有不同的 α 值。在从动件的一个运动循环中，α 角存在一个最大值 α_{max}，在设计连杆机构时，一般应使最大压力角 $\alpha_{max}\leqslant 50^\circ$，即最小传动角取 $\gamma_{min}\geqslant 40^\circ$。由分析可知，曲柄摇杆机构的最小传动角 γ_{min} 将出现在曲柄与机架两次共线位置 AB' 和 AB'' 之处，应比较此两位置 γ 的大小，取其中较小的一个，如图 9.1(b)中，应为曲柄处于 AB' 位置。

4)机构的死点位置

(1)当机构出现传动角 $\gamma=0^\circ$ 时，驱动力与从动件受力点的运动方向垂直，其有效分力(力矩)为零，这时的机构位置称为死点位置。必须克服死点机构才能正常运转，克服死点可借助惯性或采取机构错位排列的方法。此外亦应注意，工程中有些机械还常利用死点来实现某些预期的功能。

(2)对于曲柄摇杆机构和曲柄滑块机构，当曲柄为原动件时，显然不存在死点位置；只有当曲柄为从动件、摇杆或滑块为原动件时才存在死点位置，此时机构的两个极限位置就是机构的两个死点位置，因为这时连杆与从动曲柄成一直线，连杆对曲柄的驱动力通过曲柄的转动中心，驱动力矩等于零。

5)运动连续性

连杆机构的连续性是指连杆机构在运动过程中能否连续实现给定的各个位置。例如正平行四杆机构当四个铰链中心处于同一直线时，将出现运动不确定状态，也就是说其从动件有可能发生错位反转，因而必须在结构设计时采取防止错位不连续的措施(如添加虚约束等)。

(四)平面四杆机构的演化

1)铰链四杆机构是平面四杆机构最基本的型式，在其基础上可以通过“演化”而成其他型式的平面四杆机构。常见的有三种演化方法：①回转副转化成移动副；②取不同构件为固定件(机架)；③扩大回转副。

2)除了上述三种演化的方法外，工程中还常常应用杆状构件与块状构件互换的方法，也就是运动副元素逆换的方法。对于移动副来说，将运动副两元素的包容关系进行逆换，并不影响两构件之间的相对运动，但却能演化成不同的机构。例如图 9.2(a)所示的摆动导杆机构，当将构成移动副的构件 2,3 的包容关系进行逆换后，即演化为图 9.2(b)所示的曲柄摇块机构。

3)以上所述的各种演化方法是通过基本机构变异，产生新机构型式的重要方法。讨论

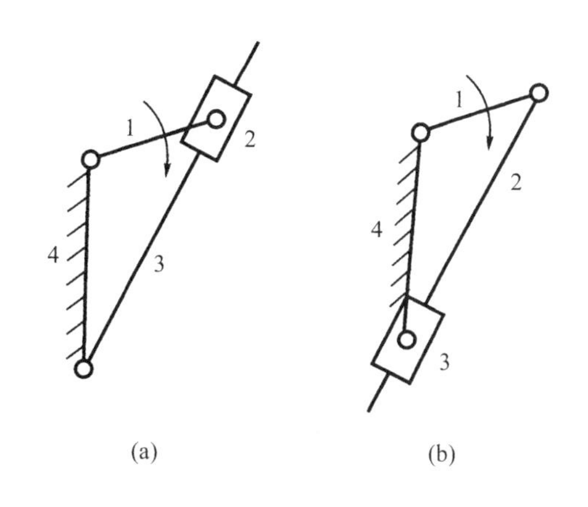

图 9.2

机构演化并不表明各种机构的真正由来，而是在于揭示各种机构的内在联系，熟悉了演化方法对研究各种四杆机构和设计新的机构都是很有用处的。

（五）平面连杆机构的设计

1）连杆机构设计的基本问题是根据所给定的运动要求和其他附加要求（如传动角的限制等）确定机构型式和各构件的尺寸参数。一般可归纳为实现从动件预期的位置、运动规律和轨迹三类基本问题。

2）连杆机构运动设计的方法有图解法、解析法和实验法。平面连杆机构的设计包括的内容很多，设计方法因题而异，不胜枚举。读者应掌握教科书中“按给定从动件的位置”、“按给定的行程速比系数 K”、“按给定两连架杆间对应位置”、“按给定点的运动轨迹”等四种基本问题举例所阐述的设计原理、步骤和方法，重点放在前面三种情况，并由此进一步在设计思想和方法上得到启迪，分析和解决其他设计问题。

3）连杆机构设计解题通常无一般套路可循，提出三点供读者着意体会：①确定连杆机构的尺寸参数主要是确定各杆长度（构件铰链中心距）和移动副构件上某点导路；②连杆机构设计和其工作特性密切相关；③唯一解和考虑其他辅助条件获得确定解。例如给定摇杆长度$\overline{CD}$和两个极限位置 C_1D，C_2D 以及行程速比系数 K 设计曲柄摇杆机构的解题思路：①找曲柄转动中心 A 的轨迹，使$\angle C_1AC_2=180°(K-1)/(K+1)$；②在 A 的可能迹线上按辅助条件选 A 点，则机架长度$\overline{AD}$确定；③量得长度$\overline{AC_2}$，$\overline{AC_1}$，应分别为连杆长$\overline{BC}$与曲柄长$\overline{AB}$的和与差，从而求得连杆长与曲柄长。

（六）连杆传动的结构与多杆机构简介

1）连杆传动结构设计注意点

（1）连杆传动各构件的结构形状和断面尺寸应根据工艺和强度条件确定，回转副和移动副的结构均需注意润滑问题。

（2）构成移动副的两构件接触面有平面形、V 形、燕尾形及其组合，采用圆柱面的移动副要有防止相对转动的结构与措施。

（3）连杆传动在结构设计中常需考虑避免轨迹干涉和行程与位置调节问题。

2）多杆机构的应用和组成

（1）多杆机构传动可改善四杆机构传动作用力多次放大或改变速度与加速度的需要。

(2)多数的多杆机可以看成是由几个四杆机构组合而成(如由两个四杆机构共用一个机架、且前者的从动构件作为后者的主动构件;也有一些多杆机构不是由四杆机构组合而成)。

四、例题精选与解析

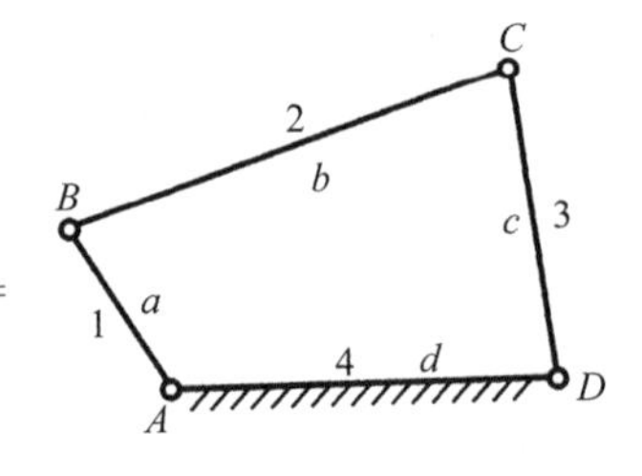

例 9.1 图

例 9.1 图示四杆机构,各构件的长度为 $a=240\text{mm}, b=600\text{mm}, c=400\text{mm}, d=500\text{mm}$,试问:

(1)当取杆 4 为机架时,是否有曲柄存在?

(2)若各杆长度不变,能否以选不同杆为机架的办法获得双曲柄机构和双摇杆机构?如何获得?

(3)若 a,b,c 三杆的长度不变,取杆 4 为机架,要获得曲柄摇杆机构,d 的取值范围应为何值?

解析 (1)$240+600\leqslant 400+500$,杆长条件 $a+b\leqslant c+d$ 成立;又因为 a 为最短杆,且为连架杆,所以该机构为曲柄摇杆机构。

(2)若各杆长度不变,可以选不同杆为机架的办法获得双曲柄机构和双摇杆机构。

若选 AB 为机架,可得双曲柄机构;若选 CD 为机架,可得双摇杆机构。

(3)若 a,b,c 三杆的长度不变,4 为机架时,要获得曲柄摇杆机构,d 的取值范围仍需用杆长条件来判别:

①若 d 不是最长杆,则 b 应是最长杆,所以满足杆长条件需 $a+b\leqslant c+d$,
即 $240+600\leqslant 400+d$,故 $d>440\text{mm}$;

②若 d 是最长杆,则需满足 $a+d\leqslant b+c$,
即 $240+d\leqslant 600+400$,$d\leqslant 760\text{mm}$;
所以,综合考虑以上两种情况,可知 $440\text{mm}\leqslant d\leqslant 760\text{mm}$。

例 9.2 某一偏置曲柄滑块机构,如例 9.2 图(a)所示,试求 AB 杆为曲柄的条件。又当偏距 $e=0$ 时,AB 杆为曲柄的条件应如何?

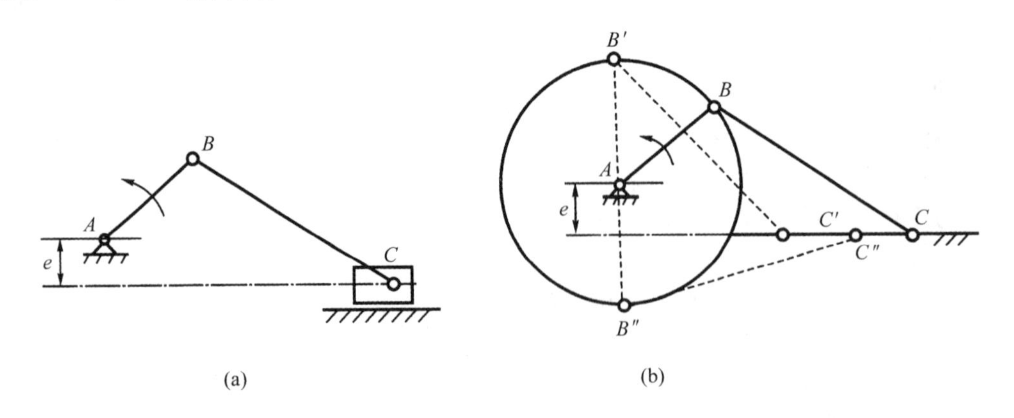

例 9.2 图

解析 当 $e\neq 0$ 时,AB 杆要能绕 A 点整圈转动,须使 B 点能通过 B' 点和 B'' 点($B'B''$ 与导路垂直),参见例 9.2 图(b)。

在 B' 点时要满足 $AB+e\leqslant BC$；

在 B'' 点时要满足 $AB-e\leqslant BC$；

因为前式满足，后式必然满足，所以曲柄存在条件为 $AB+e\leqslant BC$。

显然，当 $e=0$ 时，机构成为对心曲柄滑块机构，由上式知，AB 杆为曲柄的条件应为 $AB\leqslant BC$。

必须注意：对于偏置曲柄滑块机构，极限情况 $AB+e=BC$，此时 A，B，C 三点可运行在一条直线上，机构具有运动不确定性，也就是说滑块可能反向运动。这种情况应尽量避免，所以工程中多取 $AB+e<BC$。

例 9.3　试证明例 9.3 图所示的曲柄滑块机构，当其在位置Ⅱ时传动角 γ 为最小，并求 $\gamma_{\min}$。

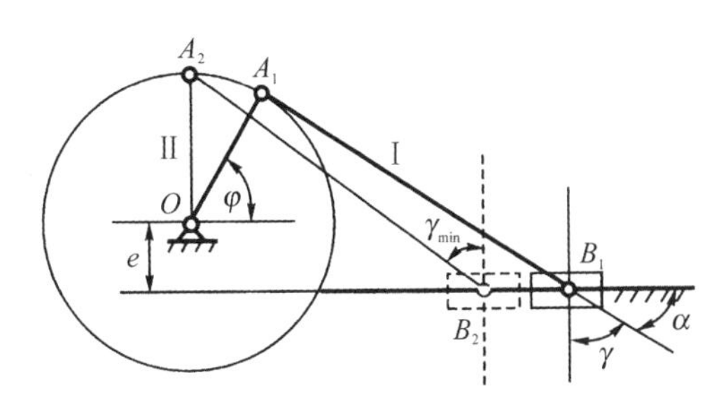

例 9.3 图

解析　取机构运行在任意位置Ⅰ来考虑，由图得

$$OA\cdot\sin\varphi+e=AB\cdot\sin\alpha$$

其中 α 为机构在任意位置时的压力角。

所以，$\sin\alpha=\dfrac{OA\cdot\sin\varphi+e}{AB}$

当 $\varphi=90^\circ$ 时（即机构在位置Ⅱ时），$\sin\varphi=1$，压力角 α 有极值

$$\sin\alpha_{\max}=\frac{OA+e}{AB},\alpha_{\max}=\arcsin\frac{OA+e}{AB}$$

因为 $\gamma=90^\circ-\alpha$，故机构在位置Ⅱ时传动角 γ 为最小，

$$\gamma_{\min}=90^\circ-\alpha_{\max}=90^\circ-\arcsin\frac{OA+e}{AB}$$

例 9.4　试设计一铰链四杆机构，已知其摇杆 CD 的长 $L_{CD}=75\text{mm}$，行程速比系数 $K=1.5$，机架 AD 的长度为 $L_{AD}=100\text{mm}$，又知摇杆的一个极限位置与机架的夹角 $\psi=45^\circ$，如例 9.4 图(a)所示。试求其曲柄的长度 L_{AB} 和连杆的长度 L_{BC}。

解析　本题属于按给定行程速比系数设计四杆机构，但由于只给出了摇杆的一个极限位置，因此必须按照极位夹角的定义，找出摇杆的另一个极限位置，再按铰链四杆机构处于两个极限位置时的以下关系式确定其曲柄长度 L_{AB} 和连杆长度 L_{BC}。

$$l_{AC_2}=l_{AB}+l_{BC}$$

$$l_{AC_1}=l_{AB}-l_{BC}$$

$$l_{AB}=\frac{1}{2}(l_{AC_2}-l_{AC_1})$$

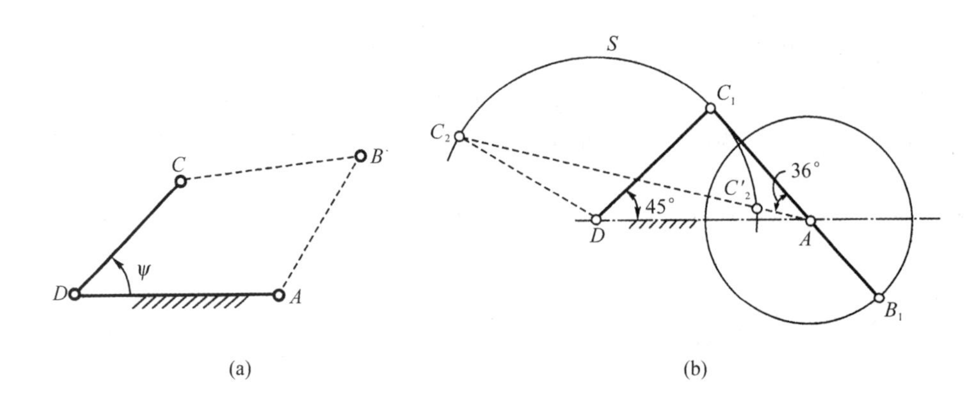

例 9.4 图

为此，可用作图法求解，步骤如下：

(1)计算极位夹角

$$\theta=180°\times\frac{K-1}{K+1}=180°\times\frac{1.5-1}{1.5+1}=36°$$

(2)选取作图比例尺$\mu_l=3.5\text{mm/mm}$，即图中尺寸每 mm 代表实际长度 3.5mm。

(3)根据已知条件可作出摇杆 DC 的一个极限位置 DC_1，如例 9.4 图(b)所示。

(4)以 D 点为圆心，DC_1 为半径画弧 S。

(5)连接 AC_1，作$\angle C_1AC_2=36°$，AC_2 线与弧 S 可交于两点 C_2 和 C'_2，则 DC_2 或 DC'_2均可为摇杆 DC 的另一个极限位置。应该综合比较(例如验算机构的最小传动角)，选其较好的一个，本例选 DC_2 为摇杆另一个极限位置。

(6)连接 AC_2，由图中量得 AC_1，AC_2 长度，分别为 20mm，48.5mm，乘比例尺 μ_l，得

$$l_{AC_1}=70\text{mm}$$
$$l_{AC_2}=170\text{mm}$$

(7)计算$l_{AB}=\dfrac{l_{AC_2}-l_{AC_1}}{2}=\dfrac{170-70}{2}=50(\text{mm})$

$$l_{BC}=l_{AC_2}-l_{AB}=170-50=120(\text{mm})$$

例 9.5　试以解析法设计一铰链四杆机构，实现例 9.5 图(a)所示两连架杆的三组对应位置，分别为 $\varphi_1=45°$，$\psi_1=52°10'$，$\varphi_2=90°$，$\psi_2=82°10'$；$\varphi_3=135°$，$\psi_3=112°10'$。

解析　本题用解析法求解。以 a,b,c,d 分别表示机构中各构件的长度，并以 d 为机架。此机构各杆长度按同一比例增减时，各杆转角间的关系将不变，故只需确定各杆的相对长度，因此可令 $a=1$，则该机构的待求参数就只有 b,c,d 三个了。

建立如例 9.5 图(b)所示的坐标系，在任意位置取各杆长建立矢量方程$\vec{a}+\vec{b}=\vec{c}+\vec{d}$，并向坐标轴 x,y 投影，经数学运算即得两连架杆对应位置参数 φ 和 ψ 的一般关系式，$\cos\varphi=\lambda_0\cos\psi+\lambda_1\cos(\psi-\varphi)+\lambda_2$，其中令系数 $\lambda_0=c$，$\lambda_1=-c/d$，$\lambda_2=(d^2+c^2+1-b^2)/(2d)$。

将三组对应角$(\varphi、\psi)$的数值代入，可得

$$\left.\begin{aligned}&\cos45°=\lambda_0\cos52°10'+\lambda_1\cos(52°10'-45°)+\lambda_2\\&\cos90°=\lambda_0\cos82°10'+\lambda_1\cos(82°10'-90°)+\lambda_2\\&\cos135°=\lambda_0\cos112°10'+\lambda_1\cos(112°10'-135°)+\lambda_2\end{aligned}\right\}$$

即：

$$\left.\begin{aligned}0.7071&=0.6133\lambda_0+0.9921\lambda_1+\lambda_2\\0&=0.1363\lambda_0+0.9906\lambda_1+\lambda_2\\-0.7071&=-0.3772\lambda_0+0.9216\lambda_1+\lambda_2\end{aligned}\right\}$$

解以上方程组，求得三个待定参数：$\lambda_0=1.481$；$\lambda_1=-0.8012$；$\lambda_2=0.5918$。

所以各杆的相对长度为：$a=1$；$c=\lambda_0=1.481$；$d=-c/\lambda_1=1.8484$；$b=\sqrt{d^2+c^2+1-2d\lambda_2}=2.103$。

可按结构情况乘以同一比例常数得到各杆实际长度，所得的机构均能实现对应的转角。

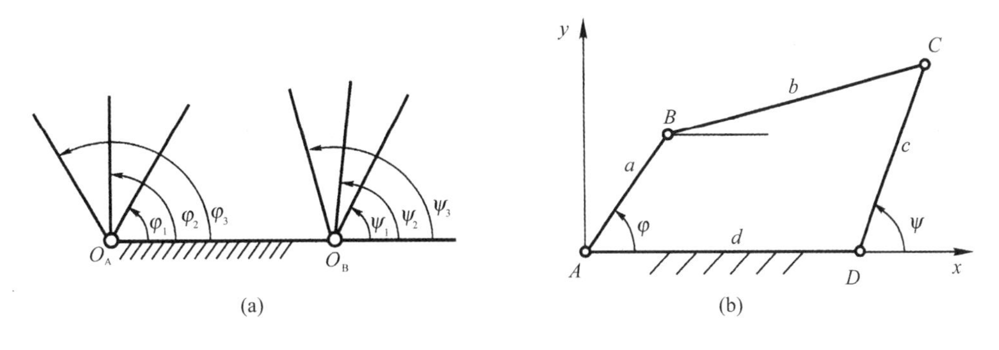

例 9.5 图

五、思考题与练习题

题 9.1　为什么说曲柄摇杆机构是平面四杆机构的最基本型式？它有哪些基本特性？如何理解可由曲柄摇杆机构演化成其他型式的四杆机构？

题 9.2　试按图中注明的尺寸判断铰链四杆机构是曲柄摇杆机构、双曲柄机构，还是双摇杆机构。

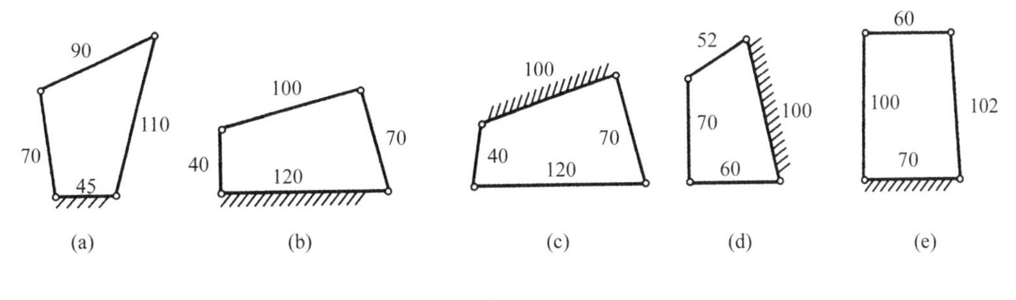

题 9.2 图

题 9.3　已知曲柄摇杆机构中，曲柄 $AB=30\text{mm}$，连杆 $BC=80\text{mm}$，摇杆 $CD=60\text{mm}$，机架 $DA=90\text{mm}$。求：①摇杆 CD 最大摆角 ψ；②机构的最大压力角 $\alpha_{\max}$；③机构的最大行程速比系数 K；④若以摇杆 CD 为主动构件，求出死点位置。

题 9.4 设计一曲柄摇杆机构，已知摇杆长度 $l_3=100\text{mm}$，摆角 $\psi=45°$，摇杆的行程速比系数 $K=1.2$。试用图解法求其余三杆长度（设两固定铰链位于同一水平线上）。

题 9.5 试设计曲柄摇杆机构，已知曲柄长度 $AB=20\text{mm}$，机架长度 $AD=360\text{mm}$，摇杆 CD 的摆角 $\psi=40°$，不要求有急回作用。

题 9.6 图示压气机采用偏置曲柄滑块机构：①已知活塞行程 $s=600\text{mm}$，行程速比系数 $K=1.5$，曲柄长度 $AB=200\text{mm}$，求偏距 e 及连杆长度 BC；②设活塞所受阻力 $F=10000\text{N}$，若忽略摩擦阻力，求 $\varphi=30°$ 及 $\varphi=135°$ 时曲柄轴的转矩 T_A；机构处于什么位置时 T_A 最小，其值是多少？

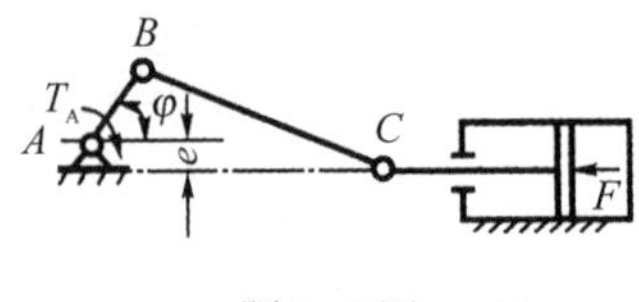

题 9.6 图

题 9.7 设计一摆动导杆机构，已知机架长度 $l_4=200\text{mm}$，行程速比系数 $K=1.3$，求曲柄长度和导杆的摆角。

题 9.8 设计一铰链四杆机构作为加热炉炉门的启闭机构。已知炉门上面两铰链 B 和 C 的中心距为 50mm，炉门打开后成水平位置，且炉门温度低的一面朝上（如虚线所示），设机构两个固定铰链 A 和 D 安装在 y-y 轴线上，其相互位置尺寸如图所示，单位为 mm。求此铰链四杆机构其余三杆长度。

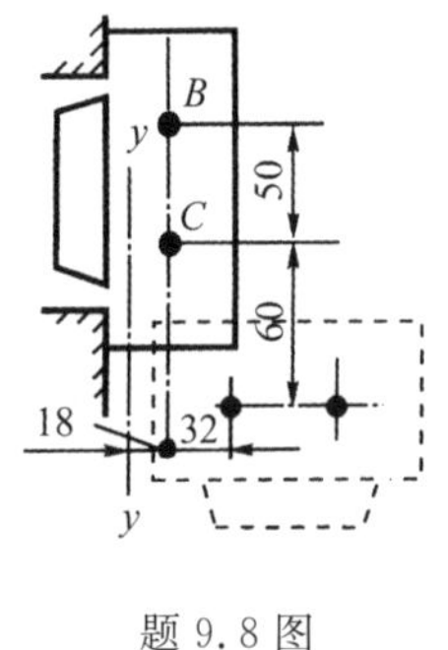

题 9.8 图

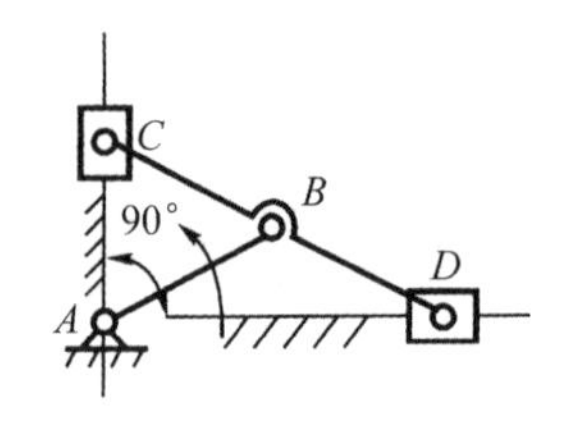

题 9.9 图

题 9.9 图示连杆滑块机构中 $AB=BC=BD=30\text{mm}$，求 CD 构件上（除 C，B，D）任一点的轨迹。

题 9.10 图示用拨叉操纵双联齿轮移动的变速装置。现拟设计一四杆机构 $ABCD$ 操纵拨叉 DE 的摆动，已知条件是：机架 $AD=100\text{mm}$，铰链 A，D 的位置如图所示，拨叉滑块行程为 30mm，拨叉尺寸 $ED=DC=40\text{mm}$，固定轴心 D 在拨叉滑块行程的垂直平分线上，AB 为手柄，当手柄 AB_1 垂直向上时，拨叉处于 E_1 位置，当手柄逆时针转过 $\theta=90°$ 处于水平 AB_2 位置时，拨叉处于 E_2 位置。试设计此四杆机构。

题 9.11 图示为无急回特性的对心曲柄滑块机构 DEF 与铰链四杆机构 $ABCD$ 的组合机构。试分析该组合机构滑块往返于两个极限位置有无急回运动？

题 9.12 试阐述连杆传动结构设计需要注意的一些问题。

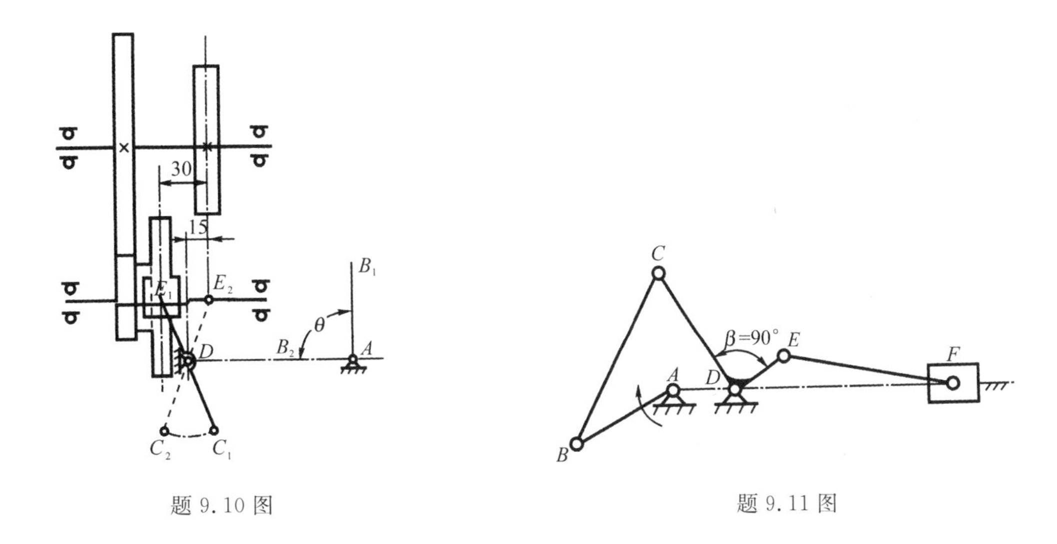

题 9.10 图　　题 9.11 图

题 9.13　与四杆机构传动相比，多杆机构传动的功能可有哪些改善？组成上与四杆机构有什么关系？

题 9.14　试总结、归纳、思考连杆机构创新的途径和方法。

第十章

凸轮传动

一、主要内容与学习要求

本章的主要内容是：

1)凸轮传动的类型和应用；

2)从动件常用运动规律；

3)凸轮廓线设计；

4)凸轮机构基本尺寸的确定；

5)凸轮传动的结构、材料和强度校核。

本章的学习要求是：

1)了解凸轮传动的组成、分类、特点及应用。

2)掌握从动件常用的运动规律及其特点，了解选择运动规律时应考虑的因素。

3)能应用反转法对凸轮机构进行从动件运动分析和廓线设计。

4)能根据给定的从动件运动规律用解析法设计盘形凸轮轮轮廓曲线。

5)定性地掌握选择滚子半径的原则，压力角与效率和自锁的关系以及基圆半径对压力角的影响。

6)了解凸轮传动的结构、材料和强度校核等基本知识。

二、重点与难点

本章的重点是：

1)掌握等速运动、等加速等减速运动、简谐运动的特点及其位移线图的绘制方法；

2)熟练掌握按给定从动件位移线图用反转法绘制盘形凸轮轮廓线；

3)凸轮机构压力角与机构基本尺寸关系。

本章的难点是：

1)正确运用反转法绘制凸轮廓线以及确定凸轮廓线各点的压力角；

2)用解析法设计盘形凸轮轮廓曲线。

三、学习指导与提示

(一)概述

凸轮机构由凸轮、从动件和机架组成，是点或线接触的高副机构。它主要用于对从动件运动规律有特定要求的场合。读者应了解它和面接触的低副连杆机构比较的优缺点和适用场合。按凸轮的形状和运动形式不同，有盘形回转凸轮、平板移动凸轮和圆柱回转凸轮；按从动件形状不同有尖顶从动件、滚子从动件和平底从动件；按从动件运动形式不同有直动从动件和摆动从动件；而直动从动件又可根据其导路轴线是否通过凸轮轴线，分为对心直动从动件和偏置直动从动件。这些均综合表征凸轮机构的类型和特点，读者学习本章无须一一平均着力，建议通过熟练掌握偏置直动滚子从动件盘形回转凸轮机构用反转作图法进行运动分析和廓线设计启迪理解其他类型的凸轮机构。

(二)从动件的常用运动规律及其选择

1)对直动从动件而言，从动件的运动规律是指当凸轮以等角速度 ω_1 转动时，从动件的位移 s_2、速度 v_2 和加速度 a_2 随时间 t 或凸轮转角 δ_1 变化的规律，可用各自的表达式或线图表示。用反转作图法进行从动件运动分析或凸轮廓线设计时常以 $s_2-\delta_1$ 线图表示从动件的运动规律，而 $s_2-\delta_1$ 线图的一阶、二阶微分线图便是 $v_2-\delta_1$ 线图和 $a_2-\delta_1$ 线图。

2)从动件常见的运动规律有等速运动、等加速等减速运动和简谐运动。读者应掌握其位移、速度、加速度线图的变化、绘制方法、特点及其适用的场合。

3)根据运动线图中速度线图和加速度线图的特征可判断机构是否存在刚性冲击和柔性冲击；凡在速度线图的尖点处，加速度线图阶跃变化(加速度值突然改变)，必产生柔性冲击；凡是速度线图阶跃变化，加速度值趋向无穷大，必产生刚性冲击。

4)选择从动件运动规律时需考虑的问题很多，核心是应满足凸轮在机械中执行工作的要求，要分清工作行程和回程，要考虑从动件只需实现一定的位移还是有特殊的运动规律；还应考虑使凸轮机构具有良好的动力特性以及使所设计的凸轮便于制造等。

(三)凸轮机构的运动分析与廓线设计

1)凸轮机构运动分析与廓线设计的涵义

凸轮机构的运动分析是指按给定的凸轮廓线和机构配置求从动件的运动规律(即求 $s_2-\delta_1$ 线图)，而廓线设计是指按给定的从动件运动规律(即给定 $s_2-\delta_1$ 线图)和机构配置求凸轮廓线。凸轮机构运动分析和廓线设计互为逆过程，学习时前者相对直觉和容易一些，而后者更具实用性。

2)凸轮机构运动分析与廓线设计的方法和依据

凸轮机构进行运动分析和廓线设计可采用作图法或解析法，其基本依据均为以相对运动原理为基础的反转法。读者应熟练掌握反转法。

3)反转作图法

(1)以图 10.1 所示偏置直动尖顶从动件盘形回转凸轮为例阐述凸轮廓线的作图法。

给整个凸轮机构加上一个绕凸轮轴 O 的公共转速 $-\omega_1$，这时从动件、凸轮和机架之间的相对运动关系并没有改变，凸轮可以看成静止不动、从动件跟随机架导路按 $-\omega_1$ 一齐转动同时又在自身导路中相对机架作往复运动。由于尖顶始终与凸轮轮廓相接触，显然反转中凸轮的轮廓曲线就是从动件尖顶的运动轨迹，从动件导路所依次途经的位置线被基圆和廓线所截的线段 $\overline{B_1'B_1}$、$\overline{B_2'B_2}$，…，即为从动件相应的位移量。由图 10.1(a)用反转作图法可得图(b)所给定的 $s_2-\delta_1$ 曲线；反之，按图 10.1(b)所给定的 $s_2-\delta_1$ 曲线和所设计凸轮基圆半径 r_0、偏距 e 等配置情况求得从动件的尖顶在反转运动中的轨迹点 B_1'，B_2'，…，光滑联接后即为所求凸轮轮廓曲线。

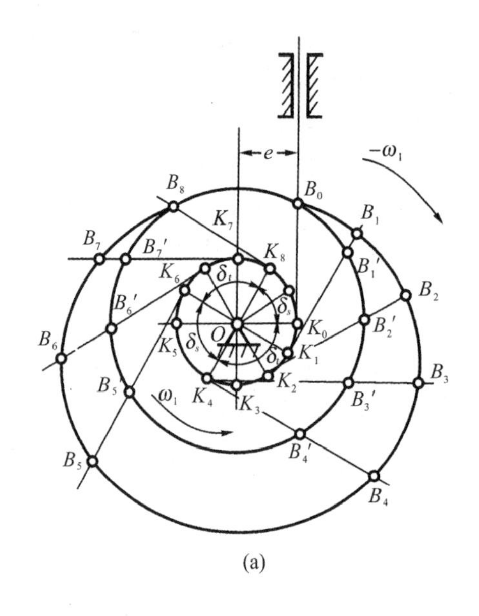

(a)

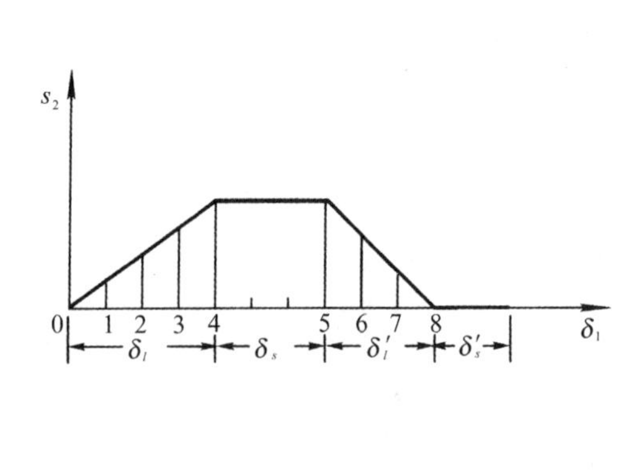

(b)

图 10.1

(2)反转作图法的关键是正确确定反转过程中从动件的位置及其与凸轮廓线的接触处。提醒读者要注意凸轮的转向、直动从动件的偏距 e 及机架导路与凸轮轴心的相对位置,反转过程中从动件机架导路永远与偏距圆相切,并且永远保持与凸轮轴心的相对位置不变。

(3)反转作图法对滚子从动件是将滚子中心视为尖顶,按尖顶从动件处理,但这时的"尖顶"(滚子中心)所处的却是理论廓线。理论廓线和凸轮实际廓线互为法向等距曲线。法向距离恒等于滚子半径 r_T,而不是机架导路线上两曲线所截线段等距滚子半径 r_T,这是因为实际廓线与滚子的接触点不一定在机架导路上。由理论廓线(或实际廓线)求作实际廓线(或理论廓线)必须在原曲线上取一系列点为圆心,以滚子半径 r_T 为半径作滚子圆,再作这些滚子圆的包络线方可。此外,对于滚子从动件凸轮机构来说,理论廓线与实际廓线不重合,基圆半径 r_0 和压力角 α 等参数,均要在理论廓线上进行度量,以免出错。

4)反转解析法

(1)用作图法设计凸轮廓线简便有效,但作图误差较大,对于精度要求高的凸轮须采用解析法,进行精确计算确定凸轮廓线。

(2)解析法设计凸轮廓线,就是根据凸轮的结构形式建立与从动件运动相关的凸轮廓线的数学方程式,从而可以精确计算出凸轮廓线上各点的坐标。凸轮廓线方程可以用极坐标或直角坐标来表达,且二者可以相互换算。

(3)以偏置直动滚子从动件盘形凸轮机构为例,阐述凸轮廓线的解析法。

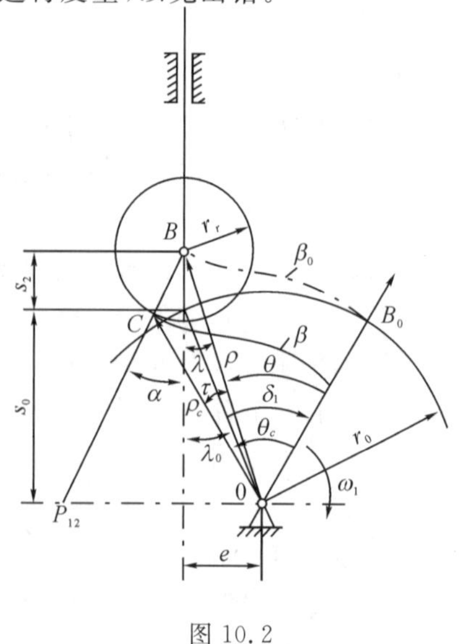

图 10.2

已知凸轮的基圆半径 r_0、偏距 e、滚子半径 r_T 以及从动件的运动方程 $s_2=f(\delta_1)$ 就可建立凸轮廓线方程。图 10.2 所示,整个凸轮机构加上一个绕凸轮轴

O 的公共转速 $-\omega_1$，则凸轮顺 ω_1 转过 δ_1 时，从动件的滚子中心 B（也是凸轮理论廓线 β_0 上的点）所处位置的极坐标为 $\rho=\sqrt{(s_0+s_2)^2+e^2}$，$\theta=\delta_1-(\lambda_0-\lambda)$；这就是凸轮理论廓线 β_0 的极坐标方程，式中：$s_0=\sqrt{r_0^2-e^2}$，$\lambda_0=\arctan(e/s_0)$，$\lambda=[(r\text{ctan}[e/(s_0+s_2)]$。图上，滚子与凸轮廓线 β 切于 C 点，BC 为实际廓线 β 与滚子接触点公法线，C 点就是实际廓线 β 上的点，所以凸轮实际廓线的极坐标方程 $\rho_c=\sqrt{\rho^2+r_T-2r_T\rho\cos(\alpha+\lambda)}$，$\theta_c=\theta+\tau$，式中：$\tau=\arctan\{r_T\sin(\alpha+\lambda)/[\rho-r_T\cos(\alpha+\lambda)]\}$，其中压力角 $\alpha=\arctan\{[\mathrm{d}s_2/\mathrm{d}\delta_1)-e]/(s_0+s_2)\}$。

（四）凸轮机构基本尺寸的确定

1）凸轮机构的压力角。从动件与凸轮接触点处所受正压力的方向（即凸轮廓线在接触点处的法线方向）与从动件上对应点速度方向所夹的锐角称为压力角，并用 α 表示。当驱动从动件运动的有效分力一定时，有害分力随压力角 α 的增大而增大导致机械效率降低，严重时发生自锁，通常规定凸轮机构的最大的压力角 $\alpha_{\max}\leqslant[\alpha]$。读者需知凸轮机构不同工作位置压力角 α 是变化的。要掌握在反转作图法中正确绘制量测压力角。

2）基圆半径 r_0 的选择。凸轮的基圆半径愈小，凸轮尺寸则愈小，但却引起压力角的增大，使受力性能变差。在实际工作中基圆半径的确定必须从凸轮机构的尺寸、受力、安装、强度等方面予以综合考虑，总的原则是：在保证 $\alpha_{\max}\leqslant[\alpha]$的条件下，应使基圆半径尽可能小。

3）从动件滚子半径 r_T 的选择。当凸轮理论廓线为外凸时，滚子半径 r_T 与凸轮理论廓线曲率半径 ρ_0 及对应点实际廓线曲率半径 ρ 的关系为 $\rho=\rho_0-r_T$，当 $r_T<\rho_0$ 时实际廓线可作出；当 $r_T=\rho_0$ 时，则实际廓线出现尖点；若 $r_T>\rho_0$ 时，则实际廓线将出现交叉廓线的一部分被切去导致运动失真，从避免变尖和失真现象的观点来看滚子半径 r_T 应小于外凸理论廓线的最小曲率半径 $\rho_{0\min}$，但滚子半径 r_T 过小将受接触强度和结构等限制，实际设计时应当综合考虑多种因素采用经验公式确定。

四、例题精选与解析

例 10.1 用作图法绘制偏置直动滚子从动件盘形凸轮廓线。已知凸轮以等角速度顺时针方向回转，凸轮轴心偏于从动件右侧，偏距 $e=8\text{mm}$。从动件的行程 $h=25\text{mm}$，在推程作简谐运动，回程作等加速等减速运动，其中推程运动角 $\delta_t=150°$，远休止角 $\delta_s=30°$，回程运动角 $\delta_t'=120°$，近休止角 $\delta_s'=60°$，凸轮基圆半径 $r_0=26\text{mm}$，滚子半径 $r_T=4.5\text{mm}$。

解析 本题为一用反转作图法绘制凸轮廓线的典型例题。绘制廓线步骤如下：

（1）取长度比例尺 $\mu_l=1\text{mm/mm}$，绘出从动件位移线图，如例 10.1 解图（a）所示。

（2）按上述长度比例尺绘出基圆、偏距圆及从动件初始导路；

（3）按题给运动角等分在偏距圆上得各分点（等分数应与运动线图上横坐标一致）K_1，K_2，K_3，…；

（4）过各分点作偏距圆切线 K_1B_1'，K_2B_2'，K_3B_3'，…；

（5）在 K_1B_1'，K_2B_2'，K_3B_3'，…上量取 B_1B_1'，B_2B_2'，B_3B_3'，…，使分别等于运动线图上的 $11''$，$22''$，$33''$，…；连结 B_1，B_2，B_3，…各点成光滑曲线，得理论廓线 β_0；

（6）以理论廓线 β_0 上的点为圆心，以 r_T 为半径作圆，再作各圆的内包络线 β，β 即为所求凸轮廓线，见例 10.1 解图（b）。

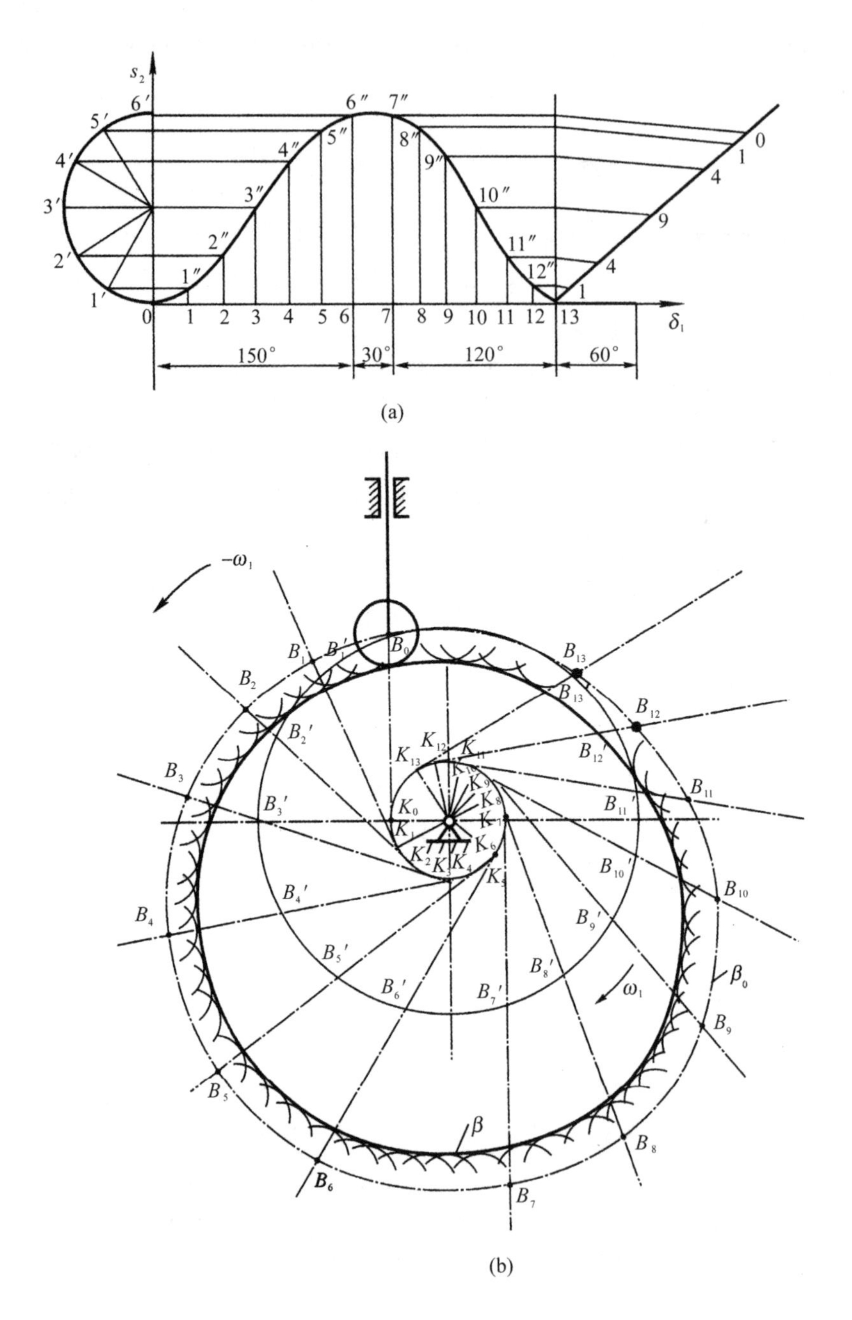

例 10.1 解图

例 10.2 例 10.2 图所示为凸轮机构直动从动件的速度线图 $v_2-\delta_1$，它由四段直线组成。要求：(1)定性作出从动件的位移线图 $s_2-\delta_1$ 和加速度线图 $a_2-\delta_1$；(2)判断在哪几个位置有冲击存在，是刚性冲击还是柔性冲击？

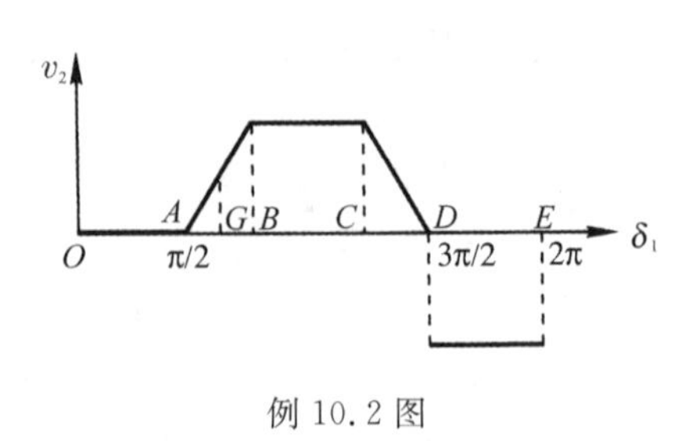

例 10.2 图

(3)在图示的 G 位置，凸轮与从动件之间有无惯性力作用，有无冲击存在？

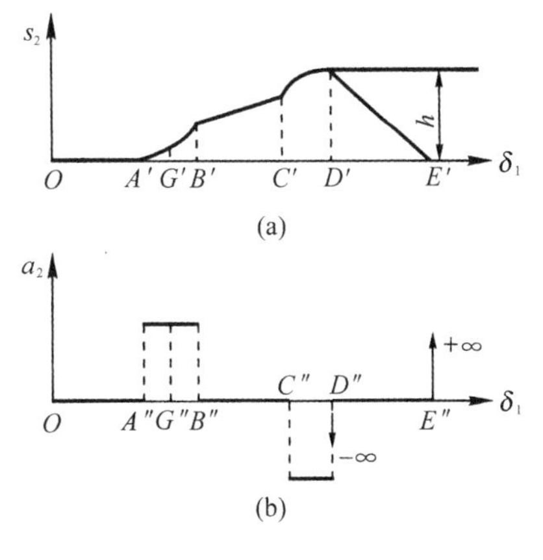

例 10.2 解图

解析 明确位移是速度的积分，加速度是速度的微分；刚性冲击和柔性冲击分别由速度和加速度突变而产生；有加速度就产生惯性力；本题即可迎刃而解。

(1)在 OA 段内，从动件速度 $v_2=0$，为近休止段，从动件的位移和加速度均为零，即 $s_2=0, a_2=0$。在 AD 段内，因 $v_2>0$，为从动件推程段。在 AB 段内，速度线图为上升的斜直线，故从动件等加速上升，位移线图为抛物线，而加速度曲线为正值的水平段；在 BC 段内，速度线图为水平直线，从动件继续等速上升，位移线图为上升的斜直线，而 $a_2=0$，加速度曲线为与 δ_1 轴重合的线段；在 CD 段内，速度线图为下降的斜直线，故从动件继续等减速上升，位移线图为抛物线，而加速度线图为负值的水平线段。在 DE 段内，因 $v_2<0$，故为从动件的回程段，速度线图为水平线段，则从动件作等速下降运动，其位移线图为下降的斜直线，加速度 $a_2=0$，加速度线图与 δ_1 轴重合，位移线图 $s_2-\delta_1$、加速度线图 $a_2-\delta_1$ 分别如例 10.2 解图(a)，(b)所示。

(2)由从动件速度线图可知，在 D、E 处有阶跃（突变），故凸轮机构在 D 和 E 处加速度分别为 $-\infty$、$+\infty$ 有刚性冲击；由从动件加速度图线可知，在 A''，B''，C'' 及 D'' 处有阶跃（突变），故在这几处有柔性冲击。

(3)在 G 处有正值加速度，故有惯性力；但此处既无速度突变、又无加速度突变，因此 G 处无冲击存在。

例 10.3 试就例 10.3 图中所示凸轮机构画出 A，B，C 三点处的压力角。

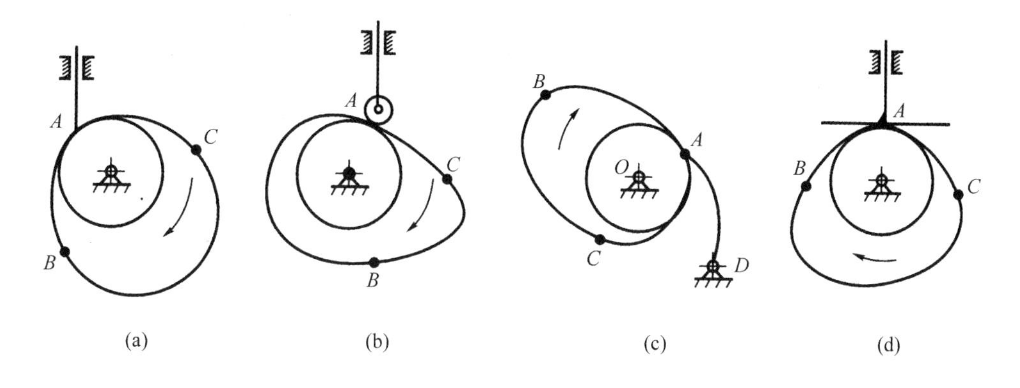

例 10.3 图

解析 本题求解的关键思路是用反转作图法正确作出 A，B，C 三处从动件的位置并按接触情况判定从动件在该处的速度方向及法向作用力的方向。

图(a)：尖顶与廓线接触，导路过接触处与偏置圆相切，保持与轴心相对位置。

图(b)：作理论廓线再以相应的滚子中心按尖顶从动件作图。

图(c)：尖顶与廓线接触，以接触点为圆心，摆动从动件长 $\overline{AD}$ 为半径作弧与以 O 为圆心，$\overline{OD}$ 长为半径的圆弧相交，交点为反转作图求得的摆动中心。

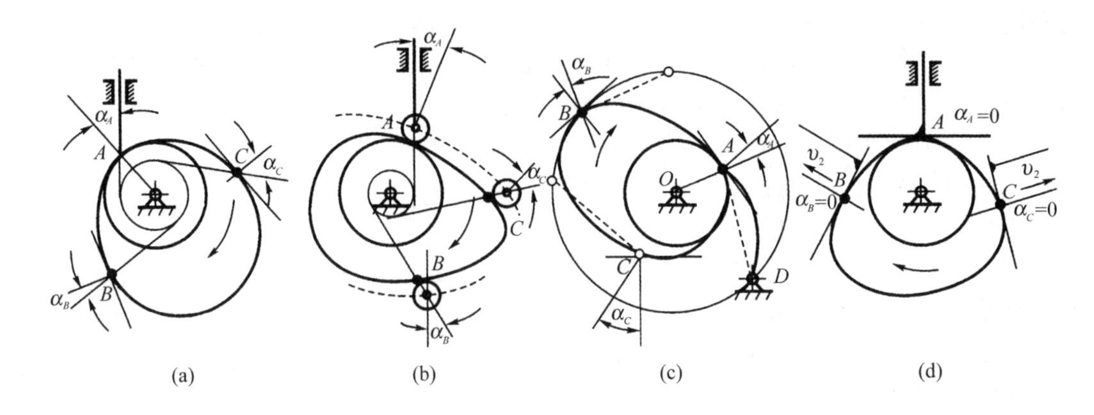

例 10.3 解图

图(d):过接触点作廓线切线得反转作图的从动件平底位置,速度方向与压力方向平行,压力角为零。

例 10.4 如图所示为一直动尖顶盘形回转凸轮机构。已知凸轮基圆半径为 r_0,从动件运动规律 $s=s(\delta)$,凸轮轴沿 ω 方向转过 δ 角时相应从动件位移为 s,偏距为 e,图(a),(b)所示从动件导路分别偏于轴心 O 的左侧和右侧,试用公式说明为减小凸轮机构在推程中的压力角,应采用图(a)还是图(b)偏置?

解析 过接触点 B 作廓线的法线 $n-n$,其与过 O 点垂直于导路方向的水平线的交点 P 即为凸轮与从动件的相对瞬心,于是可得 $\overline{OP}=\frac{v}{\omega}=\frac{\mathrm{d}s}{\mathrm{d}\delta}$。由图示几何关系对图(a)可得 $\tan\alpha=(\frac{\mathrm{d}s}{\mathrm{d}\delta}-e)/(\sqrt{r_0^2-e^2}+s)$;对图(b)可得 $\tan\alpha=(\frac{\mathrm{d}s}{\mathrm{d}\delta}+e)/(\sqrt{r_0^2-e^2}+s)$,显然图(a)可使推程压力角减小。

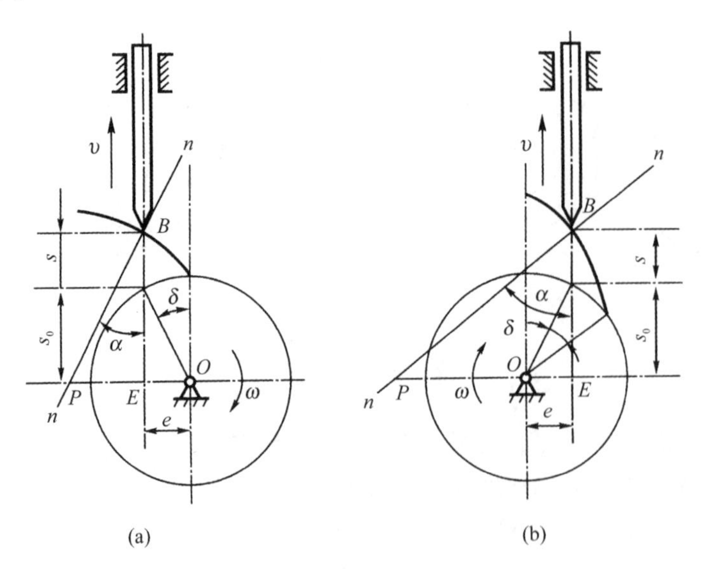

例 10.4 图

还需进一步指出，按图示凸轮转向和偏置方位，图(a)中 E 点的速度 v_E 沿从动件的推程方向，称为正偏置，图(b)中 E 点的速度 v_E 沿从动件回程方向，称为负偏置。正偏置推程压力角减小，但回程压力角增大；负偏置推程压力角增大，而回程压力角减小。正偏置推程压力角减小可改善凸轮机构的受力情况，虽回程压力角增大，但由于回程许用压力角很大，故其增大对机构受力影响不大。

五、思考题与练习题

题 10.1　试比较凸轮传动与连杆传动的特点及应用。

题 10.2　试说明反转法作图绘制偏置直动尖顶从动件盘形凸轮廓线的原理和过程。滚子从动件与尖顶从动件在用反转法绘制凸轮廓线中有何异同之处？滚子从动件盘形凸轮可否从理论廓线上各点的向径减去滚子半径来求得实际廓线？

题 10.3　选取不同的基圆半径绘制凸轮廓线能否使从动件获得相同的运动规律？基圆半径的选择与哪些因素有关？何谓凸轮传动的压力角？其大小与凸轮机构尺寸、传力性能有何影响？

题 10.4　如何绘制凸轮的零件工作图？某凸轮零件工作图上将轴孔上的键槽的周向位置作了严格规定。这是为什么？

题 10.5　用作图法绘制偏置直动滚子从动件盘形凸轮廓线。已知凸轮以等角速度顺时针方向回转，凸轮轴心偏于从动件右侧，偏距 $e=10\text{mm}$。从动件的行程 $h=32\text{mm}$，在推程作简谐运动，回程作等加速等减速运动，其中推程运动角 $\delta_t=150°$，远休止角 $\delta_s=30°$，回程运动角 $\delta_t'=120°$，近休止角 $\delta_s'=60°$，凸轮基圆半径 $r_0=35\text{mm}$，滚子半径 $r_T=12\text{mm}$。廓线绘制后近似量出推程的最大压力角。

题 10.6　图示摆动滚子从动件 AB 在起始位置时垂直于 OB，$OB=35\text{mm}$，$AB=50\text{mm}$，滚子半径 $r_T=8\text{mm}$。凸轮顺时针方向等速转动，当转过 150°时，从动件以简谐运动向上摆动 20°；当凸轮自 150°转到 300°时，从动件以等加速等减速运动摆回原处；当凸轮自 300°转到 360°时，从动件静止不动。试以作图法绘制凸轮廓线。

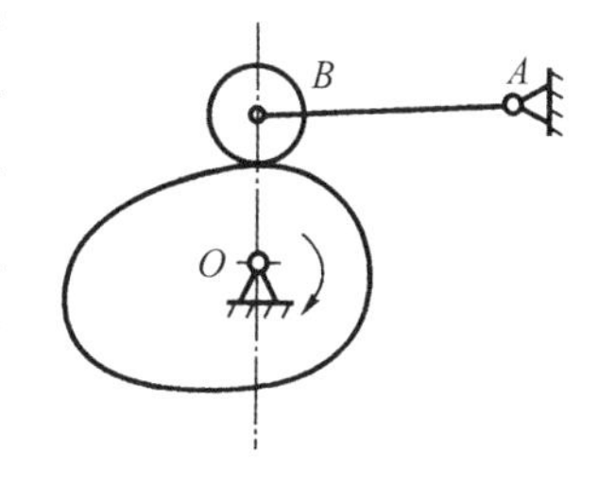

例 10.6 图

题 10.7　设计一对心直动平底从动件盘形凸轮。从动件平底与其导路垂直，凸轮顺时针方向等速转动，当凸轮转过 120°时，从动件以简谐运动上升 30mm；再转过 30°时，从动件静止不动；继续转过 90°时，从动件以简谐运动回到原位；凸轮转过其余角度时，从动件静止不动，设凸轮的基圆半径 $r_0=30\text{mm}$。试用作图法绘制凸轮廓线，并决定从动件平底圆盘的最小半径。

题 10.8　图示为一摆动平底从动件盘形凸轮机构。已知 $OA=80\text{mm}$，$r_{\min}=30\text{mm}$，从动件最大摆角 $\delta_{2\max}=15°$。从动件的运动规律：当凸轮以等角速度 ω_1 逆时针回转 90°时，从动件以等加速等减速运动向上摆 15°；当凸轮自 90°转动到 180°时，从动件停止不动；当凸轮自 180°转到 270°时，从动件以简谐运动摆回原处；当凸轮自 270°转到 360°时，从动件静止不动，试用作图法绘制凸轮廓线，并决定从动件最低限度应有长度。

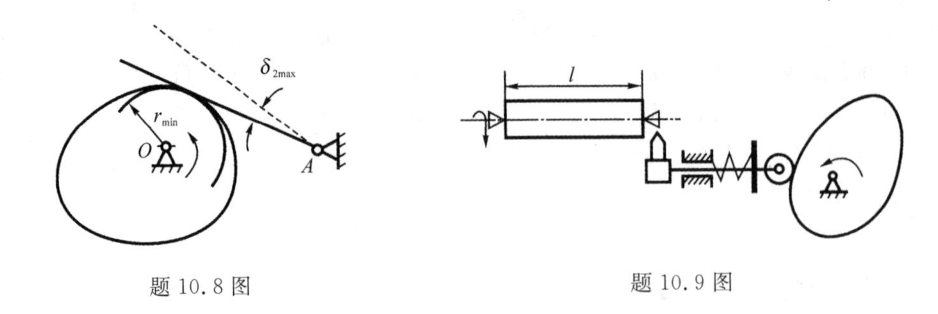

题 10.8 图　　　　题 10.9 图

题 10.9　图示用盘形凸轮控制车外圆刀架纵向自动进给工作循环。试分析考虑从动件运动规律的选择。

题 10.10　试阐述用解析法设计盘形凸轮轮廓曲线的思路和步序。

题 10.11　试阐述凸轮传动材料选择、结构及其强度校核。

题 10.12　将作图法和解析法设计凸轮轮廓曲线相比的主要异同点。

题 10.13　试探索凸轮传动的创新。

第十一章 棘轮传动、槽轮传动和其他步进传动

一、主要内容与学习要求

本章的主要内容是：

1)棘轮传动；

2)槽轮传动；

3)其他步进传动。

本章的学习要求是：

1)掌握棘轮传动的组成、工作原理、特点、类型、使用场合及设计要点。

2)掌握槽轮传动的组成、工作原理、特点、类型、使用场合、运动系数、运动特性及设计要点。

3)了解并熟识其他几种步进传动的工作原理、运动特点和应用场合。

二、重点与难点

本章的重点是：

1)棘轮传动转角的调节方法及其设计要点；

2)槽轮传动的运动系数。

本章的难点是：

1)棘轮工作面偏角 φ 的分析；

2)槽轮传动的运动系数 τ。

三、学习指导与提示

(一)概述

许多机械和仪表中需要间歇地传递运动和动力。本章主要介绍棘轮传动、槽轮传动，读者应掌握其组成、工作原理、运用场合、运动特点和设计要点。还需注意棘轮机构和槽轮机构两者均为实现间歇回转的基本传动机构，如需间歇移动或工作中阶段停歇，可将它们与其

他传动机构组合或创意新的步进传动机构。此外，读者还需了解、熟识不完全齿轮步进传动、空间步进传动、利用连杆曲线或步进电机、机—电—液组合步进传动的组成、工作原理、运动特点和应用场合。

(二)棘轮传动

1)齿式外啮合棘轮传动是由摇杆、棘爪、棘轮、止逆爪和机架组成，可将主动摇杆连续往复摆动变换为从动棘轮的单向间歇转动。其棘轮轴的动程转角可以在较大范围内调节，且具有结构简单、加工方便、运动可靠等特点，但冲击、噪声大，且运动精度低，多用于速度较低、载荷不大、需单向或双向间歇送进的场合。此外，棘轮机构也常用作防止重物自行下坠的自锁机构。

2)常用棘轮转角的调节方法有：①改变摇杆摆角；②利用棘轮罩遮盖部分棘齿。

3)为了使棘轮机构可靠地工作，棘爪能顺利进入棘轮齿底而不致滑脱，应使棘轮齿顶和棘爪的摆动中心的连线垂直于棘轮半径，棘轮齿的工作面相对于棘轮半径必须向齿体内偏斜一个工作面偏角 φ，且 $\varphi>\rho$，ρ 为棘轮齿与棘爪之间的摩擦角。

(三)槽轮传动

1)槽轮传动是由主动拨盘、从动槽轮及机架组成，可将主动拨盘的连续转动变换为槽轮的间歇转动，具有结构简单、尺寸小、机构效率高、能够较平稳地间歇转位等特点，但槽轮每次转角的大小一经设计制成就不能改变。

2)单销外槽轮传动的运动系数 τ 为主动拨盘回转一周时，从动槽轮运动时间 t_d 与主动拨盘转一周的总时间 t 之比，即 $\tau=t_d/t=1/2-1/z$，z 为槽数，读者应注意 $0<\tau<0.5$，分析理解运动系数与槽数的关系。

如果拨盘上均匀分布有 n 个圆销，则该槽轮的运动系数为 $r=n\ (1/2-1/z)$，读者应注意 $0<\tau<1$，分析理解圆销数与槽数的关系。

四、例题精选与解析

例 11.1 图示为连杆—棘轮带动导程为 6mm 的螺杆作为驱动牛头刨床工作台进给的传动，要求曲柄 AB 转一周，工作台(与螺母固联)移动 1.5mm。已知 $AD=300\text{mm}$，$CD=70\text{mm}$。试求：(1)摇杆 CD 的摆角；(2)曲柄 AB 及连杆 BC 的长度；(3)选择棘轮齿数。

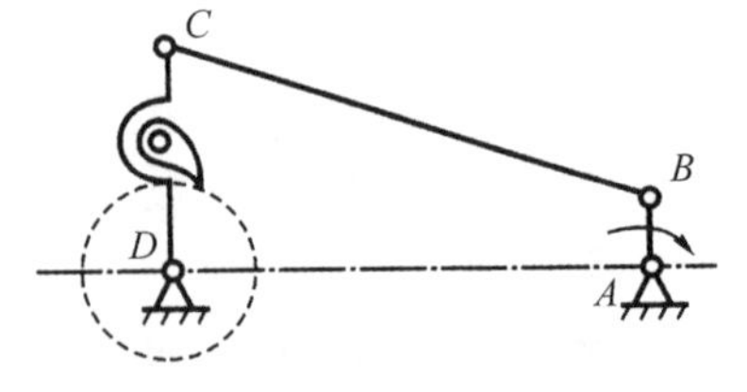

例 11.1 图

解析 本题为连杆、棘轮、螺旋机构之组合，关键从实现工作要求按序求解。

(1)根据螺杆导程 $s=6\text{mm}$，可知螺杆转动 1/4 周可使工作台移动 1.5mm；亦即摇杆的摆角 $\psi=90°$。

(2)取长度比例尺 $\mu_l=3\text{mm/mm}$。已知各杆长度及摆角 ψ，作 AD、C_1D 及 C_2D(假定 ψ 被过 D 点的 AD 的垂线平分，但亦可不平分)；连接 AC_1、AC_2；以 $(l_{AC_2}-l_{AC_1})/2$ 为半径，以 A 为圆心作圆，交 AC_2 于 B_2 和 AC_1 延长线于 B_1；由图上量得 $\overline{AB}=16.2\text{mm}$，$\overline{BC}=100.8\text{mm}$，所以曲柄长 $l_{AB}=16.2\times3=48.6\text{mm}$，连杆长 $l_{BC}=302.4\text{mm}$。

(3)棘轮的齿数必须为 4 的整倍熬,现取 $z=4\times6=24$。符合齿数在(12～75)范围的要求。

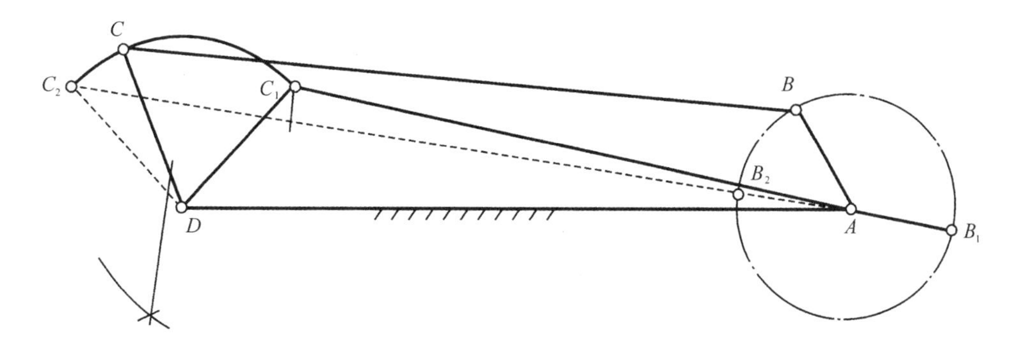

例 11.1 解图

例 11.2 试分析单销 6 槽外啮合槽轮传动,从圆销刚进入轮槽,槽轮开始转动到圆销脱离该槽,槽轮停止转动的过程中,槽轮角速度 ω_2 的变化情况,设主动圆销以 ω_1 等角速回转。

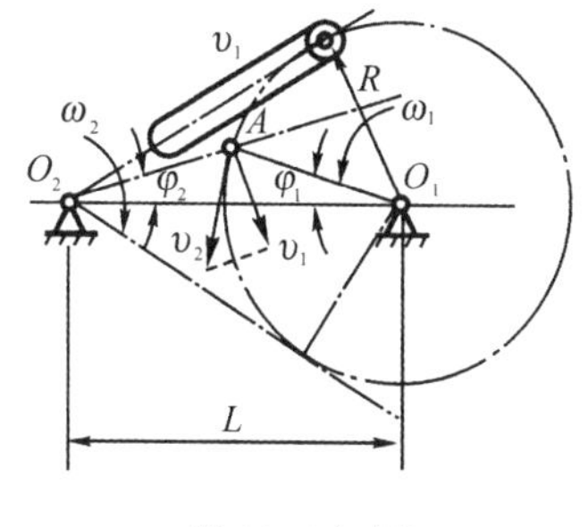

例 11.2 解图

解析 本例有一定难度,考核综合知识和能力。

以中心距 L 作机构图,分析圆销进入槽中任意位置 A 的情况,如例 11.2 解图所示,由图中几何关系,得 $R\sin\varphi_1=r_x\sin\varphi_2$;$R\cos\varphi_1+r_x\cos\varphi_2=L$。

由以上两式中消去 r_z,得 $R\cos\varphi_1+\dfrac{R\sin\varphi_1\cos\varphi_2}{\sin\varphi_2}=L$。

令 $\dfrac{R}{L}=\lambda$,经整理后得

$$\tan\varphi_2=\frac{\lambda\sin\varphi_1}{1-\lambda\cos\varphi_1}\text{或 }\varphi_2=\arctan\frac{\lambda\sin\varphi_1}{1-\lambda\cos\varphi_1}$$

上式表明槽轮转角 φ_2 是拨盘转角 φ_1 的函数。现规定 φ_1,φ_2 在圆销进入轮槽区(圆销向槽轮中心运动)时为正,反之为负。

将槽轮转角 φ_2 对时间求导数,即为槽轮的角速度 ω_2,即

$$\omega_2=\frac{\mathrm{d}\varphi_2}{\mathrm{d}t}=\left(\arctan\frac{\lambda\sin\varphi_1}{1-\lambda\cos\varphi_1}\right)=\frac{(1-\lambda\cos\varphi_1)\lambda\cos\varphi_1\dfrac{\mathrm{d}\varphi_1}{\mathrm{d}t}-\lambda^2\sin^2\varphi_1\dfrac{\mathrm{d}\varphi_1}{\mathrm{d}t}}{1-2\lambda\cos\varphi_1+\lambda^2}=\frac{\lambda(\cos\varphi_1-\lambda)}{1-2\lambda\cos\varphi_1+\lambda^2}\omega_1$$

读者可自己分析槽轮的角加速度 ε_2。

五、思考题与练习题

题 11.1 试比较棘轮传动与槽轮传动的特点及应用。

题 11.2 已知一棘轮机构,棘轮模数 $m=5\text{mm}$,齿数 $z=12$。试确定机构的尺寸并画出棘轮齿形。

题 11.3 棘轮机构有何特点?棘轮工作齿面的偏角 φ 应如何偏斜?为什么 φ 必须大

于棘爪与棘轮齿面的当量摩擦角 ρ？

题 11.4 何谓槽轮机构的运动系数 τ？为什么单销外槽轮的运动系数 τ 必须大于零而小于 1/2？

题 11.5 一外啮合槽轮机构，已知槽轮的槽数 $z=6$，槽轮的静止时间是运动时间的 2 倍。试求槽轮的运动系数 τ 及所需的圆销数 n。

题 11.6 已知一外啮合槽轮机构中，圆销的转动半径 $R=40\text{mm}$，圆销半径 $r_1=8\text{mm}$，槽轮每次的转角为 60°。试计算其主要几何尺寸。又若拨盘的转速 $n_1=60\text{r/min}$。求槽轮的运动时间和静止时间。

题 11.7 棘轮机构中的止逆爪、槽轮机构中的锁止弧各有什么功能？

题 11.8 试分别阐述利用连杆曲线、步进电机和机—电—液组合步进机构实现步进传动的特点及应用。

题 11.9 从齿轮传动到不完全齿轮传动思考结构创新的思路。请思考还有哪些途径可以获得间歇运动？能否使连杆机构、凸轮机构实现间歇运动？

第十二章

轴

一、主要内容与学习要求

本章的主要内容是：

1)轴的功用、分类和常用材料；

2)轴的结构设计和强度计算；

3)轴的刚度计算；

4)轴的振动及稳定性的基本概念。

本章的学习要求是：

1)了解轴的各种不同分类方法及其类型；重点掌握心轴、传动轴和转轴的区别以及在设计计算中的注意点。

2)了解对轴的材料要求及常用材料；能根据轴的重要程度和尺寸、形状要求合理地选择轴的材料。

3)掌握直轴结构设计的基本方法。

4)熟练掌握轴的强度计算方法。

5)了解轴刚度计算的目的、实质和一般方法，掌握提高轴刚度的措施。

6)了解轴振动计算的目的、实质和一般方法以及避免共振的措施。

二、重点与难点

本章的重点是：转轴的结构设计和强度计算。

本章的难点是：轴结构的正确设计。

三、学习指导与提示

(一)概述

轴的主要作用是支持回转零件以传递运动和动力。根据轴所受的载荷，轴可以分为心轴(只承受弯矩)、传动轴(只传递扭矩)和转轴(既传递扭矩，又承受弯矩)；根据轴的形状又可以将轴分为直轴(光轴和阶梯轴)、曲轴和挠性钢丝轴，本章主要讨论应用最广泛的阶梯转轴。

一般机械中的轴多采用优质中碳钢制造，其中最常用的是45号钢，不重要的或受载较小的轴可采用普通碳钢，重要机械中的重载轴可以考虑用合金钢。需要强调的是，合金钢和优质中碳钢较高的机械性能，只有通过选择合适的热处理才能得以实现。由于普通碳钢不保证化学成分，所以一般不适于进行热处理。

轴设计涉及的方面较多，结构形状的灵活性较大，设计过程具有一定代表性，对掌握结构设计方法和许多普遍规律有较大的帮助和启迪，读者应予高度重视，认真归纳分析和实践。

（二）轴结构设计的基本内容

轴的结构设计是在满足强度和刚度要求的基础上，综合考虑轴上零件的装拆、定位与固定、加工工艺以及改善受力情况等要求，确定合理的结构形状和尺寸。需要注意的是：①轴没有固定的标准结构，在设计时应根据具体问题灵活对待。②结构设计常需要和设计计算交替进行。

1)零件常用的轴向定位方法有轴肩、轴环、套筒、圆螺母、弹性挡圈、轴端挡圈、圆锥面、紧定螺钉、锁紧挡圈、定位销等多种方式，读者应掌握各种方法的特点及适用场合，这里只对一些关键问题以及可能出现的结构错误进行说明。

(1)用轴肩和轴环进行轴上零件的轴向定位时应注意以下几点：①轴肩的圆角半径 r，零件毂孔的倒角高度 C 和轴肩高度 h 间应满足 $r<C$(否则无法保证零件紧靠定位面)和 $r+C<h$(两者之间的差值应保证在轴向力作用下实际接触高度具有足够的强度)；②为保证滚动轴承的拆卸，轴肩高度应根据轴承型号从手册中查取；③不能用两个轴肩(或轴环)实现轴上零件两侧方向的轴向固定，否则轴上零件无法装入。

(2)套筒定位常见的结构错误有：①轴头长度设计成与相配轮毂的宽度相等。由于加工误差的存在，套筒可能无法顶紧轴上零件从而不能可靠定位(图 12.1(a))，应使相配轴头长度小于轴上零件的轮毂宽度(图 12.1(b))；②套筒和零件的接触高度太小(图 12.2(a))，可将套筒制成阶梯形式(图 12.2(b))；③套筒同时接触动面和静面，这将引起过度的磨损，甚至使机器不能运转。这种错误的一个常见例子是定位件同时接触滚动轴承的内圈和外圈，如图 12.3(a)，可改为图 12. 3(b)。

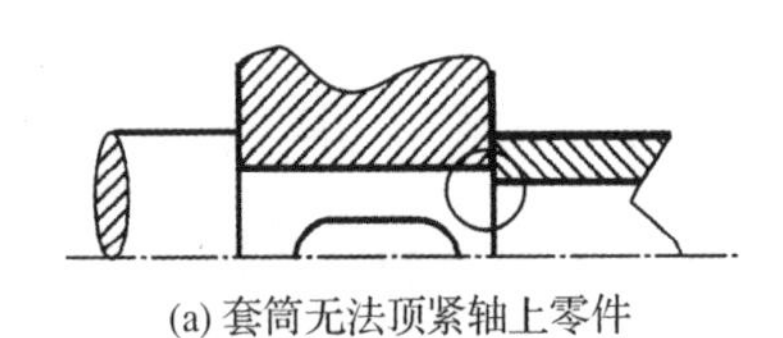

(a) 套筒无法顶紧轴上零件

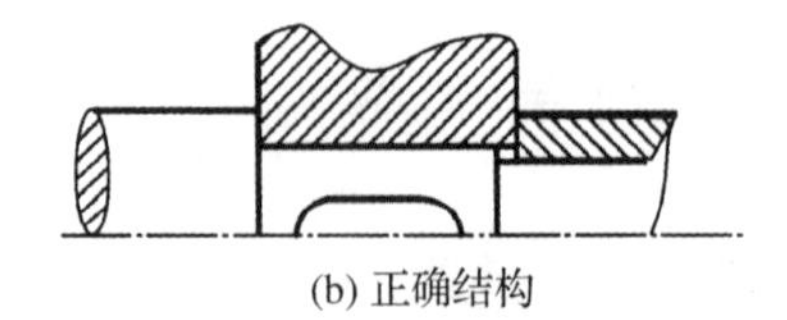

(b) 正确结构

图 12.1

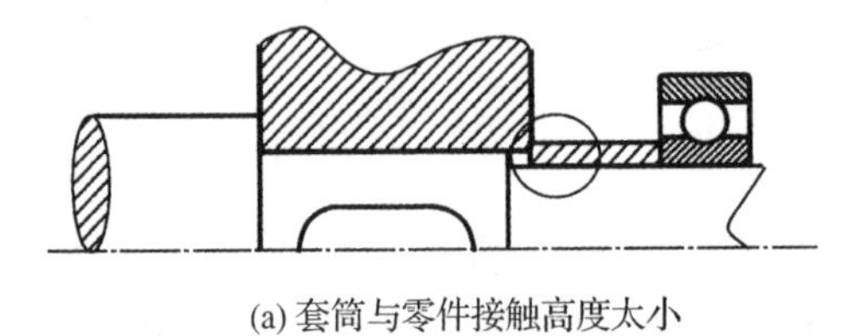

(a) 套筒与零件接触高度太小

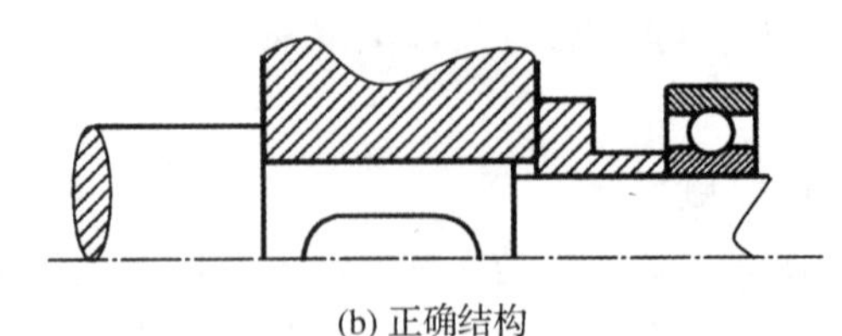

(b) 正确结构

图 12.2

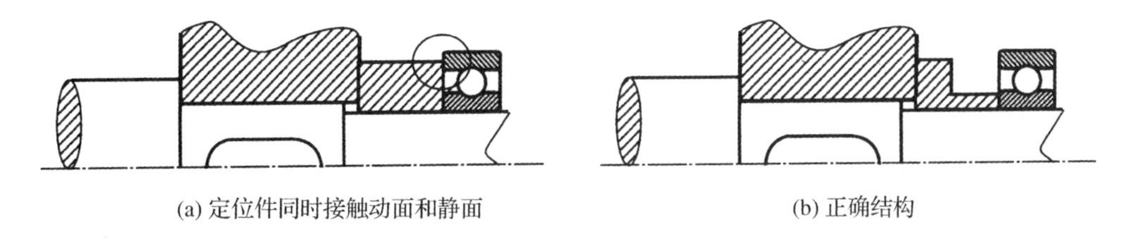

(a) 定位件同时接触动面和静面　　(b) 正确结构

图 12.3

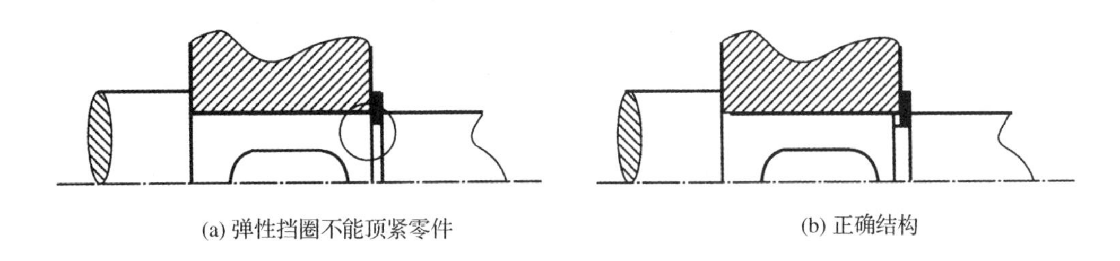

(a) 弹性挡圈不能顶紧零件　　(b) 正确结构

图 12.4

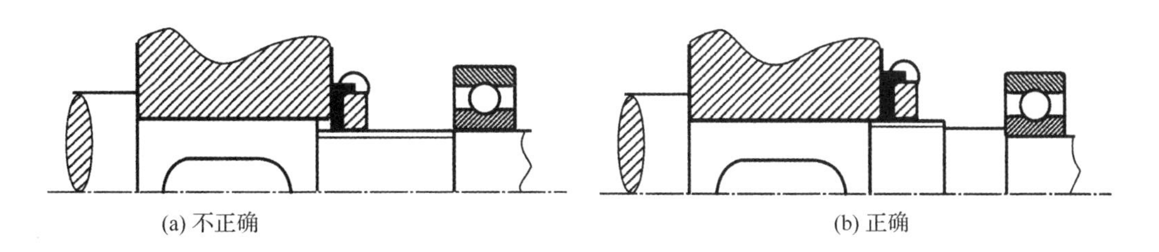

(a) 不正确　　(b) 正确

图 12.5

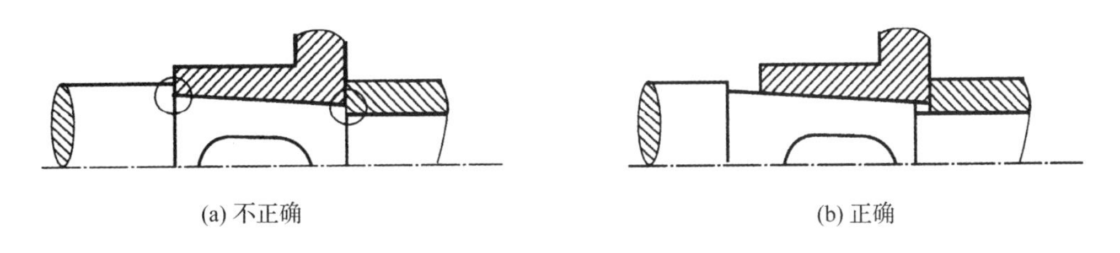

(a) 不正确　　(b) 正确

图 12.6

(3)为使弹性挡圈顶紧需固定零件,应使弹性挡圈槽宽大于弹性挡圈宽度,且向轮毂内部方向加宽。如图 12.4(a)的结构应改为图 12.4(b)所示结构。

(4)圆螺母的轴向定位常见错误除未设防松装置以及不能顶紧轴上零件外,还有螺母无法装入的严重结构设计错误(图 12.5(a)),应注意要使螺母顺利装入,轴上螺纹的小径应大于装入处的直径,可改为图 12.5(b)。

(5)圆锥面将同时起到径向和轴向定位,如图 12.6(a)左端轴肩的存在以及右端套筒同时接触轴肩和轴上零件将使得圆锥面定位不能实现,应改为图 12.6(b)的结构形式。

2)轴上零件的周向定位最常用的方法是采用键联接,也可以采用紧定螺钉、定位销定位等。如采用键作为周向联接件，在结构设计时应注意：①键的长度应小于轮毂长度；②采用平键联接时，如键处于轴中部常采用双半圆头平键，只有当键处于轴端时才采用方头键；如用盘铣刀加工键槽，由于铣刀加工半径的存在，所选键的长度应与键槽的有效长度一致；③当轴上有多个键存在时，应将各键的中心线放在轴的同一母线上；④键离装入端太远，不便于相配轮毂孔的安装。

3)读者应注意，除了上述轴上零件相对于轴的轴向和周向定位以外，还应使轴相对于机架定位，其径向定位主要通过轴与安装于机架上的轴承的配合来实现，轴向定位最常见的方法是通过滚动轴承，利用轴承盖等结构来实现，如检查时发现轴系窜动将是严重的结构错误。对于轴系和箱体的定位参见滚动轴承组合设计。

4)阶梯轴的直径差要分清是定位需要还是便于轮毂孔的装入；前者需要有足够的定位高度，而后者只要保证有轴径差存在即可。此外，当轴颈或轴头与具有标准孔径的零件(如滚动轴承、联轴器等)相配合时，其直径应符合相应的标准。

5)轴在零件装入端应制出倒角；直径过渡处应制成圆角；需磨削的轴段应留有砂轮越程槽；车制螺纹的轴段应有退刀槽；当轴较长时应在轴的端部设计中心孔。这些都有相应的规范和标准，可由设计手册查阅。

(三)轴的强度计算

轴的强度计算有三种方法：按转矩计算、按当量弯矩计算和按安全系数校核。

1)按转矩计算

该方法可以在轴上零件的位置、尺寸和载荷等要素未定时估算轴径，计算精度低。轴径计算公式为 $d \geqslant C\sqrt[3]{P/n}$。式中：$P$ 为轴所传递的功率(kW)，n 为轴颈转速(r/min)，C 为与轴的材料、受载荷情况有关的系数。

按转矩进行轴的强度计算是最为粗略的计算方法，一般只用作估算直径。对于转轴而言，此直径应作为设计之初轴最细处的直径。

2)按当量弯矩计算

该方法需先确定轴上零件的位置、尺寸和载荷等要素，并进行当量弯矩的计算，当量弯矩计算式为 $M_e=\sqrt{M^2+(\alpha T)^2}$。对实心圆轴，校核计算公式为 $\sigma_e=M_e/(0.1d^3)\leqslant[\sigma_{-1}]_b$，设计计算公式为 $d\geqslant\sqrt[3]{M_e/(0.1[\sigma_{-1}]_b)}$。式中：$M$，$T$ 分别为给定截面上所受的弯矩和扭矩，轴上的弯矩总是产生对称循环应力，$[\sigma_{-1}]_b$ 为在对称应力循环时轴材料的许用应力，α 为考虑弯曲应力和扭剪应力的循环特性不同而引入的应力校正系数：钢轴对不变的转矩可取 0.3，转矩脉动变化时可取 0.6，对于频繁正反转的轴可取 1，对于特性不清楚的轴可按脉动循环选取。对一般用途的轴，此法可作为最终计算。

3)按安全系数校核

重要的轴应在其结构尺寸确定后进行精确的疲劳强度计算，校核轴的危险截面安全系数，需要时可参阅本书Ⅱ-3。

(四)轴的刚度计算

1)轴的主要变形有由弯矩产生的弯曲变形(挠度 y 或偏转角 θ)和由转矩产生的扭转变形(扭转角 φ)，轴的刚度计算的目的就是使轴在预定的工作条件下上述变形不超过允许值。应注意轴所传递的功率一定时，轴的刚度与轴的抗弯截面模量和抗扭截面模量、轴用材料的弹性模量以及支承的布置有关。

2)提高轴刚度的方法主要有如下几点:(1)将实心轴换成空心轴;(2)适当安排支承的数量和位置;(3)尽量减少悬臂量;(4)合理布置轴上零件的位置以改变受力。应特别注意,由于合金钢和碳钢的弹性模量相差不大,所以就刚度而言将碳钢换成合金钢并无多大意义。

3)轴的刚度计算对有些轴(如精度较高的齿轮轴,内燃机凸轮轴等)是非常必要的,但多级阶梯轴的刚度计算比较复杂,本章不展开阐述。

(五)轴的振动及振动稳定性的基本概念

1)轴是一个弹性体,在组成轴系后将具有一定的自振频率。在轴旋转受到与自振频率接近的强迫振动后有可能发生共振现象,使轴不能维持正常工作甚至破坏。振动稳定性计算的实质是控制实际工作转速远离临界转速的一种校核计算,具体计算主要是计算轴的临界转速。

2)发生共振时轴的转速称为临界转速,它是轴系结构所固有的。轴的临界转速有许多个,其中最低的称为一阶临界转速,以 n_{c_1} 表示,其余的按由小到大顺序分别称为二阶 n_{c_2}、三阶 n_{c_3}…。工作转速低于一阶临界转速的轴称为刚性轴,其余称为挠性轴,前者应使 $n \leqslant 0.8n_{c_1}$,后者应满足 $1.4n_{c_1} < n < n_{c_2}$,如不符上述条件,则应采取措施改进设计,如改变轴的直径、移动轴承位置、增加支承数以改变其临界转速的值,也可以改变轴的工作转速以避开临界转速。

四、例题精选与解析

例 12.1　自行车的前轴、中轴和后轴各属于哪一类轴?请说明理由。

解析　本题是一个实际分析的题目,需对具体工作情况、具体结构和受力进行详细的分析。

(1)前轴和后轴所受的扭矩很小(需克服轮对轴产生的滚动摩擦)几可忽略,而弯矩是主要的载荷,所以应该是心轴。前轴为不转动的心轴,后轴为转动的心轴。

(2)中轴受扭矩作用(克服车轮对地的摩擦力,驱动车轮转动),也受弯矩作用(链轮对轴的作用力,踏脚力),所以中轴应该是转轴。

例 12.2　图示为一轴系结构图,请用引线引出其中的错误,说明错误内容,并给出改正图。

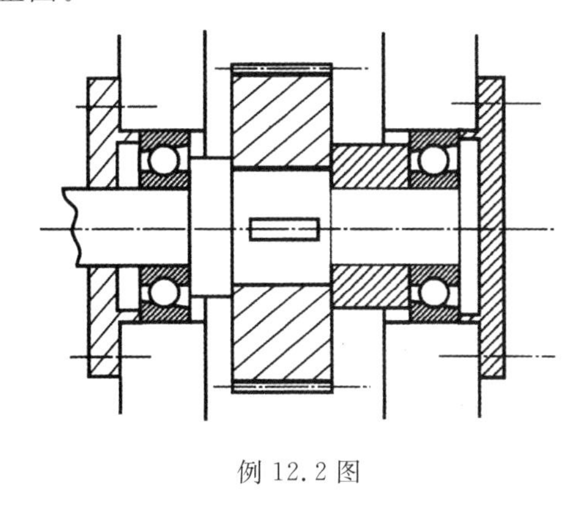

例 12.2 图

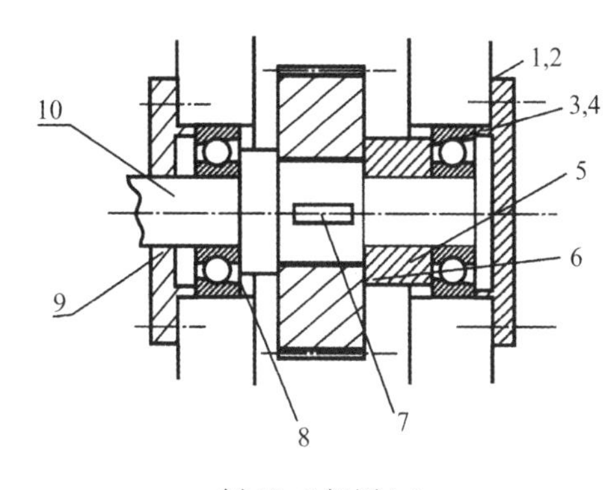

例 12.2 解图(a)

例 12.2 图中的主要错误用引线标于例 12.2 解图(a),各错误内容相应为:

(1)对于铸造箱体,为减小加工面应制出凸台;(2)应加调整垫片以调整轴承游隙和压紧力;(3)角接触球轴承应成对使用,且安装方向应相反;(4)滚动轴承的内、外圈为不同的零件,剖面线应该不同;(5)套筒太高,接触外圈,同时接触了动静面;(6)轮毂和轴头等长,由于加工误差的存在,套筒可能不能顶紧齿轮;(7)键槽难加工,应该用 A 形键;(8)轴肩高于轴承内圈,无法拆轴承;(9)轴伸端与轴承盖之间应有间隙,且图中缺少密封;(10)轴伸端与安装轴处的轴颈直径相同,轴承装配不便。

例 12.2 解图(b)给出一种以改动最小为原则的轴系结构图。

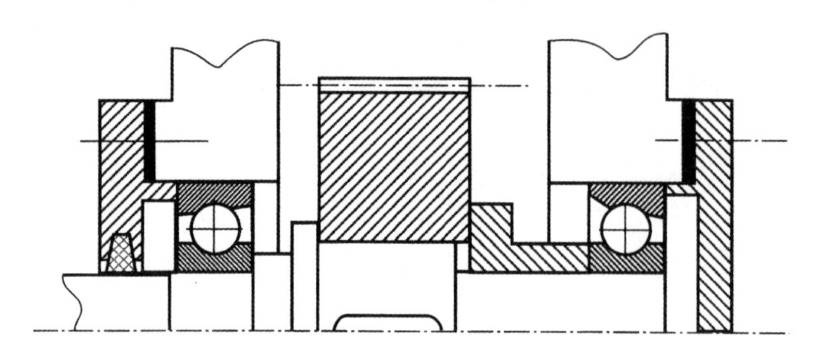

例 12.2 解图(b)

例 12.3 试设计图示斜齿轮圆柱齿轮减速器的低速轴。已知轴的转速 $n=140\text{r/min}$,传递功率 $P=5\text{kW}$,轴上齿轮的参数为:齿数 $z=58$,法面模数 $m_n=3\text{mm}$,分度圆螺旋角 $\beta=11°17'3''$,齿轮宽及轮毂宽 $b=70\text{mm}$。

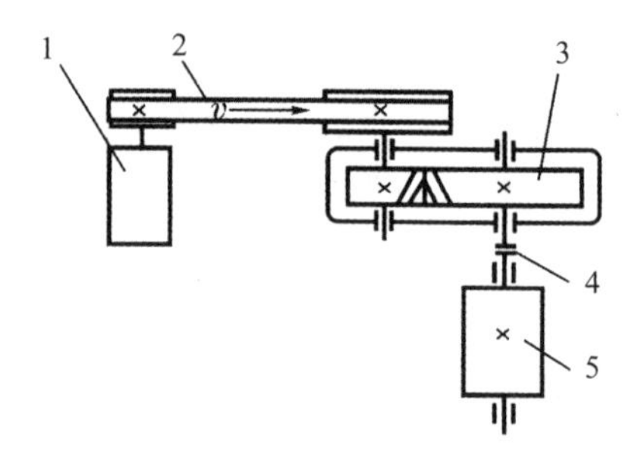

例 12.3 图

解析 本例为一典型的轴的设计计算实例,其一般步骤如下:

(1)选择轴的材料

减速器的功率不大,又无特殊要求,故选最常用的 45 号钢并作正火处理。由表查得 $\sigma_B=600\text{MPa}$。

(2)按转矩估算轴的最小直径。

由表查取 $C=118$(因轴上的弯矩较大),于是得

$$d \geqslant C\sqrt[3]{\frac{P}{n}}=118\sqrt[3]{\frac{5}{140}}=38.86(\text{mm})$$

计算所得应是最小轴径(即安装联轴器)处的直径,该轴段因有键槽,应加大(3～7)%并圆整,取 $d=40\text{mm}$。

(3)轴的结构设计

根据估算所得的直径、轮毂宽及安装情况等条件,轴的结构及尺寸可进行草图设计,如例 12.3 解图一(a)所示,轴的输出端用 TL7 型弹性套柱销联轴器,孔径 40mm,孔长 84mm,取轴肩高 4mm 作定位用。齿轮两侧对称安装一对 7210 (GB/T292 标准)角接触球轴承,其宽度为 20mm。左轴承用套筒定位,右轴承用轴肩定位,根据轴承对安装尺寸的要求,轴肩

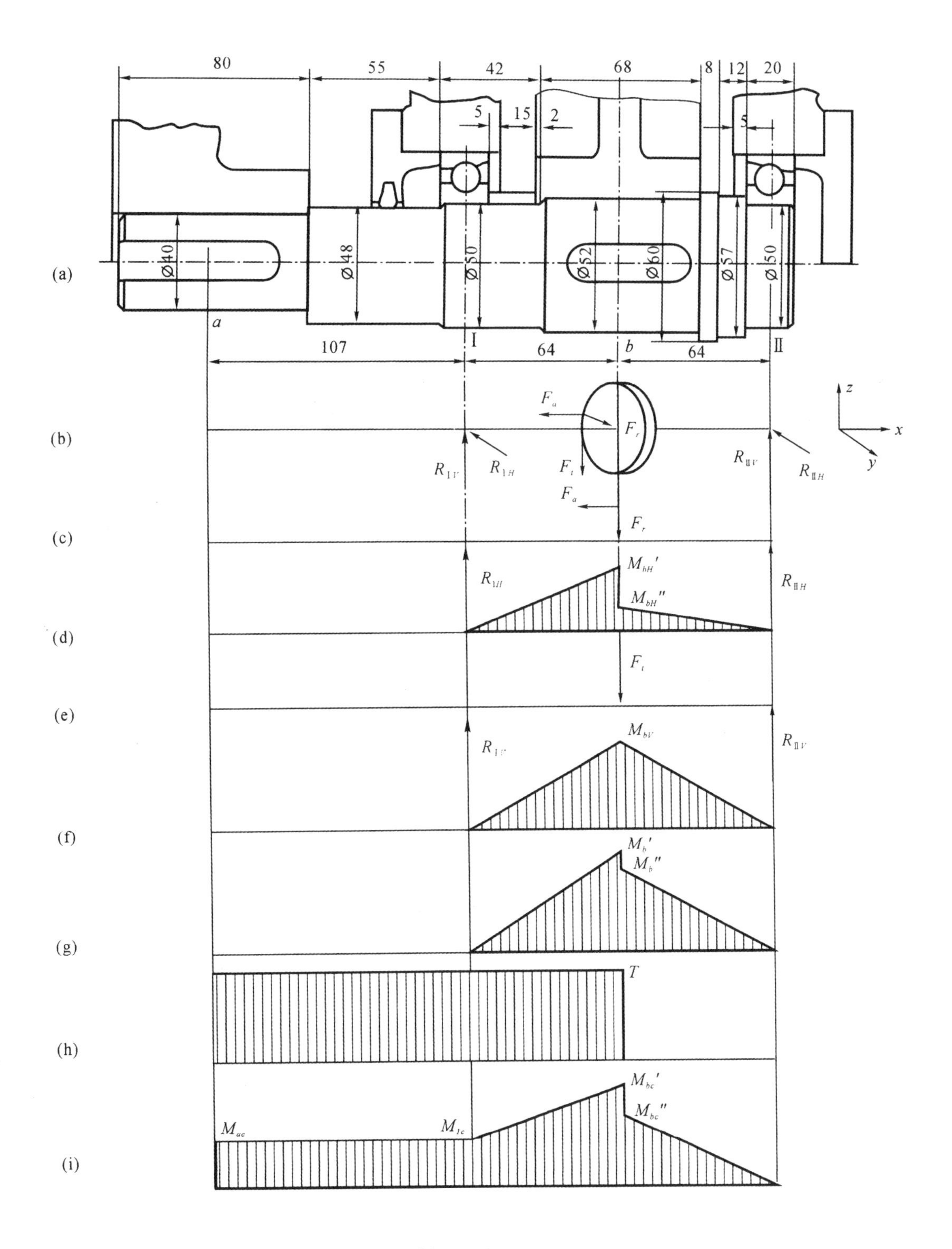

例 12.3 解图一

高度取为 3.5mm。轴与齿轮、轴与联轴器均选用平键联接。根据减速器的内壁到齿轮和轴承端面的距离以及轴承盖、联轴器装拆等需要，参考设计手册中有关经验数据，将轴的结构尺寸初步取定如图中所示，这样轴承的跨度为 128mm，由此可进行轴和轴承的计算。

(4)计算齿轮受力

齿轮分度圆直径 $d=\dfrac{m_n z}{\cos\beta}=\dfrac{3\times 58}{\cos 11°17'3''}=177.43(\mathrm{mm})$

齿轮所受转矩 $T=9.55\times 10^6\dfrac{P}{n}=9.55\times 10^6\times\dfrac{5}{140}=341070(\mathrm{N\cdot mm})$

齿轮作用力

圆周力 $F_t=\dfrac{2T}{d}=\dfrac{2\times 341070}{177.43}=3845(\mathrm{N})$

径向力 $F_r=\dfrac{F_t\tan\alpha_n}{\cos\beta}=\dfrac{3845\times\tan 20°}{\cos 11°17'3''}=1427(\mathrm{N})$

轴向力 $F_a=F_t\tan\beta=3845\times\tan 11°17'3''=767(\mathrm{N})$

轴受力的大小及方向如例 12.3 解图一(b)所示。

(5)计算轴承反力(例 12.3 解图一(c)、(e))

水平面 $R_{\mathrm{I}H}=\dfrac{F_a\cdot d/2+64F_r}{128}=\dfrac{767\times 177.43/2+64\times 1427}{128}=1245.1(\mathrm{N})$

$$R_{\mathrm{II}H}=F_r-R_{\mathrm{I}H}=1427-1245.1=181.9(\mathrm{N})$$

垂直面 $R_{\mathrm{I}V}=R_{\mathrm{II}V}=F_t/2=3845/2=1922.5(\mathrm{N})$

(6)绘制弯矩图

水平面弯矩图(例 12.3 解图一(d))

截面 b： $M_{bH'}=64R_{1H}=64\times 1245.1=79686.4(\mathrm{N\cdot mm})$

$$M_{bH''}=M_{bH'}-\frac{F_a d}{2}=79686.4-\frac{767\times 177.43}{2}=11642(\mathrm{N\cdot mm})$$

垂直面弯矩图(例 12.3 解图一(f))

$$M_{bV}=64R_{1V}=64\times 1922.5=123040(\mathrm{N\cdot mm})$$

合成弯矩图(例 12.3 解图一(g))

$$M'_b=\sqrt{M'^2_{bH}+M^2_{bV}}=\sqrt{79686.4^2+123040^2}=146590(\mathrm{N\cdot mm})$$

$$M''_b=\sqrt{M''^2_{bH}+M^2_{bV}}=\sqrt{11642^2+123040^2}=123590(\mathrm{N\cdot mm})$$

(7)绘制扭矩图(例 12.3 解图一(h))

由前知 $T=341070(\mathrm{N\cdot mm})$

又根据 $\sigma_B=600\mathrm{MPa}$，由表查得$[\sigma_{-1}]_b=55\mathrm{MPa}$ 和$[\sigma_0]_b$，$=95\mathrm{MPa}$

故 $\alpha=55/95\approx 0.58$

$$\alpha T=0.58\times 341070=197820(\mathrm{N\cdot mm})$$

(8)绘制当量弯矩图(例 12.3 解图一(i))

对于截面 b： $M'_{be}=\sqrt{M_b^2+(\alpha T)^2}=\sqrt{146590^2+198720^2}=246214(\mathrm{N\cdot mm})$

$$M''_{be}=M''_b=123590(\mathrm{N\cdot mm})$$

对于截面 a 和 Ⅰ

$$M_{ae}=M_{1e}=\alpha T=197820(\mathrm{N\cdot mm})$$

(9)分别计算轴截面 a 和 b 处所需的直径

$$d_a=\sqrt[3]{\frac{M_{ae}}{0.1[\sigma_{-1}]_b}}=\sqrt[3]{\frac{197820}{0.1\times55}}=33(\text{mm})$$

$$d_b=\sqrt[3]{\frac{M'_{be}}{0.1[\sigma_{-1}]_b}}=\sqrt[3]{\frac{246214}{0.1\times55}}=35.51(\text{mm})$$

两截面虽有键槽削弱，但结构设计所确定的直径分别达到 40mm 和 52mm，所以强度足够。如所选轴承和键联接经计算，确认寿命和强度均能满足，则以上轴的主体结构设计已可确定下来。

(10)绘制轴的工作图(见例 12.3 解图二)

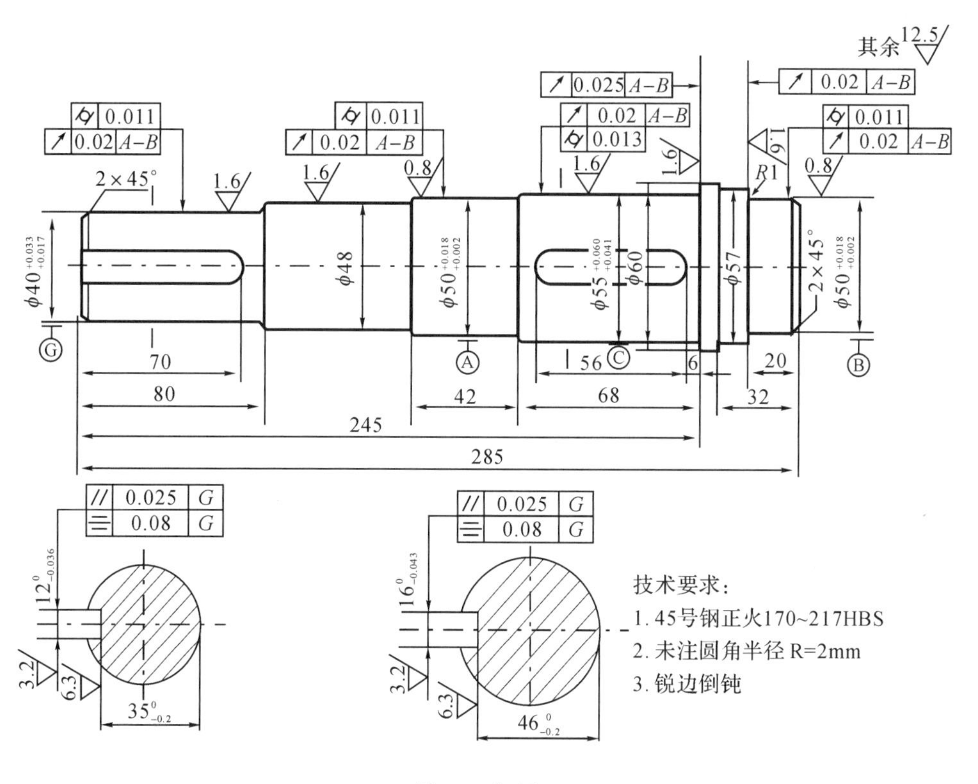

例 12.3 解图二

五、思考题与练习题

题 12.1　影响轴的疲劳强度的因素有哪些？在设计轴的过程中，当疲劳强度不够时，应采取哪些措施以提高轴的疲劳强度？

题 12.2　轴上零件的轴向和周向定位及固定各有哪些方法？各有何特点？分别适用于何种场合？

题 12.3　根据所受载荷的不同，轴可以分为哪几种类型？试各举一实例说明之。

题 12.4　轴的常用材料有哪些？应如何选择？

题 12.5　图中的 1,2,3,4 轴是心轴、转轴还是传动轴？各轴分别受哪种载荷？试画出

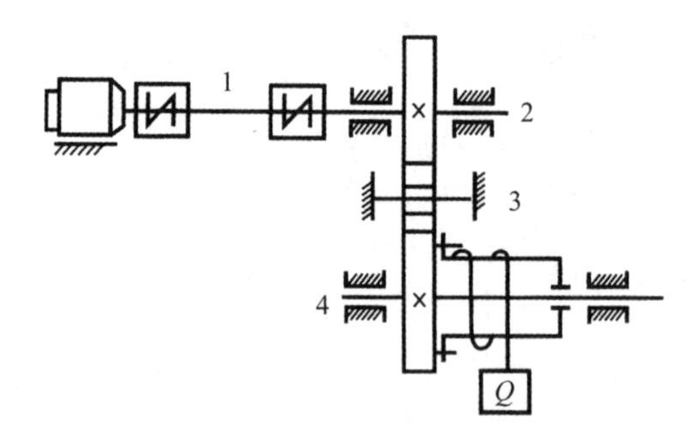

题 12.5 图

各轴的弯矩图和扭矩图。在以上各轴进行最小轴径估算时有何不同的考虑点？

题 12.6 图中所示的传动轴上分置 4 个带轮。主动轮 A 上输入的功率为 $P_A=65\text{kW}$，不计摩擦功耗，三个从动轮输出的功率分别为 $P_B=25\text{kW}$，$P_C=20\text{kW}$，$P_D=30\text{kW}$。设此时轴的强度刚好满足，若将 A 轮和 D 轮互换位置，问该轴的强度是否会不足？

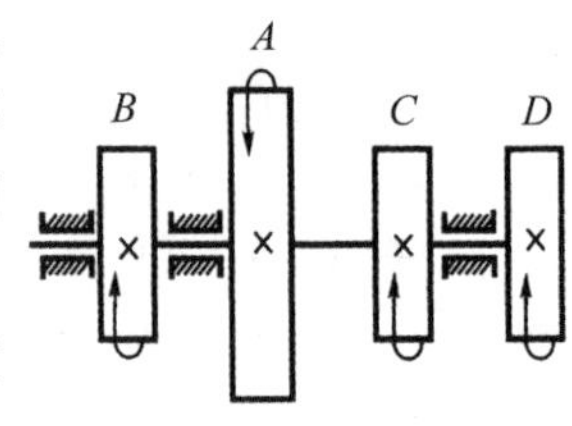

题 12.6 图

题 12.7 轴的强度计算有哪些？什么情况下需要先按扭矩初步估算轴径，然后再按弯扭合成强度进行计算？

题 12.8 有一齿轮轴，单向转动，它的弯曲应力和扭剪切应力有何不同？为什么？

题 12.9 图中所示为蜗轮减速器的输出轴，试指出轴的结构不合理之处，并另图改正之。

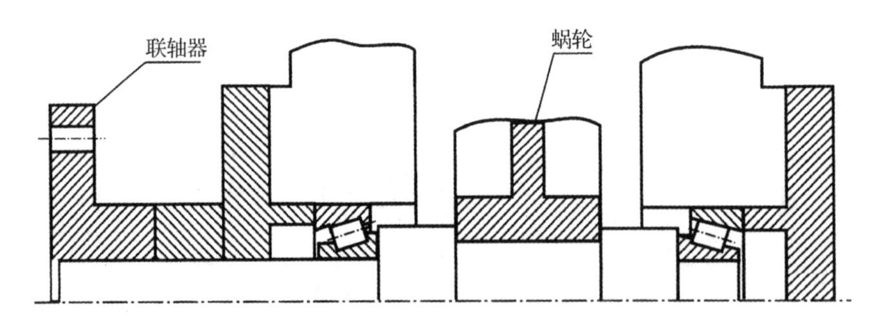

题 12.9 图

题 12.10 为什么轴常制成阶梯状？拟定轴的各段长度和直径时应考虑哪些问题？图中的 1、2、3、4 处有哪些不合理？应如何改进？

题 12.11 求直径 $\phi30\text{mm}$，转速为 1440r/min，材料为 45 号钢调质的传动轴能传递的最大功率。

题 12.12 与直径 $\phi70\text{mm}$ 实心轴等扭转强度的空心轴，其外径为 85mm，两轴材料、性能完全相同，试求该空心轴的内径和减轻重量的百分率。

题 12.13 试述轴刚度计算的目的和一般方法。一钢制等直径传动轴，许用切应力 $[\tau]=50\text{MPa}$，长度为 200mm，要求轴每米长度的扭转角 φ 不超过 $0.5°$，试求该传动轴的直径。

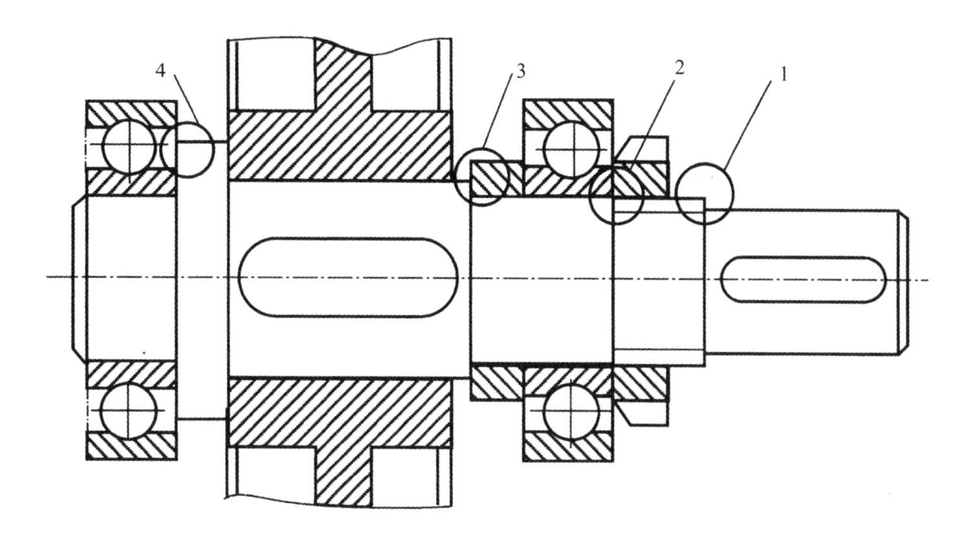

题 12.10 图

题 12.14 为设计稳定性好的轴如何合理地选择轴的转速？若轴的转速一定，设计时如何避免轴出现共振？

题 12.15 请接续对本书例 12.3 斜齿圆柱齿轮减速器低速轴的截面 b'（b 截面左移 32mm、ϕ52 由此降向 ϕ50）按当量弯矩校核该截面强度。

题 12.16 试分析应根据哪些需要相应构思对轴的改进和创新。

第十三章

滑动轴承

一、主要内容与学习要求

本章的主要内容是：

1)滑动轴承的摩擦润滑状态；

2)滑动轴承的典型结构和常用材料；

3)混合润滑滑动轴承的设计；

4)滑动轴承的润滑剂和润滑装置；

5)流体动压润滑的基本原理和向心动压润滑滑动轴承设计；

6)液体静压轴承和气体润滑轴承简介。

本章的学习要求是：

1)了解滑动表面摩擦状态的基本类型及其特点，并掌握其基本定义和分类标准。

2)掌握混合润滑滑动轴承的设计准则和各准则所对应的主要失效形式。

3)了解滑动轴承材料选择的基本要求和常用滑动轴承材料及其选用。

4)了解轴瓦结构设计的基本要求，能正确确定油沟和油槽的开设位置。

5)了解滑动轴承润滑的目的、润滑剂选用原则和常用润滑装置及其选用。

6)了解液体动压润滑轴承的成膜机理，能判断各种状态下油膜形成的可能性，理解一维雷诺方程的涵义。

7)掌握液体动压向心滑动轴承的基本设计方法，并了解其主要参数对轴承工作能力的影响。

8)掌握提高滑动轴承承载能力的基本措施。

9)掌握滑动轴承热平衡计算的目的、实则和方法。

10)了解液体动压、液体静压、气体动压、气体静压轴承的特点和应用。

二、重点与难点

本章的重点是：

1)轴瓦结构及其材料选择；

2)混合润滑向心滑动轴承的设计准则和方法；

3)建立液体动压润滑的基本条件和液体动压向心滑动轴承的设计。

本章的难点是：

1)建立流体动压润滑的基本原理;
2)液体动压向心滑动轴承的设计。

三、学习指导与提示

(一)概述

轴承是支承轴颈、轴上零件的部件,滑动轴承摩擦副的运动形式是相对滑动。两相对滑动表面之间的摩擦润滑状态可分为以下几种:干摩擦、边界摩擦、流体(液体或气体)摩擦、混合摩擦。干摩擦情况下,两相互作用表面间无任何润滑剂,表面发生直接接触,摩擦系数和磨损率均较大。边界摩擦情况下,两相互作用表面之间有润滑剂边界膜存在;流体摩擦情况下,两相互作用表面之间完全被一层具有压力的流体膜隔开;混合摩擦则是边界摩擦和流体摩擦共存的状态。摩擦将导致功耗和发热,当两表面间存在直接接触时将导致磨损。润滑将减少摩擦和磨损。在液体润滑时,轴承和轴颈间不存在直接接触,是最为理想的工作状态,为了实现这一目的,在设计和制造时需满足一定的条件。对于低速、轻载和不太重要的滑动轴承允许在混合摩擦(也称为不完全流体摩擦)或边界摩擦条件工作,对于不同的摩擦状态,相应的失效形式和设计方法也不相同。读者通过本章学习将打下一定的摩擦学设计的基础。

本章内容涉及的理论和设计计算相对而言比较深邃抽象和复杂,建议读者抓住"载荷要大、速度要高"这一基本矛盾和轴颈与轴衬之间摩擦润滑状态以实现流体润滑是追求目标这一关键点,从而导引出动压与静压、液压与气压、承载能力与发热计算等一系列课题。要厘清思路,不要着力于数学推演过程。

(二)滑动轴承的类型、结构和常用材料

按承受载荷的方向滑动轴承可分为向心滑动轴承和推力滑动轴承;按结构形式又可分为整体式滑动轴承、剖分式滑动轴承和可调心滑动轴承;按摩擦状态可分为非流体摩擦滑动轴承和流体摩擦滑动轴承,而后者按工作原理又可以分为静压滑动轴承和动压滑动轴承。读者应熟悉各类轴承的特点及适用情况。

轴瓦(轴承衬)直接支承轴颈,其工作表面既是承载面又是摩擦面,是滑动轴承中的核心机件。滑动轴承轴瓦材料性能要求有:(1)摩擦系数小;(2)导热性好,热膨胀系数小;(3)耐磨、耐蚀、抗胶合能力强;(4)有足够的机械强度和可塑性。目前尚无一种材料能同时满足上述各项要求,应按应用时的最主要要求来选用。轴承材料有金属材料、粉末冶金材料和非金属材料三大类。学习时重点应掌握轴承合金和青铜的特点。

为使润滑油能流到轴瓦的整个工作表面,轴瓦上应制出进油孔和油沟以输送和分布润滑油。为保证承载油膜的连续性,不降低轴承的承载能力,进油孔和油沟不宜开在轴承的承载区,尤其不可在承载区开设轴向油沟;为避免太多的润滑油泄漏,油沟与轴承端面应保持一定的距离。

(三)混合润滑滑动轴承的设计准则

混合润滑滑动轴承的设计依据是维持边界油膜不遭破裂以限制磨损和发热,准则为 $p \leqslant [p]$,$pv \leqslant [pv]$,$v \leqslant [v]$。其中:p(MPa)是滑动轴承所受的压强;v(m/s)为滑动轴承表面的相对滑动速度,$[p]$,$[v]$,$[pv]$分别为轴承材料的许用值。在进行混合润滑滑动轴承的

设计时以上三者必须同时得到满足。混合润滑滑动轴承设计时首先应进行压强的计算，而压强计算的关键是确定承压面积，需注意：(1)向心轴承的承压面积是其投影面积，如轴承内径为 d，宽度为 B，则计算时轴承的承压面积为 $d\times B$；(2)推力轴承的止推面结构形式有实心、中空形、球面自动调心形、单环形和多环形。

(四)滑动轴承的润滑剂和润滑装置

滑动轴承润滑的主要目的是减少摩擦和减轻磨损，此外还可起到冷却、吸振和防锈等作用。

润滑油是最常用的润滑剂，主要性能指标是它的粘度。轴承的工作速度越高，所用的润滑油粘度应越低，需注意以下几点：(1)粘度越大越易建立动压润滑，但摩擦阻尼和温升增加；(2)润滑油的粘度随温度的增加将急剧下降，低速、重载和间歇运动及避免润滑油流失和不便添加润滑油的场合，可以使用润滑脂作润滑剂。固体和气体润滑剂应用较少，只在一些特殊的场合中使用。常用的润滑装置有油杯润滑、滴油润滑、油芯润滑、飞溅润滑、压力循环润滑等，读者应了解其特点和适用场合。

(五)流体动压润滑的基本原理

流体润滑是滑动轴承的主要设计目标，在流体润滑条件下，由于没有运动表面间的直接接触，理论上磨损为零，轴承的工作寿命长，摩擦阻尼小。流体动压润滑的基本方程是雷诺方程。雷诺方程有多种形式，最简单的一维形式为 $\frac{\mathrm{d}p}{\mathrm{d}x}=6\eta v\frac{h-h_0}{h^3}$。

由该式可知，油膜压力 p 的变化与润滑油的动力粘度 η、表面相对滑动速度 v 和油膜厚度 h 及其变化($h-h_0$)有关。利用这一方程(油楔面由平面直角坐标变换为圆柱面极坐标)可求得轴承的承载能力。

分析时必须注意形成压力油膜的三个条件：①充足的、具有一定粘度的润滑油；②两表面间的楔形间隙；③能使润滑油由大口流进、从小口流出的相对运动速度。这是建立流体动压润滑的必要条件，必须同时成立；但它们不是充分条件，为真正实现流体动压润滑必须进行合理的参数选择(这也就是流体动压润滑轴承设计的主要任务)。应特别注意所考虑的速度是相对运动速度，即速度差，而不是某一摩擦表面的速度。更详尽的分析请参考例 13.1。

流体动压润滑滑动轴承的主要设计目标是轴承处于流体润滑状态。为实现这一目标，需要保证轴承内部的最小油膜厚度不能小于许用值，即 $h_{\min}>S(R_{z1}+R_{z2})$。式中，$h_{\min}$ 为最小油膜厚度，R_{z1}，R_{z2} 分别为轴颈和轴承的表面粗糙度的十点平均高度，S 为安全系数。

(六)液体动压向心滑动轴承承载能力计算及轴承主要参数的选择

液体动压滑动轴承主要进行承载量计算、最小油膜厚度计算和轴承的热平衡计算。后两者计算的目的分别为检验实际能否实现液体润滑和控制温升。

1)轴承承载能力的计算公式为：$F_R=\eta vB\Phi_F/\psi^2$，其中：F_R 为轴承承受的径向载荷(N)；η 为润滑油在轴承平均工作温度下的粘度($\mathrm{N\cdot s/m^2}$)，v 为轴颈圆周速度(m/s)；B 为轴承宽度(m)；ψ 为相对间隙；Φ_F 称为承载量系数，是偏心率 χ，宽径比 B/d 和轴承包角 β 的函数，随偏心率 χ 和宽径比 B/d 的增加而增加，Φ_F 具体数值可由专用线图获取。

根据承载能力的计算公式可以分析有关参数与轴承承载能力的关系。

(1)宽径比 B/d　减少宽径比可增大端泄漏量，从而降低温升，但轴承的承载能力也随之降低。一般而言，高速时宽径比应取小值。

(2)相对间隙 ψ　一般而言，ψ 小时，承载能力较大，但也有特殊情况存在。ψ 增加时，端泄漏量将增加，可起到降低温升的作用，所以速度高时宜取大值。

(3)粘度 η　粘度越大越宜建立动压润滑，但摩擦阻尼也增大，温升增加。所以，高速时，粘度取小值；低速时应取大值。

在分析时，主要应注意以下几点：

(1)应明确所谓的轴承承载能力是指轴承在流体动压润滑状态下所具有的承载能力。

(2)在分析时必须分清哪些参数是可变(可选)的，哪些是不可变(不可选)的，哪些是受限制的。如承受的载荷是根据设计要求确定的，显然不能以减少轴承的承载能力来保证轴承工作于流体润滑状态；转速虽不可变，但可以通过变化轴径大小改变线速度；偏心率 χ 在设计过程中也是可选的，即在设定允许的最大偏心率后进行轴承的设计，但最大偏心率是受表面加工精度限制的(绝对光滑的表面是不存在的)，不能无限增大，而轴径和轴承宽度可能受结构的限制等等。

(3)一般而言，能增大轴承端泄漏流量的方法虽能降低温升，但通常将使承载能力下降。

(4)应同时考虑承载和温度的关系，在有所矛盾时，可以加以附加措施。如在同样的工作条件下，当粘度增加时，温升将增加，但温升增加并不是必然发生的，因为可以通过外加的冷却装置，保证温升被控制在一定的范围内，这一点在实际解题时十分重要。

(5)学会根据承载能力的基本计算公式进行如何提高轴承承载能力问题的分析，增大分子和缩小分母都将起到增加轴承承载能力的作用。熟记偏心率 χ 和宽径比 B/d 对承载量系数 Φ_F 的影响趋势。

2)最小油膜厚度 $h_{\min}$ 计算、核验公式为：$h_{\min}=R-r-e=\Delta(1-\chi)/2$，$h_{\min}\geqslant K_s(R_{z_1}+R_{z_2})$，其中 R_{z_1}、R_{z_2} 分别为轴颈、轴瓦表面微观不平度的十点平均高度(μm)，K_s 为安全裕度。

3)液体动压摩擦润滑轴承热平衡计算的目的是控制温升(平均油温 t_m 超过计算承载能力时所预设的数值，油的黏度降低使最小油膜厚度变薄，摩擦润滑状态可能由液体摩擦转化为混合摩擦，甚至产生胶合)。

由摩擦功所产生的热量一部分由润滑油从轴承端泄而被带走，另一部分由于轴承壳体的温升而向周围空气散逸。热平衡的条件是单位时间内的发热量与散热量相等。需要确定的是热平衡计算后是否相符(一般不超过±5℃)，如两者相差较大，一般应重新协调计算，因此轴承设计中常出现反复计算。

四、例题精选与解析

例 13.1　试分析在图示 6 种情况下(其中 $v_1>v_2$)，可能形成沫体动压润滑的有哪几种情况？

解析　在分析时应明确润滑油将随动块运动。明显(a)图的运动方向使润滑油由大口流进从小口流出，而(b)图则不能；对于(c)图，因为运动的是斜板，此时可以采用相对运动的方法加以判断，如图斜板向右运动，从相对运动的观点可以认为平板向左运动，所以不能产生动压；对于(d)图同样应用相对运动的方法，可以得出能产生动压的结论。而(e)、(f)图不能产生动压同样是上述原理，而不是由于轴承的形状发生了变化。综上所述，答案为(a)，(d)。

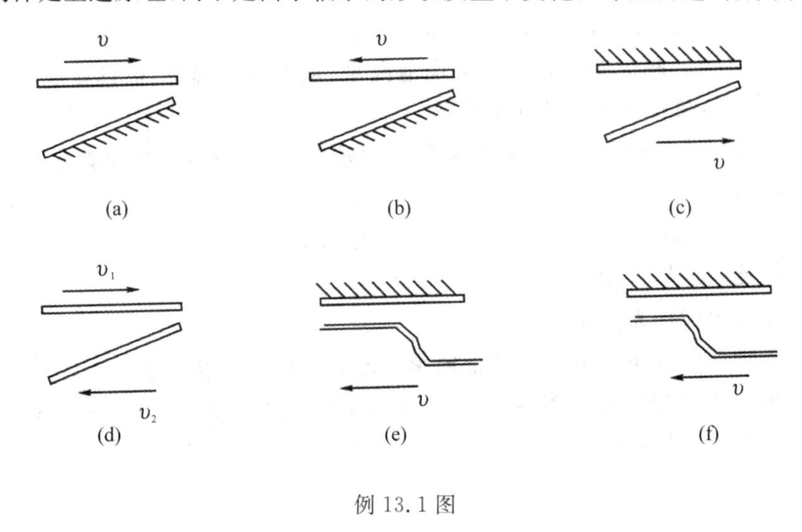

例 13.1 图

例 13.2 试述提高流体动压润滑轴承承载能力的方法以及各种方法的限制。

解析 根据流体动压润滑轴承承载能力的计算公式 $F_R=\eta v_B \Phi_F/\psi^2$ 可分析得要提高流体动压润滑轴承承载能力可以有多种措施：

(1)增加润滑油的粘度，但该措施可能使得轴承的效率下降，温升增加。所以应注意热平衡验算，在必要时需附加散热装置。

(2)增加相对滑动速度。在转速不变时可以增加轴径予以实现，但同样存在上述温升问题。

(3)增加轴承宽度，可以使得泄漏量减少，温升增加；但同时也使得轴承的对中性要求增加。

(4)减少相对间隙可以增加轴承的承载能力。但由于当相对间隙减少后，发生粗糙微凸体接触的可能性将增加，所以在进行这一改动的同时应减少轴承和轴瓦表面的粗糙度。

(5)提高承载系数。可以通过增加轴承包角、宽径比和允许的偏心率提高轴承的承载系数。轴承包角一般受结构约束，宽径比的改动限制见(3)，允许偏心率的增加必须同时减少轴承和轴瓦表面的粗糙度。

提示：本题是对如何增加轴承承载能力的全面分析，在分析时应特别注意各种方法可能带来的不利影响。

例 13.3 有一混合润滑向心滑动轴承，轴颈直径为 $d=60\text{mm}$，$B=60\text{mm}$，轴的转速为 1500r/min，轴承径向载荷为 $F=6000\text{N}$，轴承材料为 ZChPbSb15-15-3。试校核该轴承是否可用？如不可用，应如何改进？

解析 (1)根据给出材料从表中查得：$[p]=5\text{MPa}$，$[v]=6\text{m/s}$，$[pv]=5\text{MPa}\cdot\text{m/s}$

(2)计算 p，v，pv 值

$$p=\frac{F}{dB}=\frac{6000}{60\times 60}=1.667(\text{MPa})$$

$$v=\frac{\pi dn}{60\times 1000}=\frac{3.14\times 60\times 1500}{60\times 1000}=4.71(\text{m/s})$$

$$pv=1.667\times 4.71=7.852(\text{MPa}\cdot\text{m/s})$$

可见，p，v 满足要求，但 pv 值不满足要求。可从两个方面加以考虑：

(1)改变轴承结构尺寸(具体计算略，可作为练习)

①增加轴承直径，通过减少 p 达到减少 pv 值的作用，但将使 v 超限；

②增加轴承宽度，可以同时保证 pv 和 v 值不超限，但宽径比将达 1.57，超出常用轴承宽径比(0.3～1.5)的范围；

③同时调整轴承直径和宽度，可以实现以上各点。

(2)改变轴承材料

由表可发现有多种材料满足要求，如 ZChPbSbl6-6-2 等。

结论：轴承原设计不能满足要求，如轴承结构尺寸允许改变，可采用同时调整轴承直径和宽度的方法；如轴承结构尺寸不允许改变，可通过改变轴承材料的方法。根据不同要求，以上两种方法也可以结合使用。

提示：解题时应注意混合润滑三个判据在校核时应同时满足，而在提出方案时不但可以从轴承的结构尺寸也可以从材料入手。

例 13.4 某径向滑动轴承，轴承宽径比为 $B/d=1$，轴颈的公称直径为 $d=80\text{mm}$，轴承的相对间隙为 $\psi=0.0015$，动压润滑时允许的最小油膜厚度为 $6\mu\text{m}$，设计所得的最小油膜厚度为 $12\mu\text{m}$。若其他条件不变，试求：(1)当轴颈速度提高到 $v'=1.7v$ 时的油膜厚度为多少？(2)当轴颈速度低到 $v''=0.7v$ 时，能否达到流体动压润滑？

解析 (1)由公式 $F_R=\eta v B\Phi_F/\psi^2$ 知，当 F_R 一定时，所需用的承载系数 Φ_F 与 v 成反比，所以当轴颈速度为设计转速的 1.7 倍时，所需的 Φ_F 为设计转速的 1/1.7 倍。

轴承半径间隙为

$$\Delta/2=d\psi/2=80\times0.0015/2=0.06(\text{mm})；$$

设计时的偏心率为

$$\chi=\frac{\Delta/2-h_{\min}}{\Delta/2}=(0.06-0.012)/0.06=0.8；$$

查承载量线图得设计时有

$$\Phi_F=6.5$$

$v'=1.7v$ 所需的承载系数

$$\Phi_F=6.5/1.7=3.8$$

查得偏心率为

$$\chi=0.7$$

最小油膜厚度为

$$h_{\min}=0.06\times(1-0.7)=0.018(\text{mm})$$

2)$v''=0.7v$ 时所需的 Φ_F 为

$$\Phi_F=6.5/0.7=9.3$$

查得偏心率为

$$\chi=0.85$$

最小油膜厚度

$$h_{\min}=(1-\chi)\Delta/2=0.06(1-0.85)=0.009(\text{mm})>0.006\text{mm}$$

所以尚能形成动压润滑。

五、思考题与练习题

题 13.1 良好的滑动轴承的轴瓦材料应具有哪些性能?

题 13.2 非液体摩擦滑动轴承的计算应限制什么?为什么?

题 13.3 滑动轴承中,形成动压油膜的必要条件有哪些?

题 13.4 选择轴承的润滑油为什么要考虑轴承的转速和载荷?

题 13.5 题 13.5 图(a),(b),(c),(d)所示椭圆轴承、单向收敛三油楔轴承、双向收敛三油楔轴承、可倾式多瓦轴承,请分析其特点和应用。又如题 13.5 图(e),(f)的轴承是否都可能建立动压润滑油膜?

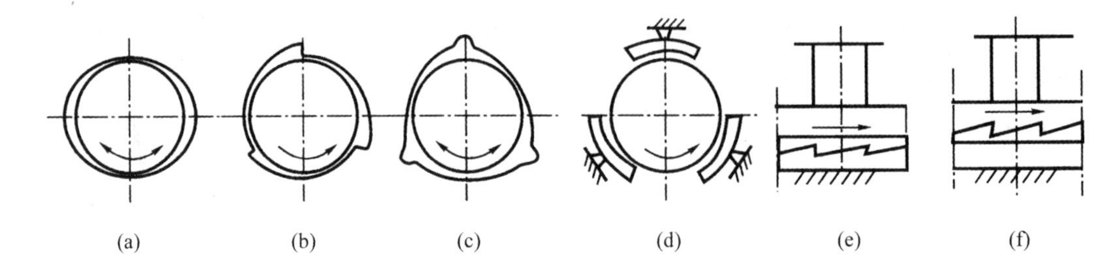

题 13.5 图

题 13.6 试述动压滑动轴承和静压滑动抽承实现液体摩擦承载机理的不同点。

题 13.7 试校核图示电动绞车卷筒轴两端的滑动轴承。已知钢丝绳拉力 $F=24000\text{N}$,卷筒转速 $n=30\text{r/min}$,轴颈直径 $d=60\text{mm}$,轴承衬宽度 $B=72\text{mm}$,轴承材料为铸造铝青铜ZCuA19Mn2;用油脂润滑。

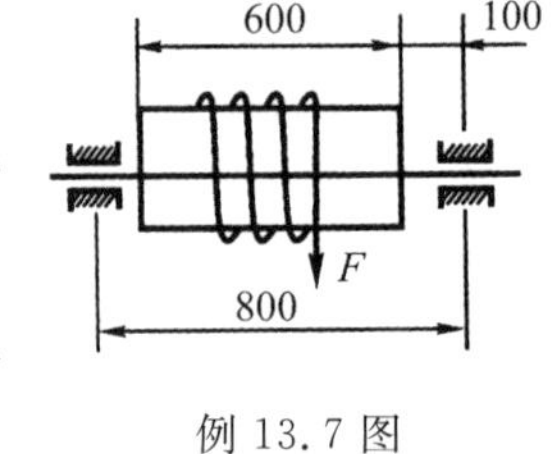

例 13.7 图

题 13.8 试述什么是润滑油的粘度和油性,它们对滑动轴承的工作性能有何影响。

题 13.9 试述偏心距、相对间隙、偏心率、最小油膜厚度、宽径比和承载量系数的涵义。

题 13.10 试阐述轴承热平衡计算的目的、实则和方法。

题 13.11 试阐述偏置轴承、螺旋槽轴承、固体润滑轴承、液体静压轴承、气体轴承、含油轴承、电磁轴承的原理、特点和应用。

题 13.12 试总结、思考滑动轴承创新的途径和方法。除所学的液体摩擦润滑动压、静压外,还有哪些原理可以使轴颈相对于轴承处于“悬浮”状态?

第十四章

滚动轴承

一、主要内容与学习要求

本章主要内容是：

1)常用滚动轴承的类型、代号、特点和选型；

2)滚动轴承的主要失效形式和承载能力计算；

3)滚动轴承组合设计。

本章的学习要求是：

1)了解滚动轴承常用类型的基本结构、性能、特点和适用场合，能选择合适的滚动轴承类型。

2)熟悉滚动轴承常用类型、代号的表达方法、组成及其含义，并能根据给定的滚动轴承类型代号确定其名称、主要特征尺寸和性能。

3)了解滚动轴承的主要失效形式、引起失效的主要原因和合理改进措施及计算准则。

4)确切掌握滚动轴承的疲劳寿命和基本额定寿命、基本额定动载荷与基本额定静载荷、当量动载荷与当量静载荷的意义和区别。

5)掌握滚动轴承寿命计算和静强度计算，特别是角接触轴承派生轴向力的方向和大小的确定方法。能在轴承具体受力情况确定时，根据所提供的资料确定轴承所受的径向和轴向载荷，最终得出滚动轴承的当量载荷。

6)了解滚动轴承组合设计的基本内容、基本知识以及需注意的问题，能根据外载荷和结构等要求正确进行滚动轴承的组合设计与分析。

二、重点与难点

本章的重点是：

1)滚动轴承类型的选择；

2)滚动轴承的寿命计算；

3)滚动轴承的组合设计。

本章的难点是：

1)角接触滚动轴承的轴向载荷计算；

2)滚动轴承组合设计。

三、学习指导与提示

(一)概述

滚动轴承是由专业工厂大批量生产的标准部件,其类型、尺寸以及精度等已有国家标准。因此,无须对轴承本身进行设计,只需按不同机器的要求选用合适的轴承,掌握轴承承载能力的校核计算方法,并能进行轴承部件的组合设计。在学习中,本章的许多基本概念,如寿命与额定寿命、可靠性、额定载荷与实际载荷、当量载荷的引入等均体现了机械设计中重要的设计思想和设计方法,必须在学习中更加重视;此外,滚动轴承作为轴系的常用支承部件,在轴系的结构设计中至关重要,在学习中必须注意和轴的结构设计紧密结合与关联。

(二)常用滚动轴承的类型代号、特点和选型

滚动轴承的种类繁多。建议读者从滚动体的形状、接触角;承载方向和承载能力、极限转速和允许角偏差等几个方面对几类常用滚动轴承进行分析比较,熟悉其结构特点和应用场合。注意接触角是按承载方向进行分类的关键参数。

滚动轴承的类型很多,而每一种类型又有不同的尺寸、结构和公差等级等。为便于设计、制造和选用,国家标准中规定了滚动轴承的代号表示方法。滚动轴承的代号由基本代号、前置代号和后置代号组成。基本代号是轴承代号的基础,它由类型代号、尺寸系列代号(包括宽度系列代号和直径系列代号)、内径代号组成,读者应掌握其表达方法、组成内容及其含义,特别应熟悉类型代号与内径系列代号。前置代号和后置代号可不要求记忆,需要时可查阅有关设计手册和资料。

正确选择滚动轴承应综合考虑载荷的大小、方向和性质,转速的高低,对调心性能的要求以及轴承来源和经济性等诸多因素。如线接触轴承的承载能力大于点接触轴承;深沟球轴承以承受径向载荷为主,但可以同时承受双向轴向载荷,所以当轴向载荷不大时,可以利用深沟球轴承实现轴的双向固定;圆柱滚子轴承不能承受轴向载荷,其内外圈可以相对滑动,所以可很好地起到游动端的作用;角接触轴承可同时承受径向和轴向载荷,但轴向承载能力是单向的,所以通常需要成对使用,以承受双向的轴向载荷和实现轴承的预紧;调心轴承可以调整轴线的误差,但需成对使用,否则不可能实现所需的功能,等等。值得注意的是,在滚动轴承的组合设计时,并不只允许采用同一类轴承,可以根据不同类型轴承的特点进行综合应用,如在轴向力和径向力均较大的场合,可以选择推力轴承和向心轴承的组合,由推力轴承承受轴向力,而由向心轴承承受径向力。对于以上问题必须根据具体的应用实例加以深刻的分析。

由于滚动体质心作圆周运动,转速越高滚动体产生的离心力也越大。离心力是滚动轴承除工作载荷以外的附加载荷。为保证滚动轴承正常工作,在滚动轴承类型选择时必须考虑其极限转速。对于不同滚动轴承极限转速的高低,应从其结构形式出发进行分析。如深沟球轴承的极限转速高于滚子轴承的主要原因可分析为:①滚动体的质量较小,②球形滚动体的加工精度较高;但同样是球轴承,推力球轴承的极限转速却较低,出现这一现象的原因是:推力球轴承所承受的载荷为轴向载荷,而离心力所产生的则是向心载荷。

(三)滚动轴承的主要失效形式及承载能力计算

1)滚动轴承的主要失效形式及计算准则

滚动轴承的主要失效形式是滚动体、内圈或外圈的疲劳点蚀;但对于转速很低、间歇动作或往复摆动的轴承,如在很大的静载荷或冲击载荷作用下,套圈滚道和滚动体接触处可能出现塑性变形;在润滑不良和密封不严的情况下,轴承工作时也易发生磨损。

在通常的使用寿命下,滚动轴承承载能力的计算准则为:①对转速 $n \geqslant 10\text{r/min}$ 的轴承需进行寿命计算,若有过载或冲击、振动载荷还需要进行静强度计算;②对转速 $n < 10\text{r/min}$ 的轴承,可只进行静强度计算。

2)滚动轴承的寿命计算

滚动轴承的寿命计算主要包括两类问题:(1)根据轴承所受的载荷和所需的预期寿命确定滚动轴承所需用的额定动载荷,由此从轴承手册中选择轴承;(2)根据滚动轴承的额定动载荷和所承受的载荷确定滚动轴承可能的正常工作时间。前者可称为设计计算,而后者可视为校核计算。与此相应的有等价而异形的计算公式:$C' \geqslant P\sqrt[\varepsilon]{60nL'_{10h}/10^6}/f_t$ 和 $L_{10h} \geqslant 10^6C(f_t/P)^{*}/(60n)$。式中:$n$ 为轴承转速(r/min),ε 为寿命指数(球轴承:$\varepsilon=3$;滚子轴承:$\varepsilon=10/3$)。L_{10h} 和 L'_{10h} 分别为轴承的基本额定寿命和预期寿命(h);f_t 是考虑到实际轴承工作温度可能高于 120℃时的修正系数($t \leqslant 120$℃时 $f_t=1$),C 和 C' 为轴承的基本额定动载荷和所需的额定动载荷(N);$P=f_p(XR+YA)$ 为当量动载荷(N)。其中 R,A 分别为轴承的径向载荷、轴向载荷,X、Y 分别为径向载荷系数、轴向载荷系数。

滚动轴承的寿命计算应注意以下几点:

(1)确定当量动载荷 P 的关键是确定滚动轴承受所受的径向载荷 R 和轴向载荷 A。滚动轴承上所受的径向载荷 R 就是该轴承的支反力;而轴向载荷 A 的确定则与外部轴向力 F_a 的大小、方向,轴承的类型及其组合结构有关。对于向心类角接触轴承,由于接触角 $\alpha \neq 0°$,轴承工作时会因承受径向载荷 R 而产生派生轴向力 S,其方向为使滚动体与轴承分离的方向,大小可由近似公式获得。必须注意计算角接触轴承的轴向载荷往往是一个难点,可用"压紧端"判别法进行确定:①确定滚动轴承上所有轴向力(包括外部轴向力 F_a 和内部派生轴向力 S)的大小和方向;②根据受力情况和轴承组合方式确定哪一个轴承被"压紧",哪一个轴承被"放松";③被"压紧"的轴承所受的轴向载荷为除本身派生轴向力以外的所有轴向力的矢量和,被"放松"轴承所受的轴向载荷就是本身的内部派生轴向力。

(2)明确滚动轴承的基本额定寿命、基本额定动载和可靠度的关系。大批量的产品,离散性是一种必然的表现。试验结果表明:即使对于同样材料、同样尺寸、同一批生产出来的滚动轴承,它们的疲劳寿命也是离散的。也就是说,在相同的条件下运转的滚动轴承的寿命是极不相同的。由于这一事实的存在,在计算轴承寿命时总是需将它与一定的可靠性相联系。标准中规定,一组在相同条件下运转的轴承,其可靠度为 90%时(失效概率为 10%)的寿命称为轴承的基本额定寿命,用 L_{10} 表示。当滚动轴承的基本额定寿命为 10^6 转时,轴承所能承受的载荷值定为轴承的基本额定动载荷,用 C 表示。C 值越大,轴承承载能力越强。C 值可由轴承代号在手册中查得。

滚动轴承的基本额定寿命、基本额定动载荷和可靠性存在某种相依关系。在学习时首先应记清以下几个基本数据:滚动轴承的额定值是以可靠度为 90%(失效概率为 10%),基本额定寿命为 10^6 转为基础的;其次应注意:在载荷一定时,预期寿命越长则可靠性越低;可靠性一定时，预期寿命越长，轴承可承受的载荷就越小，等等。

3)滚动轴承的静强度计算

滚动轴承的静强度计算公式为，$C_0 \geqslant S_0 P_0$，式中 C_0 为轴承的基本额定静载荷(N)；P_0 为当量静载荷(N)；S_0 为静强度安全系数。

(四)滚动轴承组合设计

滚动轴承的组合设计是本章的重点，也是难点。由于滚动轴承的组合设计与轴的结构设计有密切的联系，所以在学习过程中应将两章的相关内容有机结合起来。滚动轴承组合设计应考虑的主要问题包括：①轴承的定位与固定；②轴承组合的调整；③轴承的配合与装拆；④轴承的润滑与密封；⑤提高轴承系统的刚度和同轴度。

1)轴承的定位与固定

轴承的定位与固定，更确切地说是轴系相对于机座的定位与固定。轴系固定的目的在于保证轴系能正常传递轴向力且不发生窜动，同时还应从结构上保证在工作温度变化时轴系能自由地伸缩，以免轴承受过大的附加载荷或被卡死。常用的轴系轴向固定方式有：①两端单向固定，②一端双向固定，一端游动，③两端游动等三类。所有这些固定都是根据具体情况通过选择轴承内圈与轴、外圈与轴承座孔的轴向固定方式来实现的。内圈与轴的轴向固定方法和原则与一般轴系零件相同；外圈与轴承座孔的轴向固定可利用轴承盖、孔用弹性档圈、轴承座孔的凸肩、套筒以及它们的组合来实现。读者应掌握各类固定形式的结构实现方法、特点和适用情况，具体选择时应考虑轴向载荷的大小和方向(单向、双向)、轴转速高低、轴承的类型及支承的固定形式(游动或固定)等情况。

2)轴承组合的调整

轴承组合的调整包括轴承游隙和轴系轴向位置的调整以及轴承的预紧。读者需了解各种调整的目的、实现的结构方法和适用场合。

3)轴承的配合与装拆

滚动轴承的配合是指内圈与轴颈、外圈与轴承座孔的配合。应注意：①滚动轴承是标准件，规定轴承内圈与轴颈的配合取基孔制(特殊的)，外圈与座孔的配合取基轴制；②按载荷大小及性质、转速高低、旋转精度以及使用条件等选择配合松紧的一些原则。

设计轴承组合时必须考虑便于轴承的安装和拆卸。注意安装和拆卸时不允许通过滚动体来传递装拆压力。注意留有足够的拆卸高度和空间，以及拆卸高度不够时可采取的若干措施。

4)轴承的润滑与密封

了解滚动轴承润滑与密封的目的以及合理选用润滑剂、润滑方式和密封装置。

5)提高轴承系统的刚度和同轴度

轴承系统的刚度是机械系统刚度的重要组成部分。轴承系统的刚度和同轴度差，会使机件变形，阻滞滚动体的滚动，缩短轴承的寿命，影响轴承旋转精度和正常工作。读者应了解提高轴系统刚度和同轴度的若干措施，还应注意角接触轴承反安装(外圈窄边相背)较正安装(外圈窄边相对)有更高的轴系刚度，但正向安装时轴承的游隙调整比较容易。

轴承组合设计对缺乏感性知识的初学者来说，不易深入理解和掌握，建议读者在掌握轴承组合设计的基本要求和基本原则以后，对教材和图册上的一些典型结构进行认真分析、比较和领会，多做结构错误分析和改正的练习，如例 14.4 将会给你引导与启迪。

四、例题精选与解析

例 14.1　当滚动轴承的预期寿命为 10^6 转，若要求的可靠度大于 90%，问：滚动轴承可承受的当量动载荷与额定动载荷之间的大小关系如何？

解析　这是一个基本概念性的问题，涉及到滚动轴承中必须记清的几个数据。①额定参数是在可靠度为 90%时确定的；②滚动轴承的额定寿命为 10^6 转。所以在本题，如可靠度要求为 90%，则可承受的当量动载荷将等于额定动载荷，而实际要求的可靠度大于 90%，所以可承受的当量动载荷将小于额定动载荷。

例 14.2　某传动装置中的高速轴如例 14.2 图所示。转速为 1450r/min，传动中有轻微冲击、工作温度低于 100℃，其上斜齿轮受力为圆周力 $F_t=1500\text{N}$，径向力 $F_r=546\text{N}$，轴向力 $F_a=238\text{N}$，齿轮节圆半径为 $r=60\text{mm}$，轴颈直径 $d=30\text{mm}$，其他尺寸如图所示，要求使用寿命不低于 50000h，拟选用深沟球轴承，试确定轴承型号。

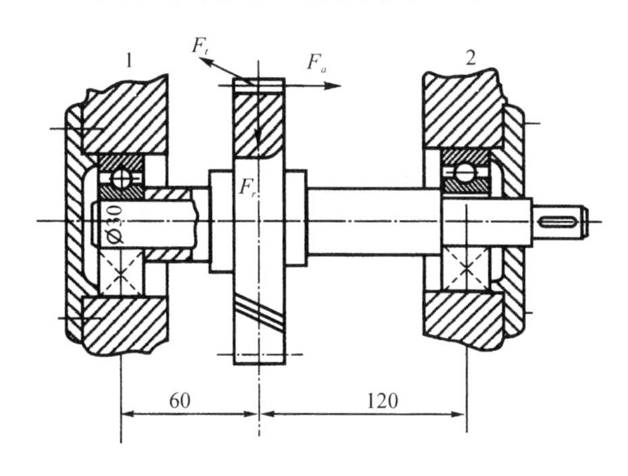

例 14.2 图

解析　本例为一典型的确定滚动轴承型号实例，读者应认真研阅。

(1)确定轴承 1,2 的载荷

由 $\sum M_2(F)=0$，得轴承 1 垂直支反力 R'_1 与水平支反力 R''_1

$$R'_1=\frac{F_r\times120+F_a\times60}{180}=\frac{546\times120+238\times60}{180}=285(\text{N})$$

$$R''_1=\frac{F_t\times120}{180}=\frac{1500\times120}{180}=1000(\text{N})$$

由 $\sum M_1(F)=0$，得轴承 2 垂直支反力 R'_2 与水平支反力 R''_2

$$R'_2=\frac{F_r\times60+F_a\times60}{180}=\frac{546\times60+238\times60}{180}=261(\text{N})$$

$$R''_2=\frac{F_t\times60}{180}=\frac{1500\times60}{180}=500(\text{N})$$

则作用在轴承 1,2 上的径向载荷 R_1,R_2 为

$$R_1=\sqrt{R'^2_1+R''^2_1}=\sqrt{285^2+1000^2}=1040(\text{N})$$

$$R_2=\sqrt{R'^2_2+R''^2_2}=\sqrt{261^2+500^2}=564(\text{N})$$

根据结构，轴向载荷 $F_a=238(\text{N})$作用在轴承 2 上。

(2)计算当量动载荷

轻微冲击，查表取 $K_P=1.2$，轴承 1 只受径向载荷，故

$$P_1=K_P\cdot R_1=1.2\times1040=1248(\text{N})$$

轴承 2 受径向载荷和轴向载荷的复合作用，根据 $d=30\text{mm}$ 选 6206 轴承。查表得 $C=19500\text{N}$，$C_0=11500\text{N}$。由表得

$$\frac{A_2}{C_{02}}=\frac{F_a}{C_0}=\frac{238}{11500}=0.0207\text{，得 } e\approx0.2(\text{J})$$

$$\frac{A_2}{R_2}=\frac{F_a}{R_2}=\frac{238}{564}=0.422>e\text{，得 } X=0.56,Y=2.15$$

故

$$P_2=K_P(XR_2+YA_2)=1.2(0.56\times564+2.15\times238)=993(\text{N})$$

(3)计算所需的基本额定动载荷

P_1，P_2 相差不悬殊，两端采用同型号的轴承，按 $P=P_1=1248\text{N}$ 计算所需的基本额定动载荷，又 $t=100℃$，温度系数 $f_t=1.0$，由寿命公式得

$$C'\geqslant P\sqrt[\varepsilon]{\frac{60nL'_{10h}}{10^6}}=1248\sqrt[3]{\frac{60\times1450\times50000}{10^6}}=20372(\text{N})>19500(\text{N})$$

用滚动轴承 6206 不合适。

(4)改用 6306 轴承

承受载荷情况不变，P_1 不变，查表得 $C=27000\text{N}$，$C_0=15200\text{N}$，$\frac{A_2}{C_{02}}=\frac{238}{15200}=0.0157$，

查表得

$$e\approx0.2;\frac{A_2}{R_2}=0.422>e\text{，是 } X=0.56,Y\approx2,$$

故
$$P_2=K_P(XR_2+YA_2)=1.2(0.56\times564+2\times238)=950(\text{N})<P_1$$

所需的基本额定动载荷仍为：$C'=20372(\text{N})<27000(\text{N})$，故用 6306 轴承合适。

例 14.3 图示某传动轴上安装有一对相同型号的角接触球轴承，已知两轴承所受的径向支反力分别为 $R_1=1500\text{N}$ 和 $R_2=3090\text{N}$。轴所受的外加轴向力为 $F_A=980\text{N}$，但方向未定。若内部轴向力 $S=0.7R$，试以轴承所受实际轴向力最小为原则确定轴向载荷 F_A 的指向，并求出该状态下两轴承实际受到的轴向载荷 A_1 和 A_2。

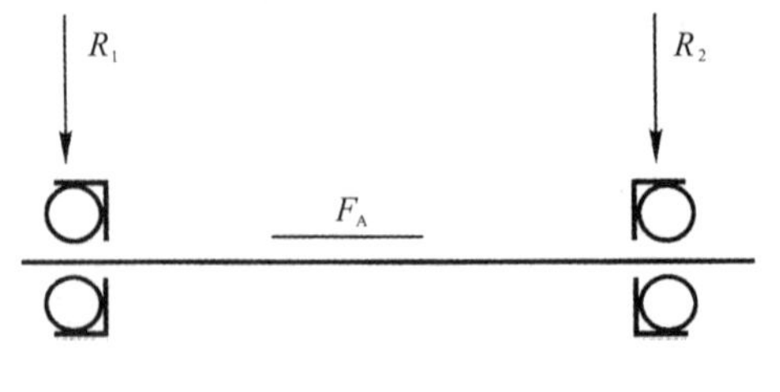

例 14.3 图

解析 (1)内部轴向力为

$$S_1=1500\times0.7=1050(\text{N})\quad(\text{方向向左})$$

$$S_2=3090\times0.7=2163(\text{N})\quad(\text{方向向右})$$

(2)轴向载荷 F_A 的指向

因为 $S_2>S_1$，为使轴承实际所受的轴向载荷小，F_A 的方向应与轴承 2 的内部轴向力反

向，如解图所示。请读者思考为什么这样。

(3) 确定两轴承实际受到轴向载荷 A_1 和 A_2

由压紧端判别法进行解题：

将轴上的所有轴向力作矢量和，$S_1+F_A=1050+980=2030(\text{N})<S_2$，可知合力方向向右，轴承1为“压紧”端，轴承2为“放松”端。

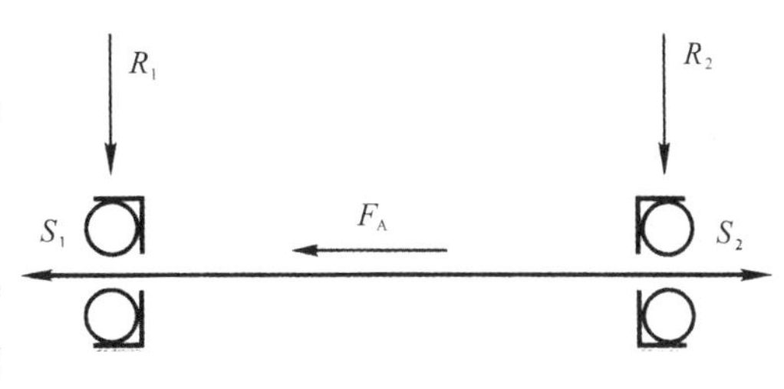

例14.3解图

轴承1的轴向载荷：

$$A_1=S_2-F_A=2163-980=1183(\text{N})$$

轴承2的轴向载荷：

$$A_2=S_2=2163(\text{N})$$

例14.4　图示为一轴系结构图，试确定其中的结构的主要错误或不妥之处，并画出改进的结构图。

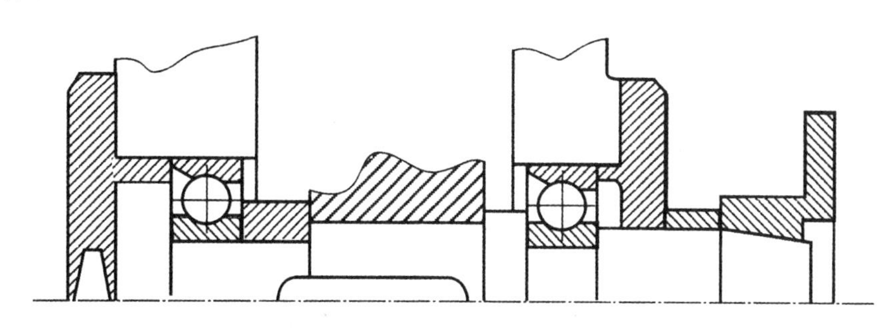

例14.4图

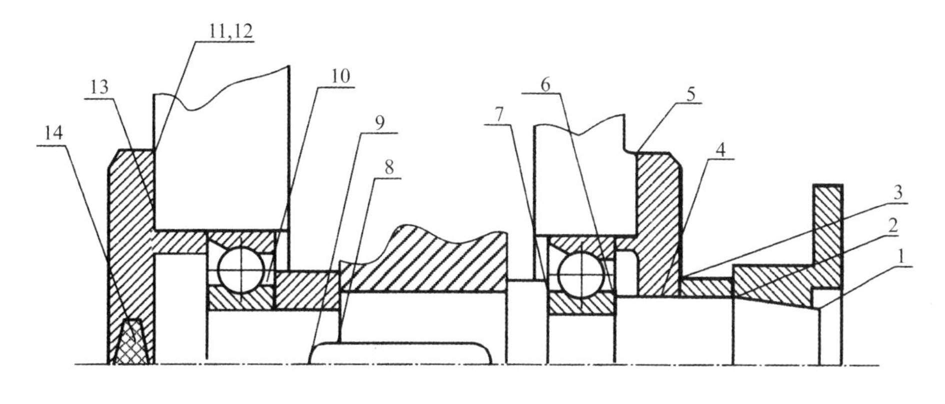

例14.4解图(a)

解析　结构错误如例14.4解图(a)所示，各错误类型如下：

(1)对于锥面定位，必须压紧，所以应缩短轴段，并加轴端档圈(在解题时本错也可以视作有两处错误)。

(2)锥面定位的轴向和周向定位均为圆锥面，档圈不可接触锥面轴上零件。

(3)套筒同时接触动、静面(去除套筒后，2，3错误同时去除)。

(4)轴承透盖与轴伸没有间隙,且图中缺少密封装置。

(5)应加调整垫片。

(6)轴承无法装入,轴上零件的定位不能两端都用轴肩(轴环)。

(7)轴承无法拆下,应降低轴肩。

(8)轴段应缩短以保证可靠定位(此处的套筒最好是阶梯形的,但可以不认为是错误)。

(9)键过长,不但安装困难而且会削弱轴的强度。

(10)滚动轴承方向装反,角接触轴承需成对安装。

(11)应加调整垫片。

(12)应制出凸台以减少加工面。

(13)应加螺钉固定(可用中心线简化表示)。

(14)此处端盖应换成不穿透的。

结构错误改正图见例 14.4 解图(b)。

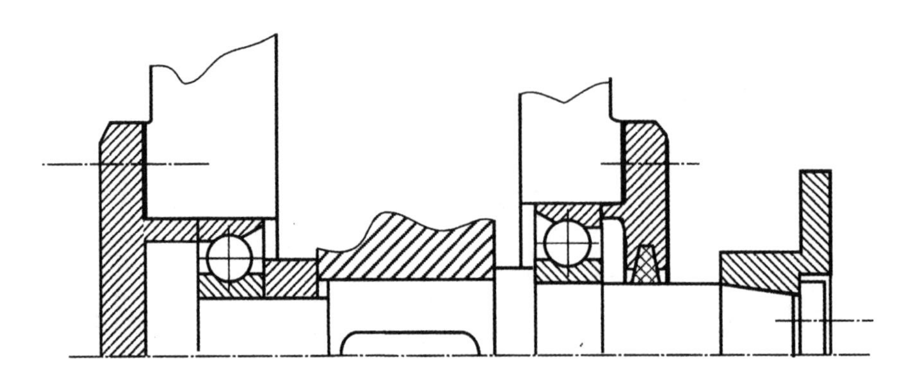

例 14.4 解图(b)

五、思考题与练习题

题 14.1 试述滚动轴承的主要类型及其特点。

题 14.2 与滑动轴承比较,滚动轴承有哪些优缺点?在哪些场合,滚动轴承难以替代滑动轴承?

题 14.3 滚动轴承有哪些失效形式?计算准则是什么?

题 14.4 某振动炉排用一对 6309 的深沟球轴承,转速 $n=1000$r/min,每个轴承承受的径向力 $R=2100$N,工作时有中等冲击,轴承温度估计在 200℃,希望使用寿命不低于 5000h。试验算该轴承能否满足要求?

题 14.5 为什么调心球或滚子轴承要成对使用,并装在两个支点上?

题 14.6 图示锥齿轮减速器主动轴用一对 30207 圆锥滚子轴承,已知锥齿轮平均模数 $m_m=3.6$mm。齿数 $z=20$,转速 $n=1450$r/min,齿轮的圆周力 $F_t=1300$N,径向力 $F_r=400$N,轴向力 $F_a=250$N,轴承工作时受有中等冲击载荷。试求该轴承的寿命。

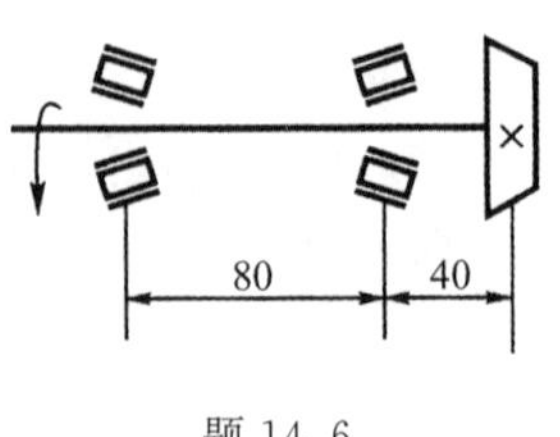

题 14.6

题 14.7　滚动轴承的代号是怎样构成的？其中基本代号又包括哪几项？如何表示？试说明下列滚动轴承代号：6201，6200，62/28，6308，1208，7308C，7308AC，30308。

题 14.8　试述滚动轴承的基本额定寿命、基本额定动载荷、当量动载荷、基本额定静载荷、当量静载荷的涵义。

题 14.9　一滚动轴承，内圈转动、外圈固定、受径向静载荷 R 方向不变，无预紧，试画出内圈滚道上一点的应力随时间变化的规律图。

题 14.10　试述滚动轴承轴系部件轴向固定、轴向游动和轴向调整的涵义，并列举几例结构形式。

题 14.11　试阐述滚动轴承组合的固定与调整、润滑与密封、公差与配合以及提高轴承系统刚度和同轴度的涵义。

题 14.12　试分析可根据滚动轴承的哪些需要进行构思，以实现滚动轴承及其结构设计的改进和创新。

第十五章

联轴器、离合器和制动器

一、主要内容与学习要求

本章的主要内容是：

1)联轴器、离合器、制动器的主要作用；

2)联轴器的主要类型、特点、应用及其选择；

3)离合器的主要类型、结构特点、应用及其选择；

4)制动器的主要类型、工作原理、特点应用及其选择。

本章的学习要求是：

1)了解联轴器、离合器、制动器的基本功能和应用，能正确地表述三者的异同。

2)熟悉刚性固定式联轴器、刚性可移式联轴器和弹性联轴器的基本定义、特点以及其常用的基本类型；并能根据具体要求选择合适的联轴器。

3)熟悉牙嵌式离合器和摩擦式离合器的基本工作原理、结构特点和应用。了解自动离合器的涵义以及安全离合器、定向离合器和离心离合器的工作原理。

4)了解带式制动器、外抱块式制动器和内涨式制动器的工作原理、特点及其应用。

二、重点与难点

本章的重点是：联轴器、离合器、制动器的基本功能类型、工作原理、结构特点和选择计算。

本章的难点是：综合考虑工况、要求合理选择联轴器、离合器、制动器的类型。

三、学习指导与提示

(一)概述

联轴器和离合器主要用作轴与轴之间的联接，使它们一起旋转并传递转矩。用联轴器联的两根轴，只有在机器停车后，经过拆卸才能把它们分离；而用离合器联接的两根轴，在机器工作时就能方便地使它们分离或接合；制动器是迫使机器迅速停止运转或降低机械运转速度的机械装置。

这三者大多已标准化，读者主要掌握它们的主要类型、工作原理和应用，需要时可先根据工况选择类型，再按轴的直径、转速和转矩或制动力矩选定具体型号，一般毋需进行强度校核。

（二）联轴器的分类和特点

根据结构中是否存在弹性元件可将联轴器分为刚性联轴器和弹性联轴器；根据能否补偿两轴间的偏移，联轴器可分为可移式联轴器和固定式联轴器。联轴器的分类、特点及主要型式参见表 15.1。

表 15.1 联轴器的分类、特点及主要型式

<table>
<tr><th>分类</th><th colspan="3">特点</th><th>主要型式</th></tr>
<tr><td rowspan="2">刚性联轴器</td><td>固定式</td><td rowspan="2">全部由刚性零件组成没有缓冲减振能力</td><td>不能补偿两轴的相对位移</td><td>凸缘联轴器，套筒联轴器</td></tr>
<tr><td>可移式</td><td>能补偿两轴的相对位移</td><td>齿式联轴器，十字滑块联轴器，万向联轴器，滚子链联轴器</td></tr>
<tr><td>弹性联轴器</td><td colspan="3">包含有弹性变形元件，具有缓冲、吸振功能，能补偿两轴的相对位移。</td><td>弹性套柱销联轴器，弹性柱销联轴器，轮胎式联轴器，梅花形联轴器，星形联轴器，膜片联轴器</td></tr>
</table>

1）轴线间相对位移（或称为偏移）包括径向位移、轴向位移、角位移以及这些位移的综合偏移，如要求联轴器能补偿两轴的偏移，需选用可移式联轴器。选用可移式联轴器可简化机械安装过程，同时它所具有的轴线偏移补偿作用可减少因轴线不对中等引起的附加载荷，从而保证机器正常工作。可移式联轴器的可移性可能会对两轴的转速传递产生影响，如弹性联轴器的存在可以引起输入和输出轴间的运动滞后；十字滑块联轴器、单万向联轴器主动轴和从动轴的角速度不能保证同步。

弹性联轴器的主要作用是依靠弹性元件具有的变形和储能性实现运动传递过程中的缓冲、减振作用。所有弹性联轴器都属于可移式联轴器。

2）联轴器选择包括类型选择和尺寸型号选择。类型选择时主要考虑：(1)两轴偏移的大小、类型；(2)载荷的性质（是否有缓冲、吸振的要求）；(3)工作转速的高低；(4)具体的工作环境和尺寸限制等。尺寸型号选择时主要考虑：(1)传递转矩的大小；(2)被联接轴的直径。需注意作为选尺寸型号依据的计算转矩 $T_c = K_A T$，其中：T 为名义转矩，K_A 为工作情况系数。

因为与两半联轴器联接的轴的直径不一定相同，所以在尺寸确定时必须协调轴孔直径与轴孔长度。

（三）离合器

离合器根据其工作原理不同，主要有牙嵌式和摩擦式离合器两类，它们分别利用牙（齿）的啮合和工作表面间的摩擦来传递转矩。离合器还可按控制离合的方法不同分为操纵式和自动式两类；操纵式系根据需要靠人力、液力、气力、电磁力操纵离合，自动式则是根据机器工作参数的改变自动完成接合和分离。典型的自动离合器有安全离合器、定向离合器和离心离合器（主轴转速达到某一定值时能自行接合或分离）。

（四）制动器

制动器主要有带式制动器、外抱块式制动器和内涨式制动器，三者都是利用摩擦力制动。制动器的基本要求是提供较大的摩擦力矩以保证运动中的轴可以较快地被制动（减速或停止），由于制动时有较大的相对滑动速度，为保证有较长的使用寿命，所以要求磨损率不能太大，这一点和摩擦式离合器有较大的相似性。此外还需注意三点：(1)制动器宜设置在高速轴上；(2)制动器以后的传动系统中不能再有利用摩擦的机构；(3)制动器有常开与常闭之分。

四、例题精选与解析

例 15.1 作为采用弹性联轴器的主要原因，以下几条中哪一选项最为贴切？

(1)缓冲、吸振、补偿两轴线误差；(2)便于安装，(3)增加传动效率；(4)选项(1)、(2)均是。

解析 采用弹性联轴器的主要原因是为了实现缓冲、吸振、补偿两轴线误差。解题时应注意：虽然选项(1)包括了弹性联轴器的主要特点，但也需对其余几个选项加以分析。首先，弹性联轴器的安装比较方便，这也是可移联轴器的特点之一，选项(2)亦成立；其次，由于有弹性变形能的存在，弹性联轴器的传动效率并不高，所以选项(3)增加传动效率不正确；正确答案应该是选项(4)最为贴切。

例 15.2 多片摩擦离合器，已知主动片 11 片，从动片 10 片，接合面内直径 $D_1=52\text{mm}$，外直径 $D_2=92\text{mm}$；功率 $P=7\text{kW}$，转速 $n=730\text{r/min}$，材料为淬火钢对淬火钢。问需多大的压紧力？

解析 本题考核点侧重摩擦离合器的工作原理和计算。

离合器传递的名义转矩 $T=9.55\times10^6\dfrac{P}{n}=9.55\times10^6\times\dfrac{7}{730}=91575(\text{N}\cdot\text{mm})$，计及工作情况系数，设 $K_A=1.3$，则计算转矩 $T_c=K_AT=1.3\times91575=119048(\text{N}\cdot\text{mm})$，又主动片 11 片，从动片 10 片，可知摩擦面的数目 $Z=20$，查表可取摩擦系数 $f=0.05$，计算所需的压紧力 $Q\geqslant\dfrac{4T_{\max}}{Zf(D_1+D_2)}=\dfrac{4T_c}{Zf(D_1+D_2)}=\dfrac{4\times119048}{20\times0.05(52+92)}=3307(\text{N})$

例 15.3 已知一室外运输沙石料的皮带运输机传动系统由电动机→联轴器 1→齿轮减速器→联轴器 2→皮带运输机组成，已知电机转速为 1500r/min，功率为 7.5kW，齿轮减速器输出转速为 500r/min，试选择两联轴器的类型。

解析 本题属于联轴器类型的选择。

由于：①运输沙石料的皮带运输机的载荷是变化的，并伴有振动；另一方面由于在室外工地中工作，要求做到两轴的完全对中比较困难。②由于振动源来自皮带运输机，所以虽然联轴器 1 的转速较高，但联接齿轮减速器和皮带运输机的联轴器 2 的缓冲、吸振要求更高。

根据以上分析，联轴器 1 采用齿形联轴器，联轴器 2 采用弹性套柱销联轴器。

注意：机械设计类题目，有时并没有标准的答案，关键是在选择时能根据具体条件加以分析，做到有理有据。如对于本题，联轴器 1 也可以采用弹性联轴器；但如联轴器 2 采用刚性联轴器，由于皮带运输机的振动和冲击将对齿轮减速器有较大的影响，所以就不合适了。

五、思考题与练习题

题 15.1 联轴器和离合器的功用有何相同点和不同点？机械对它们提出了哪些要求？

题 15.2 试述固定式和可移式联轴器、弹性和刚性联轴器的特点和适用场合。图示起重机小车机构，电动机 1 经过减速器 2 及联轴器带动车轮在钢轨 3 上行驶。车轮轴不能太长，用一中间轴 4 以联轴器 C，D 相联接。要求两轴能同时转动（否则小车将偏斜）。为安装方便，C，D 两联轴器要求轴向及角向可移。试选择 A，B，C，D 四联轴器的形式。

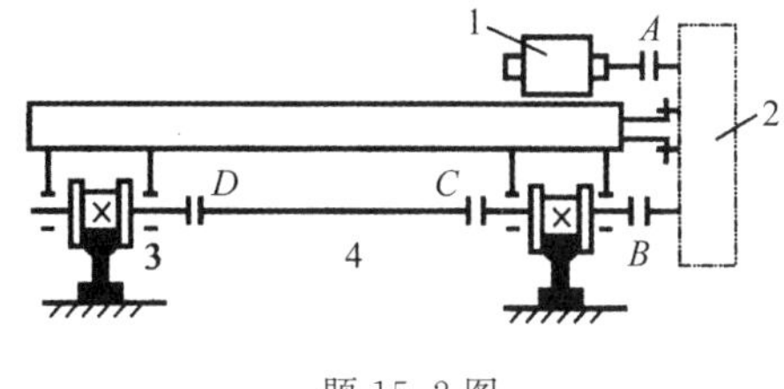

题 15.2 图

题 15.3 联轴器联接两轴的偏移形式有哪些？综合位移指何种位移形式？

题 15.4 制动器的作用是什么？机械对它提出了哪些要求？何谓常开式与常闭式制动器？制动器设置应注意哪些问题？

题 15.5 单万向联轴器和双万向联轴器在工作性能上有何差别？双万向联轴器在安装上有何特殊要求？

题 15.6 离合器应满足哪些基本要求？常用离合器有哪些类型？

题 15.7 试比较牙嵌式离合器和摩擦式离合器的特点和应用。

题 15.8 什么叫定向离合器？试为定向离合器的使用举一实例。

题 15.9 试表述操纵式离合器与自动式离合器的涵义。操纵力的类型和来源有哪些？自动式离合器主要有哪些？

题 15.10 某电动机与油泵之间用弹性套柱销联轴器联接，功率 $P=20\text{kW}$，转速 $n=960\text{r/min}$，轴径 $d=35\text{mm}$，试决定联轴器的型号。

题 15.11 试分析可根据哪些需要和应用特点对联轴器、离合器、制动器进行改进和创新。

第十六章 弹簧、机架和导轨

一、主要内容与学习要求

本章的主要内容是：

1)弹簧的功用、类型和特性；

2)圆柱螺旋弹簧的材料、制造及许用应力；

3)圆柱螺旋压缩弹簧、拉伸弹簧和扭转弹簧；

4)机架的功用、类型、材料、制造及其设计准则与要求；

5)导轨的功用、类型、结构及其技术要求。

本章的学习要求是：

1)熟悉弹簧的功用、种类、结构、材料和制造工艺等基础知识。

2)熟悉弹簧的工作特点、特性曲线、失效形式、强度、刚度和稳定性等基本概念。

3)掌握圆柱螺旋压缩、拉伸、扭转弹簧的设计计算(主要包括强度和刚度计算、基本参数和几何尺寸计算、结构设计、特性曲线等)。

4)熟悉机架的功用、类型、材料、制造等基本知识，掌握其截面形式、肋板布置等设计时应考虑的问题。

5)熟悉导轨的功用、类型、结构及其技术要求等基本知识，并能合理选用。

二、重点与难点

本章的重点是：圆柱螺旋压缩、拉伸弹簧的设计计算。

本章的难点是：圆柱螺旋压缩、拉伸弹簧的强度、刚度设计参数调整和试算。

三、学习指导与提示

(一)概述

1)弹簧是机械中应用十分广泛的弹性元件，在受载时能产生弹性变形，将机械功或动能转变为变形能，当卸载时又能将变形能转变为动能或机械功，其主要功用是缓冲或吸振、控制运动、储存能量和测量力或力矩的大小等。弹簧的种类很多，按其承载情况主要分为拉伸弹簧、压缩弹簧、扭转弹簧和弯曲弹簧；按其形状又可分为螺旋弹簧、环形弹簧、碟形弹簧、板弹簧和盘簧;按其材料还可分为金属弹簧和非金属弹簧。读者应当了解各种弹簧的特点及使用场合,根据使用要求和工作条件正确选用和设计。圆柱螺旋压缩、拉伸弹簧应用最为广泛,是本章研讨的重点。

2)机架和导轨分别为机械中不可或缺与常见的重要机件。其设计涉及工程力学、摩擦学、人机工程学等许多领域,目前尚乏具体、成熟的条陈可循,读者可按所述学习要求研读掌握。

(二)圆柱螺旋弹簧材料、制造、特性和许用应力

1)弹簧材料必须有高的弹性极限和疲劳极限、足够的韧性,以及良好的可热处理性。一般机械常用碳素弹簧钢或65Mn制造弹簧,重要场合使用Si、Mn、Cr、V等合金弹簧钢,对耐腐蚀、导电等有要求时,则采用不锈钢或青铜。

2)螺旋弹簧的制造过程一般包括卷制(冷卷或热卷)、两端面加工(压缩弹簧)或制作钩环(拉伸弹簧和扭转弹簧)、热处理和工艺试验等,有时为提高弹簧的疲劳强度,还需进行强压处理或喷丸处理。

3)弹簧的特性曲线是描绘弹簧的载荷(纵坐标)与变形(横坐标)之间关系曲线。弹簧刚度k是使弹簧产生单位变形的力,也即弹簧曲线上某点的斜率,有定刚度弹簧和变刚度弹簧之分。

4)弹簧材料的许用应力与载荷性质有关,按载荷作用次数分为Ⅰ、Ⅱ、Ⅲ三类,碳素弹簧钢丝还与弹簧级别、簧丝直径有关。强度计算中圆柱螺旋拉(压)弹簧采用许用切应力$[\tau]$,圆柱螺旋扭转弹簧采用许用弯曲应力$[\sigma_F]$。许用应力数值查阅教材、手册时还应注意仔细阅读表注。

(三)圆柱螺旋压缩(拉伸)弹簧的设计计算

1)结构参数几何尺寸计算

普通圆柱螺旋弹簧的主要结构参数几何尺寸有:弹簧丝直径d、弹簧中径D_2、节距t、有效工作圈数n、自由高度H_0、螺旋升角α、弹簧外径D、弹簧内径D_1,弹簧展开长度L等,它们的计算公式可参阅教材或手册,其中前四项至为关键。

压缩弹簧两端有并紧的死圈(有磨平的和不磨平的),拉伸弹簧的端部做有多种形式的挂钩,应视不同载荷、工况要求选用。需要注意:(1)压缩弹簧在空载时各圈之间留有一定间距δ,节距$t=d+\delta$;弹簧的总圈数n_1,应为参与变形的工作圈数与两端死圈数之和;(2)弹簧的旋绕比C(亦称弹簧指数)为弹簧中径与簧丝直径的比值$C=D_2/d$,C值较小时弹簧较硬,C值较大时弹簧较软。

2)避免失效的工作能力计算

弹簧的失效形式有:①强度不够,产生簧丝断裂;②刚度不合适,达不到规定的变形要求;③弹簧的高径比不合适,压缩弹簧受载后发生侧弯失去稳定性。为此须相应进行强度、刚度和稳定性计算。

(1)强度计算——用来验算弹簧丝强度或决定簧丝直径

$\tau_{\max}=K\dfrac{8F_{\max}D_2}{\pi d^3}=K\cdot\dfrac{8F_{\max}C}{\pi d^2}\leqslant[\tau]$或$d\geqslant1.6\sqrt{\dfrac{KF_{\max}C}{[\tau]}}$;曲度系数$K=\dfrac{4C-1}{4C'-4}+\dfrac{0.615}{C}$,$F_{\max}$为弹簧的最大的工作荷载。

(2)刚度计算——用来计算弹簧刚度、受载后变形量或决定弹簧有效工作圈数

$k=\frac{F}{\lambda}=\frac{Gd}{8C^3n}$,$\lambda=\frac{8FC^3n}{Gd}$或$n=\frac{Gd\lambda}{8FC^3}$;$\lambda$为轴向力$F$作用下的轴向变形量,$G$为剪切弹性模量

(3)稳定性验算——对压缩弹簧为防止侧弯失稳,应以高径比(H_0/D_2)作稳定性验算,若不能满足,应调整结构参数或设置导管。

弹簧上述设计计算需注意:(1)设计中弹簧结构参数需要综合考虑,有时还需反复调整;(2)对于有初拉力F_0的拉伸弹簧刚度计算的上述三个公式中的F应以($F-F_0$)代入计算;(3)两个弹簧串联使用时各弹簧所受载荷相等,并联使用时各个弹簧的变形相等。

(四)圆柱螺旋扭转弹簧

圆柱螺旋扭转弹簧的基本部分与圆柱螺旋压缩弹簧相同,只是对扭转弹簧所受的外力为绕弹簧轴线的扭转力矩T,所产生的变形是扭角φ。弹簧簧丝截面只承受M(数值等于T),角变形φ与载荷M成正比。

强度计算——最大弯曲应力$\sigma_{max}=K_1\frac{M}{\frac{\pi}{32}d^3}=K_1\frac{32T}{\pi d^3}\leqslant[\sigma_F]$,许用弯曲应力$[\sigma_F]=1.25[\tau]$,曲度系数$K_1=\frac{4C-1}{4C-4}$

刚度计算——角度形$\varphi=\frac{Ml}{EI}=\frac{T\pi D_2n}{EI}$;工作圈数$n=\frac{EI\varphi}{\pi TD_2}$;$E$为弹簧材料剪切弹性模量,$I$为弹簧簧丝截面的轴惯性矩(圆截面簧丝$I=\frac{\pi}{64}d^4$)。

四、例题精选与解析

例 16.1 设计一受静载荷并有初拉力的圆柱螺旋拉伸弹簧。已知初拉力$F_0=115$N,最大工作载荷$F_{max}=480$N,最小工作载荷$F_{min}=180$N,工作行程30mm;载荷性质Ⅲ类。

解析 本例为一典型的具有初拉力的圆柱螺旋拉伸弹簧设计计算。

(1)选择材料和确定许用应力

因无特殊要求,故选用B组碳素弹簧钢丝。因碳素弹簧钢丝的许用应力还与簧丝直径d有关,故应先初选一个簧丝直径d,现设$d=4$mm。因载荷性质为Ⅲ类,查表知许用切应力$[\tau]=0.5\sigma_B=0.5\times1320=660$MPa,拉伸弹簧许用切应力是压缩弹簧的80%,故本例的$[\tau]=0.8\times660=528$MPa。

(2)计算弹簧钢丝直径d

初选$C=5$,此时曲度系数为

$$K=\frac{4C-1}{4C-4}+\frac{0.615}{C}=\frac{4\times5-1}{4\times5-4}+\frac{0.615}{5}=1.31$$

按强度公式,$d\geqslant1.6\sqrt{\frac{KF_{max}C}{[\tau]}}=1.6\sqrt{\frac{1.31\times480\times5}{528}}=3.91(\text{mm})$

取$d=4$mm,与假设接近,故$[\tau]$值合用,不必再进一步计算。否则应再进一步调整试

算，直至求出的 d 与假定的 d 接近为止。

(3)计算弹簧中径 D_2 和外径 D

$$D_2=Cd=5\times4=20(\text{mm})$$

$$D=D_2+d=20+4=24(\text{mm})$$

(4)根据工作要求，计算所需的弹簧刚度 k

$$k=\frac{F}{\lambda}=\frac{F_{\max}-F_{\min}}{\lambda}=\frac{480-180}{30}=10(\text{N/mm})$$

(5)计算弹簧的工作圈数 n

查表得 $G=80000\text{MPa}$

$$n=\frac{Gd^4}{8D_2^3k}=\frac{80000\times4^4}{8\times20^3\times10}=32$$

取 $n=32$ 圈

(6)计算轴向变形量 λ_2、λ_1

$$\lambda_{\max}=\frac{F_{\max}-F_0}{k}=\frac{480-115}{10}=36.5(\text{mm})$$

$$\lambda_{\min}=\frac{F_{\min}-F_0}{k}=\frac{180-115}{10}=6.5(\text{mm})$$

注意：对于有初拉力的拉伸弹簧，因为工作时需首先克服初拉力 F_0，弹簧才开始伸长，故在上述的计算中的拉力，应将($F_{\max}-F_0$)及($F_{\min}-F_0$)代入进行计算。

(7)弹簧的几何尺寸计算及绘制特性曲线(从略)。

例 16.2 图(a)和图(b)所示为刚度 $k_1=20\text{N/mm}$，$k_2=30\text{N/mm}$ 的两个圆柱螺旋压缩弹簧 1、2 按串联和并联使用；承受轴向载荷 $F=600\text{N}$。

试求：(1)两个弹簧串联时的总变形量 λ；(2)两个弹簧并联时的总变形量 λ'。

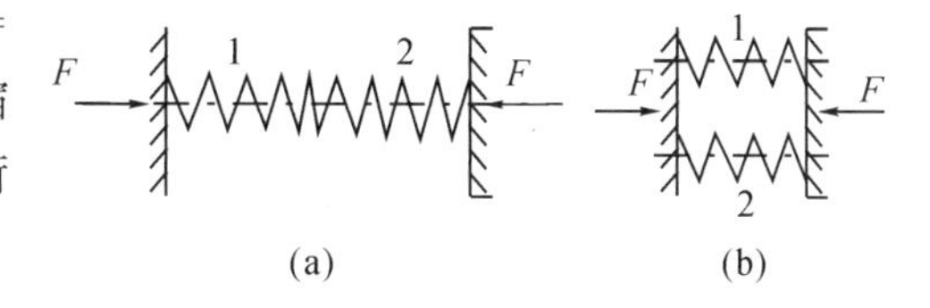

例 16.2 图

解析 (1)求串联时的总变形量 λ

弹簧 1、2 串联使用时，各弹簧所受载荷 F_1、F_2 相等，均为轴向载荷，即 $F_1=F_2=600\text{N}$

弹簧 1、2 串联使用时，因刚度 k_1、k_2 不相同，它们的变形量 λ_1、λ_2 并不相等，但两者之和应为总变形量 λ，即

$$\text{总变形量 }\lambda=\lambda_1+\lambda_2=\frac{F_1}{k_1}+\frac{F_2}{k_2}=\frac{600}{20}+\frac{600}{30}=50(\text{mm})$$

(2)求并联使用时的总变形量 λ'

弹簧 1、2 并联使用时所受载荷 F'_1、F'_2 之和应等于总轴向载荷，即

$F'_1+F'_2=F=600\text{N}$；各弹簧的变形量 λ'_1、λ'_2 相等且等于总变形量 λ'，即 $\lambda'=\lambda'_1=\lambda'_2=\frac{F'_1}{k_1}=\frac{F'_2}{k_2}$；由 $F'_1=\frac{k_1}{k_2}F'_2$，则 $F'_1+F'_2=\frac{k_1+k_2}{k_2}F'_2=F$，

得 $F'_2=\frac{k_2}{k_1+k_2}F=\frac{30\times600}{20+30}=360(\text{N})$

故总变形量 $\lambda'=\frac{F'_2}{k_2}=\frac{360}{30}=12(\text{mm})$

五、思考题与练习题

题 16.1 弹簧的主要几何参数有哪些？弹簧的刚度、旋绕比以及特性线表征弹簧的什么性能？它们在弹簧设计中起什么作用？

题 16.2 一圆柱螺旋压缩弹簧，簧丝直径 $d=2\text{mm}$，中径 $D_2=16\text{mm}$，有效圈数 $n=10$，两端磨平，死圈数共 1.5 圈，采用 B 组碳素弹簧钢丝，受变载荷作用次数为 $10^3\sim10^5$ 次。求：

(1)允许的最大工作载荷及变形量；(2)求弹簧自由高度和并紧高度；(3)验算弹簧的稳定性；(4)弹簧丝的展开长度。

题 16.3 设计一单片摩擦离合器的圆柱螺旋压缩弹簧。已知离合器接合时弹簧工作载荷为 630N，此时被压缩了 11mm；离合器分离时摩擦面间的距离为 1mm。由于结构限制，要求弹簧内径大于套芯轴的直径(20mm)，外径小于盘壳直径(40mm)。用 B 组碳素弹簧钢丝。

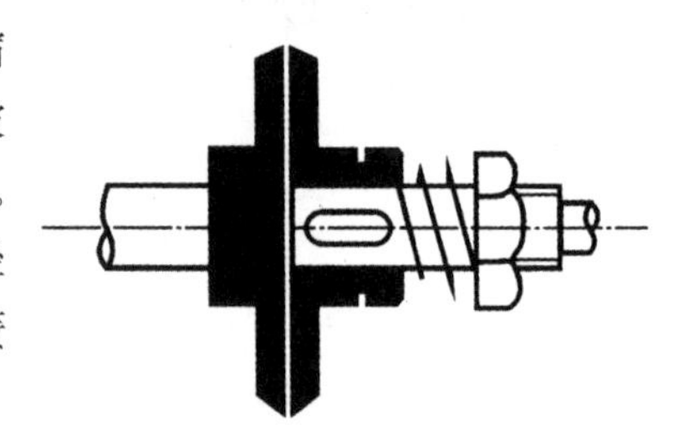

题 16.3 图

题 16.4 设计一拉伸弹簧，承受静载荷 $F=340\text{N}$，对应的变形 $\lambda=17\text{mm}$。工作条件一般。

题 16.5 设计一圆柱螺旋扭转弹簧。最大工作转矩 $T_{max}=7\text{N}\cdot\text{m}$，最小工作转矩 $T_{min}=2\text{N}\cdot\text{m}$，工作扭转角 $\varphi=\varphi_{max}-\varphi_{min}=40°$，载荷循环次数约为 10^4。

题 16.6 如例 16.2 图(a)和图(b)所示为两个圆柱螺旋压缩弹簧 1、2 分别按串联和并联使用，它们的刚度分别为 $k_1=20\text{N/mm}$，$k_2=30\text{mm}$。承受轴向载荷 $F=540\text{N}$。试求：(1)两个弹簧串联时的总变形量 λ；(2)两个弹簧并联时的总变形量 λ'。

题 16.7 试说明弹簧的簧丝直径 d、弹簧中径 D_2 和工作圈数 n 对弹簧强度、刚度的影响。

题 16.8 弹簧加载—卸载过程中，在其载荷—变形图上，能量消耗如何表示？为什么产生能量消耗？能量消耗对弹簧的工作有什么影响？试举出一种能量消耗较大的弹簧。

题 16.9 试述机架的功能和类型；如何体会机架多非标准件，但又是机械中不可或缺的重要机件？可以从哪些途径考虑机架的创意、创新。

题 16.10 阐述和分析几种导轨结构的特点与应用；选择导轨类型时有些什么考虑和创意？

题 16.11 试自行选题设计一台利用弹簧蓄能的机械。

题 16.12 试自行选题设计一台利用弹簧激振的机械。

题 16.13 弹簧可以从哪些方面构思改进和创新？

第十七章 机械速度波动的调节

一、主要内容与学习要求

本章的主要内容是：

1)机械速度波动调节的目的和周期性速度波动、非周期性速度波动调节的机理与方法；

2)飞轮设计的基本原理和近似方法。

本章的学习要求是：

1)掌握周期性速度波动与非周期性速度波动的原因及各自应采取的调节速度波动的方法。

2)掌握飞轮设计的基本原理和近似设计方法。

二、重点与难点

本章的重点是：飞轮设计的基本原理和近似设计方法。

本章的难点是：运动循环周期中最大盈亏功的确定。

三、学习指导与提示

(一)概述

1)机械在某段工作时间内，若驱动力所作的功大于阻力所作的功，则出现盈功；若驱动力所作的功小于阻力所作的功，则出现亏功。盈功和亏功将引起机械动能的增加和减少，从而引起机械运转速度的波动。机械速度波动会使运动副中产生附加的动压力，降低机械效率，产生振动，影响机械的质量和寿命。采取措施把速度波动控制在许可范围内，以减小其产生的不良影响，称为速度波动的调节。

2)机械速度波动有周期性和非周期性两类，周期性速度波动用飞轮调节，非周期性速度波动用专用调速器调节。调速器一般采用反馈控制，使驱动力所作的功与阻力所作的功互相适应以达到新的稳定运动态自动控制调节速度波动，本章侧重讨论用飞轮调节周期性速度波动。

(二)周期性速度波动的平均速度和速度不均匀系数

1)机械运转时出现盈亏功，其主轴角速度由此产生变化。当机械动能的增减作周期性变化时，其主轴的角速度 ω 也作周期性变化，即在经过一个变化周期之后又回到初始状态（就整个周期而言驱动力所作的功与阻力所作的功是相等的），ω 的变化规律复杂，工程计算中，常用机械在稳定运转的一个循环内，其主轴的算术平均角速度 $\omega_m=(\omega_{\max}+\omega_{\min})/2$ 近似地作为实际平均角速度，$\omega_{\max}$ 和 $\omega_{\min}$ 分别为主轴的最大和最小角速度。

2)机械周期性速度波动的程度通常用机械运转速度不均匀系数 $\delta=(\omega_{\max}-\omega_{\min})/\omega_m$ 来表示。可见，当 ω_m 一定时，δ 愈小，角速度的最大差值也愈小，主轴愈接近匀速转动。各种不同机械许用的不均匀系数$[\delta]$是根据它们的工作性质确定的。

(三)飞轮调节机械周期性速度波动的原理及其近似设计方法

1)机械在一个周期内动能的最大变化量 $E_{\max}-E_{\min}$ 即为角速度由 $\omega_{\min}$ 到 $\omega_{\max}$（或 $\omega_{\max}$ 到 $\omega_{\min}$）区间的最大盈功（或亏功），通常称为最大盈亏功 $A_{\max}=E_{\max}-E_{\min}=\frac{J}{2}(\omega_{\max}^2-\omega_{\min}^2)=J\omega_m^2\delta$，$J$ 是整个机械系统的转动惯量，可见在确定的 $A_{\max}$ 和 ω_m 下要降低不均匀系数 δ，必须增大机械系统的转动惯量，在机械上安装转动惯量较大的飞轮可以减小周期性速度波动。飞轮设计的基本问题是根据机械实际所需的平均速度和允许的不均匀系数来确定飞轮的转动惯量。

2)在一般机械中，其他构件所具有的动能与飞轮相比，其值甚小，故在近似计算中可以用飞轮的动能代替整个机械的动能，整个机械系统的转动惯量 J 近似作为飞轮的转动惯量，可得

$$J=A_{\max}/(\omega_m^2\delta)=900A_{\max}/(\pi^2 n\delta)$$

读者应注意：(1)着意分析 $A_{\max}$，J，δ，n（或 ω_m）之间的关系；(2)知道 $A_{\max}$，n，J 的单位分别为 N・m，r/min 和 kg・m²；(3)计算飞轮转动惯量 J 的关键是确定最大盈亏功；(4)由飞轮转动惯量 J 近似确定飞轮尺寸。

(四)最大盈亏功 $A_{\max}$ 的确定

为了确定最大盈亏功，需先确定机械最大动能及最小动能出现的位置，亦即 $\omega_{\max}$ 和 $\omega_{\min}$ 的位置。常利用能量指示图来解决。图 17.1(a)所示为某机械运转一个循环周期中驱动力矩曲线 M'-φ 和阻力矩曲线 M''-φ，力矩比例尺 μ_M(N・m/mm)、转角比例尺 μ_φ(rad/mm)，两曲线各自所包面积分别为一个循环周期中驱动力矩和阻力矩所作的功，显然两者是相等的。两曲线交点 a,b,c,d,e,f,a 应为速度增加或减少的转折点，两曲线所包围的面积 S_1,S_2,S_3,S_4,S_5,S_6 代表两点之间的盈功或亏功 A_1,A_2,A_3,A_4,A_5,A_6 按一定比例自 a 起用矢量

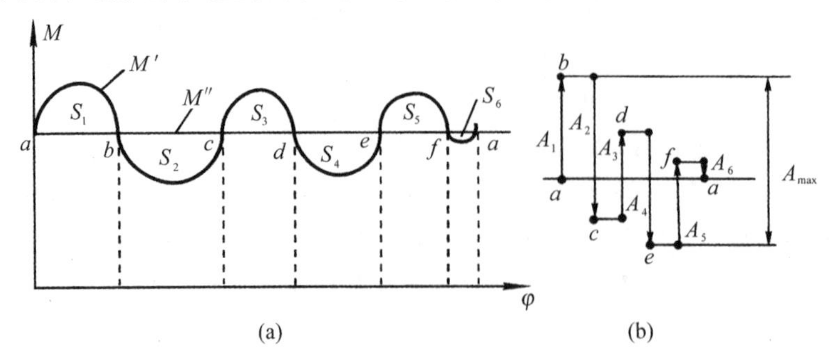

图 17.1

线段依次表示相应的盈功或亏功，箭头向上表示盈功，向下表示亏功，作图 17.1(b)能量指示图，一个循环周期的起末点 a，a 显然位于同一水平线上，图中的最高点 b 和最低点 e 就是动能最大和最小处(亦即 ω_{max} 和 ω_{min} 处)，最高点和最低点之间的高差，即这两点之间各矢量线段的矢量和的绝对值(亦即这两点之间 M'-φ 与 M''-φ 两曲线间包围的各块面积代数和的绝对值)才是其最大盈亏功，图中 b 和 e 点的高差 $A_{max}=|-A_2+A_3-A_4|$。特别提请读者注意：决不要简单地以为在 M'-φ 和 M''-φ 两曲线间所包围的诸面积中最大的一块面积就代表最大盈亏功。

四、例题精选与解析

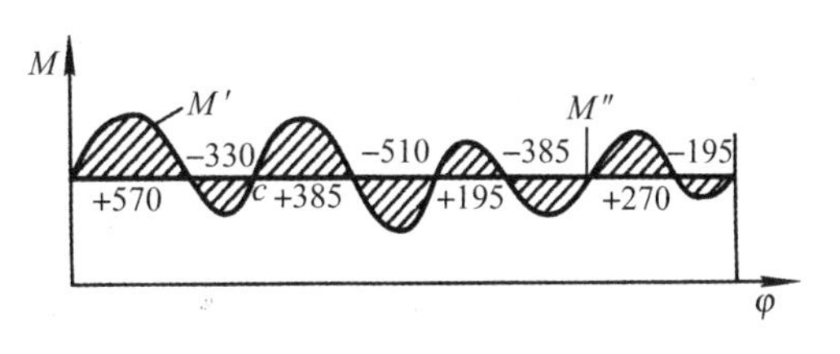

例 17.1 图

例 17.1　例 17.1 图中所示为作用在多缸发动机曲轴上的驱动力矩 M' 的变化曲线，其阻力矩 M'' 等于常数，驱动力矩曲线与阻力矩曲线围成的面积(mm^2)注于图上，该图的比例尺为 $\mu_M=100N\cdot M/mm$，$\mu_\varphi=0.1rad/mm$，设曲轴平均转速为 120r/min，瞬时角速度不超过平均角速度的 ±3%，求装在该曲柄轴上的飞轮的转动惯量。

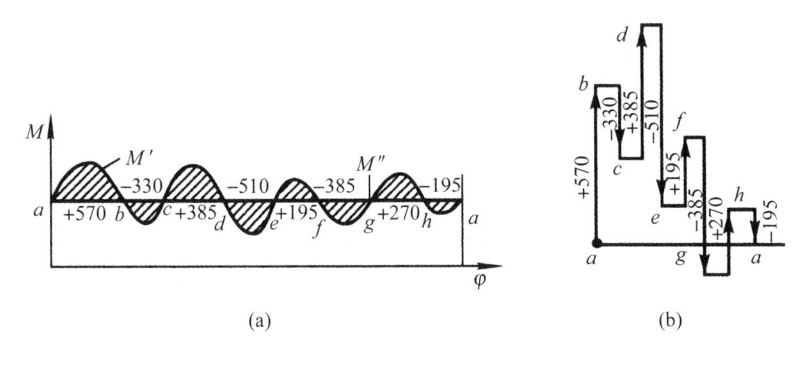

例 17.1 解图

解析　本例应先作能量指示图求出最大盈亏功，再求解飞轮的转动惯量，题目比较典型。其步骤如下：

(1)在 $M'(\varphi)$ 和 $M''(\varphi)$ 两曲线的交点处标注一个循环周期内速度波动转折点 a,b,c,d,e,f,g,h,a，如例 17.1 解图(a)所示。

(2)作能量指示图如例 17.1 解图(b)所示。可见 d 和 g 两点分别为 ω_{max} 和 ω_{min} 的位置。

(3)由 d 和 q 两点高差求得最大盈亏功

$$A_{max}=|-510+195-385|\cdot\mu_M\cdot\mu_\varphi=700\times100\times0.1=7000(N\cdot m)$$

(4)求飞轮转动惯量 J。本题要求瞬时角速度不超过平均角速度的 ±3%，可知不均匀系数 $\delta=\dfrac{3-(-3)}{100}=0.06$，不计其他构件的转动惯量，由公式计算所需飞轮转动惯量

$$J=\frac{900A_{max}}{\pi^2n^2\delta}=\frac{900\times7000}{\pi^2(120)^2\times0.06}=738.8(kg\cdot m^2)$$

17.2　在电动机驱动剪床的机械系统中，已知电动机的转速为 1500r/min，作用在剪床

主轴一个循环周期的阻力矩变化曲线 $M''(\varphi)$ 如例 17.2 图所示。电动机的驱动力矩 M' 为常数；要求运转不均匀系数 $\delta\leqslant 0.05$，试求安装在电动机轴上的飞轮转动惯量 J。(不计其他构件的转动惯量)

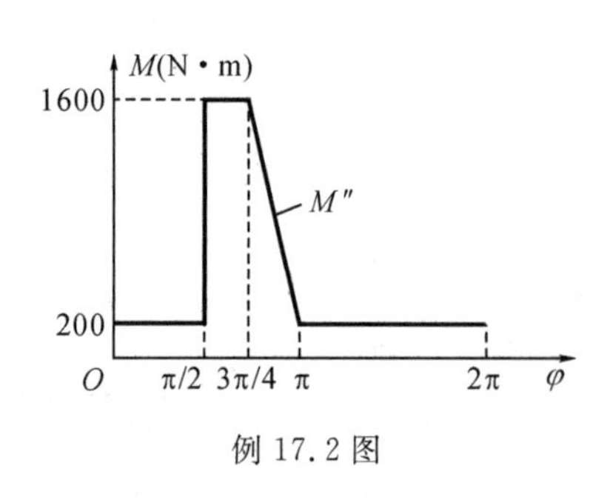

例 17.2 图

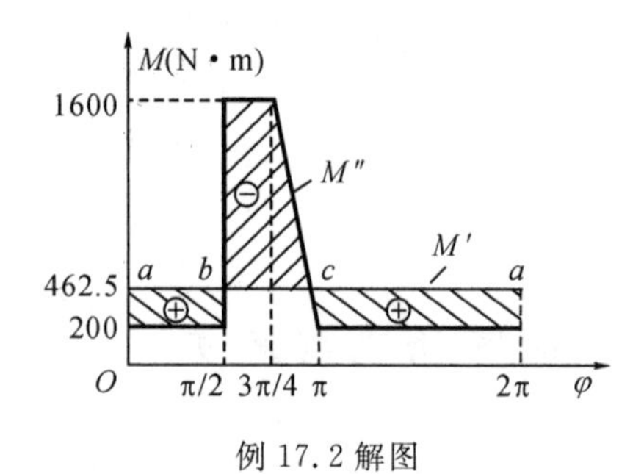

例 17.2 解图

解析　该题首先要求出电动机轴的驱动力矩 M' 为常数的数值并画出该直线，找出其与 $M''(\varphi)$ 曲线各个交点和各时段盈亏功的代表面积，求出在一个运动循环中的最大盈亏功 A_{max}，从而再利用公式求出安装在电动机轴上的飞轮所需转动惯量 J，步骤如下：

(1)求电动机轴的驱动力矩 M'

根据功能相等原则，即在一个稳定运转周期内驱动力矩 M' 所做的功 A' 应等于阻力矩 M'' 所消耗的功 A''。按已知条件 M'' 在一个循环中消耗的功为

$$A''=200\times 2\pi+(1600-200)\times\frac{\pi}{4}+\frac{1}{2}(1600-200)\times\frac{\pi}{4}=925\pi(\mathrm{N\cdot m})=A'$$

驱动力矩 M' 为常数，$M'=\dfrac{A'}{2\pi}=\dfrac{A''}{2\pi}=\dfrac{925\pi}{2\pi}=462.5(\mathrm{N\cdot m})$

(2)求最大盈亏功 A_{max}

作 $M'(\varphi)$ 直线如例 17.2 解图所示，并设其与 $M''(\varphi)$ 曲线的交点为 a、b、c，可以看出最大盈亏功 A_{max} 可由 b、c 时段所包面积来确定

$$A_{max}=(1600-462.5)\times\frac{\pi}{4}+\frac{(1600-462.5)}{2}\times\frac{(1600-462.5)}{(1600-200)}\times\frac{\pi}{4}=1256.33(\mathrm{N\cdot m})$$

(3)求电动机轴上所需转动惯量 J

$$J=\frac{900A_{max}}{\pi^2 n^2\delta}=\frac{900\times 1256.33}{\pi^2(1500)^2\times 0.05}=1.0183(\mathrm{kg\cdot m^2})$$

请注意：①本例 $M'(\varphi)$ 与 $M''(\varphi)$ 两曲线交点只有 a、b、c 三个，可省作能量指示图即可确定 A_{max}；②也建议读者作能量指示图加以验证。

五、思考题与练习题

题 17.1　机械在稳定运转时期为什么会有速度波动？试述调节周期性速度波动和非周期性速度波动的途径。

题 17.2　安装飞轮的目的是什么？安装飞轮能否消除速度波动？

题 17.3　在电动机驱动的某传动装置中，已知主轴上阻力矩 M'' 的变化规律如题 17.3 图所示。设驱动力矩 M' 为常数，电动机转速为 1000r/min，求不均匀系数 $\delta=0.05$ 时所需

安装在电动机轴上的飞轮的转动惯量。

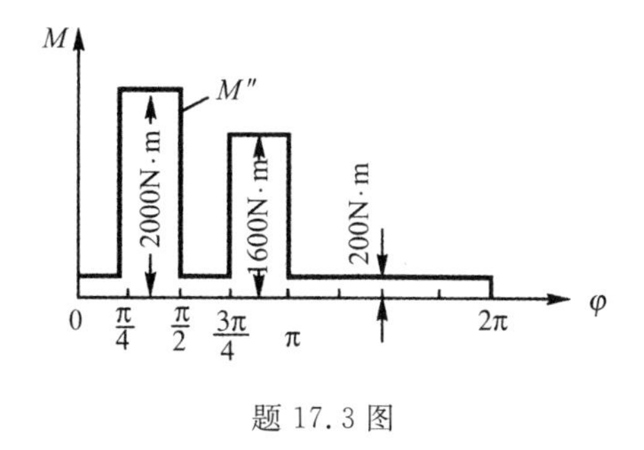

题 17.3 图

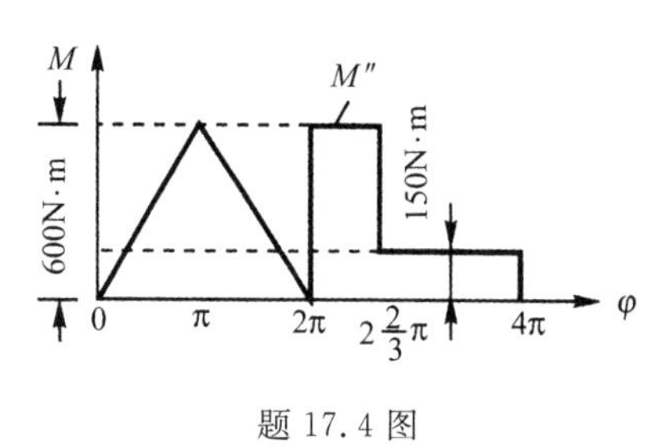

题 17.4 图

题 17.4 某机械在一个运动循环中作用在主轴上的阻力矩 M'' 变化曲线如题 17.4 图所示，驱动力矩 M' 为常数，主轴平均角速度 $\omega_m=100\text{rad/s}$，要求不均匀系数 $\delta=0.0055$，求安装在主轴上的飞轮转动惯量。

题 17.5 已知某轧钢机的原动机功率等于常数 $N'=1490\text{kW}$，钢材通过轧辊时消耗的功率为常数 $N''=2985\text{kW}$，钢材通过轧辊的时间 $t''=5\text{s}$，主轴平均转速 $n=8\ 0\text{r/min}$。机械运转不均匀系数 $\delta=0.1$。求：①安装在主轴上的飞轮的转动惯量；②飞轮的最大转速和最小转速；③此轧钢机的运转周期。

题 17.6 你对机械运转调节速度波动的原理和方法有什么创意构思？

题 17.7 有些机械（如破碎机、轧钢机等）对运转速度均匀性要求不高，为什么要安装飞轮？

题 17.8 如何理解和应用飞轮运转时储放能量的作用？试自行选题创意设计构思分别利用飞轮惯性降低输入功率和调节运转速度波动的机械。

题 17.9 试分析阐述 J、n、$A_{\max}$、δ 之间的关联协调。

第十八章

回转件的平衡

一、主要内容与学习要求

本章的主要内容是：

1)回转件平衡的目的和静平衡、动平衡的原理与计算方法；

2)回转件的静平衡和动平衡试验。

本章的学习要求是：

1)熟悉静平衡、动平衡的实质和区别，知道哪一类回转件应当进行静平衡，哪一类回转件应进行动平衡。

2)掌握用向量图解法分别求解静平衡与动平衡条件下平衡质量的相位和质径积的方法。

3)了解静平衡试验方法和一种简单动平衡机的原理。

二、重点与难点

本章的重点是：回转件静平衡、动平衡的原理及计算方法。

本章的难点是：用向量图解法求解复杂形状转子平衡质量的相位和质径积。

三、学习指导与提示

(一)概述

由于回转件结构形状不对称，制造安装不准确或材质不均匀等原因，在转动时产生的不平衡惯性力和惯性力偶矩致使回转件内部产生附加应力，在运动副上引起了大小和方向不断变化的动压力，降低机械效率，产生振动，影响机械的质量和寿命。借助于在回转件上附加(或去除)“平衡质量”将不平衡惯性力和惯性力偶矩加以消除或减小，这种措施就是回转件的平衡，对高速、重载和精密的机械平衡尤具极其重要的意义。学习本章读者需注意：(1)要熟悉和运用理论力学课程中关于确定构件惯性力和惯性力偶矩以及力系平衡等理论基础；(2)回转件平衡和机械调节速度波动虽然都是为了减轻机械中的动载荷，但却是两类不同性质的问题，不能互相混淆；(3)机械中作往复移动或平面运动的构件也存在平衡惯性力或惯性力偶矩的问题，需要时可查阅相关资料，本章研讨回转件的平衡。

(二)回转件的静平衡和动平衡

1)静平衡。对于轴向尺寸较小(宽径比 $b/d<0.2$)的盘形回转件,其所有质量均可认为在垂直于轴线的同一平面内。这种回转件的不平衡是因为其质心位置不在回转轴线上,且其不平衡现象在回转件的轴水平静止搁置时就能显示出来,故称为静不平衡。对于这种不平衡回转件只需重新分布其质量(可通过附加或去除“平衡质量”),使质心移到回转轴线上即可达到平衡,这种平衡称为静平衡。回转件的静平衡条件为:其惯性力的矢量和应等于零,或质径积(质量与质心位置矢径的乘积)的矢量和应等于零。即 $\sum \boldsymbol{F}_i=0$ 或 $\sum m_i\boldsymbol{r}_i=0$。

2) 动平衡。对于轴向尺寸较大($b/d \geqslant 0.2$) 的回转件,其质量就不能再认为分布在同一平面内。这种回转件的不平衡,除了存在惯性力的不平衡外还会存在惯性力偶矩的不平衡。这种不平衡通常在回转件运转的情况下才能完全显示出来,故称为动不平衡。对于动不平衡的回转件,必须选择两个垂直于轴线的平衡基面,并在这两个面上适当附加(或去除) 各自的平衡质量,使回转件的惯性力和惯性力偶矩都达到平衡,这种平衡称为动平衡。回转件的动平衡条件为:其惯性力的矢量和等于零,其惯性力偶矩的矢量和也应等于零。即 $\sum \boldsymbol{F}_i=0$ 和 $\sum \boldsymbol{M}_i=0$。

读者应注意:①动平衡的不平衡质量与所选两个平衡基面的相对位置有关;②静平衡回转件不一定是动平衡的,但动平衡回转件一定是静平衡的。

(三)回转件的平衡计算及平衡实验

对于因结构不对称而引起不平衡的回转件,其平衡是先根据其结构确定出不平衡质量的大小及位置,再用计算的方法求出回转件平衡质量的大小和方法来加以平衡,即设计出理论上完全平衡的构件。对静不平衡回转件按静平衡条件列出其上包含平衡质量的质径积的平衡方程式用质径积矢量多边形或解析法求出应加的平衡质量的大小及其方位。对动不平衡的回转件选择两个平衡基面,并根据力的平行分解原理,将各不平衡质量的质径积分别等效到两个平衡基面上,再分别按各个平衡基面建立质径积的平衡方程式,最后用矢量图解法或解析法求解出两个平衡基面的平衡质量的大小及方位。读者可仔细研读例 18-1。

对于结构对称,由于制造不准确、安装误差以及材料不均匀等原因,也会引起不平衡,而这种不平衡量是无法计算出来的,只能在平衡机上通过实验的方法来解决。故所有回转件均须通过实验的方法才能予以平衡。工程上对各种用途的回转件进行实验的平衡精度有不同要求。

四、例题精选与解析

例 18.1　一高速凸轮轴由三个互相错开 120°的偏心轮组成如例 18.1 图所示;每一偏心轮的质量为0.5kg,其偏心距为 12mm。设在平衡基面 Ⅰ 和 Ⅱ 中各装一个平衡质量 m_{I} 和 m_{II} 使之平衡,其回转半径为 10mm。其他尺寸如图(单位为 mm),试用矢量图解法求 m_{I} 和 m_{II} 的大小和位置,并用解析法进行校核。

解析　本例为一典型的形状不对称回转件用矢量图解法和解析法进行动平衡计算实例。

如例 18.1 解图(a)所示建立 x、y、z 坐标系,设Ⅰ,Ⅱ面内所加平衡质量和向径为 m_{I},m_{II} 和 $\boldsymbol{r}_{\mathrm{I}}$,$\boldsymbol{r}_{\mathrm{II}}$。$l_A=40\text{mm}$,$l_B=1100\text{mm}$,$l_C=180\text{mm}$,$l=220\text{mm}$,质径积 $m_A\boldsymbol{r}_A$,$m_B\boldsymbol{r}_B$,$m_C\boldsymbol{r}_C$ 的方向如图所示,其大小均为 $0.5\text{kg}\times12\text{mm}=6\text{kg}\cdot\text{mm}$。各质径积对Ⅰ面与 z 轴交点 K 的力矩和为零,取比尺 $\mu_1=20\text{kg}\cdot\text{mm/mm}$,作例 18.1 解图(b)所示向量图 $OabcO$,量得 $\overline{cO}$ 长约 36mm,表明Ⅱ面上所加平衡质径积的大小应为 $m_1r_{\mathrm{II}}=\overline{cO}\cdot\mu_1/l=36\times20/200=3.3(\text{kg}\cdot\text{mm})$,$m_{\mathrm{II}}$ 应在第Ⅲ象限,与 y 轴正向逆钟向成 150°。各质径积在 xOy 平面向量和为零,取比尺 $\mu_2=0.2\text{kg}\cdot\text{mm/mm}$ 作例 18.1 解图(c)所示向量图 $O'a'b'c'$Ⅱ$'O'$,量得Ⅱ$'O'$长约 16.5mm,表明Ⅰ面上所加平衡质量积的大小应为 $m_{\mathrm{I}}r_{\mathrm{I}}=\overline{\mathrm{II}'O'}\cdot\mu_2=16.5\times0.2=3.3(\text{kg}\cdot\text{mm})$,$m_1$ 应在第Ⅰ象限,与 y 轴正向顺钟向成 30°。因平衡质量位置半径 $r_{\mathrm{I}}=r_{\mathrm{II}}=10\text{mm}$,则平衡质量 $m_{\mathrm{I}}=m_{\mathrm{II}}=3.3/10=0.33(\text{kg})$。

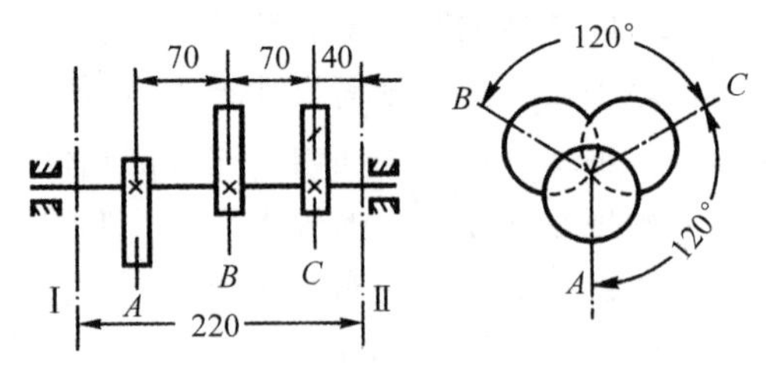

例 18.1 图

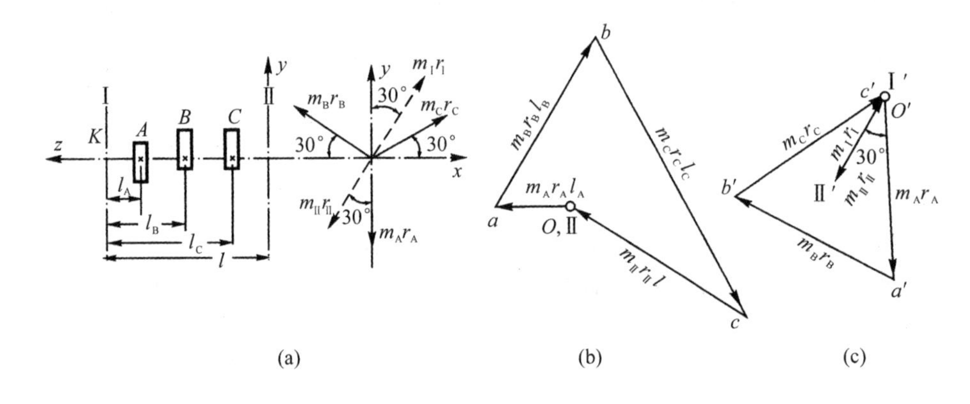

例 18.1 解图

本题用解析法校核如下:

$\sum x=0$,$m_Cr_c\cos30^\circ+m_1r_1\cos60^\circ-m_Br_B\cos30^\circ-m_{\mathrm{II}}r_{\mathrm{II}}\cos60^\circ=0$,即 $0.5\times12\times0.866+m_{\mathrm{I}}\times10\times0.5-0.5\times12\times0.866-m_{\mathrm{II}}\times10\times0.5=0$,得 $m_{\mathrm{I}}=m_{\mathrm{II}}$;$\sum M_K(yz)=0$,$-m_Ar_Al_A+m_Br_B\cos60^\circ\cdot l_B+m_cr_c\cos60^\circ\cdot l_c-m_{\mathrm{II}}r_{\mathrm{II}}\cos30^\circ\cdot l=0$,即 $-0.5\times12\times40+0.5\times12\times0.5\times110+0.5\times12\times0.5\times180-m_{\mathrm{II}}\times10\times0.866\times220=0$,解得 $m_{\mathrm{II}}=0.33\text{kg}$,校核符合。

五、思考题与练习题

题 18.1 何谓回转件的静平衡与动平衡?其平衡方法的原理是什么?分别适用于什么情况?

题 18.2 题 18.2 图所示圆盘直径 $D=440\text{mm}$,厚 $b=20\text{mm}$,盘上两孔直径及位置为 $d_1=40\text{mm}$,$d_2=50\text{mm}$,$r_1=100\text{mm}$,$r_2=140\text{mm}$,$\alpha=90^\circ$。欲在盘上再制一孔使之平衡,孔的向径 $r=150\text{mm}$,试求该孔直径 d 及位置角。

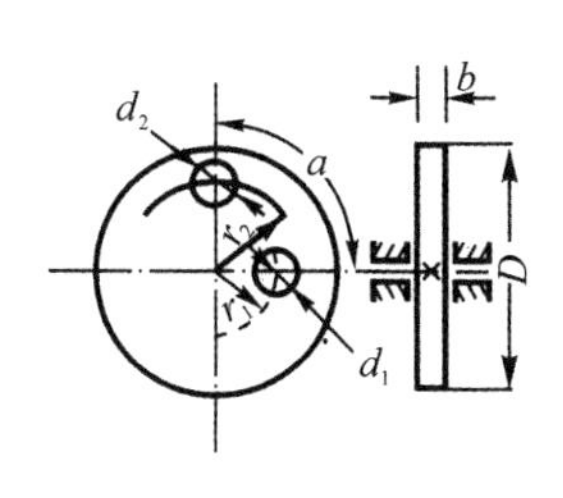

题 18.2 图

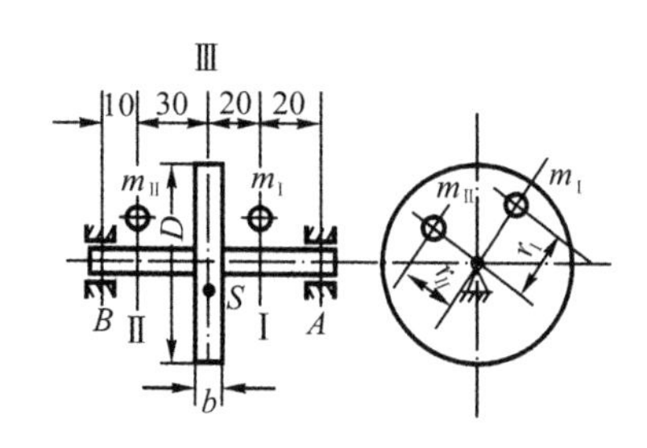

题 18.3 图

题 18.3　一质量为 220kg 的回转件如题 18.3 图所示，其质心 S 在平面Ⅱ内且偏离回转轴线。该回转件 $D/b>5$，由于结构限制，只能在平面Ⅰ、Ⅱ内两相互垂直方向上安装质量 m_{I}，m_{II} 使其达到静平衡。已知 $m_{\mathrm{I}}=m_{\mathrm{II}}=2\mathrm{kg}$，$r_{\mathrm{I}}=200\mathrm{mm}$，$r_{\mathrm{II}}=150\mathrm{mm}$，其他尺寸如图(单位为 mm)，求该回转件质心 S 的偏移量及其位置。又校正后该回转件是否仍需要进行动平衡？试比较转速为 3000r/min 时，加质量 m_{I}，m_{II} 前后，两支承 A，B 上所受的动压力。

题 18.4　你对回转件的平衡原理与方法以及对非回转运动件平衡、整机平衡有什么创意构思？

第三篇　提升拓展专题内容学习指导

Ⅰ　机械原理部分专题

Ⅰ-1　空间机构的自由度

一、主要内容与学习要求

主要内容是：

1)空间运动副；

2)空间机构自由度。

学习要求是：

1)掌握常用空间运动副的代表符号、约束与分级；

2)正确计算一般空间机构的自由度。

二、重点与难点

重点是：正确计算一般空间机构的自由度。

难点是：同时具有空间运动副和平面运动副的机构自由度计算。

三、学习指导与提示

(一)常用空间运动副的代表符号、约束与分级

1)作空间运动的自由构件具有6个自由度(图Ⅰ-1.1)沿x、y、z三个垂直方向移动和绕x、y、z轴的转动)；

2)两个构件组成空间运动副，引入s个约束，其相对运动自由度为$6-s$个；

3)掌握常用空间运动副代表符号及其约束(见表Ⅰ-1.1)，根据其约束数目将空间运动副分为五级；引入一个约束的运动副为Ⅰ级，引入两个约束的为Ⅱ级，依次类推，最末为Ⅴ级副。

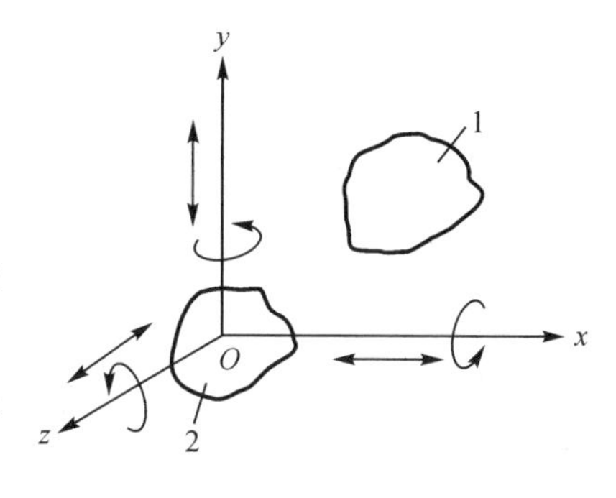

图Ⅰ-1.1

表Ⅰ-1.1　常用空间运动副的代表符号及其约束

名称	点高副	线高副	平面副	球面副	球销副	圆柱副	螺旋副
图形							
简图符号							
约束数	1	2	3	3	4	4	5

(二)正确计算空间机构自由度

1)空间机构自由度 F 的计算公式为

$$F=6n-(5P_5+4P_4+3P_3+2P_2+P_1) \tag{Ⅰ-1.1}$$

式中:n 为活动构件数;P_5、P_4、P_3、P_2、P_1 相应为所含Ⅴ级、Ⅳ级、Ⅲ级、Ⅱ级、Ⅰ级空间运动副的数目。

2)注意:平面高副和平面低副在平面机构中分别具有两个自由度和一个自由度,若其出现在空间机构中,则分别具有 4 个约束和 5 个约束,因此在计算空间机构自由度公式中应分别作为空间Ⅳ级副和空间Ⅴ级副。

四、例题精选与解析

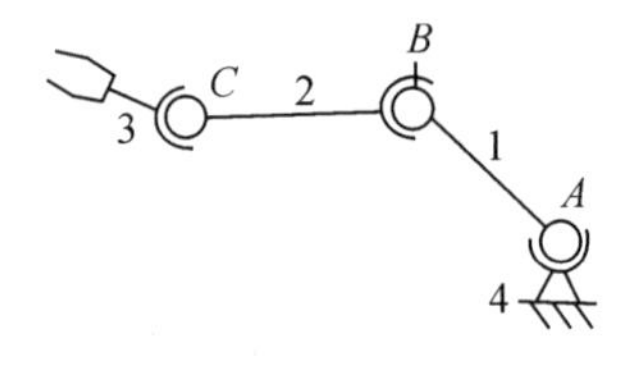

例Ⅰ-1.1 图

例Ⅰ-1.1　试计算例Ⅰ-1.1 图所示机械臂的自由度。

解析　从相对运动模拟将人体肩部视为机架,肩关节和腕关节视为球面副 A 和 C,肘关节视为球销副 B,将 $n=3$,$P_4=1$,$P_3=2$,$P_1=P_2=P_5=0$ 代入式(Ⅰ-1.1)可得其自由度为

$$F=6n-4P_5-3P_3=6\times3-4\times1-3\times2=8>6$$

这表明该机械臂运动的灵活性很大,具有较好的空间绕障功能。

例Ⅰ-1.2　试计算例Ⅰ-1.2 图所示割草机割刀机构的自由度。

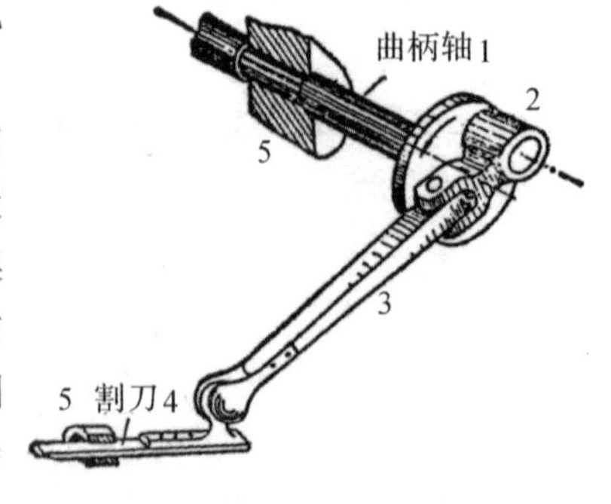

例Ⅰ-1.2 图

解析　本例为既有空间运动副又有平面运动副的空间机构,在应用空间机构自由度计算公式时,应将平面运动副按其空间约束情况作空间运动副分级。本例除机架 5 外,有四个活动构件(1、2、3、4),三个平面回转副(1 与 5、1 与 2、2 与 3),一个平面移动副(4 与 5)和一个球面副(3 与 4),计算该空间机构的自由度时,应为 $n=4$,$P_5=4$,$P_3=1$,$P_4=P_2=P_1=0$ 代入式(Ⅰ-1.1),可得其自由度为

$$F=6n-5P_5-3P_3=6\times4-5\times4-3\times1=1$$

五、思考题与练习题

题Ⅰ-1.1 试述自由构件作空间运动和平面运动所具有的自由度。

题Ⅰ-1.2 试述常用空间运动副的代表符号、约束与分级。

题Ⅰ-1.3 试述一般空间机构自由度计算公式的含义。对同时具有平面运动副和空间运动副的机构如何正确应用空间机构自由度计算公式?

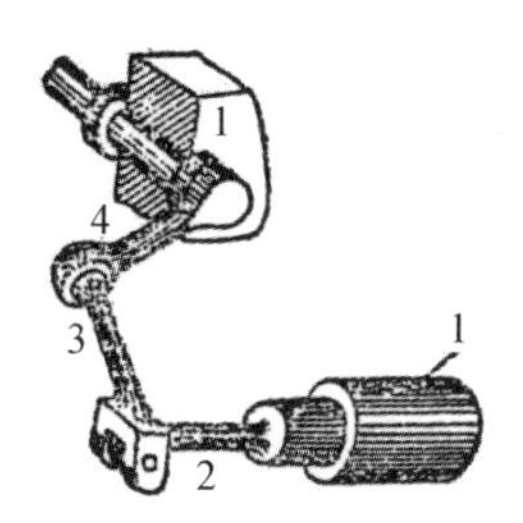

题Ⅰ-1.4 图

题Ⅰ-1.4 试计算题Ⅰ-1.4 图所示自动驾驶仪操舵装置的空间四杆机构自由度并绘制其运动简图。(提示:活塞 2 可在缸体 1 中移动和转动,活塞 2 与连杆 3 相对转动,连杆 3 与摇杆 4 为球面铰接)

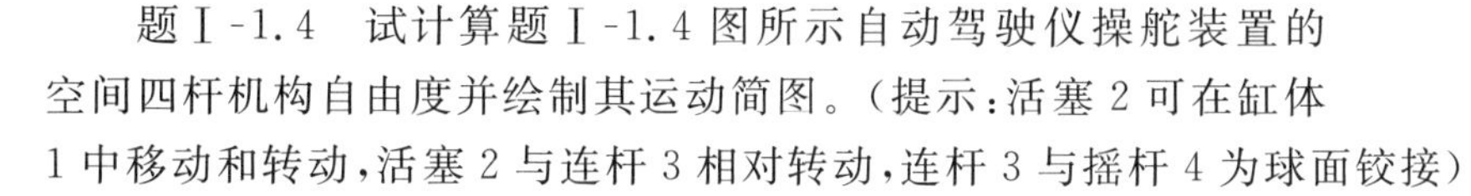

Ⅰ-2 平面机构的组成原理和结构分析

一、主要内容与学习要求

主要内容是:

1)平面机构的高副低代;

2)平面机构的组成原理;

3)平面机构的结构分析。

学习要求是:

1)掌握平面机构高副低代的含义及方法;

2)掌握平面机构组成原理的含义及应用;

3)掌握平面机构结构分析的方法与应用。

二、重点与难点

重点是:掌握平面机构组成原理以及高副低代、结构分析的方法与应用。

难点是:平面机构结构分析确定机构级别。

三、学习指导与提示

(一)概述

在掌握零件、构件、运动副、运动链、运动简图、自由度计算、机构与机械组成的基础上,拓展学习机构的组成原理和结构分析以更方便地进行机构的运动分析和设计改进乃至创意新的机构。

(二)平面机构的高副低代

1)为便于分析平面机构,将其中的高副根据一定的条件虚拟地用低副等效替代(机构的自由度、瞬时速度和瞬时加速度均不变)称为高副低代。

2)高副低代的方法是用带有两个回转副的一个构件来代替一个高副,这两个回转副分别处于高副两元素接触点的曲率中心。若高副两元素之一为直线(曲率中心在无穷远处),此时替代的回转副演化成移动副;若两接触轮廓为一点(曲率半径为零),曲率中心与两轮廓接触点重合。

3)需要注意:①机构处于不同位置时将有不同的瞬时替代机构(基本型式不变);②高副低代只便于对机构进行自由度计算、机构组成分析和运动分析,但不能用于机构的力分析。

(三)平面机构的组成原理

1)机构由原动件、从动件系统和机架组成,其从动件系统的自由度数应为零。

2)若将从动件系统分解为若干个最简单的、不可再分的、自由度为零的运动链,这种运动链称为基本杆组或简称杆组。

3)任何机构都可以看成是由若干个基本杆组依次连接于原动件和机架上所组成的运动链,这就是机构的组成原理。

4)由 n 个活动构件和 P_L 个低副组成杆组的基本条件是 $P_L=3n/2$;显然,P_L 为整数,n 为 2 的整倍数。具有两个构件和三个低副的基本杆组称为Ⅱ级组,具四个构件和六个低副的基本杆组称为Ⅲ级组;Ⅱ级组是最简单的平面基本杆组,它有五种基本型式。

5)在同一机构中可包含不同级别的基本杆组,把机构中所包含的基本杆组的最高级别称为机构的级别。

(四)平面机构的结构分析

1)机构结构分析就是将该机构分解为原动件、机架和若干个基本杆组,从而了解机构的组成并确定机构的级别,便于进一步分析机构。

2)平面机构结构分析的一般步骤是:①除去虚约束和局部自由度,计算机构的自由度并确定原动件;②进行高副低代;③拆分杆组、确定机构的级别。

3)拆分杆组需注意:①应从远离原动件处着手,每次先试拆Ⅱ级杆组,没有Ⅱ级杆组时再试拆Ⅲ级杆组;每拆出一个杆组后,剩下的部分仍能组成枫构且自由度与原机构相同,直至拆出全部杆组,最后只剩下原动件和机架组成的Ⅰ级机构;②在对一个机构拆分杆组时,各个运动副的符号只能出现一次,在原动件上与基本杆组相连接的那一端不能带有运动副,同一基本杆组上的多个外接运动副不能与另一基本杆组上的同一构件相连;③对同一机构,当主动件不同时,机构的级别可能不同。

四、例题精选与解析

例Ⅰ-2.1 试分析例Ⅰ-2.1图所示平面机构的结构并确定机构的级别。

解析 本例对具回转副、移动副、高副且具局部自由度和虚约束的平面机构进行结构分析并确定机构级别进行实践训练。

(1)除去机构中构件 2 与 2′的局部自由度以及构件 4 与机架 5 的虚约束,计算机构的自

由度 $F=3n-2P_L-P_H=3\times4-2\times5-1=1$，以构件 1 为原动件，机构具有确定运动。

(2)进行高副低代画出其替代机构，得到Ⅰ-2.1 解图(a)所示的平面低副机构。

(3)进行机构结构分析。可依次拆出构件 4 与 3 和构件 2 与 6 两个Ⅱ级组，最后剩下原动件 1 和机架 5 组成Ⅰ级机构，如Ⅰ-2.1 解图(b)所示。

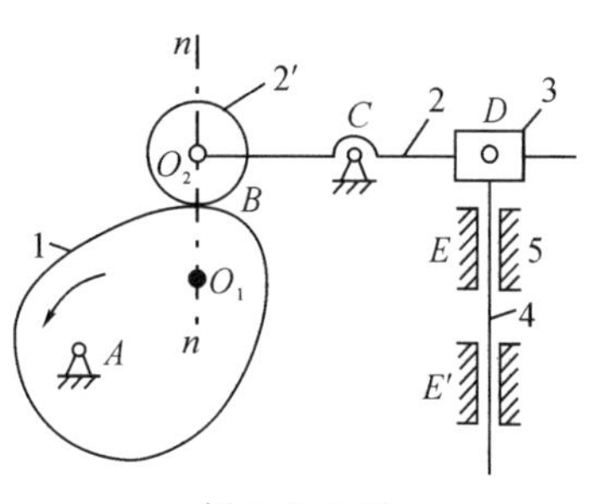

例Ⅰ-2.1 图

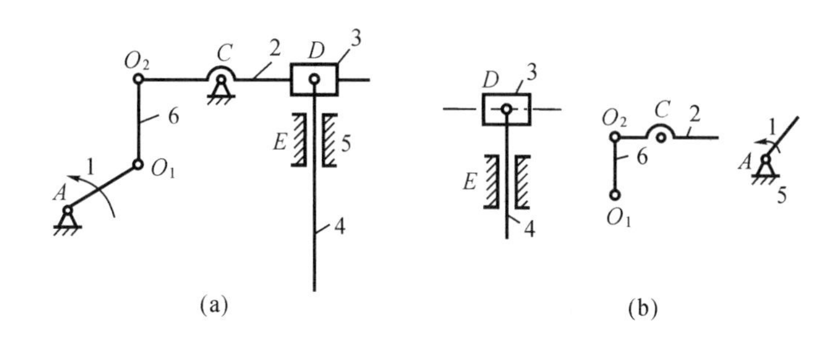

例Ⅰ-2.1 解图

(4)确定机构的级别。由于拆出的最高级别的杆组是Ⅱ级组，故此机构为Ⅱ级机构。

例Ⅰ-2.2 试分析例Ⅰ-2.2 图所示平面机构并确定机构级别。

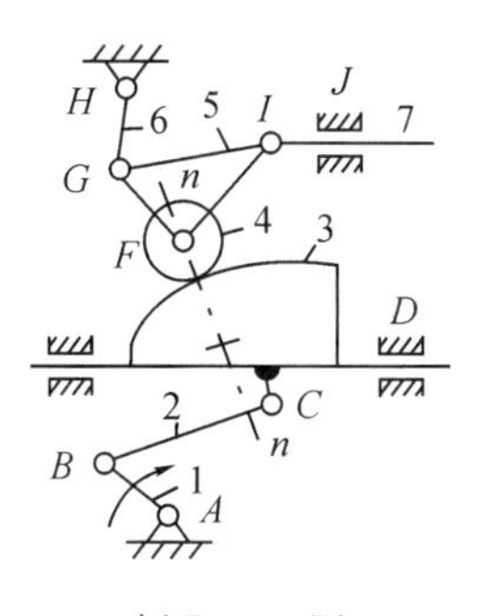

例Ⅰ-2.2 图

解析 本例为较典型的平面机构结构分析题目。

(1)对例Ⅰ-2.2 图初步分析，共有七个活动构件，其中构件 1 和构件 7 分别为原动件和输出件。

(2)去除局部自由度、虚约束，高副低代并画出瞬时替代机构运动简图，如例Ⅰ-2.2 解图(a)所示。

(3)进行机构结构分析。依次拆出构件 5 与构件 4、6、7 组成的Ⅲ级副和构件 2、3 组成的Ⅱ级副，最后剩下构件 1 与机架组成的Ⅰ级机构，如例Ⅰ-2.2 解图(b)、(c)、(d)所示，机构级别为Ⅲ级。

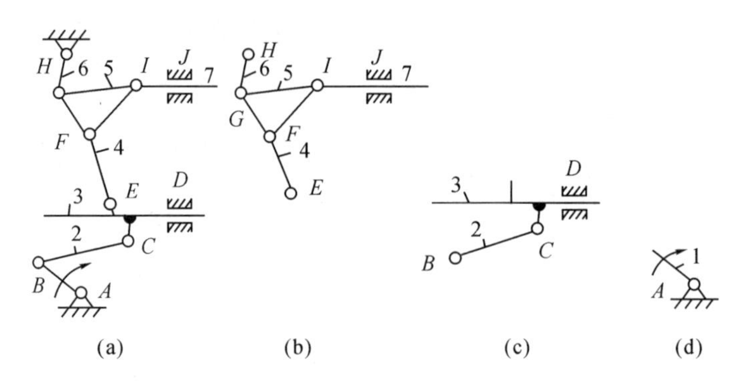

例Ⅰ-2.2 解图

五、思考题与练习题

题Ⅰ-2.1 何谓平面机构的“高副低代”？高副低代有何意义？高副低代应满足的条件是什么？

题Ⅰ-2.2 何谓机构的组成原理？何谓基本杆组，它具有什么特性？组成基本杆组的条件是什么？如何确定基本杆组的级别？常用的Ⅱ级组、Ⅲ级组有哪些型式？影响机构级别变化的因素是什么？

题Ⅰ-2.3 平面机构结构分析的目的是什么？如何确定机构的级别？

题Ⅰ-2.4 计算题Ⅰ-2.4 图所示机构的自由度；试将其中的高副由低副替代并确定机构所含杆组和机构的级别(凸轮 1 为原动件)。

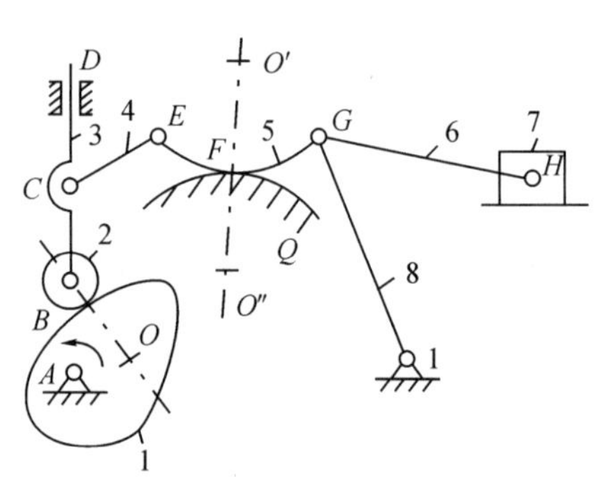

题Ⅰ-2.4 图

Ⅰ-3 平面机构的运动分析

一、主要内容与学习要求

主要内容是：

1)速度瞬心位置确定和用速度瞬心法求机构速度；

2)用矢量方程图解法进行平面机构运动分析；

3)用解析法进行平面机构运动分析。

学习要求是：

1)熟悉平面机构运动分析的任务及其理论基础；

2)正确理解速度瞬心的概念，能运用“三心定理”确定一般平面机构各瞬心的位置，并能用瞬心法对简单高、低副机构进行运动分析。

3)能用矢量方程图解法或解析法对Ⅱ级机构进行运动分析。

二、重点与难点

重点是:用速度瞬心法进行机构的速度分析和用矢量方程图解法或解析法进行运动分析。

难点是:两构件上的重合点之间的速度和加速度分析,特别是哥氏加速度方向的确定。

三、学习指导与提示

(一)概述

平面机构运动分析的任务是:在已知平面机构运动学尺寸、机构位置和原动件运动规律的情况下,求其余活动构件的运动规律(所求点的位置、轨迹、位移、速度、加速度,构件的角位移、角速度、角加速度)。这些内容对评析现有机构或改进与创意新机构常是重要的。

平面机构运动分析的方法主要有图解法和解析法。需要注意:运动分析的理论基础是理论力学中的运动学,这部分内容应预先认真掌握和厘清。

(二)用速度瞬心法对平面机构作速度分析

1)两构件作平面相对运动时,在任一瞬时其相对运动都可以看作是绕其某一重合点的转动,该重合点称为瞬心。瞬心是两构件上瞬时相对速度为零的重合点,也是两构件上绝对速度相同的重合点。若瞬心处的绝对速度为零则该瞬心称为绝对瞬心,否则称为相对瞬心。

2)由 N 个构件(含机架)组成的机构的瞬心总数 K 应为:$K=N(N-1)/2$。

3)组成运动副的两构件的相对瞬心之确定:①组成回转副的两构件的相对瞬心就是回转副的中心点;②组成移动副的两构件的相对瞬心位于垂直于导路方向的无穷远处;③组成纯滚动高副的两构件的相对瞬心就是高副的接触点;④两构件组成兼有滑动和滚动的高副,其相对瞬心位于过接触点的公法线上,但确切位置还需根据其他条件(相对滑动速度及相对滚动的角速度大小和方向)才能确定。

4)不组成运动副的两构件的相对瞬心借助“三心定理”来确定。所谓三心定理,即作平面运动的三个构件之间共有三个瞬心,且它们必位于同一直线上。

5)用速度瞬心法进行机构速度分析应作出该机构运动简图、确定出各瞬心的位置,利用相对瞬心是两构件同速点的概念,设法将从动件和已知运动规律的构件的关系建立起来,由此可求从动件的角速度和线速度。

6)需要注意:瞬心法适用于对简单的平面机构,特别是平面高副机构进行速度分析,但不适用于求解机构的加速度问题。

(三)用矢量方程图解法对平面机构进行运动分析

1)机构运动分析的矢量图解法(又称相对运动图解法)就是利用机构构件上各点之间的相对运动关系,列出它们之间的速度(或加速度)矢量方程式,然后按一定比例尺根据所列方程式作出相应的矢量多边形进行求解。

2)速度(或加速度)矢量方程

(1)同一构件两点间的速度(或加速度)矢量方程

如图Ⅰ-3.1(a)所示,B、A为同一构件上的两点,已知基点A的速度v_A、加速度$\boldsymbol{a}_A$和构件的角加速度$\boldsymbol{\omega}$、角加速度$\boldsymbol{\alpha}$。求B点的速度v_B和加速度$\boldsymbol{a}_B$。

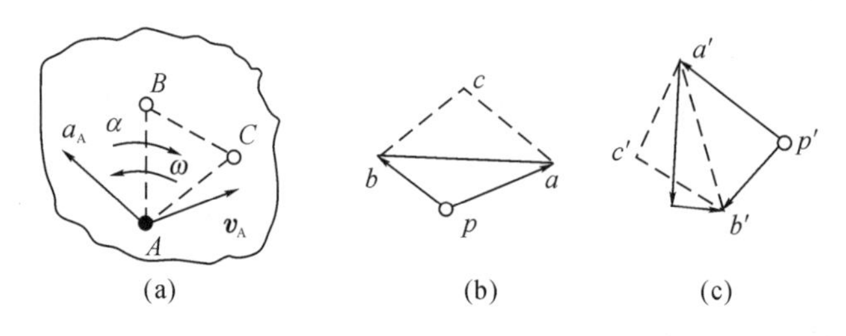

图Ⅰ-3.1

现分别列出点B相对点A的速度和加速度的矢量方程;式中v_{BA}、a_{BA}^n、a_{BA}^t分别为点B对点A的相对速度、相对法向加速度和相对切向加速度。一个矢量是由其大小和方向两个参量确定的,对矢量方程中每一矢量的大小和方向逐项进行计算分析与判断,并在其下予以标注,未知项标注符号"?",已知项标注符号"√"或必要的附注。一个矢量方程可求出其中两个未知参量。

速度矢量方程:	v_B	= v_A	+ v_{BA}	加速度矢量方程:	$\boldsymbol{a}_B$	= $\boldsymbol{a}_A$	+ $\boldsymbol{a}_{BA}^n$	+ $\boldsymbol{a}_{BA}^t$
方向:	?	√	$\perp BA$	方向:	?	√	$B \to A$	$\perp BA$
大小:	?	√	ωl_{BA}	大小:	?	√	$\omega^2 l_{BA}$	αl_{BA}

(二)组成移动副的两构件重合点的速度(或加速度)矢量方程

如图Ⅰ-3.2(a)所示的四杆机构中,已知机构的位置、各构件的长度和构件1的等角速度$\boldsymbol{\omega}_1$。求构件3的角速度$\boldsymbol{\omega}_3$和角加速度$\boldsymbol{\alpha}_3$。

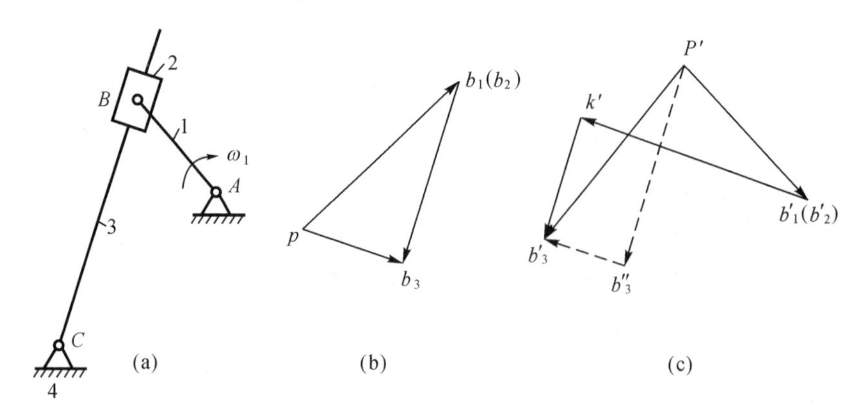

图Ⅰ-3.2

构件2、3组成移动副,构件2上的点B_2与构件3上的点B_3为组成移动副两构件的重合点。现分别列出点B_3相对点B_2的速度和加速度的矢量方程;式中v_{B_3}、v_{B_2}、$v_{B_3B_2}$分别为两重合点B_3、B_2的速度和点B_3对点B_2的相对速度,$\boldsymbol{a}_{B_3B_2}^n$和$\boldsymbol{a}_{B_3B_2}^t$是点$B_3$加速度矢量$\boldsymbol{a}_{B_3}$的法向和切向分矢量,$\boldsymbol{a}_{B_2}$是点$B_2$的加速度矢量,$\boldsymbol{a}_{B_3B_2}^r$和$\boldsymbol{a}_{B_3B_2}^K$是点$B_3$对点$B_2$的相对加速

度和哥氏加速度。

速度矢量方程：$v_{B_3} = v_{B_2} + v_{B_3B_2}$

方向：$\perp BC$　$\perp BA$　$/\!/ BC$

大小：?　$\omega_1 l_{BA}$　?

加速度矢量方程：$\boldsymbol{a}^n_{B_3B_2} + \boldsymbol{a}^t_{B_3B_2} = \boldsymbol{a}_{B_2} + \boldsymbol{a}^K_{B_3B_2} + \boldsymbol{a}^r_{B_3B_2}$

方向：$B_3 \to C$　$\perp B_3C$　$B_2 \to A$　$\perp B_3C$　$/\!/ B_3C$

大小：$\omega_3^2 l_{B_3C}$　?　$\omega_1^2 l_{BA}$　$2\omega_2 v_{B_3B_2}$　?

3)运动矢量方程的图解

(1)速度(或加速度)多边形、速度(或加速度)影象

根据速度(或加速度)矢量方程按一定的比尺作出的由各速度(或加速度)矢量构成的图形称为速度(或加速度)多边形。求解图Ⅰ-3.1(a)所列速度(或加速度)矢量方程的速度(或加速度)多边形见图Ⅰ-3.1(b)和图Ⅰ-3.1(c)；求解图Ⅰ-3.2(a)所列速度(或加速度)矢量方程的速度(或加速度)多边形见图Ⅰ-3.2(b)和图Ⅰ-3.2(c)。在速度(或加速度)多边形中作图起始点 p(或 p')称为速度(或加速度)多边形的极点。由极点 p(或 p')向外发射的矢量代表构件中同名点的绝对速度(或绝对加速度)；连接速度(或加速度)多边形中两绝对速度(或绝对加速度)矢量终点的矢量则代表该两终点间的相对速度(或相对加速度)，其指向与速度(或加速度)的角标相反。

图Ⅰ-3.1(a)中 C 为构件上 A、B 两点以外的另一个任意点，在速度(或加速度)多边形中作与$\triangle ABC$几何相似且角标字母顺序相同的速度(或加速度)影象$\triangle abc$(或$\triangle a'b'c'$)，则$\overrightarrow{pc}$(或$\overrightarrow{p'c'}$)便代表 C 点的速度矢量v_C(或加速度矢量 $\boldsymbol{a}_C$)。

2)需要注意：①机构运动分析常从已知运动的主动件开始，按运动传递路线建立运动矢量方程图解确定所求运动；②选取适当的长度比尺 μ_l(m/mm)、速度比尺 μ_v(m · s^{-1}/mm)、加速度比尺 μ_a(m · s^{-2}/m)，正确进行实际量与图示长度之间相互转换计算，③速度影像和加速度影象原理只能应用于机构中同一构件而不能用于不同构件；④同一构件的速度图和加速度图上，各点的角标字母的顺序必须与构件上对应点的角标字母的顺序一致；⑤解题过程还应逐项检查有否出错(如相对运动中“谁相对谁”以及哥氏加速度的大小、方向等问题)，某一环出错势必波及后继结果。

(四)用解析法对平面机构进行运动分析

1)用解析法作机构的运动分析，首先是建立机构的位置矢量封闭方程式，然后将方程式对时间求一阶和二阶导数即可求得机构的速度和加速度方程，进而解出所需位移、速度、加速度等运动参数或表达式。

2)由于所用的数学工具不同，常用的解析法有矢量法(矢量计算求解)，复数矢量法(复数矢量运算求解)和矩阵法(机构速度和加速度方程写成矩阵形式用计算机标准程序求解)等。解析法精度高，随着计算机的普及，应用日渐增多。

(五)运动线图

上述运动分析是仅就机构在某一位置时来分析其运动情况，但实际上常需要知道在整个运动循环中机构的运动变化规律。为此可用图解法或解析法求出的机构在彼此相距很近的一系列位置时的位移、速度和加速度，然后将所得的这些值对时间 t(或原动件转角 φ)画成图，这种图称为运动线图。

四、例题精选与解析

例Ⅰ-3.1 在例Ⅰ-3.1图所示的平面四杆机构中，已知四个杆件的长度和原动件1以角速度ω_1顺时针方向回转，试用瞬心法求图示位置从动件3的角速度ω_3的大小和方向。

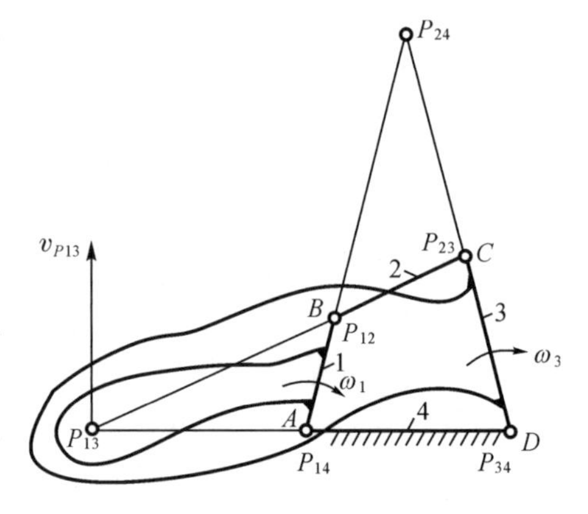

例Ⅰ-3.1图

解析 本例为全回转副机构三心定理的运用。

求该机构总瞬心数$K=N(N-1)/2=4(4-1)/2=6$，由图可知其中四个回转副A、B、C、D分别为瞬心P_{14}、P_{12}、P_{23}和P_{34}。由三心定理确定瞬心P_{24}和P_{13}的位置。P_{24}应在三构件1、2、4两个瞬心P_{14}和P_{12}连线上，又在构件2、3、4两个瞬心P_{23}和P_{34}连线上，故P_{24}应在上述两直线交点上。同理瞬心P_{13}应在直线P_{14}、P_{34}和直线P_{12}、P_{23}的交点上。

由瞬心定义可知P_{13}为构件1和构件3的等速重合点，则有$v_{P13}=\omega_1\ \overline{P_{14}P_{13}}\mu_l=\omega_3\ \overline{P_{34}P_{13}}\mu_l$，由此可以求得$\omega_3=\omega_1(\overline{P_{14}P_{13}}/\overline{P_{3A}P_{13}})$，

如图所示相对速度瞬心P_{13}在绝对速度瞬心P_{34}、P_{14}的同一侧，故ω_3与ω_1转向相同（若P_{13}在P_{34}、P_{14}之间则ω_3与ω_1转向相反）。通过本例建议思考：①$\omega_1/\omega_3=\overline{P_{34}P_{13}}/\overline{P_{14}P_{13}}$说明什么问题？②用同样方法是否可以求得该机构其他任意两构件的角速比？

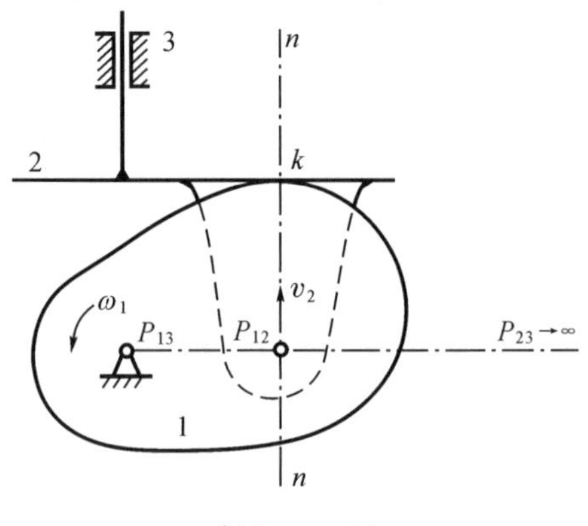

例Ⅰ-3.2图

例Ⅰ-3.2 在例Ⅰ-3.2图所示的平底直动从动件凸轮机构中，已知原动件凸轮1以角速度ω_1逆时针方向回转，试用瞬心法求图示位置从动件2的线速度v_2的大小和方向。

解析 本例为用瞬心法求解含有高副机构的速度问题。

求该机构总瞬心数$K=N(N-1)/2=3(3-1)/2=3$，由图可知构件1.3组成回转副，首先确定其瞬心P_{13}在回转副中心；构件1、2组成凸轮高副，其瞬心P_{12}应在过高副接触点法线$n-n$上，构件2、3组成移动副，其瞬心P_{23}应在垂直于移动副导路的直线上；按三心定理可知P_{13}、P_{12}、P_{23}应位于同一直线上，故可确定P_{12}必在过P_{13}与$n-n$垂线的交点。又因瞬心P_{12}应是凸轮1和从动件2的等速重合点，故可求得图示位置从动件2的移动速度$v_2=v_{P12}=\omega_1\ \overline{P_{13}P_{12}}\mu_l$，方向向上。通过本例可以体会到：用瞬心法对简单的平面机构、特别是平面高副机构进行速度分析是比较简单的。

例Ⅰ-3.3 在例Ⅰ-3.3图示机构中，已知原动件1以等角速度$\omega_1=10\text{rad/s}$逆时针方向回转，$l_{AB}=15\text{mm}$，$l_{AD}=50\text{mm}$，$l_{BC}=25\text{mm}$，长度比尺$\mu_e=1\text{mm/mm}$，$\varphi_1=90°$。试用矢量方程图解法求构件2的角速度$\boldsymbol{\omega}_2$和角加速度$\boldsymbol{\alpha}_2$。

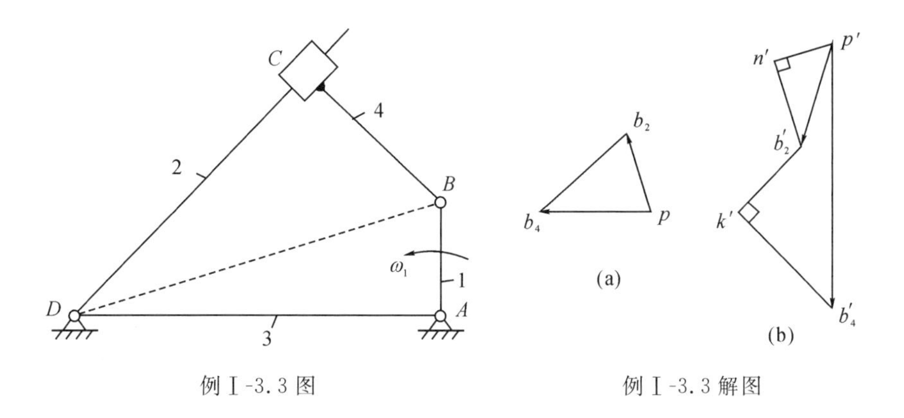

例Ⅰ-3.3 图　　　　例Ⅰ-3.3 解图

解析　本例较全面地训练用矢量方程图解法对机构进行运动分析，注意其中扩大构件选重合点以及哥氏加速度问题。

1)由题目可得 $v_{Bi}=\omega_1 l_{AB}=10\times0.015\text{m/s}=0.15\text{m/s}$，其方向垂直于 AB，指向与 ω_1 转向一致，$a_{B1}=a_{BA}^n=\omega_1^2 l_{AB}=10^2\times0.015\text{m/s}^2=1.5\text{m/s}^2$，其方向由 B 指向 A。构件 1、4 组成回转副，$v_{B4}=v_{B1}$，$\boldsymbol{a}_{B4}=\boldsymbol{a}_{B1}$，$D$、$B$ 现实际距离 $l_{BD}=\sqrt{l_{AD}^2+l_{AB}^2}=\sqrt{50^2+15^2}=52.2\text{mm}$。速度、加速度分析选由 B 点开始，构件 2 与构件 4 组成移动副，重合点 B_2(构件 2 可“扩大”)、B_4 建立速度、加速度矢量方程并用图解法求解。

2)作速度分析求 $\boldsymbol{\omega}_2$

构件 2、4 重合点 B_2、B_4 建立速度矢量方程并予逐项分析标注

$$
\begin{array}{llll}
 & v_{B2} = & v_{B4} + & v_{B_2B_4} \\
\text{方向} & \perp BD & \perp AB & /\!/ CD \\
\text{大小} & ? & \surd & ?
\end{array}
$$

式中只有两个未知参量，可用图解法求解。取点 p 为速度多边形极点，速度比尺 $\mu_v=0.01$ (m/s)mm，作速度多边形如Ⅰ-3.3 解图(a)所示，$v_{B2}=\mu_r\,\overline{pb_2}=0.01\times12.2\text{m/s}=0.122\text{m/s}$，其方向垂直于 BD，则

$$\omega_2=v_{B_2}/l_{BD}=0.122/0.522=2.33(\text{rad/s})\text{，其转向逆时针。}$$

3)作加速度分析求 $\boldsymbol{a}_2$

加速度分析步骤与速度分析相同。构件 2、4 重合点 B_2、B_4 建立加速度矢量方程并予逐项分析标注

$$
\begin{array}{llllll}
 & \boldsymbol{a}_{B_2}=\boldsymbol{a}_{B_4} + & \boldsymbol{a}_{B_2B_4}^k + & \boldsymbol{a}_{B_2B_4}^r = & \boldsymbol{a}_{B_2D}^n + & \boldsymbol{a}_{B_2D}^t \\
\text{方向} & B\to A & \perp CD & /\!/ CD & B\to D & \perp BD \\
\text{大小} & \surd & 2\omega_2 v_{B_2B_4} & ? & \omega_2^2 l_{BD} & ?
\end{array}
$$

式中 $\boldsymbol{a}_{B_2D}^n=\omega_2^2 l_{BD}=2.33^2\times0.522=0.283(\text{m/s}^2)$，$\boldsymbol{a}_{B_2B_4}^k=2\omega_2 v_{B_2B_4}=2\omega_2(\mu_v\,\overline{b_2b_4})=2\times2.33\times(0.01\times16)=0.75(\text{m/s}^2)$，只有两个未知参量，可用图解法求解。取点 p'' 为加速度多边形极点，加速度比尺 $\mu_a=0.04(\text{m/s}^2)/\text{mm}$，作加速度多边形如Ⅰ-3.3 解图(b)所示，$a_{B_2D}^t=\mu_n\times\overline{n'b_2'}=0.04\times12.1=0.484(\text{m/s}^2)$，$\alpha_2=a_{B_2D}^t/l_{BD}=0.484/0.0522=9.27(\text{rad/s}^2)$，其方向为顺时针。

例Ⅰ-3.4　在例Ⅰ-3.4 图所示机构中，已知各构件长度 l_1、l_2、l_3 和 l_4 以及原动件 1 以

等角速度 ω_1 作顺时针方向转动，试用解析法列出矩阵以便用计算机程序求解构件2及构件3的角位移、角速度和角加速度。

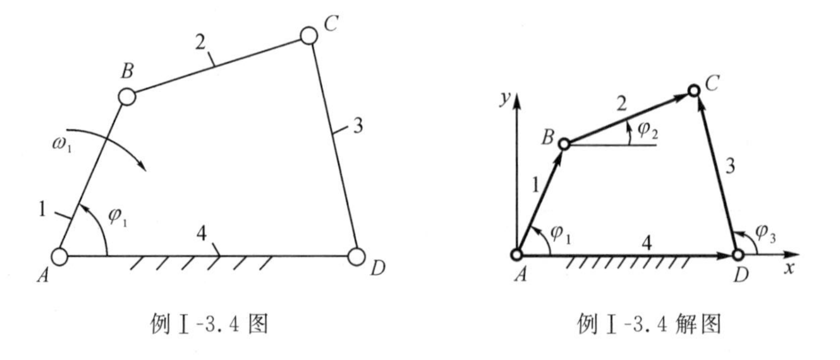

例Ⅰ-3.4图　　　　例Ⅰ-3.4解图

解析　本例训练从建立坐标系构造矢量封闭图形、用解析法矩阵形式求解平面机构运动的问题。

建立一个直角坐标系如例Ⅰ-3.4解图所示，并将各构件以矢量形式表示出来，构成一个封闭矢量图形(注意:坐标系和各构件的矢量方向的选取，均不影响解题结果)。由此可以写出该机构的封闭位置矢量方程式：$\boldsymbol{l}_1+\boldsymbol{l}_2-\boldsymbol{l}_3-\boldsymbol{l}_4=0$

将上式写成在 x、y 轴上的投影式

$$\begin{cases} l_1\cos\varphi_1+l_2\cos\varphi_2-l_3\cos\varphi_3-l_4=0 \\ l_1\sin\varphi_1+l_2\sin\varphi_2-l_3\sin\varphi_3=0 \end{cases}$$

式中：原动件1的转角 φ_1 是自变量，是已知的，仅有 φ_2、φ_3 为两个未知参量，故可求解。

将以上投影式对时间求一阶、二阶导数，便可得出构件2、3的角速度(ω_2、ω_3)和角加速度(α_2、α_3)的求解方程式分别为

$$\begin{cases} -l_2\sin\varphi_2\cdot\omega_2+l_3\sin\varphi_3\cdot\omega_3=l_1\sin\varphi_1\cdot\omega_1 \\ l_2\cos\varphi_2\cdot\omega_2-l_3\cos\varphi_3\cdot\omega_3=-l_1\cos\varphi_1\cdot\omega_1 \end{cases}$$

$$\begin{cases} -l_2\cos\varphi_2\cdot\omega_2^2-l_3\sin\varphi_2\cdot\alpha_2-l_3\cos\varphi_3\cdot\omega_3^2+l_3\sin\varphi_3\cdot\alpha_3=l_1\cos\varphi_1\cdot\omega_1^2 \\ -l_2\sin\varphi_2\cdot\omega_2^2+l_2\cos\varphi_2\cdot\alpha_2+l_3\sin\varphi_3\cdot\omega_3^2-l_3\cos\varphi_3\cdot\alpha_3=l_1\sin\varphi_1\cdot\omega_1^2 \end{cases}$$

将上述速度方程和加速方程写成矩阵形式分别为

$$\begin{bmatrix} -l_2\sin\varphi_2 & l_3\sin\varphi_3 \\ l_2\cos\varphi_2 & -l_3\cos\varphi_3 \end{bmatrix}\begin{bmatrix} \omega_2 \\ \omega_3 \end{bmatrix}=\omega_1\begin{bmatrix} -l_1\sin\varphi_1 \\ -l_1\cos\varphi_1 \end{bmatrix}$$

$$\begin{bmatrix} -l_2\sin\varphi_2 & l_3\sin\varphi_3 \\ l_2\cos\varphi_2 & -l_3\cos\varphi_3 \end{bmatrix}\begin{bmatrix} \alpha_2 \\ \alpha_3 \end{bmatrix}=\begin{bmatrix} -\omega_2 l_2\cos\varphi_2 & \omega_3 l_3\cos\varphi_3 \\ -\omega_2 l_2\sin\varphi_2 & \omega_3 l_3\sin\varphi_3 \end{bmatrix}\begin{bmatrix} \omega_2 \\ \omega_3 \end{bmatrix}+\begin{bmatrix} \omega_1 l_1\cos\varphi_1 \\ \omega_1 l_1\sin\varphi_1 \end{bmatrix}$$

便可利用计算机的标准程序进行求解。

五、思考题与练习题

题Ⅰ-3.1　平面机构运动分析的目的是什么？运动分析的主要方法是什么？试对运动分析方法加以分析比较。

题Ⅰ-3.2　何谓速度瞬心？相对瞬心与绝对瞬心有何异同点？如何计算由 N 个构件

(含机架)组成的机构的瞬心总数 K?

题Ⅰ-3.3 组成运动副的两构件的相对瞬心应如何确定?不组成运动副的两构件的相对瞬心应如何确定?试述"三心定理"的内涵。

题Ⅰ-3.4 试述用速度瞬心法进行机构速度分析的一般步骤。

题Ⅰ-3.5 题Ⅰ-3.5图所示各机构中,已知机构的运动尺寸,构件1为原动件以等角速度 ω_1 转动、方向如题Ⅰ-3.5图所示,试求各机构在图示位置时的所有速度瞬心。

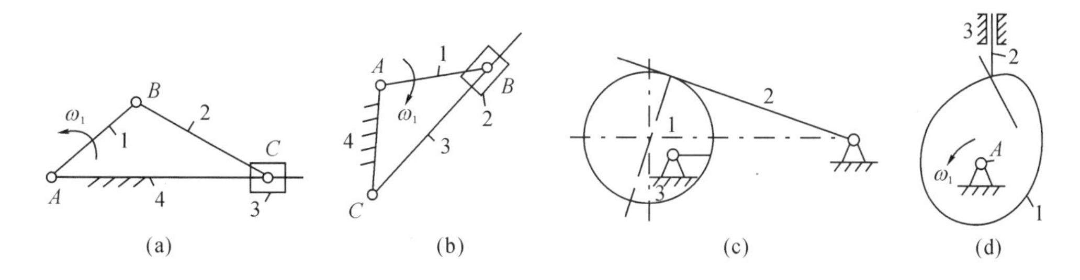

题Ⅰ-3.5图

题Ⅰ-3.6 在题Ⅰ-3.6图所示的机构中,已知各杆的长度 $l_{AB}=20\text{mm}$,$l_{BC}=34.5\text{mm}$,$l_{CE}=40\text{mm}$,$l_{AE}=60\text{mm}$,$l_{EF}=20\text{mm}$,$l_{DF}=44\text{mm}$,原动件1以等角速度 $\omega_1=160\text{rad/s}$ 顺时针转动,试用瞬心法求出机构在题Ⅰ-3.6图所示位置时杆5的角速度 $\boldsymbol{\omega}_5$。

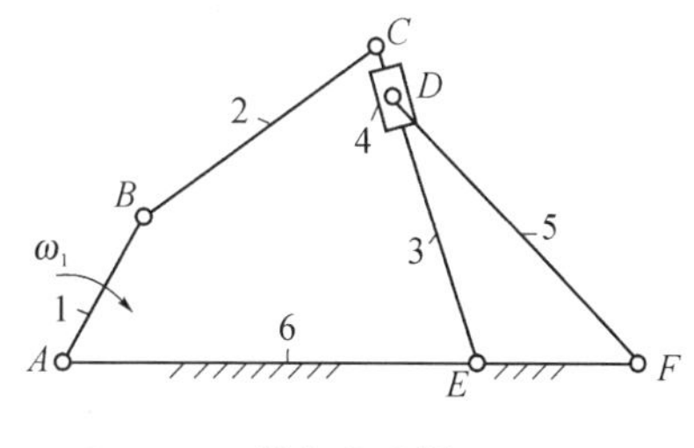

题Ⅰ-3.6图

题Ⅰ-3.7 试述用矢量方程图解法进行平面机构运动分析的原理。速度多边形和加速度多边形有哪些特性?何谓速度影像和加速度影像?它们应如何正确运用?

题Ⅰ-3.8 在哪种情况下有哥氏加速度?其大小如何计算?方向如何确定?

题Ⅰ-3.9 在题Ⅰ-3.9图所示机构中,已知 $l_{AE}=70\text{mm}$,$l_{AB}=40\text{mm}$,$l_{EF}=60\text{mm}$,$l_{DE}=35\text{mm}$,$l_{CD}=75\text{mm}$,$l_{BC}=50\text{mm}$,原动件1以等角速度 $\omega_1=10\text{rad/s}$ 逆时针方向转动。试以图解法,求在 $\varphi_1=50°$ 时 C 点的速度 v_c 和加速度 $\boldsymbol{a}_c$。

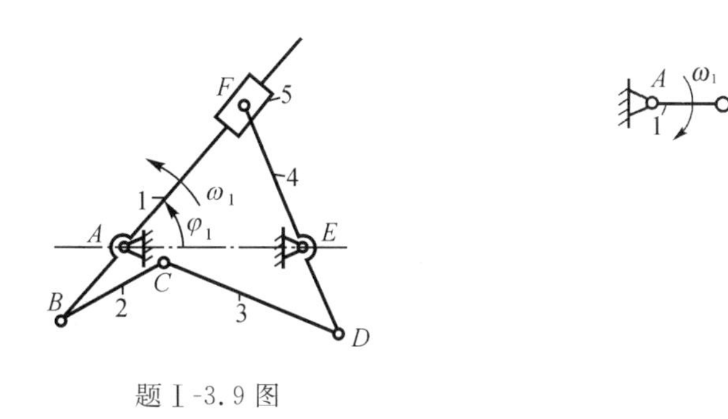

题Ⅰ-3.9图　　　　题Ⅰ-3.10图

题Ⅰ-3.10 在题Ⅰ-3.10图所示机构中,已知 $l_{AB}=100\text{mm}$,$l_{BC}=400\text{mm}$,$l_{BD}=l_{DE}=200\text{mm}$,原动件1以等角速度 $\omega_1=10\text{rad/s}$ 顺时针方向转动,试求:(1)作图示位置的速度多边形和加速度多边形;(2)ω_2、ω_4、α_2 及 α_4 的大小和方向;(3)杆5的速度 v_5 和加速度 α_5 的大

小和方向。

题Ⅰ-3.11 在题Ⅰ-3.11图所示凸轮机构中，已知凸轮1以等角速度$\omega_1=20\text{rad/s}$逆时针回转，凸轮为半径$R=30\text{mm}$的圆，其回转副为A。试用图解法求机构在图示位置时从动件2的速度v_2及加速度$\boldsymbol{a}_2$。（提示：先对机构进行高副低代，然后对其替代机构进行运动分析。

题Ⅰ-3.12 试述用解析法进行平面机构运动分析的原理与一般步骤，在书写位置方程、速度方程和加速度方程时应注意哪些问题？试用矩阵法对题Ⅰ-3.9图示机构进行运动分析，写出C点的位置速度及加速度的方程。

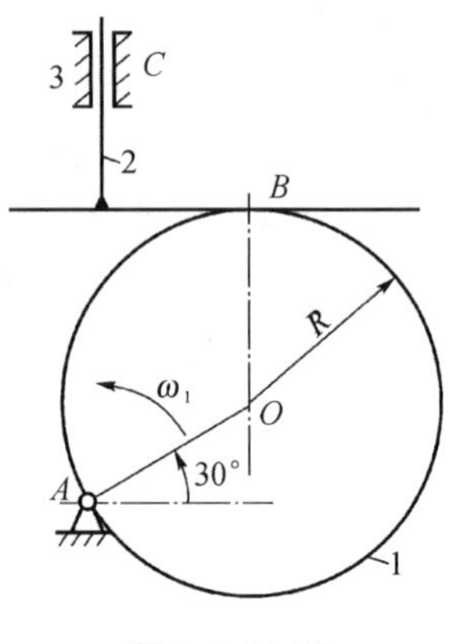

题Ⅰ-3.11图

Ⅰ-4 平面机构的力分析和机械效率与自锁

一、主要内容与学习要求

主要内容是：

(1)机构力分析的目的、原理和方法；

(2)不考虑摩擦时机构的力分析；

(3)考虑摩擦时机构的力分析；

(4)机械的效率和自锁。

学习要求是：

(1)了解机构中的各种力及机构力分析的目的、原理和方法；

(2)知悉、机构的平衡力(或平衡力矩)的涵意，熟悉平面机构动态静力分析的步骤，能用一般力学方法进行平面机构的力分析；

(3)掌握机械效率的涵意及其多种表达形式，掌握机械效率的计算方法与确定；

(4)掌握机械自锁的涵意及确定自锁条件的方法。

二、重点与难点

重点是：

(1)有关机械中各种力以及移动副、回转副中摩擦的概念，摩擦力(或力矩)的计算和运动副中总反力的确定；

(2)用一般力学方法进行平面机构的力分析；

(3)机械效率的涵意及机械效率计算；

(4)机械自锁的涵意及自锁条件的确定。

难点是：

平面机构中运动副中总反力作用线的确定和机构自锁条件的确定。

三、学习指导与提示

(一)概述

机械在工作的过程中,每个构件都受到各种力的作用,如驱动力、阻抗力、重力、变速运动时的惯性力以及在运动副中引起的约束反力等。

机构力分析的主要目的有两方面:(1)确定各运动副中的反力;(2)确定机械上的平衡力(或平衡力矩)。这些是研究机械动力性能、计算工作能力和确定相应构件尺寸与结构形状的重要依据。

平面机构力分析方法也有图解法和解析法。需要注意:受力分析的理论基础是理论力学中相关的动力学,特别是动态静力分析,这些内容应预先认真掌握和厘清。

(二)机构力分析原理

1)静力分析不计机械的惯性力,适用于低速轻型机械;动态静力分析计及机械的惯性力,适用于高速及重型机械。

2)确定构件惯性力的一般力学方法

作平面复合运动的构件 i 其惯性力系可简化为一个加在质心 S_i 处的惯性力 F_{Ii} 和惯性力偶矩 M_{Ii},如图Ⅰ-4.1 所示,二者的大小分别为 $F_I=m_ia s_i$ 和 $M_i=J_{si}\alpha_i$,方向分别与质心加速度 $\boldsymbol{a}_{si}$ 和角加速度 $\boldsymbol{\alpha}_i$ 反向,m_i、J_{si} 分别为构件 i 的质量和通过质心轴的转动惯量。

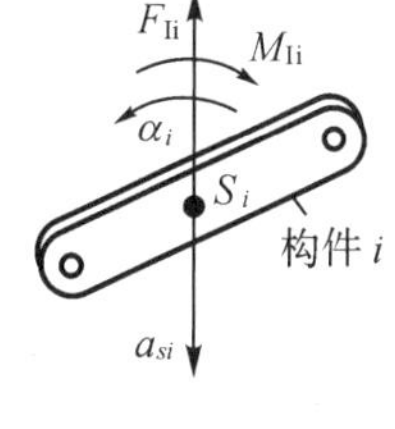

图Ⅰ-4.1

3)平衡力(或平衡力矩)是指与作用在机械上的全部外力以及当机械按给定规律运转时其各构件的惯性力相平衡的未知外力。

(三)不考虑摩擦时机构的力分析

1)构件组的静定条件:$3n=2P_L+P_H$,式中 n 为构件个数,P_L 为低副个数,P_H 为高副个数。注意,所有的基本杆组都满足静定条件。

2)不考虑摩擦时,回转副中的反力 $\boldsymbol{R}$ 通过回转副中心,大小、方向未知;移动副中的反力 $\boldsymbol{R}$ 沿导路法线方向,作用点的位置和大小未知;平面高副中的反力作用于高副两元素接触点 k 的公法线上,仅大小未知。

3)用图解法进行力分析

(1)对机构作运动分析以确定各构件的角加速度及其质心加速度;(2)求出各构件的惯性力并将其视为加于构件上的外力;(3)对机构进行拆分杆组(从外力全部已知的构件组开始);(4)根据各基本杆组列出一系列力平衡矢量方程;(5)选取力比尺 μ_F(N/mm)作图求解。

4)用解析法进行力分析

(1)建立直角坐标系,将所有外力和外力矩(包括惯性力和惯性力偶矩以及待求的平衡力和平衡力矩)加到机构的相应构件上;(2)将机构分解成若干个静定的构件组和输入构件,逐一对构件组列力平衡方程式,通过联立求解这些力平衡方程式,求出平衡力或平衡力矩。注意:与用解析法作运动分析类同,力矢量平衡方程式可用矩阵形式或复数运算形式。

(四)考虑摩擦时机构的力分析

1)运动副中摩擦力和总反力的确定

(1)移动副中摩擦力与总反力的确定

两构件平面接触的移动副(图Ⅰ-4.2(a))中的摩擦力大小为 $F_f=F\cdot N=fQ$,方向总是与相对运动速度 v_{12} 相反;f 为滑动摩擦因数。移动副中的总反力 $\boldsymbol{R}$ 为法向反力 $\boldsymbol{N}$ 与摩擦力 $\boldsymbol{F}_f$ 的合力,$\boldsymbol{R}$ 与 $\boldsymbol{N}$ 之间的夹角称为摩擦角,其值为 $\rho=\arctan f$,总反力 $\boldsymbol{R}$ 的方向与相对速度 v_{12} 成钝角 $(90°+\rho)$。

两构件槽面(楔槽半角 θ)接触的移动副(图Ⅰ-4.2(b))与平面接触类同,只需将上式中的 f 换成当量摩擦系数 $f_v=f/\sin\theta$、ρ 换成当量摩擦角 $\rho_v=\arctan f_v$ 即可。

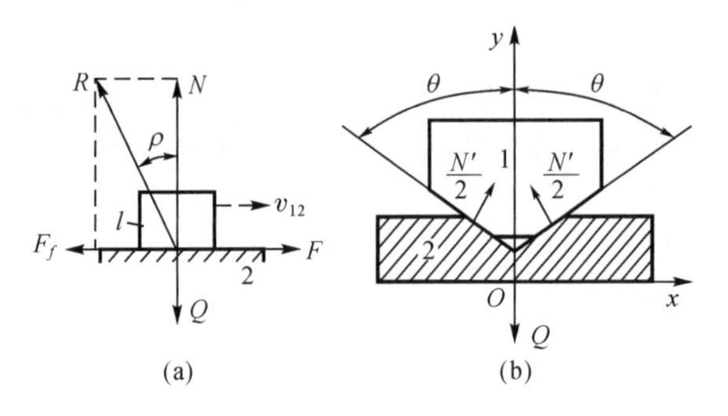

图Ⅰ-4.2

(2)回转副中摩擦力和总反力的确定

径向滑动轴颈(图Ⅰ-4.3(a))所示摩擦力矩大小为 $M_f=F_fQ=f_vQr$,方向总是与轴颈角速度 $\boldsymbol{\omega}$ 相反;式中当量摩擦因数 $f_v=(1\sim1.57)f$。回转副中轴颈所受总反力 $\boldsymbol{R}$ 为法向反力 $\boldsymbol{N}$ 与摩擦力 $\boldsymbol{F}_f$ 的合力,$\boldsymbol{R}$ 必切于摩擦圆(圆心为轴颈中心 O,半径 $r_\rho=f_v\cdot r$),$\boldsymbol{R}$ 对轴颈中心 O 之矩的方向与 $\boldsymbol{\omega}$ 相反。

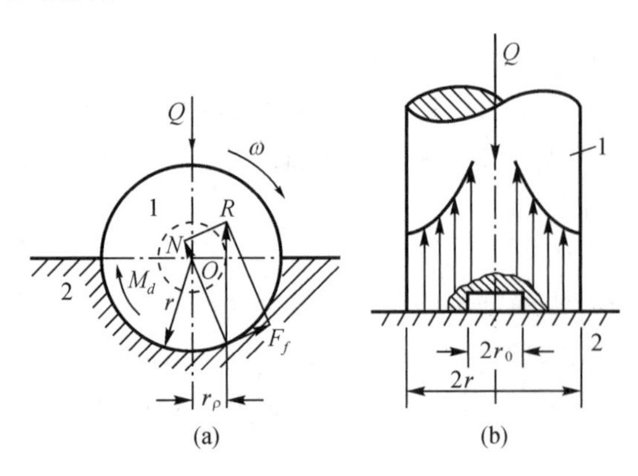

图Ⅰ-4.3

止推轴颈(图Ⅰ-4.3(b))所受摩擦力矩 M_f 的大小为 $M_f=fQr'_\rho$,式中 r'_ρ 称为止椎轴颈的当量摩擦半径,对未磨合轴颈 $r'_\rho=\frac{2}{3}\left(\frac{r^3-r_0^3}{r^2-r_0^2}\right)$,对磨合轴颈 $r'_\rho=(r+r_D)/2$。

2)考虑摩擦时对机构的力分析步骤与不考虑摩擦时基本类同,主要是在分析时加上摩擦力，分析过程中至为关键的是确定运动副中总反力的方向以及常需计算摩擦圆半径并按机构简图相同比尺 μ_l 画出摩擦圆。

（五）机械的效率和自锁

1）机械的效率

（1）机械效率的涵义及其表达式

机械在稳定运转中由于不可避免产生摩擦功耗，实际输出功总是小于输入功，将输出功与输入功的比值称为机械效率，以 η 表示，显然 $\eta<1$，它反映了输入功在机械中有效利用的程度，是机械系统的一个重要性能指标。

机械效率可以有三种表达形式：①功形式：$\eta=W_r/W_d=1-W_f/W_d$，式中 W_r、W_d、W_f 分别为输出功、输入功和损失功；②功率形式：$\eta=P_r/P_d=1-P_f/P_d$，式中 P_r、P_d、P_f 分别为输出功率、输入功率和损失功率；③力或力矩形式：$\eta=F_{d0}/F_d=M_{d0}/M_d$，式中 F_{d0}、M_{d0} 表示机械理想驱动力、理想驱动力矩，F_d、M_d 表示实际驱动力、实际驱动力矩。

（2）机械系统效率的计算与确定

对于常用机构和运动副有用实验方法测得效率的数据，对于由若干机构组成的机械或机械系统因组合方式不同而异：①k 个串联 $\eta=P_k/P_d=\eta_1$、$\eta_2\cdots\eta_k$；②k 个互相并联：$\eta=\Sigma P_r/\Sigma P_d=(P_1\eta_1+P_2\eta_2+\cdots+P_k\eta_k)/(P_1+P_2+\cdots+P_k)$；③混联（既有串联又有并联）：先将输入功至输出功实际传递路线分析清楚，串联部分用串联计算，并联部分用并联计算，最后求出系统总效率。

2）机械的自锁

（1）机械自锁的概念及应用

机械由于摩擦的存在，在一定条件下会出现即使把驱动力（驱动力矩）从零增加到无穷大也无法使其运转的现象，这种现象称为机械自锁。显然在实现所需运动的工作行程中必须避免发生自锁，但也有许多机械（如起重机、压力机）则要具有反行程自锁特性。

（2）自锁条件分析

单个运动副的自锁条件。移动副的自锁条件是外力合力 F_d 的作用线在摩擦角 ρ（或 ρ_v）以内；回转副的自锁条件是轴颈上外力合力 F_d 的作用线在轴颈摩擦圆以内（相切为临界自锁状态）。在一台机械中如果某一运动副出现自锁情况，则整个机械也就自锁。

整台机械如机械效率 $\eta\leqslant0$，则机械亦发生自锁。

需要注意：①反行程的机械效率不一定和正行程的相同；②机械效率与自锁的相关性。

四、例题精选与解析

例Ⅰ-4.1 例Ⅰ-4.1图所示机构中已知各构件的长度分别为 l_1、l_2、l_3、l_4，作用在活动构件上的力分别为 $\boldsymbol{F}_1$、$\boldsymbol{F}_2$、$\boldsymbol{F}_3$，外力矩分别为 $\boldsymbol{M}_1$、$\boldsymbol{M}_2$、$\boldsymbol{M}_3$，作用点和方向均如图示，试用矩阵法（不计摩擦）求机构在图示位置各运动副的反力和需在构件 1 上的平衡力矩。

解析 本例为较完整典型的用矩阵法进行机构力分析的题目。

（1）建立直角坐标系。设构件 i 对构件 j 的约束反力用 R_{ij} 表示，其沿坐标轴分量用 $\boldsymbol{R}_{ijx}$ 和 $\boldsymbol{R}_{ijy}$ 表示。所有力均假设沿坐标轴正向为正，所有力矩以逆时针方向为正；如求出的值为

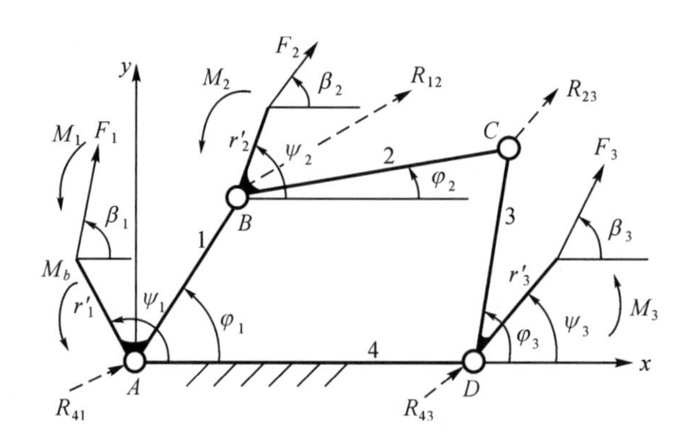

例Ⅰ-4.1图

负，则表示与假设的方向相反。

（2）对静定构件组 2.3 列出平衡方程式

对于构件 2，由 $\Sigma \boldsymbol{F}_x=0$、$\Sigma \boldsymbol{F}_y=0$ 及 $\Sigma \boldsymbol{M}_B=0$ 得如下方程式

$$\begin{cases}R_{12x}+F_2\cos\beta_2-R_{23x}=0\\R_{12y}+F_2\sin\beta_2-R_{23y}=0\\M_2+F_2r'_2\sin(\beta_2-\psi_2)-R_{23y}l_2\cos\varphi_2+R_{23x}l_2\sin\varphi_2=0\end{cases}$$

对于构件 3，由 $\Sigma \boldsymbol{F}_x=0$、$\Sigma \boldsymbol{F}_y=0$ 及 $\Sigma M_D=0$ 得

$$\begin{cases}R_{23x}+R_{43x}+F_2\cos\beta_3=0\\R_{23y}+R_{43y}+F_3\sin\beta_3=0\\M_3+F_3r'_3\sin(\beta_3-\psi_3)+R_{23y}l_3\cos\varphi_3-R_{23x}l_3\sin\varphi_3=0\end{cases}$$

（3）列出上述六个平衡方程的矩阵形式

$$\begin{bmatrix}1&0&-1&0&0&0\\0&1&0&-1&0&0\\0&0&l_2\sin\varphi_2&-l_2\cos\varphi_2&0&0\\0&0&1&0&1&0\\0&0&0&1&0&1\\0&0&-l_3\sin\varphi_3&l_3\cos\varphi_3&0&0\end{bmatrix}\begin{bmatrix}R_{12x}\\R_{12y}\\R_{23x}\\R_{23y}\\R_{43x}\\R_{43y}\end{bmatrix}=\begin{bmatrix}-F_2\cos\beta_2\\-F_2\sin\beta_2\\-M_2-F_2r'_2\sin(\beta_2-\psi_2)\\-F_3\cos\beta_3\\-F_3\sin\beta_3\\-M_3-F_3r'_3\sin(\beta_3-\psi_3)\end{bmatrix}$$

用电算法即可求得六个运动副反力未知量 R_{12x}、R_{12y}、R_{23x}、R_{23y}、R_{43x}、R_{43y}。

（4）分析输入构件，可写成如下三个方程组合

$$\begin{cases}R_{41x}=R_{12x}-F_1\cos\beta_1\\R_{41y}=R_{12y}-F_1\sin\beta_1\\M_D=R_{12y}l_1\cos\varphi_1-R_{12x}l_1\sin\varphi_1-M_1-F_1r'_1\sin(\beta_1-\psi_1)\end{cases}$$

即可求得 R_{41x}、R_{41y} 和 M_b。

例Ⅰ-4.2 在例Ⅰ-4.2图所示的机构中，原动件 1 在驱动力矩 $\boldsymbol{M}_d$ 的作用下沿 ω_1 方向转动。设已知各构件的尺寸和各回转副轴颈的半径 r_i 以及各运动副中的滑动摩擦因数 f，不计各构件的重力及惯性力，试用图解法求在图示位置时各运动副中的反力及作用在构件 3 上沿 AC 线的平衡力 $\boldsymbol{F}_b$（亦即能克服的工作阻力）。

解析 本例为较完整典型的计及摩擦时用图解法进行机构力分析的题目。

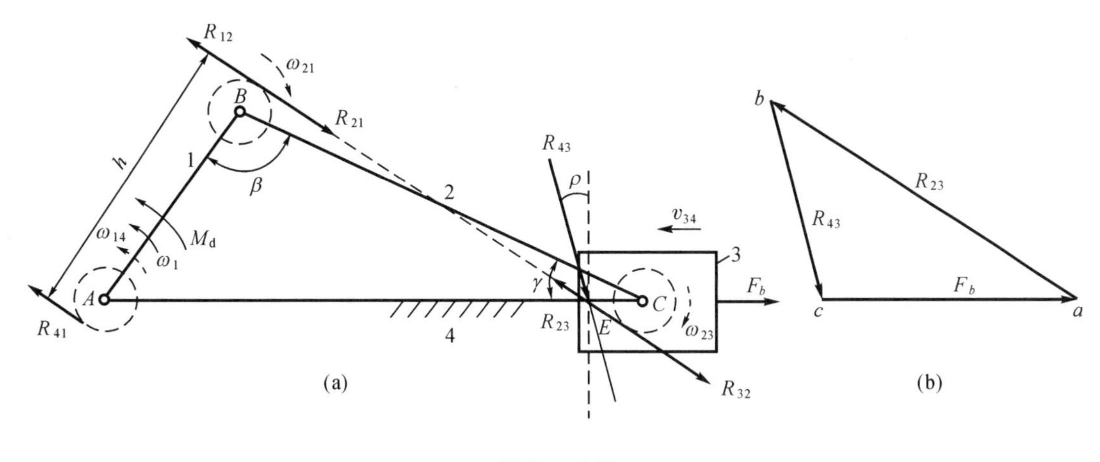

例Ⅰ-4.2 图

(1)绘制机构运动简图和各回转副的摩擦圆。选定长度比尺 μ_l(m/mm),按机构设定位置绘制机构运动简图;按已知条件计算各回转副的摩擦圆半径 $r_\rho=f_v r$ 并按比尺 μ_l 分别在例Ⅰ-4.2 图(a)中画出 A、B、C 三个回转副的摩擦圆(图中虚线圆)。

2)分析各运动副处构件相对运动方向　原动件 1 在驱动力矩 M_d 作用下以 $\boldsymbol{\omega}_1$ 角速度逆时针方向转动,构件 1 与机架 4 的相对角速度 $\boldsymbol{\omega}_{14}$ 即为 $\boldsymbol{\omega}_1$;图示位置时构件 1 与构件 2 的夹角 β 将减小,故 $\boldsymbol{\omega}_{21}$ 应为顺时针方向;此时,构件 2 与 AC 线夹角 γ 将增大,$\boldsymbol{\omega}_{23}$ 应为顺时针方向;由于构件 4 向左滑动,则 v_{34} 应为左向。

3)构件 2 的受力分析　构件 2 为二力杆,只受两个拉力 $\boldsymbol{R}_{12}$ 和 $\boldsymbol{R}_{32}$,则 $\boldsymbol{R}_{12}=-\boldsymbol{R}_{32}$,用考虑回转副摩擦时 $\boldsymbol{R}_{12}$ 与 $\boldsymbol{R}_{32}$ 应分别与回转副 B、C 处的摩擦圆相切,$\boldsymbol{R}_{12}$、$\boldsymbol{R}_{32}$ 产生的摩擦阻力矩的方向应分别与 $\boldsymbol{\omega}_{21}$、$\boldsymbol{\omega}_{23}$ 的方向相反,故 $\boldsymbol{R}_{12}$ 的大致方向应向左上方且切于回转副 B 处的摩擦圆上方,而 $\boldsymbol{R}_{32}$ 的大致方向应为向右下方且切于回转副 C 处的摩擦圆下方。由此可见 $\boldsymbol{R}_{12}$ 与 $\boldsymbol{R}_{32}$ 应在 B、C 两处摩擦圆的一条内公切线(图中虚直线)上才能满足上述要求。

4)原动件 1 的受力分析　由 $\boldsymbol{R}_{21}=-\boldsymbol{R}_{12}$ 可得 $\boldsymbol{R}_{21}$ 的方向。机架 4 相对原动件 1 的作用力 $\boldsymbol{R}_{41}$ 应切于回转副 A 处的摩擦圆,$\boldsymbol{R}_{41}$ 与 $\boldsymbol{R}_{21}$ 的大小相等,方向相反,二力相互平行所形成的力偶矩的大小恰好等于驱动力矩 $\boldsymbol{M}_d$ 的大小,但方向相反。由例Ⅰ-4.2 图(a)可得力臂长度 $H=\mu_l h$,则得 $R_{21}=M_d/H=R_{12}=R_{32}=R_{23}$。

5)构件 3 的受力分析　构件 3 受 R_{23}、R_{43} 和平衡力 F_b 三个力,三力应汇合于一点 E(R_{23} 和 AC 线的交点),其合力应为零,即 $R_{23}+R_{43}+F_b=0$,式中 R_{23} 大小、方向已定,构件 3 相对机架 4 向左滑动,力 R_{43} 将阻止其滑动而与 v_{34} 形成($90°+\rho$)的钝角,其中 ρ 可按给定的 f 值求得 R_{43} 的方向应向右下方。按选定力的比尺 μ_F(N/mm)绘出上述三个力形成封闭矢量三角形如例Ⅰ-4.2 图(b)所示,由此可求得构件 3 上的平衡力 F_b,其大小为 $F_b=\mu_F\,\overline{ca}$。

例Ⅰ-4.3　例Ⅰ-4.3 图所示,电动机经带传动及圆锥、圆柱齿轮传动带动工作机 A 和 B。设每对齿轮的效率 $\eta_1=0.95$,每个支承的效率 $\eta_2=0.98$,带传动的效率 $\eta_3=0.9$,工作机 A、B 的效率和输出功率分别为 $\eta_A=0.8$,$P_A=2\text{kW}$,$\eta_B=0.7$,$P_B=3\text{kW}$。求电动机所需功率和该机械系统效率。

解析　本例侧重分清机械系统能量流传递路线进行功率、效率计算。

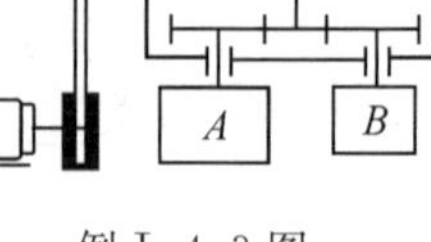

例Ⅰ-4.3 图

由能量流传递路线和已知条件可得 $P_{rA}=P_A=2\text{kW}$，$P_{rB}=P_B=3\text{kW}$，$\Sigma P_r=P_{rA}+P_{rB}=2+3=5(\text{kW})$

工作机 A 所需电动机功率 $P_{dA}=P_{rA}/(\eta_3\cdot\eta_1^2\cdot\eta_2^3\cdot\eta_A)=2/(0.9\times0.95^2\times0.98^3\times0.8)=3.2702(\text{kW})$

工作机 B 所需电动机功率 $P_{dB}=P_{rB}/(\eta_3\cdot\eta_1^2\cdot\eta_2^3\cdot\eta_B)=3/(0.9\times0.95^2\times0.98^3\times0.7)=5.6061(\text{kW})$

电动机所需功率 $P_d=P_{dA}+P_{dB}=3.2702+5.6061=8.8763(\text{kW})$，即需 $P_d=8.88\text{kW}$。

机械系统效率 $\eta=\Sigma P_r/\Sigma P_d=5/8.88=0.563$。

例Ⅰ-4.4 例Ⅰ-4.4 图(a)所示为一焊接用楔形夹具，利用这个夹具把两块要焊接的工件 1 和 1′预先夹紧，以便焊接。图中 2 为夹具，3 为楔块，已知各接触面间的摩擦系数均为 f(即摩擦角 $\rho=\arctan f$)，试确定此夹具的自锁条件。

解析 本例选较简单机构采用多种方法求解自锁条件。

方法(1)根据运动副的自锁条件确定

由于工件被夹紧后 $\boldsymbol{F}$ 力即被撤销，因此楔块 3 受有夹具 2 及工件 1 作用的总反力 $\boldsymbol{R}_{23}$ 和 $\boldsymbol{R}_{13}$，如例Ⅰ-4.4 图(b)所示，$\boldsymbol{R}_{23}$(反行程时即为驱动力)作用在移动副摩擦角 ρ 之内时楔块即发生自锁，即 $\alpha-\rho\leqslant\rho$，因此可得自锁条件为 $\alpha\leqslant2\rho$。

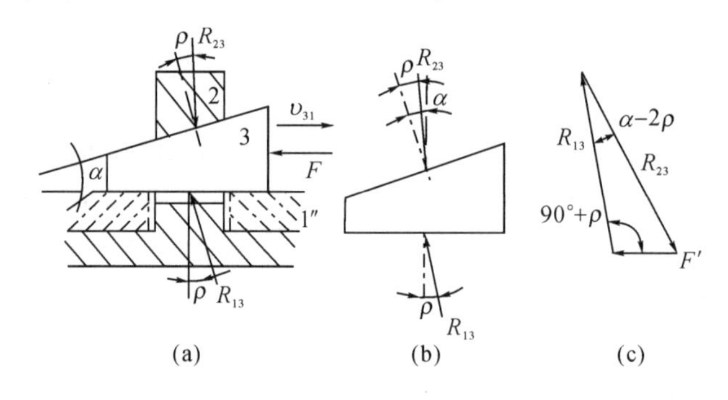

例Ⅰ-4.4 图

方法(2)根据反行程时效率 $\eta'\leqslant0$ 的自锁条件确定

反行程时(楔块 3 退出)取楔块 3 为分离体，其受工件 1(及 1′)和夹具 2 作用的总反力 $\boldsymbol{R}_{13}$ 和 $\boldsymbol{R}_{23}$ 以及支持力 F'。各力方向如图Ⅰ-4.4 图(a)所示，根据楔块 3 的平衡条件，作力封闭三角形如图Ⅰ-4.4 图(c)所示。由正弦定理可得 $R_{23}=F\cos\rho/\sin(\alpha-2\rho)$。当 $\rho=0$ 时，$R^\circ_{23}=F/\sin\alpha$，因此得机构反行程的机械效率 $\eta'=R^\circ_{23}/R_{23}=\sin(\alpha-2\rho)/(\cos\rho\sin\alpha)$，令 $\eta\leqslant0$，可得自锁条件为 $\alpha\leqslant2\rho$。

方法(3)根据反行程时生产阻力小于或等于零的自锁条件确定

根据楔块 3 的力封闭三角形(例Ⅰ-4.4 图(c)，由正弦定理可得 $F=R_{23}\sin(\alpha-2\rho)/\cos\rho$，若楔块 3 不自动松脱，则应使 $F\leqslant0$，即得自锁条件 $\alpha\leqslant2\rho$。

五、思考练习题

题Ⅰ-4.1　机构力分析的目的是什么？何谓机构的动态静力分析？对机构进行动态静力分析的一般步骤是如何进行的？

题Ⅰ-4.2　构件组的静定条件是什么？试述用图解法和解析法进行机构力分析的特点和方法以及考虑摩擦和不考虑摩擦力分析的特点和方法。

题Ⅰ-4.3　何谓机械上的平衡力(或平衡力矩)？确定平衡力有什么意义？平衡力是否是驱动力？

题Ⅰ-4.4　试述摩擦因数 f、摩擦角 ρ、当量摩擦因数 f_v、当量摩擦角 ρ_v 的意义、如何利用当量摩擦的概念于创新构思？

题Ⅰ-4.5　回转副中摩擦力如何确定？试述摩擦圆的概念和意义。

题Ⅰ-4.6　试述机械效率的涵意及其几种表达形式。机械自锁的涵意及自锁条件是什么？机械效率和机械自锁在机械设计中如何体现？

题Ⅰ-4.7　在题Ⅰ-4.7 图所示楔块机构中，已知 $\gamma=\beta=60^\circ$，各接触面摩擦因数 $f=0.15$。有效阻力 $F_r=1000$N，试求所需的驱动力 F_d。

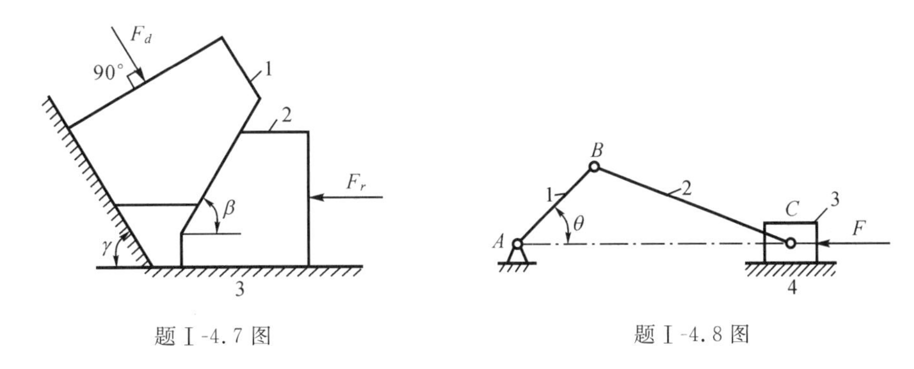

题Ⅰ-4.7 图　　　　题Ⅰ-4.8 图

题Ⅰ-4.8　在题Ⅰ-4.8 图所示曲柄滑块机构中，已知机构的尺寸(包括各轴颈的直径)，轴颈 B、C 的当量摩擦因数 f_v。外力情况：驱动力 F_d、阻力矩 M_r(回行时 F_d、M_r 的方向与题Ⅰ-4.8 图示方向相反)。若不计各构件的质量，求作 $\theta=45^\circ$、135°、215°三个位置时构件 2 的回转副 B、C 总反力 R_{12}、R_{32}的作用线。

Ⅰ-5　行星轮系各轮齿数和行星轮数目的确定

一、主要内容与学习要求

主要内容是：

1)行星轮系各轮齿数和行星轮数目必须满足的条件；

2)$2K-H$ 行星轮系必须满足的四个条件及其具体关系式。

学习要求是：

掌握 $2K-H$ 行星轮系各轮齿数和行星轮数目的选择与确定。

二、重点与难点

重点是：

$2K-H$ 行星轮系须满足的四个条件及设计选配齿数。

难点是：

未给定行星轮数目 k，设计确定 $2K-H$ 行星轮系各轮齿数。

三、学习指导与提示

(一)概述

行星轮系是一种输入轴、输出轴轴线重合且采用几个完全相同的行星轮均布在中心轮四周的传动装置。行星轮系类型很多，选型要从传动比范围、效率高低、外廓尺寸以及功率流动的情况等几个方面综合考虑和分析，比较复杂，如需深入研究可参阅有关专著。设计行星轮系，确定其各轮齿数和行星轮数目至为关键，必须满足四个条件（传动比条件、同心条件、装配条件和邻接条件）才能装配起来、正常运转和实现给定的传动比。需要注意：对于不同类型的行星轮系满足上述四个条件的具体关系式将有所不同。

(二)2K－H 行星轮系各轮齿数和行星轮数目的确定

1)四个条件(配图Ⅰ-5.1，图Ⅰ-5.2)

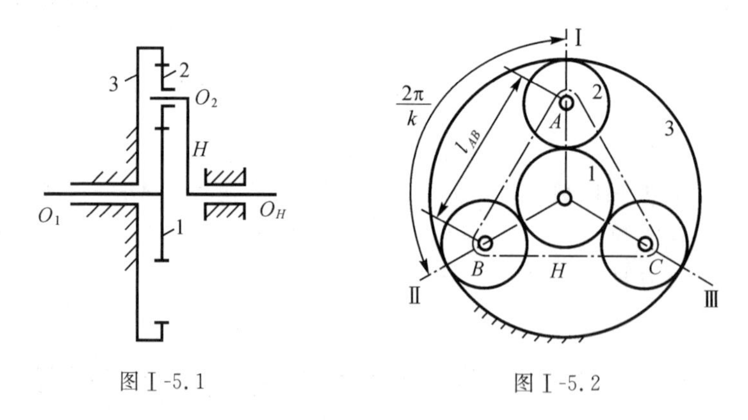

图Ⅰ-5.1　　　图Ⅰ-5.2

(1)传动比条件(实现预定传动比 i_{1H})

关系式为　$z_3=(i_{1H}-1)z_1$

(2)同心条件(中心轮与转臂轴线重合)

对标准齿轮传动或高度变位齿轮传动关系式为 $z_2=(z_3-z_1)/2$

(3)装配条件(保证 k 个行星轮都能均匀分布装入内、外两个中心轮之间)

关系式为　$(z_1+z_3)/k=q$，q 为正整数

(4)邻接条件(保证相邻两行星轮不致相撞)

对正常齿高标准齿轮关系式为 $(z_1+z_2)\sin\frac{\pi}{k}>z_2+2$

2)配齿公式设计应用

为使设计行星轮系时便于选配各轮齿数,将前三个关系式合并为一个总的配齿公式,即 $z_1:z_2:z_3:q=z_1:z_1(i_{1H}-2)/2:z_1(i_{1H}-1):z_1i_{1H}/k$;这样在设计选配各轮齿数时,先根据配齿公式选定 z_1 和 k,使得在给定传动比 i_{1H} 的前提下 q、z_2、z_3 均为正整数;然后再代入验算是否满足邻接条件。如果不满足则应减少行星轮数目 k 或增加齿轮的齿数继续试配。

需要注意:上述配齿公式设计应用仅适用于正常齿高标准齿轮传动或高度变位齿轮传动。

四、例题精选与解析

例Ⅰ-5.1 图Ⅰ-5.1所示 $2K-H$ 行星轮系,若行星轮数目 $k=4$,要求实现给定的传动比 $i_{1H}=3.8$,齿轮均为正常齿高的标准齿轮,试设计确定各轮的齿数。

解析 本例为较典型的行星齿轮设计确定各轮齿数的题目。

(1)将给定传动比 $i_{1H}=3.8$ 代入配齿公式中,得 $z_1:z_2:z_3:q=z_1:z_1(3.8-2)/2:z_1(3.8-1):z_1\times3.8/4=z_1:0.9z_1:2.8z_1:0.95z_1$

(2)为使配齿公式右边各项均为正整数以及各轮齿数均大于 $z_{\min}=17$,选 $z_1=20$ 代入配齿公式得 $z_2=0.9\times20=18$,$z_3=2.8\times20=56$,$q=0.95\times20=19$

(3)验算邻接条件 将 z_1、z_2、z_3、q 数值代入邻接条件关系式,则 $(20+18)\sin\frac{\pi}{4}=26.87>18+2$,满足邻接条件,表明所选齿数能满足要求。

五、思考题与练习题

题Ⅰ-5.1 选择行星轮系类型应综合考虑哪些方面?

题Ⅰ-5.2 确定行星轮系各轮齿数应满足哪些条件?为什么?

题Ⅰ-5.3 试述配齿公式的涵义;对给定 i_{1H} 和行星轮数目 k 的 $2K-H$ 行星轮系(啮合均为同模数标准齿轮传动),如何设计选配各轮齿数?如未给定行星轮数目 k 时,又应如何选配各轮齿数?

题Ⅰ-5.4 如图Ⅰ-5.1所示 $2K-H$ 行星轮系,如具有三个行星轮、要求实现传动比 $i_{1H}=6$,试求各轮齿数并验证能满足四个条件。

题Ⅰ-5.5 对要求实现传动比 $i_{1H}=9$ 但未给定具体行星轮数目 k 的 $2K-H$ 行星轮系,与题Ⅰ-5.4相比,设计选配各轮齿数有何异同之处?

Ⅰ-6　机器的运转及飞轮转动惯量的精确计算

一、主要内容与学习要求

主要内容是：

1)机械运转过程及其特征；

2)机械系统的等效动力学模型；

3)机械系统的运动方程及其求解；

4)飞轮转动惯量的精确计算。

学习要求是：

1)掌握机械运转的三个阶段及各阶段中，驱动功、阻抗功、动能与速度之间关系的特点；

2)掌握确定机械系统等效构件、等效质量、等效力(等效力矩)、等效转动惯量的基本概念和方法；

3)掌握建立单自由度机械系统的等效动力学模型的基本思路以及建立运动学方程的方法；

4)掌握当等效力矩和等效转动惯量均为机构位置函数时，求解机械系统的真实运动规律；

5)掌握飞轮转动惯量精确计算的基本原理和方法。

二、重点与难点

重点是：

1)机械运转过程及其特征；

2)机械系统动力学模型的建立及求解；

3)飞轮转动惯量的精确计算。

难点是：

1)确定机械系统的真实运动规律；

2)飞轮转动惯量的精确计算。

三、学习指导与提示

(一)概述

1)机器运转的三个阶段及其特征

一般机械运转过程都要依次经历起动、稳定运转、停车三个阶段。在起动阶段，驱动功 W_d 大于阻抗功 W_r，机械系统的动能 E 增加，机械的速度相应增大；在停车阶段，一般已撤去驱动力(或驱动力矩),机械系统在阻抗力(或阻抗力矩)作用下,动能减少,速度降低,最后停止运动;起动、停车均为机械运转过程的过渡阶段,机械通常是在稳定运转阶段进行工作的,稳定运转又分等速稳定运转和变速稳定运转。等速稳定运转每一瞬时都有 $W_d=W_r$,动能和速度均不改变。变速稳定运转在一个周期内的每一瞬时,驱动功与阻力功一般是不相等的,即出现盈功或亏功,引起动能的增加或减少(即 $W_d-W_r=E_2-E_1\neq 0$)以及相应的速度增加或减少,产生速度波动。又因变速稳定运转整个周期驱动功与阻抗功是相等的,原动件的平均速度不变,每个周期的末速度等于该周期的始速度。当 M_d、M_r 变化是周期性且不随时相等时,机械运转的速度波动也是周期性的,否则为非周期性速度波动。将速度波动控制在许用不均匀性范围以内称为速度波动的调节,非周期性速度波动调节采用调速器,周期性速度波动调节采用安装具有适当转动惯量的"飞轮"。

2)机械系统的真实运动与等效构件

机械系统的真实运动规律取决于机械系统的外力(外力矩)、各构件质量和转动惯量。对于单自由度机械系统只要能确定其某一构件的真实运动规律,其余构件的运动规律也就可随之确定。因此我们在研究机械系统的运转情况时,为使问题简化,将整个机械系统的运动问题简化为它的某一构件的运动问题;同时为了保持原机械系统原有的情况不变,就要把其余所有构件的质量、转动惯量都等效地转化(即折算)到这个构件上来,然后列出此构件的运动方程,研究其运动规律。这一过程就是建立所谓的等效动力学模型。用于建立等效动力学模型的构件称为等效构件,通常取绕定轴转动的构件或移动构件作为等效构件。为使机械系统在转化前后的动力效应不变(即运动不变),建立机械系统等效动力学模型时应遵循动能相等和功率相等两个原则。动能相等原则即等效构件所具有的动能等于原机械系统的总动能;功率相等的原则即作用在等效构件上的等效力或等效力矩所产生的瞬时功率等于原机械系统所有外力(力矩)所产生的瞬时功率的代数和。

在建立等效动力学模型后就可以建立机械系统的运动方程式,求解机械运动方程式就是要从中解出等效构件位移与等效构件速度的变化关系,最后解出等效构件的速度。

注意:(1)等效构件并非原机械系统以外的真实构件;(2)针对本专题"内容多、术语多、公式多、数学推演多",建立学习时紧扣目标与途径:$\xrightarrow{\text{目标}}$机械系统动力学性能与调速$\xrightarrow{\text{需求}}$机械系统的真实运动$\xrightarrow{\text{为了简化}}$选定等效构件$\xrightarrow{\text{建立}}$等效动力学模型$\xrightarrow{\text{建立并求解}}$机械系统的运动方程$\xrightarrow{\text{获取}}$等效构件位移与速度关系$\xrightarrow{\text{得到}}$机械系统的真实运动。

(二)机械系统的等效动力学模型

假设机械系统由 n 个构件组成,构件 i 的质量为 m_i,质心速度为v_i,绕过质心瞬轴的转动惯量为 J_i,瞬时角速度为 $\boldsymbol{\omega}_i$,构件 i 上所受作用力在质心处简化为力矢 $\boldsymbol{F}_i$ 与力偶矩 $\boldsymbol{M}_i$、α_i为 $\boldsymbol{F}_i$ 与v_i之间的夹角。

对于单自由度所有构件均作平面运动的机械系统选定一个构件(多为主动件)作为等效构件,可由动能定理得到等效动力学模型:

1)当等效构件以角速度 ω 作定轴转动

机器等效转动惯量 $J_e=\sum_{i=1}^{n}[m_i(v_i/\omega)^2+J_i(\omega_i/\omega)^2]$

机器等效力矩　$M_e = \sum_{i=1}^{n}[F_i(v_i/\omega)\cos\alpha_i \pm M_i(\omega_i/\omega)]$

2）当等效构件以线速度 v 作直线往复移动

机器等效质量　$m_e = \sum_{i=1}^{n}[m_i(v_i/v)^2 + J_i(\omega_i/v)^2]$

机器等效力　$F_e = \sum_{i=1}^{n}[F_i(v_i/v)]\cos\alpha_i \pm M_i(\omega_i/v)]$

公式中的“±”号，M_i 与 ω_i 同方向时取“+”，否则取“-”。

需要注意：(1)上述四个公式中均与速度比有关，速度比可用任意比例尺所画的速度多边形中的相当线段之比来表示，而不必知道各个速度的真实数值；(2)由公式可见等效转动惯量与等效质量均与速度之比有关，而与机构的运动及受力无关；又速度比仅与机构的位置有关，因此等效转动惯量与等效质量均只是机构位置的周期性函数。

(三)机械系统的运动方程及其求解

由等效动力学模型可得机械系统两种形式的运动方程

1)力和力矩形式(微分形式)的机械运动方程

用于移动构件作等效构件　等效力 $F_e = m_e(\mathrm{d}v/\mathrm{d}t) + v^2(\mathrm{d}m_e/\mathrm{d}s)/2$

用于转动构件作等效构件　等效力矩 $M_e = J_e(\mathrm{d}\omega/\mathrm{d}t) + \omega^2(\mathrm{d}J_e/\mathrm{d}\varphi)/2$

2)动能形式(积分形式)的机械运动方程

用于转动构件作等效构件

区间$[\varphi_0, \varphi]$上的盈亏功　$\int_{\varphi_e}^{\varphi} M_e \mathrm{d}\varphi = J_e\omega^2/2 - J_{e0}\omega_0^2/2$

用于移动构件作等效构件

区间$[s_0, s]$上的盈亏功　$\int_{s_0}^{s} F_e \mathrm{d}s = m_e v^2/2 - m_{e0} v_0^2/2$

对于不同的机械系统，等效质量(等效转动惯量)是机构位置的函数(或常数)，而等效力(等效力矩)可能是位置、速度或时间的函数，上述两种形式的机械运动方程可按具体情况选用(如当等效力或等效力矩是机构的位置函数时，宜采用动能形式的机械运动方程)，以求出所需的运动参数。机械运动方程求解方法一般有解析法、数值计算法和图解法。

(四)飞轮转动惯量的精确计算

1)机器运转的平均速度和不均匀系数

机器运转不均匀系数 $\delta = (\omega_{max} - \omega_{min})/\omega_m$，式中 ω_{max}、ω_{min} 分别代表机器在一个波动周期内的最大角速度、最小角速度；$\omega_m = (\omega_{max} + \omega_{min})/2$ 称为平均角速度(通常各种原动机和工作机的铭牌上以此平均速度标注)；机器运转不均匀系数是机器运转平稳性的重要指标，不同的作业和不同的使用场合有不同的许可值$[\delta]$。ω_{max}、ω_{min}、ω_m、δ 同在一个关系式 $\omega_{max}^2 - \omega_{min}^2 = 2\delta\omega_m$ 中，建议予以熟记和研析。

2)飞轮转动惯量 J_F 的精确计算

在定轴转动的等效构件上加装转动惯量为 J_F 的飞轮后，由动能形式的机械运动方程 $\int_{\varphi_0}^{\varphi} M_e \mathrm{d}\varphi = J_e\omega^2/2 - J_o\omega_o^2/2$ 可得 $\int_{\varphi_0}^{\varphi} M_e \mathrm{d}\varphi = (J_e + J_F)\omega^2/2 - (J_{e_0} + J_F)\omega_0^2/2$，从而有 $\int_{\varphi_0}^{\varphi} M_e \mathrm{d}\varphi - J_e\omega^2/2 = J_F\omega^2/2 - (J_F + J_{e_0})\omega_0^2/2$。

当机器稳定运转阶段出现周期性速度波动时，假定在一个周期内等效构件的角速度分别在 φ_a 与 φ_b 达到最小值 $\omega_{\min}$ 与最大值 $\omega_{\max}$，可构造两个新的能量函数：

$$\begin{cases} E_{1\min}=E_{1\varphi_a}=J_F\omega_{\min}^2/2-(J_F+J_{e0})\omega_0^2 \\ E_{2\max}=E_{2\varphi_b}=J_F\omega_{\max}^2/2-(J_F+J_{e0})\omega_0^2 \end{cases}$$

由此可得飞轮转动惯量的精确表达式

$$J_F=2(E_{2\max}-E_{1\min})/(\omega_{\max}^2-\omega_{\min}^2)=(E_{2\max}-E_{1\min})/([\delta]\omega_m^2)。$$

四、例题精选与解析

例Ⅰ-6.1 在例Ⅰ-6.1图所示的对心曲柄滑块机构中，已知构件的质量 $m_2=10\text{kg}$，$m_3=30\text{kg}$，曲柄1对轴 A 的转动惯量 $J_{1A}=0.5\ \text{kg}\cdot\text{m}^2$，连杆对其质心轴 S_2 的转动惯量 $J_{S_2}=1\text{kg}\cdot\text{m}^2$；构件尺寸 $l_{AB}=200\text{mm}$，$l_{BC}=600\text{mm}$，$l_{BS_2}=200\text{mm}$。

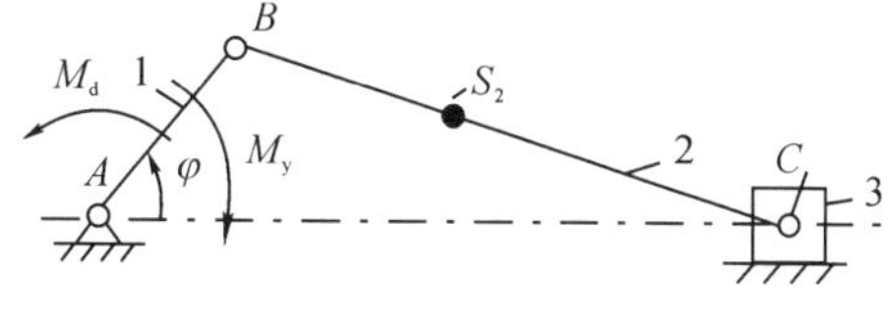

例Ⅰ-6.1图

当 $\varphi=0°$ 时，曲柄的角速度 $\omega_0=10s^{-1}$，作用在曲柄轴上的不变驱动力矩和阻力矩各为 $M_d=50\text{N}\cdot\text{m}$ 和 $M_r=22\text{N}\cdot\text{m}$。试求当 $\varphi=90°$ 时曲柄的角速度。

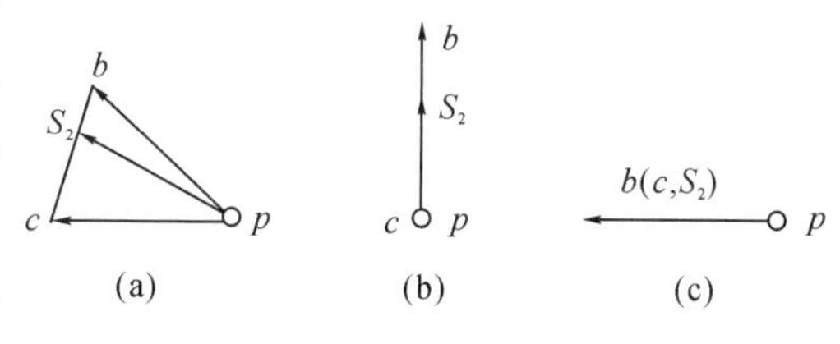

例Ⅰ-6.1解图

解析 本例对已知力作用下求机器的真实运动以及速度多边形相应线段比例的运用进行较全面的实践。

1)求 $\varphi=0°$ 和 $\varphi=90°$ 时的等效转动惯量 $J_\varphi=0°$ 和 $J_\varphi=90°$

选定轴转动的曲柄1为等效构件，采用等效动力学模型 $J_e=\sum_{i=1}^{n}[m_i(v_i/\omega)^2+J_i(\omega_i/\omega)^2]$，将全机构所有构件换算为等效转动惯量 $J_e=J_{1A}+m_2(v_2/\omega)^2+J_2(\omega_2/\omega)^2+J_3(v_3/\omega)^2$，此式中各速度比可用任意速度比例尺所画的速度多边形(如例Ⅰ-6.1解图(a))中的相当线段之比来表示。例Ⅰ-6.1解图(a)、(b)、(c)分别为 φ、$\varphi=0°$、$\varphi=90°$ 时的速度多边形，上式可表示为

$$J=J_{1A}+m_2[l_{AB}(ps_2/pb)]^2+J_{s2}[(l_{AB}/l_{BC})/(bc/pb)]^2+m_3[l_{AB}(pc/pb)]^2$$

由例Ⅰ-6.1解图(b)、(c)得：当 $\varphi=0°$ 时，$ps_2/pb=2/3$，$bc/pb=1$，$pc/pb=0$，当 $\varphi=90°$ 时，$pc/pb=1$，$bc/pb=0$，$pc/pb=1$，将这些线段比以及题目中已知有关数据代入可以分别获得相应的等效转动惯量：

$$J_{\varphi=0°}=0.5+10[0.2\times(2/3)]^2+1[(0.2/0.6)\times1]^2+30[0.2\times0]^2=0.79(\text{kg}\cdot\text{m}^2)$$

$$J_{\varphi=90°}=0.5+10[0.2\times1]^2+1[(0.2/0.6)\times0]^2+30[0.2\times1]^2=2.1(\text{kg}\cdot\text{m}^2)$$

2)求当 $\varphi=90°$ 时曲柄的角速度

当曲柄由 $\varphi=0°$ 转至 $\varphi=90°$ 时，驱动力矩和阻力矩所作之功之差为 $\int_0^{\pi/2}(M_d-M_r)\text{d}\varphi=$

$\int_0^{\pi/2} M\mathrm{d}\varphi=(\pi/2)(50-22)=43.9824(\mathrm{N\cdot m})$；由式 $\omega=\sqrt{(2/J)\int_{\varphi_0}^{\varphi} M\mathrm{d}\varphi+J_0\omega_0^2/J}$ 得 $\varphi=90^\circ$ 时曲柄的角速度

$$\omega_{\varphi=90^\circ}=\sqrt{(2/J_{\varphi=90^\circ})\int_0^{\pi/2} M\mathrm{d}\varphi+J_0\omega_0^2/J_{\varphi=90^\circ}}$$

$$=\sqrt{(2\times 43.9824)/2.1+(0.79\times 10^2)/2.1}=8.92(s^{-1})$$

例Ⅰ-6.2 一对减速齿轮传动，轮 1 为主动轮，已知齿数 $z_1=20$，$z_2=40$，在轮 1 上施加驱动力矩 M_{d_1} 为常数，作用在轮 2 上的阻抗力矩 $M_{r2}-\varphi_2$ 变化规律如例Ⅰ-6.2 图所示；两齿轮对各自回转中心的转动惯量分别为 $J_1=0.01\mathrm{kg\cdot m^2}$，$J_2=0.02\mathrm{kg\cdot m^2}$，轮 1 的平均角速度 $\omega_m=100s^{-1}$。若已知运转速度不均匀系数 $\delta=0.02$，试求：(1)画出以构件 1 为等效构件时的等效阻力矩 $M_{er}-\varphi_1$ 图；(2)求驱动力矩 M_{d1} 的值；(3)求装在轮 1 上的飞轮所需的转动惯量；(4)求轮 1 的最大角速度 $\omega_{\max}$ 和最小角速度 $\omega_{\min}$ 的数值及其出现的位置。

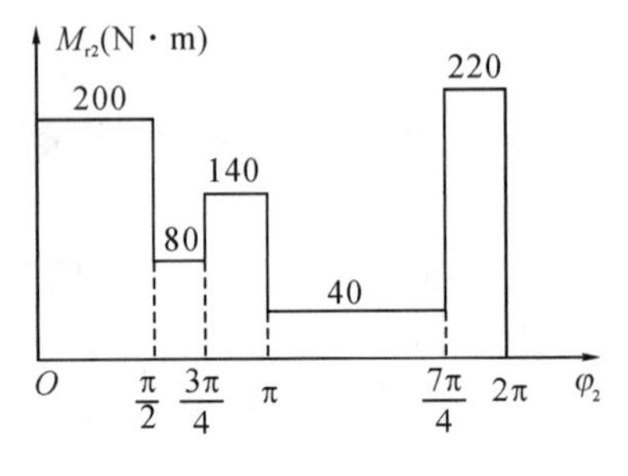

例Ⅰ-6.2 图

解析

(1)作以构件 1 为等效构件时的等效阻力矩 $M_{er}-\varphi_1$ 图

$\omega_2/\omega_1=z_1/z_2=20/40=1/2$，$M_{er}=M_{r2}(\omega_2/\omega_1)=M_{r_2}/2$，又因 $\varphi_1=2\varphi_2$，由此可作出 $M_{er}-\varphi_1$ 图，如例Ⅰ-6.2 解图(a)所示。

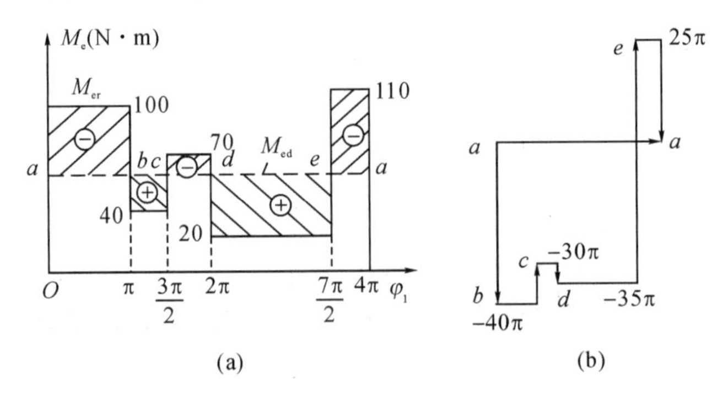

例Ⅰ-6.2 解图

(2)求轮 1 上的驱动力矩 M_{d_1} 的值

取轮 1 为等效构件时，由于 $\varphi_1=2\varphi_2$，所以 $\varphi_1=4\pi$ 为一个稳定运动周期内总驱动功应等于总阻抗功，故 $M_{ed}\times 4\pi=100\pi+40\pi/2+70\pi/2+20\times 3\pi/2+110\pi/2$，解得 $M_{d1}=M_{ed}=60(\mathrm{N\cdot m})$

(3)求装在轮 1 上的飞轮所需的转动惯量 J_F

以轮 1 为等效构件，等效构件转动惯量

$$J_e=J_1+J_2(\omega_2/\omega_1)^2=J_1+J_2(1/2)^2=0.015(\mathrm{kg\cdot m^2})$$

在一个周期内各阶段的盈、亏功可分别求得：在 $0\sim\pi$ 内为亏功 $\Delta W_1=(60-100)\pi=-40\pi(\mathrm{N\cdot m})$；在 $\pi\sim 3\pi/2$ 内为盈功 $\Delta W_2=(60-40)\pi/2=10\pi(\mathrm{N\cdot m})$；在 $3\pi/2\sim 2\pi$ 内为

亏功 $\Delta W_3=(60\sim70)\pi/2=-5\pi(\text{N}\cdot\text{m})$；在 $2\pi\sim7\pi/2$ 内为盈功 $\Delta W_4=(60-20)\times3\pi/2=60\pi(\text{N}\cdot\text{m})$；在 $7\pi/2\sim4\pi$ 内为亏功 $\Delta W_5=(60-110)\pi/2=-25\pi(\text{N}\cdot\text{m})$。

画作一个周期内的能量指示图如例Ⅰ-6.2解图(b)所示，可求得最大盈亏功 $\Delta W_{\max}=25\pi-(-40\pi)=65\pi(\text{N}\cdot\text{m})$。

飞轮所需转动惯量为

$$J_F=\Delta W_{\max}/(\delta\omega_m^2)-J_e=65\pi/(0.02\times10^2)-0.015=1.006(\text{kg}\cdot\text{m}^2)。$$

(4)求 $\omega_{\max}$、$\omega_{\min}$ 及其出现的位置

$$\omega_{\max}=(2\omega_m+\omega_m\delta)/2=(2\times100+100\times0.02)/2=101(\text{s}^{-1})$$

$$\omega_{\min}=(2\omega_m-\omega_m\delta)/2=(2\times100-100\times0.02)/2=99(\text{s}^{-1})$$

由能量指示图(见Ⅰ-6.2解图(b))可见 b 和 e 两点(即 $\varphi_1=\pi$ 和 $\varphi_1=7\pi/2$ 时)分别为该机械系统的 $\omega_{\min}$ 和 $\omega_{\max}$ 的位置。

五、思考题与练习题

题Ⅰ-6.1 机械运转过程一般分为几个阶段？在这几个阶段中，驱动功、阻抗功、动能及速度之间的关系各有什么特点？

题Ⅰ-6.2 何谓等效构件、等效力矩、等效质量、等效转动惯量？转化时各应满足什么条件？当机器的真实运动尚不知道时，是否也能求出？为什么？

题Ⅰ-6.3 何谓机械系统的等效动力学模型？为何要建立机械系统等效动力学模型？

题Ⅰ-6.4 何谓机械系统的运动方程？机械系统运动方程求解的目的是什么？

题Ⅰ-6.5 试述求解机械系统的真实运动的涵义及其求解途径。

题Ⅰ-6.6 试述飞轮转动惯量的精确计算及其与飞轮转动惯量近似计算的异同点。

题Ⅰ-6.7 在题Ⅰ-6.7图所示的轮系中，已知加于轮1和轮3上的力矩 $M_1=80\text{N}\cdot\text{m}$ 和 $M_3=100\text{N}\cdot\text{m}$，各轮的转动惯量 $J_1=0.1\text{kg}\cdot\text{m}^2$，$J_2=0.225\text{kg}\cdot\text{m}^2$，$J_3=0.4\text{kg}\cdot\text{m}^2$；各轮的齿数 $z_1=20$，$z_2=30$，$z_3=40$；在开始的瞬时轮1的角速度等于零。求在运动开始后经过0.5s时轮1的角加速度 ε_1 和角速度 ω_1。

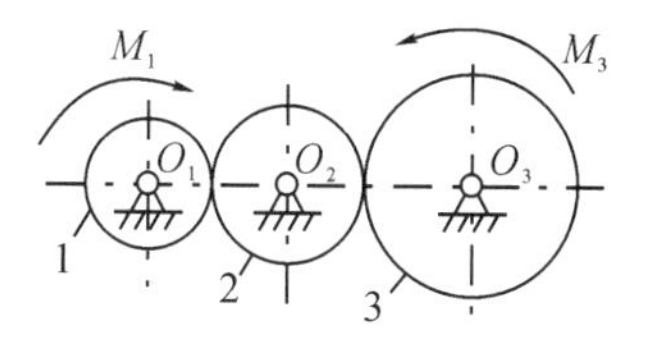

题Ⅰ-6.7图

题Ⅰ-6.8 在题Ⅰ-6.8图所示的机械系统中，已知电动机转速 $n=1400\text{r/min}$，减速器的传动比 $i=2.5$，选输出轴Ⅱ为等效构件，等效转动惯量 $J_e=0.5\text{kg}\cdot\text{m}^2$。试求制动器刹住输出轴后3s停车，求解等效制动力矩。

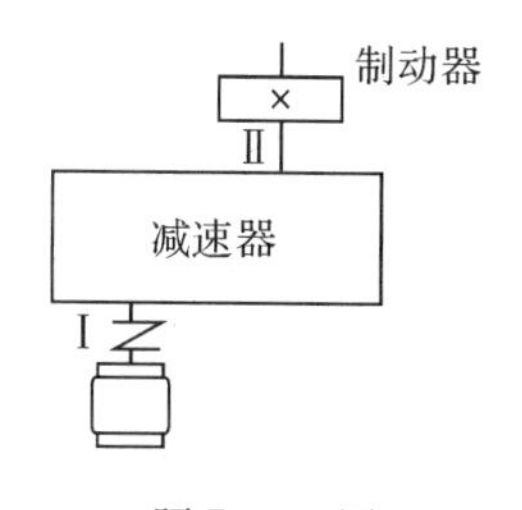

题Ⅰ-6.8图

题Ⅰ-6.9 设电动机的机械特性曲线可用直线近似表示，折算到电机轴上的等效驱动力矩为 $M_d=(27600\sim264\omega)\text{N}\cdot\text{m}$，等效阻力矩为 $M_r=1100\text{N}\cdot\text{m}$；等效转动惯量 $J_e=10\text{kg}\cdot\text{m}^2$，试求自起动(即 $t_0=0°$，$\omega_0=0$)到 $\omega=100\text{s}^{-1}$ 所需的时间 t。

Ⅱ　机械设计部分专题

Ⅱ-1　机械设计中的强度问题

一、主要内容与学习要求

主要内容是：

1)强度计算的基本概念(载荷与应力的分类、机件强度高低的判别、强度校核与强度设计)；

2)静应力下机件的整体强度；

3)变压力下机件的整体强度；

4)表面接触强度与挤压强度；

学习要求是：

1)掌握强度计算的基本概念，熟悉三种基本类型变应力以及 $\sigma_{\max}$、$\sigma_{\min}$、σ_m、σ_a 和 r 的含义与换算；

2)掌握机件的静强度计算和变强度计算，掌握疲劳曲线、极限应力线圈、Miner 线性疲劳累积假说的含义、作用以及影响疲劳强度的因数；

3)知悉机件表面接触强度和挤压强度的产生、失效及其计算准则；

4)能根据机件的工况、材料、受载、结构正确判定危险截面的应力类型；厘清众多有关强度的专业术语，计算应用时不会混淆。

二、重点与难点

重点是：

1)强度计算的基本概念，特别是三种基本类型变应力的 $\sigma_{\max}$、$\sigma_{\min}$、σ_m、σ_a 和 r；

2)机件静强度和疲劳强度计算，特别是疲劳曲线和极限应力线圈。

难点是：变应力下机件的疲劳强度计算。

三、学习指导与提示

(一)强度计算的基本概念

1)机件的载荷与应力

不随时间变化或缓慢变化的载荷、应力相应称为静载荷、静应力,否则称为变载荷、变应力(注意:静应力只能在静载荷作用下产生,而变应力则可能由变载荷或静载荷产生)。

设计计算中载荷还常分为名义载荷和计算载荷。计算载荷是名义载荷与载荷系数 K 的乘积,K 的数值大于等于 1。

变应力大小或方向随时间作周期性变化的称为循环变应力。循环变应力常见的有三种基本类型:非对称循环变应力(图Ⅱ-1.1(a))、对称循环变应力(图Ⅱ-1.1(b))和脉动循环变应力(图Ⅱ-1.1(c)),图中 σ_{max}、σ_{min} 分别为应力循环中的最大应力和最小应力,最大应力与最小应力的代数平均值称为平均应力,用 σ_m 表示,即 $\sigma_m=(\sigma_{max}+\sigma_{min}/2$;最大应力与最小应力代数差的一半称为应力幅,用 σ_a 表示,即 $\sigma_a=(\sigma_{max}-\sigma_{min})/2$。应力循环中最小应力与最大应力的代数值之比表征着应力变化特点,称为循环特征,用 r 表示,即 $r=\sigma_{min}/\sigma_{max}$。上述三种基本类型的循环变应力可用 σ_{max}、σ_{min}、σ_m、σ_a 和 r 五个参数中的任意两个来描述。

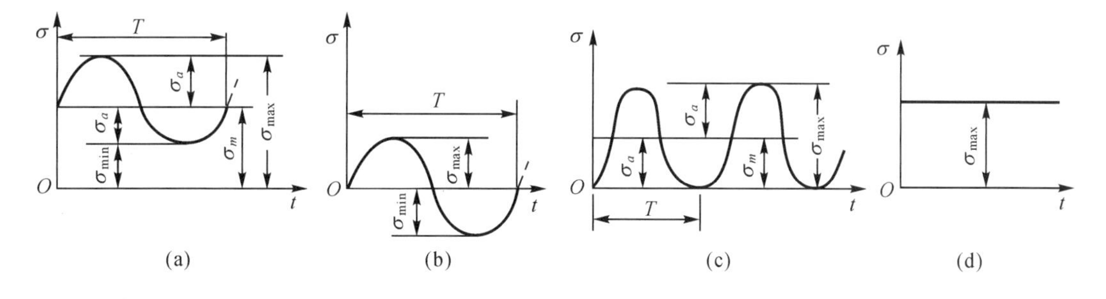

图Ⅱ-1.1

注意:(1)静应力可视为循环变动力的一种特例,如Ⅱ-1.1 图(d)所示,其 $\sigma_a=0$,$\sigma_{max}=\sigma_{min}=\sigma$,$r=\sigma_{min}/\sigma_{max}=1$;(2)在每次循环中循环参数均不随时间变化的变应力称为稳定变应力,否则称为非稳定变应力。

2)机件的强度设计与校核

机件的强度与载荷、材料、几何尺寸因素以及使用工况等有关。机件的强度有体积强度与表面强度之分。前者是指拉伸、压缩、弯曲、扭剪等涉及机件整体的强度,后者是指接触、挤压等涉及表面的强度。机件的强度又分为静强度和疲劳强度。静强度是指静应力下的强度,疲劳强度是指循环变应力下的强度。不同的应力作用下,机件的失效形式会不同;针对不同的失效形式,强度计算的方法也不同。

为了保证机件具有足够的强度以避免工作过程中因强度不足而出现失效,需要判别机件强度的高低。广义而言,强度准则可用两种方式表述:(1)最大应力不超过机件的许用应力;(2)实际安全系数不能小于许用安全系数。

强度计算一般是指利用强度准则来校核机件是否满足强度要求或机件在满足强度要求时应有的几何尺寸;前者称为强度校核计算,后者称为强度设计计算。

(二)静应力下机件的整体强度

在静应力作用下机件的失效形式主要是塑性变形和断裂。

1)单向应力状态

强度条件可表示为 $\sigma\leqslant[\sigma]=\sigma_{\lim}/[s_\sigma]$ 或 $\tau\leqslant[\tau]=\tau_{\lim}/[s_\tau]$。式中:$\sigma$ 为正应力,可由拉伸、压缩、弯曲等产生,τ 为切应力,可由剪切、扭转等产生;$[\sigma]$、$[\tau]$分别为许用正应力和许用切应力;$\sigma_{\lim}$、$\tau_{\lim}$分别为材料的极限正应力和极限切应力;$[s_\sigma]$、$[s_\tau]$分别为对应于正应力、切应力的许用安全系数。若材料为塑性材料,极限应力应取材料的屈服极限,即取$\sigma_{\lim}=\sigma_s$、$\tau_{\lim}=\tau_s$;若材料为脆性材料,则取材料的强度极限,即取 $\sigma_{\lim}=\sigma_B$,$\tau_{\lim}=\tau_B$。

上述强度条件也可用安全系数来表示为 $s_\sigma=\sigma_{\lim}/\sigma\geqslant[s_\sigma]$或 $s_\tau=\tau_{\lim}/\tau\geqslant[s_\tau]$。式中:$s_\sigma$、$s_\tau$ 分别为对应于正应力、切应力的计算安全系数。

2)双向、三向应力状态

需按材料力学的强度理论由当量应力来计算机件的最大应力,如对弯曲与扭转复合以及拉伸与扭转复合的塑性材料机件分别用第三、第四强度理论计算。

(三)变应力下机件的整体强度

在变应力作用下,机件的失效极大多数是疲劳损伤(裂纹扩展)到一定程度后才发生突然断裂。机件的疲劳断裂不仅与应力大小有关,而且与应力的循环次数有关。

1)疲劳曲线与疲劳极限应力线图

(1)疲劳曲线

在任一给定循环特性 r 的条件下,经过 N 次循环后,材料不发生疲劳破坏时的最大应力称为疲劳极限,用 σ_{rN} 表示。表示应力循环次数 N 与疲劳极限 σ_{rN} 的关系曲线称为疲劳曲线或σ-N 曲线。图Ⅱ-1.2 所示为大多数黑色金属及其合金的疲劳曲线。由图可见,当应力循环次数 N 高于某一数值 N_0 后,疲劳曲线呈现为水平直线,即疲劳极限 σ_{rN} 不再随循环次数的增加而变化;这样,疲劳曲线可以分为两个区域:$N\geqslant N_0$ 的部分称为无限寿命区,$N\leqslant N_0$ 的部分称为有限寿命区。有限寿命区应力循环次数 N 和疲劳极限 σ_{rN}之间的关系式为 $\sigma_{rN}^m\cdot N=\sigma_r^m N_0=$常数,式中:$N_0$、$m$ 分别称为应力循环基数和试验常数,可按材料查取;σ_r 为相应于应力循环基数的疲劳极限,称为材料的疲劳极限。这样,可根据 σ_r 和 N_0 利用上式来求有限寿命区内任意循环次数 $N(N<N_0)$时的疲劳极限 σ_{rN},表达式为 $\sigma_{rN}=\sigma_r\sqrt[m]{N_0/N}=K_N\sigma_r$,式中 $K_N=\sqrt[m]{N_0/N}$,称为寿命系数,注意当$N\geqslant N_0$时,应取 $K_N=1$。

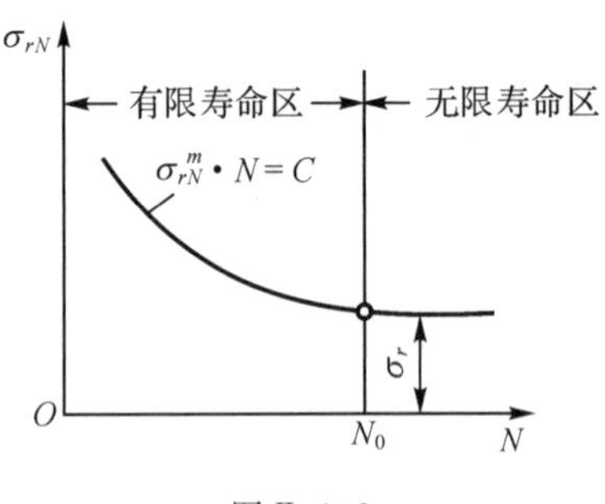

图Ⅱ-1.2

(2)疲劳极限应力线圈

材料在相同的循环次数和不同的循环特性下有不同的疲劳极限,将材料在不同循环特性 r 下实验所得的各极限应力表示在 $\sigma_m-\sigma_a$ 坐标中,可表示为相应的各个“点”(点的横坐标为极限平均应力,纵坐标为极限应力幅);将各点连接起来所得曲线即为材料的极限应力曲线。图Ⅱ-1.3 所示曲线 ABC 为塑性钢材极限应力曲线,为便于应用采用折线 $ABED$ 代替曲线 ABC 得到简化的极限应力线图。材料极限应力线 $ABED$ 上任一点(循环特性为 r)所代表的材料疲劳极限 $\sigma_r=\sigma_{\max}=\sigma_{rm}+\sigma_{ra}$,其中,$\sigma_r$、$\sigma_{\max}$、$\sigma_{rm}$、$\sigma_{ra}$ 分别为循环特性 r 时的材料疲劳极限、极限最大应力、极限平均应力和极限应力幅。ABE 线段称为材料的疲劳极限线，ED 线段上的疲劳极限有 $\sigma_r=\sigma_s$ 的关系，ED 线段也称为材料的塑性极限线。若工作应力点（σ_m、σ_a）处于 $OABED$ 以内，其最大应力不超过材料的疲劳极限和塑性极限，故为疲劳和塑性安全区；工作点距 $ABED$ 折线愈远，安全度愈高。此外，影响机件疲劳强度的因素除材料、应力循环特性和循环次数外，还有应力集中、绝对尺寸和表面状态等使得机件的疲劳极限要低于材料试件的疲劳极限。由实验得知，应力集中、尺寸效应和表面状态只对应力幅有影响而对平均应力没有影响；通常将这三个因素综合考虑称为综合影响系数 $K_\sigma=k_\sigma/(\varepsilon_\sigma\beta)$。在计算机件应力幅时要乘以综合影响系数，式中应力集中系数 k_σ、绝对尺寸影响系数 ε_σ 和表面状态系数 β 均可按具体情况查取。这样在图Ⅱ-1.3 中将材料的极限应力线中的直线 AB 按比例因子 $1/K_\sigma$ 下移便得到机件的极限应力线 $A'B'E'D$。

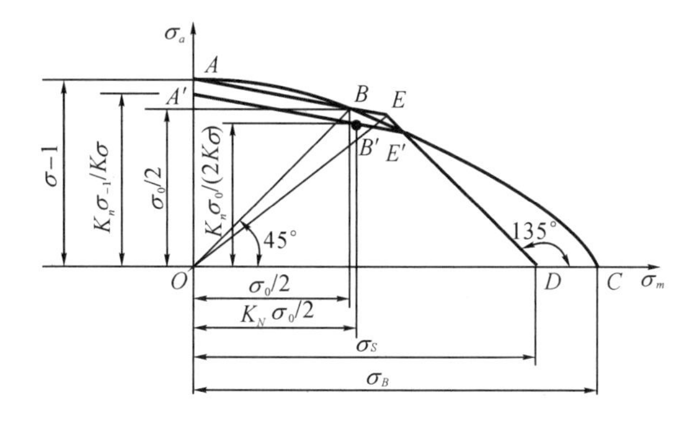

图Ⅱ-1.3

对于切应力的情况，可将极限应力线图和上述公式中的 σ 换成 τ 即可。

2）稳定变应力状态下机件的疲劳强度计算

（1）单向应力下机件疲劳强度计算

机件作疲劳强度计算应先求出其危险截面的最大工作应力 σ_{max} 和最小工作应力 σ_{min}，从而求出其平均工作应力 σ_m 和工作应力幅 σ_a；并在机件极限应力线图中相应标出这个工作应力点 $M(\sigma_m,\sigma_a)$ 如图Ⅱ-1.4 所示，再根据机件“工作应力变化规律”在极限应力线 $A'E'D$ 上确定其相应的极限应力点 $M'(\sigma'_m,\sigma'_a)$，点 M' 的极限应力作为机件疲劳强度计算的极限应力。

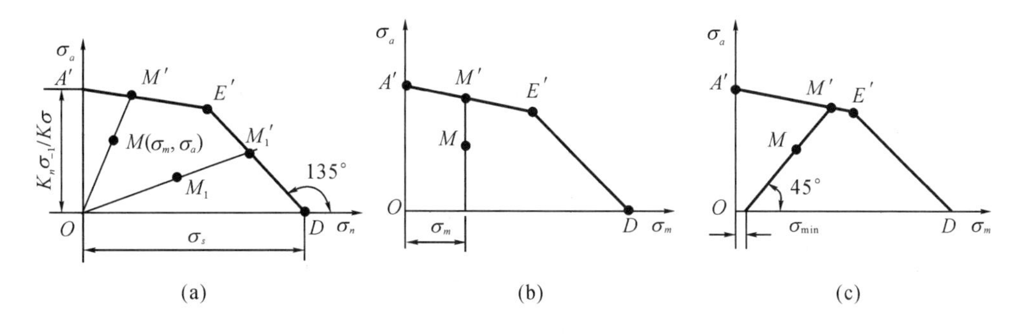

图Ⅱ-1.4

典型的应力变化规律圾三种：循环特性 r 保持不变(图Ⅱ-1.4(a))、平均应力 σ_m 保持不变(图Ⅱ-1.4(b))和最小应力 $\sigma_{\min}$ 保持不变(图Ⅱ-1.4(c))。现以循环特性 r 不变的规律说明在极限应力线上确定极限应力点，图Ⅱ-1.4(a)，直线 OM 与极限应力线的交点 M' 即为所求极限应力点。联立求解 OM' 和 $A'E'$ 两直线方程可求出 M' 点的坐标值 σ'_m 和 σ'_a，则对应于 M 点的机件极限应力 $\sigma'_{\max}$ 和安全系数 s_σ 为：

$$\sigma'_{\max}=\sigma'_a+\sigma'_m=(\sigma_{-1}\sigma_{\max})/(K_\sigma\sigma_a+\psi_\sigma\sigma_m),\ s_\sigma=\sigma'_{\max}/\sigma=\sigma_{-1}/(K_\sigma\sigma_a+\psi_\sigma\sigma_m);$$

式中，$\psi_\sigma=(2\sigma_{-1}-\sigma_0)/\sigma_0$ 称为将平均应力 σ_m 折合为应力幅 σ_a 的系数。

几点说明：①对于工作应力点 M_1 的极限应力点 M' 位于直线 $E'D$ 上(图Ⅱ-1.4(a))，此时的极限应力为屈服极限 σ_s，只需进行静强度计算；②对于平均应力 σ_m 或 $\sigma_{\min}$ 不变的规律确定其极限应力点 M' 分别见图Ⅱ-1.4(b)和图Ⅱ-1.4(c)；③工程设计中难以确定机件的应力变化规律也可以采用循环特性 r 不变的规律进行疲劳强度计算；④对于切应力的情况，可将极限应力线图和上述公式中的 σ 换成 τ 即可。

(2)复合应力下机件疲劳强度计算

复合应力可以转化成当量单向应力，其疲劳强度计算可以相应按单向应力疲劳强度计算方法进行。

3)非稳定变应力状态下机件的疲劳强度计算

非稳定变应力可分为有规律的非稳定变应力和无规律的随机变应力。

有规律的非稳定变应力的疲劳强度计算可按疲劳损伤累积理论进行计算，随机变应力可按统计概率分布理论转化成规率性非稳定变应力进行强度计算。

(1)疲劳损伤累积理论

疲劳损伤累积理论是：在疲劳裂纹形成和扩展的过程中，机件或材料内部的损伤是逐渐积累的，积累到一定程度才发生疲劳断裂。图Ⅱ-1.5 为一机件的规律性非稳定变应力循环示意图，图中 σ_1、σ_2、…σ_n 是当循环特性为 r 时各循环作用的最大应力，N_1、N_2、…N_n 为与各应力相对应力的累积循环次数，N'_1、N'_2、…N'_n 为与各应力相对应的发生疲劳破坏时的极限循环次数。线性的 Miner 疲劳损伤累积理论提出：应力每循环一次造成机件一次寿命损伤(损伤率 N_i/N'_i，$i=1$、2、…n)其总寿命损伤率 $N_1/N'_1+N_2/N'_2+\cdots+N_i/N'_i=\sum_{i=1}^{n}(N_i/N'_i)=1$ 时，机件达到疲劳寿命极限。

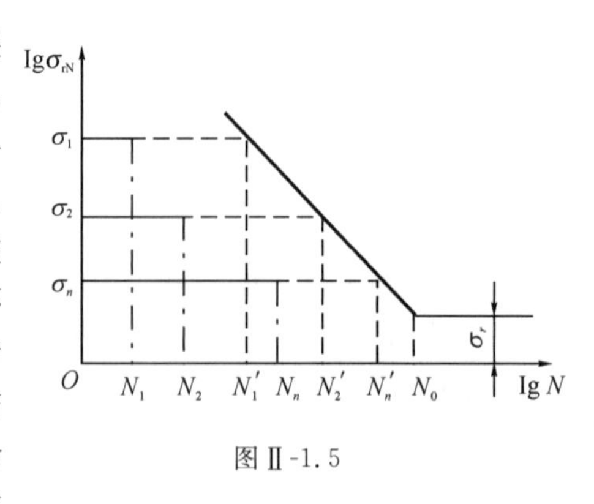

图Ⅱ-1.5

(2)规律性非稳定变应力疲劳强度计算

规律性非稳定变应力疲劳强度计算是先将非稳定变应力转化成一个与其总寿命损伤率相等的等效稳定变应力 σ_V，然后再按稳定变应力进行疲劳强度计算。转化后的等效变应力 σ_V 通常取非稳定变应力中的最大应力或作用时间最长的应力，例如图Ⅱ-1.5 中取 $\sigma_V=\sigma_1$，此时与 σ_V 相对应的等效循环次数为 N_V，相对应的材料发生疲劳破坏时的极限应力循环次数 $N'_V=N'_1$，亦即 $N_1/N'_1+N_2/N'_2+\cdots+N_n/N'_n=N_V/N'_V$；将上式各项的分子和分母同时乘以 σ_1^m、σ_2^m、…σ_n^m、σ_V^m，利用疲劳曲线方程：$\sigma_i^m N_i=\sigma_r^m\cdot N_0=$常数可得 $\sigma_1^m N_1+\sigma_2^m N_2+\cdots+\sigma_n^m N_n$

$=\sigma_V^m N_V$；于是等效循环次数(即等效疲劳寿命) $N_V = \sum_{i=1}^{n}(\sigma_i/\sigma_V)^m N_i$，等效循环次数时的寿命系数 $K_\Omega = \sqrt[m]{N_0/N_V}$。

对于切应力的情况可将图Ⅱ-1.5以及上述公式中的 σ 换成 τ 即可。

(四)机件的接触应力与挤压应力

1)高副接触的机件受载后在其接触的微小表面受很大的局部应力，它可能导致表面产生裂纹和剥落小坑。可用弹性力学赫兹(Hertz)公式计算的圆柱体最大接触应力 σ_H，表面接触强度计算准则是 $\sigma_H \leqslant [\sigma_H]$，$[\sigma_H]$是许用接触应力。

2)通过低副接触来传递载荷的两机件在接触表面上将产生挤压应力，它可能导致表面塑性变形或表面破碎。强度计算时挤压应力 σ_F 可按表面平均应力进行条件性计算，表面挤压强度准则是 $\sigma_F \leqslant [\sigma_F]$，$[\sigma_F]$是许用挤压应力。

3)机件的接触强度和挤压强度均为表面强度，区别于拉伸、压缩、弯曲、扭剪作用下的体积强度。特别要注意挤压应力不能与压应力相混淆。

四、例题精选与解析

例Ⅱ-1.1 某机件合金钢制，材料性能：$\sigma_{-1}=400\text{MPa}$、$\sigma_s=800\text{MPa}$，应力集中系数 $k_\sigma=1.22$，绝对尺寸影响系数 $\varepsilon_\sigma=0.85$，表面状态系数 $\beta=1.0$；最大工作应力 $\sigma_{\max}=285\text{MPa}$，最小工作应力 $\sigma_{\min}=-85\text{MPa}$。设寿命系数 $K_N=1.23$，许用安全系数$[s_\sigma]=1.3$。试用图解法校核该机件的强度。

解析 本例对确定材料、机件简化极限应力线和单向稳定变应力下的机件疲劳强度计算进行较全面的训练实践。

(1)绘制材料的简化 $\sigma_m-\sigma_a$ 极限应力线图

由材料合金钢取应力折合系数 $\psi_\sigma=0.25$，因 $\psi_\sigma=(2\sigma_{-1}-\sigma_0)/\sigma_0$ 可得材料的 $\sigma_0=640\text{MPa}$。例Ⅱ-1.1图中，取应力比尺 μ_σ(MPa/mm)。材料简化应力线上的特征点 B 的坐标应为 $B(320,320)$，特征点 A 的坐标应为 $A(0,400)$；$ABED$ 为材料简化应力线。

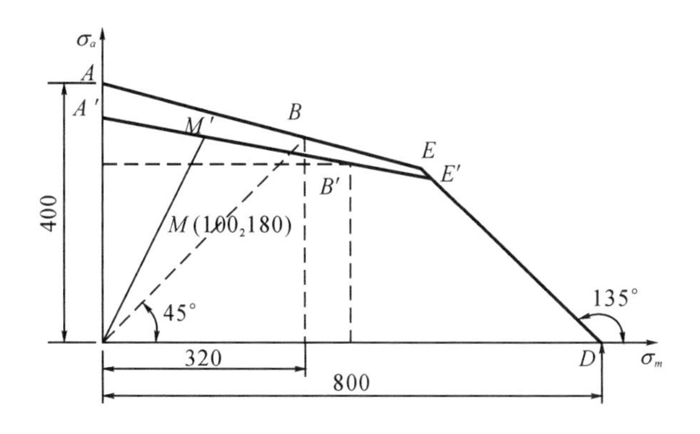

例Ⅱ-1.1图

(2)作机件的简化应力线

计算综合影响系数 $K_\sigma = k_\sigma/(\varepsilon_\sigma\beta) = 1.22/(0.85\times1) = 1.44$。

计算机件极限应力线 $A'B'$ 上特征点 A'、B' 的坐标：$\sigma_{mA'} = 0$，$\sigma_{aA'} = K_N\sigma_{-1}/K_\sigma = 1.23\times400/1.44 = 341.6(\text{MPa})$，$\sigma_{mB'} = k_N\sigma_0/2 = 1.23\times640/2 = 393.6(\text{MPa})$，$\sigma_{aB'} = K_N\sigma_0/(2k_\sigma) = 1.23\times640/(2\times1.44) = 273.3(\text{MPa})$；$A'B'E'D$ 为机件简化应力线。

(3)确定工作应力点 M 及其极限应力点 M' 的坐标，校核强度

计算：$\sigma_{mM} = (\sigma_{\max}+\sigma_{\min})/2 = (285+(-85))/2 = 100(\text{MPa})$，$\sigma_{aM} = (\sigma_{\max}-\sigma_{\min})/2 = (285-(-85))/2 = 185(\text{MPa})$。按循环特性 r 不变，极限应力点 M' 应为 OM 线与 $A'B'$ 线的交点，由图按比例量得其坐标应为 $M'(169,312)$，故安全系数 $s_\sigma = (169+312)/(100+185) = 1.6877 > [s_\sigma] = 1.3$，安全。

本例附言：若本例采用图解 OM' 与 OM 长度之比或解析 $s_\sigma = k_N\sigma_{-1}/(k_\sigma\sigma_a+\psi_\sigma\sigma_m)$ 均可得同样的结果。

例Ⅱ-1.2 某钢制试件所用材料的疲劳极限应力 $\sigma_{-1} = 260\text{MPa}$，试验常数 $m = 9$，应力循环基数 $N_0 = 10^7$，例Ⅱ-1.2 图为其单向规律性非稳定变应力循环示意图，图中 σ_1、σ_2、σ_3 是当循环特性为 r 时各循环作用的最大应力，N_1、N_2、N_3 是与各应力相对应的累积循环次数，已知 $\sigma_1 = 350\text{MPa}$，$\sigma_2 = 280\text{MPa}$，$\sigma_3 = 270\text{MPa}$，$N_1 = 10^4$，$N_2 = 10^5$，$N_3 = 10^5$。试确定：(1)该试件的工作安全系数；(2)如果该试件再作用 $\sigma_4 = 265\text{MPa}$(图中点划线示意)的应力，还能循环多少次试件才破坏。

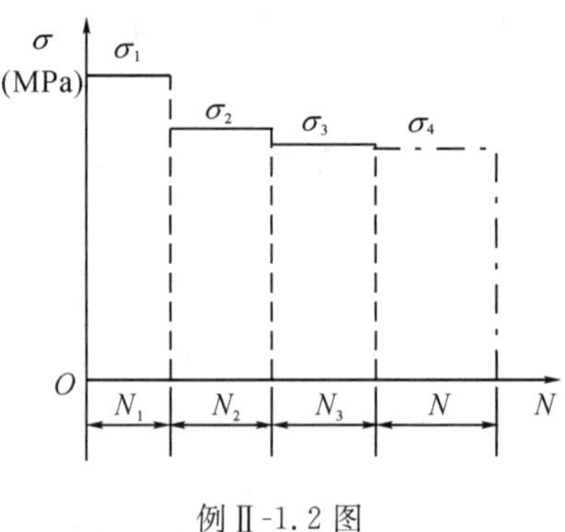

例Ⅱ-1.2 图

解析 本例为较典型的采用线性 Miner 疲劳损伤累积理论进行单向规律性非稳定变应力疲劳强度解题实例。

(1)计算试件工作安全系数

取应力最大的 σ_1 作为等效应力 σ_V，即 $\sigma_V = \sigma_1 = 350\text{MPa}$，等效应力循环寿命系数 $K_N = \sqrt[m]{[\sum_{i=1}^{3}N_i(\sigma_i/\sigma_1)^m]/N_0} = \sqrt{[N_1(\sigma_1/\sigma_1)^m+N_2(\sigma_2/\sigma_1)^m+N_3(\sigma_3/\sigma_1)^m]/N_0}$，代入已知数据得 $K_N = 0.5302$，计算工作安全系数 $s_\sigma = \sigma_{-1}/(K_N\sigma_V) = 260/(0.5302\times350) = 1.4$

(2)求再加 $\sigma_4 = 265\text{MPa}$ 试件破坏前的循环次数 N_A

代入已知数据计算各疲劳极限 σ_{rN} 所对应的循环次数，分别为：$N'_1 = N_0(\sigma_{-1}/\sigma_1)^m = 688886.58$，$N'_2 = N_0(\sigma_{-1}/\sigma_2)^m = 5132605.05$，$N'_3 = N_0(\sigma_{-1}/\sigma_3)^m = 7120102.64$，$N'_4 = N_0(\sigma_{-1}/\sigma_4) = 8424560.71$；当试件到了将发生疲劳破坏的极限状态时有：$\sum_{i=1}^{4}(N_i/N'_i) = N_1/N'_1+N_2/N'_2+N_3/N'_3+N_4/N'_4 = 1$，代入已获数据可计算得试件在破坏前的循环次数 $N_4 = N'_4(1-N_1/N'_1-N_2/N'_2-N_3/N'_3) = 801980$。

五、思考题与练习题

题Ⅱ-1.1 试述名义载荷与计算载荷、工作应力、极限应力、许用应力与安全系数，静载荷与变载荷、静应力与变应力、强度设计与强度校核、整体强度与表面强度、静强度与变强度的涵义。

题Ⅱ-1.2 循环变应力有哪三种基本类型？其中 $\sigma_{\min}$、$\sigma_{\max}$、σ_m、σ_a 和 r 的意义及其相互关系如何？

题Ⅱ-1.3 试述疲劳曲线、疲劳极限 σ_{rN}、循环次数 N、应力循环基数 N_0、有限寿命区和无限寿命区以及寿命系数 K_N 的涵义。

题Ⅱ-1.4 如何从材料的疲劳极限应力曲线（ABC）图绘制成简化的疲劳极限应力线（$A'B'E'D$）？

题Ⅱ-1.5 影响机件疲劳强度的因素有哪些？试述机件的应力集中系数 k_σ、绝对尺寸影响系数 ε_σ 表面状态系数 β 的涵义，如何从塑性材料疲劳极限简化应力线图绘制成机件疲劳极限简化应力线图？

题Ⅱ-1.6 某钢材无限寿命对称循环疲劳极限 $\sigma_{-1}=200\text{MPa}$，应力循环基数 $N_0=1\times10^7$，试验常数 $m=9$。试求（1）循环次数分别为 9×10^3、5×10^4 和 1×10^6 次，所对应的有限寿命疲劳极限；（2）有限寿命疲劳极限分别为 250MPa、300MPa 和 350MPa 所对应的应力循环次数。

题Ⅱ-1.7 已知某机件的极限应力线图（题Ⅱ-1.7 图）中工作点 $C(\sigma_m,\sigma_a)$ 的位置，试在该图上标出按 $r=\sigma_{\min}/\sigma_{\max}=$ 常数、$\sigma_m=$ 常数和 $\sigma_{\min}=$ 常数三种应力变化规律时的极限应力点。

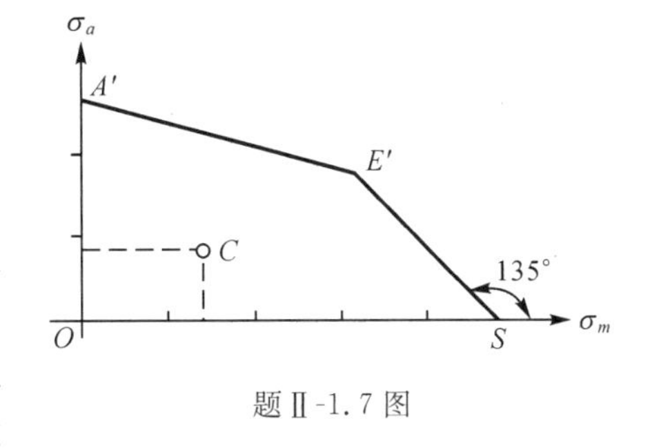

题Ⅱ-1.7 图

题Ⅱ-1.8 试述稳定变应力状态下机件的疲劳强度计算。

题Ⅱ-1.9 试述规律性非稳定变应力与无规律非稳定变应力的涵义及其计算途径；试述线性的 Miner 疲劳损伤累积理论的涵义及其在规律性非稳定变应力强度计算中的应用。

题Ⅱ-1.10 45 号钢调质后的性能为 $\sigma_{-1}=300\text{MPa}$，$m=9$，$N_0=10^7$，以此材料作机件进行试验，先以对称循环变应力 $\sigma_1=500\text{MPa}$、作用 $N_1=10^4$，再以 $\sigma_2=400\text{MPa}$ 作用于试件，求还能循环多少次才会使试件破坏？

题Ⅱ-1.11 试从应力类型、失效、计算准则来分析比较机件表面接触应力、表面挤压应力和机件的压应力。

Ⅱ-2　紧螺栓联接的疲劳强度计算与螺栓组联接设计

一、主要内容与学习要求

主要内容是：

1)螺栓联接的疲劳强度计算；

2)螺栓组联接设计。

学习要求是：

1)了解螺栓联接疲劳强度计算应用的场合，掌握其疲劳强度计算的原理和方法；

2)了解螺栓组联接设计过程主要包括的部分，掌握螺栓组联接结构设计的内容及需综合考虑的问题；

3)掌握螺栓组联接受力分析的目的及几种典型受载情况受力分析的特点。

二、重点与难点

重点是：

1)螺栓联接疲劳强度计算的方法；

2)螺栓组结构设计与受力分析。

难点是：

1)螺栓联接疲劳强度计算中应力幅 σ_a 的正确计算；

2)螺栓组联接复杂受载情况的受力分析及螺栓布局方案的比较。

三、学习指导与提示

(一)紧螺栓联接的疲劳强度计算

1)对于受轴向变载荷的一般紧螺栓联接强度计算可按公式 $1.3Q/(\pi d_1^2/4)\leqslant[\sigma]$进行，$Q$ 为总拉伸载荷，许用应力$[\sigma]$按变载荷选择。

2)对于受轴向变载荷的重要联接(如内燃机汽缸盖螺栓联接)，若轴向工作载荷 Q_F 在 $0\sim Q_F$ 之间周期性变化，则螺栓所受总拉伸载荷在 $Q_{\min}=0\sim Q_{\max}=Q$ 之间变化。这时可先按上述公式粗略计算出螺栓直径，然后校核其疲劳强度。

3)对螺栓来说影响变载荷疲劳强度的重要因素是应力幅 σ_a，螺栓总拉力变幅为$(Q-Q_0)/2=[k_1/(k_1+k_2)]Q_F/2$，故螺栓疲劳强度的校核公式为

$$\sigma_a=(\frac{1}{2}\cdot\frac{k_1}{k_1+k_2}Q_F)/(\frac{\pi}{4}d_1^2)=\frac{k_1}{k_1+k_2}\cdot\frac{2Q_F}{\pi d_1^2}\leqslant[\sigma_a]$$

$[\sigma_a]$为螺栓变载时的许用应力幅，$[\sigma_a]=\varepsilon\sigma_{-1T}/(K_\sigma[s_a])$，式中：$[s_a]$为许用安全系数，不控制

预紧力时取$[s_a]=2.5\sim5$，控制预紧力时取$[s_a]=1.5\sim2.5$；σ_{-1T}为螺栓材料在拉(压)对称循环下的疲劳极限，可近似取$\sigma_{-1T}=0.32\sigma_B$；$\varepsilon$、$k_\sigma$分别为螺栓的尺寸系数和螺纹应力集中系数，均可查表选取。

(二)螺栓组联接设计

1)螺栓组联接结构设计

结构设计是螺栓组联接设计过程中的一个重要部分，具体设计时建议综合考虑以下几点：

(1)联接结合面的几何形状一般都设计成轴对称的简单几何形状，如图Ⅱ-2.1所示，便于加工制造和受力均匀。

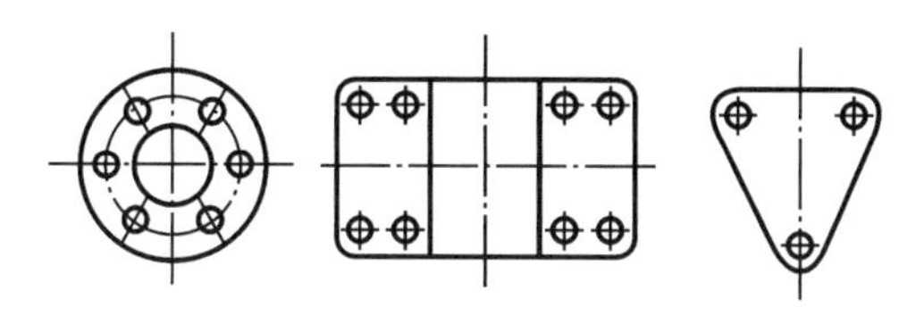

图Ⅱ-2.1

(2)螺栓布置应使螺栓受力合理，避免接合面上载荷分布过于不均。

(3)分布在同一圆周上的螺栓数目应取3、4、5、6、8、12等易于分度，便于划线钻孔。同一组螺栓的材料直径和长度应尽量相同。

(4)螺栓排列应有合理的钉距和边距，注意留有必要的扳手空间。

(5)注意：螺栓组中螺栓个数、布置方案以及采用铰制孔螺栓联接还是普通螺栓联接均与受力分析、强度计算有密切关联，设计时需分析择优确定。

2)螺栓组联接受力分析与强度计算

(1)螺栓组联接受力分析和强度计算目的是布局方案择优、求出受力最大的螺栓、确定螺栓直径。

(2)螺栓组联接受力分析时一般假定：①螺栓组中所有螺栓的材料、直径、长度和预紧力相同；②螺栓组的对称中心与联接接合面的形心重合；③受载后联接接合面仍保持为平面；④螺栓的应变没有超过弹性范围。

(3)掌握好几种典型受载(轴向载荷、横向载荷、扭转力矩、翻转力矩)情况螺栓组的受力特点分析与强度计算，参看例题、做好习题。

四、例题精选与解析

例Ⅱ-2.1　钢制普通螺栓，$d=16\text{mm}$，$\sigma_B=800\text{MPa}$，$\sigma_s=600\text{MPa}$，轴向工作载荷Q_F在0～40000N之间周期性变化，用于重要场合紧联接，金属垫片，螺栓滚压制造，严格控制预紧力。试校核其疲劳强度。

解析　本例是进行适用螺栓总拉力应力幅校核疲劳强度的实践。

(1)求许用应力幅$[\sigma_a]$

$\sigma_B=800\text{MPa}$，螺纹滚制，查得螺纹应力集中系数$k_\sigma=3.8$；螺栓材料拉(压)疲劳限σ_{-1T}

$\approx 0.32\sigma_B = 240\text{MPa}$；$d=16\text{mm}$，查得螺栓尺寸系数 $\varepsilon=0.87$；控制预紧力取$[s_a]=2.5$；代入计算得许用应力幅$[\sigma_a]=\varepsilon\sigma_{-1T}/(k_\sigma[s_a])=21.98(\text{MPa})$

(2)计算应力幅 σ_a 校核疲劳强度

金属垫片查得 $k_1/(k_1+k_2)=0.3$；由 $d=16\text{mm}$ 查得 $d_1=14.701\text{mm}$；$Q_F=40000\text{N}$；代入计算得应力幅 $\sigma_a=[k_1/(k_1+k_2)]\cdot[2Q_F/(\pi d_1^2)]=35.348(\text{MPa})>[\sigma_a]$，疲劳强度不足。

例Ⅱ-2.2 一厚度 $\delta=10\text{mm}$ 的钢板，用 4 个螺栓固联在厚度 $\delta'=25\text{mm}$ 的铸铁支架上，螺栓的布置有(a)、(b)两种方案，如例Ⅱ-2.2 图所示。螺栓和钢板材料为 35 号钢，其屈服极限 $\sigma_s=320\text{MPa}$，支架材料为铸铁 HT200，其抗拉强度 $\sigma_B=195\text{MPa}$；尺寸 $l=400\text{mm}$，$a=100\text{mm}$；载荷 $F_R=9000\text{N}$，接合面间摩擦因数 $f=0.15$，可靠性系数 $K_f=1.2$。现要求：(1)试比较螺栓布置的(a)、(b)两种方案，哪一种方案合理；(2)按照螺栓布置合理方案，分别确定采用普通螺栓联接和铰制孔用螺栓联接时的螺栓直径。

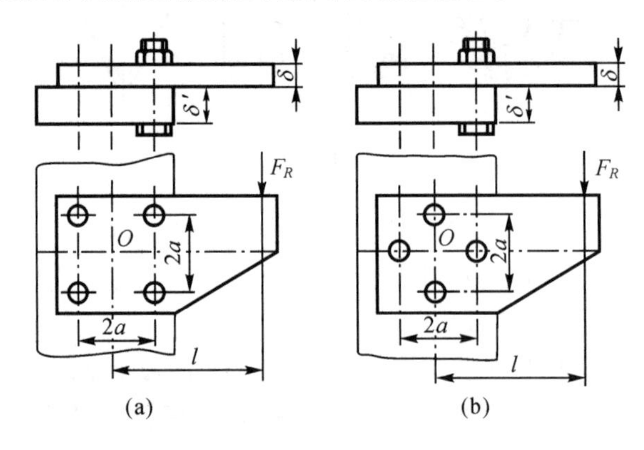

例Ⅱ-2.2 图

解析 本例是受横向载荷和旋转力矩共同作用螺栓组联接设计计算与分析的典型例子。

1)螺栓组联接受力分析

(1)将载荷简化 将载荷 F_R 向螺栓组联接接合面形心 O 点简化，得一横向载荷 $F_R=9000\text{N}$ 和一旋转力矩 $T=F_R l=9000\times 400=3.6\times 10^6(\text{N}\cdot\text{mm})$，如例Ⅱ-2.2(1)解图所示。

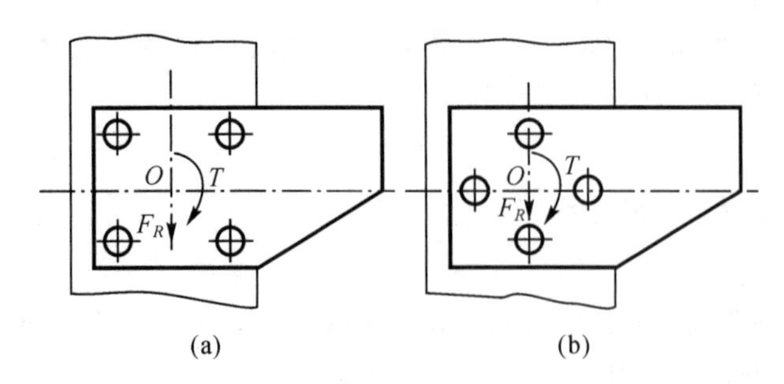

例Ⅱ-2.2(1)解图

(2)确定各个螺栓所受的横向载荷 在总横向载荷 F_R 作用下，各个螺栓所受的横向载荷 F 大小相同，与 F_R 同向。

$$F=\frac{F_R}{4}=\frac{9000}{4}=2250(\mathrm{N})$$

在旋转力矩 T 作用下，由于各个螺栓中心至形心 O 点距离相等，所以各个螺栓所受的横向载荷 F_T 大小也相同，但方向各垂直于螺栓中心与形心 O 的连线，如例Ⅱ-2.2(2)解图所示。

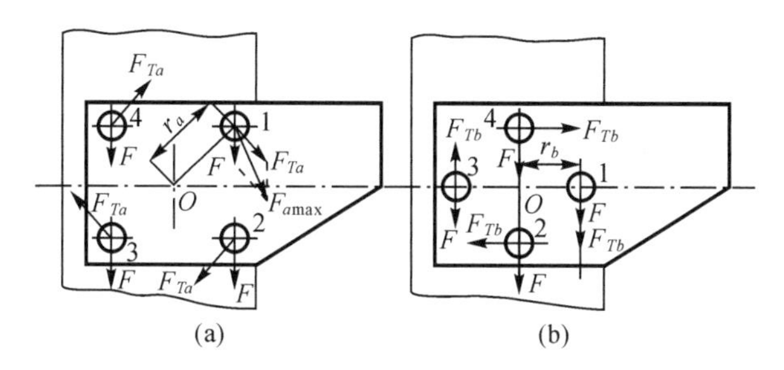

例Ⅱ-2.2(2)解图

对于方案(a)，各个螺栓中心至形心 O 点的距离为 $r_a=\sqrt{a^2+a^2}=\sqrt{100^2+100^2}=141.4(\mathrm{mm})$，所以

$$F_{T_a}=\frac{T}{4r_a}=\frac{3.6\times10^6}{4\times141.4}=6365(\mathrm{N})$$

由例Ⅱ-2.2(2)解图(a)可知，螺栓 1 和 2 所受两力的夹角 α 最小，故螺栓 1 和 2 所受横向载荷最大，即

$$F_{a\max}=\sqrt{F^2+F_{Ta}^2+2F\times F_{Ta}\cos\alpha}=\sqrt{2250^2+6365^2+2\times2250\times6365\cos45^\circ}=8114(\mathrm{N})$$

对于方案(b)，各个螺栓中心至形心 O 点的距离为 $r_b=a=100\mathrm{mm}$，所以

$$F_{Tb}=\frac{T}{4r_b}=\frac{3.6\times10^6}{4\times100}=9000(\mathrm{N})$$

由例Ⅱ-2.2(2)解图(b)可知，螺栓 1 所受横向力最大，即

$$F_{b\max}=F+F_{Tb}=2250+9000=11250(\mathrm{N})$$

(3)两种方案比较　在螺栓布置方案(a)中，受力最大的螺栓 1 和 2 所受的总横向载荷 $F_{a\max}=8114\mathrm{N}$；而在螺栓布置方案(b)中，受力最大的螺栓 1 所受的总横向载荷 $F_{b\max}=11250\mathrm{N}$。可以看出，$F_{a\max}<F_{b\max}$，因此方案(a)比方案(b)合理。

2)按螺栓布置方案(a)确定螺栓直径

(1)采用铰制孔用螺栓

1)由铰制孔用螺栓抗剪强度计算螺栓光杆部分的直径 d_0。由表可查得$[\tau]=\sigma_s/[S_\tau]=320/2.5=128(\mathrm{MPa})$，螺栓受剪面数 $m=1$，由铰制孔螺栓强度公式计算 d_0

$$d_0=\sqrt{\frac{4F_{a\max}}{m\pi[\tau]}}=\sqrt{\frac{4\times8114}{1\times\pi\times128}}=8.99(\mathrm{mm})$$

查 GB/127-1988，取 M10×50($d_0=11\mathrm{mm}$)

2)校核接合面挤压强度。由表可查得钉杆与钢板孔$[\sigma_p]=\sigma_s/[S_p]=320/1.25=256(\mathrm{MPa})$，钉杆与铸铁孔$[\sigma'_p]=\sigma_B/[S'_p]=195/2.5=78(\mathrm{MPa})$；按例Ⅱ-2.2(3)解图所示的配合面尺寸和表面挤压强度公式

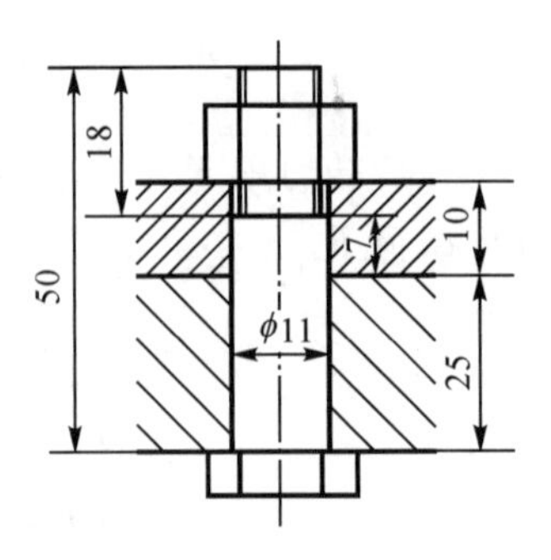

例Ⅱ-2.2(3)解图

螺栓光杆与钢板孔间

$$\sigma_p=\frac{F_{a\max}}{d_0 h}=\frac{8114}{11\times 7}=105(\text{MPa})<[\sigma_p]$$

螺栓光杆与铸铁支架孔间

$$\sigma'_p=\frac{F_{a\max}}{d_0 \delta'}=\frac{8114}{11\times 25}=29.51(\text{MPa})<[\sigma'_p]$$

故配合面挤压强度足够。

(2)采用普通螺栓

①求螺栓所需的预紧力 Q_0。由普通紧螺栓强度公式计算

$$Q_0\geqslant\frac{K_f F_{a\max}}{fm}=\frac{1.2\times 8114}{0.15\times 1}=64912(\text{N})$$

②根据强度条件确定螺栓直径。假设用 M30 螺栓，不控制预紧力，由表可查得 $[\sigma]=\sigma_s/[S]=320/2=160(\text{MPa})$，试算螺栓小径 d_1 得

$$d_1\geqslant\sqrt{\frac{4\times 1.3Q_0}{\pi[\sigma]}}=\sqrt{\frac{4\times 1.3\times 64912}{\pi\times 160}}=25.92(\text{mm})$$

查 GB/T 196—2003 选用 M30 粗牙普通螺纹，其小径 $d_1=26.211\text{mm}>25.92\text{mm}$，且很接近，与原假定相符，试算成功。如两者相差较大，一般应重算，直到两者相近或合适为止。

五、思考题与练习题

题Ⅱ-2.1 在什么场合下需对螺栓联接进行疲劳强度计算？如何计算？为什么这样计算？

题Ⅱ-2.2 螺栓组联接设计的过程主要包括哪几部分？

题Ⅱ-2.3 试述螺栓组联接结构设计的主要内容及需综合考虑的问题。

题Ⅱ-2.4 螺栓组联结受力分析的目的及为使计算简化一般的假定是什么？

题Ⅱ-2.5 试述螺栓组联接几种典型受载情况受力分析的特点。

题Ⅱ-2.6 题Ⅱ-2.6 图所示为一固定在钢制立柱上的轴承托架，已知载荷 $F_W=6000\text{N}$，其作用线与铅垂线的夹角 $\alpha=50°$，托架材料为灰铸铁 HT200($\sigma_B=200\text{MPa}$)，底板高

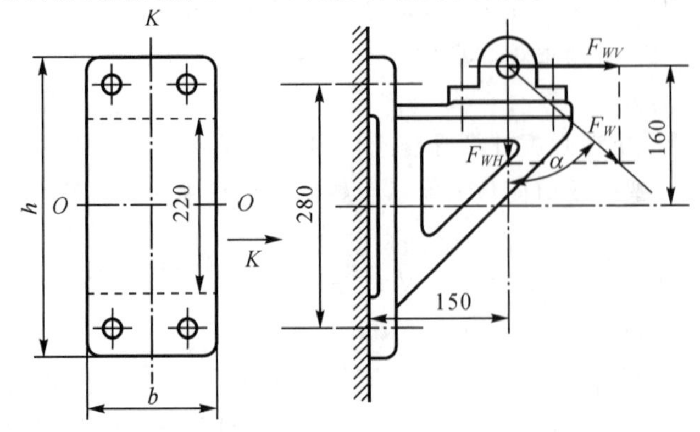

题Ⅱ-2.6 图

$h=340\text{mm}$，宽 $b=150\text{mm}$，其他相关尺寸见图；托架和底板间无垫片，摩擦因数 $f=0.16$；螺栓材料为 Q235，$\sigma_s=240\text{MPa}$，控制预紧力。试设计计算此螺栓组联接。

题注：本题是受轴向载荷、横向载荷和翻转力矩共同作用的螺栓组联接，这样的联接一般都采用受拉普通螺栓联接。其失效可能是拉坏螺栓外，还可能出现支架沿接合面滑移，以及在翻转力矩作用下，接合面的上边可能离缝、下边可能被压溃。解题时先由不滑移条件求出预紧力 Q_0，从而求出残余预紧力 Q_r 和螺栓的总拉力 Q，确定螺栓的直径，再验算不离缝和不压溃等条件。

Ⅱ-3 轴的疲劳强度精确计算与静强度校核

一、主要内容与学习要求

主要内容是：

1)轴的疲劳强度精确计算；

2)轴的静强度校核。

学习要求是：

1)了解轴的疲劳强度计算应用的场合，掌握其计算方法；

2)了解轴的静强度校核应用的场合，掌握其计算方法。

二、重点与难点

重点是：轴的疲劳强度精确计算。

难点是：轴危险截面的判断与选择。

三、学习指导与提示

(一)轴的疲劳强度精确计算

1)重要的轴需要精确校核轴的危险截面的疲劳强度。计入轴上的应力集中、尺寸效应、表面质量和强化系数的影响，按安全系数法校核轴的疲劳强度。

2)在轴的结构设计确定轴的结构尺寸、设计轴的工作图后，分别计算弯矩作用下的安全系数 S_σ 和转矩作用下的安全系数 S_τ，然后计算弯扭综合作用下的计算安全系数 S，最后校核安全系数 $S\geqslant[S]$，$[S]$是疲劳强度计算的许用安全系数。

(1)S_σ、S_τ、S 的公式：$S_\sigma=K_N\sigma_{-1}/(\frac{k_\sigma}{\varepsilon_\sigma\beta}\sigma_a+\psi_\sigma\sigma_m)$，$S_\tau=K_N\tau_{-1}/(\frac{k_\tau}{\varepsilon_\tau\beta}\tau_a+\psi_\tau\tau_m)$，$S=S_\sigma S_\tau/\sqrt{S_\sigma^2+S_\tau^2}\geqslant[S]$

式中，K_N 是寿命系数；k_σ、k_τ 分别是受弯曲、扭剪时轴的有效应力集中系数；ε_σ、ε_τ 分别是受弯曲、扭剪时轴的尺寸系数；β 是轴表面质量系数；以上系数可由相应列表中查取。σ_a、τ_a 分别是弯曲、扭剪应力幅，σ_m、τ_m 分别是弯曲、扭剪平均应力，ψ_σ、ψ_τ 分别是轴受弯曲、扭剪时的等效系数，碳钢 $\psi_\sigma=0.1\sim0.2$，合金钢 $\psi_\sigma=0.2\sim0.3$，而 $\varphi_\tau\approx0.5\psi_{\sigma_0}$。

(2)轴疲劳强度计算的许用安全系数[S]　材料均匀、载荷与应力计算精确时取[S]=1.3～1.5，材质不够均匀、计算精度较低时取[S]=1.5～1.8，材质均匀性和计算精度很低，或轴的直径 $d>200$mm 时取[S]=1.8～2.5。

(二)轴的静强度校核

1)轴所受的峰值载荷即使时间很短和出现次数很少，不足以引起疲劳但却能使轴产生塑性变形，应进行轴的静强度校核。

2)轴静强度校核

(1)静强度校核的强度条件：$S_{s\sigma}=\sigma_s/\sigma_{\max}$，$S_{s\tau}=\tau_s/\tau_{\max}$，$S_s=S_{s\sigma}S_{s\tau}/\sqrt{S_{s\sigma}^2+S_{s\tau}^2}\geqslant[S_s]$
式中，$\sigma_{\max}$、$\tau_{\max}$分别是峰值载荷产生的弯曲应力、切应力；σ_s、τ_s，分别是材料的正应力、切应力屈服点；$S_{s\sigma}$、$S_{s\tau}$分别为正应力、切应力作用下的静强度计算安全系数，S_s 是在正、切应力综合作用下的计算安全系数；$[S_s]$是轴静强度校核的许用安全系数。

(2)轴静强度校核的许用安全系数，可按表Ⅱ-3.1 查取。

表Ⅱ-3.1　轴静强度校核的许用安全系数

	峰值载荷作用时间极短、其数值可精确求解时				峰值载荷很难准确计算时
	高塑性钢 $\sigma_s/\sigma_B\leqslant0.6$	中等塑性钢 $\sigma_s/\sigma_B=0.6\sim0.8$	低塑性钢	铸钢和铸铁	
$[S_s]$	1.2～1.4	1.4～1.8	1.8～2	2～3	3～4

注：如载荷和应力计算不准确，$[S_s]$应加大 20%～50%。

四、例题精选与解析

例Ⅱ-3.1　请接续对本书例 12.3 斜齿圆柱齿轮减速器低速轴的 b 截面精确校核其疲劳强度。

解析　本例接用例 12.3 的大量数据，进行低速轴 b 截面的疲劳强度校核实践。

(1)计算 b 截面的 σ_a、σ_m、τ_a、τ_m

$$\sigma_a=M_b'/W=32M_b'/(\pi d^3)=32\times146614/(3.14\times52^3)=10.62(\text{MPa}),\sigma_m=0;$$

$$\tau_a=\tau/2=T/(2W_T)=8T(\pi d^3)=8\times341071(3.14\times52^3)=6.18(\text{MPa}),$$

$$\tau_m=\tau/2=6.18(\text{MPa})。$$

(2)计算 S_σ、S_τ 和 S，校核疲劳强度

轴 45 号钢正火，查得 $\sigma_{-1}=240$MPa，$\tau_{-1}=140$MPa，取轴弯曲、扭剪的等效系数 $\psi_\sigma=0.2$，$\psi_\tau=0.1$；键槽处的弯曲、扭剪有效应力集中系数 $\varepsilon_\sigma=0.81$，$\varepsilon_\tau=0.76$；b 截面轴的直径 $d=52$mm，查得绝对尺寸系数 $\beta=0.95$；按无限寿命考虑，取寿命系数 $K_N=1$。将这些数据代入计算得 $S_\sigma=K_N\sigma_{-1}/(\frac{k_\sigma}{\varepsilon_\sigma\beta}\sigma_a+\psi_\sigma\sigma_m)=9.88$，$S_\tau=K_N\tau_{-1}/(\frac{k_\tau}{\varepsilon_\tau\beta}\tau_a+\psi_\tau\tau_m)=10.15$。正火处理 45 号钢，轴材质均匀、载荷与应力计算较精确，取轴疲劳强度计算许用安全系数[S]=1.5，最后计算 $S=S_\sigma S_\tau/\sqrt{S_\sigma^2+S_\tau^2}=9.88\times10.15/\sqrt{9.88^2+10.15^2}=7.08>[S]$，故 b 截面疲劳

强度安全。

例Ⅱ-3.2 一阶梯转轴直径 $d=50\text{mm}$，$D=60\text{mm}$（见例Ⅱ-3.2 图），已知其截面Ⅰ-Ⅰ处的弯矩 $M=4.8\times10^5\text{N}\cdot\text{mm}$，转矩 $T=1.0\times10^5\text{N}\cdot\text{mm}$，轴表面粗糙度 $R_a=0.004\text{mm}$，车削；按无限寿命考虑、要求疲劳强度许用安全系数 $[S]=2.0$。试按下列两个方案进行计算，并分析哪个方案较合理。

例Ⅱ-3.2 图

方案一：45 号钢正火，HBS=170～217，过渡圆角半径 $r=2.5\text{mm}$；

方案二：40Cr 钢调质处理，HBS=291～286，过渡圆角半径 $r=1\text{mm}$。

解析 本例从截面变化导致应力集中的视角比较两个方案的合理性，需先采用疲劳强度安全系数法求出两个方案的计算安全系数加以比较分析，得出结论。

（1）计算Ⅰ-Ⅰ截面的应力

弯曲：$\sigma_{\max}=M/W=M/(0.1\text{d}^3)=4.8\times10^5/(0.1\times50^3)=38.4(\text{MPa})$

扭剪：$\tau_{\max}=T/W_T=T/(0.2d^3)=1.0\times10^5/(0.2\times50^3)=40(\text{MPa})$

一般可以认为该截面弯曲应力、扭剪应力分别为对称循环、脉动循环变化，故有 $\sigma_a=\sigma_{\max}=38.4\text{MPa}$，$\sigma_m=0$，$\tau_a=\tau_m=\tau_{\max}/2=20\text{MPa}$。

（2）求相关各系数的值

经计算、查表求得相关数据列于下表

材料	D/d	r/d	k_σ	k_τ	ε_σ	ε_τ	β	ψ_σ	ψ_τ	σ_{-1}	τ_{-1}	σ_B	HBS	K_N
45 钢	1.2	0.05	1.82	1.345	0.84	0.78	0.925	0.1	0.05	240	140	600	170～217	1
40Cr	1.2	0.02	2.595	1.63	0.73	0.78	0.91	0.2	0.1	350	200	750	241～286	1

（3）计算安全系数

代入上表相关数据计算两个方案的 $S_\sigma=K_N\sigma_{-1}/(\frac{k_\sigma}{\varepsilon_\sigma\beta}\sigma_a+\psi_\sigma\sigma_m)$，$S_\tau=K_N\tau_{-1}/(\frac{k_\tau}{\varepsilon_\tau\beta}\tau_a+\psi_\tau\tau_m)$ 和 $S=S_\sigma S_\tau/\sqrt{S_\sigma^2+S_\tau^2}$，可得：

①第一方案：$S_\sigma=2.67$，$S_\tau=3.66$，$S=2.157>[S]$；

②第二方案：$S_\sigma=2.33$，$S_\tau=4.17$，$S=2.03\approx[S]$。

（4）分析方案

第一方案 安全系数大于许用安全系数，满足疲劳强度要求；第二方案安全系数与许用安全系数非常接近，勉强满足要求，但安全系数低于第一方案，且第二方案合金钢调质处理成本高于第一方案 45 号钢正火，故二者相比，第一方案较合理。

五、思考题与练习题

题Ⅱ-3.1 轴的精确疲劳强度计算适用于什么情况？应如何进行？

题Ⅱ-3.2 轴的疲劳强度精确计算应在轴工作图完成前还是完成后进行？为什么？

题Ⅱ-3.3 轴的静强度计算适用于什么情况？应如何进行？

题Ⅱ-3.4 请接续对本书例12.3斜齿圆柱齿轮减速器低速轴的b'截面（b截面左（输出端）移32mm、$\phi52$由此降向$\phi50$）精确校核其疲劳强度。

Ⅱ-4 机械系统总体方案设计

一、主要内容与学习要求

主要内容是：

1）机械系统的组成；

2）总体方案设计的内涵；

3）功能原理方案设计；

4）机构的选型及组合；

5）执行系统方案设计；

6）动力系统原动机的选用；

7）传动系统方案设计；

8）操纵系统与控制系统简介。

学习要求是：

1）了解机械系统的组成，掌握总体方案设计与分析的基本知识；

2）初步具备一般通用机械原动机选用、原理方案、传动系统、执行系统方案设计的分析能力；

3）能合理选择机构类型和进行机构组合。

二、重点和难点

重点是：

1）总体方案设计的内涵；

2）机械系统功能原理方案设计；

3）机构选型与组合；

4）执行系统方案设计。

难点是：

1）机械系统功能原理方案设计；

2）执行系统及协调方案设计。

三、学习指导与提示

(一)机械系统的组成及其总体方案设计

1)机械系统的组成

任何机械都可视为由若干装置、部件和零件组成、并能完成所需功能的一个特定的技术系统。从实现系统功能而言,主要包括一些子系统:动力系统、传动系统、执行系统、操纵及控制系统。根据机械系统功能要求,还可有润滑、冷却、计数及照明等辅助系统。

2)总体方案设计的内涵

(1)总体方案设计的内容、原则、意义与评价

主要内容为功能原理方案设计、执行系统方案设计、原动机选择、传动系统方案设计、操纵及控制系统方案设计、其他辅助系统方案设计以及各系统的协调设计。机械系统方案设计需要完成整体方案示意图、机械系统运动简图、运动循环图和方案设计说明书(其中包括总体布局、主要技术参数的确定和方案的评价与决策)。

机械系统方案设计过程中应遵守需求原则、效益原则、简化和优化原则、基本法规、继承和创新结合的原则。

机械系统方案设计是整个设计工作中的重要组成部分,是关键性开局总纲与基础,对整个机械设计质量、工作性能、技术经济指标、市场竞争能力等有重大影响。

在各个设计阶段均需对所得的多种方案进行评价和择优。评价的依据为评价目标。评价目标有:技术评价目标、经济评价目标和社会评价目标。评价方法很多,较为常用的为评分法和技术经济评价法。

需要注意:总体方案设计给具体设计规定了总的基本原理、原则和布局,引领具体设计的进行,而具体设计则是在总体设计基础上的具体化并促成总体设计不断完善,二者相辅相成。

(2)功能原理结构分析及系统原理解

机械的功能原理设计是对实现其基本功能和主要约束条件进行多种原理方案的构思,如设计一台点钞机,先要构思实现将钞票逐张分离这一主要功能的工作原理(如摩擦、离心力、气吹等"物理效应"和相应"载体"如摩擦轮、转动甩架、气嘴等),求解这些原理方案供比较择优与拟定。在这个阶段对构件的具体结构、材料和制造工艺则不一定要有成熟的考虑。

对于比较复杂的技术系统,要将总功能分解为一级分功能、二级分功能、……,直至功能元。机械中一般将功能元分为具物理效应(如力、流体、电、光、磁、核)的功能元和具"与"、"或"、"非"三种基本关系主要用于控制功能的逻辑功能元。对各种功能元有系统的搜索解法,形成解法目录。

将系统的各个功能元作为"列",而把它们的各种解答作为"行",构成系统的形态学矩阵,就可以从中组合成很多系统原理解(不同的设计总方案)。例如行走式挖掘机的总功能是取运物料,其系统解形态学矩阵见图Ⅱ-4.1,理论上其可能组合的方案数为 $N=5\times5\times4\times4\times3=1200$。如取 $A4+B5+C3+D2+E1$ 就组合成履带式挖掘机,如取 $A4+B5+C2+D4+E2$ 就组合成液压轮胎式挖掘机。在设计人员剔除了某些不切实际的方案后,再由粗到细、由定性到定量优选最佳原理方案。

功能元	局部解				
	1	2	3	4	5
A. 动力源	电动机	汽油机	柴油机	液动机	气动当达
B. 运物传动	齿轮传动	蜗杆传动	带传动	链传动	液力耦合器
C. 移位运物	轨道及车轮	轮胎	履带	气垫	
D. 挖掘传动	拉杆	绳传动	气缸传动	液压缸传动	
E. 挖掘取物	挖斗	抓斗	钳式斗	钳式斗	

图Ⅱ-4.1

(3)机械系统的总体布置和主要参数

总体布置是按照简单合理、经济的原则,分析和确定机械中各系统零部件之间的相对位置关系、联系尺寸、运动和动力参数传递方式及主要技术参数,绘制总体布置图。总体布置一般要求:①全局观点;②结构紧凑;③操作、调整、维修方便;④保证精度,刚度及抗振性等要求;⑤匀称、协调、外形美观。

机械系统总体参数是表明机械技术系统、技术性能的主要指标。它包括性能参数和主要结构参数两方面,是总体设计和零部件设计的依据。总体参数有:①生产能力;②运动参数;③动力参数;④尺寸参数。

需要着重指出:在总体方案设计中,一般先初定总体参数,据此进行各部分的方案设计,而且总体参数和结构方案交叉反复进行,最后再精确定总体尺寸。

(二)机构选型及组合

机构不仅用于机械的执行系统和传动系统,而且在控制系统和其他系统中也有广泛地应用,在机械系统中起着实现功能、不可或缺和至关重要的作用。

1)机构选型

功能原理确定后要选合适的机构及其组合作为实现功能的载体。实现同一功能原理可以选择不同的机构,设计人员必须熟悉各种基本机构和常用机构的功能、结构和特点,综合考虑执行系统、原动机和传动系统的设计,根据运动要求、受力大小、精度、效率等多种因素,对各种可行方案进行分析比较、择优选取。以运动形式为切入点,综合考虑其他因素是应用最广的选型方式,实现预定运动形式的一些常用机构和基本机构可以查阅有关手册或通过软件进行搜索。

2)机构组合

单一的基本机构常因其固有的局限性而无法满足多方面的要求,为此常将一些基本机构以一定的方式加以组合后使用,取长补短满足对机械运动、动力特性等多方面的要求。基本机构的组合通常采用串联组合、并联组合、封闭组合等方式。

(1)机构的串联组合

若干个基本机构依次联接,且每一个前置机构的输出构件与后一个机构的输入构件为同一构件称为机构的串联组合。串联组合可分为一般串联组合和特殊串联组合。

一般串联组合是后一级机构串接在前一级机构的与机架相联的构件上的组合方式,应用最为广泛。

特殊串联组合是后一级机构接在前一级机构不与机架相联的作复合平面运动构件上的

组合方式，如后一级的连杆铰接在前一级的行星轮上。

(2)机构的并联组合

一个机构产生若干个分支后续机构，或若干个分支机构汇合于一个后续机构的组合方式称为机构的并联组合。并联组合可分为一般并联组合和特殊并联组合。

一般并联组合其各分支机构间无任何严格的运动协调配合关系。

特殊并联组合其各分支机构间有规定的运动协调要求，如车床驱动工件旋转的主传动链和驱动刀架移动车削螺纹的进给传动链必须按严格规定的工件转一周，刀具移动距离为切制螺纹的导程。

(3)机构的封闭式组合

将一个两自由度的机构(称为基础机构)中的某两个构件的运动用一个机构(称为约束机构)将其联系起来，使之成为一个单自由度的机构(通常称为组合机构)称为机构的封闭式组合。封闭式组合可分为一般封闭式组合和反馈封闭式组合。

一般封闭式组合是将基础机构的两个主动件或两个从动件用约束机构封闭起来的组合方式，如将一个两自由度的五杆机构的两个主动件用一对齿轮联系起来可得两连杆铰接点不同的连杆曲线。

反馈封闭式组合是通过约束机构使从动件的运动反馈回基础机构的组合方式，常用于闭环控制、校正装置等机构。

(三)执行系统方案设计

1)执行系统的功能及其方案设计的主要内容

(1)执行系统的功能

机械的执行系统由执行机构和与之相联的执行构件所组成，利用机械能来改变作业对象的性质、状态、形状或位置，或对作业进行检测、度量等工作。执行机构通常处于机械系统的末端、直接与作业对象接触进行工作，主要有：①取物(如用夹持器、机械手夹持或托持，用抓斗，推铲抓取或推铲)；②运送(可只对物料的起、止位置有要求，或要求实现物料在指定的运动参数下运送)；③分度与转位(注意：分度、转位机构一般都有定位装置)；④测量与检验；⑤施力或力矩(如压力机、矿石破碎机)。根据不同实施功能，各种机械的执行系统也不相同。

(2)执行系统方案设计的主要内容

执行系统方案设计含功能原理设计、工艺动作和运动规律设计、构件形式设计、运动协调设计、机构尺度设计、运动分析和动力分析以及方案设计、评价与决策等，是机械系统方案设计中极为重要又极富创造性的环节。

2)执行系统运动规律及其协调设计

(1)执行系统运动规律设计

执行系统的运动规律应根据其对作业对象所实施的工艺方法和工艺动作来设计。同一种功能要求可以采用不同的运动规律和方案，例如为了加工内孔可以采用刀具切削，也可以采用化学腐蚀、电火花加工等工作原理来实现，切削内孔还可以采取车、镗、钻、拉等方式，需要综合考虑机械特性、使用场合、生产批量、经济性等因素分析择优选定。

(2)执行系统运动协调设计

机械中的执行构件可以是一个，也可以是多个。对于具有多个执行构件的机械，其执行机构间的运动有些是彼此独立的，有些则要求其各执行构件间的运动规律必须严格协调配合才能保证共同完成同一任务。

常见的运动协调有两种：①各执行构件运动速度的协调配合（如范成法切制齿轮、车床车制螺纹；②各执行构件的动作时序协调配合（如牛头刨床工作台带动工件横向进给必须发生在刨刀空回行程开始一段时间并且移离工作台以后和等待一下次刨削之前）。执行构件运动速度协调通过机械内部速比的调整（如配换挂轮），而动作时序协调可运用机械运动循环图表示、设计解决。

机械运动循环图不仅表明了各机构的运动配合关系、给出各执行机构设计的依据；同时也是设计控制系统和调试设备的重要依据。运动循环图主要有直线式、圆周式和直角坐标式，可参见本书例Ⅱ-4.1(1)解图(a)、(b)和例Ⅱ-4.1(2)图。

(四)动力系统原动机的选用

机械系统中产生动力的部分为动力系统。动力系统包括原动机及其配套装置，原动机是动力系统的核心。

1)原动机的类型及应用

原动机是将其他能源转变为机械能的一种动力设备，是机械运动和动力的来源；在机械中常见的有电动机、内燃机、液动机和气动机。

内燃机是将柴油或汽油作为燃料在汽缸内部进行燃烧，直接将产生的气体所含的热能转变为机械能，其功率范围较宽，操作方便，启动迅速，便于移动，在汽车、飞机、船艇、野外作业的工程机械、农业机械中有广泛地应用；但由于其排气污染和噪声都较大，不宜用于室内机械。

液动机和气动机分别以液体和气体作为工作介质，两类原动机的工作原理也很相似，输出转矩的有液压马达和气动马达、旋转油缸和旋转气缸；作往复移动的有普通油缸和气缸。液动机和气动机工作均较平稳，可无级调速，易实现自动控制；但两者都必须在有液源、气源的场合方可选用。液动机比其他同功率的动力机体积小，重量轻，运动惯性小，低速性能好；但漏油时不能保证精确运动。与液动机相比，气动机介质清洁、费用少，但其工作压力较低，且由于空气的可压缩性较大、速度不稳定。

电动机是将电能转换为机械能的原动机。一般来说，较其他原动机有较高的驱动效率，与被驱动的工作机的连接也较为方便，其种类和型号较多、并具有各种机械特性，可满足不同类型工作机械的要求，电动机还具有良好的调速性能，启动、制动、反向和调速以及远程测量与遥控均较方便，便于生产过程自动化管理；因此，生产机械在有动力电源的场合应优先选用电动机作为原动机。

2)选用电动机

电动机已经系列化，通常由专门工厂按标准系列成批或大量生产。机械设计中应根据工作载荷（大小、特性及其变化情况）、工作要求（转速高低、允差和调速要求、起动和反转频繁程度）、工作环境（尘土、金属屑、油、水、高温及爆炸气体等）、安装要求及尺寸、重量有无特殊限制等条件，从产品目录中选择电动机的类型和结构型式、容量（功率）和转速，确定具体型号。

(1)选择电动机的类型和结构型式

按供电电源的不同，电动机有直流电机和交流电机两大类。直流电机结构复杂。同样功率情况下尺寸、重量较大,价格较高,用于调速要求高的场合。交流电机按电机的转速与旋转磁场的转速是否相同可分为同步电机和异步电机两种。同步机结构较异步机复杂,造价较高,而且转速不能调节,但可改善电网的功率因数;用于长期连续工作而需保持转速不变的大型机械(如大功率离心水泵和通风机)。生产单位一般用三相交流电源,如无特殊要求(如在较大范围内平稳地调速,经常起动和反转等),通常都采用三相交流异步电动机。我国已制订统一标准的 Y 系列电动机是一般用途的全封闭自扇冷鼠笼型三相异步电动机,适用于不易燃、不易爆、无腐蚀性气体和无特殊要求的机械,如金属切削机床、风机、输送机、搅拌机、农业机械和食品机械等。由于 Y 系列电动机还具有较好的起动性能,因此也适用于某些对起动转矩有较高要求的机械(如压缩机等)。在经常起动、制动和反转的场台、要求电动机转动惯量小和过载能力大,此时宜选用起重及冶金用的 YZ 型或 YZR 型三相异步电动机。

三相交流异步电动机根据其额定功率(指连续运转下电机发热不超过许可温升的最大功率,其数值标在电动机铭牌上)和满载转速(指负荷相当于额定功率时的电动机转速:当负荷减小时,电机实际转速略有升高,但不会超过同步转速——磁场转速)的不同,具有系列型号。为适应不同的安装需要,同一类型的电动机结构又制成卧式、立式、机座带底脚或端盖有凸缘或既有底脚又有凸缘等若干种安装形式。各型号电动机的技术数据(如额定功率、满载转速、堵转转矩与额定转矩之比、最大转矩与额定转矩之比等)、外形及安装尺寸可查阅产品目录或有关机械设计手册。

(2)确定电动机功率

电动机的容量(功率)选得合适与否,对电动机的工作和经济性都有影响。当容量小于工作要求时,电动机不能保证工作装置的正常工作,或使电动机因长期过载而过早损坏;容量过大则电动机的价格高,能量不能充分利用,且因经常不在满载下运行,其效率和功率因数都较低,造成浪费。

电动机容量主要由电动机运行时的发热条件决定,而发热又与其工作情况有关。电动机的工作情况一般可分为两类:

①用于长期连续运转、载荷不变或很少变化的、在常温下工作的电动机(如用于连续输送机械的电动机)。选择这类电动机的容量,只需使电动机的负载不超过其额定值,电动机便不会过热。这样可按电动机的额定功率 P_m 等于或略大于电动机所需的输出功率 P_0,即 $P_m \geqslant P_0$,从手册中选择相应的电动机型号,而不必再作发热计算。通常按 $P_m=(1\sim1.3)P_0$ 选择,电动机功率裕度的大小应视工作装置可能的过载情况而定。

电动机所需的输出功率为:

$$P_0=\frac{P_w}{\eta} \quad (\mathrm{kW})$$

式中:P_w 为执行装置所需功率,kW,η 为由电动机至执行装置的传动装置的总效率。

执行装置所需功率 P_w 应由机器工作阻力和运行速度可经如下计算求得。

$$P_w=\frac{F_w \cdot v_w}{1000\eta_w} \quad (\mathrm{kW})$$

或

$$P_w=\frac{T_w \cdot n_w}{9550\eta_w} \quad (\mathrm{kW})$$

式中:F_w 为执行装置的阻力,N;v_w 为执行装置的线速度,m/s;T_w 为执行装置的阻力矩,N

· m；n_w 为执行装置的转速，r/min；η_w 为执行装置的效率。

②用于变载下长期运行的电动机、短时运行的电动机（工作时间短、停歇时间较长）和重复短时运行的电动机（工作时间和停歇时间都不长）。其容量选择按等效功率法计算，并校验过载能力和起动转矩。需要时可参阅电力拖动等有关专著。

(3)确定电动机转速

额定功率相同的同类型电动机有若干种转速可供设计选用。电动机转速越高，则磁极越少，尺寸及重量越小，一般来说价格也越低；但是由于所选用的电动机转速越高，当工作机械低速时，减速传动所需传动装置的总传动比必然增大，传动级数增多，尺寸及重量增大。从而使传动装置的成本增加。因此，确定电动机转速时应同时兼顾电动机及传动装置，对两者加以综合分析比较确定。电动机选用最多的是同步转速为 1000r/min 及 1500r/min 两种，如无特殊要求，一般不选用低于 750r/min 的电动机。

根据选定的电动机类型、结构、容量和转速，从标准中查出电动机型号后，将其型号、额定功率、满载转速、堵转转矩/额定转矩、最大转矩/额定转矩、外形尺寸、电动机中心高、轴伸尺寸、键联接尺寸等记下备用。

(五)传动系统方案设计

1)传动系统的功能、类型及组成

(1)传动系统的功能和类型

传动系统将原动机的运动和动力经过一定的变换传递给执行系统，其可实现的主要功能为：①减速或增速；②调速；③改变运动形式；④传递和分配运动及动力给多个执行机构或执行构件；⑤增大转矩；⑥实现某些操纵、控制功能（如起停、离合制动、换向）。

传动系统按工作原理可分为机械传动系统、流体（液体、气体）传动系统、电力传动系统三大类；按传动比（或输出速度）能否变化可分为固定传动比系统与可调传动比系统（有级调速、无级调速）；按原动机和执行系统的数目可分为单流传动系统（一个原动机驱动一个执行机构或执行构件）、分流传动系统（由一个原动机对多个执行机构或执行构件进行分流驱动）和汇流传动系统（由两个以上原动机同时驱动一个执行机构，主要用于低速、大功率、执行机构少而惯性大的机械）。

(2)传动系统的组成

传动系统通常包括减（增）速或调速装置、起停装置、换向装置、制动装置和安全装置。常见的：有级调速装置有滑移齿轮、变换齿轮、塔形轮和离合器；无级调速装置有机械无级调速、液压无级调速；起停和换向装置装置有离合器以及通过按钮或操纵杆直接控制原动机起停和换向；制动装置有各种制动器；安全保护装置有安全离合器、安全销以及利用本身过载（带传动、摩擦离合器）实现安全保护。

2)传动系统方案设计的主要内容和设计要求

(1)传动系统方案设计的主要内容

传动系统方案设计包含确定传动系统总传动比、选择传动类型、拟定总体布置方案、分配传动比、计算传动系统的性能参数（如各级传动的功率、转速、效率、转矩等）、通过工作能力计算和几何尺寸计算确定各级传动的基本参数和尺寸、方案评价、绘制传动系统运动简图。

(2)传动系统方案设计要求

传动装置的重量和成本通常在整台机械中占有很大比重,合理拟定传动方案具有重要意义。

综合考虑执行装置的载荷运动和原动机以及机械的整体要求,分析和选择传动机构的类型及其组合是拟定传动方案的重要一环。

考虑各种传动机构的性能、运动情况、适用范围,传动系统应有合理的顺序和布局,如:①带、链传动:带传动与一般滚子链传动宜分别置于传动系统的高速级和低速级;②啮合传动:精度许可的情况下,蜗杆传动相对齿轮传动宜处于高速级,锥齿轮相对圆柱齿轮宜处于高速级,斜齿轮相对于直齿轮宜处于高速级,开式齿轮传动相对于闭式齿轮传动宜处于低速级;③制动器通常设在高速轴,传动系统中位于制动装置后面不应出现带传动、摩擦离合器等重载时可能出现摩擦打滑的装置;④改变运动形式的机构(如连杆、凸轮)布置在传动系统的末端或低速处;⑤控制机构尽量放在传动系统的末端或低速处;⑥布局应使结构紧凑、匀称、强度和刚度好、适合车间布置情况和工人操作,便于装拆维修,设有安保装置。

确定传动系统的总传动比后合理分配传动比是传动系统方案设计中又一个重要环节。需要注意:①各级传动比一般应在推荐范围内选取;②应使传动级数少、传动系统简单;③应使各级传动的结构尺寸协调、匀称、利于安装,绝对不能造成互相干涉;④各级传动比分配应考虑载荷性质,对平稳载荷各级传动比可取简单整数,对周期性变动载荷通常取为质数;⑤对传动链较长、传动功率较大的减速传动,一般按“前小后大”的原则分配传动比。

(六)操纵与控制系统

1)操纵系统

(1)操纵系统的功能及组成

操纵系统是指把人和机械联系起来,使机械按照人的指令工作的机构和元件的总体,其一般功能是把操作者施加于机械上的信号经过转换传递,实现机械的起动、停止、制动、变速和变力的目的。

操纵系统主要由操纵件、执行件和传动件组成。常用的操纵件有拉杆、手柄、手轮、按钮、按键和脚踏板等。执行件是与被操纵的部分直接接触的元件,常用的有拨叉、销子和滑块等。操纵系统中的传动件是将操纵件的运动及其上的作用力传递到执行件上的中间元件,其常用的传动装置有机械传动、液压传动、气压传动、电气传动件。此外,操纵系统中还有一些保证操纵系统安全可靠的辅助元件,如定位元件、锁定和互锁元件及回位原件。举例而言,常用的变速箱换挡操作系统为手动执行件变速杆通过传动件滑杆与导轨带动执行件拨叉。

(2)操纵系统的设计要求

操纵系统设计包括原理方案设计、统构设计和造型设计。相比其他系统设计更加突出人机工程的要求,使操纵者操作方便省力、舒适、安全和利于避免操作失误。

2)控制系统

(1)控制系统的功能及组成

控制系统是指通过人工操作或测量元件获得的信号经由控制器控制对象改变其运行状态、工作参数的装置,其功能是控制执行机构,使其按要求的运动方向和速度,以一定的顺序和规律实现运动、完成给定的作业循环。有时还对产品加工进行检测、分级、预警及消障。

控制系统主要由控制和被控制两部分组成。控制部分的功能是接受指令信号和被控制部分的反馈信号，向被控制部分发出控制信号，被控制部分接受控制信号发出反馈信号，并在控制信号的作用下实现被控制运动。

控制系统根据功能分为位置控制系统、运动轨迹控制系统、速度控制系统、力(转矩)控制系统；根据其部件类型分为机电控制系统、电气控制系统、液压控制系统、电液控制系统、机液控制系统、气动控制系统、计算机控制系统；根据信号传递的路径分为开环控制系统和闭环控制系统(又称反馈控制系统)，闭环控制系统将输出量检测出来经变换后反馈到输入端与给定量进行比较，并利用偏差信号经控制器对控制对象进行控制，可实现高精度控制。

(2)控制系统的要求和发展

从现代机械发展的趋势来看，越来越多地引入了自动控制技术，并且不断出现许多新的控制技术，如计算机控制技术、数控技术、自适应技术、最优控制技术、模糊控制技术，特别是智能控制技术。与此同时，控制理论正经历经典控制理论向现代控制理论和智能控制理论发展。可以预言，控制系统在现代机械和未来机械中将更加显示其重要作用。

四、例题精选与解析

例Ⅱ-4.1 半自动三轴专用钻床系统总体方案设计思路分析

1)设计任务

设计与分析加工例Ⅱ-4.1图(a)所示零件上的三个孔的机械系统总体方案。该零件为普通钢件，产量很大，各孔孔径和各孔间的位置具有中等精度。所设计的机械在室内工作，有三相交流电源，在中等规模机械厂小批生产。

2)功能原理及运动方案设计思路分析

孔的加工可以采用刀具切削、化学试剂腐蚀、电火花热熔等原理，根据机件的材料、结构尺寸及精度、批量等情况，确定选择刀具切削加工的方案。

刀具切削加工内孔可以有车削、镗削、钻削、磨削以及拉削等不同方案。根据孔径较小，三孔之间有一定精度要求等具体情况，确定选择钻削方案，而且是三个钻头同时钻削。此外，考虑市场需求，节省成本，决定采用人工装卸工件的半自动三轴钻床。

单孔钻削按钻头与工件的相对运动可有四种方案：①工件不动，钻头作连续回转运动，同时作轴向进给运动；②钻头仅作连续回转运动，工件连同其夹装的工作台作轴向进给运动；③工件绕钻头轴线旋转，钻头作轴向进给运动；④钻头不动，工件绕钻头轴线作连续回转运动，同时作轴向进给运动。第③、④种方案不仅结构复杂，用于三孔同时钻削更无可能，首先予以排除。一般钻床多采用第一种运动方案，但本例要求三个钻头同时钻孔，传动系统已比较复杂，若再要求钻头在钻孔的同时还要完成对三个深度不全相同的孔钻削轴向进给运动，结构将比仅钻单孔更加复杂。这是因为在开始钻孔时，为节省时间，先使钻头快速接近工件，然后钻削深度高的 A 孔；在钻到一定深度时另外两孔 B、C 才进入钻削。由于钻三个孔时的切削力较钻单孔时大，故此时轴向进给的速度应较慢，亦即在钻削轴向进给运动要有快进、慢进、更慢进三种不同的速度，而在钻削完毕后，又应快速退回并停歇一段时间进行工件装卸。显然，要使钻头在旋转运动的同时，还要完成如此复杂的轴向进给运动，必然要加大钻床结构的复杂性；另一方面，本例工件较小，工作台的尺寸和重量也较小，因此，采用第

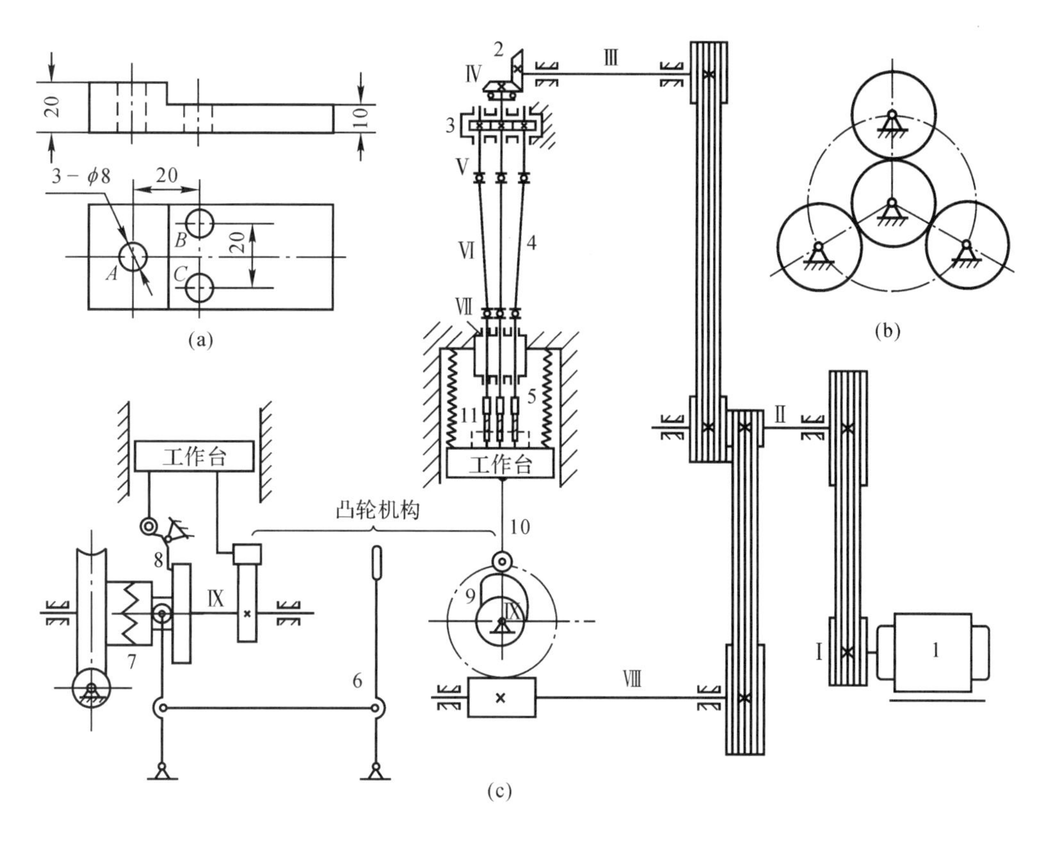

例Ⅱ-4.1图

二种方案,即由工作台连同工件承担轴向进给运动,应是比较合理的。这样,本钻床应具有两条运动链,即使钻头连续回转的主运动链和使夹持固定工件的工作台按要求的运动规律完成轴向进给、退回并停歇的进给运动链。

现在讨论驱动问题,由于钻头和工作台两个执行构件的运动之间无严格的运动协调要求,因而这两条运动链可以考虑分别由两个原动机来驱动。但对本钻床而言,两路传动功率都不大,分别驱动并不能使运动链得到很大的简化,而且要多用一台原动机,增加了成本和空间位置,因此,还是一台原动机同时驱动两运动链为好。根据本例的工况,动力源原动机选用三相交流异步电动机。

在讨论两运动链中所需机构的选择之前、须先大体确定该钻床总体布置方案。考虑便于工件在工作台上固定,可将工作台水平置放,而钻头则为垂直置放,即采用立式钻床;为简化床身结构,可将电机置于床身下部的托板上,电机轴线水平。

在主运动链中,由于电机轴线水平,而钻头轴线为铅垂,所以有改变运动轴线方向的要求,这可用锥齿轮传动来实现。又由于电机和钻头之间的距离较远,且有将电机的高转速减为钻头的较低转速以及过载保护的要求,可采用两级带传动来实现。对于三个钻头同时回转的要求,可用例Ⅱ-4.1图(b)所示的用三个相同的圆柱齿轮均布于同一驱动齿轮的外周定轴轮系的啮合传动来实现。又由于三个从动齿轮轴线间的距离远大于三个钻头轴线之间的距离,为了把三个从动齿轮的回转运动传至三个钻头,可采用三个双万向联轴器来实现。主运动链的顺序依次为电动机→带传动→带传动→锥齿轮传动→圆柱齿轮传动→三个双万向联轴器→三个钻头旋转。

对进给运动链提出的要求比主运动链更复杂一些，需要考虑：(1)将电机的连续回转运动变换为工作台按一定规律的上下移动(向上移为进给运动，向下移为退刀运动)，而且同时要实现较大的减速要求；(2)为了进行工件的装卸，工作台在其最低位置应有一定时间的停歇；(3)与主运动链一样，在进给运动链中还有协调空间距离和改变回转轴线方向的要求。工作台的进给、退刀及在最低位置的停歇要求，考虑载荷不大、运动循环规律较复杂，宜采用凸轮机构来实现。考虑有较大的减速比和转向要求，除采用两级带传动外，可再采用一级蜗杆蜗轮传动。蜗轮空套在凸轮轴上，可通过离合器与蜗轮的接合与分离，使凸轮得以由蜗轮带动和脱开蜗轮而不动。进给运动链的顺序依次为电动机→带传动→带传动→蜗杆传动→离合器→凸轮传动→工作台上下往复移动。为节省空间和费用，主运动链和进给运动链除共用一台电机外，还可共用第一级带传动。

例Ⅱ-4.1图(c)便是按上述思路拟定的该半自动三轴专用钻床的机构运动简图。以下将据此进行运动和动力参数的分析。

3)运动和动力参数设计思路分析

(1)钻头 11 和工作台 10(工件)之间的运动并无特定的协调配合关系，钻头转速 $n_{钻}$ 取决于切削主运动，$n_{钻}=\dfrac{60\times1000v_{切}}{\pi d_{钻}}$ r/min，式中：$v_{切}$ 为钻削工艺要求的切削速度，m/s；$d_{钻}$ 为钻头直径，mm。

(2)工作台 10 的运动规律主要考虑进给运动时工作台快速趋近钻头所需的时间 t_1、单孔钻削所需的时间 t_2、三孔钻削所需的时间 t_3、工作台快速退回相应的距离所需的时间 t_4，以及下位停止的最少时间 t_5。

(3)凸轮 9 的作用为控制从动件(工作台)10 的运动。凸轮的转速 $n_{凸}=\dfrac{1}{T}$ r/min，T 为凸轮回转一周所需的时间，$T=t_1+t_2+t_3+t_4+t_5$。凸轮转一周即为钻床的一个工作循环。例Ⅱ-4.1(1)解图(a)和例Ⅱ-4.1(1)解图(b)分别表示钻床的直线式和圆周式的运动循环图。至于工作台各运动阶段所对应的凸轮转角，可根据工作台的运动速度和行程来确定，同时还要考虑工人装卸工件的实际需要时间。

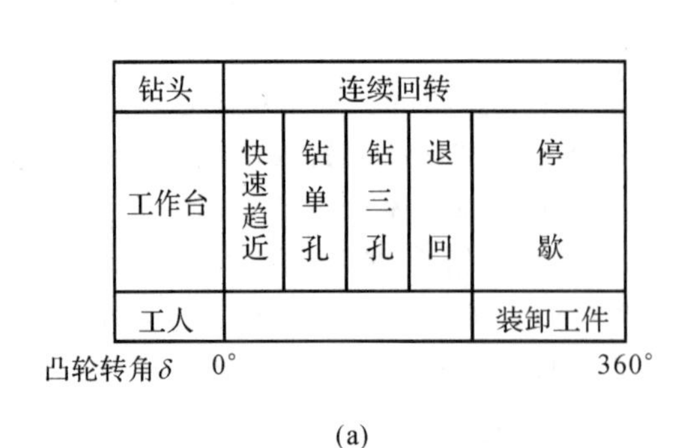

钻头	连续回转				
工作台	快速趋近	钻单孔	钻三孔	退回	停歇
工人					装卸工件

(a)

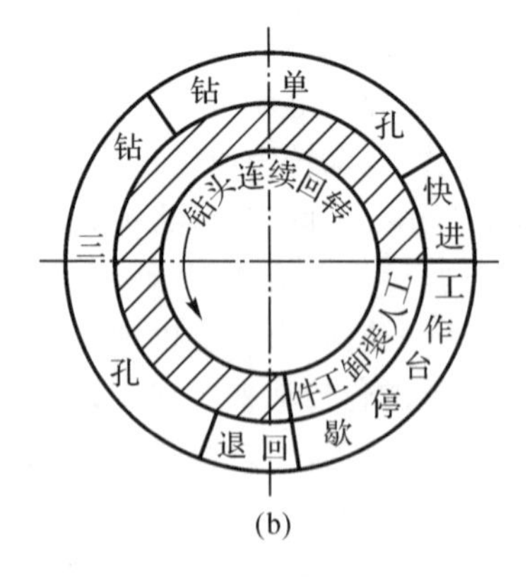

(b)

例Ⅱ-4.1(1)解图

作出机器的运动循环图后，就可以初步拟出凸轮机构推杆工作台的位移线图(例Ⅱ-4.1(2)解图)，该图是进一步设计凸轮廓线的关键依据。

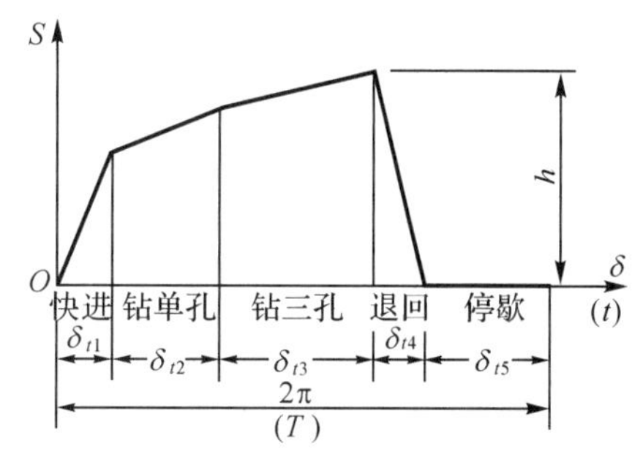

例Ⅱ-4.1(2)解图

(4)工作台进给时的生产阻力 $F=F_R+Q+F_{弹}+F_{摩}$，其中 F_R、Q、$F_{弹}$、$F_{摩}$ 分别为钻削时轴向进给力、工作台重量、弹簧力及工作台导轨摩擦阻力。弹簧5用来保持工作台与凸轮接触。

(5)选用一台普通Y系列三相异步电动机同时驱动主运动链和进给运动链。

切削主运动所需驱动功率 $P_{主}=\dfrac{3T_{钻}\cdot n_{钻}}{9550\eta_{主}}\text{kW}$，式中 $T_{钻}$ 为每一个钻头的切削阻力矩(由 $d_{钻}$、切削速度 $v_{钻}$ 和三孔同时钻削时每转进给量 S_3 由切削用量图表查取)，N·m；$\eta_{进}$ 为主运动链的总效率。

进给运动所需驱动功率 $P_{进}=\dfrac{F\cdot v}{1000\eta_{进}}\text{kW}$，式中 F 为三孔同时钻削时的生产阻力，N；v 为进给速度，m/s；$\eta_{进}$ 为进给运动链的总效率。

电动机所需输出功率 $P_0=P_{主}+P_{进}$，由此按 $P_m\geqslant(1\sim1.3)P_0$ 选择电动机的额定功率；电动机的满载转速 n_m 由 $n_{钻}$、$n_{凸}$，结合传动机构总传动比加以选择。

(6)连杆机构6用于在工件装好后手动控制离合器7的离合，离合器7合上蜗轮，将空套在轴Ⅸ上的蜗轮转动传给凸轮；离合器7脱开蜗轮，则凸轮不动。杠杆8的作用为使工作台最低位(装拆工件)时压下杠杆将离合器与蜗轮脱开，保证装卸工件时工作台处于低位停歇不动。

连杆6的设计主要考虑离合器所需移动距离转化为两摇杆间的转角关系，同时应考虑人工操纵时省力与定位。杠杆8的设计主要考虑工作台最低位置时，离合器处于脱开状态。

需要指出，本例主要用作具体启发初学者掌握机械系统方案设计和分析的基本思路，而非完整、完美的总体设计方案，读者可有分析地借鉴，更不能将该方案视为最优和唯一。

五、思考题与练习题

题Ⅱ-4.1 试述机械系统的涵义、功能及组成。

题Ⅱ-4.2 试述机械系统总体方案设计的内容和基本原则。

题Ⅱ-4.3 试述机械系统功能原理方案设计的涵义及功能结构分析、功能元求解、系统原理解的作用和过程。

题Ⅱ-4.4 试述机械系统总体布置的内容基本要求及机械系统总体方案设计要确定的主要参数。

题Ⅱ-4.5 试述机构选型要注意的问题和机构组合的涵义、组合方式及特点。

题Ⅱ-4.6 试述执行系统的功能、运动规律、协调设计的目的、类型和运动循环图的意义。

题Ⅱ-4.7 试述动力系统原动机的主要类型、特点和适用情况。如何选择电动机的类型、功率和转速?

题Ⅱ-4.8 试述传动系统的功能、类型和方案设计的主要内容以及应注意的问题。

题Ⅱ-4.9 试述操纵系统、控制系统的功能、组成、主要类型和要求。

题Ⅱ-4.10 试述机械系统总体方案设计的方案评价、评价目标及评价方法。

题Ⅱ-4.11 通过例Ⅱ-4.1机械系统方设计思路分析的研习,你有何心得与体会?

题Ⅱ-4.12 图示为带式运输机传动装置运动简图。已知输送带的有效拉力 $F_w=2600\text{N}$,带速 $v_w=1.6\text{m/s}$,卷筒直径 $D=450\text{mm}$,载荷平稳,单向运转,在室内常温下连续工作,无其他特殊要求。试进行:①按所给运动简图和条件,选择合适的电动机,计算传动装置的总传动比,并分配各级传动比;计算电动机轴、Ⅰ轴、Ⅱ轴和卷筒轴的转速、功率和转矩;②构思实现该传动的其他方案。

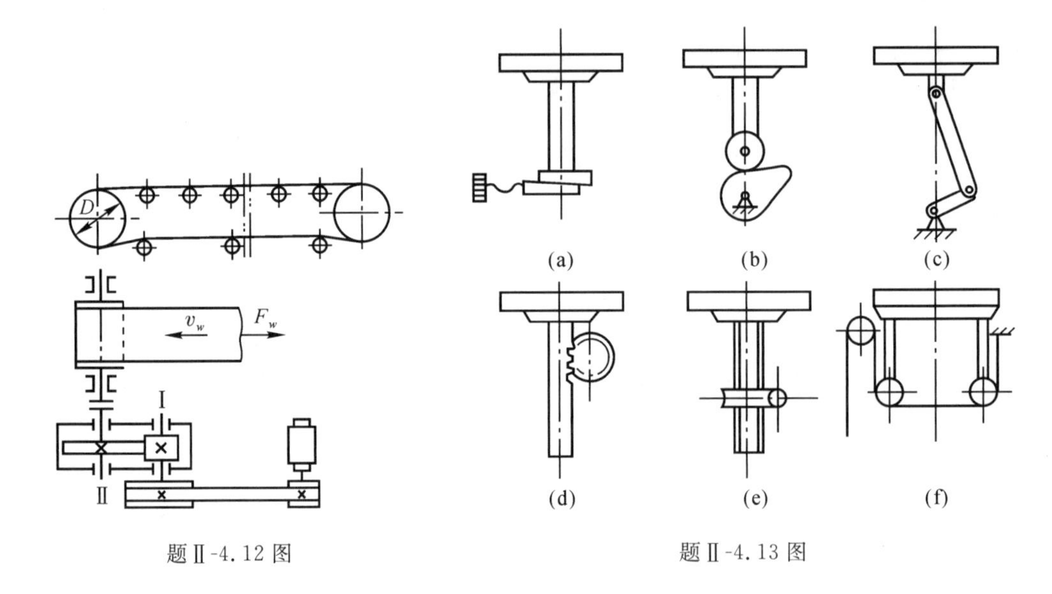

题Ⅱ-4.12图　　题Ⅱ-4.13图

题Ⅱ-4.13 试分析图示6种驱动工作台上下运动的方案。除此以外还可采用哪些方案?

题Ⅱ-4.14 下列减速传动方案有何不合理之处。①电动机→链→直齿圆柱齿轮→斜齿圆柱齿轮→工作机;②电动机→开式直齿圆柱齿轮→闭式直齿圆柱齿轮→工作机;③电动机→齿轮→带→工作机;④电动机→制动器→摩擦无级变速器→工作机。

题Ⅱ-4.15 试对具有运动协调需要的机械(如牛头刨床)系统总体方案设计思路进行分析。

题Ⅱ-5 机械创新设计与智能设计

一、主要内容与学习要求

主要内容是：

1)机械创新设计；

2)功能原理设计与创新；

3)机构、结构的改进与创新；

4)现代设计方法与智能设计。

学习要求是：

1)能正确表述机械创新设计的内涵、了解机械产品创新过程、机械创新设计类型、评价与决策方法、掌握创新设计的一般技法及创新性思维。

2)了解并熟悉通常机械创新设计的途径、功能分析、功能元求解及系统原理解、机构结构的改进与创新、现代设计方法的发展。

3)了解智能设计的产生与内涵、智能设计的内容、智能设计的应用。

二、重点与难点

机械创新设计的方法；

功能分析；

智能设计。

三、学习指导与提示

(一)机械创新设计

1)机械创新设计的内涵

创新是创造一种新事物的过程，这一过程从发现潜在需求开始，经历新事物的技术可行性阶段的检验，到新事物的广泛应用为止。设计是把各种先进技术转化为生产力的一种手段，它反映当时生产力的水平，是先进生产力的代表。机械创新设计是设计者运用创新思维和设计理论、方法设计出具有新颖性和实用性的机械装置、产品或技术系统。

2)创新设计的过程

一个新颖性机械产品的创新过程包括三个阶段：模糊前段阶段、设计开发阶段和商品化阶段。模糊前段阶段是提出若干设想、并根据市场识别、筛选设想、确定设计目标，设计阶段由概念设计、技术设计、详细设计、工艺设计和加工制造等组成。商品化阶段则是通过市场化运作，利用产品创造经济效益或社会效益，最终实现机械产品创新。

3)创新设计的类型

开发设计:针对新功能,提出原理方案,完成从产品规划、原理方案、技术设计到施工设计的全过程。

改良设计:在已有产品或技术的基础上,针对原有缺点或新的工作要求,从工作原理、机构、结构、参数、工艺等方面进行一定变异,设计新产品以适应市场需要,提高竞争力。

需要注意的是根据要求,提供不同参数、尺寸的系列产品的设计,这类设计称为变参数设计,是属于常规设计。

4)设计评价

创新设计通常要解决的是复杂、多解的问题,在设计各阶段,获得更多的设计方案设想,需不断进行发散思维-收敛思维,通过搜索-筛选提出多个方案并进行方案评价。方案评价的内容一般包括三个方面:

a)技术性评价:工作性能指标、产品工艺性、使用维护;

b)经济性评价:成本、利润、投资回收期;

c)社会性评价:社会影响、市场效应、环境保护、可持续发展。

5)创新思维与常用的创新技法

创新思维在创新过程有重要的价值和意义,常用的创新性思维有:逆向思维、联想思维、形象思维、发散思维、收敛思维、多屏幕思维、直觉思维和灵感思维等。熟悉并用心体会创新思维的特点和规律,是培养创造力的有效途径。

创新技法是指在发明创造过程中分析解决问题,形成新设想、产生新方案的规律、途径、手段和方法。典型的创新技法包括:头脑风暴、列举法、联想法、移植法、组合法、检核表法等。

(二)功能原理设计

1)功能

功能一词出自价值工程,即"顾客购买的不是产品本身,而是产品所具有的功能,功能体现了顾客的某种需求。市场需求的满足或适应是以产品的功能来体现的"。对机械产品而言,产品功能可以理解为产品的功效,它与产品的用途、性能有关但不尽相同。产品功能来源于对设计任务的创造性分析。从设计需求出发看,功能是对产品特定工作能力进行的抽象化描述,该描述应有利于产品工作原理方案的创新。

2)功能原理设计与创新

功能原理设计的任务概括起来可以表述为:针对某一确定的功能要求,寻求相应的物理效应,借助某些作用原理,求得实现功能目标的某些解法原理。功能原理设计工作内容可概述为构思能实现功能目标的新的解法原理。

功能原理设计是产品概念设计阶段的重点工作,也是产品设计过程中最富有创新性的关键阶段,概念设计通过功能抽象、表达、推理、重组和结构映射、修改等途径来实现产品设计。

3)功能分解

不论在新产品设计还是再设计中,功能分解都是产品设计过程中一个重要步骤,功能分解将产品的总功能分解为复杂程度较低、较简单的分功能或功能元,从而实现功能原理求解。

(三)机构、结构的改进与创新

机械产品在功能明确后用要由合适基本机构、机构组合或组合机构作为实现功能的载体。实现同一功能可以选择不同的机构方案;或者满足某一运动形式或功能要求的机构方案有多种。优先选用基本机构,若这些机构不能满足或不能很好满足要求时,可适当对其进行组合,变异和创新。选择合适的原动机,尽可能减少运动转换机构的数量。此外还应扩展思路,可根据需要选用广义机构,如柔性机构和利用光、电、磁以及利用摩擦、重力、惯性等工作原理的多种机构。

结构的改进与创新是机械产品提升性能、质量和水平的重要途径之一。机械结构具有多样性,满足同一设计要求的机械结构并不是唯一的,在众多结构设计方案中寻找较优的方案,是结构创新设计要解决的问题。设计者从一个已知的可行结构方案出发,运用创造性思维,通过变换得到大量的可行方案。

(四)现代设计方法与智能设计

现代设计方法是研究产品设计的科学,涉及产品设计过程、设计目标、设计者、可用资源、领域知识、人工智能等方面。现代产品方法是传统设计活动的延伸和发展,是随着设计经验的积累,经历了“直觉设计阶段”、“经验设计阶段”、“理论+经验阶段”而逐步发展起来的,国内外学者提出的设计理论、方法、技术有百余种,狭义的现代设计方法主要 TRIZ 发明问题解决理论、普适设计理论与方法、公理化设计、质量功能配置设计法、创造学、价值工程等,广义的设计方法还包括机电一体化设计、优化设计、可靠性设计、摩擦学设计、计算机辅助设计等设计技术。

智能设计可以理解为计算机化的人类设计智能。它是 CAD 的主要组成部分,也是 CAD 发展的产物。智能设计的发展取决于对设计本质的理解,对设计本质、设计过程的掌握,是开展智能设计模拟人工设计的基本依据,智能设计需要以人工智能技术为实现手段:借助专家系统在知识处理上的强大功能和机器学习技术,实现设计过程自动化。智能设计的主要内容包括设计知识智能处理、概念设计智能求解、设计方法智能评价、设计参数智能优化。近年来人工智能在执行任务时,可以观察周围的环境并做出适应当前环境的决策,可以快速、大批量的高性能计算,极大推进了智能汽车、无人机、社交机器人等的研究与实现。

在本书参考文献[9]中介绍了 Autodesk Inventor 基于标准件参数化设计和 Autodesk usion360 衍生式进行的智能化机械零件结构设计和优化的案例。智能设计目前还处于起步阶段,但其前景是十分广阔的。

四、例题精选与解析

例Ⅱ-5.1 试对洗衣机的演变阐述其功能原理的创新。

解析 早期卧式滚筒洗衣机借助滚筒回转时置于其中的卵石反复压挤衣物以代替人的手搓、棒击、水冲等动作达到去污的目的,这是类比移植创新构思的方案。随着科学技术的发展,又创新开发出许多不用去污剂、节水省电、洗净度高的新型洗衣机(如真空洗衣机、超声洗衣机);机电一体化技术的发展,创新开发出由微型计算机与多种传感器控制的洗涤、漂洗、脱水的全自动化洗衣机。

例Ⅱ-5.2 试对自行车的发展与创新进行阐述

解析 自行车最早出现是一个小车，其前后轮用一个带有板凳的横梁相连，人坐在板凳上双脚用力蹬地得以代步向前直行；为能转向、快速、舒适方便，经不断改进和创新（在前轮上装能控制方向的车把和能转动的脚踏板，将木制改用铁制，采用橡胶内外胎的充气车轮，车上装有链条和链轮、前叉和车闸、脚撑、承载架、载物框、车铃、车灯）。随着人们对功能需要不断扩展和现代科技飞跃进步，自行车的创新创意也是琳琅满目（有足残疾人手摆杆式自行车、轻合金自行车、碳纤维车体自行车、折叠式自行车、防盗预警自行车、健身自行车、独轮自行车、水上自行车、冰上自行车、滑板自行车、双人情侣自行车）。随着高科技发展，出现了智能电动自行车，还有打破“车轮必为圆形”的思维定式而创造的椭圆轮自行车、方形轮自行车。

五、思考题与练习题

题Ⅱ-5.1 试述机械创新设计的涵意、基本类型及其特点。

题Ⅱ-5.2 试述创新设计定位的内容、创新设计的过程、创新设计评价的目标和常用方法。

题Ⅱ-5.3 创新设计的一般技法有哪些？

题Ⅱ-5.4 试述创新思维的类型及特点。

题Ⅱ-5.5 试述机械功能原理创新的意义和内容，并简述功能结构分析、功能元求解及系统原理解的过程。

题Ⅱ-5.6 试述机构、结构的改进与创新以及现代设计、机电一体化创新的意义及内容。

题Ⅱ-5.7 人工智能是什么？试述人工智能在机械拓展功能中的应用以及在机械设计方法中的应用。

题Ⅱ-5.8 试应用本书参考文献[9]中提供的 Autodesk 进行智能设计的实践。

题Ⅱ-5.9 试阐述阅读例Ⅱ-5.1 和例Ⅱ-5.2 两例后进行认真总结获得的启迪。

题Ⅱ-5.10 试对采摘甘橘机械进行创新构思。

题Ⅱ-5.11 试对河道清污机械进行创新构思。

题Ⅱ-5.12 试对残疾人用病床进行创新构思。

第四篇　概念自测、模拟试题、题解答案

第一部分　基本概念自测题

一、填空题

A0101　机械是________和________的总称。

A0102　________是机械中独立制造单元。

A0103　机构是由若干构件以________相联接并具有____________的组合体。

A0104　两构件通过________或________接触组成的运动副为高副。

A0105　两构件用低副联接时，相对自由度为________。

A0106　m 个构件组成同轴复合铰链具有________个回转副。

A0107　在平面运动链中，每个低副引入________个约束，每个高副引入________个约束。

A0108　机构运动简图的长度比例尺 μ_l 为________长度与________长度之比。

A0I09　机件工作能力准则主要有：________、________、________、________、________。

A0110　在静应力作用下，塑性材料的极限应力为________。

A0111　在静应力作用下，脆性材料的极限应力为________。

A0112　与碳钢相比，铸铁的抗拉强度较________，对应力集中敏感________。

A0113　机件材料选用应考虑________要求、________要求、________要求。

A0114　工作机械由________、________、________和操纵控制部分组成。

A0115　机构具确定性相对运动必须使其自由度数等于________数。

A0116　在平面内用低副联接的两构件共有________个自由度。

A0201　________螺纹常用于联接，________螺纹和________螺纹常用于传动。

A0202　螺纹的公称直径是________，强度计算用________，计算升角用________。

A0203　螺纹升距 S，中径 d_2，则螺纹升角 $\lambda=$________。

A0204　三角形螺纹牙形角 α，升角 λ，螺旋副材料的摩擦系数 f，其自锁条件应为____________。

A0205　一般螺旋副的效率随升角的增加而________，但有极值。

A0206　三角形螺纹自锁性比矩形螺纹________，效率比矩形螺纹________。

A0207　螺纹联接的拧紧力矩包括____________力矩和_______________力矩之和。

A0208　螺纹联接的主要类型有____________、____________、____________和____________四种。

A0209　螺纹联接防松的实质是____________________________。

A0210　螺纹联接防松方法很多，按工作原理有____________、____________和____________三类。

A0211 被联接件受横向载荷，当用普通螺栓联接时，靠__________来传递载荷；当用铰制孔用螺栓联接时，靠__________来传递载荷。

A0212 受轴向工作载荷作用的紧螺栓联接，当预紧力 Q_0 和轴向工作载荷 Q_F 一定时，为减小螺栓所受的总拉力 Q，通常采用的方法是减小________的刚度或增大________的刚度。

A0213 受轴向工作载荷 Q_F 的紧螺栓联接，螺栓所受的总拉力 Q 等于__________和__________之和。

A0214 有一单个紧螺栓联接，已知所受预紧力为 Q_0，轴向工作载荷为 Q_F，螺栓的相对刚度为 $k_1/(k_1+k_2)$，则螺栓所受的总拉力 $Q=$__________，而残余预紧力 $Q_r=$__________。若螺栓的螺纹小径为 d_1，螺栓联接的许用拉应力为$[\sigma]$，则其危险截面的拉伸强度条件式为____________。

A0215 在螺栓联接中，当螺栓轴线与被联接件支承面不垂直时，螺栓中将产生附加________应力。

A0216 采用凸台或沉头座孔作为螺栓头或螺母的支承面是为了________________。

A0217 在螺纹联接中采用双螺母的目的是__________。

A0218 在螺纹联接中采用悬置螺母或环槽螺母的目的是_____________。

A0219 _____________常用于轴、毂相配要求定心性好、不承受轴向力和转速较高的静联接。

A0220 普通平键有________头、________头和________头三种，其中________头键用于轴的端部。

A0221 ________较长，除实现轴、毂周向固定外，还允许轴上零件作轴向移动构成动联接。

A0222 ________键适用于轴、毂静联接，能在轴槽中摆动，载荷较轻的轴端或锥形轴。

A0223 在键联接中，平键的工作面是________，楔键的工作面是________，切向键的工作面是________，半圆键的工作面是________。

A0224 静联接中普通平键联接按________强度校核，以免压溃。

A0225 动联接中导向平键联接限制________，以免过度磨损。

A0226 销钉联接的主要用途是固定零件之间的________。

A0227 销按形状可分为________销和________销两种，在多次装拆的地方常选用________销。

A0228 对轴削弱最大的键是________键。

A0229 铆接是将铆钉穿过被联接件上的________经铆合而成的联接。

A0230 焊接是利用局部加热的方法使被联接件________为一体的联接。

A0231 采用对接焊时，若被焊接件的厚度较大，为保证焊透，要预先做出________。

A0232 粘接是用________直接涂在被联接件表面间、固着后粘合而成的一种联接。

A0233 过盈联接是利用轮毂与轴之间存在________量靠________传递载荷的一种联接。

A0234 过盈联接同轴性________，对轴的削弱________，耐冲击的性能________，对配合面加工精度要求________。

A0301 带传动依靠带轮与张紧其上带之间的________进行工作，能缓和________，吸收________，中心距可以较________。

A0302　带传动工作时由于存在________，主、从动轮的转速比不能保持准确。

A0303　普通V带已标准化，有________、________、________、________、________、________、________七种型号，截面尺寸依次增大。

A0304　V带制成原始截面楔角 $\theta=$________。

A0305　V带传动中，带的________是工作面，属________摩擦，摩擦较平带传动________。

A0306　在两轮直径、中心距、带长和小轮包角几何关系计算公式中，V带传动的带轮直径、带长分别为________和________。

A0307　普通V带是________接头的________形带，其张紧程度主要依靠________来进行。

A0308　V带传动比平带传动允许较________的传动比和较________的中心距。

A0309　带传动的有效圆周力为________________之差，数值上应与带和带轮接触面上各点摩擦力的总和________。

A0310　在即将打滑、尚未打滑的临界状态，紧边拉力 F_1 与松边拉力 F_2 的关系可用 $F_1/F_2=$________表示，式中 α，e，f 分别为带在轮上的包角、自然对数的底、带与带轮的摩擦系数。

A0311　紧边拉力 F_1 与松边拉力 F_2 之和应等于预拉力 F_0 的________倍。

A0312　带传动最大有效圆周力随预拉力、带在带轮上包角、带与带轮间的摩擦系数增大而________。

A0313　带传动工作时带中产生________、________、________三种应力。

A0314　带传动中带的最大应力发生在________________________处。

A0315　带传动中最大应力为________、________、________之和。

A0316　带传动中弹性滑动是由________差引起的，只要传递圆周力，就必然存在这种现象，其后果为________和________________。

A0317　带传动的主要失效形式为________和________。

A0318　小带轮直径越小，带的弯曲应力越________，使用寿命越________。

A0319　铸铁制V带轮的典型结构有________、________、________等形式。

A0320　在普通V带传动设计中，V带型号是根据________和________选取的。

A0321　V带传动设计要求带速 v 在5～25m/s的范围目的是为了____________________。

A0401　链传动是靠链条与链轮轮齿的________传递运动和动力，链条一般无须张紧，传动效率较带传动________，平均转速比 $n_1/n_2=$________，数值稳定。

A0402　滚子链主要由________、________、________、________和________五个元件组成。

A0403　滚子链已标准化，其最主要参数为________。节距越大，承载能力越________，冲击越________。

A0404　滚子链中，外链板与销轴是________配合，内链板与套筒是________配合，套筒与销轴是________配合，套筒与滚子是________配合。

A0405　链条长度常以________表示，链传动设计链节数应选________数，当选奇数时必须采用过渡链节联接，但此时会产生________。

A0406　单排滚子链与链轮啮合的基本参数是________、________和________。

A0407　单排滚子链由两个内链板和两个套筒、两个滚子组成________链节，由两个外链板和两个销轴组成________链节。

A0408 由于多边形效应，链条沿前进方向和垂直于前进方向的速度呈周期性变化，即使主动链轮的角速度恒定，从动链轮的角速度也呈周期性变化，链节距愈________，链轮齿数愈________，链速愈________，变化愈剧烈。

A0409 主动链轮角速度恒定，只有当____________________________时，从动链轮的角速度和瞬时角速度比 ω_1/ω_2 才能恒定不变。

A0410 链条磨损后，节距变________，容易发生跳齿或脱链现象。

A0411 链轮齿数越________，在相同节距增长情况下越易发生跳齿或脱链现象。

A0412 链传动的布置一般应遵守下列原则：两链轮轴线应________，两链轮应位于同一________内，尽量采用________或接近水平的布置，原则上应使紧边在________。

A0413 对于一般重载的链传动，应选用节距________的________排链；对于高速重载的滚子链，应选用节距________的________排链。

A0414 若不计链传动中的动载荷，则链的紧边拉力为________、________和________之和。

A0501 欲使齿轮传动瞬时角速比恒定，两轮齿廓过任意接触点所作齿廓的公法线必须通过________________。

A0502 直线沿圆周作无滑动的纯滚动，直线上任一点的轨迹称为该圆的________。此圆称为渐开线的________，该直线称为渐开线的________。

A0503 渐开线的形状取决于________；基圆半径越大，渐开线越________。

A0504 渐开线上任一点的法线必与基圆________，基圆的切线必为渐开线上某点的________。

A0505 渐开线齿廓上任一点的压力角为过该点的________与该点的________线所夹的锐角，渐开线上离基圆愈远的点，其压力角________。

A0506 渐开线齿廓的优点：(1)____________；(2)____________；(3)____________。

A0507 节圆是一对齿轮过________的圆，两节圆半径之和为中心距，节圆的压力角等于________。

A0508 一对标准渐开线直齿圆柱齿轮按标准中心距安装时，两轮的节圆分别与其________圆重合，此时啮合角等于________。

A0509 模数是齿轮最重要的参数，已标准化，其数值为________与 π 之比，模数越大，轮齿尺寸越________，承载能力越________。

A0510 渐开线直齿圆柱齿轮的正确啮合条件是________________和________________。

A0511 渐开线齿轮的开始啮合点为________与啮合线的交点，终止啮合点为________与啮合线的交点，这两点之间的距离称为____________线段。

A0512 齿轮传动的重合度为实际啮合线段与________之比；渐开线直齿圆柱齿轮连续传动条件为________。

A0513 齿轮齿数越多，重合度越________，传动越________，承载能力越________。

A0514 齿轮轮齿切削法按原理分为________和________两大类。

A0515 范成法切齿是利用一对齿轮互相啮合时其共扼齿廓互为________线的原理，主要有齿轮插刀插齿、________插齿和________滚齿。

A0516 用标准齿条型刀具加工标准齿轮时，刀具的________线与轮坯的________圆相切作纯滚动。当被切齿轮的齿数小于________时将发生根切。

A0517　斜齿圆柱齿轮的模数和压力角有________面和________面之分，其标准模数和压力角在________面上。

A0518　斜齿圆柱齿轮分度圆螺旋角 β 越大，传动越________，承载能力越________，但轴向力也________。

A0519　斜齿圆柱齿轮法面齿距 p_n 和端面齿距 p_t 的关系为________。

A0520　斜齿圆柱齿轮法面模数 m_n 和端面模数 m_t 的关系为________。

A0521　斜齿圆柱齿轮法面压力角 α_n 和端面压力角 α_t 的关系为________。

A0522　斜齿圆柱齿轮当量齿数 z_v 和齿数 z 的关系为________。

A0523　斜齿圆柱齿轮传动标准中心距 $a=$________，可采用改变________调整中心距。

A0524　直齿圆锥齿轮和直齿圆柱齿轮相比，轮齿分布在________面上，轮齿自大端向小端减小，用来传递两________轴的传动，两轮分度圆锥角之和 $\delta_1+\delta_2$ 为两轴线的________。

A0525　直齿圆锥齿轮当量齿数 z_v 和齿数 z 的关系为________。

A0526　平行轴外啮合斜齿圆柱齿轮传动的正确啮合条件为________________________________。

A0527　用标准齿条刀具加工齿轮，刀具的中线与轮坯的分度圆不相切所得齿轮称为________齿轮，刀具中线向轮坯中心向外、向内移离分别称为________变位和________变位，移动距离 xm 称为________量，x 称为________。

A0528　用同一把标准齿条刀具加工齿数相同的标准齿轮、正变位齿轮和负变位齿轮，三者的 m、α、p、d、d_b 均________变，正变位齿轮分度圆齿厚________，齿槽距________，负变位齿轮则相反。

A0529　一对传动齿轮，变位系数之和 x_1+x_2 大于零的称为________传动，小于零的称为________传动，等于零的称为________传动，零传动中 $x_1=x_2=0$ 的称为________传动，$x_1=-x_2\neq0$ 称为________传动。

A0530　要求一对外啮合渐开线直齿圆柱齿轮传动的中心距 a' 略小于标准中心距 a，并保持无侧隙啮合，此时应采用________传动。

A0531　按照工作条件不同，齿轮传动可分为________式传动和________式传动。较重要的齿轮均采用________式传动，开式齿轮传动只能用于________场合。

A0532　齿轮常见的失效形式是________、________、________、________和________。

A0533　软齿面的硬度指________，硬齿面的硬度指________，一般小齿轮材料较好或硬度较高，这是由于小齿轮齿根较________，应力循环次数较________。

A0534　闭式软齿面齿轮传动的主要失效形式是________，设计时应按________强度设计，按________强度校核。

A0535　闭式硬齿面齿轮传动的主要失效形式是________，设计时应按________强度设计，按________强度校核。

A0536　开式齿轮传动的主要失效形式是____________，设计时一般仅按________强度设计，计算时许用弯曲应力________20%～50%。

A0537　防止轮齿产生胶合破坏可采用良好的润滑方式、限制________和采用________润滑油。

A0538 齿面塑性变形常发生在大的过载、________启动和硬度________的齿轮上，提高齿面________和采用________润滑油有助于防止轮齿产生塑性变形。

A0539 当其他条件相同时，增大齿宽系数可以________齿轮直径，但若齿宽系数取得过大，会加剧载荷沿________分布不均匀性。

A0540 齿宽系数按__________和__________查取，斜齿圆柱齿轮取________值，精度高且轴系刚度较大时，取________值，一对齿轮中，只要其中有一只齿轮是软齿面，应按________齿面选齿宽系数。

A0541 将小齿轮比大齿轮齿宽取大一些是为了________，但在强度计算中仍以________齿轮齿宽为准。

A0542 齿轮弯曲强度计算中引入了齿形系数，齿形系数随齿数的增加而逐渐________，齿形系数与模数________。

A0543 设计闭式软齿面齿轮传动时，小轮齿数选择原则是__________________。

A0544 设计闭式硬齿面齿轮传动和开式齿轮传动，承载能力常取决于________强度，这时小轮齿数宜选________一些，使________得以增大。

A0545 一对优质钢制直齿圆柱齿轮传动，已知小轮 $z_1=20$，硬度为 220～250HBS；大轮 $z_2=60$，硬度为 190～220HBS，则这对齿轮的接触应力关系为________，许用接触应力关系为________，弯曲应力关系为________，许用弯曲应力关系为________，齿形系数关系为________。

A0546 一对圆柱齿轮传动，当其他条件不变时，仅将齿轮传动所受的载荷增为原载荷的 x 倍，其齿面接触应力将增为原应力的________倍，齿根弯曲应力将增为原应力的________倍。

A0547 当一对直齿圆柱齿轮的材料、热处理、传动比及齿宽系数一定时，由齿面接触强度决定的承载能力仅与齿轮的________或与________有关。

A0548 确定斜齿圆柱齿轮传动主动齿轮所受轴向力的方向，左旋齿轮用________手，右旋齿轮用________手，四指按________方向弯曲，环握轴线则拇指伸直的指向即代表______________方向。

A0549 齿轮接触强度设计公式中的许用接触应力应采用两齿轮许用接触应力 $[\sigma_H]_1$，$[\sigma_H]_2$ 中的________，齿轮弯曲强度设计公式中的许用弯曲应力 $[\sigma_F]_1$，$[\sigma_F]_2$ 和齿形系数 Y_{FS1}，Y_{FS2} 应采用______________。

A0550 直齿锥齿轮两轴垂直传动中，小轮圆周力与大轮________相等相反；小轮径向力与大轮________相等相反；小轮轴向力与大轮________相等相反，轴向力总是指向锥齿轮________端。

A0601 蜗杆传动由蜗杆和蜗________组成，用来传递两________轴之间的回转运动，两轴线通常成空间________。

A0602 蜗杆与________相仿，蜗轮好像一个特殊形状的________轮，在主平面上蜗杆蜗轮传动相当于________传动。

A0603 蜗杆传动的主平面指通过________轴线并垂直于________轴线的平面。

A0604 在主平面内，普通圆柱蜗杆传动的蜗杆齿形是________线齿廓，蜗轮齿形是

________线齿廓。

A0605 蜗杆传动的传动比等于蜗杆头数与________的反比,________分度圆直径的反比。

A0606 蜗杆的头数为 z_1,模数为 m,其分度圆直径 d_1 ________ mz_1。

A0607 垂直交错的蜗杆传动必须是蜗杆的________模数和压力角分别等于蜗轮的________模数和压力角,蜗杆分度圆柱上的螺旋升角与蜗轮________相等,且蜗杆与蜗轮螺旋方向相________。

A0608 蜗杆分度圆的直径等于________与模数的乘积,国家标准对每一个模数规定有限个蜗杆分度圆直径是为了减少________数量。

A0609 与齿轮传动相比,蜗杆传动的传动比________,效率________,传动平稳性________,噪声________,当蜗杆分度圆柱上螺旋升角小于____________时实现反行程自锁。

A0610 蜗杆头数为 z_1,模数为 m,分度圆直径为 d_1,则蜗杆分度圆柱上的螺旋角升 $\lambda=$ ________;当 z_1,m 一定时,λ 越大,传动效率越________,蜗杆强度和刚度越________。

A0611 蜗轮的转向取决于蜗杆的________和________以及蜗杆与蜗轮的相对位置。

A0612 蜗杆分度圆柱螺旋升角为 λ,蜗杆啮合节点圆周速度为 v_1,则齿面间的相对滑动速度 $v_s=$ ________,滑动速度对蜗杆传动发热和啮合处的润滑情况以及损坏________影响。

A0613 蜗杆的圆周力与蜗轮的________相等相反,蜗杆的轴向力与蜗轮的________相等相反,蜗杆的径向力与蜗轮的________相等相反。

A0614 蜗轮轮齿的失效形式有________、________、________和________。但因蜗杆传动在齿面间有较大的相对滑动,所以更易发生________和________失效。

A0615 蜗杆副材料组合要求,具有减________、耐________、易于________合和抗________合的性能。通常蜗杆材料选用________或________,蜗轮材料选用________或________,因而失效通常多发生在蜗________上。

A0616 蜗杆传动强度计算以________强度进行条件性计算,且系针对________轮齿进行。蜗轮轮齿的________强度计算和蜗杆轮齿的强度计算一般不进行。

A0617 选择蜗杆传动润滑油的主要依据是________________,蜗杆传动的滑动速度越大,所选润滑油的粘度值越________。

A0618 闭式蜗杆传动的功率损耗,一般包括:____________、____________和____________三部分,三项功耗中较大的功耗是________________。

A0619 蜗杆传动热平衡计算目的是防止________过高,使润滑油粘度________,导致齿面________加剧,甚至引起________。

A0620 为配凑________或免除________轮齿的根切,常需采用变位蜗杆传动。变位蜗杆传动中________不变位,仅在加工蜗轮时滚刀进行________变位。

A0621 蜗杆传动的当量摩擦角不仅与材料及表面状态有关,而且与________有关。

A0622 圆弧齿圆柱蜗杆传动、圆弧面蜗杆传动由于其滑动速度 v_s 的方向与接触线间的夹角较普通圆柱蜗杆要大,故这两种新型蜗杆传动形成________油膜条件较好,________能力及传动________都有显著提高。

A0701 轮系的主要功用是：________、________、________、________。

A0702 定轴轮系是指____________________，周转轮系是指____________________。

A0703 定轴轮系的传动比等于各对齿轮传动中________动轮齿数的乘积与________动轮齿数乘积之比。

A0704 定轴轮系中从动轮转向可用画________的方法来确定；只有轮系中各齿轮轴线全都________时，才能在传动比计算公式中用$(-1)^m$确定从动轮转向。

A0705 周转轮系中，轴线位置固定的齿轮称为________轮或________轮，而轴线位置变动的齿轮称为________轮，支持行星轮自转的构件称为________，又称________杆或________架。

A0706 周转轮系是由行星轮、中心轮和转臂组成的，每个单一的周转轮系具有________个转臂，中心轮的数目________，且转臂与中心轮的几何轴线必须________。

A0707 单一周转轮系不能直接用定轴轮系求解传动比，而是要用________法使原周转轮系成为________轮系后再用定轴轮系公式求解。

A0708 转化轮系传动比计算公式中 i_{13}^{H} 不是 $i_{13}=n_1/n_3$ 而是 n_1^H/n_3^H，$n_1^H=$________，$n_3^H=$________。

A0709 行星轮系的自由度=________，差动轮系的自由度=________，行星轮系中必有一个________是固定不动的。

A0710 既有定轴轮系又有单一周转轮系的称________轮系。

A0711 求解混合轮系的传动比首先必须正确地把混合轮系划分为________轮系和各个________轮系，并分别列出它们的________计算公式，找出其相互联系，然后________。

A0712 机械摩擦无级变速器通过改变接触点（区）到两轮回转轴线的距离，从而改变两轮的________半径，使传动比连续________。

A0713 调速范围是无级变速器的主要性能指标，其数值为从动轴的________转速与________转速之比。

A0801 传动用螺纹（如梯形螺纹）的牙形角比联接用螺纹的牙形角________，这主要是为了____________。

A0802 螺旋传动是应用螺杆和螺母来实现将________运动变成________运动，设 P、n 分别为螺距和螺纹线数，螺杆和螺母的相对位移量 l 与相对转角 φ(rad)的关系为________。

A0803 螺旋传动按用途可分为________、________和________三种；按螺旋副之间的摩擦性质又可分为________和________两种。

A0804 螺旋传动根据螺杆与螺母相对运动的组合情况，有____________、____________、____________和____________________四种基本形式。

A0805 由螺纹方向相同的两段螺纹组成的差动螺旋多用于________装置中，由螺纹方向相反的两段螺纹组成的差动螺旋常用于________的夹具或锁紧装置中。

A0806 滑动螺旋传动的主要失效形式是________，故通常根据旋合螺纹间的________条件确定螺杆的________和螺母________。对其他可能发生的失效形式也相应进行校核螺杆的________、螺母螺纹牙的________以及________条件和________性。

A0901 平面连杆机构是由若干刚性构件用________副或________副联接而成，运动副均为________接触，压强较小，称为________副机构，与点、线接触的高副机构相比能用于________载和________载荷。

A0902 只含平面回转副的四杆机构称为________四杆机构，该机构按两连架杆是否成为曲柄或摇杆分为________机构、________机构和________机构。

A0903 在曲柄摇杆机构中，摇杆的两个极限位置出现在________两个共线位置，该两共线位置之间所夹的锐角 θ 称为________。

A0904 曲柄摇杆机构急回运动特性用行程速比系数 K 表示，K 为摇杆往返的________比 t_1/t_2 或往返的________ v_2/v_1，它与极位夹角 θ 的关系式为________或________。

A0905 曲柄摇杆机构的死点位置出现在以________为原动件时________与________两个共线位置，此时摇杆通过连杆传给曲柄的力通过曲柄回转副中心，不能驱使曲柄转动；机构处于死点位置时从动件会出现________或曲柄正反转运动________现象。

A0906 铰链四杆机构的压力角是指在不计构件质量和运动副中的摩擦情况下连杆作用于________上的力与该力作用点________间所夹的锐角，压力角越大，传动效率________，传动性能________，甚至机构可能发生________现象。实用上为度量方便，通常用压力角 α 的余角 $\gamma=$ ________来判断连杆机构的传力性能，γ 称为________。

A0907 曲柄摇杆机构运动中传动角 γ 是变化的，为保证机构良好的传力性能一般机构应使最小传动角 $\gamma_{min}>$ ________；以曲柄为原动件时，γ_{min} 出现在________位置之一处，比较此两位置的 γ 角的大小，取其中________的一个。

A0908 以曲柄为原动件时，曲柄滑块机构最小传动角 γ_{min} 出现在________位置之一处。

A0909 以滑块为原动件时，曲柄与连杆两次共线位置是________位置。

A0910 行程速比系数 $K=1$ 的曲柄摇杆机构，其摇杆两极限位置铰链中心和曲柄回转中心必________。

A0911 在曲柄摇杆机构中，若增大曲柄长度，则摇杆摆角________。

A0912 在曲柄摇杆机构中，若增大连杆长度，则摇杆摆角________。

A0913 铰链四杆机构存在一个曲柄的条件是最短杆与最长杆长度之和________另外两杆长度之和；曲柄是最________杆。

A0914 铰链四杆机构可通过____________、____________和____________等演化成其他形式的机构。

A0915 连杆机构运动设计归纳为实现从动件预期运动________和________两类问题，设计方法有________法、________法和________法。

A0916 导杆机构中，滑块对导杆的作用力总是________于导杆，传动角 γ 始终为________，传力性能最________。

A0917 如摇杆长度和两个极限位置 C_1D，C_2D 已定，设计曲柄摇杆机构，选定曲柄中心 A 点后，若 $l_{AC_2}>l_{AC_1}$，则连杆长度为________，曲柄长度为________。

A0918 由两个四杆机构双曲柄机构与对心曲柄滑块机构串联而成的多杆机构不是八杆机构而是六杆机构这是因为______________________________。

A1001 按凸轮的形状和运动有____________凸轮、____________凸轮和____________

凸轮。

A1002 按从动件形状有________从动件、________从动件和________从动件，按运动形式有________从动件和________从动件。

A1003 使从动件与凸轮轮廓保持接触，可利用________力、________力或依靠特殊的________制约。

A1004 凸轮从动件常用的运动规律有________运动、________运动和________运动，其中________运动规律只宜用于低速，________和________运动规律不宜用于高速，而________运动规律可在高速下应用。

A1005 由速度有限值的突变引起的冲击称为________冲击，由加速度有限值的突变引起的冲击称为________冲击。

A1006 等速运动规律有________性冲击，等加速等减速运动规律有________性冲击，简谐运动在从动件推程的________两处也有柔性冲击，________运动规律无冲击。

A1007 凸轮机构从动件运动规律选择的原则为：(1)____________、(2)____________、(3)____________。

A1008 尖底从动件盘形回转凸轮的基圆半径是从凸轮回转中心到____________的最短距离，而滚子从动件盘形回转凸轮的基圆半径则是从凸轮回转中心到____________的最短距离。

A1009 增大基圆半径，凸轮机构的压力角________，传力性能________。

A1010 减小基圆半径，凸轮机构的________增大，传力性能________。

A1011 凸轮机构滚子半径 r_T 必须小于__________________半径。

A1012 设计直动从动件盘形凸轮机构时，若量得其中某点的压力角超过许用值，可以用________________或________________使压力角减小。

A1101 欲将一往复摆动转换成单向间歇回转运动，可采用________机构；欲将一连续回转运动直接转换成单向间歇回转运动可采用________机构和________机构。

A1102 外齿式棘轮机构可通过改变主动摇杆的________或用改变棘轮罩的位置以改变________来改变棘轮每次间歇转动的角度，但其每次转动角度的大小总是棘轮上相邻两齿所对的________。

A1103 为了使棘爪受力最小，应使棘轮齿顶和棘爪的摆动中心的连线________于棘轮半径。

A1104 为了保证棘爪顺利滑入齿根，棘轮齿工作面相对于棘轮半径必须向齿体内偏斜一偏角，偏角应大于____________________。

A1105 单销槽轮机构的槽轮运动时间________小于停止时间。

A1106 槽轮机构是由________、________、________组成的。对于原动件转一圈槽轮只运动一次的槽轮机构来说，槽轮的槽数应不少于________；机构的运动系数总小于________。

A1107 单销外槽轮机构，主动拨盘回转一周时，槽轮的运动时间与拨盘回转一周的时间之比称为________ τ，其与槽数 z 的关系式为 $\tau=$________。

A1108 外槽轮机构圆销数 n 与槽数 z 之间的关系式为________。

A1109 单销外槽轮机构的运动系数随槽轮槽数增加而________。

A1110 不完全齿轮机构安装瞬心线附加杆的目的是为了提高________。

A1201 按轴所受载荷分类，轴可以分为________轴、________轴和________轴。

A1202 心轴只承受________矩，不传递________矩；传动轴只传递________矩，不承受________矩或弯矩很小；转轴则既传递________矩又承受________矩。

A1203 根据承载情况分析自行车的中轴是________轴，而前轮轴是________轴。

A1204 根据承载情况分析支承火车车厢的轮轴是________轴；汽车前轮轴是________轴，用万向联轴器联接汽车发动机与后桥齿轮箱之间的轴是________轴。

A1205 按轴线形状，轴可分为________轴、________轴和________轴。

A1206 轴常用________钢和________钢制造。合金钢具有较高的________，可淬性较________，但对应力集中较________，价格较________，用于要求________载、尺寸________、重量________重要的轴或要求高耐磨性、高温等特殊环境下工作的轴。

A1207 轴的毛坯一般采用轧制________钢或________件，尺寸偏大形状复杂时，也可采用________或________铸铁。

A1208 轴的设计应合理选择轴的________，合理进行轴的________设计，进行________和________计算，高速轴还需验算________。

A1209 轴常制成阶梯形主要是为了轴上零件轴向________，便于轴上零件________，有时也是为了提高轴的制造________性。

A1210 为了便于安装轴上零件，轴________及各个轴段的________部应有倒角。

A1211 阶梯形轴应使中间轴段较________，两侧轴段较________。

A1212 轴上需车制螺纹的轴段应设________槽，需要磨削的轴段应设________槽。

A1213 用弹性挡圈或紧定螺钉作轴向固定时，只能承受较________的轴向力。

A1214 用套筒、螺母或轴端挡圈作轴向固定时，应使轴段的长度________相配轮毂宽度。

A1215 为了减小轴的应力集中，轴的直径突然变化处应采用________联接，过渡圆弧的半径应尽可能________一些；但为了保证轴上零件靠紧轴肩定位端面，轴肩的圆弧半径应________该零件轮毂孔的倒角或圆角半径；轴上各过渡圆角半径应尽可能统一，以减少____________；相邻两轴段直径相差不应________。

A1216 当轴上的链槽多于一个时，应使各键槽位于________上；轴头和轴颈的直径应采用________直径，与滚动轴承相配的轴颈直径应符合________直径标准。

A1217 轴的强度计算方法有____________、____________和____________三种。

A1218 轴按当量弯矩进行强度计算时，公式 $M_e=[M^2+(\alpha T)^2]^{\frac{1}{2}}$ 中 α 是考虑弯曲应力与扭剪应力的________不同而引入的________系数；对于大小、方向均不变的稳定转矩，取 $\alpha=$ ________，对于脉动变化的转矩取 $\alpha=$ ________，钢轴近似取 $\alpha=$ ________；对于对称循环变化的转矩，取 $\alpha=$ ________。

A1219 实心圆轴的强度与直径的________成正比，刚度与直径的________成正比。

A1220 轴的刚度计算通常是指计算轴在预定的工作条件下产生的________、________和________使其不大于相应的允许值；如不满足改用较好的材料________满足刚度要求。

A1301 按摩擦性质轴承分为____________和____________两大类。

A1302 按滑动表面润滑情况，有________、________和________三种摩擦状态，其摩擦系数一般分别为____________、____________和____________。

A1303 按承受载荷的方向承受径向载荷的滑动轴承称为________滑动轴承，承受轴向载荷的滑动轴承称为________滑动轴承。

A1304 与滚动轴承相比，滑动轴承具有承载能力________、抗振性、噪声________、寿命________，在液体润滑条件下可________速运转。

A1305 在一般机器中，摩擦面多处于干摩擦、边界摩擦和液体摩擦的混合状态，称为________摩擦或________摩擦。

A1306 向心滑动轴承的结构形式有________式、________式和________式三种，剖分式滑动轴承便于轴________和调整磨损后________，应用广泛。

A1307 滑动轴承油沟的作用是使润滑油________；一般油沟不应开在轴承油膜________区内，油沟应有足够的轴向长度，但绝不能开通轴瓦________。

A1308 轴瓦的主要失效形式是________和________，此外还有________、________等。

A1309 为保证轴承正常工作，要求轴承材料有足够的________和________性，________性和________性好，耐________和抗________能力强，导________性好，容易________，且易于加工。

A1310 轴承材料有________、________和________。金属材料包括________、________和________等。

A1311 青铜的强度高、承载能力大，导热性好，且可以在较高的温度下工作，但与轴承合金相比，抗胶合性能较________，________跑合，与之相配的轴颈须________。

A1312 滑动轴承的润滑剂有________、________和________三种。

A1313 润滑油的粘度是其抵抗剪切变形的能力，它表征流体________________的大小，随着温度升高，润滑油粘度________。

A1314 当润滑油作层流流动时，油层中的摩擦切应力 τ 与其________成正比，其比例常数 η 即为润滑油的________。动力粘度的单位在国际制中为________，即________。

A1315 限制非液体摩擦滑动轴承的平均压强 $p\leqslant[p]$，目的是使____________不易破裂，轴瓦不致产生____________。

A1316 限制非液体摩擦滑动轴承平均压强 p 与滑动速度 v 的乘积值 $pv\leqslant[pv]$ 的目的是防止________过高产生________失效。

A1317 润滑油的油性是指润滑油在金属表面的________能力。

A1318 润滑油的密度为 $\rho(\mathrm{kg/m^2})$，动力粘度为 $\eta(\mathrm{Pa \cdot s})$，运动粘度为 $\gamma(\mathrm{m^2/s})$，则运动粘度与动力粘度的关系式为________。

A1319 形成液体动压润滑的必要条件是：①被润滑的两表面间必须具有________间隙；②被润滑的两表面间必须________充满具有一定________的润滑油；③被润滑的两表面间必须有一定的________，其运动方向必须使润滑油由________流进，从________流出；而充分条件是最小油膜厚度 $h_{\min}$________轴颈、轴瓦表面微观不平度的十点平均高度之和。

A1320 选择滑动轴承所用的润滑油时，对非液体摩擦滑动轴承主要考虑润滑油的________，对液体摩擦滑动轴承主要考虑润滑油的________。

A1321 在其他条件不变的情况下，液体动压滑动轴承所受载荷越大，油膜厚度越

________;液体动压滑动轴承间隙越大,油膜厚度越________;液体动压滑动轴承所用润滑油粘度越大,油膜厚度越________;液体动压滑动轴承速度越大,油膜厚度越________。

A1322　液体动压润滑向心滑动轴承主要进行____________计算、________计算和____________________计算。

A1323　液体动压润滑向心滑动轴承的承载量系数 Φ_F 将随着偏心率 χ 的增加而________,相应的最小油膜厚度 $h_{\min}$ 也随着 χ 的增加而________。

A1401　滚动轴承一般由________、________、________和________组成,常见的滚动体形状为________、________、________、________和________。

A1402　保持架的作用是____________________;如果滚动轴承没有保持架,两滚动体将直接接触,相接触处的速度方向________,加剧________,降低轴承的________。

A1403　按滚动体形状,滚动轴承分为________和________两大类,在同样尺寸下滚子轴承比球轴承承载能力________、抗冲击能力________;但球轴承制造________、价________,且运转比滚子轴承________。

A1404　轴承的________平面与________和外圈滚道接触点的________线之间的夹角称为接触角,接触角越大,轴承承受轴向载荷的能力________。

A1405　对轴承使用时内外圈倾斜角应控制在允许的________之内,否则________和________间接触情况会恶化、降低轴承寿命。对轴承使用时内外圈倾斜角过大的应采用________轴承。

A1406　滚动轴承在一定载荷和润滑条件下允许的最高转速称为________转速。滚动轴承转速过高会使摩擦面间产生高________、润滑________,导致滚动体________或________损坏。

A1407　代号为 6222 的滚动轴承内径为________ mm;直径系列代号为________表示________系列;宽度代号为________,省略不写;类型代号为________表示________轴承。若代号为 62/22,则表示轴承内径为________ mm,其余同上。

A1408　深沟球轴承主要承受________载荷,也能承受一定的________载荷。当转速很高时,它可以代替________轴承。

A1409　滚动轴承的主要失效形式是____________和____________。

A1410　对于一般在正常工作状态下回转的滚动轴承,疲劳点蚀是主要的失效形式,为此主要进行________计算。

A1411　对于不常转动、摆动或转速很低的重载滚动轴承,塑性变形常是主要的失效形式,为此主要进行________计算。

A1412　通常讲轴承的寿命是指轴承在一定的载荷下运转,任一元件出现____________前所经历的____________,或在一定转速下所经历的工作____________。一批同型号的轴承,即使在同样工作条件下使用,每个轴承的使用寿命也不是都相等的,呈现________性。

A1413　滚动轴承的基本额定寿命是指一批同型号的轴承,在相同的条件下运转,其中________的轴承已发生疲劳点蚀,而________的轴承尚未发生疲劳点蚀时所能达到的总转数,用 L_{10} 表示,单位为________。

A1414 滚针轴承适用于径向载荷很________而径向尺寸受________与刚度________的场合。

A1415 一批同型号的滚动轴承，其__________寿命为________时所能承受的最大载荷称为轴承的基本额定动载荷，其值常用 C 表示，不同型号的轴承，基本额定动载荷________同。

A1416 为限制滚动轴承的________量，轴承标准中规定，在内外圈相对转速为________的情况下，滚动体与内外圈接触处的__________应力达到规定数值时，作用在轴承上的载荷称为基本额定静载荷，常用 C_0 表示。

A1417 轴承在实际工作时往往同时受径向载荷 R 和轴向载荷 A 的复合作用，________载荷 P 为轴承在其作用下的寿命与实际复合载荷作用下的轴承寿命相同的由换算得到的________载荷。

A1418 R，A 分别为滚动轴承的径向载荷和轴向载荷，其当量动载荷 P 的公式为 $P=K_P(XR+YA)$，式中 X，Y 分别为计算当量动载荷时的________系数和________系数，K_P 为按机器________性质查表确定的________系数。

A1419 其他条件不变，若将作用在球轴承上的当量动载荷增加 1 倍，则该轴承的基本额定寿命将降至原来的________。

A1420 其他条件不变，若球轴承的基本额定动载荷增加 1 倍，则该轴承的基本额定寿命增至原来的________倍。

A1421 其他条件不变，若滚动轴承的转速增加 1 倍(但不超过其极限转速)，则该轴承的基本额定寿命降至原来的________。

A1422 滚动轴承基本额定寿命公式 $L_{10h}=10^6(C/P)^{\varepsilon}/(60n)$h，其中 C 为__________，N；P 为__________，N；n 为________，r/min；ε 为________；球轴承 $\varepsilon=$________，滚子轴承 $\varepsilon=$________。

A1423 角接触球轴承和圆锥滚子轴承会因承受径向载荷 R 而产生________ S，其方向为使滚动体自外圈________的方向。

A1424 滚动轴承的组合设计通常要考虑轴承的________固定、轴承组合的________、滚动轴承的配合与________、滚动轴承支承的________和________、滚动轴承的润滑和________。

A1425 轴承轴向固定是防止轴系__________和从结构上保证在工作温度变化时轴系能__________。常见的两种轴向固定方式是________和________。

A1426 滚动轴承组合设计采用两端单向固定方式适用于跨距较________、温度变化________的轴；一端双向固定，一端游动的方式适用于轴的长度________、温度变化________的轴。

A1427 滚动轴承外圈与轴承座的配合应为________制；滚动轴承内圈与轴的配合应为________制。一般转动的圈采用有________的配合，固定的圈常采用有________或________不大的配合；转速越高，载荷和振动越大，旋转精度越高，应采用________一些的配合，游动的和经常拆卸的轴承则要采取________一些的配合。

A1428 轴承组合的调整包括__________、__________和__________。

A1429 滚动轴承装拆时不允许通过________来传递装拆压力，为便于拆卸滚动轴承应留有足够的拆卸________和________。

A1430　滚动轴承中使用的润滑剂主要是________和________。轴承载荷愈大，温度愈高，应采用粘度较________的润滑油。

A1431　角接触球轴承游隙________调整，并可通过预紧提高轴承的________和轴承组合的________。

A1432　滚动轴承轴伸处的密封装置有____________和____________两大类。接触式密封要限制密封处的____________，非接触式密封运用于较________转速。

A1501　联轴器和离合器是联接两轴，使之一起________并传递________的一种机械装置。用联轴器联接的两轴只有在机器________后通过________才能分离；而离合器可在机器________________中方便地使两轴分离或接合。

A1502　制动器是用来迫使机器____________或降低____________的机械装置。

A1503　联轴器分为________和________两大类。刚性联轴器由刚性传力件组成又可分为________式和________式两类。

A1504　固定式联轴器将被联接的两轴相互固定成为一体，不再发生____________；而可移式联轴器借助联轴器中的相对可动元件允许两轴之间有一定限度的________位移、________位移、________位移以及这些位移的________位移。

A1505　固定式刚性联轴器适用于两轴线严格________、载荷和转速较________、冲击________、刚性________的轴联接。

A1506　可移式刚性联轴器适用于载荷和转速________、两轴较难________或重型机械的轴联接。

A1507　当原动机的转速较高且发出的动力较不稳定时，其输出轴与传动轴之间应选用________联轴器来联接。

A1508　弹性联轴器不仅可以借助____________的变形允许被联接两轴有一定限度的相对________，而且具有较好的________和________能力。对于载荷、转速变化较大的情况最好选用________联轴器。

A1509　传递两相交轴间运动而又要求轴间夹角经常变化时，可以采用________联轴器。

A1510　十字滑块联轴器适用于速度________的场合，其转速有________。与十字滑块联轴器相比，齿轮联轴器转速可________，承载能力________，制造成本较________。

A1511　万向联轴器允许被联接两轴在较大的偏转角 $\alpha(\alpha \leqslant 45^\circ)$ 下工作，当主动轴以等角速度 ω_1 回转一圈时，从动轴回转________圈，但回转过程中角速度 ω_2 是在________～________的范围内周期性变化，传动中会引起附加的________，偏转角 α 越大，从动轴角速度 ω_2 的波动以及动载荷________。

A1512　用________万向联轴器使主动轴和从动轴的瞬时角速度相等须一定条件：(1)中间轴上两端的叉形接头位于____________内；(2)使中间轴与主动轴、从动轴的夹角 α_1，α_2 __________。

A1513　离合器根据其工作原理不同，主要有________式和________式两类，它们分别利用牙(齿)的________和工作表面间的________来传递转矩。

A1514　与牙嵌式离合器比较，摩擦离合器联接的两轴可以在不同的________下接合，冲击和振动________，过载时离合器打滑起到________作用；但不能保证两轴严格

________，外廓尺寸________。

A1515 自动离合器能根据机器________的改变自动地完成________和________。典型的自动离合器有________、________和________。

A1516 制动器的工作原理是利用________消耗________实现制动作用。常见的有________式制动器、________式制动器和________式制动器。

A1517 制动器通电时松闸、断电时制动称为________式，适用于____________中制动；通电时制动、断电时松闸称为________式，适用于________中制动。

A1518 制动器的计算和选择关键参数为____________，从减少制动力矩而言，尽量设置在转速________的轴上。

A1601 弹簧在外力作用下能产生较大的____________，把机械功或动能转变为________能；外力去除后变形________而恢复原状，把变形能转变为____________。

A1602 弹簧的功用主要有：____________、____________、____________和____________。

A1603 按受载情况，弹簧分为________弹簧、________弹簧、________弹簧、________弹簧、________等。

A1604 按照形状，弹簧分为________弹簧、________弹簧、________弹簧、________簧和________簧等。

A1605 表示弹簧________与________之间的关系曲线称为弹簧的特性曲线，它是________和________各类弹簧的主要依据。

A1606 受压或受拉的弹簧，载荷是指________或________ F，变形是指弹簧________或________ λ；其刚度 $k=$____________。

A1607 受扭转的弹簧，载荷是指____________ T，变形是指________ φ；其刚度 k $=$____________。

A1608 直线型特性线的弹簧，弹簧刚度为一________数，称为定刚度弹簧；非直线特性线的弹簧，弹簧刚度为一________数，称为变刚度弹簧。测力弹簧应是________刚度的，而在受动载荷或冲击载荷的场合，弹簧最好采用随着载荷的增加、弹簧刚度将愈来________的________刚度弹簧。

A1609 加载过程中弹簧所吸收的能量 U 称为________能，金属弹簧如果没有外部摩擦，应力又在弹性极限以内，其卸载过程特性线与加载过程重合，吸收的能量又将全部________。如果有外部摩擦，卸载过程特性线________加载过程重合，一部分能量 U_0 将转变为摩擦热而________，其余能量则被________。

A1610 弹簧卸载过程中如有外部摩擦，由摩擦热而消耗的部分能量 U_0 与加载过程变形能 U 之比越大，弹簧的吸振能力________，该弹簧缓冲吸振的效果________。

A1611 圆柱螺旋弹簧的弹簧指数（旋绕比）C 是____________与____________之比；旋绕比 C 值越大，曲度系数 K ________。

A1612 弹簧的卷制方法分为________法和________法两种。冷卷弹簧需经低温回火消除________，热卷弹簧需经________与________处理。

A1613 弹簧材料应有较高的________极限和________极限，同时具有足够的____________性和____________性以及良好的________性能。

A1614 圆柱拉伸、压缩螺旋弹簧工作时的弹簧丝应力是________应力，簧丝截面上最大切应力发生在__________，其值与最大工作载荷 F_2 成________，与弹簧中径 D_2 成________，与刚度系数 K 成________，在弹簧旋绕比 C 已定的情况下，与簧丝直径 d 的________。

A1615　圆柱拉压螺旋弹簧强度计算的目的在于确定________和__________。

A1616　圆柱拉压螺旋弹簧刚度计算的目的在于计算弹簧受载后的________或按变形量要求，确定弹簧所需的____________。

A1617　当其他条件相同时，旋绕比 C 愈小，弹簧刚度愈________；当其他条件相同时，工作有效圈数 n 愈少，弹簧刚度愈________。旋绕比 C 对弹簧刚度的影响比圈数 n 的影响________。

A1618　当圆柱压缩螺旋弹簧圈数较多时，可能发生________，故应验算其________指标 $b=H_0/D_2$ 不超过许用值；如不满足，则应重选________，或在弹簧内部放置________或在弹簧外部放置________。

A1619　圆柱压缩螺旋弹簧在不受外载的自由状态下，各圈之间均留有一定________ δ；在最大工作载荷作用下，各圈之间__________ δ'。

A1620　圆柱拉伸螺旋弹簧制造时通常使各圈________，亦即在自由状态下各圈间距 δ ________。

A1701　机械在某段时间内若驱动力所作的功大于阻力所作的功，则出现________功；若驱动力所作的功小于阻力所作的功，则出现________功。盈功和亏功将引起机械动能的________和________，从而引起机械运转速度________和________。

A1702　大多数机械的原动件都存在运动速度的波动，其原因是驱动力所作的功与阻力所作的功__________保持相等。

A1703　机械速度波动会使运动副中产生附加的________，降低________，产生________，影响机械工作的________和________。采取措施把速度波动控制在许可范围内，以减小其产生的不良影响，称为机械____________。

A1704　机械速度波动有__________速度波动和__________速度波动两类。周期性速度波动在一个循环周期内驱动力所作的功和阻力所作的功是________的，周期性度波动可以用________来调节，非周期性速度波动必须用________来调节。

A1705　机械周期性速度波动最大角速度 ω_{max}，最小角速度 ω_{min}，平均角速度 $\omega_m=$ ____________；机械运转速度不均匀系数 $\delta=$________，不均匀系数 δ 越大，表明机械运转速度波动程度________。

A1706　飞轮设计的基本问题是确定飞轮的________ J，使机械运转速度________在许用范围内。

A1707　当最大盈亏功 A_{max} 和转速 n 一定时，飞轮转动惯量 J 愈大，不均匀系数 δ ________，过分追求机械运转速度的均匀性会使飞轮尺寸________。

A1708　当飞轮转动惯量 J 和转速一定时，最大盈亏功 A_{max} 与不均匀系数 δ 成________比，机械只要有盈亏功，无论飞轮有多大，δ 都__________零。

A1709　当最大盈亏功 A_{max} 与不均匀系数 δ 一定时，飞轮所需的转动惯量 J 与转速 n __________比，从减少飞轮所需的转动惯量出发，宜将飞轮安装在________轴上。

A1710 安装飞轮不仅可以避免机械运转速度发生过大的波动，而且还可利用其________能量的特点来克服机械的短时过载，这也是某些载荷________而集中，且对运转速度均匀性要求不高的机械（如破碎机、轧钢机等）安装飞轮的主要原因。

A1711 计算飞轮所需转动惯量所用的最大盈亏功 A_{max} 应是能量指示图中________点与________点的绝对差值，它并________等于能量指示图中最大矢量段长度。

A1801 回转件平衡的基本原理是在回转件上加上________，或除去一部分质量，以便重新调整回转件的________，使其旋转时产生的________力系（包括惯性力矩）获得平衡。

A1802 使回转件________落在回转轴线上的平衡称为静平衡；静平衡的回转件可以在任何位置保持________而不会自动________。

A1803 回转件静平衡的条件为：回转件上各质量的离心惯性力（或质径积）的________等于零。

A1804 静平衡适用于轴向尺寸与径向尺寸之比________的盘形回转件，可近似认为它所有质量都分布在________内，这些质量所产生的离心惯性力构成一个相交于回转中心的________力系。

A1805 使回转件各质量产生的离心惯性力的________以及各离心惯性________均等于零的平衡称为动平衡。

A1806 对于轴向尺寸与径向尺寸之比________的回转件，质量分布应看作是分布在垂直于________的________内，回转件旋转时，各偏心质量产生的离心惯性力已不再是一个平面汇交力系，而是一个________力系。

A1807 回转件动平衡的条件为：分布在回转件上的各质量的离心惯性力的________以及各________的向量和均为零。回转件达到动平衡时一定是________的。

A1808 回转件动平衡必须在任选的垂直于________的________个校正平面内施加平衡质量进行平衡。

AⅠ101 作空间运动的自由构件具有________个自由度；空间运动副的分级是根据其________数共分为________级。

AⅠ102 由 N 个构件组成的空间机构，P_5、P_4、P_3、P_2、P_1 相应为所含Ⅴ级、Ⅳ级、Ⅲ级、Ⅱ级、Ⅰ级空间运动副的数目，其自由度的计算公式是 F=________。

AⅠ103 空间机构中含平面低副和高副应分别按空间________级代入计算自由度。

AⅠ201 划分机构的杆组时宜先从远离________件、并从________杆组开始；机构的级别按杆组中的________级别确定。

AⅠ202 平面机构中高副低代的条件是代替前后机构的________是完全相同和________完全相同。

AⅠ301 机构中两个构件的速度瞬心是该两个构件上具有________的重合点；绝对瞬心与相对瞬心二者相同的是________，不同的是________。

AⅠ302 以回转副相连接的两构件的瞬心位于________处；以移动副相连接的两构件的瞬心位于________处；以平面高副相连接的瞬心，当高副两元素做纯滚动时位于________处，当高副两元素间有相对滑动时位于____________线上。

AⅠ303　对于不通过运动副直接相连接的两个构件的瞬心位置，可借助________来确定。机构中三个彼此做平面平行运动的构件共有________个瞬心且必位于________。

AⅠ304　矢量方程图解法是利用机构中各点之间的________关系列出它们之间的________和________矢量方程式然后以一定的比例尺根据矢量方程作出________________来进行求解。

AⅠ305　同一构件上 A、B 两点间速度、加速度的关系写成矢量方程分别为________________和________________。

AⅠ306　组成移动副的两构件重合点 B_2、B_3 的速度、加速度关系写成矢量方程分别为________________和________________。

AⅠ307　机构中存在哥氏加速度的条件是具有共同________并组成________副。

AⅠ308　哥氏加速度 $\boldsymbol{a}^K_{B_3B_2}$ 的大小是____________，其方向由相对速度 $v_{B_3B_2}$ 沿________的旋转方向转________的方向。

AⅠ309　速度影象和加速度影象原理只能应用于机构中________构件而不能用于________构件。

AⅠ310　同一构件的速度多边形和加速度多边形上，各点的角标字母的顺序与构件上__________________的顺序一致。

AⅠ311　用解析法对平面机构进行运动分析，首先是建立机构的________方程式，然后将方程式对时间求____________即可求得机构的速度方程和加速度方程。

AⅠ312　通常机构的运动分析是就机构在________时的分析；机构运动线图则能显示机构在______________________时的位移、速度和加速度。

AⅠ401　机构的静力分析和动态静力分析的区别是前者________________，适用于____________机械；后者______________，适用于______________机械。

AⅠ402　作平面复合运动的构件 i（m_i、J_{si}、a_{si}、α 分别为构件 i 的质量、通过质心轴的转动惯量、质心 Si 的加速度、构件 i 角加速度），其惯性力系可简化为一个加在________处的惯性力 F_{si} 和____________，二者的大小分别为 $F_{Ii}=$________和 $M_{Ii}=$________。

AⅠ403　平衡力（或平衡力矩）是指与作用在机械上的全部外力以及当机械按给定规律运转时其各构件的________相平衡的未知外力。

AⅠ404　n 个构件、P_L 个低副、P_H 个高副的构件组，不考虑摩擦时的静定条件为________；所有的基本杆组都________静定条件。

AⅠ405　不考虑摩擦时，回转副中的反力 R 通过________中心，________未知；移动副中的反力 R 沿________方向，____________未知，平面高副中的反力作用于____________上，仅________未知。

AⅠ406　移动副中的总反力 $\boldsymbol{R}$ 为________与________的合力，R 与________之间的夹角称为当量摩擦角 ρ_v，R 的方向与相对速度成________。

AⅠ407　回转副中的轴颈（半径为 r，当量摩擦因素为 f_v）所受总反力 R 为________与________的合力，R 必切于________，R 对轴颈中心之矩的方向与轴颈回转方向________；摩擦圆的半径 $r_\rho=$________。

AⅠ408　在稳定运转中机械效率 η 是________功与________功的比值，$\eta=$________1。

AⅠ409　机械效率可以三种表达形式，即________的形式、________的形式和________的形成。

AⅠ410　P_1、P_2、…、P_k 和 η_1、η_2、…、η_k 分别为 k 个单机的功率和效率，k 个单机串联组成机械系统的效率为 $\eta=$________；并联组成机械系统的效率为 $\eta=$____________。

AⅠ411　既有单机串联，又有单机并联的机械系统称为________联，图示为由 A、B、C、D 四台机器组成的混联机械系统，设各单机效率分别为 η_A、η_B、η_C、η_D，机器 B、D 的输出功率分别为 P_B、P_D，该机械系统输入总功率 P 的计算公式为 $P=$________。

AⅠ412　移动副的自锁条件是外力合力 F_d 的作用线在________以内；回转副的自锁条件是轴颈上外力合力 F_d 的作用线在________以内；在一台机器中，如果某一运动副出现自锁情况，整个机械________。

AⅠ413　如图所示两种结构，l_1、l_2 为已知，推杆 1 在力 F 作用下在机架 2 中移动，若发生自锁，α_a 应________，α_b 应________；两种结构中________结构易自锁。

(a)　(b)

AⅠ501　行星轮系齿数与行星轮数的选择必须满足的四个条件是：________条件、________条件、________条件和________条件。

AⅠ502　为方便设计行星轮系，将________条件、________条件和________条件合并为一个总的________公式。

AⅠ503　应用 2K-H 行星轮系配齿公式 $z_1:z_2:z_3:q=\cdots\cdots$，先选定____________代入试配使 z_2、z_3 和 q 均为________，后再代入验算________条件；如不满足，则应减少________或增加________继续试配。

AⅠ601　机械系统真实运动规律取决于作用在机械系统上的________、各构件的________和________。

AⅠ602　对于单自由度机械系统，只要能确定其中某一构件的真实运动规律，其余构件的运动规律就可________，因此可将研究整个机械系统的运动问题简化为其中某一构件的运动问题，这一选定的构件称为________构件。

AⅠ603　为保持原机械系统原有的情况不变，就要把其余所有构件的________、________以及把各构件上所作用的________、________都等效地（即折算）到等效构件上来。

AⅠ604　为使机械系统在转化前后的动力效应不变，建立机械系统动力学模型时应遵循________相等和________相等两个原则。

AⅠ605　建立机械系统动力学模型时的动能相等原则即等效构件所具有的________等于原机械系统的________；功能相等原则即作用在等效构件上的等效力或等效力矩所产生的________等于原机械系统所有外力（力矩）所产生的____________。

AⅠ606　等效动力学模型中的等效质量 m_e、等效转动惯量 J_e 均与________有关，速度比可用任意比尺所画的____________来表示，而不必知道各个速度的________。

AⅠ607　建立等效动力学模型后，机械系统的运动方程式可写为________形式和________

形式，可根据具体情况来选用以求出所需要的运动参数。

AⅠ608 对于不同的机械系统，等效质量（等效转动惯量）是机构的________函数，而等效力（等效力矩）可能是________、________或________的函数。

AⅠ609 当机器稳定运转阶段出现周期性速度波动时，等效构件的角速度分别达到最小ω_{min}与最大值ω_{max}，构造两个新函数：$E_{1min}=(J_F\omega_{min}/2)-(J_F+J_{e0})\omega_0^2$，$E_{2max}=(J_F\omega_{max}/2)-(J_F+J_{ea})\omega_0^2$，可得飞轮转动惯量的精确表达式$\dot{J}_F=$____________。

AⅡ101 零件按无限寿命设计时，疲劳极限取疲劳曲线上的________应力水平，按有限寿命设计时，预期达到N次循环时的疲劳极限表达式为________________。

AⅡ102 公式$S=S_\sigma S_\tau/\sqrt{S_\sigma^2+S_\tau^2}$表示________应力状态下________强度的安全系数，而$S=\sigma_S/\sqrt{\sigma_{max}^2+4\tau_{max}^2}$表示________应力状态下________强度的安全系数。

AⅡ201 受变载荷而引起螺纹联接失效，大多是出现________。

AⅡ202 螺栓组联接结合面一般都设计成________对称的、________的几何形状。

AⅡ301 轴的强度计算中，安全系数校核是________强度校核，是计入________、________、________和________的精确计算。

AⅡ302 轴受大的峰值载荷，即使时间很短和出现次数很少，不足以引起疲劳失效，但却能使轴产生________，应进行________强度计算。

AⅡ401 按功能要求，机械系统的主要子系统有________系统、________系统、________系统、________系统外，还有润滑、冷却、照明等辅助系统。

AⅡ402 机械执行系统与作业对象直接接触进行工作，主要工作有________、________、________、________和________。

二、单项选择题（在括号内填入一个选定答案的英文字母代号）

B0101 构件是机械中独立的（ ）单元。
A. 制造 B. 运动 C. 分析

B0102 两构件通过（ ）接触组成的运动副称为低副。
A. 面 B. 点或线 C. 面或线

B0103 在平面内用高副联接的两构件共有（ ）自由度。
A. 3 B. 4 C. 5 D. 6

B0104 一般门与门框之间有两个铰链，这应为（ ）。
A. 复合铰链 B. 局部自由度 C. 虚约束

B0105 平面运动链成为具有确定运动的机构的条件是其自由度数等于（ ）数。
A. 1 B. 从动件 C. 原动件

B0106 循环特性$r=-1$的变应力是（ ）应力。
A. 脉动循环 B. 对称循环 C. 非对称循环

B0107 钢是含碳量（ ）的铁碳合金。
A. 低于2% B. 高于2% C. 低于5%

B0108　合金钢对应力集中的敏感比碳钢(　　)。

A. 大　　B. 小　　C. 相同

B0109　高碳钢的可焊性比低碳钢(　　)。

A. 好　　B. 差　　C. 相同

B0110　一般情况下合金钢的弹性模量比碳钢(　　)。

A. 大　　B. 小　　C. 相同

B0111　外形复杂、尺寸较大、生产批量大的机件适于采用(　　)毛坯。

A. 铸造　　B. 锻造　　C. 焊接

B0112　要求表面硬芯部软、承受冲击载荷的机件材料选择宜(　　)。

A. 高强度铸铁　　B. 低碳钢渗碳淬火　　C. 高碳钢调质

B0201　联接螺纹采用三角形螺纹是因为三角形螺纹(　　)。

A. 牙根强度高,自锁性能好　　B. 防振性好

C. 传动效率高

B0202　联接用螺纹的螺旋线头数是(　　)。

A. 2　　B. 1　　C. 3

B0203　螺旋副相对转动一转时,螺钉螺母沿轴线方向的相对位移是(　　)。

A. 一个螺距　　B. 一个导程　　C. 导程×头数

B0204　螺纹的牙形角为 α,螺纹中的摩擦角为 ρ,当量摩擦角为 ρ_v,螺纹升角为 λ,则螺纹的自锁条件为(　　)。

A. $\lambda\leqslant\alpha$　　B. $\lambda>\alpha$　　C. $\lambda\leqslant\rho_v$　　D. $\lambda>\rho_v$

B0205　用于薄壁零件的联接螺纹,应采用(　　)。

A. 三角形细牙螺纹　　B. 圆形螺纹　　C. 锯齿形螺纹

B0206　在受预紧力的紧螺栓联接中,螺栓危险截面的应力状态为(　　)。

A. 纯扭剪　　B. 简单拉伸　　C. 弯扭组合　　D. 拉扭组合

B0207　当螺纹的公称直径、牙形角及螺纹线数都相同时粗牙螺纹的自锁性比细牙的(　　)。

A. 好　　B. 差　　C. 相同　　D. 无法比较

B0208　螺栓联接的疲劳强度随被联接件刚度的增大而(　　)。

A. 提高　　B. 降低　　C. 不变

B0209　在紧螺栓联接中,螺栓所受的切应力是由(　　)产生的。

A. 横向力　　B. 拧紧力矩　　C. 螺纹力矩

B0210　在受轴向变载荷作用的紧螺栓联接中,为提高螺栓的疲劳强度,可采取的措施是(　　)。

A. 增大螺栓刚度 k_1,减小被联接件刚度 k_2　　B. 减小 k_1,增大 k_2

C. 增大 k_1 和 k_2　　D. 减小 k_1 和 k_2

B0211　在下列三种具有相同公称直径和螺距,并采用相同材料配对的螺旋副中,传动效率最高的是(　　)。

A. 单线矩形螺旋副　　B. 单线梯形螺旋副　　C. 双线矩形螺旋副

B0212　不控制预紧力时,紧螺栓联接安全系数选择与其直径有关,是因为(　　)。

A. 直径小,易过载　　B. 直径小,不易控制预紧力
C. 直径大,安全

B0213　提高螺栓联接疲劳强度的措施之一是(　　)。
A. 增大螺栓和被联接件刚度　　B. 增大螺栓刚度,减小被联接件刚度
C. 减小螺栓刚度增大被联接件刚度

B0214　(　　)键适于定心精度要求不高、载荷较大的轴、毂静联接。
A. 平键　　B. 花键　　C. 切向键

B0215　(　　)键适于定心精度要求高、传递载荷大的轴、毂动或静联接。
A. 平键　　B. 花键　　C. 切向键

B0216　(　　)键适于定心精度要求不高、载荷平稳、低速、轴向力较小的轴、毂静联接。
A. 楔键　　B. 导向平键　　C. 切向键

B0217　普通平键剖面尺寸根据(　　)来选择。
A. 传递力矩的大小　　B. 轴的直径　　C. 键的材料

B0218　(　　)键对轴削弱最大。
A. 平键　　B. 半圆键　　C. 楔键　　D. 花键

B0219　(　　)键对轴削弱最小。
A. 平键　　B. 半圆键　　C. 楔键　　D. 花键

B0220　两块平板应采用(　　)只销钉定位。
A. 1只　　B. 2只　　C. 3只

B0221　(　　)销宜用于盲孔或拆卸困难的场合。
A. 圆柱销　　B. 圆锥销
C. 带有外螺纹的圆锥销　　D. 开尾圆锥销

B0222　(　　)销宜用于冲击振动严重的场合。
A. 圆柱销　　B. 圆锥销
C. 带有外螺纹的圆锥销　　D. 开尾圆锥销

B0223　轮船甲板处要求联接件表面平滑应采用(　　)铆钉。
A. 半圆头　　B. 沉头　　C. 平截头

B0224　要求防腐蚀处宜采用(　　)铆钉。
A. 半圆头　　B. 沉头　　C. 平截头

B0225　冲击振动严重的轻金属结构件宜采用(　　)联接。
A. 铆接　　B. 焊接　　C. 过盈联接

B0301　V带传动用于(　　)传动。
A. 开口传动　　B. 交叉传动　　C. 半交叉传动

B0302　中心距已定的开口带传动,传动比增大,则小轮包角(　　)。
A. 增大　　B. 减小　　C. 不变

B0303　两轮直径已定的开口带传动,增大中心距,则小轮包角(　　)。
A. 减小　　B. 不变　　C. 增大

B0304　V带传动比平带传动允许的传动比(　　)。
A. 大　　B. 小　　C. 相同

B0305　V 带传动比平带传动效率(　　)。
A. 高　　B. 低　　C. 相同

B0306　V 带传动比平带传动允许的中心距(　　)。
A. 大　　B. 小　　C. 相同

B0307　V 带带轮材料一般选用(　　)。
A. 碳钢调质　　B. 合金钢　　C. 铸铁

B0308　当带长增加时,单根普通 V 带所能传递的功率(　　)。
A. 增大　　B. 减小　　C. 不变

B0309　当小带轮直径增加时,单根普通 V 带所能传递的功率(　　)。
A. 增大　　B. 减小　　C. 不变

80310　在带传动设计中,限制小带轮的最小直径是为了避免(　　)。
A. 带轮强度不够　　B. 传动结构太大　　C. 带轮的弯曲应力过大

B0311　带传动在工作中产生弹性滑动的原因是(　　)。
A. 预紧力不足　　B. 离心力大　　C. 带的弹性与紧边松边存在拉力差

B0312　带轮采用实心式、腹板式还是轮辐式,主要取决于(　　)。
A. 传递的功率　　B. 带轮的直径　　C. 带轮的线速度

B0313　当摩擦系数与初拉力一定时,带传动在打滑前所能传递的最大有效拉力随(　　)的增大而增大。
A. 小带轮上的包角　　B. 大带轮上的包角　　C. 带的线速度

B0314　对带的疲劳强度影响较大的应力是(　　)。
A. 紧边拉应力　　B. 离心应力　　C. 弯曲应力

B0315　V 带传动设计计算若出现带的根数过多,宜采取(　　)予以改善。
A. 减少传递的功率　　B. 增大小轮直径　　C. 减小小轮直径

B0316　在带的线速度一定时减小带的长度,对带的疲劳寿命的影响是(　　)。
A. 降低带的寿命　　B. 提高带的寿命　　C. 无影响

B0317　窄 V 带与普通 V 带相比其传动承载能力(　　)。
A. 降低　　B. 提高　　C. 相同

B0318　同步带传动是利用带上凸齿与带轮齿槽相互(　　)作用来传动的。
A. 压紧　　B. 摩擦　　C. 啮合

B0401　套筒滚子链中,滚子的作用是(　　)。
A. 缓冲吸震　　B. 提高链的承载能力　　C. 减轻套筒与轮齿间的摩擦与磨损

B0402　链条的节数宜采用(　　)。
A. 奇数　　B. 偶数　　C. 奇数的整倍数

B0403　链传动张紧的目的是(　　)。
A. 避免链条垂度过大啮合不良　　B. 增大承载能力
C. 避免打滑

B0404　小链轮所受的冲击力(　　)大链轮所受的冲击力。
A. 小于　　B. 等于　　C. 大于

B0405　链传动作用在轴和轴承上的载荷比带传动要小,主要原因是(　　)。

A. 链速较高，在传递相同功率时，圆周力小

B. 链传动是啮合传动，无需大的张紧力

C. 链传动只用来传递较小功率

B0406　在链传动中，限制链的排数是为了(　　)。

A. 避免制造困难　B. 防止各排受力不匀　C. 减轻多边形效应

B0407　限制链轮最小齿数的目的是(　　)。

A. 降低运动不均匀性　B. 限制传动比　C. 防止脱链

B0408　限制链轮最大齿数的目的是(　　)。

A. 降低运动不均匀性　B. 限制传动比　C. 防止脱链

B0409　链条由于静强度不够而被拉断的现象，多发生在(　　)情况下。

A. 高速重载　B. 低速重载　C. 高速轻载

B0410　链轮毛坯是采用铸铁还是钢来制造，主要取决于(　　)。

A. 链条的线速度　B. 传递的圆周力　C. 链轮的转速

B0411　链传动中心距过小的缺点是(　　)

A. 链条工作时易颤动，运动不平稳　B. 小链轮上包角小，链条磨损快

C. 链条易脱链

B0501　渐开线齿廓上某点的压力角是指该点所受正压力方向与该点(　　)方向线之间所夹的锐角。

A. 滑动速度　B. 相对速度　C. 绝对速度

B0502　渐开线齿廓在基圆上的压力角为(　　)。

A. 20°　B. 15°　C. 0°

B0503　渐开线标准齿轮是指 m、α、h_a^*、c^* 均为标准值，且分度圆齿厚(　　)齿槽宽的齿轮。

A. 等于　B. 大于　C. 小于

B0504　当齿轮中心距稍有改变时，(　　)保持原值不变的性质称为可分性。

A. 瞬时角速度比　B. 啮合角　C. 压力角

B0505　渐开线齿轮传动的啮合角等于(　　)圆上的压力角。

A. 基　B. 分度　C. 节

B0506　齿数大于 42，分度圆压力角 $\alpha=20°$ 的正常齿渐开线标准直齿外齿轮，其齿根圆直径(　　)基圆直径。

A. 小于　B. 大于　C. 等于

B0507　渐开线标准直齿圆柱齿轮的正确啮合条件是(　　)相等。

A. 模数　B. 分度圆压力角　C. 基圆齿距

B0508　渐开线直齿圆柱齿轮传动的重合度是实际啮合线段与(　　)的比值。

A. 分度圆齿距　B. 基圆齿距　C. 理论啮合长度

B0509　标准齿轮以标准中心距安装时，啮合角(　　)分度圆压力角。

A. 大于　B. 等于　C. 小于

B0510　渐开线直齿圆柱齿轮与齿条啮合时，其啮合角恒等于齿轮(　　)圆上的压力角。

A. 分度　B. 齿顶　C. 基

B0511　斜齿轮端面模数(　　)法面模数。

A. 小于　　B. 等于　　C. 大于

B0512 斜齿轮分度圆螺旋角为 β,齿数为 z,其当量齿数 z_v=(　　)。

A. $z/\cos\beta$　　B. $z/\cos^2\beta$　　C. $z/\cos^3\beta$

B0513 正变位齿轮的分度圆齿厚(　　)标准齿轮的分度圆齿厚。

A. 小于　　B. 等于　　C. 大于

B0514 负变位齿轮的分度圆齿距(　　)标准齿轮的分度圆齿距。

A. 小于　　B. 等于　　C. 大于

B0515 变位齿轮正传动的中心距(　　)标准中心距。

A. 小于　　B. 等于　　C. 大于

B0516 变位齿轮零传动的啮合角(　　)分度圆压力角。

A. 小于　　B. 等于　　C. 大于

B0517 变位齿轮负传动的中心距(　　)标准中心距。

A. 小于　　B. 等于　　C. 大于

B0518 变位齿轮正传动的啮合角(　　)分度圆压力角。

A. 小于　　B. 等于　　C. 大于

B0519 齿轮变位后,(　　)发生改变。

A. 基圆　　B. 分度圆　　C. 齿根圆

B0520 两轴线垂直的直齿锥齿轮传动,分度圆锥角分别为 δ_1,δ_2,则传动比 $i_{12}=n_1/n_2=$(　　)。

A. $\tan\delta_1$　　B. $\cot\delta_1$　　C. $\cos\delta_1$

B0521 标准直齿正常齿锥齿轮,大端模数为 m,齿根高 h_f=(　　)m。

A. 1　　B. 1.25　　C. 1.2

B0522 齿轮采用渗碳淬火的热处理方法,则齿轮材料只可能是(　　)。

A. 45 号钢　　B. ZG340～640　　C. 20CrMnTi

B0523 直齿圆柱齿轮传动中,当齿轮的直径一定时,减小齿轮的模数,增加齿轮的齿数,则可以(　　)。

A. 提高齿轮的弯曲强度　　B. 改善齿轮传动的平稳性

C. 提高齿面接触强度

B0524 斜齿圆柱齿轮的齿数 z 与法面模数 m_n 不变,若增大分度圆螺旋角 β,则分度圆直径 d(　　)。

A. 增大　　B. 减小　　C. 不变

B0525 一对渐开线直齿圆柱齿轮传动,当其他条件不变时,仅将齿轮传动所受的载荷增为原载荷的 m 倍,其齿面接触应力增为原应力的(　　)倍。

A. m　　B. $\sqrt{m}$　　C. m^2

B0526 直齿锥齿轮强度计算时,是以(　　)为计算依据的。

A. 大端当量直齿圆柱齿轮　　B. 齿宽中点处的当量直齿圆柱齿轮

C. 小端当量直齿圆柱齿轮

B0527 两只外圆柱斜齿轮正确啮合条件为(　　)。

A. 法面模数相等、法面压力角相等,分度圆螺旋角相等,旋向相反

B. 法面模数相等、法面压力角相等，分度圆螺旋角相等，旋向相同

C. 法面模数相等、法面压力角相等

B0528　对大批量生产、尺寸较大($D>500$mm)、形状复杂的齿轮应选择(　　)毛坯。

A. 铸造　　B. 锻造　　C. 焊接

B0529　一对渐开线直齿圆柱齿轮传动，小轮的接触应力(　　)大轮的接触应力。

A. 大于　　B. 小于　　C. 等于

B0530　受重载、冲击严重且要求尺寸小的齿轮材料应选(　　)。

A. 低碳合金钢渗碳淬火　　B. 优质钢调质

C. 高碳钢整体淬火

B0531　在一对皆为软齿面的闭式直齿圆柱齿轮传动中，精度皆为8级，在中心距和传动比、齿宽皆不变的情况下，欲提高其接触强度，最有效的措施是(　　)。

A. 增大模数　　B. 提高齿面硬度　　C. 提高精度等级

B0601　蜗杆传动两轴线(　　)。

A. 平行　　B. 相交　　C. 交错

B0602　蜗杆传动的主剖面(　　)。

A. 通过蜗杆轴线并垂直于蜗轮轴线　　B. 通过蜗轮轴线并垂直于蜗杆轴线

C. 同时通过蜗杆和蜗轮轴线

B0603　蜗杆传动比 $i_{12}=n_1/n_2$ 的范围一般是(　　)。

A. 1～8　　B. 8～80　　C. 80～120

B0604　蜗杆头数为 z_1，模数为 m，分度圆直径为 d_1，则蜗杆直径系数 $q=$(　　)。

A. d_1m　　B. d_1z_1　　C. d_1/m

B0605　蜗杆传动的效率比齿轮传动(　　)。

A. 高　　B. 低　　C. 相同

B0606　为提高蜗杆的刚度应采取的措施是(　　)。

A. 采用高强度合金钢　B. 提高蜗杆的硬度　C. 增大蜗杆直径系数 q 值

B0607　起吊重物用的手动蜗杆传动宜采用(　　)的蜗杆。

A. 单头，大升角　　B. 单头，小升角　　C. 多头，大升角

B0608　蜗杆常用的材料是(　　)。

A. 青铜　　B. 钢　　C. 铸铁

B0609　普通标准圆柱蜗杆传动，蜗杆和蜗轮齿根高为(　　)。

A. $1m$　　B. $1.25m$　　C. $1.2m$

B0610　高速重要的蜗杆传动蜗轮的材料应选用(　　)。

A. 淬火合金钢　　B. 锡青铜　　C. 铝铁青铜

B0611　变位蜗杆传动是(　　)。

A. 仅对蜗杆变位　　B. 仅对蜗轮变位　　C. 必须同时对蜗杆与蜗轮变位

B0612　蜗杆传动的传动比 $i_{12}=n_1/n_2=$(　　)。

A. d_2/d_1　　B. $d_2\tan\lambda/d_1$　　C. $d_2/(d_1\tan\lambda)$

B0613　组合结构蜗轮中齿圈与轮芯的接合面螺钉孔中心线应(　　)。

A. 正好在接合面　　B. 偏向材料较软的一侧　　C. 偏向材料较硬的一侧

B0614 选择蜗杆传动的制造精度的主要依据是(　　)。

A. 齿面滑动速度　B. 蜗杆圆周速度　C. 蜗轮圆周速度

B0615 选择蜗杆传动润滑方式和润滑剂的主要依据是(　　)。

A. 齿面滑动速度　B. 蜗杆圆周速度　C. 蜗轮圆周速度

B0616 蜗杆传动的当量摩擦角随齿面相对滑动速度的增大而(　　)。

A. 增大　B. 减小　C. 不变

B0617 在连续工作闭式蜗杆传动设计计算中,除进行强度计算外还须进行(　　)计算。

A. 刚度　B. 磨损　C. 热平衡

B0618 在垂直交错的蜗杆传动中,蜗杆分度圆柱的螺旋升角与蜗轮的分度圆螺旋角的关系是(　　)。

A. 互为余角　B. 互为补角　C. 相等

B0619 在垂直交错的蜗杆传动中,蜗杆螺旋方向与蜗轮螺旋方向的关系是(　　)。

A. 同向　B. 反向　C. 不确定

B0620 蜗杆传动中 z_1,z_2 分别为蜗杆头数与蜗轮齿数,d_1,d_2 分别为蜗杆和蜗轮分度圆直径,η 为传动效率,则蜗杆轴上所受力矩 T_1 与蜗轮轴上所受力矩 T_2 之间的关系为(　　)。

A. $T_2=T_1\eta d_2/d_1$　B. $T_2=T_1\eta z_2/z_1$　C. $\eta T_2=T_1 z_2/z_1$

B0701 行星轮系的自由度为(　　)。

A. 2　B. 1　C. 1 或 2

B0702 差动轮系的自由度为(　　)。

A. 2　B. 1　C. 1 或 2

B0703 (　　)轮系中必须有一个中心轮是固定不动的。

A. 周转　B. 行星　C. 差动

B0704 (　　)轮系中两个中心轮都是运动的。

A. 周转　B. 行星　C. 差动

B0705 (　　)轮系不能用转化轮系传动比公式求解。

A. 行星轮系　B. 差动轮系　C. 混合轮系

B0706 每个单一周转轮系具有(　　)个转臂。

A. 1　B. 2　C. 1 或 2

B0707 每个单一周转轮系中心轮的数目应为(　　)。

A. 1　B. 2　C. 1 或 2

B0708 每个单一周转轮系中,转臂与中心轮的几何轴线必须(　　)。

A. 交错　B. 重合　C. 平行

B0709 两轴之间要求多级变速传动,选用(　　)轮系合适。

A. 定轴　B. 行星　C. 差动

B0710 三轴之间要求实现运动的合成或分解,应选用(　　)轮系。

A. 定轴　B. 行星　C. 差动

B0711 转化轮系传动比 i_{GJ}^{H} 应为(　　)。

A. n_G/n_J　B. $(n_G-n_H)/(n_J-n_H)$　C. $(n_J-n_H)/(n_G-n_H)$

B0801 螺旋传动最常用的螺纹是( )。

A. 矩形螺纹 B. 梯形螺纹 C. 三角形螺纹

B0802 用于微动装置的差动螺纹应由( )两段螺纹组成。

A. 螺纹方向相同,导程相差很小 B. 螺纹方向相同,导程相差很大

C. 螺纹方向相反

B0803 车床导螺杆驱动大拖板的螺旋传动应是( )。

A. 螺母转动,螺杆移动 B. 螺杆转动,螺母移动

C. 螺母固定,螺杆转动并移动

B0804 由手柄→锥齿轮传动→螺旋传动组成的螺旋千斤顶是( )。

A. 螺母固定,螺杆转动并移动 B. 螺杆转动,螺母移动

C. 螺母转动,螺杆移动

B0805 与齿轮齿条传动相比较,螺旋传动可获得的轴向力( )。

A. 大 B. 小 C. 差不多

B0806 螺杆和螺母的材料除应具足够的强度外,还应具有较好的减摩性和耐磨性,为此应( )。

A. 选相同的材料 B. 螺母材料比螺杆材料硬

C. 螺母材料比螺杆材料软

B0901 在以曲柄为原动件的曲柄摇杆机构中,最小传动角出现在( )位置。

A. 曲柄与连杆共线 B. 曲柄与摆杆共线

C. 曲柄与机架共线

B0902 在以曲柄为原动件的曲柄滑块机构中,最小传动角出现在( )位置。

A. 曲柄与连杆共线 B. 曲柄与滑块导路垂直

C. 曲柄与滑块导路平行

B0903 曲柄摇杆机构中,摇杆的极限位置出现在( )位置。

A. 曲柄与连杆共线 B. 曲柄与摇杆共线

C. 曲柄与机架共线

B0904 在以摇杆为原动件的曲柄摇杆机构中,死点出现在( )位置。

A. 曲柄与机架共线 B. 曲柄与摇杆共线

C. 曲柄与连杆共线

B0905 平面四杆机构中,是否存在死点,取决于( )是否与连杆共线。

A. 主动件 B. 从动件 C. 机架

B0906 在曲柄摇杆机构中,若要增大摇杆摆角,应( )长度。

A. 增大曲柄 B. 增大连杆 C. 减小连杆

B0907 对心曲柄滑块机构的行程速比系数一定( )。

A. 大于1 B. 小于1 C. 等于1

B0908 双曲柄机构中用原机架对面的构件作为机架后( )得到双摇杆机构。

A. 不能 B. 一定能 C. 不一定能

B0909 双摇杆机构中用原机架对面的构件作为机架后( )得到双曲柄机构。

A. 不能 B. 一定能 C. 不一定能

B0910 曲柄摇杆机构中用原机架对面的构件作为机架后( )得到曲柄摇杆机构。
A. 不能 B. 一定能 C. 不一定能

B0911 铰链四杆机构中,最短杆与最长杆之长度和大于其余两杆长度之和则一定是( )机构。
A. 曲柄摇杆 B. 双曲柄 C. 双摇杆

B0912 一个行程速比系数 K 大于 1 的铰链四杆机构与 $K=1$ 的对心曲柄滑块机构串联组合,该串联组合而成的机构的行程速比系数 K( )。
A. 大于 1 B. 等于 1 C. 小于 1

B1001 与螺旋机构相比,凸轮机构最大的优点是( )。
A. 制造方便 B. 可实现各种预期的运动规律
C. 便于润滑

B1002 与连杆机构相比,凸轮机构最大的缺点是( )。
A. 点、线接触,易磨损 B. 惯性力难以平衡
C. 设计较为复杂

B1003 减小基圆半径,直动从动件盘形回转凸轮机构的压力角( )。
A. 增大 B. 减小 C. 不变

B1004 减小基圆半径,凸轮廓线曲率半径( )。
A. 增大 B. 减小 C. 不变

B1005 增大滚子半径,滚子从动件盘形回转凸轮实际廓线外凸部分的曲率半径( )。
A. 增大 B. 减小 C. 不变

B1006 下述凸轮机构从动件常用运动规律中,存在刚性冲击的是( )。
A. 等速 B. 等加速等减速 C. 简谐

B1007 对于直动从动件盘形回转凸轮机构,在其他条件相同的情况下,偏置直动从动件与对心直动从动件相比,两者在推程段最大压力角的关系为( )。
A. 偏置比对心大 B. 偏置比对心小 C. 不一定

B1008 凸轮机构滚子半径 r_T 必须( )外凸理论廓线的最小曲率半径。
A. 大于 B. 小于 C. 等于

B1009 ( )有限值的突变引起的冲击为刚性冲击。
A. 位移 B. 速度 C. 加速度

B1010 ( )有限值的突变引起的冲击为柔性冲击。
A. 位移 B. 速度 C. 加速度

B1101 在单向间歇运动机构中,棘轮机构常用于( )的场合。
A. 低速轻载 B. 高速轻载 C. 高速重载

B1102 在单向间歇运动机构中,( )的间歇回转角可以在较大的范围内调节。
A. 棘轮机构 B. 槽轮机构 C. 不完全齿轮机构

B1103 在单向间歇运动机构中,( )可以获得不同转向的间歇运动。
A. 槽轮机构 B. 棘轮机构 C. 不完全齿轮机构

B1104 在单向间歇运动机构中,既可避免柔性冲击,又可避免刚性冲击的是( )。
A. 棘轮机构 B. 槽轮机构 C. 不完全齿轮机构

B1105　设计棘轮机构时，齿面的偏角 φ 与齿与爪间的摩擦角 ρ 的关系为(　　)。

A. $\varphi<\rho$　　B. $\varphi=\rho$　　C. $\varphi>\rho$

B1106　设计棘轮机构时，为使棘爪受力最小，应使棘轮齿顶和棘爪的摆动中心的连线与该齿尖的半径线交角为(　　)。

A. 90°　　B. 180°　　C. 45°

B1107　槽数为 z 的单销槽轮机构的运动系数为(　　)。

A. $2z/(z-2)$　　B. $(z-2)/(2z)$　　C. $2z/(z+2)$

B1108　单销槽轮机构的运动系数(　　)。

A. 小于 0.5　　B. 大于 0.5　　C. 等于 0.5

B1109　单销槽轮机构槽轮的槽数应(　　)。

A. 小于 3　　B. 大于 3　　C. 不少于 3

B1110　不完全齿轮机构安装瞬心线附加杆的目的在于(　　)。

A. 提高齿轮啮合的重合度　　B. 提高运动的平稳性

C. 改变瞬心位置

B1201　工作时只承受弯矩，不传递转矩的轴称为(　　)。

A. 心轴　　B. 传动轴　　C. 转轴

B1202　工作时只传递转矩，不承受弯矩或弯矩很小的轴称为(　　)。

A. 心轴　　B. 传动轴　　C. 转轴

B1203　工作时既承受弯矩，又传递转矩的轴称为(　　)。

A. 心轴　　B. 传动轴　　C. 转轴

B1204　一般两级圆柱齿轮减速器的中间轴是(　　)。

A. 心轴　　B. 传动轴　　C. 转轴

B1205　在下述材料中不宜用作制造轴的材料的是(　　)。

A. 45 号钢　　B. HT150　　C. 40Cr

B1206　经调质处理的 45 号钢制轴，验算刚度时发现不足，合理的改进方法是(　　)。

A. 改用合金钢　　B. 改变热处理方法　　C. 加大直径

B1207　为使轴上零件能靠紧轴肩定位面，轴肩根部的圆弧半径应(　　)该零件轮毂孔的倒角或圆角半径。

A. 大于　　B. 小于　　C. 等于

B1208　当采用套筒、螺母或轴端挡圈作轴上零件轴向定位时，为了使套筒、螺母或轴端挡圈能紧靠该零件的定位面，与该零件相配的轴头长度应(　　)零件轮毂的宽度。

A. 大于　　B. 等于　　C. 小于

B1209　为便于拆卸滚动轴承，与其定位的轴肩高度应(　　)滚动轴承内圈厚度。

A. 大于　　B. 等于　　C. 小于

B1210　采用(　　)的措施不能有效地提高用优质碳钢经调质处理制造的轴的刚度。

A. 改用高强度合金钢　　B. 改变轴的直径

C. 改变轴的支承位置

B1211　轴所受的载荷类型与载荷所产生的应力类型(　　)。

A. 相同　　B. 不相同　　C. 可能相同也可能不同

B1212　按弯矩、扭矩合成计算轴的当量弯矩时，要引入系数 α，这是考虑(　　)。

A. 正应力与切应力方向不同　　B. 正应力与切应力的循环特性不同

C. 键槽对轴的强度削弱

B1213　单向转动的轴，受不变的载荷，其所受弯曲应力的性质为(　　)。

A. 静应力　　B. 脉动循环应力　　C. 对称循环应力

B1214　对于一般单向转动的转轴，其扭切应力的性质通常按(　　)处理。

A. 静应力　　B. 脉动循环应力　　C. 对称循环应力

B1215　设计减速器中的轴，其一般步骤为(　　)。

A. 按转矩初估轴径，再进行轴的结构设计，后用弯扭合成当量弯矩校核或精确校核安全系数

B. 按弯曲应力初估轴径，再进行轴的结构设计，后用转矩和安全系数校核

C. 按安全系数定出轴径和长度，后用转矩和弯曲应力校核

B1216　当轴系不受轴向力作用，该轴系相对机架(　　)轴向定位。

A. 无需　　B. 只需一端　　C. 两端均需

B1301　非液体摩擦滑动轴承，验算 $pv \leqslant [pv]$ 是为了防止轴承(　　)。

A. 过度磨损　　B. 发生疲劳点蚀　　C. 过热产生胶合

B1302　非液体摩擦滑动轴承，验算 $p \leqslant [p]$ 是为了防止轴承(　　)。

A. 过度磨损　　B. 发生疲劳点蚀　　C. 过热产生胶合

B1303　在下列滑动轴承材料中，(　　)通常只用作双金属轴瓦的表层材料。

A. 铸铁　　B. 铸造锡青铜　　C. 轴承合金

B1304　滑动轴承轴瓦上的油沟不应开在(　　)。

A. 油膜承载区内　　B. 油膜非承载区内　　C. 轴瓦剖分面上

B1305　液体摩擦动压向心轴承偏心距 e 随(　　)而增大。

A. 轴颈转速的增加或载荷增大　　B. 轴颈转速的减少或载荷增大

C. 轴颈转速的减少或载荷减少

B1306　在(　　)情况下，滑动轴承润滑油的粘度不应选得较高。

A. 重载　　B. 工作温度高　　C. 高速

B1307　设计液体动压向心滑动轴承时，若其他条件不变，增大相对间隙，则其最小的油膜厚度将(　　)。

A. 减小　　B. 增大　　C. 不变

B1308　设计液体动压向心滑动轴承时，若其他条件不变，增大相对间隙，则其承载能力将(　　)。

A. 减小　　B. 增大　　C. 不变

B1309　设计液体动压向心滑动轴承时，若其他条件不变，增大润滑油的粘度，则其最小油膜厚度将(　　)。

A. 减小　　B. 增大　　C. 不变

B1310　若其他条件不变，液体动压向心滑动轴承载荷增大，则其最小油膜厚度将(　　)。

A. 减小　　B. 增大　　C. 不变

B1311　若其他条件不变，液体动压向心滑动轴承速度减小，则其最小油膜厚度将(　　)。

A. 减小　B. 增大　C. 不变

B1312 温度升高时,润滑油的粘度随之(　　)。

A. 升高　B. 降低　C. 保持不变

B1313 液体动压向心滑动轴承在工作中,其轴颈与轴瓦不直接接触(　　)选择恰当的轴承材料。

A. 故不需要　B. 故不一定需要　C. 但仍需要

B1314 在液体动压向心滑动轴承中,相对间隙 ψ 是(　　)与公称直径之比。

A. 直径间隙 $\Delta=D-d$　B. 半径间隙 $\delta=R-r$

C. 偏心距 e

B1315 向心滑动轴承载荷不变,宽径比不变,若直径增大1倍,则轴承的平均压强 p 变为原来的(　　)倍。

A. 1/2　B. 1/4　C. 2

B1316 向心滑动轴承,载荷及转速不变,宽径比不变,若直径增大1倍,则轴承的平均压强 p 与圆周速度 v 的乘积 pv 值为原来的(　　)倍。

A. 1/2　B. 1/4　C. 2

B1317 设计液体动压向心滑动轴承时,若发现最小油膜厚度 h_{min} 不够大,在以下改进措施中(　　)最为有效。

A. 减少相对间隙 ψ　B. 减少轴承的宽径比 B/d

C. 增大偏心率 χ

B1318 在滑动轴承中,随着油压、轴颈直径和直径间隙的增加,润滑油的端泄量将(　　)。

A. 增加　B. 减少　C. 保持不变

B1319 滑动轴承中,一般端泄量越大,温升将(　　)。

A. 越大　B. 越小　C. 保持不变

B1320 当增大滑动轴承的宽度时,轴承温升将(　　)。

A. 增加　B. 减少　C. 保持不变

B1401 (　　)是只能承受径向力的轴承。

A. 深沟球轴承　B. 圆柱滚子轴承　C. 角接触球轴承

B1402 (　　)是只能承受轴向力的轴承。

A. 深沟球轴承　B. 圆锥滚子轴承　C. 推力球轴承

B1403 (　　)是不能同时承受径向力和轴向力的轴承。

A. 深沟球轴承　B. 圆锥滚子轴承　C. 圆柱滚子轴承

B1404 极限转速最高的轴承是(　　)。

A. 深沟球轴承　B. 圆锥滚子轴承　C. 圆柱滚子轴承

B1405 不允许角偏差的轴承是(　　)。

A. 深沟球轴承　B. 滚针轴承　C. 圆柱滚子轴承

B1406 跨距较大,承受较大径向力,轴的弯曲刚度较低时应选(　　)。

A. 深沟球轴承　B. 圆柱滚子轴承　C. 调心球轴承

B1407 滚动轴承的基本额定寿命是指一批同型号的轴承,在相同的条件下运转,其中(　　)的轴承所能达到的寿命。

A. 90%　　B. 95%　　C. 99%

B1408　角接触滚动轴承承受轴向载荷的能力随接触角 α 的增大而(　　)。

A. 增大　　B. 减小　　C. 增大或减小视轴承型号而定

B1409　调心滚子轴承的滚动体形状是(　　)。

A. 圆柱滚子　　B. 滚针　　C. 鼓形滚子

B1410　圆锥滚子轴承的(　　)与内圈可以分离,故便于安装和拆卸。

A. 保持架　　B. 外圈　　C. 滚动体

B1411　(　　)必须成对使用。

A. 深沟球轴承　　B. 圆柱滚子轴承　　C. 圆锥滚子轴承

B1412　某一滚动轴承,当所受当量动载荷增加时,其基本额定动载荷(　　)。

A. 增加　　B. 不变　　C. 减小

B1413　某轴用一对角接触球轴承反向安装,若轴上的轴向外载荷为零,则该两轴承的(　　)一定相等。

A. 内部轴向力　　B. 径向力　　C. 轴向力

B1414　其他条件不变,若将作用在球轴承上的当量动载荷增加 1 倍,则该轴承的基本额定寿命将降至原来的(　　)。

A. 1/8　　B. 1/4　　C. 1/2

B1415　其他条件不变,若滚动轴承的转速增加 1 倍(但不超过其极限转速),则该轴承的基本额定寿命降至原来的(　　)。

A. 1/8　　B. 1/4　　C. 1/2

B1416　代号相同的两只滚动轴承、使用条件相同时其寿命(　　)。

A. 相同　　B. 不同　　C. 不一定

B1417　滚动轴承寿命计算公式中滚子轴承的寿命指数 ε 为(　　)。

A. 3　　B. 10/3　　C. 1/3

B1418　角接触轴承因承受径向载荷而产生派生轴向力,其方向为(　　)。

A. 外界轴向力分向　　B. 使滚动体自外圈分离的方向

C. 使滚动体向外圈趋近的方向

B1419　滚动轴承中保持架的作用是(　　)。

A. 保持滚动体受力均匀　　B. 保持在离心力作用下,滚动体不会飞出

C. 将滚动体均匀地隔开

B1420　推力球轴承适用于(　　)场合。

A. 径向力小,轴向力大,转速较低　　B. 不受径向力,轴向力大,转速较低

C. 不受径向力,轴向力大,转速高

B1501　联轴器和离合器的主要作用是(　　)。

A. 传递运动和转矩　　B. 防止机器发生过载　　C. 缓冲减振

B1502　载荷变化不大,转速较低,两轴较难对中,宜选(　　)。

A. 刚性固定式联轴器　　B. 刚性可移式联轴器　　C. 弹性联轴器

B1503　在载荷具有冲击、振动,且轴的转速较高、刚度较小时,一般选用(　　)。

A. 刚性可移式联轴器　　B. 弹性联轴器
C. 安全联轴器

B1504 对低速、刚性大、对中心好的短轴，一般选用(　　)。
A. 刚性可移式联轴器　　B. 弹性联轴器
C. 刚性固定式联轴器

B1505 下述联轴器中的传递载荷较大的是(　　)。
A. 滑块联轴器　　B. 齿轮式联轴器　　C. 万向联轴器

B1506 下述离合器中接合最不平稳的是(　　)。
A. 牙嵌离合器　　B. 圆盘摩擦离合器　　C. 安全离合器

B1507 两轴线交角为 α 的单万向联轴器，主动轴以 ω_1，等角速回转，从动轴角速度 ω_2 的波动范围是(　　)。
A. $\omega_1/\sin\alpha \sim \omega_1\sin\alpha$　　B. $\omega_1/\tan\alpha \sim \omega_1\tan\alpha$　　C. $\omega_1/\cos\alpha \sim \omega_1\cos\alpha$

B1508 下述离合器中能保证被联接轴同步转动的是(　　)。
A. 牙嵌离合器　　B. 圆盘摩擦离合器　　C. 离心离合器

B1509 下述离合器的牙型中能便于接合和分离且能自动补偿牙的磨损和牙侧间隙，反向时不会产生冲击的是(　　)。
A. 矩形　　B. 梯形　　C. 锯齿形

B1510 自动离合器能根据机器(　　)的改变自动完成接合和分离。
A. 运转参数　　B. 几何尺寸　　C. 材料

B1601 圆柱螺旋弹簧簧丝直径为 d，弹簧中径为 D_2，弹簧外径为 D，弹簧内径为 D_1，则弹簧指数 C(旋绕比)=(　　)。
A. D/d　　B. D_2/d　　C. D_1/d

B1602 圆柱螺旋弹簧在自由状态下的弹簧节距为 t，弹簧外径为 D，弹簧中径为 D_2，则弹簧螺旋升角 α=(　　)。
A. $\arccos\dfrac{t}{\pi D_2}$　　B. $\arctan\dfrac{t}{\pi D_2}$　　C. $\arcsin\dfrac{\mathrm{t}}{\pi D}$

B1603 圆柱压缩螺旋弹簧簧丝应力为(　　)。
A. 压应力　　B. 切应力　　C. 压应力与切应力的复合应力

B1604 圆柱压缩螺旋弹簧的最大切应力 $\tau_{\max}$ 发生在簧丝的(　　)。
A. 内侧　　B. 中心　　C. 外侧

B1605 其他条件不变，当簧丝直径增加时，圆柱压缩螺旋弹簧的最大切应力 $\tau_{\max}$(　　)。
A. 增大　　B. 减小　　C. 不变

B1606 其他条件不变，当弹簧的旋绕比增加时，圆柱压缩螺旋弹簧的最大切应力 $\tau_{\max}$(　　)。
A. 增大　　B. 减小　　C. 不变

B1607 在一般情况下，圆柱拉伸和压缩螺旋弹簧的刚度与(　　)无关。
A. 簧丝直径　　B. 旋绕比　　C. 圈数　　D. 作用载荷

B1608 旋绕比 C 或工作圈数减小，都会使圆柱拉伸和压缩螺旋弹簧的刚度增大，而旋绕比对刚度的影响比工作圈数对刚度的影响(　　)。

A. 更大　B. 更小　C. 相同　D. 不一定

B1609　圆柱扭转螺旋弹簧簧丝所受应力为(　　)。

A. 扭剪应力　B. 弯曲应力　C. 扭剪与弯曲复合应力

B1610　对圆柱压缩螺旋弹簧进行稳定性验算,其验算指标为(　　)。

A. 有效工作圈数　B. 弹簧的自由高度

C. 自由高度和弹簧中径之比　D. 有效工作圈数与自由高度之比

B1701　机械在盈功阶段运转速度(　　)。

A. 增大　B. 不变　C. 减小

B1702　机械在亏功阶段运转速度(　　)。

A. 增大　B. 不变　C. 减小

B1703　在周期性速度波动中,一个周期内机械的盈亏功累积值(　　)

A. 大于0　B. 小于0　C. 等于0

B1704　调节机械的周期性速度波动采用(　　)。

A. 弹簧　B. 调速器　C. 飞轮

B1705　调节机械的非周期性速度波动必须用(　　)。

A. 弹簧　B. 调速器　C. 飞轮

B1706　机械运转出现周期性速度波动的原因是(　　)。

A. 驱动力作功与阻力作功不能每瞬时相等　B. 机械设计不合理

C. 机械制造精度低

B1707　机械安装飞轮后,原动机的功率可比未安装飞轮时(　　)。

A. 大　B. 小

C. 一样　D. B、C的可能性都存在

B1708　使用飞轮可以(　　)机械的周期性速度波动。

A. 消除　B. 减轻　C. 消除或减轻

B1709　机械周期性速度波动最大盈亏功 A_{max}(　　)相邻速度波动转折点间最大的盈功或亏功。

A. 是　B. 不是　C. 不一定是

B1710　机械周期性速度波动计算飞轮转动惯量时,最大盈亏功 A_{max} 为一个周期内(　　)。

A. 最大盈功与最大亏功的代数和　B. 最大盈功与最大亏功的代数差

C. 各段盈亏功的代数和

B1801　若分布于回转件上的各个质量的离心惯性力的向量和为零,该回转件是(　　)回转件。

A. 静平衡　B. 动平衡　C. 静平衡但动不平衡

B1802　回转件动平衡的条件是(　　)

A. 各质量离心惯性力向量和为零

B. 各质量离心惯性力偶矩向量和为零

C. 各质量离心惯性力向量和与离心惯性力偶矩向量和均为零

B1803　达到静平衡的回转件(　　)是动平衡的。

A. 一定　B. 一定不　C. 不一定

B1804　回转件动平衡必须在(　　)校正平面施加平衡质量。

A 一个　　B. 两个　　C 一个或两个

BⅠ101　空间机构由 4 个构件、1 个低副、2 个Ⅲ级副组成，其自由度 $F=$________。

A. 14　　B. 8　　C. 1

BⅠ102　Ⅱ级空间副的自由度数为________。

A. 4　　B. 2　　C. 1

BⅠ103　某空间机构中含有平面低副和平面高副，应分别按________级来计算机构的自由度。

A. Ⅰ和Ⅱ　　B. Ⅱ和Ⅰ　　C. Ⅳ和Ⅴ　　D. Ⅴ和Ⅳ

BⅠ201　基本杆组的自由度应为________。

A. 2　　B. 1　　C. 0

BⅠ202　高副低代中的虚拟构件及其运动副的自由度应为________。

A. －1　　B. ＋1　　C. 0

BⅠ203　具有 4 个构件和 6 个低副、且其中具有 3 个内运动副组成闭廓的杆组称为________级组。

A. Ⅳ　　B. Ⅲ　　C. Ⅱ　　D. Ⅰ

BⅠ204　渐开线齿轮机构的高副低代机构是一铰链四杆机构，在齿轮传动过程中，该四杆机构的________。

A. 两连杆的长度是变化的　　B. 连杆长度是变化的

C. 所有杆件长度均变化　　D. 所有杆件长度均不变

BⅠ205　拆分杆组，含有 4 杆、6 低副的运动链，可判断其级别为________级机构。

A. Ⅱ　　B. Ⅲ　　C. 不确定

BⅠ301　做连续往复移动的构件，在行程的两端极限位置处，其运动状态是________。

A. $v=0, a=0$　　B. $v=0, a\neq 0$　　D. $v\neq 0, a\neq 0$

BⅠ302　机构两构件存在哥氏加速度的条件是________。

A. 构成回转副　　B. 构成移动副

C. 构成高副　　D. 具有共同转动并构成移动副

BⅠ303　哥氏加速度 $\boldsymbol{a}^{K}_{B_3B_2}$ 的方向是相对速度________。

A. $v_{B_3B_2}$ 沿 ω 方向转成 90°　　B. $v_{B_2B_3}$ 沿 ω 转 90°

C. $v_{B_3B_2}$ 反 ω 方向转 90°　　D. $v_{B_2B_3}$ 反 ω 方向转 90°

BⅠ304　平面机构运动分析中的速度影像(加速度影像)适用于________。

A. 整个机械　　B. 同一构件　　D. 不同构件

BⅠ401　在由若干机器串联组成的机组中，若这些机器的单机效率均不相同，其中最高效率和最低效率分别为 η_{max} 和 η_{min}，则机组总效率 η 为________。

A. $\eta<\eta_{min}$　　B. $\eta\geqslant\eta_{max}$　　C. $\eta_{min}\leqslant\eta\leqslant\eta_{max}$　　D. $\eta_{min}<\eta<\eta_{max}$

BⅠ402　反行程自锁的机构，其正行程效率________，反行程效率________。

A. $\eta>1$　　B. $\eta=1$　　C. $0<\eta<1$　　$\eta\leqslant 0$

BⅠ403　在其他条件相同的情况下，矩形螺纹的螺旋与三角形螺纹的螺旋相比，前者________。

A. 效率较高，自锁性也较好　　B. 效率较低，但自锁性较好
C. 效率较高，但自锁性较差　　D. 效率较低，自锁性也较差

BⅠ404　机构静力分析适用于________机械，机构动态静力分析适用于________机械。
A. 高速重型　B. 低速轻型

BⅠ405　回转副中的轴颈所受总反力切于________圆，方向与轴颈回转方向________。
A. 轴颈　B. 摩擦　C. 相同　D. 相反

BⅠ501　2K-H行星齿轮传动，已知 $i_{1H}=6$，行星轮的个数 $k=4$，均布，各轮均为模数相同的标准齿轮，该传动满足装配条件 $(z_1+z_3)/k=q$，且 $q=30$，则各轮的齿数 z_1、z_2、z_3 分别为
A. 20、40、100　B. 19、38、95

BⅠ502　2K-H行星轮系的配齿公式 $z_1:z_2:z_3:q=z_1:z_1(i_{1H}-2)/2:z_1(i_{1H}-1):z_1 i_{1H}/k$ 适用于________齿轮传动。
A. 高度变位　B. 角度变位　C. 正常齿标准

BⅠ601　机械系统的真实运动规律取决于机械系统的________。
A. 原动件速度　B. 原动件加速度　C. 外力(外力矩)　D. 各构件质量和转动惯量

BⅠ602　等效质量(等效转动惯量)是机构________的函数。
A. 位置　B. 速度　C. 加速度

BⅠ603　等效质量与等效转动惯量均与机构的________有关。
A. 运动　B. 速度比　C. 受力

BⅠ604　只有当________为常数时等效转动惯量(或等效质量)才是常数。
A. 各构件的速度　　B. 等效构件的速度
C. 各构件的速度与等效构件的速度之比

BⅡ101　某钢制零件材料的对称循环弯曲疲劳限 $\sigma_{-1}=300\text{MPa}$，疲劳曲线指数 $m=9$，应力循环基数 $N=10^5$ 次时，则按有限寿命计算，对于 N 的疲劳极限 σ_{-1N} 为________MPa。
A. 300　B. 428　C. 500.4　D. 430.5

BⅡ102　由试验知，有效应力集中、绝对尺寸和表面状态只对________有影响。
A. 应力幅　B. 平均应力　C. 应力幅和平均应力

BⅡ201　在受轴向变载荷作用的紧螺栓联接中，为提高螺栓的疲劳强度，可采取的措施是________。
A. 增大螺栓刚度 k_1 减小被联接件刚度 k_2　B. 减小 k_1，增大 k_2
C. 增大 k_1 和 k_2　　D. 减小 k_1 和 k_2

BⅡ202　一紧螺栓联接的螺栓受到轴向变载荷 F 作用，已知 $F_{\min}=0$，$F_{\max}=F$，螺栓的危险截面面积为 A_c，螺栓的相对刚度为 K_c(即 $k_1/(k_1+k_2)$)，则螺栓的应力幅 σ_a 为________。
A. $\sigma_a=(1-K_c)F/A_c$　　B. $\sigma_a=K_cF/A_c$
C. $\sigma_a=K_cF/(2A_c)$　　D. $\sigma_a=(1-K_c)F/(2A_c)$

BⅡ301　转轴的精确校核是校核其危险截面的计算安全系数，其危险截面的位置取决

于________。
A. 轴的弯矩图和扭矩图　　B. 轴的弯矩图和轴的结构
C. 轴的扭矩图和轴的结构　　D. 轴的弯矩图、扭矩图和轴的结构

BⅡ401 机械系统总体方案设计不需完成的是________。
A. 方案示意图和运动简图　　B. 运动循环图
C. 零件工作图　　D. 方案设计说明书

BⅡ402 机械系统总体方案设计中，一般是先初定________。
A. 空间布局　　B. 总体参数
C. 执行系统方案设计　　D. 方案优选与评价

三、判断题（正确的在括号内填“√”，错误的填“×”）

C0101 构件是机械中独立制造单元。（　　）
C0102 两构件通过点或线接触组成的运动副为低副。（　　）
C0103 常见的平面运动副有回转副、移动副和滚滑副。（　　）
C0104 运动副是两构件之间具有相对运动的联接。（　　）
C0105 两构件用平面高副联接时相对约束为 1。（　　）
00106 两构件用平面低副联接时相对自由度为 1。（　　）
C0107 机械运动简图是用来表示机械结构的简单图形。（　　）
C0108 将构件用运动副联接成具有确定运动的机构的条件是自由度数为 1。（　　）
C0109 由于虚约束在计算机构自由度时应将其去掉，故设计机构时应尽量避免出现虚约束。（　　）
C0110 有四个构件汇交，并有回转副存在则必定存在复合铰链。（　　）
C0111 在同一个机构中，计算自由度时机架只有 1 个。（　　）
C0112 在一个确定运动的机构中原动件只能有 1 个。（　　）
C0113 刚度是指机件受载时抵抗塑性变形的能力。（　　）
C0114 机件刚度准则可表述为弹性变形量不超过许用变形量。（　　）
C0115 碳钢随着含碳量的增加，其可焊性越来越好。（　　）
C0116 采用国家标准的机械零件的优点是可以外购，无需设计制造。（　　）
C0117 钢制机件采用热处理办法来提高其刚度非常有效。（　　）
C0118 使机件具有良好的工艺性，应合理选择毛坯，结构简单合理、规定适当的制造精度和表面粗糙度。（　　）
C0201 在机械制造中广泛采用的是右旋螺纹。（　　）
C0202 三角形螺纹比梯形螺纹效率高、自锁性差。（　　）
C0203 普通细牙螺纹比粗牙螺纹效率高、自锁性差。（　　）
C0204 受相同横向工作载荷的联接采用铰制孔用螺栓联接通常直径比采用普通紧螺栓联接可小一些。（　　）
C0205 铰制孔用螺栓联接的尺寸精度要求较高，不适合用于受轴向工作载荷的螺栓联接。（　　）

C0206 双头螺柱联接不适用于被联接件厚度大、且需经常装拆的联接。（ ）

C0207 螺纹联接需要防松是因为联接螺纹不符合自锁条件 $\lambda \leqslant \rho_v$。（ ）

C0208 松螺栓联接只宜承受静载荷。（ ）

C0209 受静载拉伸螺栓的损坏多为螺纹部分的塑性变形和断裂，受变载拉伸螺栓的损坏多为栓杆部分有应力集中处的疲劳断裂。（ ）

C0210 紧螺栓联接在按拉伸强度计算时，将拉伸载荷增加到原来的 1.3 倍，这是考虑螺纹应力集中的影响。（ ）

C0211 螺栓强度等级为 6.8 级，则该螺栓材料的最小屈服极限近似为 680 MPa。（ ）

C0212 使用开口销和单耳止动垫片等元件进行防松时具有能在任意角度上防松的优点。（ ）

C0213 受轴向工作载荷的紧螺栓联接残余预紧力必须大于零。（ ）

C0214 控制预紧力的紧螺栓联接许用拉应力[σ]比不控制预紧力的要低。（ ）

C0215 平键是利用键的侧面来传递载荷的，定心性能较楔键好。（ ）

C0216 导向平键是利用键的上面与轮毂之间的动配合关系进行导向的。（ ）

C0217 楔键在安装时要楔紧，故定心性能好。（ ）

C0218 平键的剖面尺寸是按轴的直径选择的，如强度校核发现不行，则应加大轴的直径以便加大键的剖面尺寸。（ ）

C0219 渐开线花键的键齿是渐开线齿形，靠内外齿的啮合传动进行工作。（ ）

C0220 矩形花键联接的定心方式有按小径、齿宽和大径等三种，目前国家标准规定为小径定心。（ ）

C0221 同一键联接采用两个平键时应 180°布置，采用两个楔键时应 120°布置。（ ）

C0222 销联接只能用于固定联接件间的相对位置，不能用来传递载荷。（ ）

C0223 对接焊缝用来联接同一平面内的焊件，填角焊缝主要用来联接不同平面上的焊件。（ ）

C0224 铁碳合金焊接件随含碳量增加可焊性也增加。（ ）

C0225 铆钉材料须有高的塑性和不可淬性。（ ）

C0226 铆钉联接件承受横向载荷，靠铆钉与孔壁接触挤压阻止联接件相对滑移。（ ）

C0227 粘接接头的设计应尽量使胶层受剪，避免受到扯离或剥离。（ ）

C0228 采用过盈联接的轴和毂，即使载荷很大或有严重冲击也不可与键配合使用。（ ）

C0301 带传动由于工作中存在打滑，造成转速比不能保持准确。（ ）

C0302 带传动不能用于易燃易爆的场合。（ ）

C0303 V 带传动的效率比平带传动高。（ ）

C0304 强力层线绳结构的 V 带比帘布结构的柔软。（ ）

C0305 与普通 V 带相配的 V 带轮轮槽楔角 φ 定为 40°。（ ）

C0306 普通 V 带传动调整张紧力应改缝带长或采用金属接头。（ ）

C0307 V 带传动比平带传动允许较大的传动比和较小的中心距，原因是其无接头。（ ）

C0308 一般带传动包角越大其所能传递的功率就越大。（ ）

C0309 由于带工作时存在弹性滑动,从动带轮的实际圆周速度小于主动带轮的圆周速度。 ( )

C0310 增加带的预紧力,可以避免带传动工作时弹性滑动。 ( )

C0311 水平放置的带传动其紧边应设置在上边。 ( )

C0312 带传动是摩擦传动,打滑是可以避免的。 ( )

C0313 在带的线速度一定时,增加带的长度可以提高带的疲劳寿命。 ( )

C0314 普通 V 带是外购件,具有固定长度系列,因而 V 带只能用于一定系列的中心距间传动。 ( )

C0315 同步带传动与普通 V 带传动相比主要优点是传动比准确且允许具有高的带速。 ( )

C0316 多楔带是平带和 V 带的组合结构,其楔形部分嵌入带轮的楔形槽内,靠楔面摩擦工作,且多楔带是无端的。 ( )

C0317 带绕过带轮时产生离心力,故带上由离心力引起的拉应力不是全带长分布而是在包角所对的区段内。 ( )

C0318 带的离心应力取决于单位长度的带质量、带的线速度和带的截面积三个因素。 ( )

C0401 链传动为啮合传动,和齿轮传动一样,理论上瞬时角速度之比为常数。 ( )

C0402 大链轮的转动半径较大,所受的冲击就一定比小链轮大。 ( )

C0403 链传动平均转速比恒定,瞬时角速度比波动。 ( )

C0404 一般链条的节数应为偶数,为便于磨合、减小磨损,链轮齿数也应为偶数。 ( )

C0405 链轮的齿数越大,链条磨损后节距增量就越小,越不易发生跳齿和脱链现象。 ( )

C0406 在一定转速下,要减轻链传动不均匀和动载荷,应减小链条节距,增大链轮齿数。 ( )

C0407 在链节距和小链轮齿数一定时,为了限制链传动的动载荷应限制小链轮的转速。 ( )

C0408 链条销轴与套筒间的磨损,导致链条节距减小。 ( )

C0409 链传动在工作中,链板受到的应力属于非对称循环变应力。 ( )

C0501 为保证齿轮传动瞬时角速度比 ω_1/ω_2 恒定,齿廓曲线必须采用渐开线。 ( )

C0502 齿廓啮合的基本定律是两齿轮齿廓过任意接触点的公法线必通过连心线上一个定点。 ( )

C0503 渐开线的形状决定于基圆的大小。 ( )

C0504 基圆越小,渐开线越弯曲。 ( )

C0505 渐开线直齿圆柱齿轮传动可看成其一对分度圆纯滚动。 ( )

C0506 渐开线齿轮传动啮合角等于分度圆压力角。 ( )

C0507 正常齿渐开线标准直齿外齿轮齿根圆有可能大于基圆。 ( )

C0508 斜齿圆柱齿轮的标准模数和压力角在法面上。 ( )

C0509 斜齿圆柱齿轮法面模数 m_n,分度圆螺旋角 β,齿数 z,则分度圆直径 $d=m_nz\cos\beta$。 ( )

C0510　斜齿圆柱齿轮分度圆螺旋角 β，其法面压力角 α_n 和端面压力角 α_t 的关系为 $\tan\alpha_n = \tan\alpha_t\cos\beta$。（　）

C0511　斜齿圆柱齿轮传动的重合度大于相同端面模数的直齿圆柱齿轮的重合度。（　）

C0512　斜齿圆柱齿轮不根切的最少齿数小于直齿圆柱齿轮的最少齿数。（　）

C0513　斜齿圆柱齿轮的宽度和分度圆螺旋角越大，其重合度则越小。（　）

C0514　两只斜齿圆柱齿轮只要法面模数相等、法面压力角相等，不论二者的分度圆螺旋角是否相等均能正确啮合。（　）

C0515　斜齿圆柱齿轮分度圆螺旋角 β 过大，产生的轴向力很大，因此高速重载时可采用人字齿轮，β 虽大但轴向力抵消。（　）

C0516　直齿锥齿轮用来传递交错轴间的旋转运动。（　）

C0517　直齿锥齿轮的标准模数和压力角在大端面上。（　）

C0518　负变位齿轮分度圆齿槽宽小于标准齿轮的分度圆齿槽宽。（　）

C0519　变位齿轮零传动即两只标准齿轮的传动。（　）

C0520　变位齿轮负传动即两只负变位齿轮的传动。（　）

C0521　变位齿轮正传动啮合角大于分度圆压力角。（　）

C0522　标准齿轮不能与变位齿轮正确啮合。（　）

C0523　斜齿圆柱齿轮传动调整中心距可采用改变分度圆螺旋角也可采用齿轮变位。

C0524　齿轮齿面的疲劳点蚀首先发生在节点附近齿顶表面。（　）

C0525　软齿面齿轮的齿面硬度不超过 350HBS。（　）

C0526　一对传动齿轮，小齿轮一般应比大齿轮材料好，硬度高。（　）

C0527　一对传动齿轮若大小齿轮选择相同的材料和硬度不利于提高齿面抗胶合能力。（　）

C0528　闭式软齿面齿轮传动应以弯曲强度进行设计，以接触强度进行校核。（　）

C0529　齿轮弯曲强度计算中，许用应力应选两齿轮中较小的许用弯曲应力。（　）

C0530　选择齿轮精度主要取决于齿轮的圆周速度。（　）

C0531　直齿锥齿轮强度计算时是以大端当量直齿圆柱齿轮为计算依据的。（　）

C0532　齿根圆直径和轴头直径相近的应采用齿轮轴结构。（　）

C0533　齿轮圆周速度大于 12m/s 的闭式传动不宜采用浸油润滑，而宜采用喷油润滑。（　）

C0534　一对渐开线圆柱齿轮传动，当其他条件不变时，仅将齿轮传动所受载荷增为原载荷的 4 倍，其齿间接触应力亦将增为原应力的 4 倍。（　）

C0535　两轴线垂直的直齿锥齿轮传动。两轮的径向力大小相等方向相反，两轮的轴向力大小相等方向相反。（　）

C0601　两轴线空间交错成 90°的蜗杆传动中，蜗杆分度圆螺旋升角应与蜗轮分度圆螺旋角互为余角。（　）

C0602　两轴线空间交错成 90°的蜗杆传动中，蜗杆和蜗轮螺旋方向应相同。（　）

C0603　蜗杆传动的主平面是指通过蜗轮轴线并垂直于蜗杆轴线的平面。（　）

C0604　蜗杆的直径系数为蜗杆分度圆直径与蜗杆模数的比值，所以蜗杆分度圆直径越大，其直径系数也越大。（　）

C0605　与齿轮传动相比，蜗杆传动的传动比大、结构紧凑、传动平稳，但效率较低，且齿面相对滑动大易发热磨损。（　）

C0606　蜗杆传动一定反行程自锁。（　）

C0607　蜗轮的转动方向完全取决于蜗杆的转动方向。（　）

C0608　蜗杆传动的转速比 n_1/n_2 等于其分度圆直径的反比 d_2/d_1。（　）

C0609　蜗轮的齿顶圆直径并不是蜗轮的最大直径。（　）

C0610　标准普通圆柱蜗杆传动的中心距是 $a=m(z_1+z_2)/2$（　）

C0611　标准普通圆柱蜗杆传动中蜗轮的齿根圆直径是 $d_{f_2}=d_2-2.5m$。（　）

C0612　两轴垂直交错的蜗杆传动、蜗杆的圆周力与蜗轮的轴向力相等相反，蜗杆的轴向力与蜗轮的圆周力相等相反。（　）

C0613　蜗杆头数 z_1、模数 m 和分度圆直径 d_1 确定以后，可以计算蜗杆分度圆柱上螺旋升角 $\lambda=\arctan(z_1m/d_1)$。（　）

C0614　选择蜗杆传动的润滑方法和润滑油的依据是蜗杆的圆周速度。（　）

C0615　蜗杆的圆周速度为 v，蜗杆分度圆柱螺旋升角为 λ，则蜗杆齿面啮合处相对滑动速度 $v_s=v_1/\cos\lambda$。（　）

C0616　蜗杆传动的强度计算主要是进行蜗轮齿面的接触强度计算。（　）

C0617　对连续工作的闭式蜗杆传动设计计算除强度计算外还须进行热平衡计算。（　）

C0618　变位蜗杆传动中应是蜗杆变位，而蜗轮不变位。（　）

C0619　蜗轮常用较贵重的青铜材料制造是因为青铜抗胶合和耐磨、减摩性能好。（　）

C0620　在蜗杆传动中，作用在蜗杆上的圆周力 F_{t_1}、径向力 F_{r_1}、轴向力 F_{a_1} 中，通常是轴向力 F_{a_1} 为最大。（　）

C0621　在标准蜗杆传动中，当蜗杆头数 z_1 一定时，若增大蜗杆直径系数 q，将使传动效率提高。（　）

C0622　蜗杆传动热平衡计算若不满足可采取增加散热面积、人工通风以及循环水冷却等散热措施。（　）

C0701　定轴轮系是指各个齿轮的轴是固定不动的。（　）

C0702　单一周转轮系具有一个转臂。（　）

C0703　单一周转轮系具有一个中心轮。（　）

C0704　单一周转轮系中心轮和转臂的轴线必须重合。（　）

C0705　行星轮系的自由度为 2。（　）

C0706　差动轮系的自由度为 1。（　）

C0707　周转轮系中的两个中心轮都是运动的。（　）

C0708　行星轮系中必有一个中心轮是固定的。（　）

C0709　差动轮系中的两个中心轮都是运动的。（　）

C0710　转化轮系的传动比可用定轴轮系求解，因此转化轮系中 $i_{G_J}=n_G/n_J$ 的数值为由齿轮 G 到 J 间所有从动轮齿数相乘积与所有主动轮齿数相乘积的比值。（　）

C0711　行星轮系和差动轮系的自由度分别为 1 和 2，所以只有用差动轮系才能实现运动的合成或分解。（　）

C0712　单一周转轮系转化轮系传动比计算公式算得 i_{GJ}^{H} 为负值，只能反映转化轮系中 n_G^H，

n_J^H 反向,不表明 n_G,n_J 反向。 ( )

C0801 与齿轮齿条传动相比,螺旋传动每转 1 圈的移动量可小得多。 ( )

C0802 与传导螺旋传动相比,传力螺旋传动通常工作速度较高,在较长时间内连续工作,要求具有较高的精度。 ( )

C0803 用于快速夹紧的夹具或锁紧装置中的差动螺旋应由不同方向的螺纹构成。 ( )

C0804 滑动螺旋传动的主要失效形式是螺纹磨损,螺杆直径是按轴向力和扭矩进行强度计算确定的。 ( )

C0805 对细长受压螺杆若计算不满足稳定性条件,最有效的措施是更换螺杆的材料。 ( )

C0806 与滑动螺旋传动相比,滚珠螺旋传动效率高,起动力矩小,磨损小,不能自锁,成本较高。 ( )

C0901 在以曲柄为原动件的曲柄摇杆机构中,最小传动角出现在曲柄与连杆共线处。 ( )

C0902 在以曲柄为原动件的曲柄滑块机构中,最小传动角出现在曲柄与滑块导路垂直处。 ( )

C0903 曲柄摇杆机构中,摇杆的极限位置出现在曲柄与机架共线处。 ( )

C0904 在以曲柄为原动件的对心曲柄滑块机构中滑块往返的行程速比系数 $K=1$。 ( )

C0905 在以摇杆为原动件的曲柄摇杆机构中,死点出现在曲柄与机架共线处。 ( )

C0906 导杆机构的压力角 $\alpha\equiv 90^\circ$。 ( )

C0907 双曲柄机构中用原机架对面的构件作为机架后,一定成为双摇杆机构。 ( )

C0908 双摇杆机构中用原机架对面的构件作为机架后,一定成为双曲柄机构。 ( )

C0909 铰链四杆机构中成为双摇杆机构必须最短杆与最长杆长度之和大于其余两杆长度之和。 ( )

C0910 平面四杆机构中,是否存在死点,取决于主动件是否与连杆共线。 ( )

C0911 曲柄摇杆机构一定有急回运动。 ( )

C0912 死点存在是有害的,机构设计中一定要避免存在死点。 ( )

C0913 曲柄摇杆机构设计要实现预定的行程速比系数 K,关键是保证该机构的极位夹角 $\theta=180^\circ(K-1)/(K+1)$。 ( )

C0914 对心曲柄滑块机构中,增加连杆长度可以增加滑块行程。 ( )

C1001 基圆是凸轮实际廓线上到凸轮回转中心距离最小的为半径的圆。 ( )

C1002 加速度为无穷大引起的冲击为刚性冲击。 ( )

C1003 由速度有限值的突变引起的冲击为柔性冲击。 ( )

C1004 由加速度有限值的突变引起的冲击为柔性冲击。 ( )

C1005 减小滚子半径,滚子从动件盘形凸轮实际廓线外凸部分的曲率半径减小。 ( )

C1006 凸轮机构的从动件按等加速等减速运动规律运动时,产生柔性冲击。 ( )

C1007 凸轮机构的从动件按简谐运动规律运动时,不产生冲击。 ( )

C1008 若要使凸轮机构压力角减小,应增大基圆半径。 ( )

C1009 垂直于导路的直动平底从动件盘形回转凸轮机构压力角恒为 0° ( )

C1010 对于直动从动件盘形回转凸轮机构，在其他条件相同的情况下，偏置直动从动件与对心直动从动件相比，两者在推程段最大压力角一定是偏置比对心小。 (　　)

C1101 棘轮机构将连续回转运动转变为单向间歇回转。 (　　)

C1102 槽轮机构将往复摆动运动转变为单向间歇回转。 (　　)

C1103 齿式棘轮机构可以实现任意角度间歇回转运动。 (　　)

C1104 在单向间歇运动机构中，槽轮机构既可避免柔性冲击，又可避免刚性冲击。 (　　)

C1105 设计棘轮机构时，棘轮齿间偏角必须小于齿与爪间的摩擦角。 (　　)

C1106 槽数为 z 的单销槽轮机构的运动系数为 $(z-2)/(2z)$。 (　　)

C1107 槽轮机构的锁止弧的作用是当圆销不在槽轮槽内时槽轮静止不动被锁住，圆销在槽内时可以驱动槽轮转动。 (　　)

C1108 单销槽轮机构运动系数 $\tau\leqslant0.5$。 (　　)

C1109 拨盘同一回转半径上均匀分布 n 个圆销，槽轮的槽数为 z，其运动系数 $\tau=n(z-2)/(2z)$。 (　　)

C1110 不完全齿轮机构上安装瞬心线附加杆的目的是为了改变瞬心位置。 (　　)

C1201 固定不转动的心轴其所受的应力不一定是静应力。 (　　)

C1202 转动的心轴其所受的应力类型不一定是对称循环应力。 (　　)

C1203 轴的应力类型与其所受载荷的类型应是一致的。 (　　)

C1204 只传递转矩而不承受弯矩的轴是转轴。 (　　)

C1205 既传递转矩又承受弯矩的轴是传动轴。 (　　)

C1206 中碳钢制造的轴改用合金钢制造，无助于提高轴的刚度。 (　　)

C1207 铸铁抗弯强度差，传动轴不承受弯矩，故常用铸铁制造。 (　　)

C1208 合金钢的力学性能比碳素钢高，故轴常用合金钢制造。 (　　)

C1209 轴常作成阶梯形主要是实现轴上零件轴向定位和便于轴上零件的拆装。 (　　)

C1210 阶梯形轴设计成两端细中间粗主要是考虑接近等强度而并非是为了便于轴上零件的拆装。 (　　)

C1211 为保证轴上零件靠紧轴肩定位面，轴肩的圆弧半径应大于该零件轮毂孔的倒角或圆角半径。 (　　)

C1212 用套筒、螺母或轴端挡圈作轴上零件轴向定位时，应使轴段的长度大于相配轮毂宽度。 (　　)

C1213 按转矩估算轴的直径，因未计算弯矩，因此不够安全。 (　　)

C1214 发生共振时轴的转速称为轴的临界转速，它是轴系结构本身所固有的，因此应使轴的工作转速避开其临界转速。 (　　)

C1215 实心圆轴的强度与直径的四次方成正比，刚度与直径的三次方成正比 (　　)

C1301 与滚动轴承相比，滑动轴承承载能力高，抗振性好，噪声低。 (　　)

C1302 滑动轴承工作面是滑动摩擦，因此与滚动轴承相比，滑动轴承只能用于低速运转。 (　　)

C1303 滑动轴承轴瓦中油沟应开设在轴承油膜承载区内。 (　　)

C1304 一般机器中的滑动轴承通常摩擦面处于非液体摩擦状态下工作。 (　　)

C1305 滑动轴承轴瓦的主要失效形式是磨损和胶合。 (　　)

C1306 整体式滑动轴承便于装拆和调整轴承磨损后轴颈与轴瓦间的间隙增大。 （ ）

C1307 调心式滑动轴承的轴瓦外表面作成凸球面与轴承盖座上的凹球面相配合，轴瓦能随轴的弯曲变形而转动调位以适应轴颈的偏斜，常用于轴的跨距长，轴承宽径比 $B/d>1.5$ 的场合。 （ ）

C1308 推力滑动轴承能承受径向载荷。 （ ）

C1309 轴承合金与青铜比，减摩性好，容易与轴颈跑合，抗胶合能力强，但价格贵，机械强度低得多，只能浇铸在其他金属材料的轴瓦上作为轴承衬。 （ ）

C1310 选择滑动轴承所用的润滑油，对非液体摩擦滑动轴承主要考虑润滑油粘度，对液体摩擦滑动轴承主要考虑润滑油的油性。 （ ）

C1311 润滑油作层流流动时，油层中的摩擦切应力与其速度梯度成正比，其比例常数即为润滑油的动力粘度。 （ ）

C1312 限制非液体摩擦滑动轴承的平均压强 $p\leqslant[p]$，目的是防止轴瓦压碎。 （ ）

C1313 限制非液体摩擦滑动轴承平均压强 p 与滑动速度 v 的乘积值 $pv\leqslant[pv]$，目的是防止过热产生胶合失效。 （ ）

C1314 形成液体动压润滑的必要条件之一是被润滑的两表面间等值的间隙。 （ ）

C1315 液体动压润滑向心滑动轴承的承载量系数 Φ_p，将随着偏心率 χ 的增加而增大。 （ ）

C1316 在其他条件不变的情况下，液体动压向心滑动轴承所受载荷越小，油膜厚度越大。 （ ）

C1317 在其他条件不变的情况下，液体动压向心滑动轴承所用润滑油粘度越大，油膜厚度越大。 （ ）

C1318 在其他条件不变的情况下，液体动压向心滑动轴承转速越高，油膜厚度越小。 （ ）

C1319 在其他条件不变的情况下，液体动压向心滑动轴承间隙越大，油膜厚度越小。 （ ）

C1320 液体动压润滑向心滑动轴承最小油膜厚度必须小于轴颈与轴瓦表面粗糙度之和。 （ ）

C1321 液体动压润滑向心滑动轴承的轴颈是处于偏心位置，其轴心应在载荷的作用方向上。 （ ）

C1401 滚动轴承中保持架的作用是保持滚动体不在离心力作用下飞出去。 （ ）

C1402 滚动轴承中有无保持架对轴承的承载能力和极限转速没有影响。 （ ）

C1403 两个轴承的代号为 6222 和 62/22 其内径是不相同的。 （ ）

C1404 滚动轴承中公称接触角越大，轴承承受轴向载荷的能力就越小。 （ ）

C1405 代号相同的滚动轴承，在相同的使用条件下，其寿命相同。 （ ）

C1406 某一滚动轴承的基本额定动载荷与其所受载荷无关。 （ ）

C1407 一批同型号的滚动轴承，在相同条件下运转，其中 10%的轴承已发生疲劳点蚀，而 90%的轴承尚未发生疲劳点蚀时所能达到的总转数称为轴承的基本额定寿命。 （ ）

C1408 滚动轴承的基本额定寿命是一批同代号的轴承统计值，对于某一具体的轴承而言

实际使用寿命一定大于基本额定寿命。 ( )

C1409 一批同代号的滚动轴承,其基本额定寿命为 10^6r 时所能承受的最大载荷称为轴承的基本额定动载荷。 ( )

C1410 某轴用一对角接触球轴承反向安装,两轴承的径向载荷不等,轴上无轴向外载荷,则该两轴承当量动载荷计算公式中的轴向载荷一定不相等。 ( )

C1411 某滚动轴承当所受当量动载荷增加时,其基本额定动载荷将减小。 ( )

C1412 其他条件不变,若将作用在球轴承上的当量动载荷增加 1 倍,则该轴承的基本额定寿命将降至原来的 1/2。 ( )

C1413 其他条件不变,若将滚动轴承的转速减小到原来的 1/2,则该轴承的基本额定寿命将增加 1 倍。 ( )

C1414 滚动轴承寿命计算公式中寿命指数 ε 对球轴承为 1/3。 ( )

C1415 角接触轴承因承受径向载荷而产生派生轴向力,其方向为使滚动体自外圈分离的方向。 ( )

C1416 跨距较大,承受较大径向力,轴的弯曲刚度较低时应选用调心轴承。 ( )

C1417 深沟球轴承极限转速很高,高速时可用来代替推力球轴承。 ( )

C1418 滚子轴承允许内外圈的角偏差较球轴承大。 ( )

C1419 某轴用圆柱滚子轴承作游动支承,该轴承的外圈在轴承孔中必须保证能自由轴向游动。 ( )

C1420 滚动轴承寿命计算针对疲劳点蚀,静强度计算针对塑性变形进行。 ( )

C1421 滚动轴承的外圈与轴承孔的配合应采用基孔制。 ( )

C1422 滚动轴承所受轴向载荷应为其内部派生轴向力与轴向外载荷的合力。 ( )

C1423 同一代号的滚动轴承其基本额定动载荷相同。 ( )

C1501 用联轴器联接的轴是端部对接,它与齿轮传动、带传动等的轴间联系是不同的。 ( )

C1502 用联轴器联接的轴可在工作运转中使它们分离。 ( )

C1503 离合器常用于两联接轴需要经常换向的场合。 ( )

C1504 制动器通过摩擦消耗机器的功能使其迅速减速或制动。 ( )

C1505 万向联轴器适用于轴线有交角或距离较大的场合。 ( )

C1506 在载荷具有冲击、振动,且轴的转速较高、刚度较小时一般选用刚性可移式联轴器。 ( )

C1507 两轴线交角为 α 的单万向联轴器,主动轴以 ω_1 等角速度回转,从动轴角速度 ω_2 在 $\omega_1/\cos\alpha \sim \omega_1\cos\alpha$ 范围内波动。 ( )

C1508 采用双万向联轴器就能使主动轴、从动轴运转严格同步。 ( )

C1509 对低速、刚性大、对中心好的短轴,一般选用刚性固定式联轴器。 ( )

C1510 联轴器和离合器的主要作用是补偿两被联接轴的不同心或热膨胀。 ( )

C1511 两轴的偏角位移达 30°,宜采用十字滑块联轴器。 ( )

C1512 牙嵌离合器只能在低速或停车时进行接合。 ( )

C1513 起重装置中制动器应设置为常开式,车辆中制动器应设置为常闭式。 ( )

C1514 从减少制动力矩而言,制动器宜尽量设置在转速低的轴上。 ( )

C1601　圆柱螺旋弹簧的弹簧指数(旋绕比)为簧丝直径与弹簧中径的比值。　(　　)

C1602　圆柱拉伸螺旋弹簧工作时簧丝的应力为切应力。　(　　)

C1603　圆柱拉伸、压缩螺旋弹簧工作时簧丝截面上最大切应力 τ_{max} 发生在弹簧圈内侧。　(　　)

C1604　其他条件相同，簧丝直径越大，圆柱拉伸、压缩螺旋弹簧最大切应力 τ_{max} 越大。　(　　)

C1605　其他条件相同，簧丝直径越小，圆柱拉伸、压缩螺旋弹簧的变形量越大。　(　　)

C1606　圆柱拉伸、压缩螺旋弹簧强度计算的目的在于确定弹簧的有效工作圈数。　(　　)

C1607　圆柱压缩螺旋弹簧两端需制作挂钩。　(　　)

C1608　弹簧卸载过程时如有外部摩擦产生的摩擦热而消耗一部分能量 U_0 与加载过程变形能 U 的比值越大，该弹簧缓冲吸振的效果越佳。　(　　)

C1609　测力弹簧应采用变刚度弹簧。　(　　)

C1610　橡胶弹簧由于材料内部的阻尼作用，在加载、卸载过程中摩擦能耗大，吸振缓冲效果好。　(　　)

C1611　一般情况下，弹簧簧丝直径应由弹簧的刚度计算确定。　(　　)

C1612　圆柱扭转螺旋弹簧强度计算是使其最大扭剪应力不超过弹簧簧丝材料的许用扭剪应力。　(　　)

C1613　圆柱压缩螺旋弹簧用强度计算确定簧丝直径，材料为碳素弹簧钢丝时许用切应力与强度极限有关，而碳素弹簧钢丝的强度极限又与簧丝直径有关，因此需先假定簧丝直径进行试算。　(　　)

C1614　为使圆柱压缩螺旋弹簧可靠地安装在工作位置上应预加初始载荷。　(　　)

C1701　大多数机械的原动件都存在周期性速度波动，其原因是驱动力所作的功与阻力所作的功不能每瞬时保持相等。　(　　)

C1702　机械的周期性速度波动可以用飞轮来消除。　(　　)

C1703　机械的非周期性速度波动必须用调速器来调节。　(　　)

C1704　当机械处于盈功阶段，动能一般是要减少的。　(　　)

C1705　机械运转的速度不均匀系数 δ 越小，表明机械运转的速度波动程度越大。　(　　)

C1706　机械周期性速度波动在一个周期内驱动力所作的功与阻力所作的功是相等的。　(　　)

C1707　当最大盈亏功 A_{max} 与转速 n 一定时，飞轮转动惯量 J 愈大，机械运转的速度不均匀系数 δ 愈小。　(　　)

C1708　从减小飞轮所需的转动惯量出发，宜将飞轮安装在低速轴上。　(　　)

C1709　计算飞轮所需转动惯量时，所采用的最大盈亏功是各段盈功和亏功的最大值。　(　　)

C1710　当最大盈亏功 A_{max} 与不均匀系数 δ 一定时，飞轮所需的转动惯量 J 与转速 n 的平方成反比。　(　　)

C1711　破碎机、轧钢机等对运转不均匀性要求不高的机械安装飞轮是没有意义的。　(　　)

C1801　质量分布在同一回转面内的静平衡回转件不一定是动平衡的。　(　　)

C1802 轴向尺寸与径向尺寸之比大于 0.2 的回转件应进行静平衡。 ( )

C1803 回转件动平衡必须在两个校正平面内施加平衡质量。 ( )

C1804 回转件静平衡的条件为施加于其上的外力向量和等于零。 ( )

CⅠ101 由 N 个构件，P_i 个 i 级空间副组成的空间机构，其自由度计算公式为 $F=6N-\sum_{i=1}^{N} iP_i$。 ( )

CⅠ102 空间机构如含有平面低副和高副，应分别按空间Ⅳ和Ⅴ级副代入计算其自由度。 ( )

CⅠ201 高副两元素之间相对运动有滚动和滑动时，其瞬心就在两元素的接触点。 ( )

CⅠ202 含有 4 杆 6 低副的平面运动链为Ⅲ级基本杆组。 ( )

CⅠ203 同一机构因所取的原动件不同，有可能成为不同级别的机构。 ( )

CⅠ204 任何具有确定运动的机构都是由机架加原动件再加自由度为零的杆组组成的。 ( )

CⅠ301 在同一构件上，任意两点的绝对加速度间的关系式中不包含哥氏加速度。 ( )

CⅠ302 当牵连运动为转动，相对运动为移动时一定会产生哥氏加速度。 ( )

CⅠ303 在平面机构中，不与机架直接相连的构件上任意点的绝对速度均不为零。 ( )

CⅠ304 瞬心法运用于复杂的平面机构进行加速度分析。 ( )

CⅠ305 哥氏加速度的大小等于牵连角速度与动点对牵连点的相对速度乘积的 2 倍，其方向是将相对速度的指向顺着牵连角速度的转向转过 90°。 ( )

CⅠ401 反行程和正行程的机械效率不一定相等。 ( )

CⅠ402 对自锁的机构施加任意大小的外力都不能使机构运动。 ( )

CⅠ403 考虑摩擦的回转副，不论轴颈在加速、等速、减速不同状态下运转，其总反力的作用线一定切于摩擦圆。 ( )

CⅠ404 轴颈做减速运动时，考虑摩擦其所受的总反力的作用线不与摩擦圆相切。 ( )

CⅠ405 在由若干机器串联构成的机组中，若这些机器的单机效率均不相同，则机组的总效率 η 一定大于单机的最大效率。 ( )

CⅠ501 2K-H 行星轮系的配齿公式适用于角度变位齿轮传动。 ( )

CⅠ502 2K-H行星传动，已知 $i_{1H}=6$，行星轮的个数 k 等于 4，均布，各轮均为模数相同的标准齿轮，该传动满足装配条件$(z_1+z_2)/k$，且 $q=30$，则可选各轮的齿数为 $z_1=20$，$z_2=40$，$z_3=100$。 ( )

CⅠ601 机器稳定运转的含义是指原动件(机器主轴)做等速回转。 ( )

CⅠ602 机器稳定运转必须在每一瞬时驱动功等于阻力功。 ( )

CⅠ603 将单自由度机械系统转化为仅包含一个等效构件的等效动力学模型，该等效构件保持机械系统动能、瞬时功率不变。 ( )

CⅠ604 等效质量和等效转动惯量仅是机构位置的函数。 ( )

CⅠ605 等效力(等效力矩)仅是机构位置的函数，在原动件真实运动规律尚属未知的情况下就可以求出。 ( )

CⅡ101 非稳定变应力零件的疲劳强度计算中的等效应力 σ_v 通常取等于非稳定变应力中的最大应力。 ( )

CⅡ102 零件在规律性非稳定变应力作用下，线性 Miner 疲劳损伤累积理论总寿命损伤率 $\sum_{i=1}^{n}(N_i/N'_i)=1$ 时，零件达到疲劳寿命极限。 ( )

CⅡ201 受变载荷紧螺栓联接，在最大应力一定时，应力幅越小，疲劳强度越高。 ( )

CⅡ202 分布在同一圆周上的螺栓数目取 3、4、5、6、8、12 是合适的。 ( )

CⅡ301 用安全系数法校核轴的危险截面的疲劳强度后还必须用当量弯曲计算。 ( )

CⅡ302 轴的疲劳强度精确计算应在轴结构设计完成后进行。 ( )

CⅡ401 机械中操控系统应直接安装在执行系统上对其进行操纵控制。 ( )

CⅡ402 机械系统方案设计的运动协调配合是针对执行系统中的构件。 ( )

第二部分　模拟试题精选

机械设计基础模拟试题

机械设计基础试题(一)

一、填空题(每空 1 分,共 30 分)

1. 机构具有确定性运动的条件是____________数目和____________数目相等。

2. 轴的类型有三种，____________轴只承受弯矩，____________轴只承受转矩，____________轴同时承受弯矩和转矩。

3. 已知一滚动轴承的型号是 30215,它的滚动体形状为____________,外径系列属____________型,内孔直径为____________ mm。

4. 带传动的主要失效形式是____________和____________。

5. 软齿面闭式传动一般是____________失效,通常按____________强度条件设计,再按____________强度条件校核。

6. 硬齿面闭式传动一般是____________失效,通常按____________强度条件设计,再按____________强度条件校核。

7. 一对外啮合平行轴斜齿轮的正确啮合条件是____________相等，____________相等，____________相等，____________相反。

8. 一斜圆柱齿轮的参数为:$z=20$,$m_n=4$mn,$\alpha_n=20°$,$\beta=15°$,则它的分度圆直径 $d=$____________ mm,齿顶圆直径 $d_a=$____________ mm,基圆直径 $d_b=$____________ mm,当量齿数 $z_v=$____________。

9. 一对普通圆柱蜗杆传动的参数为:轴间交错角为 90°,$z_1=2$; $z_2=40$,$m=4$mm,$\alpha=20°$; $d_1=40$mm,则蜗杆的螺旋升角 $\lambda=$____________,蜗轮轮齿的分度圆螺旋角 $\beta=$____________,传动比 $i_{12}=$____________。

10. 形成液体动压润滑的三个基本条件是两润滑表面之间有____________间隙,并且充满____________,还必须具有____________速度,使油由大口流向小口。

二、选择填空题(空格处填入一个选定内容的英文字母代号,每小题 2 分,共 16 分)

1. 普通螺纹联接强度计算主要是针对________的条件。

A. 螺杆的螺纹部分不被拉坏　　B. 不滑牙

C. 螺牙的根部不被弯断　　D. 螺牙不被剪断

2. 带传动是依靠________传递运动和动力的。

A. 带和带轮接触面的正压力　　B. 带的紧边拉力

C. 带的初拉力　　D. 带和带轮接触面的摩擦力

3. 设计V带传动时,限制小带轮直径是为了限制________。

A. 小带轮包角　　B. 带的长度

C. 带的弯曲应力　　D. 带的离心应力

4. 带传动不能保证精确传动比,是由于________。

A. 带容易磨损　　B. 带在带轮上打滑

C. 带的弹性滑动　　D. 带的材料不良

5. 一对闭式传动齿轮,小齿轮材料为40Cr钢,表面淬火,硬度为55HRC;大齿轮材料为45钢,调质硬度为230HBS,当传递动力时,两齿轮的齿面接触应力是________。

A. 大齿轮和小齿轮一样大　　B. 大齿轮大

C. 小齿轮大

6. 载荷条件相同时,链传动装置中作用在链轮轴上的力 F_Q 比带传动小,主要是由于________。

A. 只传递小功率　　B. 圆周力小

C. 是啮合传动、不需要初拉力　　D. 离心力大

7. 为了减小附加载荷,抑制振动和噪声,电动机转子通常要进行________。

A. 静平衡计算　　B. 动平衡计算

C. 静平衡试验　　D. 动平衡试验

8. 单万向联轴节的输入轴转速为 n_1,两轴线的夹角为 α,则输出轴转速 n_2 为________。

A. n_1　　B. $n_1(\sin\alpha-\cos\alpha)$

C. $n_1(\cos\alpha-1/\cos\alpha)$　　D. $n_1/(\tan\alpha-1/\tan\alpha)$

三、图示铰链四杆机构中:

已知 $L_1=20\text{mm}$, $L_2=45\text{mm}$, $L_3=40\text{mm}$, $L_4=50\text{mm}$,构件1为原动件。

试求:(可用作图法或解析法求解)

1. 构件1能否作整回转?为什么?

2. 构件3的摆角 ψ 和行程速比系数 K;

3. 机构的最小传动角 $\gamma_{\min}$。(15分)

础试(一).三图

四、试求图示滚动轴承的轴向载荷 F_{a_1} 和 F_{a_2},已知轴向外载荷 $Q_a=1000\text{N}$,已求得两轴承的内部派生轴向力 $S_1=800\text{N}$,$S_2=2000\text{N}$。(9分)

础试(一).四图

五、图示轮系中，已知各齿轮的齿数为：$z_1=15$，$z_2=30$，$z_3=75$，$z_4=z_6=60$。

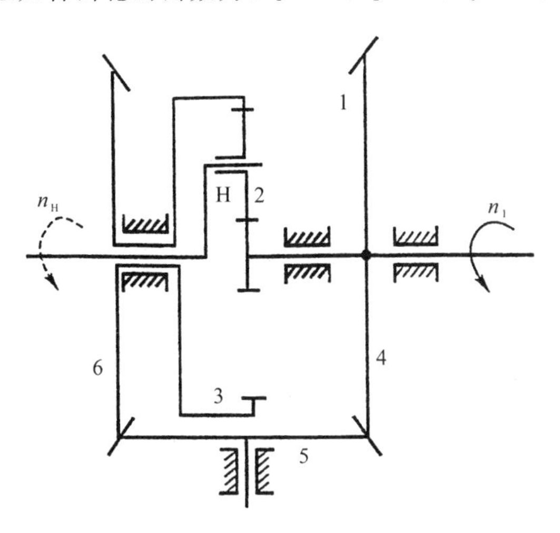

础试(一).五图

输入轴转速 $n_1=1000$r/min，试求转臂的转速 $n_H=$？r/min，回转方向是否与 n_1 相同？为什么？(14 分)

六、图示轴组结构设计图中各箭头指处有设计错误，试指出各处所存在的问题，提出相应的改进措施。(16 分)

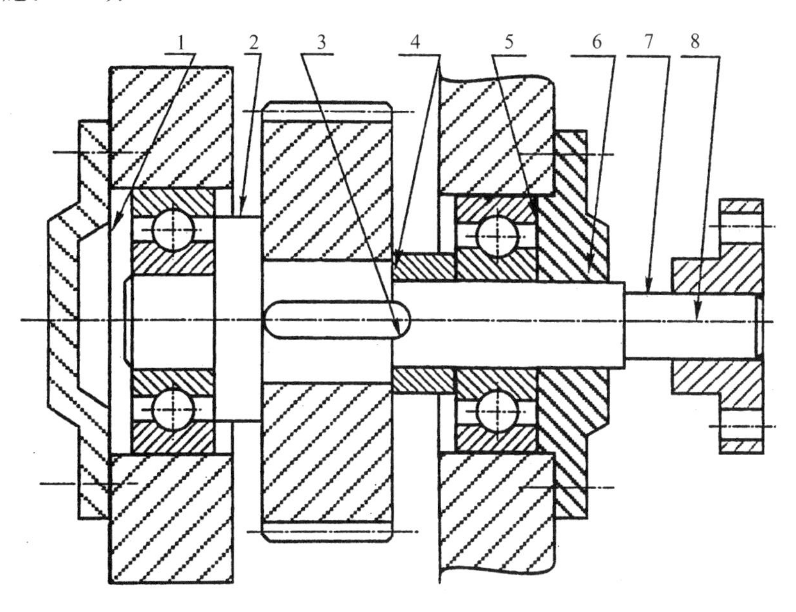

础试(一).六图

机械设计基础试题(二)

一、填空题(每空1分,共10分)

1. 机械是____________和____________的总称。

2. 链的节距越大,能传递的功率____________,运动不均匀性____________。

3. 按齿轮传动的工作条件,齿轮传动可分为____________齿轮传动和____________齿轮传动。

4. 为使弹簧能够可靠地工作和便于制造,弹簧材料应具有较高的____________极限和____________极限。

5. 在液体动压向心滑动轴承中,若偏心率 χ 增加,则轴承的承载量系数 Φ_F ____________,液体摩擦系数 f/ψ ____________。

二、是非题(在题后括号内正确的打"√",错误的打"×"。每小题1分,共10分)

1. 外槽轮传动的运动系数 τ 与圆销数 n 以及槽轮的槽数 z 之间的关系式为 $\tau=n\left(\frac{1}{2}+\frac{1}{z}\right)$。 (　　)

2. 和接触式密封相比较,非接触式密封的密封效果更好。 (　　)

3. 弹性圈柱销联轴器,用于要求严格对中、不允许有相对位移的场合。 (　　)

4. 从减小飞轮所需的转动惯量出发,宜将飞轮安装在低速轴上。 (　　)

5. 轴可用碳素钢和合金钢制造,碳素钢对应力集中较敏感。 (　　)

6. 含碳量大于2%的铁碳合金称为铸铁。 (　　)

7. 铰链四杆机构存在曲柄的条件是最短杆与最长杆之和大于或等于其余两杆长度之和。 (　　)

8. 在凸轮从动件常用运动规律中,等速运动的加速度冲击最小。 (　　)

9. 滑动螺旋传动定能实现自锁。 (　　)

10. 蜗杆传动可用于两轴线平行的场合。 (　　)

三、分析题(每题10分,共30分)

1. 分析说明三角形螺纹、矩形螺纹和梯形螺纹的主要特点和用途。

2. 带工作时的应力有哪几种?试分析最大应力发生在何处(假定小带轮为主动轮)?

3. 图示齿轮传动中，已知动力从齿轮 1 输入，齿轮 3 输出。齿轮 1 的转向及齿轮 3 的旋向如图所示。试在图中标出：

(1)齿轮 2 和齿轮 3 的转向；

(2)轮齿 1 及轮齿 2 的旋向；

(3)齿轮 2 在啮合点 A 和啮合点 B 处所受的径向力 F_r、轴向力 F_a 及圆周力 F_t。

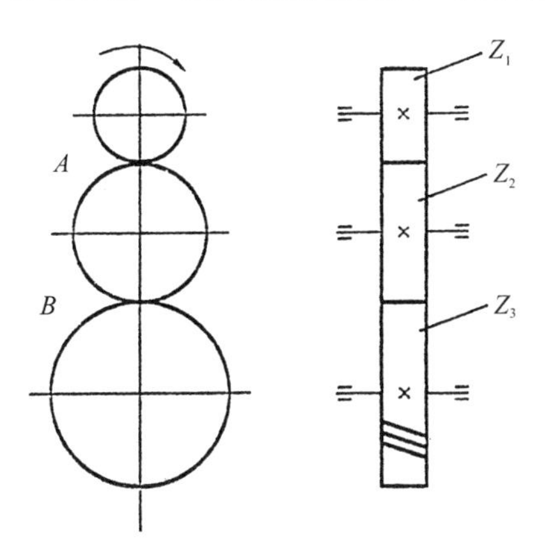

础试(二).三.3 图

四、结构题(10 分)

图示轴的结构 1,2,3,4,5 处有哪些不合理？

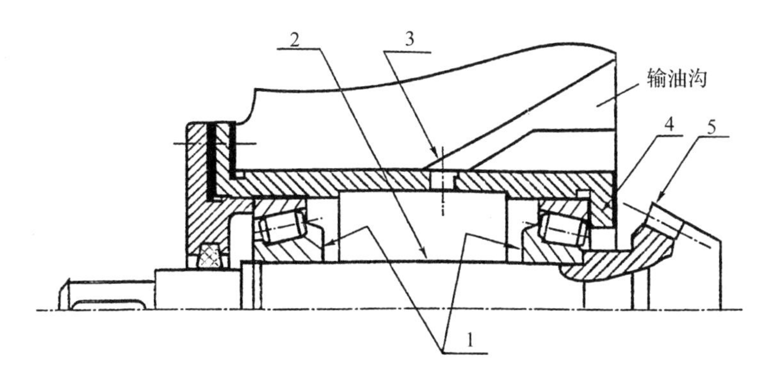

础试(二).四图

五、作图题(10 分)

图示为一曲柄摇杆机构，已知 $AB=30\text{mm}$，$BC=70\text{mm}$，$CD=60\text{mm}$，$AD=80\text{mm}$。曲柄 AB 为主动件，试用作图法求出最小传动角 $\gamma_{\min}$。

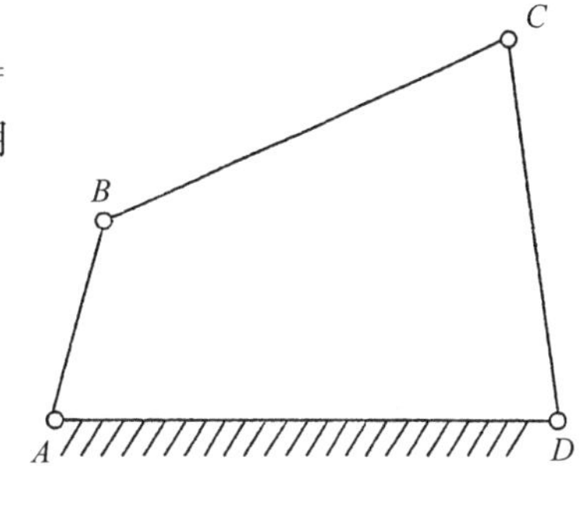

础试(二).五图

六、计算题(共 30 分)

1. 在图示的轮系中,已知各轮齿数为 $z_1=15$,$z_2=20$,$z_2'=25$,$z_3=75$,$z_3'=20$,$z_4=30$,$z'_4=10$,$z_5=15$,求传动比 i_{15} 及轮 5 的转向。(10 分)

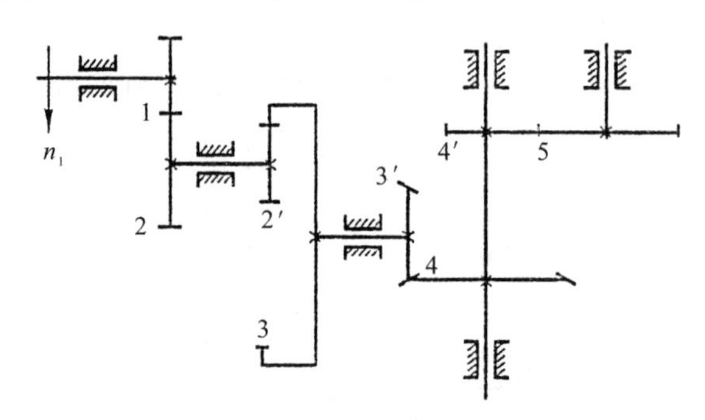

础试(二).六.1 图

2. 已知一对标准安装的正常齿标准渐开线外啮合斜齿圆柱齿轮传动,法面模数 $m_n=3$mm,齿数 $z_1=23$,$z_2=76$,分度圆螺旋角 $\beta=8°6'34''$。试求:(1)两轮的分度圆直径 d_1,d_2;(2)两轮的齿顶圆直径 d_{a_1},d_{a_2};(3)两轮的齿根圆直径 d_{f_1},d_{f_2};(4)两轮的中心距 a;(5)端面压力角 α_t。(10 分)

3. 图示的轴由一对 7206AC 角接触球轴承支承。已知轴的转速 $n=1000$r/min,齿轮分度圆直径 $d=80$mm,圆周力 $F_t=2000$N,径向力 $F_r=800$N,轴向力 $F_a=500$N,载荷平稳。试求:

(1)轴承 1,2 所受的径向载荷 R_1,R_2;

(2)轴承 1,2 所受的轴向载荷 A_1,A_2;

(3)轴承 1,2 的使用寿命 L_{h_1},L_{h_2}。(共 10 分)

(附录数据:轴承派生轴向力 $S=0.68R$;额定动载荷 $C=17.1$kN;界限系数 $e=0.68$;当量动载荷 $P=XR+YA$;若 $\dfrac{A}{R}\leqslant e$,取 $X=1$,$Y=0$;若 $\dfrac{A}{R}>e$,取 $X=0.41$,$Y=0.87$)

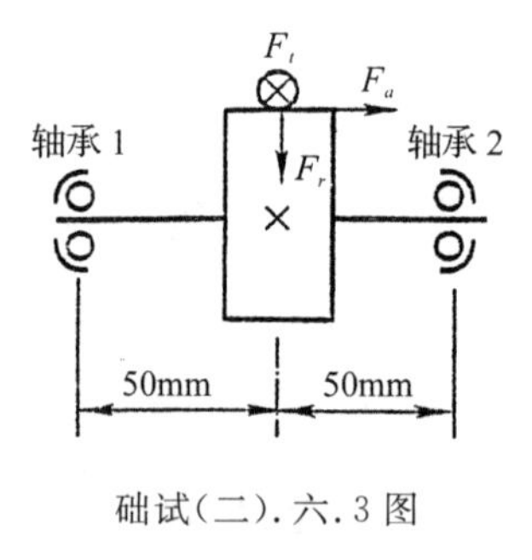

础试(二).六.3 图

机械设计基础试题(三)

一、判断题(正确的在题后括号内划"√",错误的划"×",每小题1分,共10分)

1. 机构中的虚约束都是在特定的几何条件下出现的。 ( )

2. 任何平面四杆机构出现死点时对工作都是不利的,因此应设法避免。 ( )

3. 带传动中的弹性滑动是不可避免的。 ( )

4. 链传动的瞬时传动比是恒定的。 ( )

5. 渐开线直齿圆柱齿轮中,由于加工变位齿轮时刀具有了变位,因而渐开线齿轮的分度圆改变了。 ( )

6. 一般一级圆柱齿轮减速器齿数比 $u>8$。 ( )

7. 当齿轮直径很小时,应采用轴齿轮。 ( )

8. 轴线成90°交错的蜗杆传动的正确啮合条件之一是蜗杆的螺旋线升角与蜗轮分度圆的螺旋角大小相等,方向相同。 ( )

9. 蜗杆传动的传动比 $i=\frac{d_2}{d_1}$ ( )

10. 滚动轴承具有摩擦阻力小、启动轻便、灵敏、润滑及维修简单等优点。 ( )

二、填空题(每小题1分,共10分)

1. 在曲柄滑块机构中,当曲柄为主动件时,机构的最小传动角出现在____________位置。

2. 在设计凸轮机构时,若选用等加速等减速运动规律作为从动件的运动规律,则在机构运动中将产生____________冲击。

3. 带传动的传动比选得过大,会使小带轮上的____________过小,传递载荷的能力降低。

4. 设计带传动时,根据V带的____________确定小带轮的最小直径。

5. 当轮毂与轴无相对滑动时,应选用____________平键联接。

6. 螺纹副的自锁条件是____________。

7. 为了减小轴上的应力集中,轴阶梯处的过渡圆角应尽可能____________。

8. 为了使润滑油能流到轴瓦的工作表面上,轴瓦应开出____________。

9. 作用在弹簧上的力 F 与变形量 λ 的比称为弹簧____________。

10. 机械产生速度波动的原因是驱动力和阻力在某一时间间隔内所作的功____________。

三、选择题(在每小题的四个备选答案中选出正确的答案,并将正确答案的英文字母代号填在横线上,每小题2分,共26分)

1. 在设计直动平底从动件盘形凸轮机构时,为了防止出现运动失真现象,应________。

A. 适当减小基圆半径　　B. 适当加大基圆半径

C. 适当加大平底宽度　　D. 适当减小平底宽度

2. 带传动的设计准则是________。

A. 防止带产生打滑和防止表面产生疲劳点蚀

B. 防止带产生弹性滑动和保证一定的使用寿命

C. 防止带产生打滑和保证一定的使用寿命

D. 防止带产生弹性滑动和防止表面产生疲劳点蚀

3. 一对渐开线直齿圆柱齿轮的正确啮合条件是两轮的________。

A. 齿顶圆齿距相等　　B. 分度圆齿距相等

C. 齿根圆齿距相等　　D. 基圆齿距相等

4. 传递两相交轴之间转动的齿轮传动是________。

A. 直齿圆柱齿轮传动　　B. 斜齿圆柱齿轮传动

C. 人字齿轮传动　　D. 锥齿轮传动

5. 可以采用________的方法提高轮齿的抗弯曲能力。

A. 减小齿宽　　B. 减小齿轮直径

C. 增大模数　　D. 增大齿形系数

6. 已知某斜齿圆柱齿轮圆周力 $F_t=100\text{N}$，螺旋角 $\beta=15°$，则轴向力 $F_a=$________。

A. 96.59N　　B. 373.2N　　C. 27.74N　　D. 26.79N

7. 已知某蜗杆头数 $z_1=2$，特性系数 $q=\frac{z_1}{\tan\lambda}=16$，模数 $m=10\text{mm}$，则分度圆直径 d_1 =________。

A. 20mm　　B. 80mm　　C. 40mm　　D. 160mm

8. 题图所示轮系为________。

A. 定轴轮系　　B. 行星轮系

C. 差动轮系　　D. 混合轮系

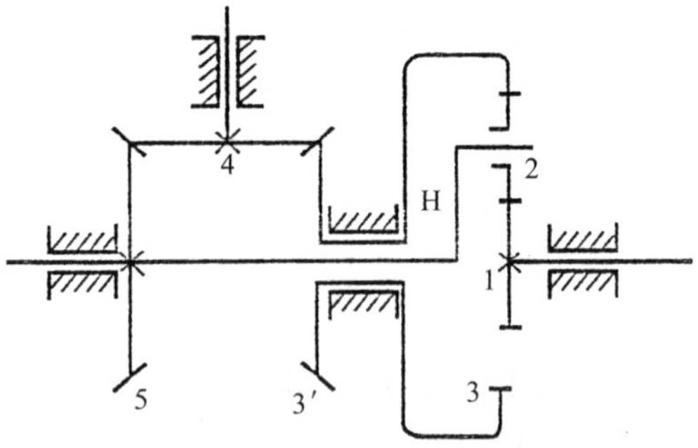

础试(三).三.8图

9. 普通平键的长度应________。

A. 略长于轮毂的长度

B. 略短于轮毂的长度

C. 是轮毂长度的三倍

D. 是轮毂长度的两倍

10. ________型轴承主要承受轴向载荷。

A. 51205　　B. 7205　　C. 6205　　D. 31205

11. 31205 轴承的寿命指数 ε 为________。

A. 3　　B. $\frac{10}{3}$　　C. $\frac{3}{10}$　　D. $\frac{1}{3}$

12. ________联轴器是刚性固定式联轴器的一种。

A. 齿轮　　B. 十字滑块　　C. 万向　　D. 凸缘

13. 回转件的静平衡就力学本质而言是________的平衡问题。

A. 平面平行力系　　B. 平面力偶系　　C. 平面汇交力系

四、分析题(共 20 分)

1. 已知一对斜齿圆柱齿轮传动中 2 轮为从动轮，圆周力为 F_{t_2} 轴向力为 F_{a_2}，指向如图所示，试将两轮的螺旋线方向、轴向力 F_{a_1} 和圆周力 F_{t_1} 的指向标在图中。(6 分)

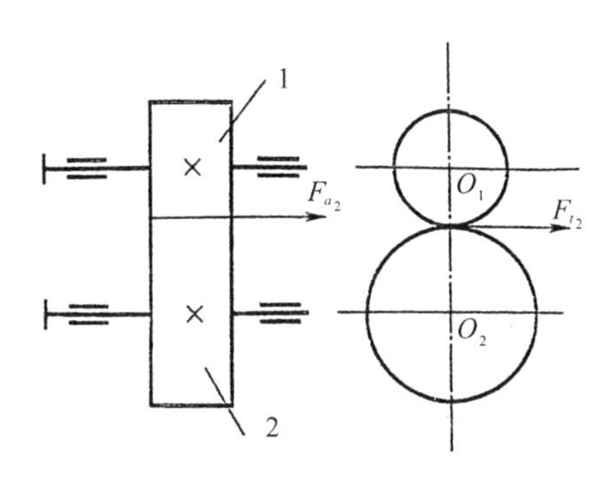

础试(三).四.1 图

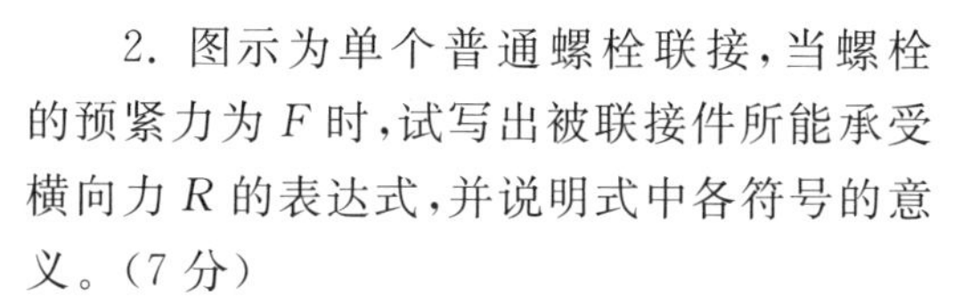

2. 图示为单个普通螺栓联接，当螺栓的预紧力为 F 时，试写出被联接件所能承受横向力 R 的表达式，并说明式中各符号的意义。(7 分)

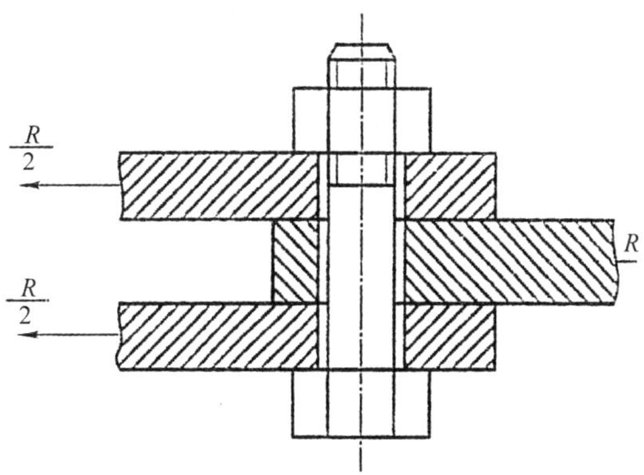

础试(三).四.2 图

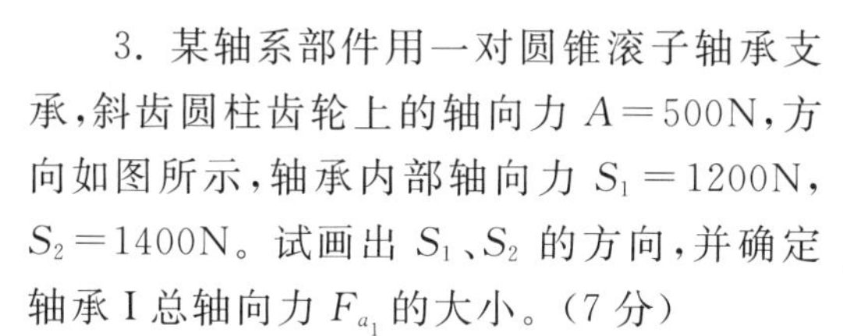

3. 某轴系部件用一对圆锥滚子轴承支承，斜齿圆柱齿轮上的轴向力 $A=500\text{N}$，方向如图所示，轴承内部轴向力 $S_1=1200\text{N}$，$S_2=1400\text{N}$。试画出 S_1、S_2 的方向，并确定轴承 I 总轴向力 F_{a_1} 的大小。(7 分)

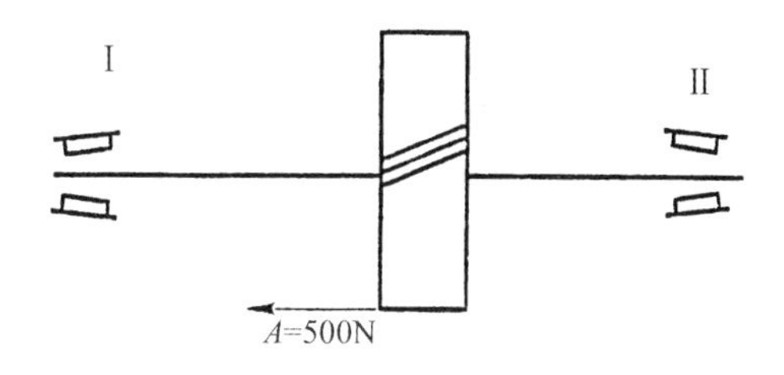

础试(三).四.3 图

五、计算题(共 20 分)

1. 计算图示机构的自由度，若含有复合铰链，局部自由度，虚约束必须明确指出。(6 分)

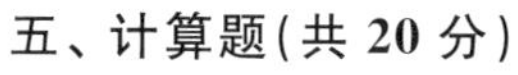

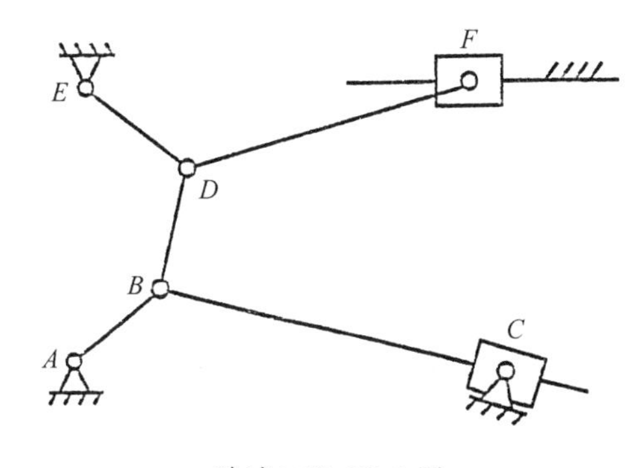

础试(三).五.1 图

2. 已知一对外啮合渐开线标准直齿圆柱齿轮，传动比 $i_{12}=2.5$，齿数 $z_1=40$，模数 $m=10$mm，分度圆压力角 $\alpha=20°$，齿顶高系数 $h_a^*=1$，径向间隙系数 $c^*=0.25$。试计算两齿轮的分度圆直径 d_1,d_2，基圆直径 d_{b_1},d_{b_2}，齿顶圆直径 d_{a_1},d_{a_2}，齿根圆直径 d_{f_1},d_{f_2}。（8 分）

3. 在图示轮系中，已知各轮齿数为：$z_1=20,z_2=30,z_3=80,z_4=40,z_5=20$。试求此轮系的传动比 i_{15}，并判断轮 1 和轮 5 的转向是否相同。（6 分）

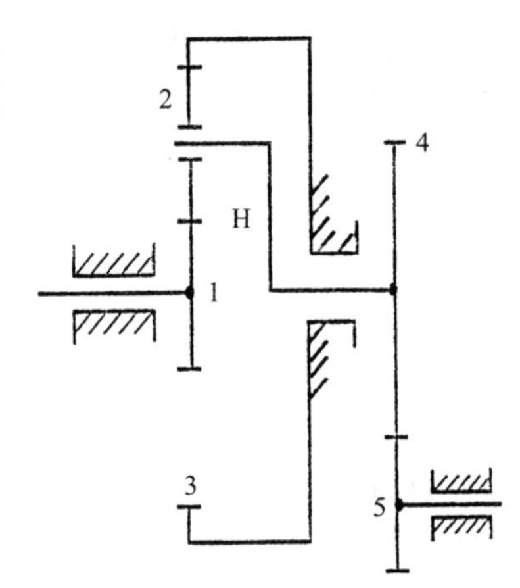

础试（三）. 五. 3 图

六、图解题（6 分）

图示为一铰链四杆机构。已知杆 1 作整周回转，杆 3 在一定角度内摆动，最大摆角为 75°，且 $L_{CD}=114$mm，当杆 3 摆到左极限位置时 $L_{AC_2}=102$mm，摆到右极限位置时 $L_{AC_1}=229$mm。试求杆 1 和杆 2 的长度及行程速比系数 K。

（注：①作图比例尺取 $\mu_l=0.002$m/mm；②作图时可不写作图过程，但要保留作图线。）

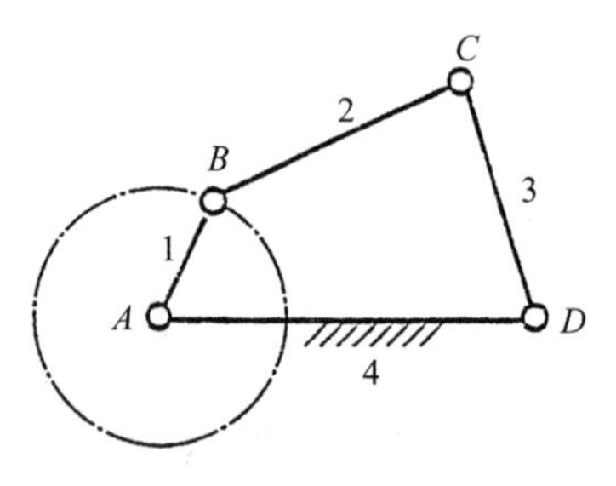

础试（三）. 六图

七、结构题(8 分)

按示例①所示，指出图中轴系结构的另外 8 个错误。

(注：轴承支承型式为两端固定，其润滑方式不考虑，倒角和圆角忽略不计)

示例①—轴承外圈无轴向固定。

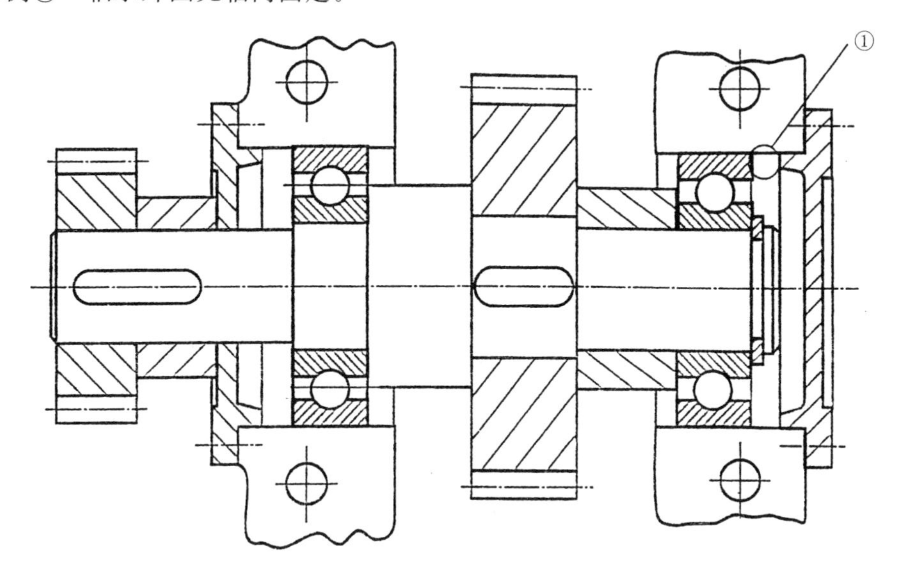

础试(三). 七图

机械设计基础试题(四)

一、填空题(每空 1 分，共 20 分)

1. 在平键联接中，若不出现严重过载，工作时的主要失效形式是强度较弱零件________、________。

2. 在七种型号的 V 型带中，________型号的 V 带具有最大的截面尺寸和承载能力。

3. 在齿轮传动中，若中心距不变，增加齿数，则其传动的平稳性__________。

4. 一对斜齿圆柱齿轮正确的啮合条件是________、________和________。

5. 在蜗杆传动中，蜗杆头数越少，则传动效率越________，自锁性越________。

6. 螺旋传动按其在机械中的作用可分为________、________和________。

7. 若铰链四杆机构中最短杆与最长杆长度之和不大于其余两杆长度之和，则以最短杆为机架时，机构为________。

8. 滑动轴承轴瓦的主要失效形式是________和________。

9. 弹簧的主要功用有控制机件的运动________、________和________。

10. 直齿圆锥齿轮传动的强度计算方法是以__________的当量圆柱齿轮为计算基础的。

11. 外槽轮传动，n 个圆销均匀分布在同一回转半径上，则圆销数 n 与槽轮槽数 z 的关系应为________。

12. 刚性回转构件静平衡的条件是构件上各个质量的________等于零。

二、选择填空题(每小题 2 分,共 20 分)

1. 在平面内用低副联接的两构件共有________个自由度

A. 3　　B. 4　　C. 5　　D. 6

2. 在轴与轮毂孔联接中,定心精度要求高,传递载荷大的动或静联接宜采用________。

A. 平键　　B. 花键　　C. 导向平键　　D. 切向键

3. 对中心距不可调节的带传动,用张紧轮张紧时,张紧轮的安放位置应在________。

A. 带外侧靠近小带轮处　　B. 带内侧靠近小带轮处

C. 带外侧靠近大带轮处　　D. 三种方法均可

4. 在螺纹联接中,大量采用三角形螺纹是因为三角形螺纹________。

A. 强度高　　B. 便于加工　　C. 效率高　　D. 自锁性好

5. 偏置曲柄滑块机构的行程速比系数________。

A. 大于 1　　B. 等于 1　　C. 小于 1　　D. 无法确定

6. 与带传动比较,链传动的主要特点之一是________。

A. 缓冲减振　　B. 过载保护

C. 无打滑　　D. 瞬时传动比恒定

7. 为提高齿轮齿根弯曲强度应________。　　(　　)

A. 增大模数　　B. 增大分度圆直径

C. 增加齿数　　D. 减小齿宽

8. 计算蜗杆传动的传动比,下式________是错误的。

A. $i=\omega_1/\omega_2$　　B. $i=n_1/n_2$　　C. $i=d_2/d_1$　　D. $i=z_2/z_1$

9. 采用轴端面作支承面的普通推力轴承,一般将轴颈端面挖空,其目的是________。

A. 使压强分布均匀　　B. 使滑动速度均匀

C. 提高轴刚度　　D. 提高轴强度

10. 在载荷比较平稳,冲击不大,但两轴轴线具有一定程度的相对偏移的情况下,两轴间通常宜选________联轴器。

A. 刚性固定式联轴器　　B. 刚性可移式联轴器

C. 弹性联轴器　　D. 安全联轴器

三、(共 12 分)

尖底对心直动从动件盘形凸轮机构,凸轮顺时针匀速回转,基圆半径 $r_0=40$mm。已知从动件升程 $h=30$mm,推程运动角 $\varphi_0=120°$,近休止角 $\varphi_s=60°$,回程运动角 $\varphi_0'=120°$,近休止角 $\varphi_s'=60°$,推程和回程均为等速运动,求:

(1)绘制从动件位移曲线;

(2)绘制凸轮轮廓曲线。(要求推程和回程的等分段≥4 个)

四、(共 10 分)

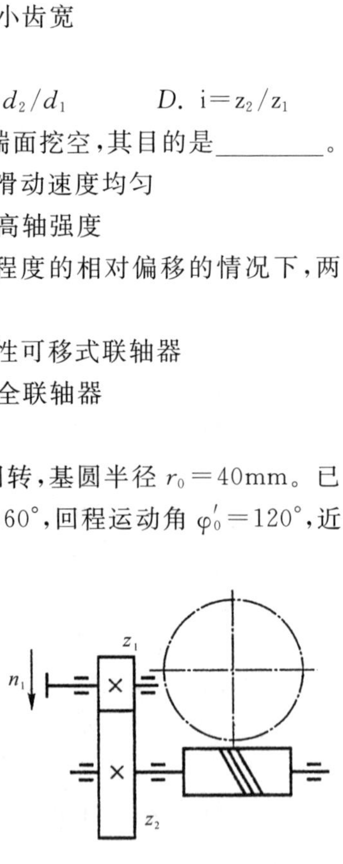

图示为斜齿圆柱齿轮和蜗杆传动的组合。已知输入轴上主动轮 z_1 的转向,蜗杆的螺旋角方向为右旋。为了使中间轴上的轴向力互相抵消一部分,试确定:

(1)斜齿轮 z_1 和 z_2 的螺旋角方向;

础试(四).四图

(2)蜗轮的转向；

(3)各轮轴向力的方向。

五、

图示一周转轮系，已知 $z_1=60$，$z_2=z'_2=z_3=z_4=20$，$z_5=100$。试求传动比 i_{41}。(10 分)

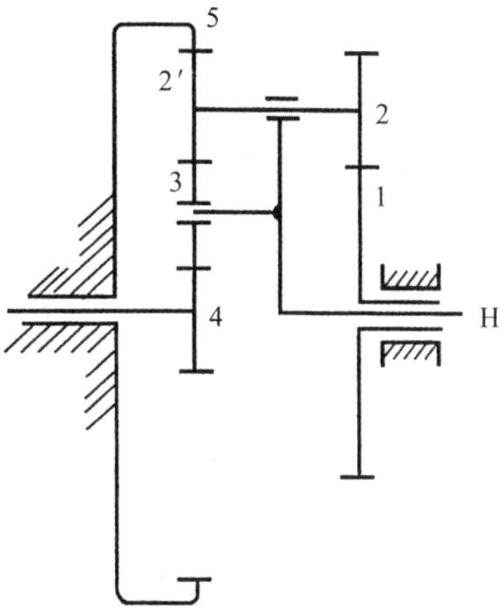

础试(四).五图

六、

某轴两端各由一个 30208 轴承支承，受力情况如图。$F_1=1200\text{N}$，$F_2=400\text{N}$，载荷系数 $K_P=1.2$。试分别求出两个轴承的当量动载荷。(12 分)

已知轴承基本额定动载荷 $C=34\text{kN}$，内部轴向力 $S=\frac{F_r}{2Y}$。

e	$F_a/F_r\leqslant e$		$F_a/F_r>e$	
	X	Y	X	Y
0.38	1	0	0.4	1.6

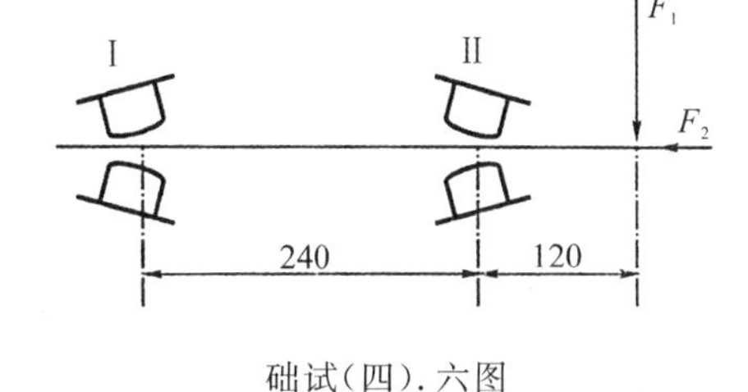

础试(四).六图

七、

如图所示为需要安装在轴上的带轮、齿轮及滚动轴承，为保证这些零件在轴上能得到正确的周向固定及轴向固定，请在图上作出轴的结构设计并画上所需的附加零件。(齿轮用油润滑，轴承用脂润滑)

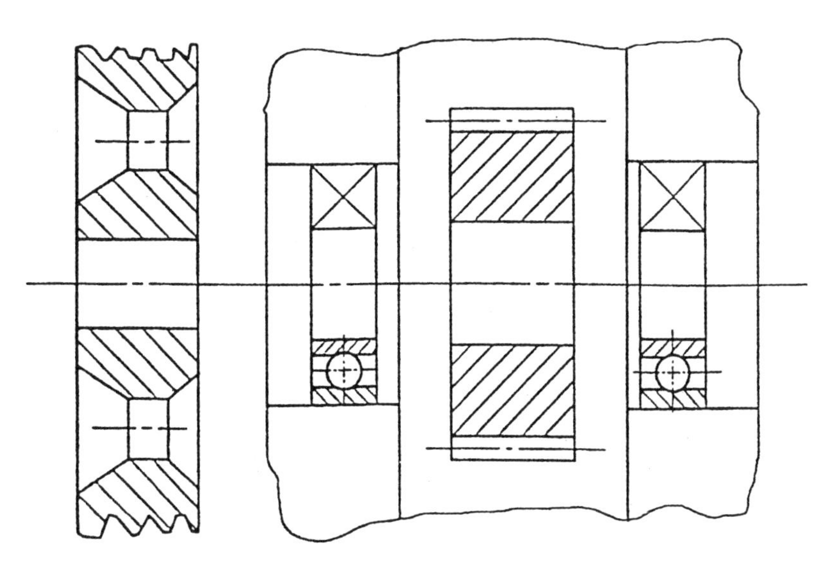

础试(四).七图

机械原理模拟试题

机械原理试题(一)

一、选择填空题(每小题 2 分,共 20 分)

1. 当要求从动件的转角须经常改变时,下面的间歇机运动机构中合适的是________。
   A. 不完全齿轮机构　B. 棘轮机构　C. 槽轮机构
2. 拟将曲柄摇杆机构改换为双曲柄机构,则应将原机构的________作为机架。
   A. 曲柄　B. 连杆　C. 摇杆
3. 速度与加速度的影像原理只适用于________上。
   A. 整个机构　B. 主动件　C. 同一构件　D. 相邻两构件
4. 在某一瞬时,在从动件运动规律不变的情况下,若减少凸轮的基圆半径,则压力角________。
   A. 增大　B. 减小　C. 保持不变
5. 正变位齿轮的分度圆齿厚________标准齿轮的分度圆齿厚。
   A. 小于　B. 等于　C. 大于
6. 斜齿圆柱齿轮的端面模数 m_t ________法面模数 m_n。
   A. 小于　B. 大于　C. 等于
7. 六杆机构的瞬心数目为:________。
   A. 12　B. 15　C. 10　D. 8
8. 自由度为 2 的周转轮系,称为________。
   A. 行星轮系　B. 差动轮系　C. 复合轮系
9. 静平衡的转子________是动平衡;动平衡的转子________是静平衡。
   A. 一定　B. 不一定　C. 一定不
10. 机械自锁的条件是________。
    A. 效率大于零　B. 效率大于 1　C. 效率小于或等于零

二、试计算图示机构的自由度,若有复合铰链、局部自由度和虚约束,试一一指出并确定该机构的级别(所拆出的基本杆组必须画图表示,并注明其级别)。(8 分)

原试(一). 二图

三、某机构的位置图和相应的速度多边形已如图所示，原动件 1 以等角速度 $\omega_1=4\text{rad/s}$ 转动。试用图解法求构件 3 在该瞬时的角加速度 ε_3。（14 分）

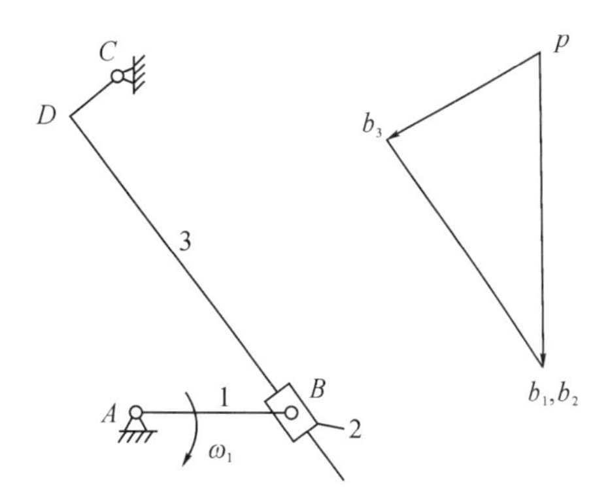

原试(一).三图

四、图示丝杠机构中，给定的生产阻力 Q 已画在图的右边，试用图解法求驱动力 F 及机械的瞬时效率 η。（10 分）

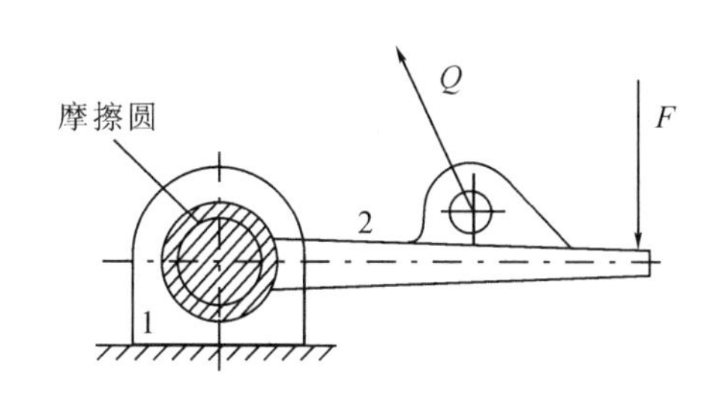

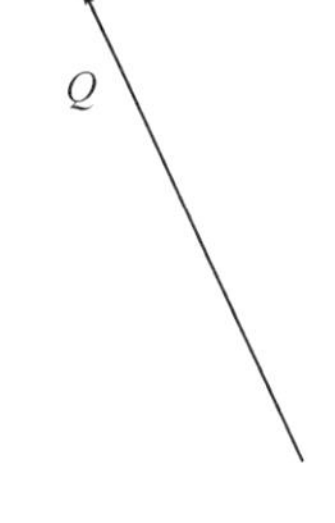

原试(一).四图

五、图示为一偏置曲柄滑块机构的示意图。已知曲柄长度 $l_{AB}=25\text{mm}$，连杆长度 $l_{CB}=95\text{mm}$，滑块行程 $H=60\text{mm}$。试用图解法求：(1)导路的偏距 e；(2)极位夹角 θ；(3)机构的行程速比系数 K。（10 分）

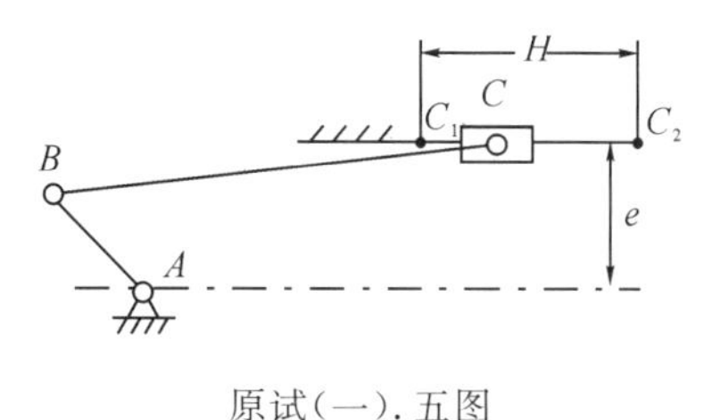

原试(一).五图

六、图示为滚子直动从动件盘形凸轮机构，凸轮为一偏心圆盘。试用图解法作出：(1)凸轮的理论廓线；(2)凸轮的基圆；(3)凸轮的推程运动角 δ_0；(4)从动件的升程 h；(5)图示位置的压力角 α；(6)从动件在图示位置的位移 S 及凸轮的转角 δ。（8 分）

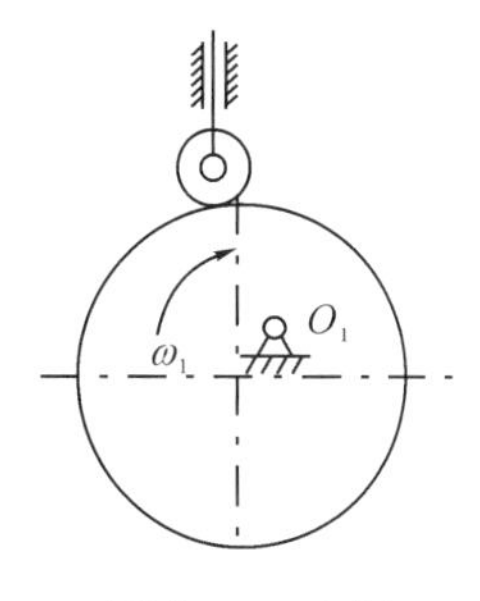

原试(一).六图

七、图示为一对外啮合直齿图柱齿轮的啮合图。已知分度圆压力角 $\alpha=20°$，啮合角 $\alpha'=30°$，节圆半径 $r'_1=43.403\text{mm}$，$r'_2=86.805\text{mm}$。试作：(1)计算两齿轮的基圆半径 r_{b1}、r_{b2} 和两齿轮的分度圆半径 r_1、r_2；(2)标出开始啮合点 B_2、终止啮合点 B_1，标明啮合点的轨迹；(3)在 C_2 齿廓右侧画出齿廓工作段，标出法节 p_n 和基节 p_{b1}；(4)回答其重合度 ε 可以如何求得。(10 分)

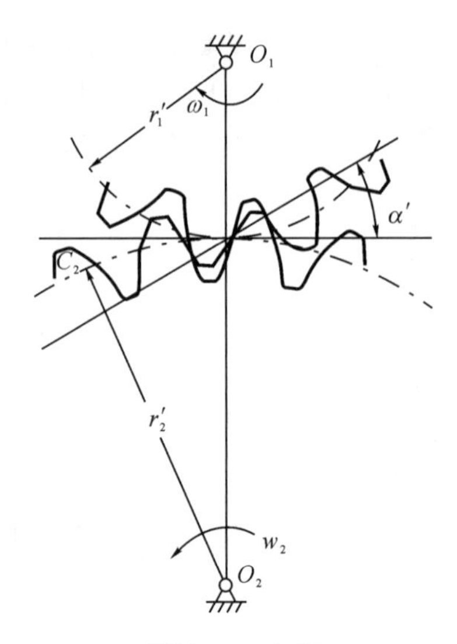

原试(一).七图

八、在图示的轮系中，各齿轮均为标准齿轮，并已知其齿数分别为 $z_1=34$，$z_2=22$，$z_4=18$，$z_5=35$，轮 1、轮 4、轮 6 轴线为同一直线。试求：(1)齿数 z_3 及 z_6；(2)计算传动比 i_{1H_2}。(8 分)

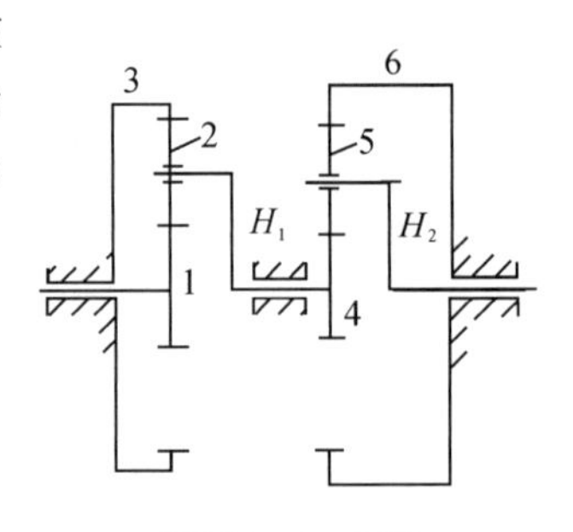

原试(一).八图

九、图示为电动机驱动曲柄压力机的示意图。已知电动机平均转速为 950r/min，V 带传动的传动比 $i_{12}=10$，两带轮绕各自质心的转动惯量为 $J_1=0.1\text{kg}\cdot\text{m}^2$，$J_2=30\text{kg}\cdot\text{m}^2$，不计其余构件的质量和转动惯量。设电机驱动力矩 M_d 为常数，以曲柄 2 为等效构件在稳定运转一周期内的等效阻力矩 $M_r(\varphi)$ 如图所示，许用运转不均匀系数 $[\delta]=0.1$。试计算：(1)飞轮应有的转动惯量 J_F；(2)曲柄的最高转速 n_{max}、最低转速 n_{min} 及其对应的曲柄位置 φ_{max}、φ_{min}。(12 分)

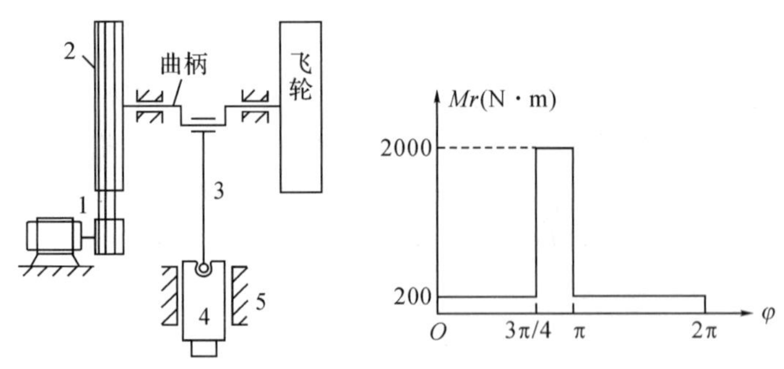

原试(一).九图

机械原理试题(二)

一、填空题(每小题2分,共10分)

1. 空间机构自由度的计算公式是________。

2. 平面机构中高副低代的条件是代替前后机构的__________和__________。

3. 渐开线直齿圆柱齿轮的法向齿距与基圆齿距的相同点是________,不同点是________。

4. 机械平衡的目的是________;机械调速的目的是________。

5. 若周转轮系的自由度为2,则称其为________轮系,若周转轮系的自由度为1,则称其为________轮系。

二、选择填空题(每小题2分,共10分)

1. 拆分杆组,含有4杆6低副的机构,其机构级别为________。

 A. Ⅱ级机构　　B. Ⅲ级机构　　C. 不确定

2. 避免凸轮实际廓线失真的方法正确的是:________。

 A. 减小滚子圆半径　　B. 减小凸轮基圆半径

 C. 增大滚子圆半径　　D. 增大凸轮基圆半径

3. 机械实际效率是________。

 A. 大于或等于0小于1的　　B. 可以小于0

 C. 可以等于或大于1

4. 间隙运动(步进运动)机构中________。

 A. 棘轮机构运动中具有冲击和噪声

 B. 棘轮机构运动中没有冲击和噪声

 C. 槽轮机构运动系数τ大于零,槽数z应大于3

 D. 槽轮机构运动系数τ大于零,槽数z应小于3

5. 一对渐开线外啮合标准直齿圆柱齿轮,$m=2\text{mm}$,$z_1=20$,$z_2=45$,中心距$a'=66\text{mm}$,则________。

 A. 节圆与分度圆重合　　B. 节圆与分度圆不重合

 C. 节圆小于分度圆

三、判断题(正确的填"√",不正确的填"×",每小题2分,共10分)

1. 自由度为零的运动链称为基本杆组。________

2. 即使摩擦系数为零的机构,在处于死点位置时机构也不能动。________

3. 盘形回转凸轮的基圆半径等于其轮廓曲线的最小向径。________

4. 渐开线直齿圆柱齿轮传动时,两轮的节圆为纯滚动,其齿廓间的相对运动也是纯滚动的。________

5. 为减少飞轮的重量和尺寸,应将飞轮安装在高速轴上。________

四、图示为一内燃机的机构运动简图。试解答:(1)计算其自由度,并分析组成此机构的基本杆组;(2)如在该机构中改选 EG 为原动件,试问此机构的基本杆组是否与前者有所不同?(15 分)

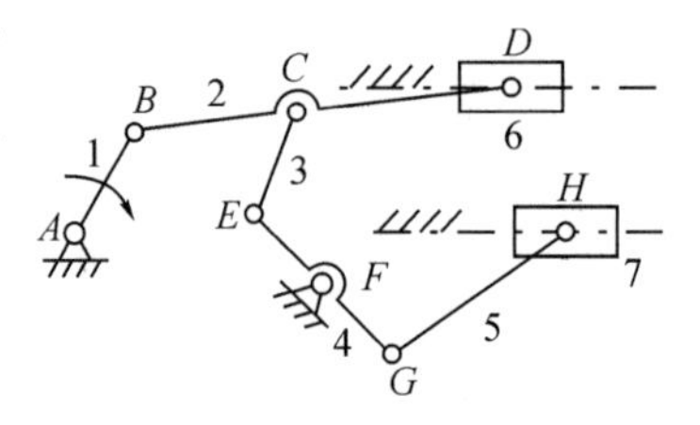

原试(二).四图

五、试述铰链四杆机构 $ABCD$“存在一个曲柄的条件和各杆间的相对运动关系”这两个问题的分析途径与结论。(15 分)

六、设计如图所示 2K-H 行星齿轮减速器,已知行星轮数 $k=4$,并采用标准齿轮传动,要求减速比 $i\approx5.33$。试确定各齿轮的齿数。(15 分)

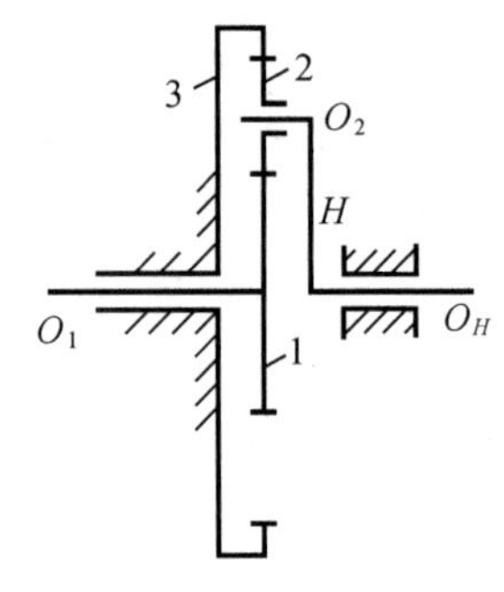

原试(二).六图

七、在某机构中,已知空程和工作行程中消耗于克服阻抗力的恒功率分别为 $N_1=400\text{W}$,$N_2=4000\text{W}$(如图所示)。主轴的平均转速 $n_m=1000\text{r/min}$,飞轮装在主轴上。当运转不均匀系数 $\delta=0.05$ 并略去各构件的重量与转动惯量时,计算飞轮应有的转动惯量 J_{F_0}(10 分)

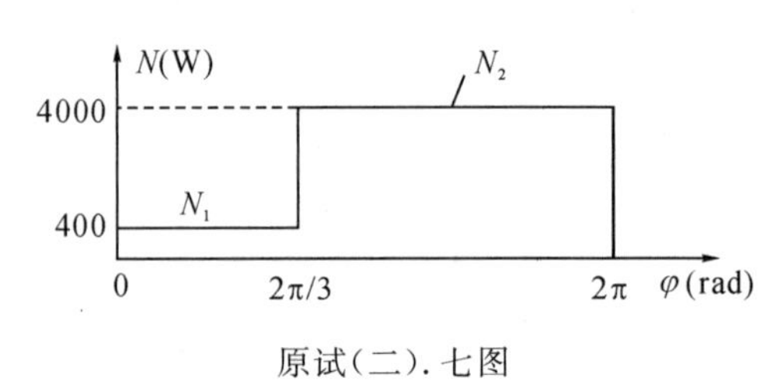

原试(二).七图

八、已知偏置直动尖底从动件盘形回转凸轮机构的运动规律如图 δ_1-S_2 曲线(长度比例尺 $\mu_l=1\text{mm/mm}$),凸轮的基圆半径 $r_0=17\text{mm}$,从动件导路偏置于凸轮轴心 O 的右方 $e=8\text{mm}$,凸轮以角速度 ω_1 逆时针方向回转。试用相同长度比尺绘制凸轮轮廓曲线。(15 分)

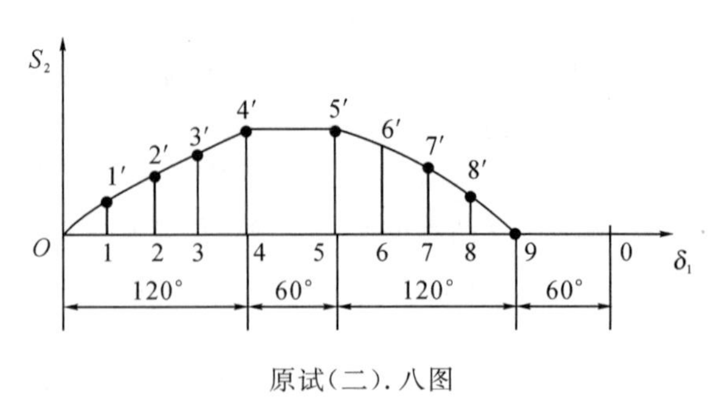

原试(二).八图

机械原理试题(三)

一、选择填空题(每小题 2 分,共 10 分)

1. 若忽略摩擦,一对渐开线齿廓啮合时齿廓间作用力沿着________方向。

A. 齿廓公切线　　B. 节圆公切线　　C. 中心线　　D. 基圆内公切线

2. 刚性转子动平衡的力学条件是________。

A. 惯性力系的主矢为零　　B. 惯性力系的主矩为零

C. 惯性力系的主矢、主矩均为零

3. 在对心直动尖顶(或滚子)推杆盘形回转凸轮机构中,增大凸轮的基圆半径,其压力角将________。

A. 增大　　B. 减小　　C. 不变

4. 蜗杆蜗轮机构的传动比不等于________。

A. d_2/d_1　　B. z_2/z_1　　C. $z_2/(q\tan\lambda)$

5. 如果拆分杆组时,活动构件为 6 个,则其低副数应为________个。

A. 7　　B. 8　　C. 9

二、填空题(每小题 2 分,共 10 分)

1. 三心定理意指作平面运动的三个构件之间共有________个瞬心,它们位于________。

2. 在曲柄滑块机构中,以滑块为主动件、曲柄为从动件,则曲柄与连杆处于共线时称机构处于________位置,而此时机构的传动角为________度。

3. 铰链五杆机构是________级机构。

4. 机构中原动件、从动件"角色"互换以后,________运动不变,其原因是________。

5. 外啮合槽轮机构的径向槽数 z 应________。

三、是非题(在题干括号内正确的填"√",错误的填"×";每小题 2 分,共 10 分)

1. 铰链四杆机构的压力角是指在不计摩擦情况下,连杆作用于主动件的力与该力作用点速度间所夹的锐角。(　　)

2. 在实现相同运动规律时,如果滚子从动件盘形回转凸轮机构的凸轮基圆半径增大,其压力角将减少。(　　)

3. 机械系统的等效力矩等于该机械系统中所有力矩的代数和。(　　)

4. 变位系数 $x=0$ 的齿轮一定是标准齿轮。(　　)

5. 任何机构的从动件系统的自由度都等于零。(　　)

四、图示轴颈与轴承组成的回转副、轴颈等速运转;已知 r_ρ 为摩擦圆半径,Q 为作用于轴颈上的外载荷。要求:(1)写出轴颈所受总反力 R_{12} 的大小,并在图上画出其方向;(2)写出驱动力矩 M_d 的表达式,并在图中画出方向。(10 分)

Q　ω　r_ρ　2　1

原试(三).四图

五、图示为等效构件在一个稳定运转循环内的等效驱动力矩 M_d 与等效阻力矩 Mr 的变化曲线,图中各部分的"面积"的值代表功的值 W(N·m);要求:(1)确定最大盈亏功 $\Delta\omega_{max}$ 不均匀系数 $\delta=0.1$,试求等效构件的最小角速度 ω_{min}、最大角速度 ω_{max} 的数值及相应发生的位置。(15 分)

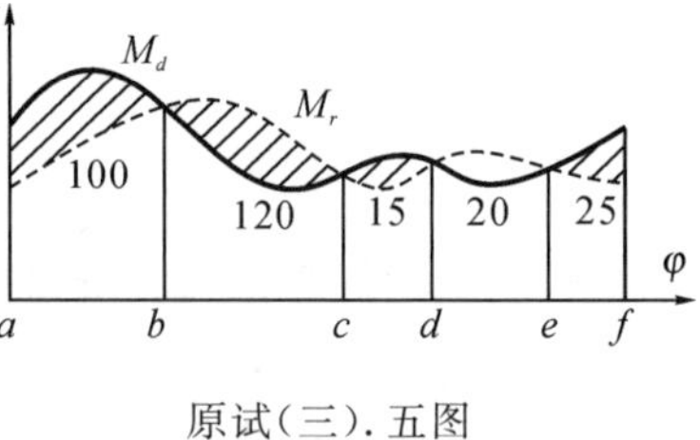

原试(三).五图

六、在图示凸轮机构中,圆弧底摆动推杆与凸轮在 B 点接触。当凸轮从图示位置逆时针转过 90°时,试用图解法标出 t:(1)推杆在凸轮上的接触点;(2)摆杆位移角的大小;(3)凸轮机构的压力角。(10 分)

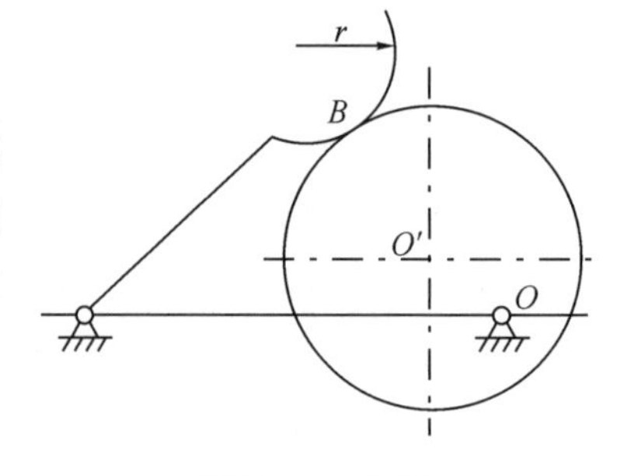

原试(三).六图

七、图示轮系中,各轮模数和压力角均相同,都是标准齿轮,各轮齿数为 $z_1=23, z_2=51, z_3=92, z'_3=80, z_4=40, z'_4=17, z_5=33, n_1=1500\text{r/min}$,转向如图所示。试求齿轮 2′的齿数 z'_2 及 n_A 的大小和方向。(10 分)

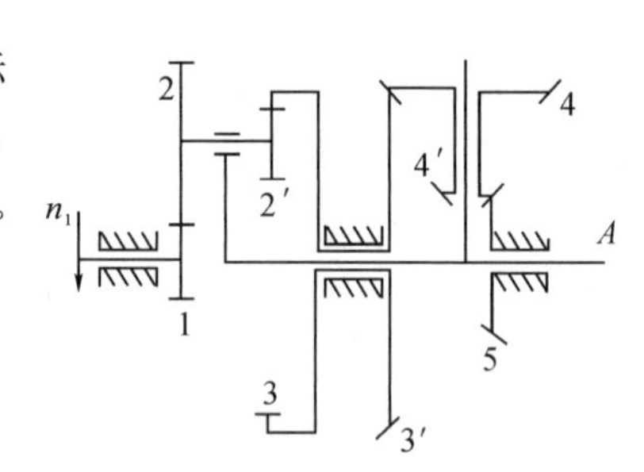

原试(三).七图

八、图示为空间斜盘机构的运动简图,主动件 1 作整周回转,试计算其自由度。(7 分)

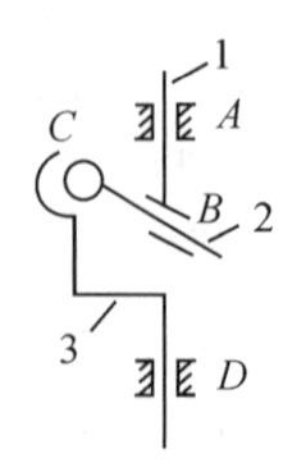

原试(三).八图

九、六角车床刀架转位机构中,已知槽数 $z=6$,槽轮静止时间 $t_s=0.6\text{s}$,运动时间 $t_m=2t_s$,求槽轮机构的运动系数 τ 及所需的圆销数 n。(8 分)

十、图示为牛头刨床的一个机构设计方案简图。设计者的意图是动力由曲柄 1 输入，通过滑块 2 使摆动导杆 3 做往复摆动，并带动滑枕 A 往复移动以达到刨削的目的。试分析该方案有无结构组成原理上的错误(需要说明理由)。若有请提出修改方案。(10 分)

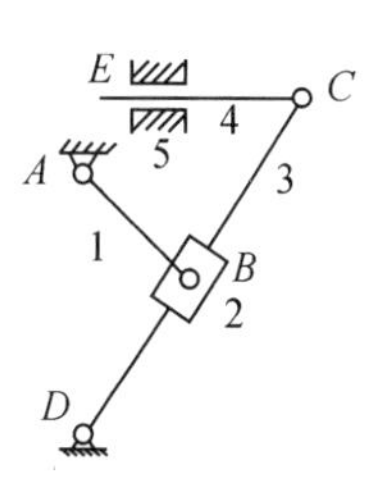

原试(三).十图

机械原理试题(四)

一、选择填空题(每小题 2 分,共 12 分)

1. 具有相同理论廓线，只有滚子半径不同的两个对心直动滚子从动件盘形回转凸轮机构，其从动件的运动规律________，凸轮的实际________。

   A. 相同　　B. 不同　　C. 不一定

2. 从机械效率的观点看，机构发生自锁是由于________。

   A. 驱动力太小　　B. 生产阻力太大　　C. 效率小于零　　D. 摩擦力太大

3. 一个机构共有 5 个构件，含五个低副、一个高副，则该机构的自由度是________。

   A. 1　　B. 2　　C. 3

4. 在棘轮机构中，棘轮的一个转角一般是________。

   A. 摇杆的摆角　　B. 棘爪的摆角　　C. 棘轮相邻两齿所夹中心角的倍数

5. 在摆动导杆机构中，若以曲柄为原动件时，该机构的压力角为________度，传动角为________。

   A. 90　　B. 45　　C. 0

6. 在对心直动平底推杆从动件盘形回转凸轮机构中，增大凸轮的基圆半径，其压力角将________。

   A. 增大　　B. 减小　　C. 不变

二、选择题(每小题 2 分,共 18 分)

1. 机构中的“死点”与自锁的含义，二者相同的是此时机构________运动，不同的是________________。

2. 相同端面尺寸的一对直齿圆柱齿轮与一对斜齿圆柱齿轮，斜齿轮啮合传动的重合度较直齿轮________；一对锥齿轮啮合的重合度可近似地按其________的重合度计算。

3. 在平面中，不受约束的构件自由度等于________，两构件组成移动副后的相对自由度等于________。

4. 图示的三个铰链四杆机构，图(a)是________机构、图(b)是________机构，图(c)是________机构。

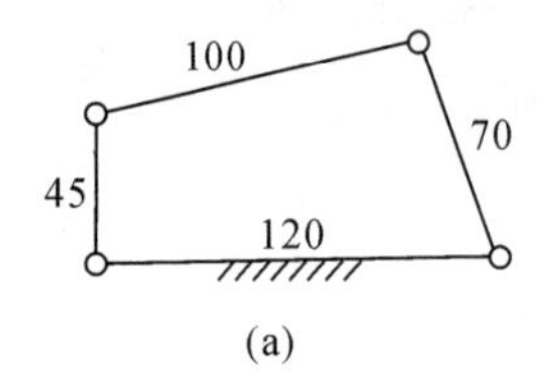

(a)

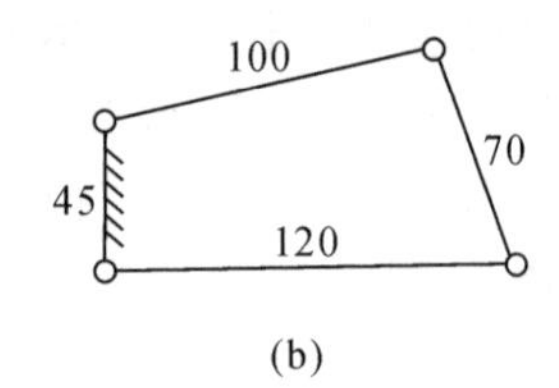

(b)

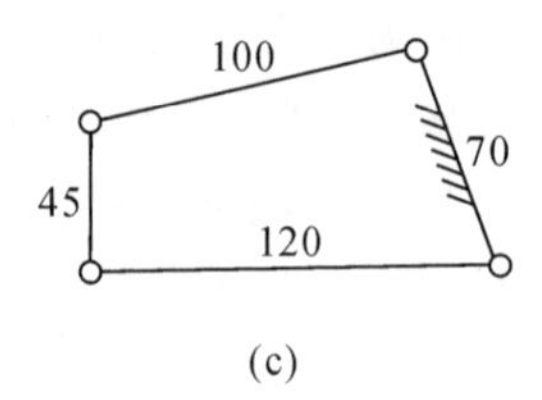

(c)

原试(四).一.4 图

5. 两构件 1、2 的重合点之间具有科氏加速度的条件是其牵连运动为________动，相对运动为________动；科氏加速度的大小为________。

6. 普通圆柱蜗杆蜗轮传动中，蜗轮的转向取决于________________。

7. 某机械主轴实际转速在平均转速的±3%范围内变化，则其运转速度不均匀系数 δ =________。

8. 基本杆组是不可再分的自由度为________的运动链；机构组成原理是任何机构都可以看成是由若干个基本杆组依次连接于原动件和________上而构成的。

9. 建立机械系统等效动力学模型时应遵循________和________两个原则。

三、图示为一个机构设计方案的运动简图，原动件作定轴转动，能否实现输出构件往复移动并说明理由，如不能请提出修改意见。(10 分)

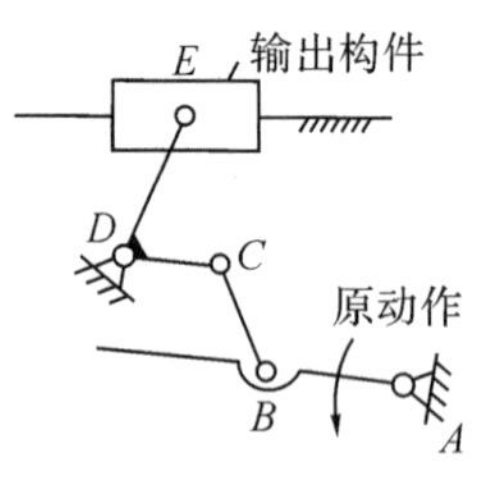

原试(四).三图

四、按一定长度比尺 μ_l 绘制的图示转动导杆机构，已知各杆的长度及构件 1 的等角速度 $\boldsymbol{\omega}_1$。试简述用矢量方程图解法求构件 3 的角速度 $\boldsymbol{\omega}_3$ 及角加速度 $\boldsymbol{a}_3$ 的过程。(12 分)

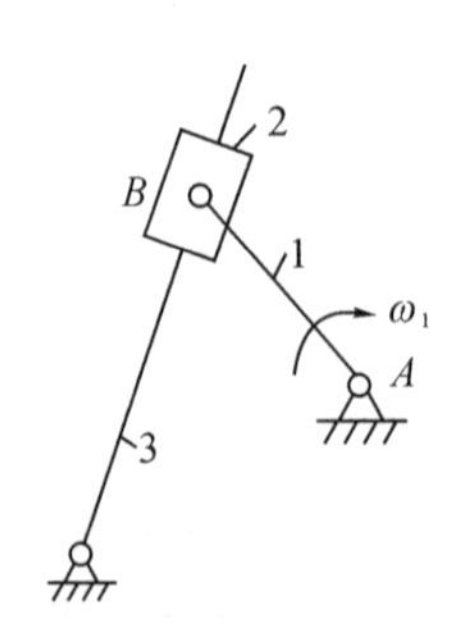

原试(四).四图

五、在图示摆动导杆机构中，已知构件 1 的角速度 $\boldsymbol{\omega}_1$ 顺时针转动及各构件尺寸。试求：(1)构件 1,3 的相对瞬心；(2)构件 3 的角速度 $\boldsymbol{\omega}_3$；(3)R 点的速度v_R；(4)构件 2 的角速度 $\boldsymbol{\omega}_2$。(10 分)

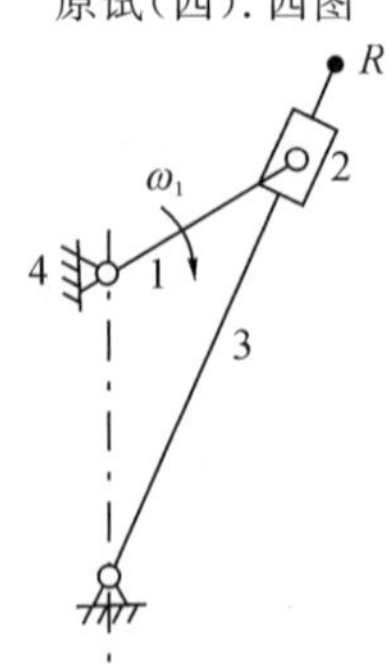

原试(四).五图

六、在图示轮系中，已知各轮的齿数：$z_1=20$，$z_2=30$，$z_3=z_4=12$，$z_5=36$，$z_6=18$，$z_7=68$。试求该轮系的传动比 i_{1H}，并说明其轮系拆分。（10分）

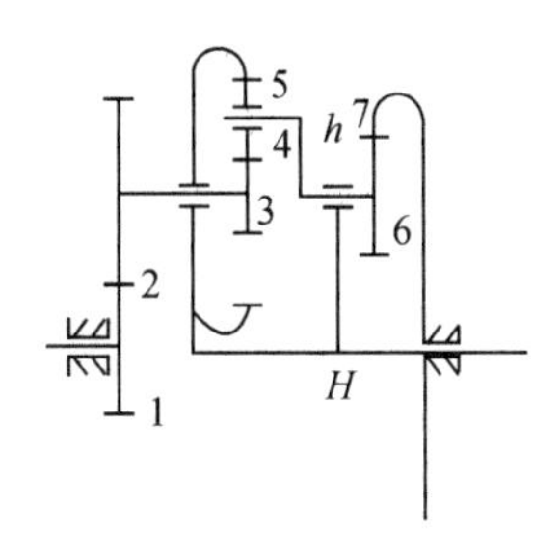

原试(四).六图

七、直齿圆柱齿轮变速箱中各轮的齿数、模数、齿顶高系数和中心距如图示。要求：指出齿轮副 z_1、z_2 和齿轮副 z_3、z_4 各应采用何种变位齿轮传动类型，并简述其理由（8分）

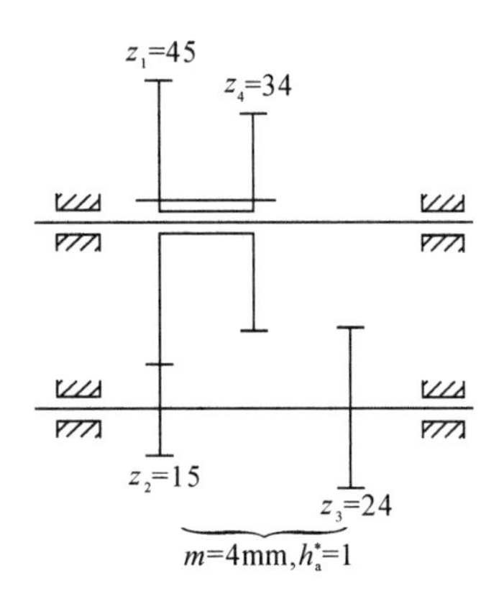

原试(四).七图

八、在图示凸轮机构中，已知凸轮的角速度 ω 逆时针方向回转；a 为实际廓线推程起始点，b 为实际廓线推程终止点，c 为实际廓线回程起始点，d 为实际廓线回程终止点。试作图表示：(1)凸轮的基圆并标注其半径 r_0；(2)推杆的行程 h；(3)当前位置时的压力角 α 和位移 s；(4)凸轮的偏心距 e；(5)凸轮的推程运动角 δ_0、回程运动角 δ_0'、远休止角 δ_s 和近休止角 δ_s'。

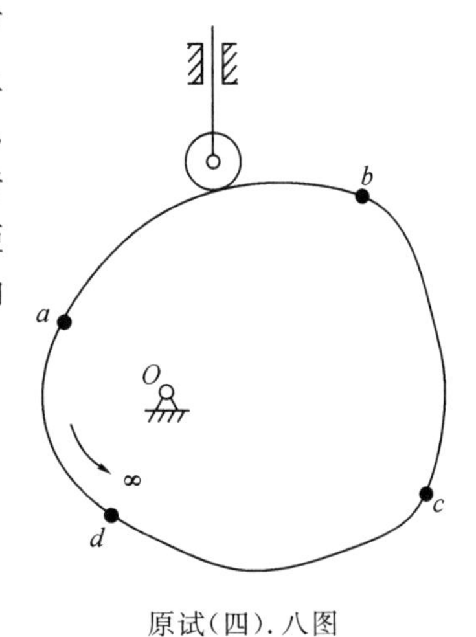

原试(四).八图

九、图示薄盘钢制凸轮，已知重量为8N重心 S 与回转轴心 O 点之距 $e=2\text{mm}$，凸轮厚度 $\delta=10\text{mm}$，钢的重度 $\gamma=7.8\times10^5\text{N/m}^3$，拟在 $R=30\text{mm}$的圆周上的钻三个半径相同的孔（位置如图所示）使凸轮平衡，试求所钻孔的直径 d。（10分）

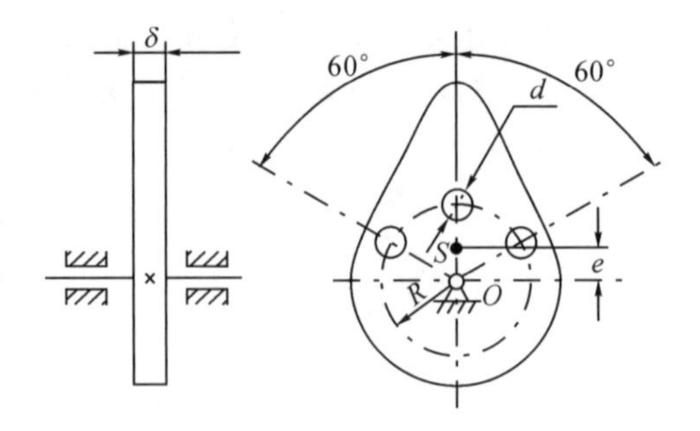

原试（四）．九图

十、在图示的对称八杆机构中，已知导路 $EG\perp FH$，构件1、2、3、4的长度相等。试计算该机构的自由度。（8分）

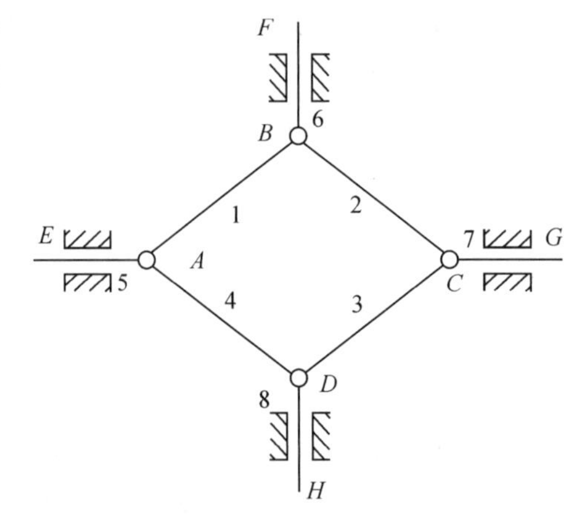

原试（四）．十图

机械设计模拟试题

机械设计试题(一)

一、选择填空题(每小题 2 分,共 10 分)

1. 结构尺寸相同的零件,当采用________材料制造时,其有效应力集中系数最大。

A. HT200　　B. 40CrNi　　C. 35 号钢　　D. 45 号钢

2. 带传动的传动比与小带轮的直径一定时,若增大中心距,则小带轮上的包角________。

A. 减小　　B. 增大　　C. 不变

3. 紧螺栓联接拧紧螺母后,螺栓危险截面上承受________作用。

A. 纯拉伸应力　　B. 纯扭切应力　　C. 拉伸应力和扭切应力

4. 为了减轻摩擦副的表面疲劳磨损,下列措施中________是不合理的。

A. 降低表面粗糙程度　　B. 增大润滑油黏度

C. 提高表面硬度　　D. 提高相对滑动速度

5. 有 A、B 两个材料、簧丝直径 d、有效圈数 n 均相同的圆柱螺旋压缩弹簧,弹簧中径 $D_{2A}>D_{2B}$,则在同样载荷作用下,变形 λ_A ________ λ_B,应力 τ_A ________ τ_B。

A. $\geqslant$　　B. $=$　　C. $<$

二、填空题(每小题 2 分,共 10 分)

1. 工业用润滑油的粘度主要受________及________的影响。

2. 链传动中,即使主动链轮的角速度是常数,也只有当________________时,从动轮的角速度才能得到恒定值。

3. 液体动压润滑向心滑动轴承的偏心距 e 是随着轴颈转速 n 的________或载荷 F 的________而减小的。

4. 滚动轴承的内径和外径的公差带统一采用上偏差为________,下偏差为________的分布。

5. 机械传动系统中,通常为减小制动力矩,制动器宜装在________轴上,但如矿井提升机等大型设备的安全制动器则应安装在________________轴上。

三、判断题(每小题 2 分,共 10 分)

1. 标准平键的承载能力通常取决于键的剪切强度。(　　)

2. 为了限制蜗轮滚刀的数目,有利于滚刀标准化,规定蜗杆分度圆直径为标准值。(　　)

3. 两等宽的外圆柱体接触,其直径 $d_1=2d_2$,弹性模量 $E_1=2E_2$,则其接触应力为 $\sigma_{H_1}=\sigma_{H_2}$。(　　)

4. 对于循环基数 $N_0=10^7$ 的金属材料,应用公式 $\sigma N^m=C$ 是正确的。(　　)

5. 一对标准直齿圆柱齿轮传动，已知 $z_1=20$，$z_2=50$，它们的复合齿形系数是 $Y_{FS1}>Y_{FS2}$。（　　）

四、某汽缸用紧螺栓联接，螺栓的轴向工作载荷在 $0\sim Q_F$ 间变化（见题图）。(1)试在题给的螺栓联接力—变形图（图 a）上，标出预紧力 Q_0，剩余预紧力 Q_r，螺栓所受的轴向工作载荷变化（$0\sim Q_F$）；在螺栓拉力—变形图中，标出 Q_{max}（螺栓最大拉力）、Q_{min}（螺栓最小拉力）及 Q_a（螺栓拉力幅）；(2)在题给的该零件许用极限应力图（图 b）上，直接按作图法求出相应于螺栓最小工作应力 σ_{min} 的极限应力点 M′；(3)由题给的极限应力图，按比例标出满足应力幅强度条件[S]=2 时的工作应力点 M。(15 分)

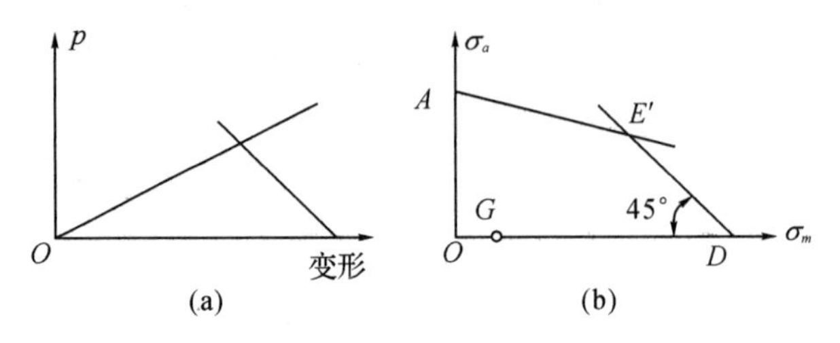

设试(一). 四图

五、在题图示传动系统中，构件 1、5 和构件 2、6 分别为蜗杆和蜗轮，构件 3、4 和构件 7、8 分别为斜齿圆柱齿轮和直齿锥齿轮。已知蜗杆 1 为主动件，要求输出齿轮 8 的回转方向如题图所示。试确定：(1)各轴的回转方向（画在图上）；(2)考虑轴Ⅰ、Ⅱ、Ⅲ所受轴向力能抵消一部分，定出各蜗轮、蜗杆、斜齿圆柱齿轮的螺旋线方向和各构件的轴向力方向。(15 分)

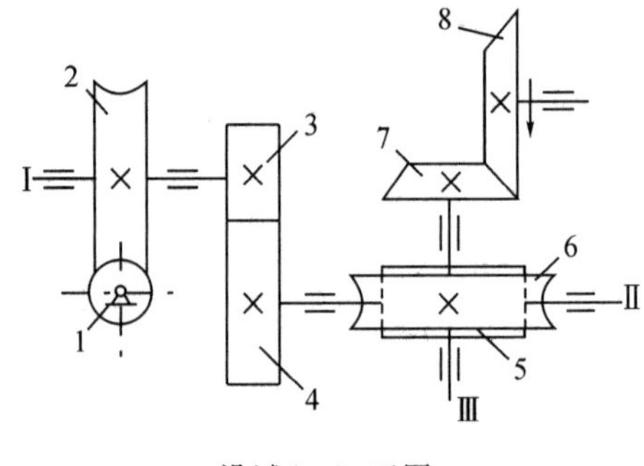

设试(一). 五图

六、某牛头刨床由一台电动机并联驱动两条需严格协调运动的传动链；一为电动机通过连杆等驱动刀座纵向往复切削与反回，另一为通过间歇回转、螺旋等驱动固装被切削工件的工作台横向间歇进给。刀座的工作行程和反回行程已标注在题图所示的运动循环图中，请在该图的工作台一栏相应标注其进给和停止的协调运动关系。(9 分)

刀座	工作行程	空回行程
工作台		

设试(一). 六图

七、题图所示的小锥齿轮轴系部件结构图(小锥齿轮与轴一体为齿轮轴)。试改正图中不合理或错误结构,并予以简述。(15 分)

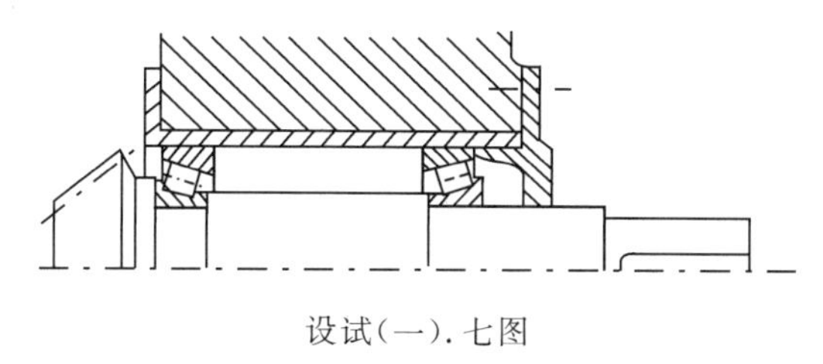

设试(一).七图

八、问答题

1. 试列举三例阐述机械设计中哪些方面内容必须考虑发热温升的问题,以及对此采取的措施。(8 分)

2. 试就机械的①功能原理、②机构、③结构、④材料、⑤能源动力、⑥制造技术、⑦设计理论和方法、⑧机电一体化、⑨人工智能、⑩人—机工程等十个方面的创新举出例子。(8 分)

机械设计试题(二)

一、选择填空题(每小题 2 分,共 10 分)

1. 对于承受简单的拉、压、弯及扭转等体积应力的零件,其相应应力 σ 与外载荷 F 成________关系;对于理论上为线接触的两接触表面处的接触应力 σ 与法问外载荷 F 成________关系。

   A. 线性　　B. $\sigma \propto \sqrt[3]{F}$　　C. $\sigma \propto \sqrt{F}$　　D. $\sigma \propto F^2$

2. 某截面形状一定的零件,当其尺寸增大时,其疲劳极限值将随之________。

   A. 增高　　B. 降低　　C. 不变　　D. 规律不变

3. 某过盈配合联接,若仅将过盈量增加一倍,则传递转矩________。

   A. 增加一倍　　B. 增加二倍　　C. 增加四倍　　D. 不变

4. 起吊重物用的手动蜗杆传动,宜采用________蜗杆。

   A. 单头、小导程角　　B. 单头、大导程角　　C. 多头、小导程角　　D. 多头、大导程角

5. 圆柱形压缩螺旋弹簧的工作圈数 n 是按弹簧的________要求,通过计算确定的。

   A. 强度　　B. 安装空间和结构　　C. 稳定性　　D. 刚度

二、填空题(每小题 2 分,共 10 分)

1. 机械零件振动稳定性的计算准则是________________。

2. 在选择滑动轴承润滑油时,对液体摩擦轴承主要考虑油的________;对非液体摩擦

轴承主要考虑油的________。

3. 在基本额定动载荷下，滚动轴承可以工作________转而不发生点触失效，其可靠度为________。

4. 链传动链节距大，优点是____________，缺点是____________。

5. 对承受轴向载荷的紧螺栓联接，欲降低应力幅提高疲劳强度的措施有____________同时____________。

三、判断题(每小题 2 分，共 10 分)

1. 用联轴器联接的两轴直径必须相等，否则无法工作。(　　)

2. 为了不过于严重削弱轴和轮毂的强度，两个切向键最好布置成在轴的同一母线上。(　　)

3. 带传动失效的原因是弹性滑动。(　　)

4. 直齿锥齿轮强度计算中，是以平均分度圆处的当量直齿圆柱齿轮为计算依据的。(　　)

5. 在校核轴的危险截面的安全系数时，在该截面处同时有圆角、键槽等应力集中源，此时应采用最大的应力集中系数进行计算。(　　)

四、45 号钢经调质处理后的性能为 $\sigma_{-1}=300\text{MPa}$，$m=9$，$N_0=10^7$ 次，以此材料作试件进行试验，先以对称循环变应力 $\sigma_1=500\text{MPa}$ 作用 $N_1=10^4$ 次，再以 $\sigma_2=400\text{MPa}$ 作用于试件，求还能循环多少次才会使试件破坏。(12 分)

五、在题图所示直齿—锥柱齿轮减速器中，已知各齿轮皆为标准齿轮，齿数 $z_1=19$，$z_2=38$，$z_3=19$，$z_4=79$，圆锥齿轮模数 m、平均分度圆直径 d_{m2}，斜齿圆柱齿轮模数 m_n；若输入转矩 $T_{\text{I}}=100\text{N}\cdot\text{m}$，转速 $n_{\text{I}}=800\ \text{r/min}$，齿轮与轴承效率均取为 1，Ⅲ转转向如题图所示。求：(1)计算各轴的转矩与转速，并标出Ⅰ、Ⅱ轴的转向；(2)若要使大锥齿轮和小齿轮 3 的轴向力完全抵消，试简要阐述斜齿圆柱齿轮 3 应有螺旋角 β_3 求解的思路；(3)标出各齿轮的受力点及径向力、圆周力、轴向力的方向。(12 分)

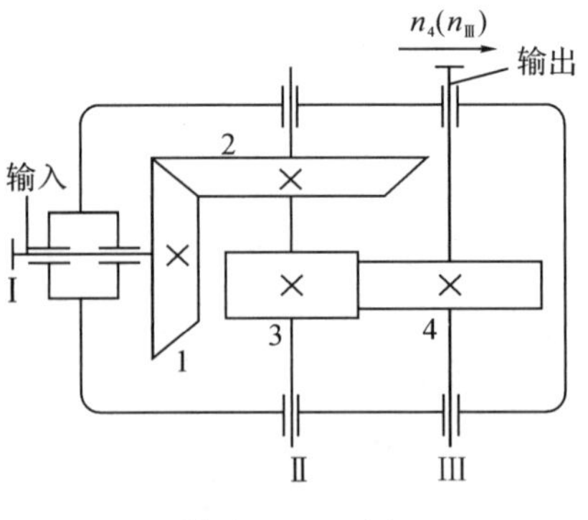

设试(二). 五图

六、题图所示为用于驱动起重卷筒设备中减速传动装置。已知蜗杆3螺旋线方向为右旋，各轮齿数 $z_1=21$，$z_2=63$，$z_3=1$，$z_4=40$，卷筒直径 $D=260\text{mm}$，工作时的机械效率：联轴器 $\eta_c=0.99$，一对轴承 $\eta_r=0.99$，齿轮 $\eta_g=0.98$，蜗杆 $\eta_w=0.78$。试确定：(1)电动机的转动方向及所需转速 n_1 的大小；(2)起吊重量 G 时电动机所需输出功率 P_0；(3)蜗轮4的螺旋线方向；若要求Ⅱ轴轴向力尽可能小时，齿轮1、2的螺旋线方向。(15分)

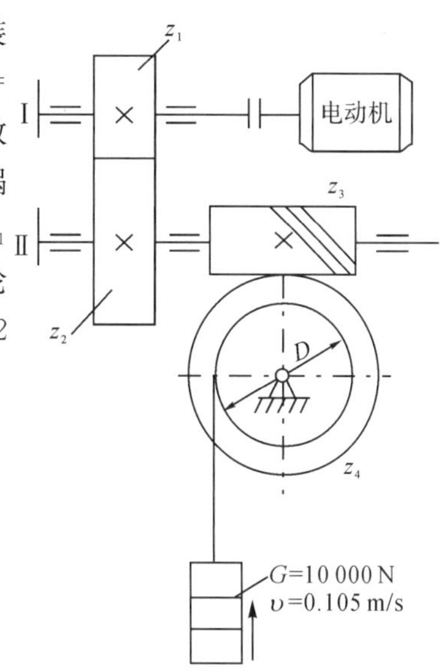

设试(二).六图

七、请指出题图中螺纹联接的结构不合理或错误之处。(15分)

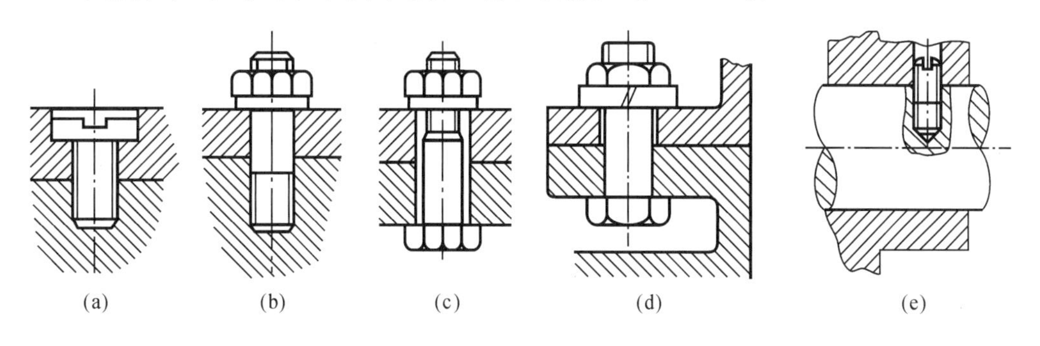

设试(二).七图

八、问答题

1. 齿轮传动强度计算公式和校核公式是等价的，试分别阐述针对软齿面、硬齿面钢制或铸铁齿轮、闭式齿轮和开式齿轮传动的具体应用。(8分)

2. 试就①螺纹联接和螺旋传动、②键联接和不可拆联接、③带传动、④链传动、⑤齿轮传动、⑥蜗杆传动、⑦滑动轴承、⑧联轴器、⑨弹簧与⑩导轨等10个方面的创新举出例子。(8分)

机械设计试题(三)

一、选择填空题(每小题 2 分,共 10 分)

1. 题图所示的传动装置,轮 1 为主动轮,则轮 2 的齿面接触应力按________变化。

   A. 对称循环

   B. 脉动循环

   C. 循环特性 $r=-0.5$ 的循环

   D. 循环特性 $r=+1$ 的循环

设试(三).一.1 图

2. 圆柱螺旋压缩弹簧受工作载荷时弹簧丝的最大应力发生在________。

   A. 弹簧丝截面外侧　B. 弹簧丝截面内侧　C. 弹簧丝的中心　D. 到处都一样

3. 用________提高带传动的传递功率是不合理的。

   A. 适当增加预紧力　　　　B. 增大轴间距离

   C. 增加带轮表面粗糙度　　D. 增大小带轮基准直径

4. 在润滑良好的条件下,为提高蜗杆传动的啮合效率,可采用的方法是________。

   A. 减少齿面滑动速度　　B. 减少蜗杆头数

   C. 增加蜗杆头数　　　　D. 增大蜗杆直径系数

5. 轴上键槽用片铣刀加工的优点是________,这种键槽采用________键。

   A. 装配方便　B. 对中性好　C. 减小应力集中　D. 圆头

   E. 单圆头　F. 方头

二、填空题(每小题 2 分,共 10 分)

1. 规律性非稳定变应力疲劳强度计算是先将非稳定变应力转化成为一个________________等效稳定变应力 σ_v,然后再按____________进行疲劳强度计算。

2. 钢的强度极限愈高,对________愈敏感;表面愈粗糙,____________愈低。

3. 润滑油最重要的性能指标是________;粘度是______________的能力。

4. 链传动设计时,链条节数应优先选择________,这主要是为了避免采用________,防止受到附加弯矩的作用、降低其承载能力。

5. 支承定轴线齿轮传动的转轴,轴横截面上某点的弯曲应力循环特性 $r=$________;而其扭转应力的循环特性 $r=$________。

三、判断题(每小题 2 分,共 10 分)

1. 相同公称尺寸的三角形细牙螺纹和粗牙螺纹相比,细牙螺纹自锁性差、强度低。(　　)

2. 普通圆柱蜗杆传动在蜗轮法向平面内的模数和压力角为标准值。(　　)

3. 滚动轴承预紧的目的是为了提高轴承的刚度和旋转精度。(　　)

4. 在传动系统中,制动器通常装在高速轴上以减小制动力矩。(　　)

5. 焊缝的许用应力是由焊接工艺的质量、焊条和被焊件材料、载荷性质等决定的。(　　)

四、某钢制轴受稳定交变弯曲应力（应力循环特性 r 为常数）作用，危险截面的最大工作应力 $\sigma_{max}=250\text{MPa}$，最小工作应力 $\sigma_{min}=-50\text{MPa}$，材料的机械性能 $\sigma_{-1}=450\text{MPa}$，$\sigma_0=700\text{MPa}$，$\sigma_s=800\text{MPa}$，轴危险截面处的综合影响系数 $k_\sigma=2.0$，寿命系数 $K_N=1.2$。试进行：(1)绘制该轴的简化疲劳极限应力图；(2)分别用图解法和解析法计算轴的安全系数。(13 分)

五、某螺栓联接的预紧力为 $Q_0=15000\text{N}$，测得此时螺栓伸长 $\delta_1=0.1\text{mm}$，被联接件缩短 $\delta_2=0.05\text{mm}$，在交变轴向工作载荷下，如要求残余预紧力不小于 $Q_{rmin}=9000\text{N}$，试求：(1)所允许交变轴向工作载荷的最大值 Q_{Fmax}；(2)螺栓所受载荷的最大值 Q_{1max}。(13 分)

六、题图所示两种直齿圆柱齿轮传动方案中，已知小齿轮的分度圆直径分别为 $d_1=d_3=d'_1=d'_3=80\text{mm}$，大齿轮的分度圆直径分为 $d_2=d_4=d'_2=d'_4=2d_1$，输入转矩 $T_1=T'_1$，输入转速 $n_1=n'_1$，若不计齿轮传动和滚动轴承效率的影响，试从零件受载和系统结构两个方面阐述这两种传动方案的优缺点。(15 分)

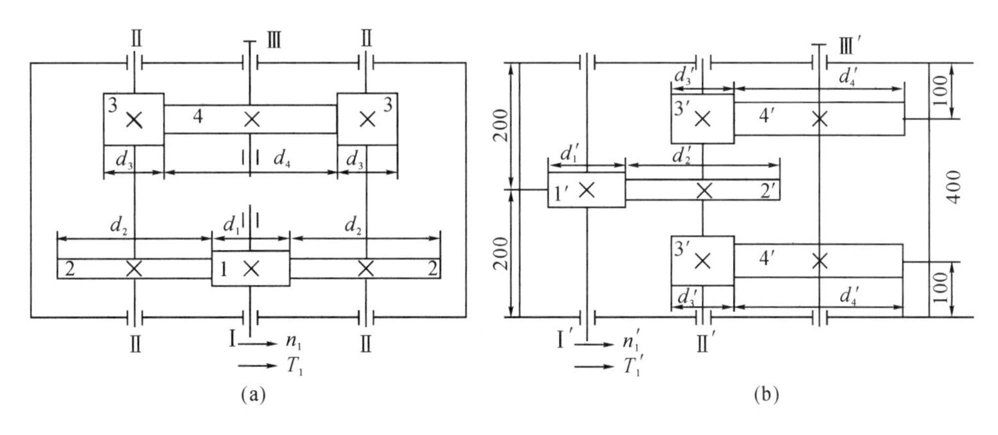

设试(三).六图

七、题图所示轴系部件采用一端固定，一端游动的结构，此图仅为该轴系的部分结构，考虑轴承的预紧、调整，在图上完成该轴系的结构设计，并就此阐述应注意的一些问题。(15 分)

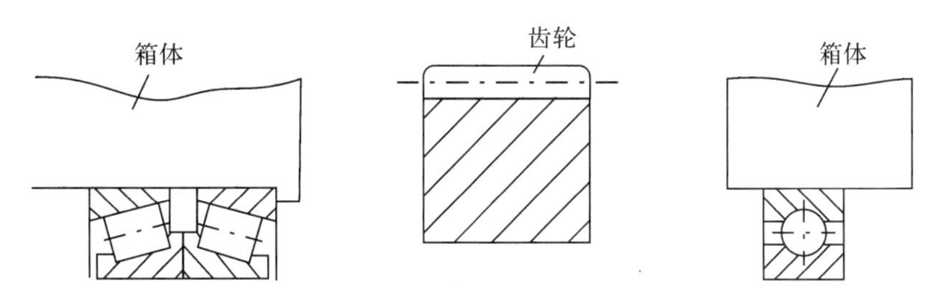

设试(三).七图

八、问答题

1. 试述动压润滑形成动压润滑油膜的必要条件以及如何使其动压润滑油膜能承受所需的外载荷 F。(7 分)

2. 试述提高机械产品的价值(即性能价格比)的创新、创意思路及实例。(7 分)

机械设计试题(四)

一、选择填空题(每小题2分,共10分)

1. 已知某转轴在弯-扭复合应力状态下工作,其弯曲与扭转作用下的安全系数分别为 $S_\sigma=6.0$,$S_\tau=18$,则该轴的实际安全系数值为________。

A. 12.0　　B. 6.0　　C. 5.69

2. 对大量生产、强度要求高、尺寸不大、形状不复杂的钢制零件,应选择________。

A. 铸造　　B. 切削　　C. 自由锻造　　D. 模锻

3. 液体动压向心滑动轴承,若向心外载荷不变,减小相对间隙 ψ,则承载能力________,发热________.

A. 增大　　B. 减小　　C. 不变

4. 圆柱螺旋压缩弹簧在轴向载荷作用下,弹簧丝截面上受到的是________。

A. 拉　　B. 压　　C. 切　　D. 弯曲

5. 在一定转速时,要减小链条的不均匀性和动载荷,应________。

A. 增大链条节距和链轮齿数　　B. 增大链条节距和减少链轮齿数

C. 减小链条节距和增大链轮齿数　　D. 减小链条节距和链轮齿数

二、填空题(每小题2分,共10分)

1. 有规律的非稳定变应力的疲劳强度计算可按________理论进行计算;无规律随机变应力可按________理论转化成规律性非稳定应力计算。

2. 联轴器和离合器的功用都是联接两轴传递运动和转矩,二者的区别是____________________________。

3. 电弧焊接缝,主要有________焊缝和________焊缝两种。

4. 链传动中,当两平行链轮的轴线在同一水平面时,应尽可能将________边布置在上面,________边布置在下面。

5. 闭式软齿面齿轮传动中,齿面疲劳点蚀通常出现在__________处,提高材料________可以增强轮齿抗点蚀能力。

三、判断题(每小题2分,共10分)

1. 普通平键联接强度校核的内容主要是校核键的剪切强度。(　　)

2. 在张紧力相同时,V带比平带传递功率大的原因是V带为无接头环形节。(　　)

3. 在铸件结构设计时如用加强肋板代替厚壁,既可保证刚度,又可使壁厚均匀、重量减轻。(　　)

4. 为了提高蜗杆的刚度,应减小蜗杆的直径系数。(　　)

5. 被联接件受横向外力作用,若采用一组普通螺栓联接时,则靠螺栓的剪切和被联接件的挤压来传递外力。(　　)

四、某材料的对称循环弯曲疲劳极限 $\sigma_{-1}=180\text{MPa}$,取循环基数 $N_0=5\times10^6$ 次,寿命指数 $m=9$,试求循环次数分别为 5000,25000,50000 次时的有限寿命弯曲疲劳极限。(13分)

五、题图所示轴上固装一斜齿圆柱齿轮，轴支承在一对正安装的 7209AC 轴承（派生轴向力 $S=0.68R$）上，齿轮轮齿上受到圆周力 $F_t=8100\text{N}$，径向力 $F_r=3052\text{N}$，轴向力 $F_a=2170\text{N}$。试求：(1)轴承 1、2 所受径向载荷 R_1、R_2；(2)轴承 1、2 所受轴向载荷 A_1、A_2。(15 分)

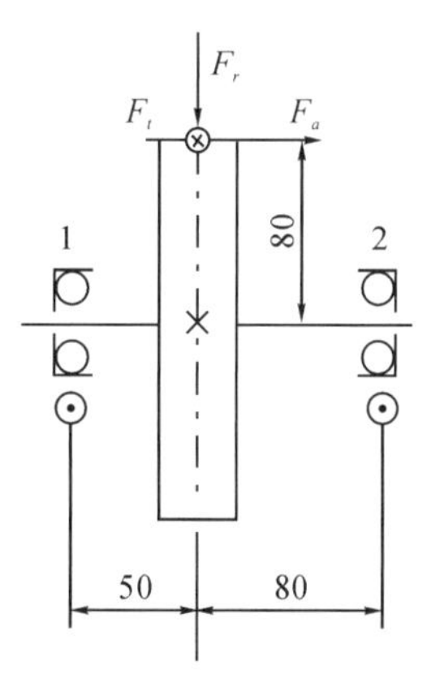

设试(四).五图

六、试对车床用车刀车制导程为 S 的单线圆柱外螺纹和牛头刨床用刨刀刨制工件平面这两个机械运动系统分别阐述其：(1)执行构件；(2)执行构件的运动形式；(3)刀具和工件间如何运动协调配合。(20 分)

七、题图所示为一蜗轮轴系的结构图，已知蜗轮轴上的轴承采用脂润滑，外伸端装有半联轴器，该图中的结构有许多不合理或错误之处(如图中引线所示)，试对其加以分析说明并画出改正后的轴系结构图。(15 分)

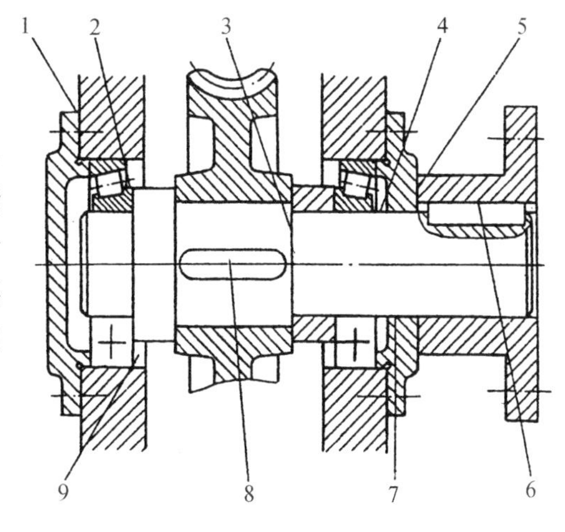

设试(四).七图

八、问答题

1. 什么是带传动的弹性滑动和打滑，二者有何区别？
2. 试述机械设计中如何体现以人为本、人一机协调的途径。(7 分)

第三部分　题目参考答案

一、基本概念自测题答案

(一)填空题

A0101　机器　机构

A0102　零件

A0103　运动副　确定相对运动

A0104　点　线

A0105　1

A0106　$m-1$

A0107　2　1

A0108　实际　图示

A0109　强度　刚度　耐磨性　振动稳定性　耐热性

A0110　屈服极限 σ_s

A0111　强度极限 σ_B

A0112　差　小

A0113　使用 工艺　经济

A0114　原动机　传动装置　执行部分

A0115　原动件

A0116　4

A0201　三角形　梯形　锯齿形

A0202　大径　小径　中径

A0203　$\arctan\dfrac{S}{\pi d_2}$

A0204　$\lambda\leqslant\arctan\left(\dfrac{f}{\cos\dfrac{\alpha}{2}}\right)$

A0205　增加

A0206　高　低

A0207　螺纹摩擦　螺母与承压面间摩擦

A0208　螺栓联接　螺钉联接　双头螺柱联接　紧定螺钉联接

A0209　防止螺纹副拧紧后的反向相对转动

A0210　附加摩擦防松　直接锁住防松　破坏螺纹副关系防松

A0211　联接件间的摩擦力　螺杆和孔的挤压作用

A0212　螺栓　被联接件

A0213　工作载荷 Q_F　残余预紧力 Q_r

A0214　$Q_0+Q_F\dfrac{k_1}{k_1+k_2}$　$Q_0-Q_F\left(1-\dfrac{k_1}{k_1+k_2}\right)$　$\dfrac{1.3Q}{\pi d_1^2/4}\leqslant[\sigma]$

A0215　弯曲

A0216　减小或避免附加应力

A0217　防松

A0218　改善螺纹牙间的载荷分布

A0219　普通平键

A0220　圆　方　单圆　单圆

A0221　导向平键

A0222　半圆

A0223　两个侧面　上下表面　上下表面　两个侧面

A0224　挤压

A0225　压强

A0226　相对位置

A0227　圆柱　圆锥　圆锥

A0228　半圆

A0229　预制孔

A0230　局部熔联

A0231　焊接坡口

A0232　胶粘剂

A0233　过盈　摩擦

A0234　好　少　好　高

A0301　摩擦力　冲击　振动　大

A0302　弹性滑动

A0303　Y　Z　A　B　C　D　E

A0304　40°

A0305　两侧面　楔槽　大

A0306　基准直径　基准长度

A0307　无　环　调节中心距

A0308　大　小

A0309　紧边拉力和松边拉力相等

A0310　$e^{f\alpha}$

A0311　2

A0312　增大

A0313　拉应力　弯曲应力　离心力产生的拉应力

A0314　紧边进入小带轮

A0315 紧边拉应力 离心力产生的拉应力 小轮包弧处带的弯曲应力

A0316 拉力差 转速比不恒定 降低传动效率

A0317 打滑 疲劳损坏

A0318 大 低

A0319 实心式 腹板式 轮辐式

A0320 计算功率 小带轮转速

A0321 v 过大,离心力过大;过小,使带的根数增加

A0401 啮合 高 齿数反比 z_2/z_1

A0402 外链板 内链板 套筒 销轴 滚子

A0403 链节距 高 大

A0404 过盈 过盈 间隙 间隙

A0405 链节数 偶 附加弯矩

A0406 节距 滚子外径 内链节内宽

A0407 内 外

A0408 大 少 高

A0409 两链轮齿数相等,且中心距等于链节距的整倍数

A0410 大

A0411 多

A0412 平行 平面 水平 上

A0413 大 单 小 多

A0414 有效圆周力 离心拉力 悬垂拉力

A0501 连心线上一个定点(节点)

A0502 渐开线 基圆 发生线

A0503 基圆大小 平直

A0504 相切 法线

A0505 法线 速度方向 愈大

A0506 保证定传动比 啮合角为常数 具有可分性

A0507 节点 啮合角

A0508 分度 分度圆压力角

A0509 分度圆齿距 大 大

A0510 两轮模数相等 两轮分度圆压力角相等

A0511 从动轮齿顶圆 主动轮齿顶圆 实际啮合

A0512 基圆齿距 重合度大于1

A0513 大 平稳 大

A0514 成形法 范成法

A0515 包络 齿条插刀 滚刀

A0516 中 分度 不发生根切的最少齿数

A0517 端 法 法

A0518 平稳 大 大

A0519 $p_n = p_t \cos\beta$

A0520 $m_n = m_t \cos\beta$

A0521 $\tan\alpha_n = \tan\alpha_t \cos\beta$

A0522 $z_v = z/\cos^3\beta$

A0523 $m_n(z_1+z_2)/(2\cos\beta)$ β

A0524 截锥 相交 夹角

A0525 $z_v = z/\cos\delta$

A0526 两齿轮法面模数相等、法面压力角相等、分度圆螺旋角相等、螺旋方向相反

A0527 变位 正 负 变位 变位系数

A0528 不 增加 减小

A0529 正 负 零 标准齿轮 等变位

A0530 负

A0531 开 闭 闭 低速和不重要的

A0532 断齿 齿面点蚀 齿面磨损 齿面胶合 塑性变形

A0533 $\leqslant$350HBS $>$350HBS 薄 多

A0534 点蚀 接触 弯曲

A0535 疲劳折断 弯曲 接触

A0536 磨损或折断 弯曲 降低

A0537 油温 抗胶合添加剂的合成

A0538 频繁 低 硬度 高粘度

A0539 减少 齿宽

A0540 齿轮相对于轴承的位置 软齿面或硬齿面 偏大 偏大 软

A0541 便于装配 大

A0542 减小 无关

A0543 在保证轮齿有足够的抗弯强度下选多些有利

A0544 齿根弯曲强度 少 模数

A0545 $\sigma_{H_1} = \sigma_{H_2}$ $[\sigma_H]_1 > [\sigma_H]_2$ $\sigma_{F_1} > \sigma_{F_2}$ $[\sigma_F]_1 > [\sigma_F]_2$ $Y_{FS1} > Y_{F_{FS2}}$

A0546 $\sqrt{x}$ x

A0547 小轮分度圆直径 中心距

A0548 左 右 主动齿轮的转向 主动齿轮所受轴向力

A0549 小者 $Y_{FS1}/[\sigma_F]$;和 $Y_{FS2}/[\sigma_F]_2$ 中的大者

A0550 圆周力 轴向力 径向力 大

A0601 轮 交错 90°

A0602 螺旋 斜齿 齿条与齿轮

A0603 蜗杆 蜗轮

A0604 直 渐开

A0605 蜗轮齿数 不等于

A0606 不等于

A0607 轴面 端面 分度圆上螺旋角 同

A0608 蜗杆直径系数 滚刀

A0609 大 低 好 小 蜗杆传动的当量摩擦角

A0610　$\arctan(z_1 m/d_1)$　高　低

A0611　转向　螺旋线方向

A0612　$v_1/\cos\lambda$　有较大

A0613　轴向力　圆周力　径向力

A0614　齿面胶合　疲劳点蚀　弯曲折断　磨损　胶合　磨损

A0615　摩　磨　跑　胶　碳钢　合金钢　青铜　铸铁　轮

A0616　齿面接触　蜗轮　齿根　弯曲

A0617　齿面相对滑动速度　高

A0618　啮合功率损耗　轴承摩擦功耗　搅油功耗　啮合功率损耗

A0619　温升　降低　磨损　胶合

A0620　中心距　蜗轮　蜗杆　径向

A0621　齿面相对速度

A0622　动压　抗胶合　效率

A0701　距离较远传动　变速与换向　获得大传动比合成或分解运动

A0702　传动时每个齿轮的轴线相对机架是固定的　至少有一个齿轮的几何轴线相对机架是不固定的

A0703　从　主

A0704　箭头　平行

A0705　中心　太阳　行星　转臂　系　行星架

A0706　一　不超过两个　重合

A0707　反转　转化

A0708　n_1-n_H　n_3-n_H

A0709　1　2　中心轮

A0710　混合

A0711　定轴　单一周转　传动比　联立求解

A0712　工作　可调

A0713　最大　最小

A0801　小　提高传动效率

A0802　旋转　直线　$l=np_{\psi}/(2\pi)$

A0803　传力螺旋　传导螺旋　调整螺旋　滑动螺旋　滚动螺旋

A0804　螺母固定，螺杆转动并移动　螺杆固定，螺母转动并移动　螺杆转动，螺母移动　螺母转动，螺杆移动

A0805　微动装置　快速夹紧

A0806　螺纹磨损　耐磨性　直径　高度　危险截面　根部强度　自锁　稳定

A0901　回转　移动　面　低　重　冲击

A0902　铰链　曲柄摇杆　双曲柄　双摇杆

A0903　曲柄与连杆　极位夹角

A0904　时间　平均速度反比　$K=(180+\theta)/(180°-\theta)$　$\theta=180°(K-1)/(K+1)$

A0905　摇杆　曲柄　连杆　自锁　不确定

A0906　从动件　速度　降低　越差　自锁　$90°-\alpha$　传动角

A0907　40°　曲柄与机架两次共线　较小

A0908　曲柄与滑块移动导路两次相互垂直

A0909　死点

A0910　共线

A0911　增大

A0912　减小

A0913　小于或等于　短

A0914　回转副转化成移动副　取不同构件为固定件　扩大回转副

A0915　规律　轨迹　解析　几何作图　实验

A0916　垂直　90°　好

A0917　$(l_{AC_2}+l_{AC_1})/2$　$(l_{AC_2}-l_{AC_1})/2$

A0918　公用一个机架，四杆机构的从动件为另一四杆机构的主动件

A1001　盘形回转　平板移动　圆柱回转

A1002　尖底　滚子　平底　直动　摆动

A1003　重　弹簧　几何形状

A1004　等速　等加速等减速　简谐等速　等加速等减速　简谐　正弦加速度

A1005　刚性　柔性

A1006　刚　柔　起点和终点　正弦加速度

A1007　满足机械工作的要求　凸轮工作良好的动力特性　凸轮廓线便于制造

A1008　凸轮实际廓线　凸轮理论廓线

A1009　减小　好

A1010　压力角　差

A1011　外凸理论廓线的最小曲率

A1012　增大基圆半径　采用合理的偏置方法

A1101　棘轮　槽轮　不完全齿轮

A1102　摆动角度　被遮住的齿数　中心角的整倍数

A1103　垂直

A1104　齿面与棘爪间的摩擦角

A1105　一定

A1106　拨盘　槽轮　机架　3　0.5

A1107　运动系数　$1/2-1/z$

A1108　$n<2z/(z-2)$
A1109　增加
A1110　运动的平稳性
A1201　心　传动　转
A1202　弯　转　转　弯　转　弯
A1203　转　心
A1204　心　心　传动
A1205　直　曲　钢丝挠性
A1206　碳　合金　机械强度　好　敏感　贵　重　小　轻
A1207　圆　锻　铸钢　球墨
A1208　材料　结构　强度　刚度　振动稳定性
A1209　定位　装拆　工艺
A1210　端　端
A1211　粗　细
A1212　螺纹退刀　砂轮越程
A1213　小
A1214　小于
A1215　过渡圆弧　大　小于　刀具种类和换刀时间　过大
A1216　同一直线　标准　滚动轴承内孔
A1217　按转矩计算　按当量弯矩计算　按安全系数校核计算
A1218　循环特性　应力校正　$[\sigma_{-1}]_b/[\sigma_{+1}]_b$　$[\sigma_{-1}]_b/[\sigma_0]_b$　0.6　$[\sigma_{-1}]_b/[\sigma_{-1}]_b=1$
A1219　三次方　四次方
A1220　弯曲挠度　弯曲偏转角　扭转角　不能
A1301　滑动轴承　滚动轴承
A1302　干摩擦　边界摩擦　液体摩擦　0.3～1.5　0.15～0.3　0.001～0.01
A1303　向心　推力大
A1304　高　好　低　长　高
A1305　混合　非液体
A1306　整体　剖分　调心　径向装拆　轴颈与轴承孔间隙
A1307　分布到轴瓦整个工作表面　承载　宽度
A1308　磨损　胶合　疲劳破坏　腐蚀
A1309　强度　塑　减摩　耐磨蚀　胶合　热　跑合
A1310　金属材料　粉末冶金材料　非金属材料　轴承合金　青铜　铸铁
A1311　差　不易　淬硬
A1312　润滑油　润滑脂　固体润滑剂
A1313　内摩擦阻力的大小　降低
A1314　速度梯度　动力粘度　Pa・s　$N\cdot s/m^2$
A1315　边界油膜　过度磨损
A1316　油温　胶合
A1317　吸附
A1318　$\gamma=\eta/\rho$
A1319　楔形　连续　粘度　相对速度　大口　小口　大于
A1320　油性　粘度
A1321　小　大　大　大
A1322　承载量　最小油膜厚度　轴承的热平衡
A1323　增大　减小
A1401　内圈　外圈　滚动体　保持架　球　圆柱滚子　圆锥滚子　鼓形滚子　滚针
A1402　将滚动体均匀地隔开　相反　磨损　寿命
A1403　球　滚子　大　强　方便　廉　灵活
A1404　径向　滚动体　法　越大
A1405　角偏差　滚动体　滚道　调心
A1406　极限　温　失效　回火　胶合
A1407　120　2　轻　(0)　6　深沟球　22
A1408　径向　轴向　推力球
A1409　疲劳点蚀　塑性变形
A1410　寿命
A1411　静强度
A1412　疲劳点蚀　总转数　总时数　离散
A1413　10%　90%　10^6 r
A1414　大　限制　大
A1415　基本额定　10^6 r　不
A1416　塑性变形　零　最大接触
A1417　当量动　假想
A1418　径向载荷　轴向载荷　载荷　动载荷
A1419　1/8
A1420　8
A1421　1/2
A1422　基本额定动载荷　当量动载荷　轴承转速　寿命指数　3　10/3
A1423　派生轴向力　分离
A1424　轴向　调整　装拆　刚度　同轴度　密封
A1425　轴向窜动　自由伸缩　两端单向固定　一端双向固定,一端游动
A1426　小　不大　较大　较大
A1427　基轴　基孔　过盈　间隙　过盈　紧　松
A1428　轴承间隙的调整　轴系轴向位置的调整　轴承的预紧
A1429　滚动体　高度　空间
A1430　润滑脂　润滑油　高
A1431　可以　旋转精度　刚性
A1432　接触式　非接触式　圆周速度　高

A1501 回转 转矩 停车 拆卸 运转过程

A1502 迅速停止运转 机器运转速度

A1503 刚性 弹性 固定 可移

A1504 相对位移 轴向 径向 角 综合

A1505 对中 平稳 较小 较大

A1506 平稳 对中

A1507 弹性

A1508 弹性元件 位移 吸振 缓冲 弹性

A1509 万向

A1510 较低 波动 提高 大 高

A1511 一 $\omega_1/\cos\alpha$ $\omega_1\cos\alpha$ 动载荷 愈大

A1512 双 同一平面 相等

A1513 牙嵌 摩擦 啮合 摩擦力

A1514 转速 小 安全保护 同步 较大

A1515 运转参数 接合 分离 安全离合器 定向离合器 离心离合器

A1516 摩擦 能量 带 外抱块 内涨

A1517 常闭 起重装置 常开 车辆

A1518 制动力矩 高

A1601 弹性变形 变形(位) 消失 机械功或动能

A1602 控制机件的运动 缓冲吸振 储存能量 测量载荷大小

A1603 拉伸 压缩 扭转 弯曲

A1604 螺旋 碟形 环形 盘板

A1605 载荷 变形 选择 评价

A1606 压力 拉力 压缩量 拉伸量 $dF/d\lambda$

A1607 扭转力矩 扭角 $dT/d\varphi$

A1608 常 变 定 愈大 变

A1609 变形 释放 不与 消耗 释放

A1610 越强 越佳

A1611 弹簧中径 簧丝直径 越小

A1612 冷卷 热卷 内应力 淬火 回火

A1613 弹性 疲劳 冲击韧塑 热处理

A1614 切 弹簧圈内侧 正 正 正 平方成反比

A1615 弹簧丝直径 d 弹簧中径 D_2

A1616 变形量 λ 有效工作圈数 n

A1617 大 大 更大

A1618 侧向弯曲 稳定性 弹簧参数 导杆 导套

A1619 间距 仍应留有少量间距

A1620 拼紧 $=0$

A1701 盈 亏 增加 减少 增加 减少

A1702 不能每瞬时

A1703 动载荷 机械效率 振动 质量 寿命 速度波动的调节

A1704 周期性 非周期性 相等的 飞轮 调速器

A1705 $(\omega_{\max}+\omega_{\min})/2$ $(\omega_{\max}-\omega_{\min})/\omega_m$ 越大

A1706 转动惯量 不均匀系数 δ

A1707 愈小 庞大

A1708 正 不等于

A1709 的平方成反 高速

A1710 储蓄和释放 大

A1711 最高 最低 不一定

A1801 "平衡质量" 质量分布 离心惯性

A1802 总质心 静止 转动

A1803 向量和

A1804 小于 0.2 同一回转平面 平面汇交

A1805 向量和 力偶矩的向量和

A1806 不小于 0.2 回转轴 不同回转平面 空间

A1807 向量和 离心惯性力偶矩 静平衡

A1808 回转轴线 两

AⅠ101 6 约束 五

AⅠ102 $6(N-1)-(5P_5+4P_4+3P_3+2P_2+P_1)$

AⅠ103 Ⅴ 和Ⅳ

AⅠ201 原动件 Ⅱ 最高

AⅠ202 自由度 瞬时速度和加速度

AⅠ301 相同速度 相对速度为零 前者绝对速度为零,后者绝对速度不为零

AⅠ302 回转副中心 垂直于导路方向的无穷远 高副接触点 过高副接触点的公法

AⅠ303 三心 三 同一直线上

AⅠ304 相对运动 速度 加速度 速度和加速度矢量多边形

AⅠ305 $v_B=v_A+v_{BA}$ $\boldsymbol{a}_B=\boldsymbol{a}_A+\boldsymbol{a}_{BA}^n+\boldsymbol{a}_{BA}^t$

AⅠ306 $v_{B3}=v_{B2}+v_{B3B2}$ $\boldsymbol{a}_{B3}=\boldsymbol{a}_{B2}+\boldsymbol{a}_{B3B2}^k+\boldsymbol{a}_{B3B2}^r$

AⅠ307 转动 移动

AⅠ308 $2\omega v_{B3B2}$ $\boldsymbol{\omega}$ 90°

AⅠ309 同一 不同

AⅠ310 对应点的角标字母

AⅠ311 位置矢量封闭 一阶和二阶导数

AⅠ312 某一位置 彼此相距很近的一系列位置

AⅠ401 不计机械的惯性力 低速轻型

计及机械的惯性力 高速及重型

AⅠ402 质心 S_i 惯性力偶矩 M_{Si} $m_i a_{si}$ $J_{Si}\alpha_i$

AⅠ403 惯性

AⅠ404 $3n=2P_L+P_n$ 满足

AⅠ405 回转副 大小和方向

导路法线 大小和作用点位置 高副两元素接触点的公法线 大小

AⅠ406 法向反力 N 摩擦力 F_f

法向反力 N

钝角$(90°+\rho_v)$

AⅠ407 法向反力 N 摩擦力 F_f 摩擦圆 相反 $f_v \cdot r$

AⅠ408 输出 输入 小于

AⅠ409 功 功率 力或力矩

AⅠ410 $\eta_1 \cdot \eta_2 \cdots \eta_k$ $(p_1\eta_1+P_2\eta_2+\cdots+P_k\eta_k)/(P_1+P_2+\cdots+P_k)$

AⅠ411 混 $P_B/(\eta_A \cdot \eta_B)+P_D/(\eta_C \cdot \eta_D)$

AⅠ412 当量摩擦角 ρ_v 轴颈摩擦圆 自锁

AⅠ413 $>\arctan \dfrac{l_1}{(l_1+l_2)f} \geqslant \arctan \dfrac{1}{f}$ (a)

AⅠ501 传动比 同心 装配

邻接

AⅠ502 传动比 同心 装配

配齿

AⅠ503 轮1齿数和行星轮数 k 正整数 邻接 行星轮数 k 齿轮齿数

AⅠ601 外力 质量 转动惯量

AⅠ602 随之确定 等效

AⅠ603 质量 转动惯量 外力

外力矩

AⅠ604 动能 功率

AⅠ605 动能 总动能 瞬时功率 瞬时功率的代数和

AⅠ606 速度比 速度多边形中的相当线段之比 真实数值

AⅠ607 力和力矩(微分) 动能(积分)

AⅠ608 位置 位置 速度

时间

AⅠ609 $2(E_{2\max}-E_{1\min})/(\omega_{\max}^2-\omega_{\min}^2)=(E_{2\max}-E_{1\min})/([\delta]\omega_m^2)$

AⅡ101 水平线对应的

$\sigma_{rN}=K_n\sigma_r, K_n=\sqrt[m]{N_0/N}$

AⅡ102 弯扭复合 疲劳 弯扭复合 屈服

AⅡ201 疲劳破坏

AⅡ202 轴 简单

AⅡ301 疲劳 应力集中 绝对尺寸影响 表面状况

AⅡ302 塑性变形 静

AⅡ401 动力 传动 执行

操控

AⅡ402 取物 运送 分度与转位 测量与检验 施力或力矩

(二)选择填空题

B0101	B	B0203	B	B0217	B	B0306	B	B0402	B
B0102	A	B0204	C	B0218	B	B0307	C	B0403	A
B0103	C	B0205	A	B0219	D	B0308	A	B0404	C
B0104	C	B0206	D	B0220	B	B0309	A	B0405	B
B0105	C	B0207	B	B0221	C	B0310	C	B0406	B
B0106	B	B0208	A	B0222	D	B0311	C	B0407	A
B0107	A	B0209	C	B0223	B	B0312	B	B0408	C
B0108	A	B0210	B	B0224	C	B0313	A	B0409	B
B0109	B	B0211	C	B0225	A	B0314	C	B0410	A
B0110	C	B0212	A	B0301	A	B0315	B	B0411	B
B0111	A	B0213	C	B0302	B	B0316	A	B0501	C
B0112	B	B0214	C	B0303	C	B0317	B	B0502	C
B0201	A	B0215	B	B0304	A	B0318	C	B0503	A
B0202	B	B0216	A	B0305	B	B0401	C	B0504	A

B0505	C	B0612	C	B1001	B	B1303	C	B1501	A
B0506	B	B0613	C	B1002	A	B1304	A	B1502	B
B0507	C	B0614	B	B1003	A	B1305	B	B1503	B
B0508	B	B0615	A	B1004	B	B1306	C	B1504	C
B0509	B	B0616	B	B1005	B	B1307	B	B1505	B
B0510	A	B0617	C	B1006	A	B1308	A	B1506	A
B0511	C	B0618	C	B1007	C	B1309	B	B1507	C
B0512	C	B0619	A	B1008	B	B1310	A	B1508	A
B0513	C	B0620	B	B1009	B	B1311	A	B1509	B
B0514	B	B0701	B	B1010	C	B1312	B	B1510	A
B0515	C	B0702	A	B1101	A	B1313	C	B1601	B
B0516	B	B0703	B	B1102	A	B1314	A	B1602	B
B0517	A	B0704	C	B1103	B	B1315	B	B1603	B
B0518	C	B0705	C	B1104	B	B1316	A	B1604	A
B0519	C	B0706	A	B1105	C	B1317	B	B1605	B
B0520	B	B0707	C	B1106	A	B1318	A	B1606	A
B0521	C	B0708	B	B1107	B	B1319	B	B1607	D
B0522	C	B0709	A	B1108	A	B1320	A	B1608	A
B0523	B	B0710	C	B1109	C	B1401	B	B1609	B
B0524	A	B0711	B	B1110	B	B1402	C	B1610	C
B0525	B	B0801	B	B1201	A	B1403	C	B1701	A
B0526	B	B0802	A	B1202	B	B1404	A	B1702	C
B0527	C	B0803	B	B1203	C	B1405	B	B1703	C
B0528	A	B0804	C	B1204	C	B1406	C	B1704	C
B0529	C	B0805	A	B1205	B	B1407	A	B1705	B
B0530	A	B0806	C	B1206	C	B1408	A	B1706	A
B0531	B	B0901	C	B1207	B	B1409	C	B1707	D
B0601	C	B0902	B	B1208	C	B1410	B	B1708	B
B0602	A	B0903	A	B1209	C	B1411	C	B1709	C
B0603	B	B0904	C	B1210	A	B1412	B	B1710	B
B0604	C	B0905	B	B1211	C	B1413	C	B1801	A
B0605	B	B0906	A	B1212	B	B1414	A	B1802	C
B0606	C	B0907	C	B1213	C	B1415	C	B1803	C
B0607	B	B0908	B	B1214	B	B1416	C	B1804	B
B0608	B	B0909	C	B1215	A	B1417	B	BⅠ101	B
B0609	C	B0910	B	B1216	C	B1418	B	BⅠ102	A
B0610	B	B0911	C	B1301	C	B1419	C	BⅠ103	D
B0611	B	B0912	A	B1302	A	B1420	B	BⅠ201	C

BⅠ202	C	BⅠ303	A	BⅠ405	B D	BⅠ604	C	BⅡ302	D
BⅠ203	B	BⅠ304	B	BⅠ501	A	BⅡ101	C	BⅡ401	C
BⅠ204	D	BⅠ401	D	BⅠ502	A、C	BⅡ102	A	BⅡ402	B
BⅠ205	C	BⅠ402	C D	BⅠ601	C、D	BⅡ201	B		
BⅠ301	B	BⅠ403	C	BⅠ602	A	BⅡ202	C		
BⅠ302	D	BⅠ404	B A	BⅠ603	B	BⅡ301	D		

(三)判断题

C0101	×	C0212	×	C0313	√	C0515	√	C0609	√
C0102	×	C0213	√	C0314	×	C0516	×	C0610	×
C0103	√	C0214	×	C0315	√	C0517	√	C0611	×
C0104	×	C0215	√	C0316	√	C0518	×	C0612	√
C0105	×	C0216	×	C0317	×	C0519	×	C0613	√
C0106	√	C0217	×	C0318	√	C0520	×	C0614	×
C0107	×	C0218	×	C0401	×	C0521	√	C0615	√
C0108	×	C0219	×	C0402	×	C0522	×	C0616	√
C0109	×	C0220	√	C0403	√	C0523	√	C0617	√
C0110	×	C0221	√	C0404	×	C0524	×	C0618	×
C0111	√	C0222	×	C0405	×	C0525	√	C0619	√
C0112	×	C0223	√	C0406	√	C0526	√	C0620	√
C0113	×	C0224	×	C0407	√	C0527	√	C0621	×
C0114	√	C0225	√	C0408	×	C0528	×	C0622	√
C0115	×	C0226	×	C0409	√	C0529	×	C0701	×
C0116	×	C0227	√	C0501	×	C0530	√	C0702	√
C0117	×	C0228	×	C0502	×	C0531	×	C0703	×
C0118	√	C0301	×	C0503	√	C0532	√	C0704	√
C0201	√	C0302	√	C0504	√	C0533	√	C0705	×
C0202	×	C0303	×	C0505	×	C0534	×	C0706	×
C0203	×	C0304	√	C0506	×	C0535	×	C0707	×
C0204	√	C0305	×	C0507	√	C0601	×	C0708	√
C0205	√	C0306	×	C0508	√	C0602	√	C0709	√
C0206	×	C0307	×	C0509	×	C0603	×	C0710	×
C0207	×	C0308	√	C0510	√	C0604	×	C0711	√
C0208	√	C0309	√	C0511	√	C0605	√	C0712	√
C0209	√	C0310	×	C0512	√	C0606	×	C0801	√
C0210	×	C0311	×	C0513	×	C0607	×	C0802	×
C0211	×	C0312	√	C0514	√	C0608	×	C0803	√

C0804 ×
C0805 ×
C0806 √
C0901 ×
C0902 √
C0903 ×
C0904 √
C0905 ×
C0906 ×
C0907 √
C0908 ×
C0909 ×
C0910 ×
C0911 ×
C0912 ×
C0913 √
C0914 ×
C1001 ×
C1002 √
C1003 ×
C1004 √
C1005 ×
C1006 √
C1007 ×
C1008 √
C1009 √
C1010 ×
C1101 ×
C1102 ×
C1103 ×
C1104 √
C1105 ×
C1106 √
C1107 √
C1108 ×
C1109 √
C1110 ×
C1201 √
C1202 √
C1203 ×
C1204 ×
C1205 ×
C1206 √
C1207 ×
C1208 ×
C1209 √
C1210 ×
C1211 ×
C1212 ×
C1213 ×
C1214 √
C1215 ×
C1301 √
C1302 ×
C1303 ×
C1304 √
C1305 √
C1306 ×
C1307 √
C1308 ×
C1309 √
C1310 ×
C1311 √
C1312 ×
C1313 √
C1314 ×
C1315 √
C1316 ×
C1317 √
C1318 ×
C1319 ×
C1320 ×
C1321 √
C1401 ×
C1402 ×
C1403 √
C1404 ×
C1405 ×
C1406 √
C1407 √
C1408 ×
C1409 √
C1410 ×
C1411 ×
C1412 ×
C1413 √
C1414 ×
C1415 √
C1416 √
C1417 √
C1418 ×
C1419 ×
C1420 √
C1421 ×
C1422 ×
C1423 √
C1501 √
C1502 ×
C1503 ×
C1504 √
C1505 √
C1506 ×
C1507 √
C1508 ×
C1509 √
C1510 ×
C1511 ×
C1512 √
C1513 ×
C1514 ×
C1601 ×
C1602 √
C1603 √
C1604 ×
C1605 √
C1606 ×
C1607 ×
C1608 √
C1609 ×
C1610 √
C1611 ×
C1612 ×
C1613 √
C1614 √
C1701 √
C1702 ×
C1703 √
C1704 ×
C1705 ×
C1706 √
C1707 √
C1708 ×
C1709 ×
C1710 √
C1711 ×
C1801 ×
C1802 ×
C1803 √
C1804 ×
CⅠ101 ×
CⅠ102 √
CⅠ201 ×
CⅠ202 ×
CⅠ203 √
CⅠ204 √
CⅠ301 √
CⅠ302 √
CⅠ303 ×
CⅠ304 ×
CⅠ305 √
CⅠ401 √
CⅠ402 ×
CⅠ403 √
CⅠ404 ×
CⅠ405 ×
CⅠ501 ×
CⅠ502 √
CⅠ601 ×
CⅠ602 ×
CⅠ603 √
CⅠ604 √
CⅠ605 ×
CⅡ101 ×
CⅡ102 ×
CⅡ201 √
CⅡ202 √
CⅡ301 ×
CⅡ302 √
CⅡ401 ×
CⅡ402 ×

二、部分习题参考答案

机械设计基础

题 1.5

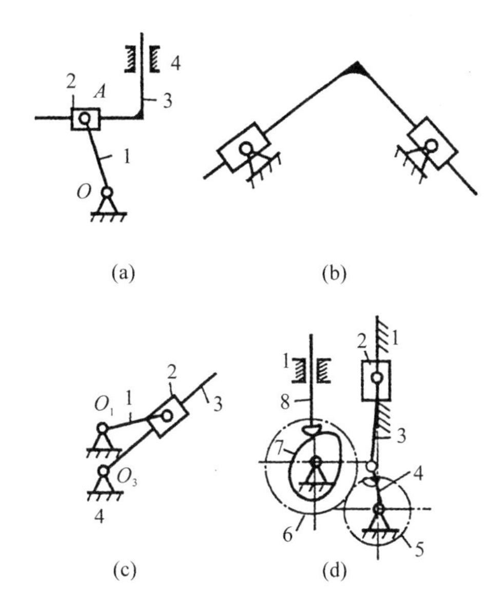

题 1.5 解图

题 1.6　(a)$F=3\times5-2\times7-0=1$，运动确定；(b)$F=3\times6-2\times8-1=1$，运动确定；(c)$F=3\times8-2\times11-1=1$，运动确定；(d)$F=3\times4-2\times4-2=2$，运动确定；(e)$F=3\times6-2\times8-1=1$，运动确定；(f)$F=3\times5-2\times7-0=1$，运动确定；(g)$F=3\times6-2\times8-1=1$，运动确定；(h)$F=3\times4-2\times4-2=2$，运动确定(i)$F=3\times3-2\times3-2=1$，运动确定。

题 1.7　(a)存在虚约束。去掉滑块3及其上的回转副B(或滑块4及其上的回转副C)，运动情况不变。$F=3\times3-2\times4-0=1$. 能成为机构；(b)$x_1 /\!/ x_2$，去掉虚约束滑块及导路移动副x_1(或x_2)，运动情况不改变。$F=3\times3-2\times4-0=1$，能成为机构；(3)$x_1 \not\parallel x_2$，$F=3\times3-2\times5-0=-1$，不能成为机构。

题 1.11　1240kg；改用后1098kg，节省142kg。

题 2.2　①$\lambda=2.48°$；②$\rho_v=9.827°>\lambda$，自锁；③$\eta=0.198$。

题 2.4　$d_1\geqslant11.517$mm，用M14粗牙普通螺纹。

题 2.5　$d_1\geqslant12.544$mm，用M16粗牙普通螺纹。

题 2.6　$d_1\geqslant15.384$mm，用螺柱GB/T898M20×40。

题 2.7　图(a)方案一中螺栓3受力最大，$F_{s_3}=2.83R$；图(b)方案二中螺栓4和6受力最大，$F_{s4}=F_{s_6}=2.522R$；图(c)方案三中螺栓8受力最大，$F_{s_8}=1.962R$；比较三个方案中受力最大螺栓受力，方案三最小，且三个螺栓受力均衡，因此方案三较好。

题 2.10　选A型链，$b=14$mm，$h=9$mm，$L=70$mm。

题 2.12　$l_1=56$mm，$l_2=136$mm。

题 2.13　140μm。

题 3.4　2.27kW。

题 3.5　5根Z型带，$d_{d_1}=80$mm，$d_{d_2}=400$mm，基准带长$L_d=1800$mm，中心距$a\approx497.5$mm。

题 4.5　$z_1=21$，$z_2=85$，链号10A，节距$p=15.875$mm，链长$L_p=136$节，中心距$a\approx638.2$mm。

题 5.2　$m=5$mm。

题 5.3　齿数$z\leqslant41$时基圆大于齿根圆，$z\geqslant42$时基圆小于齿根圆。

题 5.6　$d_1=180$mm；$d_2=240$mm；$d_{a_1}=200$mm；$d_{a_2}=260$mm；$d_{f_1}=155$mm；$d_{f_2}=215$mm，$d_{b_1}=169.145$mm；$d_{b_2}=225.526$mm；$s_1=s_2=e_1=e_2=15.708$mm；$p_1=p_2=31.416$mm，$p_{b_1}=p_{b_2}=29.521$mm；$\alpha_{a_1}=32°15'2''$，$\alpha_{a_2}=29°50'28''$；$a=210$mm；$\varepsilon=\overline{B_2B_1}/p_b\approx46.5/29.521\approx1.575$。

题 5.7　$s_c=5.548$mm；$h_c=2.990$mm；跨齿数$K=5$，公法线长度$W_5=55.490$mm。

题 5.11　$\sigma_H=239.6\text{MPa}<[\sigma_H]=340\text{MPa}$，$\sigma_{F_1}=20.09\text{MPa}<[\sigma_{F1}]=460\text{MPa}$，$\sigma_{F_2}=19.09\text{MPa}<[\sigma_{F_2}]=280\text{MPa}$，安全。

题 5.12　弯曲强度设计得$m=3$mm；$z_1=27$；z_2

$=123$；$b_1=62$mm；$b_2=57$mm；接触强度校核亦安全。

题 5.13 齿轮能传最大功率 $P_1\approx 10.63$kW。

题 5.15 $m_n=3.5$mm。

题 5.16 $a=150$mm；$m_t=3.0303$mm；$a_t=20°11'9''$；$z_{v_1}=23.7$；$z_{v_2}=78.33$；$d_1=69.697$mm；$d_2=230.303$mm；$d_{a_1}=75.697$mm；$d_{a_2}=236.303$mm；$d_{f_1}=62.197$mm；$d_{f_2}=222.803$mm。

题 5.18 ①从动轮顺钟向，轮齿为左旋，见题5.18解图；② $F_{t_1}=4093\text{N}=F_{t_2}$，$F_{r_1}=1505\text{N}=F_{r_2}$，$F_{a_1}=583\text{N}=F_{a_2}$；③在啮合点各力方向如解图所示；④若仅轮齿的倾斜方向改变，则 F_t，F_r 方向不变，F_a 反向；若仅转向改变则 F_r 方向不变，F_t 和 F_a 均反向。

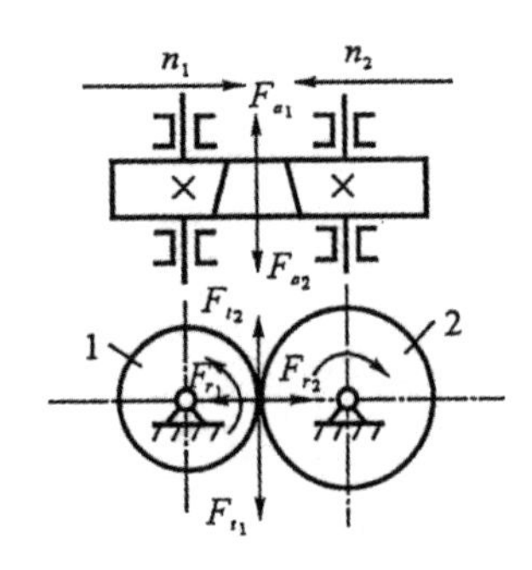

题 5.18 解图

题 5.19 z_3 齿轮左旋，z_4 齿轮右旋，$\beta'=8°20'1''$。

题 5.20 改为斜齿轮 $z'_1=21$，$z'_2=150$，$\beta'=16°7'18''$，$m'_n=3$mm。

题 5.23 $\delta_1=21°48'5''$，$\delta_2=68°11'55''$；$d_1=72$mm，$d_2=180$mm，$d_{a_1}=79.428$mm，$d_{a_2}=182.971$mm，$d_{f_1}=63.087$mm，$d_{f_2}=176.435$mm，$R=96.933$mm；$\theta_{a_1}=\theta_{a_2}=2°21'47''$；$\theta_{f_1}=\theta_{f_2}=2°50'6''$；$\delta_{a_1}=24°9'52''$，$\delta_{a_2}=70°33'42''$；$\delta_{f_1}=18°57'59''$，$\delta_{f_2}=65°21'49''$；$z_{v_1}=19.39$，$z_{v_2}=121.17$。

题 5.24 ①从动轮转向如解图所示；② $F_{t_1}=2531.66\text{N}=F_{t_2}$，$F_{r_1}=874.16\text{N}=F_{a_2}$，$F_{a_1}=291.39\text{N}=F_{r_2}$；③各力方向见解图；④改变转向后 F_{t_1}，F_{t_2} 反向，其余各力 F_{r_1}，F_{a_1}，F_{r_2}，F_{a_2} 方向均不变。

题 5.25 ① $P_1=2.02$kW；② $z_1=20$，$z_2=65$；$\delta_1=17°6'10''$，$\delta_2=72°53'50''$；$m=3$mm；$d_1=60$mm；$d_2=196$mm；$d_{a_1}=65.735$mm，$d_{a_2}=196.765$mm；

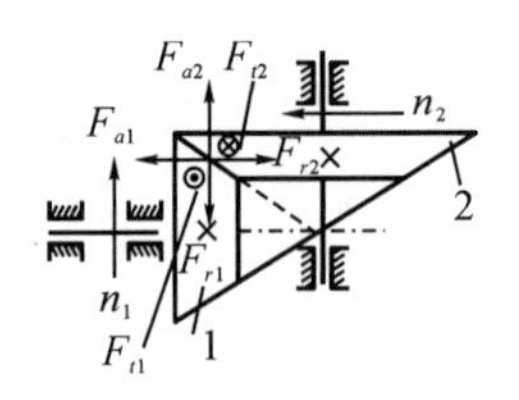

题 5.24 解图

$R=102.011$mm；$b=30$mm；采用灰铸铁 HT200。

题 5.27 $x_1=0.412$，$x_2=-0.412$；$d_1=200$mm，$d_2=500$mm，$d_{b_1}=187.94$mm，$d_{b_2}=469.85$mm；$d_{f_1}=166.48$mm，$d_{f_2}=433.52$mm；$d_{a_1}=256.48$mm，$d_{a_2}=523.52$mm。

题 5.28 $a=76.5\text{mm}<a'=78$mm 采用正传动。$x_1=0.235$，$x_2=0.3$；$d_1=81$mm，$d_2=72$mm；$d_{b_1}=76.115$mm，$d_{b_2}=67.658$mm；$d_{f_1}=74.91$mm，$d_{f_2}=66.3$mm；$d_{a_1}=88.2$mm，$d_{a_2}=79.59$mm；$d'_1=82.588$mm，$d'_2=73.412$mm；$\alpha'=22°50'9''$。

题 6.3 $d_2=250$mm；$d_{a_1}=60$mm；$d_{f_1}=38$mm；$d_{a_2}=260$mm；$d_{f_2}=238$mm；$d_{e_2}=265$mm；$R_{a_2}=20$mm；$R_{f_2}=31$mm；$b=45$mm；$p=15.708$mm；$\lambda=11.31°$；$L=70$mm；$a=150$mm。

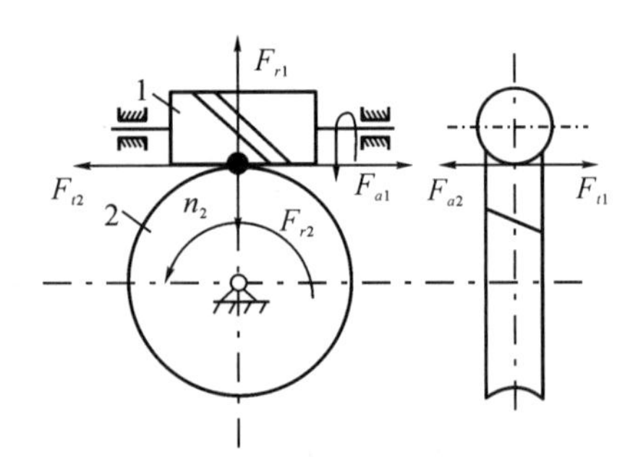

题 6.4 解图

题 6.4 ①蜗轮斜向及转向见解图；② $F_{t_1}=F_{a_2}=800\text{N}$；$F_{a_1}=F_{t_2}=3000\text{N}$；$F_{r_1}=F_{r_2}=1092\text{N}$；啮合点上各力方向见解图；④若改变蜗杆的转向，则蜗轮反转，F_{r_1}，F_{r_2} 方向不变，其他各力反向；若改变蜗杆螺旋线斜向，则蜗轮反转；F_{t_2}，F_{a_1} 方向改变，其他各力方向不变；若蜗杆改为下置，则蜗轮反转，F_{t_2}，F_{a_1} 方向不变，其他各力反向。

题 6.5 ①蜗杆 1、蜗轮 2、蜗轮 4 皆为右旋；②轴Ⅰ、轴Ⅱ转向见解图；③蜗轮 2、蜗杆 3 所受各力的方向见解图。

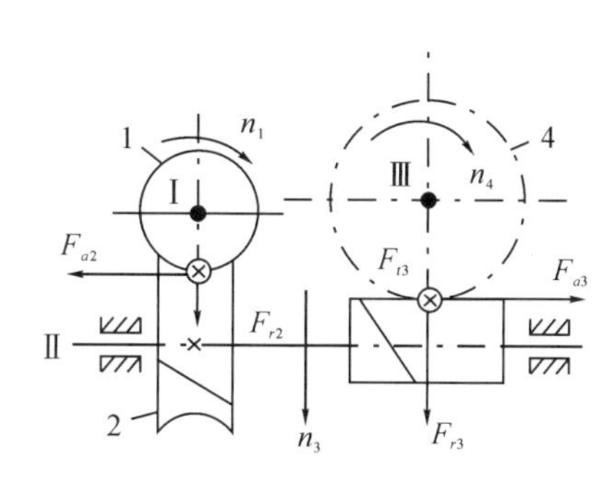

题 6.5 解图

题 6.6　①63.66r；②$\lambda=5.711°$，$\rho_v=10.204°>\lambda$，能自锁；③$l\geqslant342.86$mm，可取 350mm。

题 6.7　蜗轮用 ZCuSn5Pb5Zn5，砂模铸造；蜗杆 45 号钢表面淬火 HRC=45～50；$z_1=2$，$z_2=36$；$m=10$mm；$d_1=90$mm，$d_2=360$mm；$a=225$mm；$\lambda=12.529°$，箱体需散热面积 $A\geqslant1.273\text{m}^2$。

题 7.6　$v_6=0.0126$m/s=753.98mm/min 转向用画箭头法确定齿轮为逆时针，v_6 方向见解图。

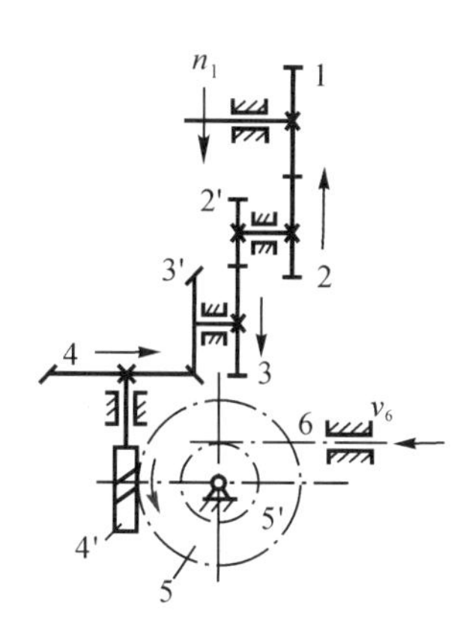

图 7.6 解图

题 7.7　$i_{SM}=n_6/n_3=60$；$i_{MH}=n_9/n_{12}=12$。

题 7.8　$i_{75}=5/8$。

题 7.9　$i_{H3}=496$。

题 7.10　$n_H=600$r/min，转向与轮 1 相同。

题 7.11　$i_{14}=114.4$。

题 7.12　$z_2=68$。

题 7.13　$z_1=120$。

题 7.14　鼓轮 A 刹住 $i_{\text{Ⅰ Ⅱ}}=-20/7$；鼓轮 B 刹住 $i_{\text{Ⅰ Ⅱ}}=27/7$；鼓轮 C 刹住 $i_{\text{Ⅰ Ⅱ}}=47/27$。

题 7.15　$i_{1H}=1980000$。

题 8.2　①距离 $l=0.25$mm，方向向右（→）；②距离 $l=1.75$mm，方向向左（←）。

题 8.3　①$\eta=64.91\%$；②$T=784666$N·mm；③$n=20$r/min，$P=1.643$kW；④$\rho_v=5°24'38''$，$\lambda=11°4'59''>\rho_v$，不自锁；需制动力矩 $T'=244506$N·mm。

题 8.4　螺杆受载情况如解图所示。

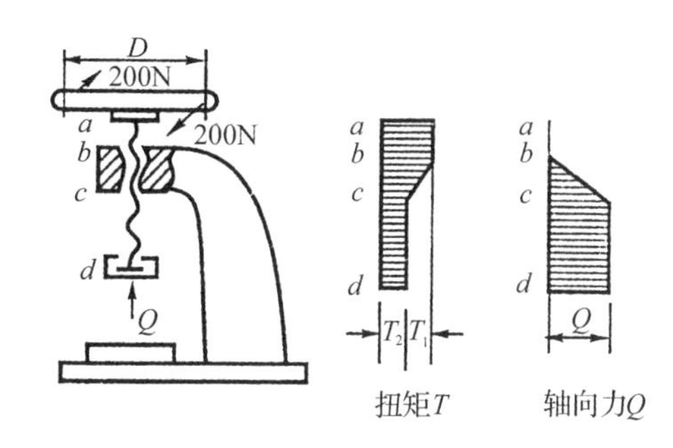

题 8.4 解图

耐磨性计算得 $d_2=25.5$mm，$d_1=22.5$mm；螺杆 $\lambda=3.5714°$，$T_1=70300$N·mm，$T_2=38250$N·mm 强度满足；$\rho_v=6.8428°>\lambda$，自锁；螺母高度 $H=46$mm，手轮直径 $D=542.75$mm 取 $D=550$mm。

题 9.2　(a)双曲柄机构；(b)曲柄摇杆机构；(c)曲柄摇杆机构；(d)双摇杆机构；(e)双摇杆机构。

题 9.3　以 $\mu_l=2$mm/mm 作题 9.3 解图，①量得最大摆角 $\psi=60°$；②α_{max} 在 AB' 和 AB'' 之一处，量得$\angle B'C'D\approx48°$，$\angle B''C''D=116°$；即 $\gamma'=48°$，$\gamma''=180°-116°=64°>48°$，即 $\gamma_{min}=\gamma'=48°$，$\alpha_{max}=90°-48°=42°$；③量得 $\theta\approx6°$，故 $K\approx1.069$；④死点位置为 AB_1C_1D 和 AB_2C_2D。

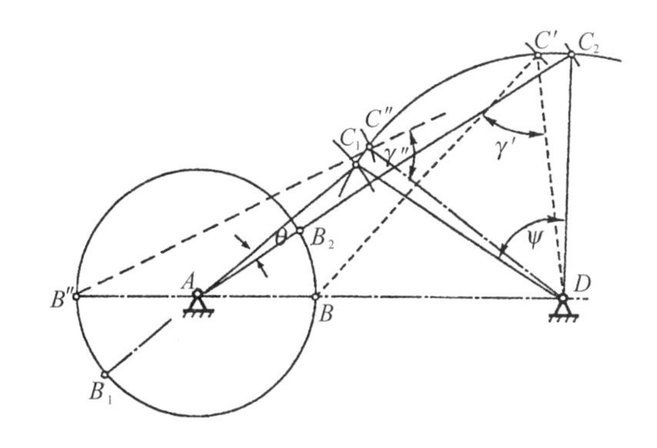

题 9.3 解图

题 9.4

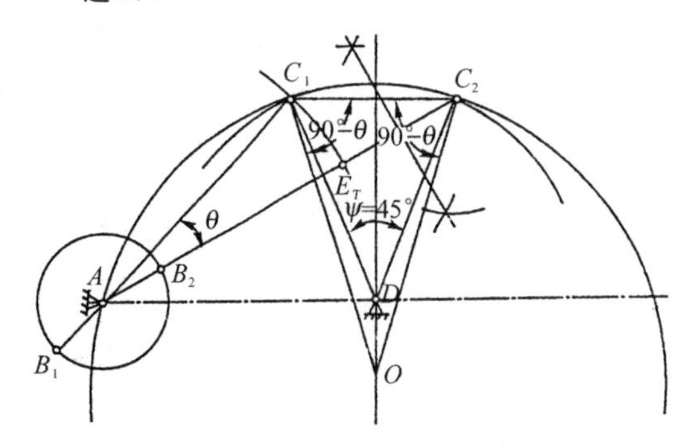

图 9.4 解图

以 $\mu_l=4\text{mm/mm}$ 作题 9.4 解图，计算 $\theta=16.364°$量出图长乘上比尺 μ_l 得曲柄长 $l_1\approx31\text{mm}$，连杆长 $l_2\approx159\text{mm}$，机架长 $l_4\approx126\text{mm}$。

题 9.5 $K=1$ 则 $\theta=0°$，A 和 C_1，C_2 在一条直线上。以 $\mu_l=8\text{mm/mm}$ 作题 9.5 解图。得摇杆长约 58.5mm，连杆长约 360mm。

题 9.5 解图

题 9.6 以 $\mu_l=20\text{mm/mm}$ 作题 9.6 解图。

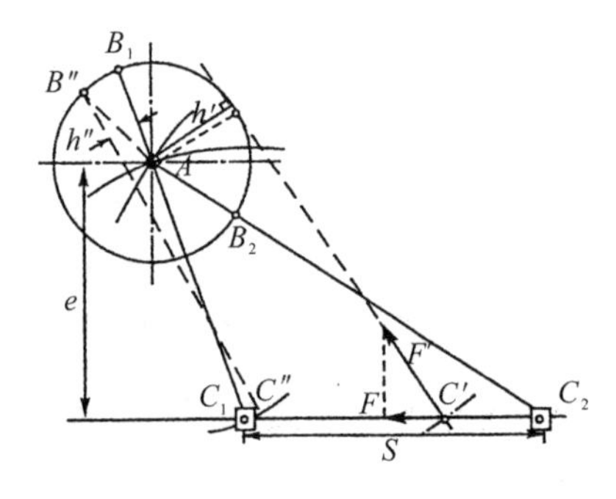

题 9.6 解图

①算得 $\theta=36°$，连杆长 $l_{BC}\approx750\text{mm}$，偏心距 $e\approx512\text{mm}$；②φ 在 30°时 $T'_A\approx3533\text{N}\cdot\text{m}$；$\varphi$ 在 135°时 $T''_A\approx1042\text{N}\cdot\text{m}$；机构处于连杆与曲柄共线的两个极限位置 $T_{A\min}=0$。

题 9.7 摆角 ψ 即为极位夹角 θ，$\psi=\theta=23.478°$，曲柄长 $l_{BC}=l_{AB}$，$\sin(\psi/2)=40.69\text{mm}$。

题 9.8 以 $\mu_l=4\text{mm/mm}$ 作题 9.8 解图。得 $l_{AB}\approx68\text{mm}$，$l_{CD}\approx114\text{mm}$，$l_{AD}\approx98\text{mm}$。

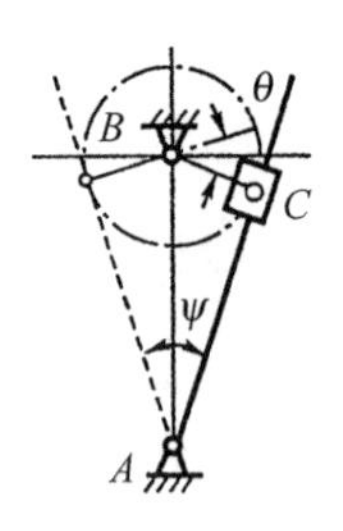

题 9.7 解图

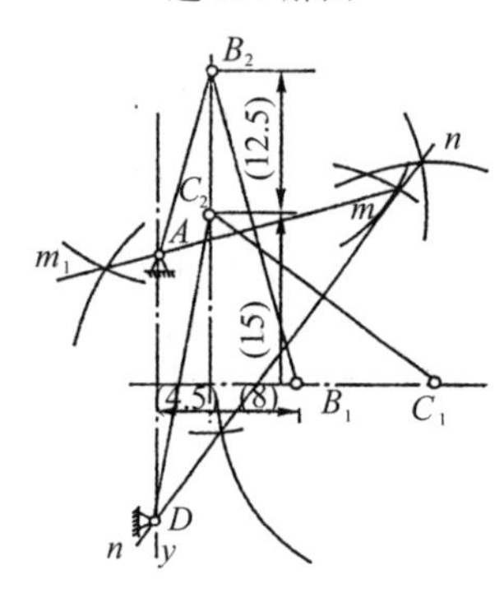

题 9.8 解图

题 9.9 $\dfrac{x^2}{CE^2}+\dfrac{y^2}{DE^2}=1$ 为椭圆方程，$\overline{CE}$，$\overline{DE}$为椭圆的长半轴和短半轴。

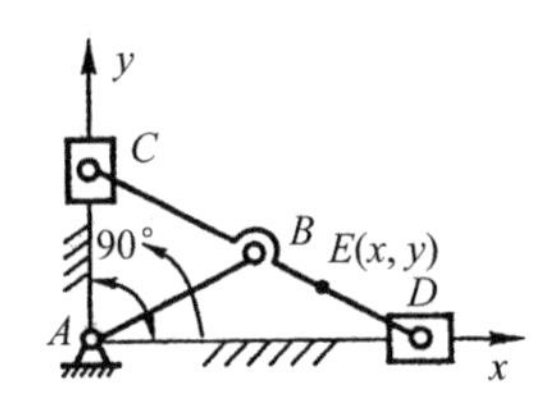

题 9.9 解图

题 9.10 以 $\mu_l=4\text{mm/mm}$ 作题 9.10 解图。铰链 B 必在 $m-m$ 线上。由图得 $l_{AB}\approx20\text{mm}$；$l_{BC}\approx102\text{mm}$。

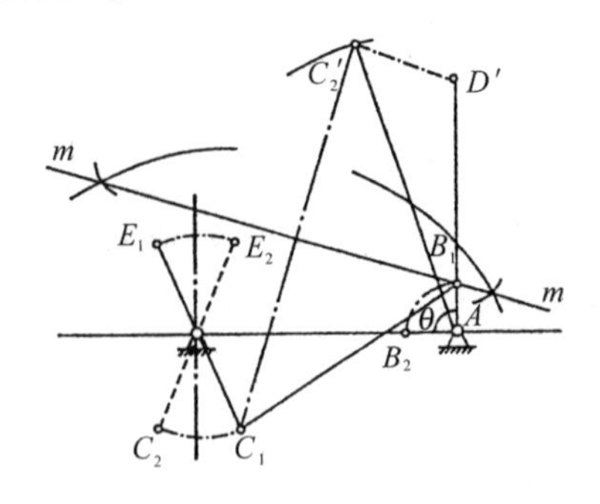

题 9.10 解图

题 10.5 参考例 10.1。

题 10.6 以 $\mu_l = 2\text{mm/mm}$ 作题 10.6 解图。步骤与例 10.1 相仿，注意本题从动件是摆动，运动线图的纵坐标应为 δ_2 角度。$\overline{MN} = \overline{AB} \cdot \delta_{2\max}$。

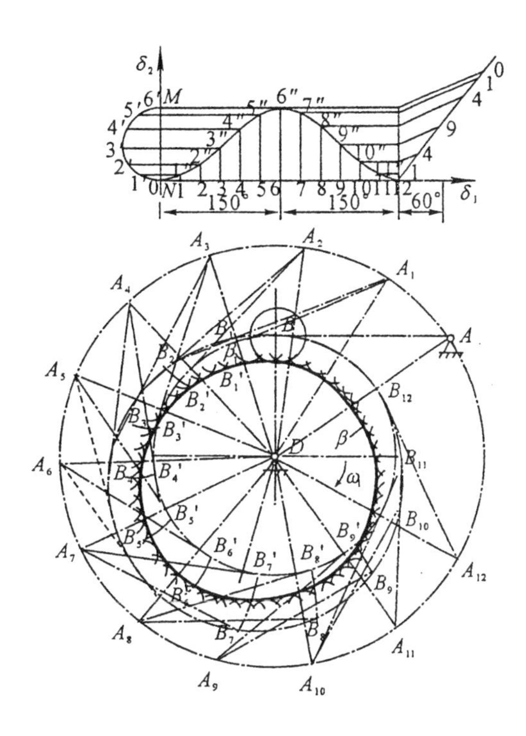

题 10.6 解图

题 10.7 以 $\mu_l = 2.5\text{mm/mm}$ 作题 10.7 解图。从动件平底圆盘最小半径为 $\overline{m}\mu_l = 11 \times 2.5 = 27.5\text{mm}$。

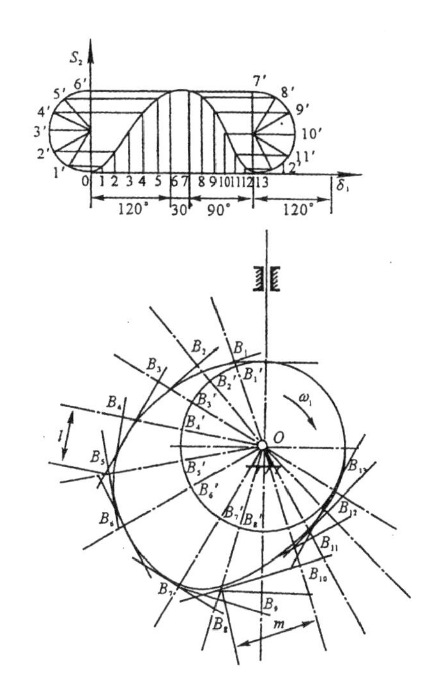

题 10.7 解图

题 10.8 以 $\mu_l = 2.5\text{mm/mm}$ 作题 10.8 解图。$\overline{MN} = \overline{AB} \cdot \delta_{2\max}$。可参见题 10.6 解图作题 10.8 解图。

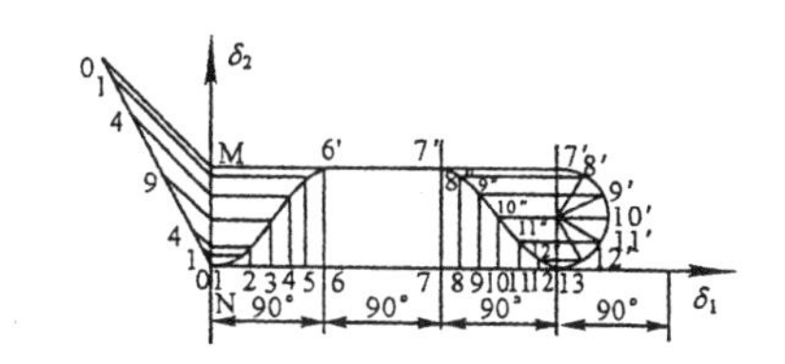

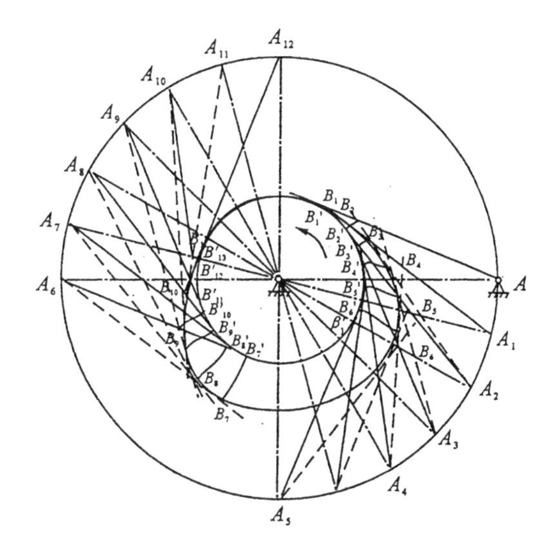

题 10.8 解图

题 11.2 $d_a = 60\text{mm}$；齿高 $h = 3.75\text{mm}$；齿顶厚 $a = 5\text{mm}$；棘轮齿宽 b 由结构和强度确定；棘爪工作面长 $a_1 = (2.5 \sim 3.5)\text{mm}$；齿槽夹角 $\theta = 55°$ 或 $60°$；棘爪长度 $l = 31.4\text{mm}$；偏角 φ 可取 $20°$。

题 11.5 $\tau = 1/3$；圆销数 $n = 1$。

题 11.6 $z = 6$，$L = 80\text{mm}$，运动时间 1/3s，静止时间 2/3s。

题 12.6 ①扭矩图如题 12.6 解图中实线所示 $T_{AB} = 304787\text{N} \cdot \text{mm}$；$T_{AC} = 1015957\text{N} \cdot \text{mm}$；$T_{DC} = 609574\text{N} \cdot \text{mm}$；②轴各段直径 $d_{AB} \geqslant 37.26\text{mm}$；$d_{AC} \geqslant 55.66\text{mm}$；$d_{CD} \geqslant 46.95\text{mm}$；③若将轮 A、轮 D 位

置互换，则互换后的扭矩图如解图中虚线所示，$T_{max}=1320744\text{N}\cdot\text{mm}$；$d_{max}=60.75\text{mm}$，强度不足。

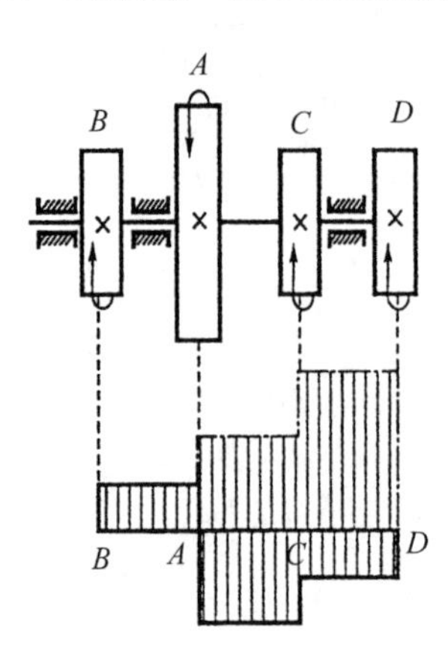

题 12.6 解图

题 12.15 按当量弯矩 $M'_b=210962.51\text{N}\cdot\text{m}$；计算 b' 所需直径 $d_{b'}=\sqrt[3]{M'_b/(0.1[\sigma_{-1}]_b)}=\sqrt[3]{2109625/(0.1\times55)}=33.73(\text{mm})<50\text{mm}$，强度安全。

题 13.7 一侧滑动轴承上受力达最大值为 $F_R=2100\text{N}$，$p=4.861\text{MPa}<[p]$，$v=0.0943\text{m/s}<[v]$，$Pv=0.46\text{N}\cdot\text{m}(\text{mm}^2\cdot\text{s})<[pv]$，安全。

题 14.4 $L_{10h}=14746\text{h}>5000\text{h}$，满足要求。

题 14.6 1)求两轴承Ⅰ、Ⅱ上的径向力 $R_Ⅰ=655.86\text{N}$，$R_Ⅱ=2010\text{N}$；2)确定轴承Ⅰ、Ⅱ的轴向力 $A_Ⅰ=378\text{N}$，$A_Ⅰ=628\text{N}$；3)计算轴承Ⅰ、Ⅱ的当量动载荷 $P_1=1300.72\text{N}$，$P_2=3015\text{N}$；4)计算轴承寿命 $L_{10h}=124970\text{h}$。

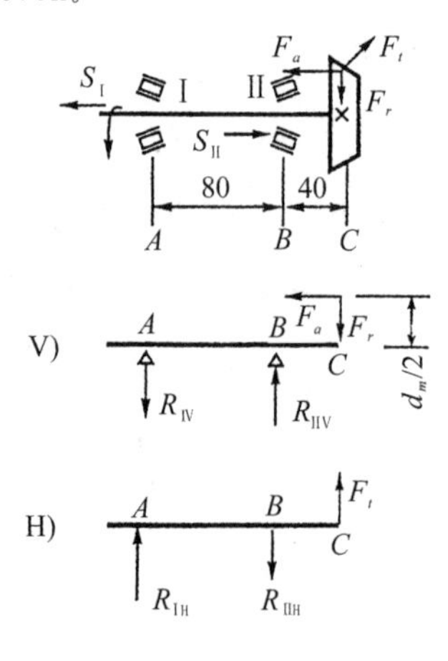

题 14.6 解图

题 15.9 名义转矩 $T=198.958\text{N}\cdot\text{m}$，计算转矩 $T_c=258.645\text{N}\cdot\text{m}$，选 TL6 型号弹性套柱销联轴器。

题 16.2 ① $F_{max}=(97.9\sim117.5)\text{N}$，$\lambda_{max}=(25.06\sim30.08)\text{mm}$；②自由高度 $H_0=55\text{mm}$；并紧高度 22mm；③ $H_0/D_2=3.44$ 两端固定或一端固定一端铰支的弹簧不会失稳，对于两端铰支的弹簧有失稳可能；④ $\alpha=6.019°$，总圈数 $n_1=11.5$ 圈，展开长度 $L=581.26\text{mm}$。

题 16.3 $d=5\text{mm}$，$D_2=30\text{mm}$，$n=4$ 圈，总圈数 $n_1=5.5$ 圈，$t=8.75\text{mm}$，$H_0=40\text{mm}$，$D_1=25\text{mm}$，$D=35\text{mm}$，B 组碳素钢弹簧钢丝

题 16.4 B 组碳素钢弹簧钢丝，$d=3.5\text{mm}$，$D_2=20\text{mm}$，$n=9$ 圈，$t=3.5\text{mm}$，$H_0=35\text{mm}$＋挂钩尺寸，$D=23.5\text{mm}$，$D_1=16.5\text{mm}$，$\alpha=3.1883°$。

题 16.5 B 组碳素钢弹簧钢丝，$d=5\text{mm}$，$D_2=25\text{mm}$，$n=11$ 圈，$D=30\text{mm}$，$D_1=20\text{mm}$，$t=5.5\text{mm}$，$\alpha\approx4°$。

题 16.6 $\lambda=45\text{mm}$，$\lambda'=10.8\text{mm}$

题 17.3 $M'=600\text{N}\cdot\text{m}$，$A_{max}=500\pi\text{N}\cdot\text{m}$，$J=2.865\text{kg}\cdot\text{m}^2$。

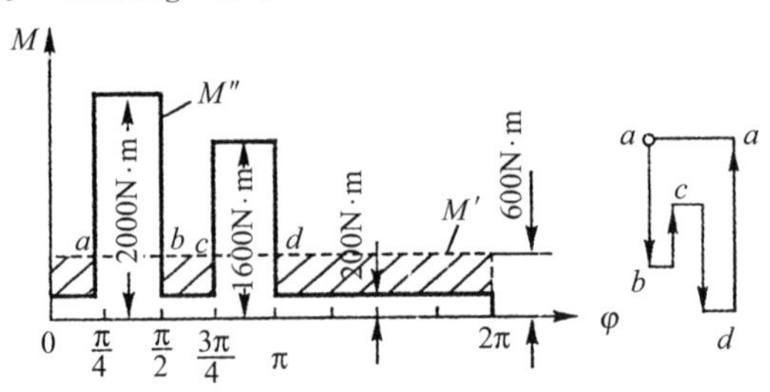

题 17.3 解图

题 17.4 $J=5\pi\text{kg}\cdot\text{m}^2=15.708\text{kg}\cdot\text{m}^2$

题 17.5 ① $J=1065\times10^3\text{kg}\cdot\text{m}^2$；② $n_{max}=84\text{r/min}$，$n_{min}=76\text{r/min}$；③ $t'=10.02\text{s}$。

题 18.2 $b/D=0.045<0.2$，按静平衡处理。$d^2r=384837.63\text{mm}^3$，$d=50.65\text{mm}$，$\beta=65.43°$，$r=150\text{mm}$。实际可取 $d=50\text{mm}$，$r=154\text{mm}$。

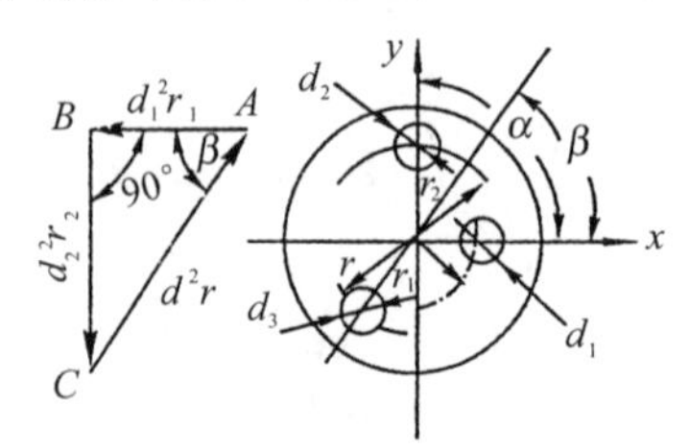

题 18.2 解图

题 18.3　题 18.3 解图构成 xoy 坐标系，设回转件质心偏移量为 r。①质心偏移量 $r=2.273\text{mm}$，质心位置 $\alpha=36.87°$；②加重前 $F_A=F_B=24677\text{N}$，③加重后由 A 面内质径积平衡得 $F_A=14856\text{N}$，由 B 面内质径积平衡得 $F_B=14856\text{N}$。

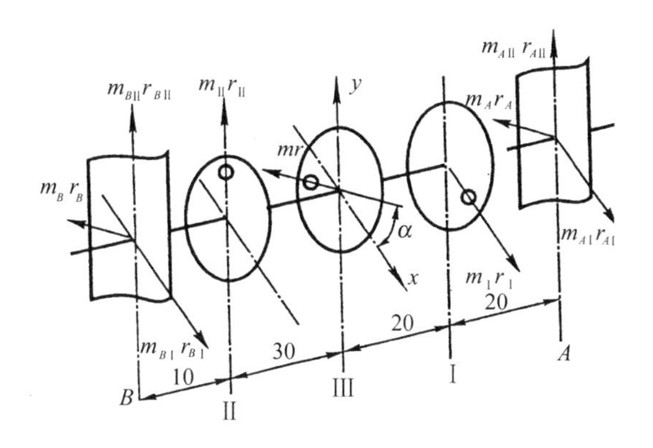

题 18.3 解图

题Ⅰ-1.4　绘制该机构的运动简图见题Ⅰ-1.4 解图。A 为Ⅳ级圆柱副；C 为Ⅲ级球面副；B、D 为平面回转副（作为空间Ⅴ级副）。$n=3$，$P_5=2$，$P_3=1$，$P_4=1$，$P_2=P_1=0$，则该机构的自由度为 $F=6n-5P_5-4P_4-3P_3=6\times3-5\times2-4\times1-3\times1=1$。

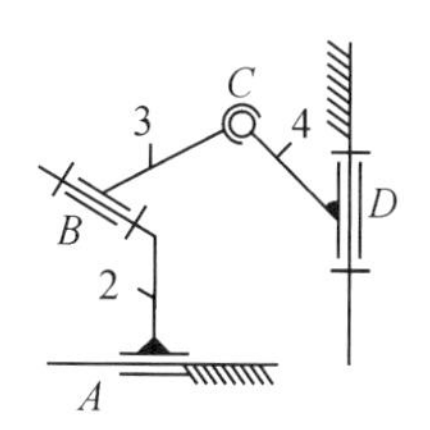

题Ⅰ-1.4 解图

题Ⅰ-2.4　①机构的自由度 $F=3\times7-2\times9-1\times2=1$；②机构所含杆组的级别：构件 6、7 组成Ⅱ级杆组，构件 4、5、8 和由 $O'O''$ 代替构件组成Ⅲ级杆组，构件 3 和由 BO 代替构件组成Ⅱ级杆组；③机构级别为Ⅲ级。

题Ⅰ-3.5　速度瞬心 P_{12}、P_{13}、P_{14}、P_{23}、P_{24}、P_{34} 见题Ⅰ-3.5 解图。

题Ⅰ-3.6　$\omega_5=30\text{rad/s}$。

题Ⅰ-3.9　取 $\mu_v=0.03\text{ms}^{-1}/\text{mm}$，$\mu_a=0.6\text{m}\cdot\text{s}^{-2}/\text{mm}$，作速度多边形（题Ⅰ-3.9 解图(a)）和加速度多边形（题Ⅰ-3.9 解图(b)），得：

$v_c=\mu_v\,\overline{PC}=0.69\text{m/s}$

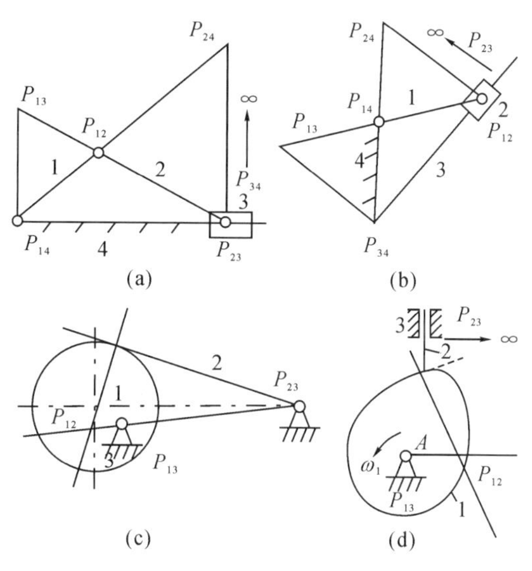

题Ⅰ-3.5 解图

$a_a=\mu_a\,\overline{P'C'}=7\text{m/s}^2$

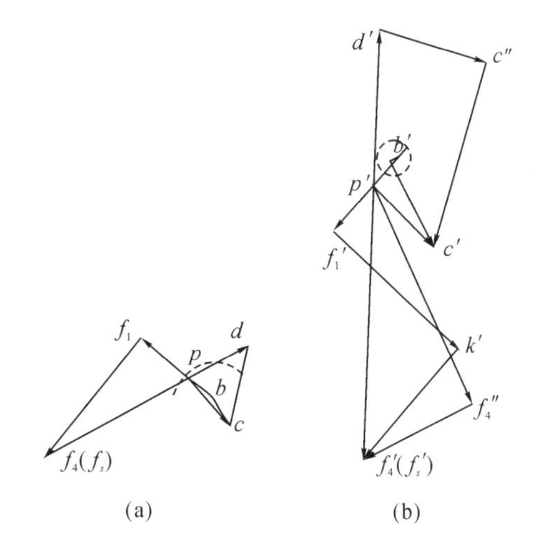

题Ⅰ-3.9 解图

题Ⅰ-3.10　$\omega_2=\omega_4=2.5\text{rad/s}$，$\alpha_2=\alpha_4=0$，$v_s=0.5\text{m/s}$（方向向右），$a_5=13.8\text{m/s}^2$（方向向左）。

题Ⅰ-3.11　选取 μ_l、μ_v、μ_a。将机构高副低代（题Ⅰ-3.11 解图(a)），作速度多边形（题Ⅰ-3.11 解图(b)）和加速度多边形（题Ⅰ-3.11 解图(c)）得

$v_2=\mu_v\,\overline{pb_2}=0.858\text{m/s}$（方向向上），

$a_2=\mu_a\,\overline{p'b'_2}=12\text{m/s}^2$（方向向下）。

题Ⅰ-3.12　建立直角坐标系并标出 AB 杆及 BC 杆的矢量及方位角 φ_1、φ_2 如题Ⅰ-3.12 解图所示，由图可得点 C 的位置方程。

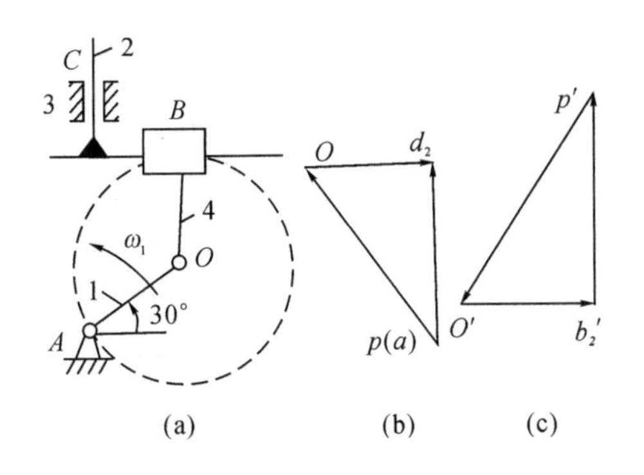

题Ⅰ-3.11 解图

$$\begin{cases} x_c = l_{AB}\cos\varphi_1 + l_2\cos\varphi_2 \\ y_c = l_{AB}\sin\varphi_1 + l_2\sin\varphi_2 \end{cases}$$

将点 C 的位置方程对时间求一阶导数、二阶导数可得点 C 的速度方程，加速度方程。

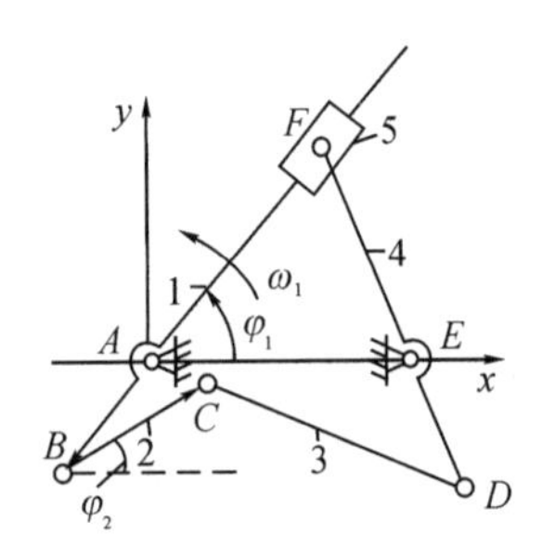

题Ⅰ-3.12 解图

$$\begin{bmatrix} v_{ax} \\ v_{oy} \end{bmatrix} = \begin{bmatrix} \dot{x}_c \\ \dot{y}_c \end{bmatrix} = \begin{bmatrix} -l_{AB}\sin\varphi_1 & -l_2\sin\varphi_2 \\ l_{AB}\cos\varphi_1 & l_2\cos\varphi_2 \end{bmatrix} \begin{bmatrix} \omega_1 \\ \omega_2 \end{bmatrix}$$

$$\begin{bmatrix} a_{cx} \\ a_{cy} \end{bmatrix} = \begin{bmatrix} -\ddot{x}_c \\ -\ddot{y}_c \end{bmatrix} = \begin{bmatrix} -l_{AB}\sin\varphi_1 & -l_2\sin\varphi_2 \\ l_{AB}\cos\varphi_1 & l_2\cos\varphi_2 \end{bmatrix} \begin{bmatrix} \alpha_1 \\ \alpha_2 \end{bmatrix} - \begin{bmatrix} l_{AB}\sin\varphi_1 & -l_2\sin\varphi_2 \\ l_{AB}\cos\varphi_1 & l_2\cos\varphi_2 \end{bmatrix} \begin{bmatrix} \omega_1^2 \\ \omega_2^2 \end{bmatrix}$$

题Ⅰ-4.7 $P_d = 1430.7\text{N}$

题Ⅰ-4.8 由已知数据计算出回转副 B、C 的摩擦圆半径，按比尺绘制 θ 三个位置的机构图并用虚线绘制 B、C 处摩擦圆，如题Ⅰ-4.8 解图(a)、(b)、(c)所示。三个位置时 $\boldsymbol{R}_{12}$、$\boldsymbol{R}_{23}$ 的力作用线为两摩擦圆相应的公切线。

摩擦圆半径，按比尺绘制 θ 三个位置的机构图并用虚线绘制 B、C 处摩擦圆，如题Ⅰ-4.8 解图(a)、(b)、(c)所示。三个位置 $\boldsymbol{R}_{12}$、$\boldsymbol{R}_{32}$ 的力作用线为两摩擦圆相应的公切线。

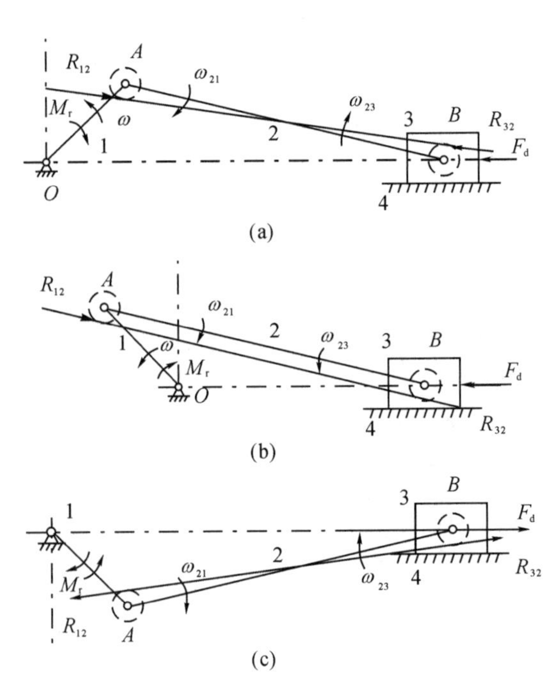

题Ⅰ-4.8 解图

题Ⅰ-5.4 (1)若取 $z_1=17$，则 $z_2=34$，$z_3=85$；(2)验证四个条件：传动比条件 $i_{1H}=1+z_3/z_1=6$；同心条件 $z_2=(z_3-z_1)/2=34$；装配条件 $q=(z_1+z_3)/k=34$，为正整数；邻接条件 $(z_1+z_2)\sin(\pi/k)=44.166$ 大于 $z_2+2=36$，四个条件均满足。

题Ⅰ-6.7 先求得轮 1 轴上等效转动惯量 $J_e=0.3\text{kg}\cdot\text{m}^3$ 和等效力矩 $Me=30\text{N}\cdot\text{m}$；则 $\alpha_1=Me/Je=100(\text{rad/s})$，$\omega_1=\omega_0+\alpha_1 t=50(\text{rad/s})$。

题Ⅰ-6.8 先求得 $\alpha=-20(\text{rad/s})$，再求得制动力矩 $M_r=\alpha J=-10.05(\text{N}\cdot\text{m})$

题Ⅰ-6.9 $t=t_0+Je\int_{\omega_0}^{\omega}\text{d}\omega/Me(\omega)=t_0+Je\int_{\omega_0}^{\omega}\text{d}\omega/(M_d(\omega)-M_r(\omega))$，代入已知数据得 $t=0.211\text{s}$。

题Ⅱ-1.6 在有限寿命区用公式 $\sigma_{rN}=\sigma_r\sqrt[m]{N_0/N}$

求得：(1)循环次数分别为 9×10^3，5×10^4 和 1×10^6 所对应的有限寿命疲劳极限为 435.96MPa，360.33MPa 和 208.31MPa；(2)有限寿命疲劳极限分别为 250MPa，300MPa 和 350MPa 所对应的应力循环次数为 1.342×10^6，2.6×10^5 和 6.496×10^4。

题Ⅱ-1.7 见解图。

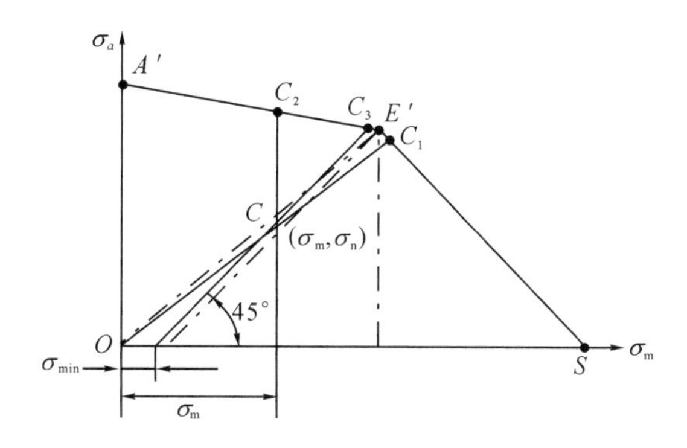

题Ⅱ-17 解图

(1)对于 r=常数时,C 点的极限应力点为 $E'S$ 线上的 C_1 点;(2)对于 σ_m=常数时为 $A'E'$线上的 C_2 点;(3)对于 σ_{min}=常数时为 $A'E'$线上的 C_3 点。

题Ⅱ-1.10 还能循环 $N_2 \approx 6.7634 \times 10^5$ 次才会破坏。

题Ⅱ-2.6 受力分析得上面的单个螺栓所受总的工作拉力 $Q_F=3495\text{N}$,按不滑移计算螺栓的预紧力 $Q_0=8151\text{N}$,螺栓所受总拉力 $Q=8850\text{N}$;按拉伸强度条件计算螺栓所需小径 $d_1 \geqslant 9.57\text{mm}$,采用M12 粗牙螺栓的 $d_1=10.106\text{mm}$。

题Ⅱ-3.4 b'截面距轴承Ⅰ支点 32mm,合成弯矩 $M'_b=73296\text{N}\cdot\text{m}$,转矩 $T=341070\text{N}\cdot\text{m}$,$D=52\text{mm}$,$d=50\text{mm}$,过渡圆角半径 $r=2\text{mm}$;算得:$S_\sigma=18.015$,$S_\tau=9.455$,$S=9.30$,$[S]=2$,疲劳强度安全。

题Ⅱ-4.12 (1)选电动机型号 Y132M2-6;(2)总传动比 $i=14.14$,带传动比 $i_b=3$,齿轮传动比 $i_g=4.71$;(3)各轴转速 n(r/min)为:电动机轴 960,Ⅰ轴 320,Ⅱ轴 67.91,工作轴 67.91;各轴功率 P(kW)为:电动机轴 4.92,Ⅰ轴 4.72,Ⅱ轴 4.55,工作轴4.43;各轴转矩 T(N·m)为:电动机轴 48.94;Ⅰ轴 140.86,Ⅱ轴 639.85,工作轴 622.98。

三、模拟试题参考答案

(一)机械设计基础模拟试题参考答案

机械设计基础试题(一)参考答案

一、填空题

1. 主动构件　自由度

2. 心　传动　转

3. 圆锥滚子　轻窄　75

4. 打滑　疲劳破坏

5. 齿面点蚀　齿面接触　齿根弯曲

6. 断齿　齿根弯曲　齿面接触

7. 法面模数　法面压力角　分度圆螺旋角　螺旋线方向

8. 82.823　90.823　77.501　22.19

9. 11°19′　11°19′　20

10. 楔形　具有一定粘度的润滑油　一定的相对

二、选择填空题

1. A　2. D　3. C　4. C　5. A　6. C　7. D　8. C

三、1. 能整周回转,$l_1+l_4<l_2+l_3$ 构件 1 相邻机架;

2. $\psi \approx 62°$,$\theta=13°$,$K \approx 1.16$;3. $\gamma_{min} \approx 42°$

四、$F_{a_1}=1000\text{N}$,$F_{a_2}=2000\text{N}$

五、$n_H=-666\text{r/min}$,方向与 n_1 相反

六、1 处:轴承盖应制成与轴承孔相配的圆筒抵牢左轴承外圈;2 处:轴环过高与左轴承外圈相碰,左轴承拆卸困难,环直径应低于左轴承内圈;3 处:键长超过轮毂应缩短;4 处:与齿轮孔相配轴头长应缩到孔内;5 处:轴承盖同时抵牢右轴承外圈和内圈,应做成筒状不与轴承内圈相接触;6 处:轴承盖孔和轴应有间隙并加密封圈,且轴径应小于轴承内孔以便装拆;7 处:联轴器未靠紧轴肩定位;8 处:应设置键联接

机械设计基础试题(二)参考答案

一、填空题

1. 机器　机构

2. 越大　越大

3. 闭式　开式

4. 弹性　疲劳

5. 增大　减小

二、是非题

1. ×　2. ×　3. ×　4. ×　5. ×　6. √　7. ×　8. ×　9. ×　10. ×

三、分析题

1. 三角形螺纹牙根强度高,当量摩擦系数大,传动效率低,适用于联接。矩形螺纹牙根强度弱,传动效率低,但磨损后的间隙难以补偿,应用较少。梯

形螺纹牙根强度高，传动效率比矩形螺纹低，广泛用于螺旋传动。

2. 带传动工作时产生三种应力：由拉力产生的拉应力；由离心力产生的拉应力；带绕过带轮时产生的弯曲应力。由拉力产生的紧边拉应力大于松边拉应力；由离心力产生的拉应力各处相等；小带轮包弧处的弯曲应力大于大带轮处。所以最大应力发生在紧边刚绕入小带轮处。

3. 答案见下图。

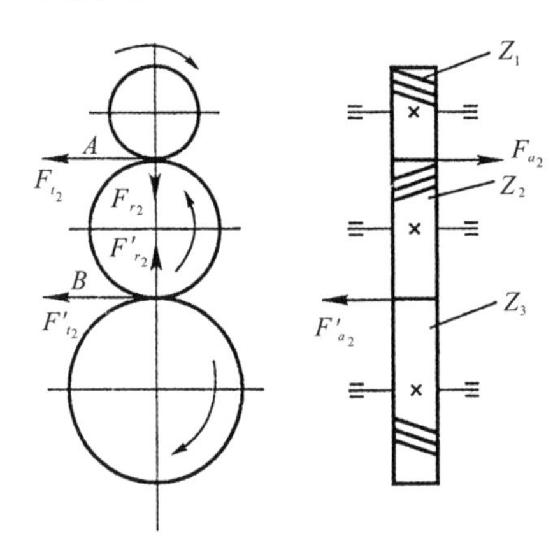

础试(二).三.3 题解图

四、结构题

1 处：轴承内圈未轴向固定，整根轴有可能轴向移动；2 处：右端轴承内圈的装拆路程及轴精加工表面过长；3 处：装配时，输油沟不一定与套杯进油孔对准，油路有可能堵塞；4 处：套杯挡肩高度太大，轴承外圈拆卸困难；5 处：齿轮外径大于套杯挡肩内孔直径，轴承需在套杯内装拆，比较麻烦。

五、作图题

取长度比尺 μ_l 作图，曲柄摇杆机构的最小传动角出现在曲柄与机架两次共线之一处，测得 $\gamma' \approx 44°$。$\gamma'' \approx 65°$，故 $\gamma_{\min} \approx 44°$。

六、计算题

1. 此轮系为定轴轮系 $i_{15}=9$，轮 5 的转向如图示。

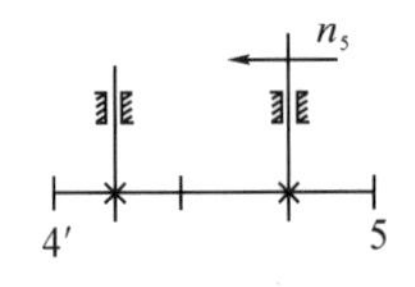

础试(二).六.1 题解图

2. (1)$d_1=69.697$mm；$d_2=230.303$mm；

(2)$d_{a_1}=75.697$mm，$d_{a_2}=236.303$mm；

(3)$d_{f_1}=62.197$mm，$d_{f_2}=222.803$mm；

(4)$a=150$mm；

(5)$\alpha_t=20°11'9''$

3. (1)$R_1=1019.8$N，$R_2=1166.2$N；

(2)$A_1=693.5$N，$A_2=1193.5$N；

(3)$L_{h_1}=78756$h，$L_{h_2}=23896$h

机械设计基础试题(三)参考答案

一、判断题

1. ✓ 2. × 3. ✓ 4. × 5. × 6. × 7. ✓ 8. ✓ 9. × 10. ✓

二、填空题

1. 曲柄垂直于滑块导路
2. 柔性
3. 包角
4. 型号
5. 普通
6. 螺纹升角小于螺纹副当量摩擦角
7. 大
8. 油沟
9. 刚度
10. 不瞬时相等

三、选择填空题

1. B 2. C 3. D 4. D 5. C 6. D 7. D 8. D 9. B 10. A 11. B 12. D 13. C

四、分析题

1. 答案见下图。

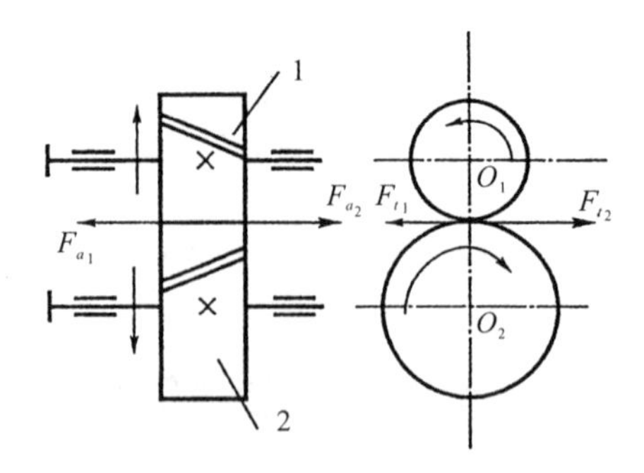

础试(三).四.1 题解图

2. $R \leq \dfrac{zFfm}{K_f}$，式中 F 为预紧力，z 为螺栓个数，f 为接合面间的摩擦系数，m 为摩擦接合面数，K_f 为保证联接可靠性系数，本题 $z=1$，$m=2$，故可表达

为 $R \leqslant \frac{2Ff}{K_f}$。

3. S_1 向右(→)，S_2 向左(←)；$F_{a_1}=S_2+A=1900(N)$。

五、计算题

1. $F=3n-2P_L-P_H=3\times7-2\times10-0=1$；$B$ 和 D 皆为复合铰链。

2. $d_1=400mm, d_2=1000mm$；

$d_{b_1}=375.88mm, d_{b_2}=939.7mm$；

$d_{a_1}=420mm, d_{a_2}=1020mm$；

$d_{f_1}=375mm, d_{f_2}=975mm$。

3. 由 1-2-3-H 的单一周转轮系与 4-5 定轴轮系构成混合轮系 $i_{15}=-2.5$，轮 1，轮 5 转向相反。

六、图解题

$l_1\approx63.5mm, l_2=165.5mm$；量得 $\theta=18.5°$，算得 $K\approx1.23$。

七、其余错误及分析如下

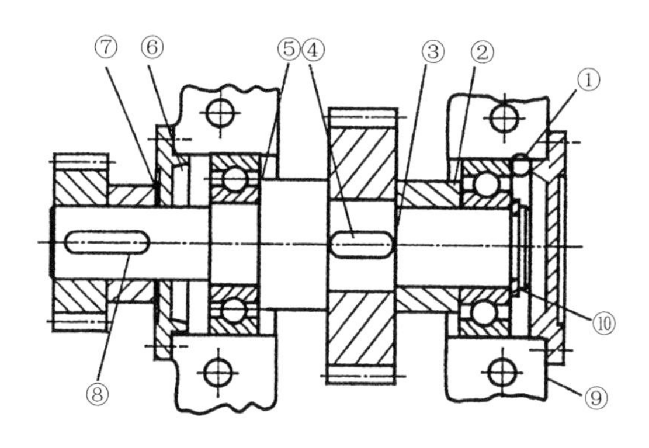

础试(三). 七题解图

①右轴承外圈无轴向固定；②套筒作成阶梯形，低于轴承内圈的一端抵紧轴承；③轴头长应小于齿轮轮毂宽度；④键长应短于轴头长度；⑤轴肩高于左轴承内圈；⑥左轴承外圈无轴向固定；⑦套筒抵紧左轴承盖严重错误，应取消套筒，轴伸出处作小一段阶梯使左面齿轮轴肩定位；⑧键太长，应在左齿轮轮毂内；⑨箱体应有凸台减少与右轴承盖接触的加工面；⑩轴上弹性挡圈无作用应取消。

机械设计基础试题(四)参考答案

一、填空题

1. 工作面的压溃(对静联接)和磨损(对动联接)

2. E

3. 增加

4. 法面模数相等　法面压力角相等　分度圆螺旋角相等

5. 低　好

6. 传力螺旋　传导螺旋　调整螺旋

7. 双曲柄机构

8. 磨损　胶合

9. 缓冲吸振　储存能量　测量载荷大小

10. 齿宽中点

11. n<2z/(z−2)

12. 离心惯性力(或质径积)的向量和

二、选择填空题

1. B　2. B　3. A　4. D　5. A　6. C　7. A　8. C　9. A　10. B

三、作图题

从动件运动规律曲线及凸轮廓线设计如下图

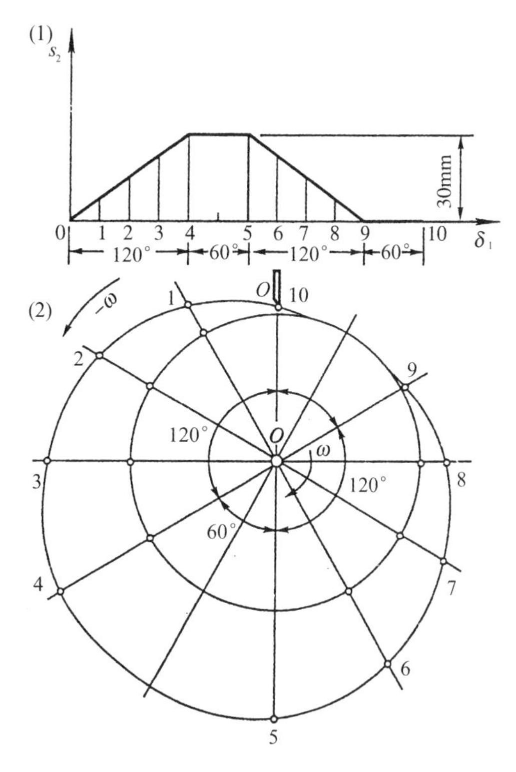

础试(四). 三题解图

四、(1)z_1 为左旋，z_2 为右旋；(2)蜗轮转向如图 n_4 的方向；(3)各轮轴向力的方向如础试(四). 四题解图 F_{a_1}，F_{a_2}，F_{a_3}，F_{a_4} 的方向

五、$i_{41}=-1.5$

六、(1)求两轴承Ⅰ、Ⅱ上的径向力 $R_1=600N$，

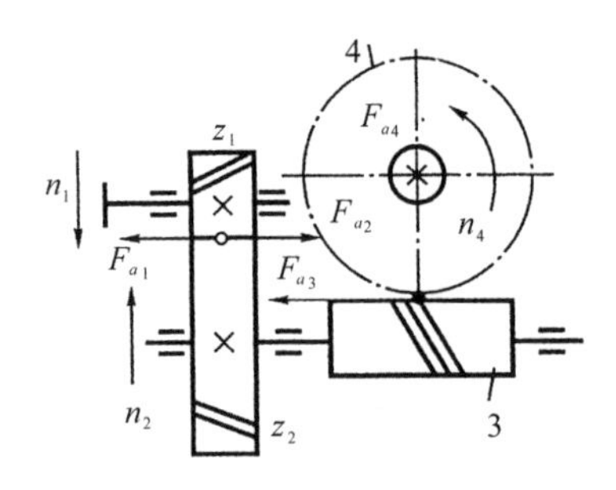

础试(四).四题解图

$R_{\text{II}}=1800\text{N}$;(2)确定轴承Ⅰ、Ⅱ的轴向力 $A_1=962.5\text{N}$,$A_{\text{I}}=562.5\text{N}$;(3)计算轴承Ⅰ、Ⅱ的当量动载荷 $P_{\text{I}}=2136\text{N}$,$P_{\text{II}}=2160\text{N}$。

七、结构设计草图如下:

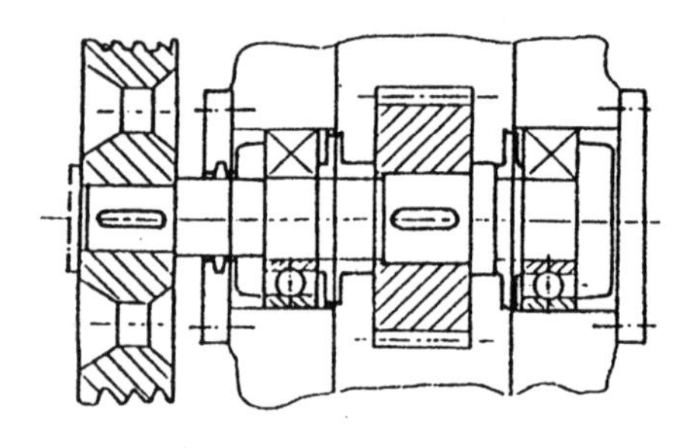

础试(四).七题解图

机械原理模拟试题参考答案

机械原理试题(一)参考答案

一、选择填空题

1. B 2. A 3. C 4. A 5. C 6. B 7. B 8. B 9. B A 10. C

二、本机构的复合铰链、局部自由度和虚约束已注于解图上。机构的自由度 $F=3n-2P_L-P_H=3\times7-2\times9-1=2$。机构所拆出的基本杆组如解图所示,本机构为Ⅱ级机构。

三、取比例尺 μ_a 作加速度矢量图如解图所示,$\varepsilon_3=a^t_{B_3}/l_{CB}=n_3b'_3\cdot\mu_a/l_{CB}=2.5(\text{rad/s}^2)$。

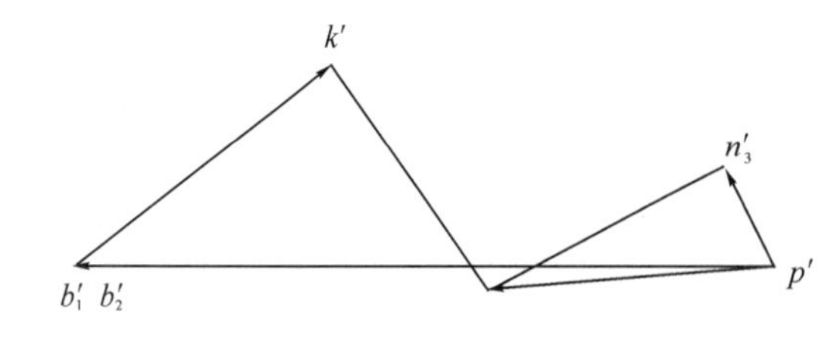

原试(一).三题解图

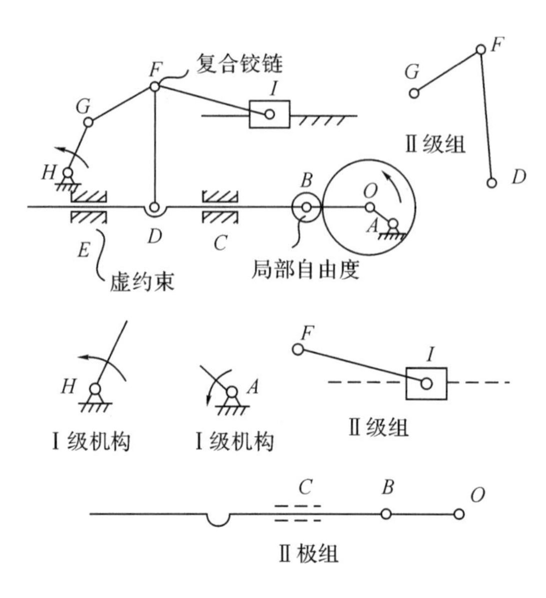

原试(一).二题解图

四、在解图中画出不计摩擦和考虑摩擦两种情况下的运动副反力 R_{12} 和 R°_{12},作出上述两种情况下的两个力三角形。由图解得 $F=400\text{N}$,$F_0=360\text{N}$,算出机构瞬时效率 $\eta=F_0/F=0.9$

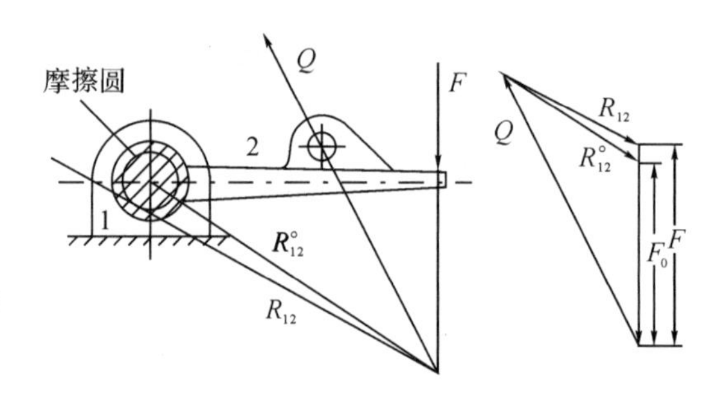

原试(一).四题解图

五、

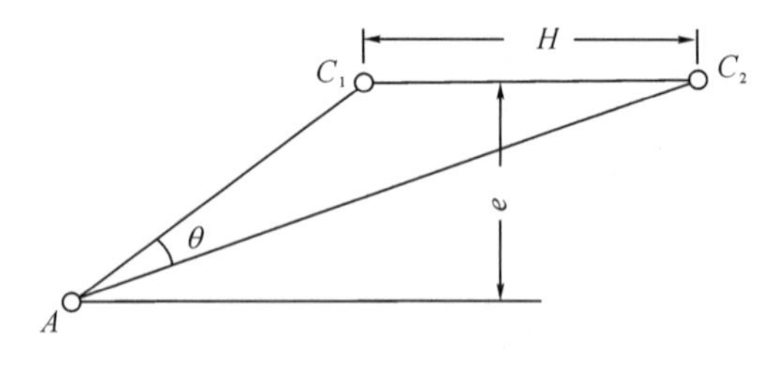

原试(一).五题解图

(1)选比例尺 μ_l 作解图,按 H 确定 C_1、C_2。以 C_1、C_2 为圆心,$(l_{CB}-l_{AB})/\mu_l$、$(l_{CB}+l_{AB})/\mu_l$ 为半径

作两圆弧，两圆弧中心为点 A，图解可得 $e=49\text{mm}$；(2)$\theta=21°$；(3)$K=(180°+\theta)/(180°-\theta)=1.26$

六、作图及标注见解图

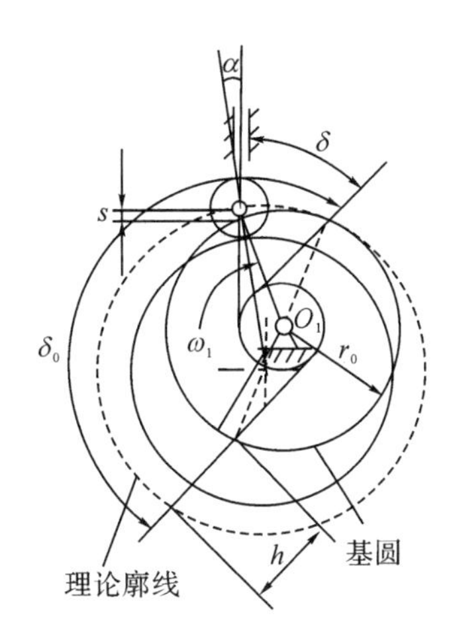

原试(一). 六题解图

七、(1) $r_{b1}=r'_1\cos\alpha'=37.588(\text{mm})$，$r_{b_2}=r'_2\cos\alpha'=75.176(\text{mm})$，$r_1=r'_1\cos\alpha'/\cos\alpha=40(\text{mm})$，$r_2=r'_2\cos\alpha'/\cos\alpha=80(\text{mm})$；

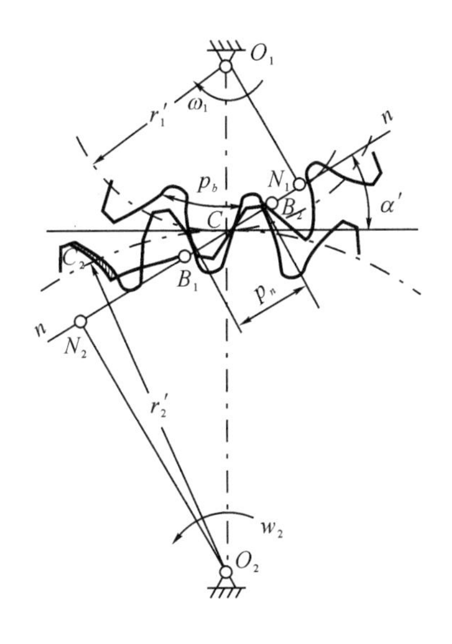

原试(一). 七题解图

(2)开始啮合点 B_2，终止啮合点 B_1，啮合点的轨迹 $\overline{B_1B_2}$ 表明于解图上；(3)法节 p_n、基节 p_{b1} 以及在 C_2 齿廓右侧画出工作齿廓均见解图；(4)重合度 ε 可通过计算 $\varepsilon=l_{B_1B_2}/p_n$ 或图解求得。

八、(1) $z_3=z_1+2z_2=78$，$z_6=z_4+2z_5=88$；(2)算得由齿轮1、2、3及 H_1 组成的行星轮系 $i_{1H_1}=i^3_{1H_1}=56/17$；由齿轮4、5、6及 H_2 组成的行星轮系 $i_{4H_2}=i^6_{4H_2}=53/9$；得 $i_{1H_2}=i_{1H_1}\cdot i_{4H_2}=19.4$。

九、(1)解图所示驱动力矩 $M_d=(1800\pi/4+200\times2\pi)/2\pi=425(\text{N}\cdot\text{m})$；最大盈亏功 $\Delta W_{\max}=(2000-425)\pi/4=1237(\text{N}\cdot\text{m})$；等效转动惯量 $J_e=J_1(n_1/n_2)^2+J_2=40(\text{kg}\cdot\text{m}^2)$；计算飞轮应有的转动惯量 $J_F=\dfrac{900\Delta W_{\max}}{\pi^2\cdot n^2[\delta]}-J_e=85(\text{kg}\cdot\text{m}^2)$；(2) $n_{\max}=n_2(1+\delta/2)=99.75(\text{r/min})$；$n_{\min}=n_2(1-\delta/2)=90.25(\text{r/min})$；由解图可知，$\varphi_{\max}=\varphi_b=3\pi/4$，$\varphi_{\min}=\varphi_c=\pi$。

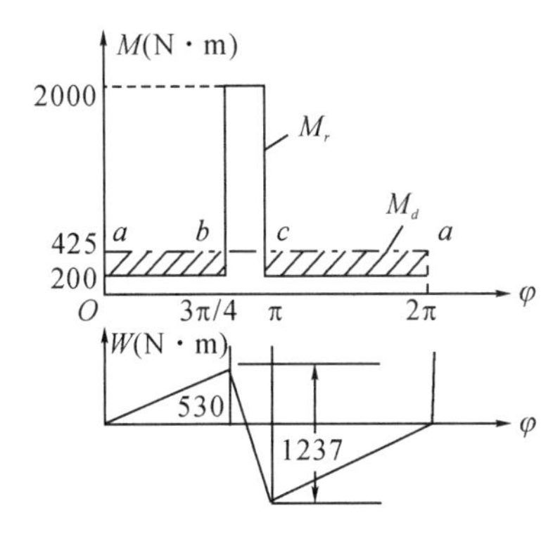

原试(一). 九题解图

机械原理试题(二)参考答案

一、填空题

1. $F=6n-(5P_5+4P_4+3P_3+2P_2+P_1)$；2. 自由度完全相同　瞬时速度和瞬时加速度完全相同；3. 数值相等　直线段与圆弧段；4. 减少运转时惯性力或惯性力偶　减少速度波动的不均匀性；5. 差动　行星。

二、选择填空题

1. C　2. A　B　3. A　4. A　C　5. B

三、判断题

1. ×　2. ✓　3. ×　4. ×　5. ✓

四、(2)机构自由度 $F=3n-2P_L-P_H=3\times7-2\times10-0=1$；$AB$ 为原动件时机构结构分析如解图(a)所示：3个Ⅱ级组，Ⅱ级机构；(2)EF 为原动件时机构结构分析如解图(b)所示：1个Ⅲ级组，1个Ⅱ级组，Ⅲ级机构。

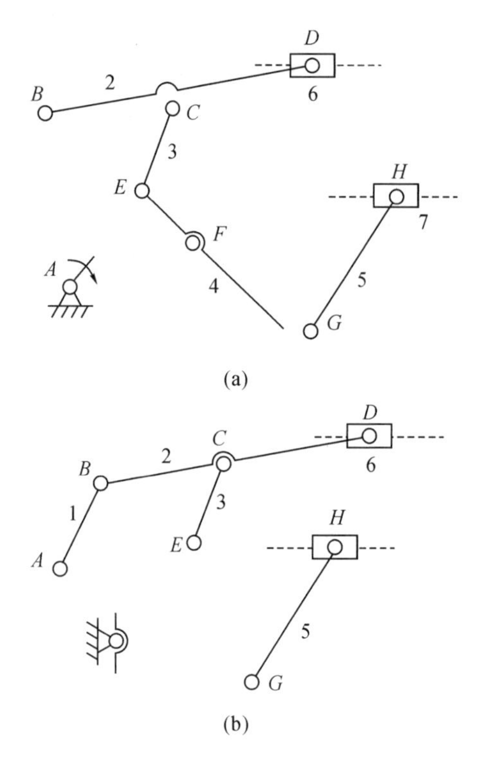

原试(二).四题解图

五、见解图。(1)构件1能作整圈回转必通过B'、B''两点，由形成的两个三角形$\triangle B'C'D'$、$\triangle B''C''D''$两边之和大于第三边的分析可得：$l_1+l_2\leqslant l_3+l_4$，$l_1+l_3\leqslant l_2+l_4$，$l_1+l_4\leqslant l_2+l_3$ 和 $l_1\leqslant l_2$，$l_1\leqslant l_3$，$l_1\leqslant l_4$，得到存在一个曲柄的条件：①$(l_{\min}+l_{\max})\leqslant$其余两杆长度之和；②曲柄是最短杆；(2)分析两相邻杆夹角 φ、β、γ、δ 的范围是否小于360°判断两杆能相对摆动还是整圈转动，得到如下结论：①若$(l_{\min}+l_{\max})\geqslant$其余两杆长度之和，不可能存在曲柄，必为双摇杆机构；②若$(l_{\min}+l_{\max})\leqslant$其余两杆长度之和，则当$l_{\min}$的邻杆为机架时是曲柄摇杆机构；$l_{\min}$为机架时是双曲柄机构；$l_{\min}$对面的杆为机架时是双摇杆机构。

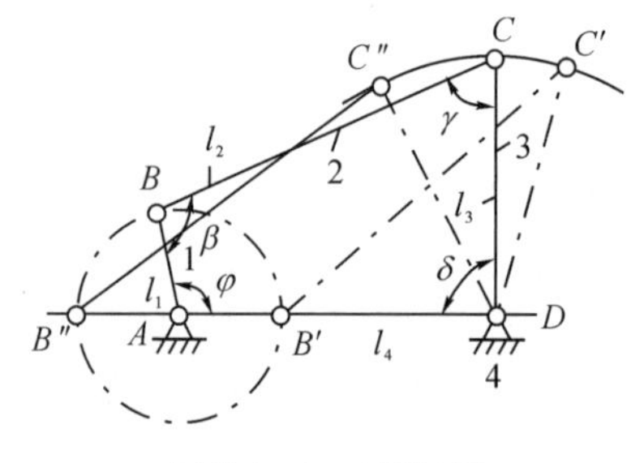

原试(二).五题解图

六、(1)将给定传动比 $i_{1H}\approx5.33$，$k=4$ 代入配齿公式中，得 $z_1:z_2:z_3:q=z_1:(i_{1H}-2)/2:z_1(i_{1H}-1):z_1i_{1H}/k=z_1:1.665z_1:4.33z_1:1.3325z_1$；(2)若选 $z_1=24$，代入上式得 $z_2=39.96$，$z_3=103.92$，$q=31.98$，圆整取 $z_1=24$，$z_2=40$，$z_3=104$，$q=32$，将齿数 k 和 $h_a^*=1$ 代入验算邻接条件公式$(z_1+z_2)\sin(180°/k)>z_2+2h_a^*$ 得 $45.2548>42$，表明也满足邻接条件。

七、根据一个周期内 $\Delta W_d=\Delta W_r$，先求得驱动功率 $N_d=2800(\mathrm{W})$，再求得最大盈亏功 $\Delta W_{\max}=48(\mathrm{J})$；最后求得飞轮应有转动惯量 $J_F=900\Delta W_{\max}/(\delta\pi^2n_m)^2=0.0876(\mathrm{kg\cdot m^2})$

八、见解图。定凸轮轴心 O，以 e、r_0 为半径作偏置圆、基圆；在 O 右侧画从动件导路线，其与偏置圆的切点为 k_0，与基圆的交点为 B_0（B_0 为从动件尖顶最低位置）；自 K_0 点沿 $-\omega_1$ 方向按题图分度在偏圆上取 K_1、K_2、…点，并由这些点作偏置圆切线得其与基圆的交点 B'_1、B'_2、…，再按题图相应的 s_2 线段 $11'$、$22'$、…延伸得 B_1、B_2、…诸点，光滑连接 B_0、B_1、B_2……诸点即为凸轮轮廓曲线。

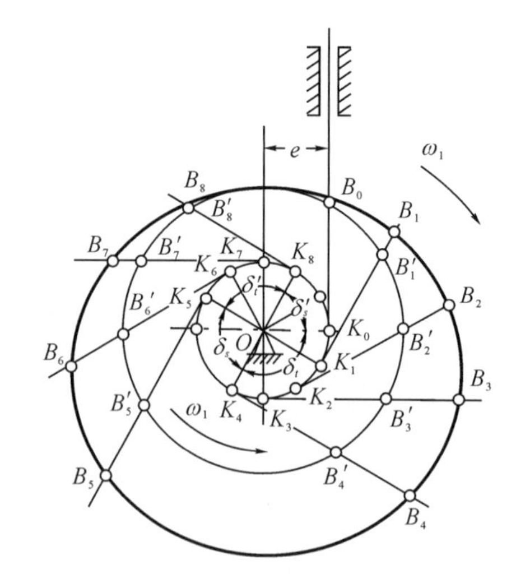

原试(二).八题解图

机械原理试题(三)参考答案

一、选择填空题

1. D 2. C 3. B 4. A 5. C

二、填空题

1. 3， 同一直线上 2. 死点，0 3. Ⅱ 4. 相对，自由度不变 5. ≥3

三、1. × 2. ✓ 3. × 4. × 5. ✓

四、(1)见解图；(2)$M_d=-M_r=f_vQr=-R_{12}r_\rho$ M_d 顺时针方向

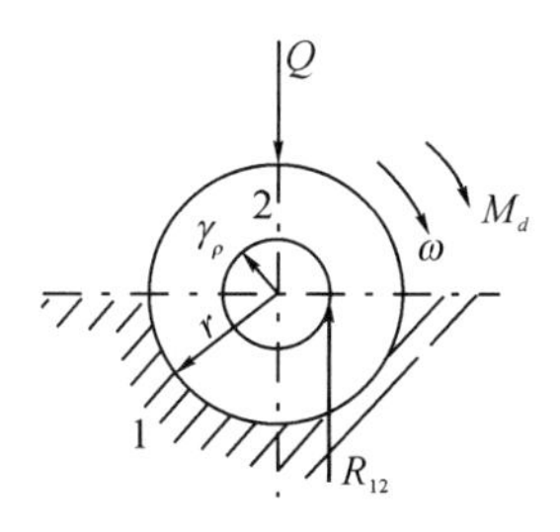

原试(三).四题解图

五、(1)由题图作出能量指示图如解图所示。

最大盈亏功 $\Delta W_{\max}=E_b-E_c=125(\mathrm{N\cdot m})$；

(2)$(\omega_{\max}+\omega_{\min})/2=50\mathrm{rad/s}$，$\delta=(\omega_{\max}-\omega_{\min})/\omega_m=0.1$；

解得 $\omega_{\max}=52.5\mathrm{rad/s}$，$\omega_{\min}=47.5\mathrm{rad/s}$；发生的位置相应为 φ 角的 b 和 e 处。

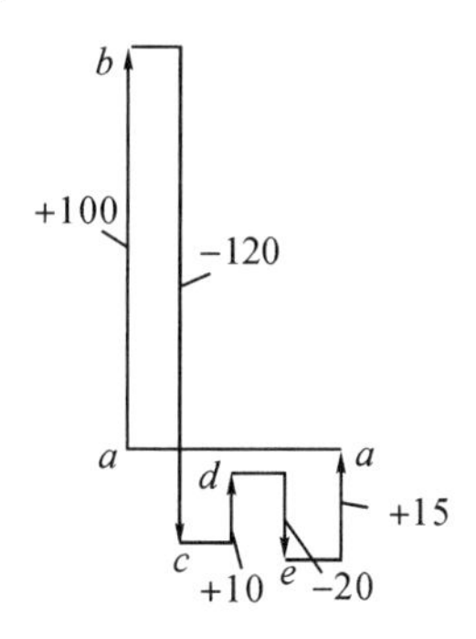

原试(三).五题解图

六、见解图。(1)推杆在凸轮上的接触点为点 A；(2)推杆位移角的大小为 $\theta-\varphi$；(3)凸轮机构的压力角为 α.

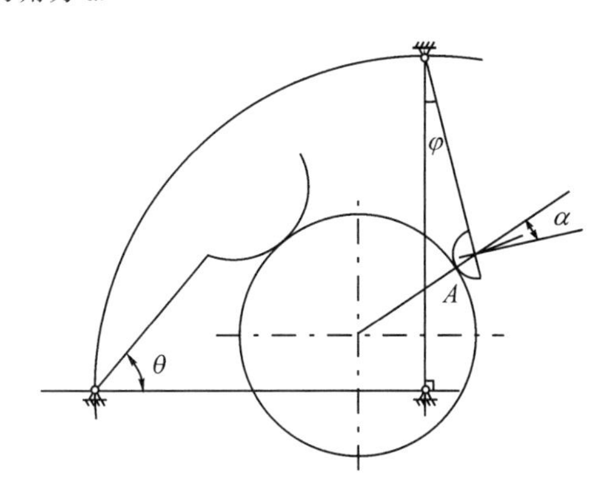

原试(三).六题解图

七、(1)由已知得 $m(z_3-z_2')/2=m(z_1+z_2)/2$，整理得齿轮 2 的齿数为 $z_2'=18$；(2)复合轮系传动比分别为 $i_{13}^H=-(z_2z_3)/(z_1z_2')$，$i_{35}^H=-(z_4z_5)/(z_3'z_4')$，整理得 $(n_1-n_H)/(n_5-n_H)=(z_2z_3z_4z_5)/(z_1z_2'z_3'z_4')=11$，因此 $n_A=n_H=n_1/(-10)=-150$ (r/min)，方向与 n_1 反向.

八、因 $n=3$，$P_5=2$(A、D 处为Ⅴ级副)，$P_4=1$(B 处为Ⅳ级副)，$P_3=1$(C 处为Ⅲ级副)，故其自由度$F=6n-(5P_4+4P_4+3P_3+2P_2+P_1)=6\times3-(5\times2+4\times1-3\times1+0+0)=1$。

九、$\tau=t_m/(t_m+t_s)=2t_s/(2t_s+t_s)=2/3$；$\tau=n(1/2-1/z)=n(1/2-1/6)=2/3$ 故 $n=2$

十、由题图知：活动构件 $n=4$，低副数 $P_L=6$，高副数 $P_H=0$，机构的自由度 $F=3n-2P_L-P_H=0$，表明这个初拟设计方案无自由度，根本不能动。需增加 1 个自由度，有两种方案：①通过添加 1 个构件和 1 个低副如解图(a)和(b)所示；②把原方案中的回转副 C 用 1 个高副代替，如解图(c)。

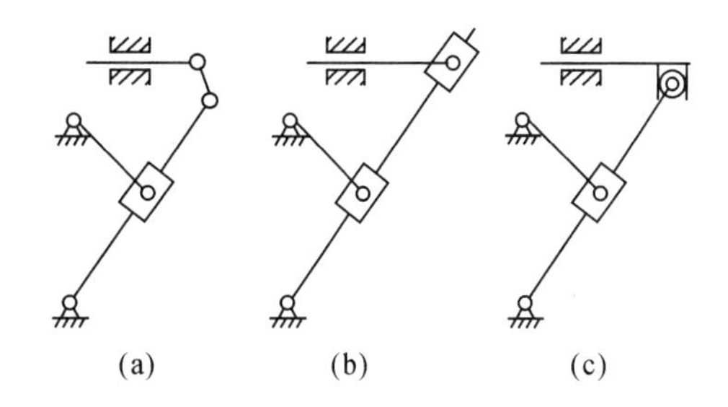

原试(三).十题解图

机械原理试题(四)参考答案

一、选择填空题

1. A;B 2. C 3. A 4. C 5. 0;90 6. C

二、填空题

1. 不能运动；死点是机构传动角等于零的位置，自锁是机构效率 $\eta\leqslant0$ 2. 大；当量齿轮的重合度 3. 3;1 4. 曲柄摇杆；双曲柄；双摇杆 5. 移；转；$2\omega v_{12}$ 6. 蜗杆转向与蜗杆螺纹方向 7. 0.06 8. 零；机架 9. 动能相等；功率相等

三、题图所示机构自由度 $F=3n-2P_L-P_H=3\times4-2\times6-0=0$，不能运动，不能实现设计者意图。修改方案见原试(四).三题解图。

四、(1)求 $\boldsymbol{\omega}_3$

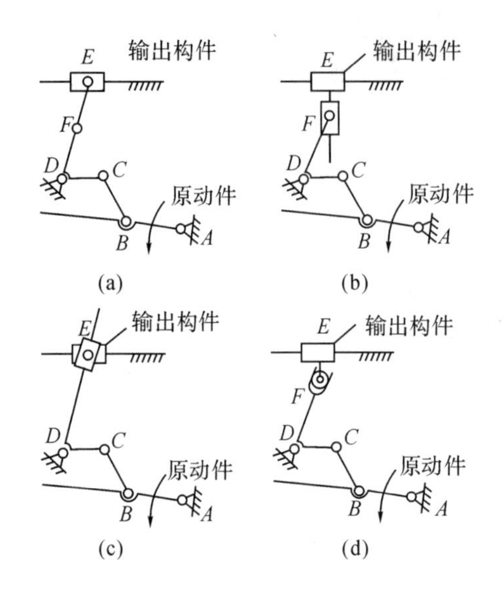

原试(四). 三题解图

$$v_{B3} = v_{B2} + v_{B3B2}$$

方向：$\perp BC$ $\quad\perp AB\quad$ $/\!/ BC$

大小： ？ $\quad\omega_1 l_{AB}\quad$ ？

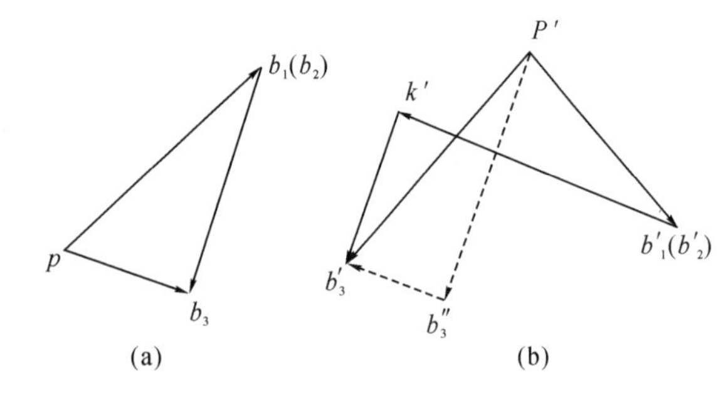

原试(四). 四题解图

选 μ_v 作速度多边形如解图(a)，$\overrightarrow{pb_3}$ 代表 v_{B3}，$\omega_3 = v_{B3}/l_{BC} = \mu_r\,\overline{pb_3}/l_{B3C}$，方向为顺时针方向。

(2)求 $\boldsymbol{a}_3$

$$\boldsymbol{a}^n_{B_3} - \boldsymbol{a}^t_{B_3} = \boldsymbol{a}_{B_2} + \boldsymbol{a}^k_{B_3B_2} + \boldsymbol{a}^r_{B_3B_2}$$

方向：$B_3\to C$ $\quad\perp B_3C\quad$ $B_2\to A$ $\quad\perp B_3C\quad$ $/\!/ B_3C$

大小：$\omega_3^2 l_{B_3C}$ $\quad$? $\quad$ $\omega_l^2{}_{AB}$ $\quad$ $2\omega_2 v_{B_3}B_2$ $\quad$?

选 μ_a 作加速度多边形如解图(b)，$\overline{p'b'_3}$ 代表 a_{B_3}，$a_3 = a^t_{B_3}/l_{CB} = \mu_a\,\overline{b''_2b'}/(\mu_l\,\overline{CB_3})$，方向为逆时方向。

五、(1)P_{13} 如解图所示。(2)$\omega_3 = \omega_1(P_{13}P_{14})/(P_{13}P_{34})$，顺时针方向。(3)$\boldsymbol{v}_R = \omega\cdot\overline{P_{34}R}\cdot\mu_e$，方向如解图所示。(4)$\omega_2 = \omega_3$，顺时针方向。

六、对 7.6 及 H 周转轮系：$i^H_{76} = (n_7 - n_H)/(n_6 - n_H) = z_4/z_7$，其中 $n_7 = 0$，得：$n_6 = (-50/18)n_H$；对 1、2 及周转轮系：$i^H_{12} = (n_1 - n_H)/(n_2 - n_H) = -z_2/z_1 = -3/2$，得 $i_{1H} = 1-(3/2)(n_2/n_H - 1)$；对 3、4、5 及 h 周转轮系：$i^h_{35} = (n_3 - n_h)/(n_5 - n_h) = (n_2 - n_6)/(n_H - n_6) = -z_5/z_3 = -3$。经整理得 $n_3/n_H = -127/9$，该轮系的传动比为 $i_{1H} = 1-(3/2)(-127/9-1) = 23.67$

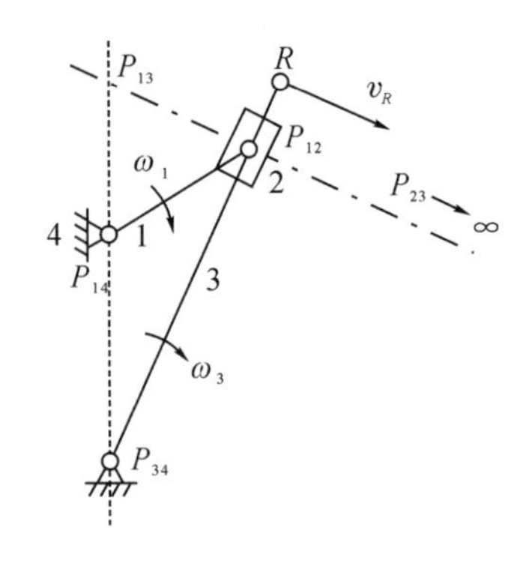

原试(四). 五题解图

七、$m(z_1+z_2)/2 = 120$(mm)，$m(z_3+z_4)/2 = 116$(mm)，取中心距 $a = 120$mm，符合标准中心距。齿轮 1、2 采用等变位齿轮传动，轮 1 正变位，轮 2 负变位，且 $x_1 = x_2$。这样轮 1 避免根切，提高弯曲强度，齿轮 3、4 采用不等变位齿轮的正传动，配凑 120mm 中心距，提高承载能力。

八、见解图。

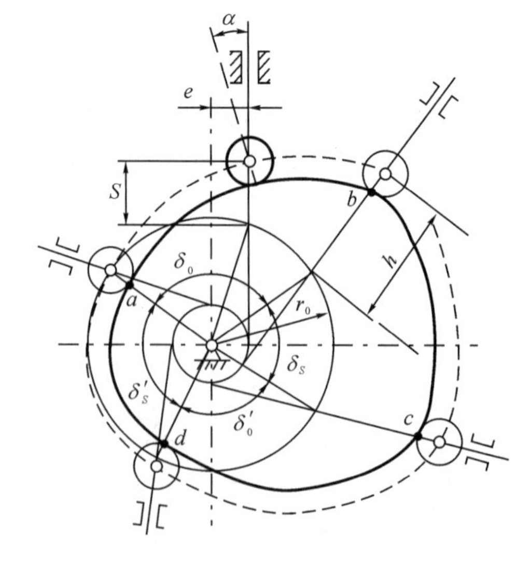

原试(四). 八题解图

九、$g = \pi d^2\delta r/4$，$gR + GR\cos60° + GR\cos60°$

$=Ge$

$d=\sqrt{(4Ge)/(2R\pi\delta r)}=$

$\sqrt{(4\times8\times2\times10^9)/(2\times30\times\pi\times10\times7.8\times10^5)}\approx$ 6.6(mm)

十、构件1、2、3和4的长度相等，故在构件5、6、7和8中，除原动件外，在计算自由度时还应从其余3个构件中去掉1个。这是因为连接点和被连接点的轨迹相重合而引入1个虚约束。例如，假设构件5为原动件，则应从构件6、7或8中去掉一个。不妨假设去掉构件8，由于构件8上各点运动轨迹重合，所以在D处形成一个虚约束。这样，该机构的自由度 $F=3n-2P_L-P_H=3\times7-2\times10-0=1$。

机械设计模拟试题参考答案

机械设计试题(一)参考答案

一、选择填空题

1. B 2. B 3. C 4. D 5. A A

二、填空题

1. 温度 压力 2. $z_1=z_2$、中心距是链节距的整倍数时 3. 提高 减小 4. 零 负值

5. 高速，机械工作部分的低速

三、判断题

1. × 2. √ 3. √ 4. × 5. √

四、(1)由力—变形图找出 Q_0，标出与工作载荷变化($0\sim Q_F$)后再找出并标出工作载荷为 Q_F 时的 Q_r(如解图(a)所示)；(2)根据该联接系受轴向外载荷的紧联接，当外载荷 $Q_F=0$ 时，螺栓受拉力为最小 Q_{min}，当外载荷 $Q_F=Q_{max}$ 时，由螺栓的变形图可知，螺栓所受工作拉力达最大值 Q_{max}，拉力幅 $\sigma_a=(Q_{max}-Q_{min})/2$，$Q_{max}$、$Q_{min}$ 均示于解图(a)；(3)螺栓的应力变化属于 $\sigma_{min}=$常数的情况，由 $\sigma_m-\sigma_a$ 极限应力图(见解图(b))中过 G 点作与 σ_m 轴成45°的直线交 $A'E'$ 于 M' 点，自 M' 作 σ_a 的平行线交 σ_m 轴线于 H 点，按[S]=2的要求，由 $\overline{M'H}$ 的中点 R 作 σ_m 轴平行线交 $\overline{GM'}$ 线于 M 点，即为所求的工作应力点。

五、题中要求的各项解答均标注在解图之中

六、见解图

刀座	工作行程	空回行程	
工作台	停止	进给	停止

设试(一).六题解图

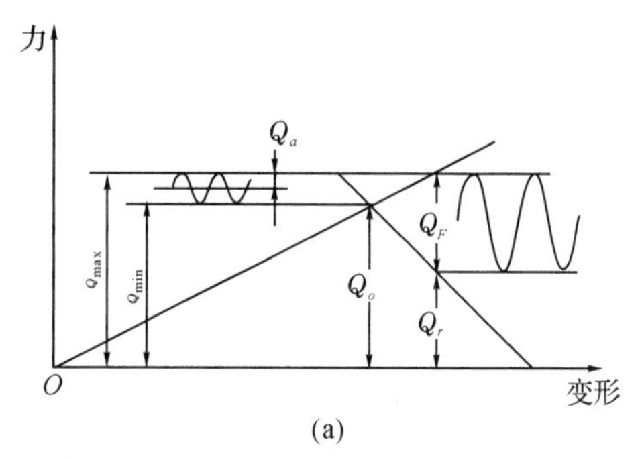

(a)

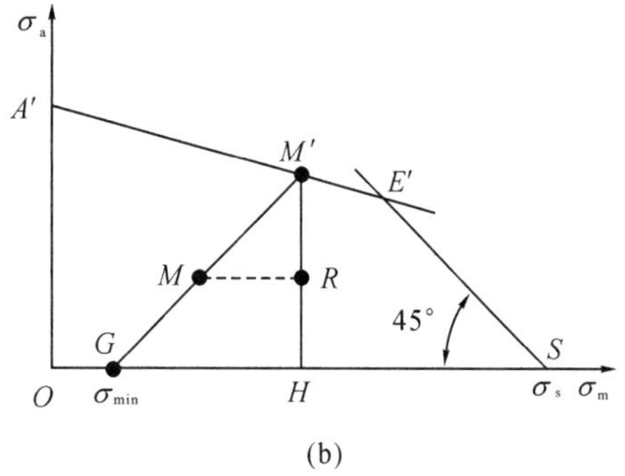

(b)

设试(一).四题解图

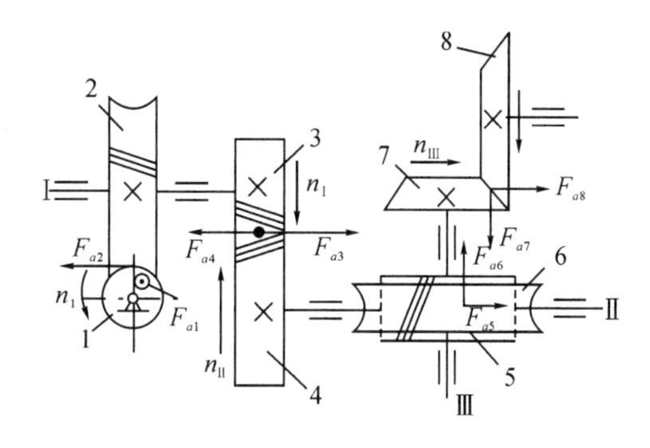

设试(一).五题解图

七、改正图如解图水平轴上部所示。水平轴线下部标注原结构不合理或错误之处：①轴的右侧外侧应有倒角；②端盖与轴之间应留间隙且需密封装置；③右轴承内圈是固定面可用圆螺母加止动垫片；④轴上螺纹外径应小于轴承内径、螺纹内径应大于穿过透盖的轴径；⑤两轴承内圈之间的轴径应小于轴承内径；⑥左轴承内圈右侧轴肩过高应减小；⑦套杯凸缘应在左边；⑧箱体孔与套杯接触面过长；⑨两轴承外圈之间的套筒内径应小于轴承外径，形成轴承外圈定位凸肩；⑩端盖与右轴承外圈之间有较大的间隙；⑪套杯凸缘与箱体间应有调整垫片，与

端盖间应有密封垫片。

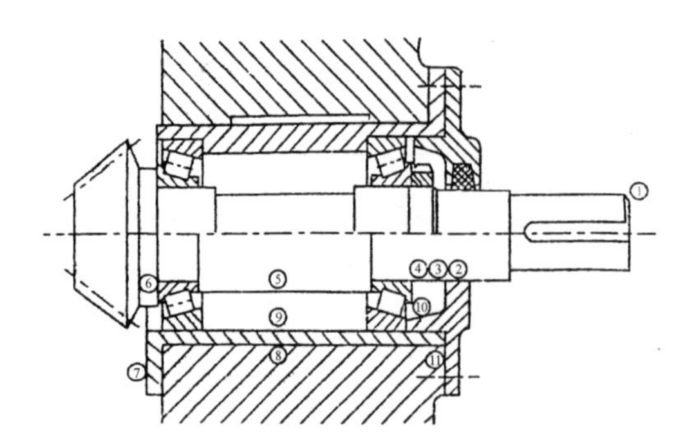

设试(一).七题解图

八、问答题参考答案从略。

机械设计试题(二)参考答案

一、选择填空题

1. A　C　2. B　3. A　4. A　5. D

二、填空题

1. 零件的自振频率与外力作用频率不相等也不接近　2. 粘度　油性　3. 10^6　90%　4. 承载能力强　多边形效应严重　5. 减小螺栓刚度　增加被联接件刚度

三、判断题

1. ×　2. ×　3. ×　4. √　5. √

四、由疲劳曲线有 $\sigma_{-1}^{m} N_0=\sigma_r^{m} N_r$，计算得 $N_1'=N_0(\sigma_{-1}/\sigma_1)^m=10^7(300/500)^9\approx 10^6\times 1.00777$，$N_2'=N_0(\sigma_{-1}/\sigma_2)^m=10^7(300/400)^9\approx 10^6\times 750847$。不稳定变应力作用下的强度计算按疲劳损伤累积(Miner 假说) $N_1/N_1'+N_2/N_2'=1$ 算得 $N_2=(1-N_1/N_1')N_2'=6.7643\times 10^5$(次)。

五、(1) $T_{\text{Ⅱ}}=T_{\text{Ⅰ}}(z_2/z_1)=200\text{N}\cdot\text{m}$，$T_{\text{Ⅲ}}=T_{\text{Ⅱ}}(z_4/z_3)=800\text{N}\cdot\text{m}$，$n_{\text{Ⅱ}}=n_{\text{Ⅰ}}(z_2/z_1)=400\text{r/min}$，$n_{\text{Ⅲ}}=n_{\text{Ⅱ}}(z_4/z_3)=100\text{r/min}$；(2)欲使轮 2、轮 3 轴向力完全抵消，必须使 $\overrightarrow{F_{a_3}}=-\overrightarrow{F_{a_2}}$，从这个等式中求解 β_3 就是思路。$F_{a_3}=F_{t_3}\tan\beta_3=[2000T_{\text{Ⅲ}}\cos\beta_3/m_m z_3](\sin\beta_3/\cos\beta_3)=2000/T_{\text{Ⅲ}}\sin\beta_3/(m_n z_3)=F_{a_2}=F_{ri}=F_{t_1}\tan\alpha\cos\delta_1=[2000T_{\text{Ⅲ}}/d_{m_2}]$，$\delta_1=\text{arccot}(z_2/z_1)$，联立求解出 β_3 的数值；(3)各齿轮的受力作用点及受力方向标注见解图。

六、(1)提升重物时卷筒(蜗轮 4)必按顺时针方向转动；蜗杆 3 为右旋，可定蜗杆 3(齿轮 2)转向 $n_3(n_2)$、电动机(齿轮 1)转向 n_1 如解图所示。电动机转速 $n_1=n_4\cdot i_{14}=(60\times 1000v/\pi D)(z_2z_4/z_1z_3)$

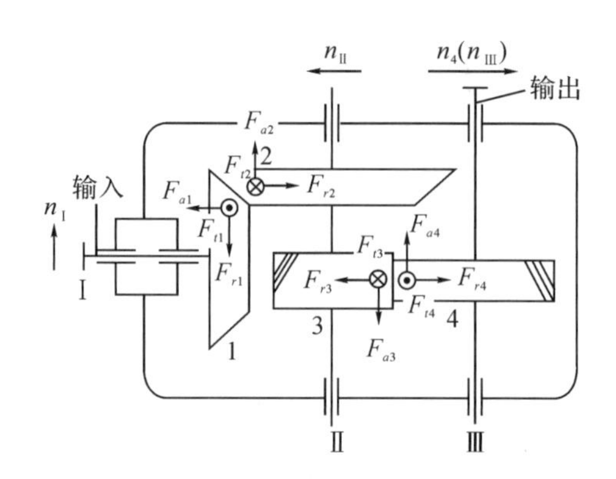

设试(二).五题解图

$=925.5\text{r/min}$。(2)卷筒轴所需功率 $P_w=Gv/1000=1.05\text{kW}$，电动机到卷筒的总效率 $\eta=\eta_c\cdot\eta_r^3\cdot\eta_g\cdot\eta_w=0.99\times 0.99^3\times 0.98\times 0.78=0.734$ 故电动机所需输出功率 $P_0=P_w/\eta=1.05/0.734=1.431\text{kW}$；(3)因蜗杆为右旋，则蜗轮应为右旋，要求Ⅱ轴轴向力尽可能小 $\overrightarrow{F_{a_2}}$ 与 $\overrightarrow{F_{a_3}}$ 方向应相反，$\overrightarrow{F_{a_2}}$ 向右(→)则 $\overrightarrow{F_{a_1}}$ 应向左(←)，按 $\overrightarrow{F_{a_1}}$ 及 n_1 的转向由螺旋法则可定 1 轮轮齿左旋，2 轮轮齿右旋。

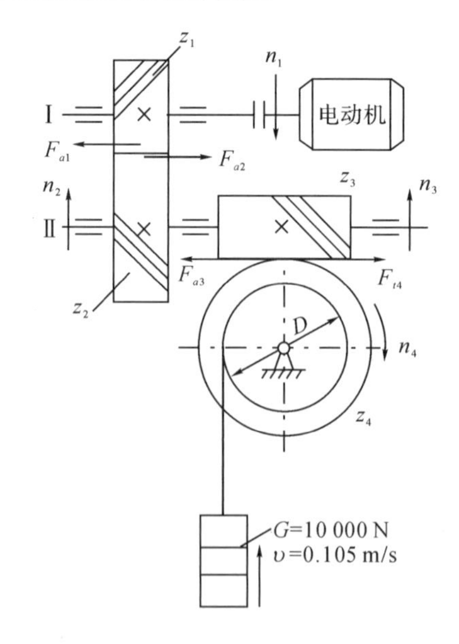

设试(二).六题解图

七、螺纹结构主要不合理或错误之处：(a)上联接件应为钉孔，下联接件下部无螺纹孔；(b)上联接件应为钉孔，下联接件无螺纹孔；双头螺柱下端光杆与螺纹界线应在上、下联接件交界处；(c)铰制孔螺栓与下联接件应配铰；(d)钉头无倒角，弹簧垫圈切口斜向错误；螺钉无法装配；(e)轴毂件应为螺纹孔，与轴配攻，轴应无螺纹孔。

八、问答题参考答案从略。

机械设计试题(三)参考答案

一、选择填空题

1. B 2. B 3. C 4. C 5. C,F

二、填空题

1. 与其总寿命损伤率相等的，稳定变应力 2. 应力集中，表面质量系数 3. 粘度，液体抵抗剪切变形 4. 偶数，过渡链节 5. $-1,0$

三、判断题

1. × 2. × 3. √ 4. √ 5. √

四、(1)绘制该轴的简化疲劳极限应力图。①求该轴简化疲劳极限应力图上对称循环点坐标：$A'(0,K_N\sigma_{-1}/K_\sigma)$，即 $A'(0,270)$，脉动循环点坐标：$B'(K_N\sigma_0/2,K_N\sigma_0/(2K_\sigma)$ 即 $B'(420,210)$，屈服极限点坐标：$D(\sigma_s,0)$，即 $D=(800,0)$。选应力比尺 $\mu_\sigma=$ 15MPa/mm，绘制该轴的简化疲劳极限应力图(见解图)；②求该轴的工作应力参数$(\sigma_m、\sigma_a、r)$并在图中标出该轴的工作应力点 $M(\sigma_m、\sigma_a)$的位置。轴的应力幅 $\sigma_a=(\sigma_{\max}-\sigma_{\min})/2=150\text{MPa}$，平均应力 $\sigma_m=(\sigma_{\max}+\sigma_{\min})/2=100\text{MPa}$，工作应力点 $M(100,150)$ 的位置见解图。(2)计算轴的安全系数。①用图解法求轴的安全系数：连接 OM 得极限应力点 M'，则 $S_\sigma=\overline{OM'}/\overline{OM}=\mu_\sigma\times16.3/(\mu_\sigma\times10)=1.65$；②用解析法求轴的安全系数：应力等效系数 $\psi_\sigma=(2\sigma_{-1}-\sigma_0)/\sigma_0=(2\times450-700)/700=0.2857$，轴的安全系数 $S_\sigma=K_N\sigma_{-1}/(k_\sigma\sigma_a+\psi_\sigma\sigma_m)=(1.2\times450)/(2\times150+0.2857\times100)=1.643$

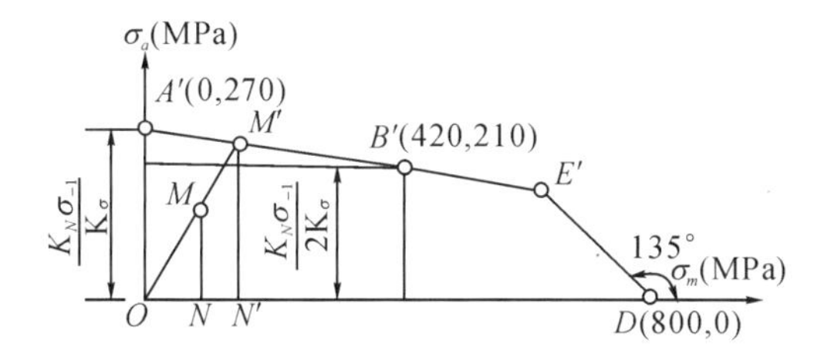

设试(三).四题解图

五、(1)$\delta_1=Q_0/k_1$，$\delta_2=Q_0/k_2$，$\delta_1k_1=\delta_2k_2$，则 $k_1=(\delta_2/\delta_1)k_2=0.5k_2$，得相对刚度 $k_1/(k_1+k_2)=1/3$。由 $Q_{r\min}=Q_0-Q_{F\max}[1-k_1/(k_1+k_2)]$ 算得 $Q_{F\max}=9000\text{N}$；(2)螺栓所受载荷的最大值 $Q_{1\max}=Q_0+Q_{F\max}=18000\text{N}$。

六、方案(a)的Ⅰ轴、Ⅲ轴不受弯矩作用，轴承不受力，因此零件受力情况较方案(b)好；方案(a)实际上有四根轴和四对轴承，方案(b)只有三根轴和三对轴承，方案(a)的径向尺寸较方案(b)大，从结构上看方案(b)较方案(a)紧凑简单。

七、完成的轴系结构如解图所示。就本设计中注意的一些问题简述：(1)轴各阶梯段轴径要考虑便于装配和加工；(2)轴与轴上机件应正确设计周向固定、轴向固定；(3)轴向固定轴肩高度要合适，转动件与静止件间不能接触；(4)轴与轴承透盖间要留间隙，并设密封装置；(5)整个轴系与箱体之间应有调整垫片来确定和调整轴系位置。

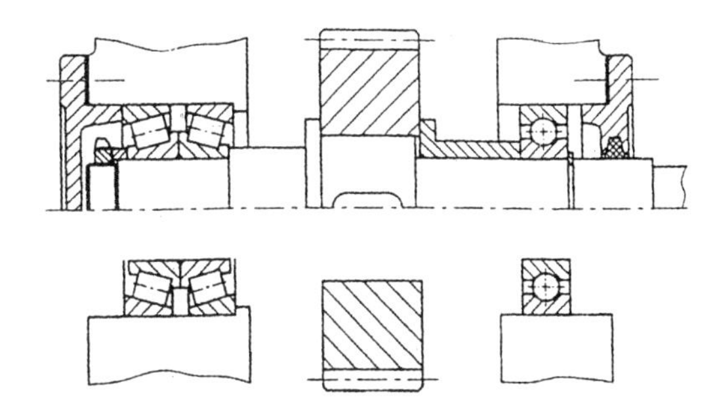

设试(三).七题解图

八、问答题参考答案从略。

机械设计试题(四)参考答案

一、选择填空题

1. C 2. D 3. A A 4. C 5. C

二、填空题

1. 疲劳损伤累积 概率分布 2. 联轴器联接在机器运动时两轴不能分离，而离合器联接可以分离 3. 对接 填角 4. 紧 松 5. 靠近节线的齿根面 硬度

三、判断题

1. × 2. × 3. √ 4. × 5. ×

四、$\sigma_{-1N_1}=\sigma_i\sqrt[9]{N_0/N_1}=180\times\sqrt[9]{5\times10^6/5000}=387.8(\text{MPa})$，$\sigma_{-1N_2}=\sigma_{-1}\sqrt[9]{N_0/N_2}=180\times\sqrt[9]{5\times18/25000}=324.3(\text{MPa})$，$\sigma_{-1N_3}=\sigma_{-1}\sqrt[9]{N_0/N_3}=180\times\sqrt[9]{5\times10^6/500000}=232.5(\text{MPa})$。

五、(1)轴承1、2的水平面支反力分别为 $R_{1H}=F_t(80/130)=4985\text{N}$，$R_{2H}=F_t(30/130)=315\text{N}$；轴承1、2的垂直平面支反力分别为 $R_{1V}=(80F_r-80F_a)/130=543\text{N}$，$R_{2V}=F_r-R_{1V}=2509\text{N}$，轴承1、2所受总的支反力分别为 $R_1=\sqrt{R_{1H}^2+R_{1V}^2}=$

5015N，$R_2=\sqrt{R_{2H}^2+R_{2V}^2}=4000$N。(2)轴承1、2派生轴向力分别为 $S_1=0.68R_1=3410$N，$S_2=0.68R_2=2720$N，S_1、S_2 的方向如解图所示。因 $S_1+F_a=3410+2170=5580>S_2$，所以轴承2被“压紧”，轴承1被“放松”；则计算轴承1、2的轴向力分别为 $A_1=S_1=3410$N，$A_2=S_1+F_a=5580$N。

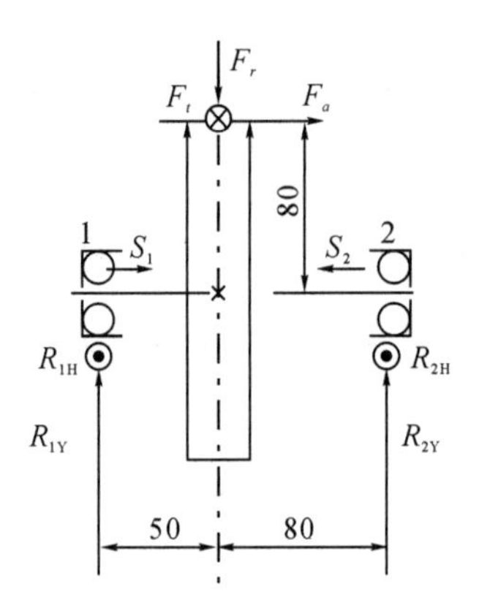

设试(四). 五题解图

六、车床系统：(1)工件装在车头主轴，车刀安装在刀架；(2)车头工件装在车头主轴旋转，车刀安装在刀架直线移动；(3)工件旋转和车刀移动必须严格运动协调配合，即工件旋转一圈，刀架移动被切螺纹导程 S。牛头刨床系统：(1)工件安装在工作台，刨刀安装在刀架上；(2)安装工件的工作台作横向间歇移动；安装刨刀的刀架作纵向往复移动；(3)工作台的横向间歇进给和刨刀纵向往复移动必须严格协调配合，即刨刀切削行程中工作台静止不动，刨刀空回行程间工作台横向间歇移动和停止运动。

七、改正后的蜗轮轴系结构图如解图所示，题图中需改正的部分说明如下：①箱体端面与轴承盖间的加工面过大，应设轴承凸台；②左轴承内圈右侧轴肩过高无法拆卸；③安装蜗轮的轴头长度应小于蜗轮毂宽；④在与右轴承配合处的轴颈过长，轴承装拆不便；⑤联轴器为转动件，不能与静止的端盖接触；⑥联轴器的键槽底与键的上表面之间应留有间隙；⑦轴与右轴承盖(透盖)不应接触，应设密封装置；⑧轴上安装蜗轮处的键槽应与安装联轴器处的键槽开在同一母线，以便加工；⑨轴承与蜗轮的润滑介质不同，应设挡油装置。

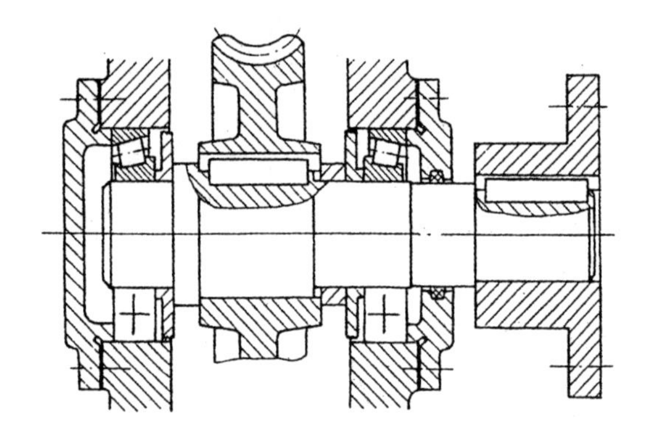

设试(四). 七题解图

八、问答题参考答案从略。

参考书目

[1] 陈秀宁.机械设计基础.4版.杭州:浙江大学出版社,2017
[2] 陈秀宁,顾大强.机械设计.2版.杭州:浙江大学出版社,2017
[3] 陈秀宁.机械设计基础学习指导和考试指导.杭州:浙江大学出版社,2003
[4] 濮良贵,陈国定,吴立言.机械设计.9版.北京:高等教育出版社,2013
[5] 杨可桢,程光蕴.机械设计基础.4版.北京:高等教育出版社,2006
[6] 孙恒,陈作模,葛文志.机械原理.7版.北京:高等教育出版社,2006
[7] 吴克坚,于晓红,钱瑞明.机械设计.北京:高等教育出版社,2003
[8] 中国国务院.新一代人工智能发展规划.北京:科技导报,2018(17)
[9] 陈秀宁,顾大强.机械设计课程设计.5版.杭州:浙江大学出版社,2021
[10] 机械类教材辅导及考研应试指导委员会.机械设计辅导及考研应试指导.北京:机械工业出版社,2003
[11] 陈秀宁.机械优化设计.2版.杭州:浙江大学出版社,2010
[12] 赵韩,黄康,陈科.机械系统设计.2版.北京:高等教育出版社,2011
[13] 陈秀宁.现代机械工程基础实验教程.2版.北京:高等教育出版社,2009
[14] 应富强,顾大强.机械设计竞赛指导.北京:科学出版社,2014
[15] 安琦,顾大强.机械设计.2版.北京:科学出版社,2016
[16] 吴宗泽,王忠祥,卢颂峰.机械设计禁忌800例.2版.北京:机械工业出版社,2006
[17] 彭文生,杨家军,王均荣.机械设计与机械原理考研指南上、下册.武汉:华中理工大学出版社,2000
[18] 金圣才.考研专业课程名校真题库(第六分册)机械原理与机械设计.北京:中国石化出版社,2006
[19] 张策.机械原理与机械设计上、下册.2版.北京:机械工业出版社,2011
[20] 王丹.机械原理学习指导与习题解答.北京:科学出版社,2009
[21] 李滨城,李纯金.机械原理学习指导与解题范例.北京:北京师范大学出版社,2014
[22] 马金盛,成九瑞.机械原理全程导学及习题全解.7版.北京:中国时代经济出版社,2008
[23] 郭维林,刘东星.机械原理同步辅导及习题全解.7版.北京:中国水利水电出版社,2009
[24] 杨昂岳.机械原理考试要点与真题精解.长沙:国防科技大学出版社,2007
[25] 董海军.机械原理典型解析及自测试题.西安:西北工业大学出版社,2001
[26] 王晶.机械原理习题精解.西安:西安交通大学出版社,2002
[27] 翟敬梅,邹焱飚.机械原理学习及解题指导.北京:中国轻工出版社,2011

[28] 赵镇宏，尹明富. 机械原理释疑与习题解答. 北京：海洋出版社，2005
[29] 焦映厚. 机械原理试题精选与答题技巧. 2 版. 哈尔滨：哈尔滨工业大学出版社，2005
[30] 郭维林，焦艳芳. 机械设计同步辅导及应试指导. 8 版. 北京：中国水利水电出版社，2009
[31] 谢黎明. 机械工程与技术创新. 北京：化学工业出版社，2005
[32] Gilbert Kivenson. The Art and Science of Inventing (2nd ed) NY: VNR Co., 1982